现代化学专著系列

超分子层状结构
——组装与功能

沈家骢 等 著

科学出版社
北京

内 容 简 介

超分子化学是关于分子聚集体与分子间相互作用的化学，它与其他学科交叉融合形成超分子科学，被认为是21世纪新概念和高技术的一个重要源头。本书集沈家骢院士研究集体及合作者近10年的科研积累，详细介绍了超分子结构与功能这一交叉前沿领域的研究成果及发展趋势。内容包括一维、二维及三维层状组装技术，界面组装与表面图案化，无机/有机纳米复合体，新型超分子构筑基元，分子间相互作用的单分子力谱研究等。

本书可供从事超分子化学、材料科学、纳米科学、胶体与界面化学、高分子化学与物理和生命科学等领域的科研人员及研究生阅读、参考。

图书在版编目(CIP)数据

超分子层状结构：组装与功能/沈家骢等著. —北京：科学出版社，2004
(现代化学专著系列)
ISBN 978-7-03-012081-6

Ⅰ.超… Ⅱ.沈… Ⅲ.超分子结构：层状结构 Ⅳ.O631.1

中国版本图书馆CIP数据核字(2003)第079087号

责任编辑：周巧龙 / 责任校对：柏连海
责任印制：张 伟 / 封面设计：铭轩堂

科 学 出 版 社 出版
北京东黄城根北街16号
邮政编码：100717
http://www.sciencep.com
北京厚诚则铭印刷科技有限公司 印刷
科学出版社发行 各地新华书店经销

*

2004年2月第 一 版 开本：B5(720×1000)
2019年2月第三次印刷 印张：29 1/2 插页：2
字数：566 000

定价：180.00元

(如有印装质量问题，我社负责调换)

作 者 名 单

（以姓氏笔画为序）

卫　敏	博士	北京化工大学 可控化学反应科学与技术基础教育部重点实验室
计　剑	教授	浙江大学高分子复合材料研究所
付亚琴	博士	中国科学院化学研究所
孙俊奇	博士	吉林大学超分子结构与材料教育部重点实验室
李殿卿	博士	北京化工大学 可控化学反应科学与技术基础教育部重点实验室
杨　柏	教授	吉林大学超分子结构与材料教育部重点实验室
沈家骢	院士	吉林大学超分子结构与材料教育部重点实验室
张　希	教授	吉林大学超分子结构与材料教育部重点实验室
张文科	博士	吉林大学超分子结构与材料教育部重点实验室
张法智	副教授	北京化工大学 可控化学反应科学与技术基础教育部重点实验室
陆　广	博士	吉林大学超分子结构与材料教育部重点实验室
段　雪	教授	北京化工大学 可控化学反应科学与技术基础教育部重点实验室
高长有	教授	浙江大学高分子复合材料研究所
高明远	研究员	中国科学院化学研究所
薄志山	研究员	中国科学院化学研究所

前　言

20世纪80年代,法兰西学院诺贝尔化学奖获得者J.M.Lehn教授首次提出了“超分子化学”的概念,为科学工作者开拓了广阔的发展空间与创新空间。在短短的十多年时间里,这个概念已被广大化学家所接受并引起了他们的极大兴趣。在该领域内,化学家们相继开展了大量的研究工作,做出了重大贡献,出版了一系列的专著与专门的杂志。目前,超分子化学的学科体系正在形成,并与生命科学、信息科学、材料科学与纳米科学组成新的学科群,推动着科学与技术的发展。

以分子或分子聚集体为结构单元,依赖于分子间作用力组装成超分子体系,从简单结构到复杂结构可分为若干层次。如以结构特征为依据,可分为微粒、线、带与管材、超薄膜与层状结构、三维组装结构(如生命体的组织与器官)等。其中研究得最深入、应用前景最明显的是具有层状结构的多层复合膜,及把多层复合膜与图案化表面结合起来的层状结构,这种结合定会产生新概念与新思路,并为三维组装体打开新的组装途径。虽然层状结构还有许多基础工作要做,但就已有的成果而言,足以开发出一些高新技术与高端产品,如纳米复合涂层、光电功能器件、多功能芯片、微反应器、修饰电极与传感器程控释放的药物、介入疗法器械的涂层与组织工程的支架等。

十多年来,吉林大学化学系我们的高分子研究组及1996年成立的超分子结构与材料教育部重点实验室一直以超分子层状结构作为研究主题,并围绕这一主题开展了几个方面的工作,如多层复合膜、纳米-微米图案化界面、修饰的微粒、树枝状分子、单分子力学谱及其他。在本实验室内,导师们与几十位博士研究生一起进行了饶有兴趣的系列研究,并整理出几百篇论文,形成了比较完整的阶段性成果。研究生们在取得博士学位后,在各自的岗位上成长为学术骨干,更可喜的是不少博士仍在坚持超分子体系的研究方向,并做出高水平的成果来。

从1990年起,我在浙江大学兼职,与封麟先教授合作,开展了生物相容性的功能界面的研究。1995年在高分子复合材料研究所内组建了生物大分子实验室。1998年以来,与德国H.Möhwald教授合作进行了层层组装技术与中空微胶囊的研究,并取得了较好的成绩。与我们有几年合作关系的北京化工大学段雪教授的研究集体,在无机层状结构中插入有机组分而形成的功能复合材料的研究方面做出了十分出色而又有实用价值的工作。综合以上几方面的工作,我们以超分子层状结构为主题进行整理与总结,写成本专著。在本书的某些章节中,为了方便读者理解,也适当介绍了国内外同行的一些相关工作。就这些工作来看,偏重于超分子体系的组装与功能的关系，因此，我们将此书定名为“超分子层状结构——组装与功能”，以此献给读者，敬请国内外同行赐教。

本书分9章来论述：第1章，多层复合膜的组装与功能；第2章，球面组装与中空微胶囊；第3章，插层复合结构的组装体；第4章，纳米尺寸的界面组装与表面图案化；第5章，微米尺寸的界面组装；第6章，生物相容性的功能界面组装；第7章，树枝状分子作结构单元的组装体；第8章，无机微粒作为结构单元的组装体；第9章，超分子体系的特殊谱学——单分子力学谱。由于本书各章稿件是分头撰写的，虽然在内容上尽量作了一些协调，但仍难免有些重复与不一致的地方，请读者见谅。感谢张希教授对全书进行了校正，并对内容、图表等方面提出修改意见。我们还要感谢科学出版社的责任编辑周巧龙同志细致、认真的工作，使此书得以顺利地出版。各个研究组内有许多研究生参与稿件处理、图表绘制等具体技术工作，在此表示我们的谢意！

在近20年的超分子研究过程中，得到了唐敖庆院士的指导与关怀，在他的支持下，我们主办过五次超分子体系的国际研讨会，其中包括两次国际香山会议。深入而富有成效的国际合作与交流使我们得益匪浅，在此我们要特别感谢的有：德国美茵兹大学 H.Ringsdorf 教授、法兰西学院诺贝尔化学奖获得者 J.M.Lehn 教授、美国哈佛大学 G.Whitesides 教授。在这近20年的研究中，我们得到了国家重点基础研究项目(973项目)、国家自然科学基金委的重大与重点项目、杰出青年基金及教育部的重大与重点项目的资助，这是对我们研究方向的肯定，并使我们的工作条件得到充分的保证，在此向有关领导、部门表示衷心的感谢！

沈家骢

2003年9月于长春吉林大学

目　　录

第1章　多层复合膜

孙俊奇　沈家骢

1.1　层状组装超薄膜与超分子化学

超分子化学是基于分子间的非共价键相互作用而形成的分子聚集体的化学[1～5]。不同于基于原子构建分子的传统分子化学，超分子化学是分子以上层次的化学，它主要研究两个或多个分子通过分子之间的非共价键的弱相互作用，如氢键、范德瓦尔斯力、偶极/偶极相互作用、亲水/疏水相互作用及它们之间的协同作用而生成的分子聚集体的结构与功能。超分子化学的出现使得科学家们的研究领域从单个分子拓宽至分子的组装体。随着超分子科学的发展，人们越来越清楚地认识到，超分子化学提供了一条用分子聚集体来创造新物质的途径。超分子科学的出现及发展对于传统的合成化学、材料化学、生命科学和纳米科学与技术产生了深远的影响，同时，这些学科的发展也对超分子科学的发展起到了积极的推动作用。在超分子化学中，组装等同于传统分子化学中的合成，各种新型的、复杂的、功能集成的组装体都可以通过不同分子之间的组装而获得。超分子科学是一门集基础研究与应用于一体的交叉学科，其最根本的目的之一是通过分子组装与复合，以一种更为经济的手段来制备尺寸日益微型化、结构和功能日益复杂的光电功能器件及机器。为实现这一目标，就需要充分理解超分子组装体中结构与功能的关系，在超分子构筑与功能组装之间建立起桥梁，使功能产生于超分子组装之中。这将是科学家们的一个长期的奋斗目标，许多研究者正为这一目标的实现而努力。关于超分子化学发展的趋势，J. M. Lehn 教授指出，通过对分子间相互作用的精确调控，超分子化学逐渐发展成为了一门新兴的分子信息化学，它包括在分子水平和结构特征上的信息存储，以及通过特异性相互作用的分子识别过程实现超分子组装体在分子尺寸上的修正、传输和处理[6]。这导致了程序化化学体系(programmed chemical systems)的诞生。他预言，未来超分子体系化合物的特征应为：信息性和程序性的统一；流动性和可逆性的统一；组合性和结构多样性的统一。所有这些特性便构成了“自适应/进化程序化化学体系”(adaptive/evolution programmed systems)这一概念的基本要素。考虑到超分子化学涉及到的物理和生物领域，超分子化学便成为了一门研究集信息化、组织性、适应性和复合性于一体的物质的学科。

作为超分子化学中的一个分支，层状组装超薄膜的构筑与功能化一直是超分子科学研究中的热点[4～5]。在对各种超分子组装体系的研究中，层状组装超薄膜由于其结构简单且容易控制，制备也相对容易等特点而引起了人们极大的兴趣。层状组装超薄膜的制备是基于分子的界面组装来实现的。一方面，界面上的分子在时间、空间上均处于受限状态，从而可以方便地产生特殊形态与结构的组装体；另一方面，各种先进的表面、界面表征技术的发展，使科学家们能够对各种界面上的超分子组装体进行精确的表征，进而揭示超分子组装体结构与功能的内在联系。这可能是层状组装超薄膜研究能成为超分子科学的一个极其活跃的领域的原因。

层状组装超薄膜既可以是单层的，也可以是多层的。由于构成超薄膜的单层膜的厚度可以小至几个纳米甚至几个埃，所以层状组装超薄膜提供了在有限的空间内、在膜的生长方向对膜的结构和功能进行调节的可能。较之单层膜，多层膜上所负载的物质的数量和种类都可以极大地增加，这将丰富超薄膜的功能并实现功能的集成。同时，在多层超薄膜的构筑中，可以将不同种类和功能的物质按照某种需要进行顺序组装，这将赋予多层膜更新的功能。这种新的功能产生于不同功能的物质的特定组合，是任何一种物质单独所不具备的，即功能产生于组装中的一种表现形式。由于超分子组装体的尺寸通常在1～10 nm之间，所以超分子组装技术还是纳米科学与技术制备纳米材料不可缺少的手段。纳米科学研究的对象是那些至少在一维方向上其尺寸介于1～100 nm之间的物质。光刻技术和由它发展起来的“柔性刻蚀”技术在纳米科学与技术中占有着极其重要的地位，是获得图案化表面的重要手段，在微电子器件的制备中发挥着重要的作用[7]。将层状超分子组装技术和表面图案化相结合，是一种制备具有精细结构和复杂组成的纳米组装体的新思路，将为纳米电子器件和纳米机器的研制奠定基础[8]。由于无法克服光刻极限的制约，用光刻技术和“柔性刻蚀”技术很难获得更小尺寸的结构。超分子组装体由于尺寸在纳米尺度范围内，通过单纯的分子的界面组装，可容易地获得尺寸小于10 nm的精细、复杂的图案化结构。由此，可以预言，超分子的界面组装将是构筑纳米结构与制备纳米器件的一种不可忽视的重要方法。

目前，层状组装超薄膜研究已经取得了很大的成就。如：发展了多种层状组装超薄膜的制备技术，使得能够针对不同的物质，选择不同的组装手段来制备超薄膜；也可以对同一类/种物质，采用不同的技术获得不同结构的超薄膜；积累了大量通过对超薄膜组装体结构的调控而实现功能调节的经验；掌握了大量超薄膜结构和功能调整的手段，如单层膜的厚度调控、相邻层(界面)间的扩散控制及多层膜中的相转移问题、层间的能量和电荷转移、图案化超薄膜的制备、膜的稳定性调控等。实际上，超薄膜的研究可以追溯到20世纪30年代。当时，Langmuir和Blodgett发现将两亲性分子铺展在水面上可形成单层膜[9,10]，并可将此单层膜成功地转移到基片上制备多层膜。从那时起，关于组装超薄膜的制备及其相应性质的研究就引起了科学家们的极大兴趣。20世纪70年代，Kuhn及其合作者成功地制备了含有给受体的LB多层膜，并详细研究了膜中给受体间的Förest能量转移与距离的关系[11,12]。为了克服 LB 膜的稳定性差和制备需要昂贵的仪器等缺点，Sagiv 等基于硅化学的知识，发展了通过化学吸附方法制备多层膜的技术[13]。Mallouk 等基于过渡金属与磷酸盐基团的成盐反应，用头尾都含有磷酸基团的小分子在固体基片上与过渡金属离子交替沉积，获得了自组装多层膜[14]。1991 年 Decher 及其合作者在 Iler 的研究基础上提出了基于阴阳离子静电作用为推动力的制备纳米尺度的复合超薄膜的方法[15]，这是超薄膜研究的重要里程碑，由此揭开了层状组装超薄膜研究的新篇章。

1.2　层状组装超薄膜的制备方法

至今，科学家们已经发展了很多超薄膜制备的方法。基于溶液中自组装过程的超薄膜的制备方法，概括起来可以大致分为三类：(1) LB 膜技术；(2) 基于化学吸附的自组装技术；(3) 交替沉积技术。它们各具特点又互为补充，都是制备超薄膜的不可缺少的方法。

1.2.1　LB 膜技术

LB 膜法是将具有脂肪疏水端和亲水基团的双亲分子溶于挥发性的有机溶剂中，铺展在平静的气/水界面上，待溶剂挥发后沿水面横向施加一定的表面压，这样溶剂分子便在水面上形成紧密排列的有序单层膜[见图 1－1(a)]。然后将单层膜转移到固体基片表面，得到 LB 膜。按改变膜转移时基片表面相对于水面的不同运动方向，可把 LB 膜的制备分为 X，Y 和 Z 三种方式[见图 1－1(b)]。将基片表面垂直于水面向下挂膜，使成膜分子的憎水端指向基片，称 X 法；将基片反向从水下提出挂膜，使成膜分子的亲水端指向基片，称 Z 法；将基片上下往返运动挂膜，使各层分子的亲水和憎水端依次交替指向基片，称 Y 法[9,10]。LB 膜法实质上是一种人工控制的特殊吸附方法，可在分子水平上实现某些组装设计，完成一定空间次序的分子组合。

1.2.2　基于化学吸附的自组装技术

当将某种基底(如金基底)浸入含有特定活性基团的某种物质的溶液中时(如含烷基硫醇化合物的溶液)，这种物质便会通过活性基团自发地吸附于基底上，形成二维规则排列的单层膜，这一过程便称为自组装(如图 1－2 所示)[16]，含有活性基团的分子在固体基片上吸附形成的分子聚集体便称为自组装单层膜，它是多种作用力协同的结果。自组装膜的种类很多，它主要包括：(1) 脂肪酸单层膜；(2) 有机硅衍生物单层膜；(3) 有机硫化合物单层膜；(4) 二磷酸化合物多层膜等。

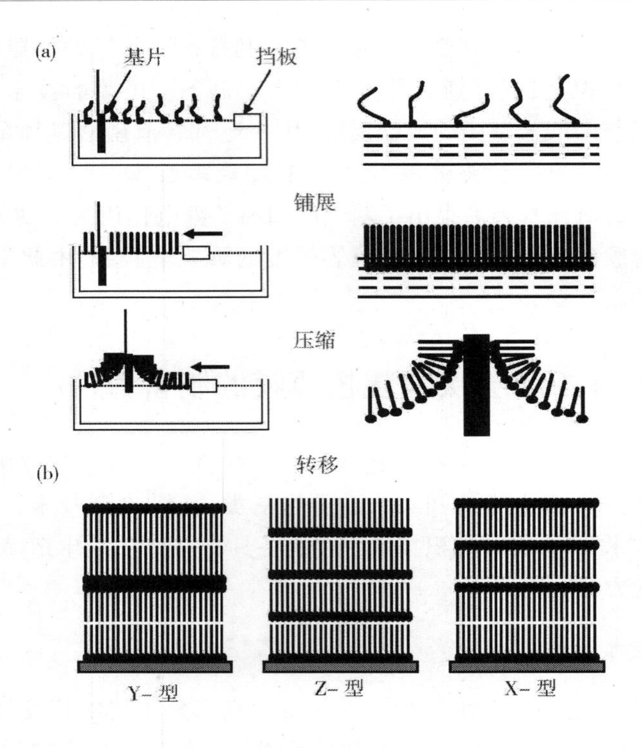

图 1-1　LB膜的制备过程和结构示意图

(a)LB膜的制备过程;(b)X-、Y-及Z-型LB膜的结构示意图

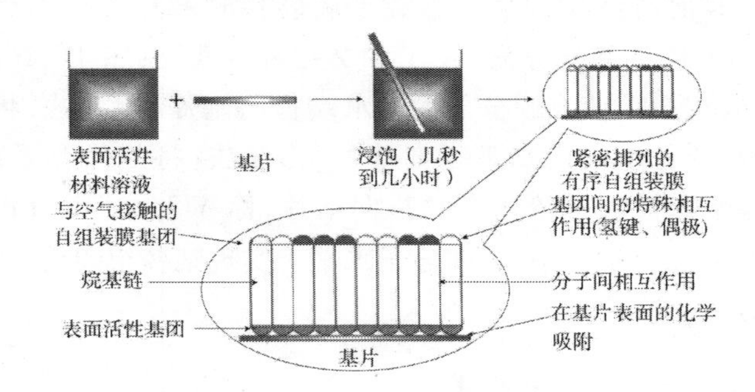

图 1-2　基于溶液吸附的自组装单层膜

注:这种二维自组装超薄膜形成的推动力包括组装

分子与基底的化学键和分子间的相互作用力[16]

1.2.2.1　脂肪酸单层膜

脂肪酸单层膜是含长烷基链的饱和脂肪酸($C_nH_{2n+1}COOH$)在金属或金属氧化物表面上自发吸附形成的单层膜[17]。实际上,成膜过程是一个酸-碱反应,即羧

酸盐阴离子与基片表面上金属阳离子的成盐反应。例如，*n*-烷基羧酸在 Al_2O_3 和 AgO 表面的吸附便属此类反应[18]（图1－3）。

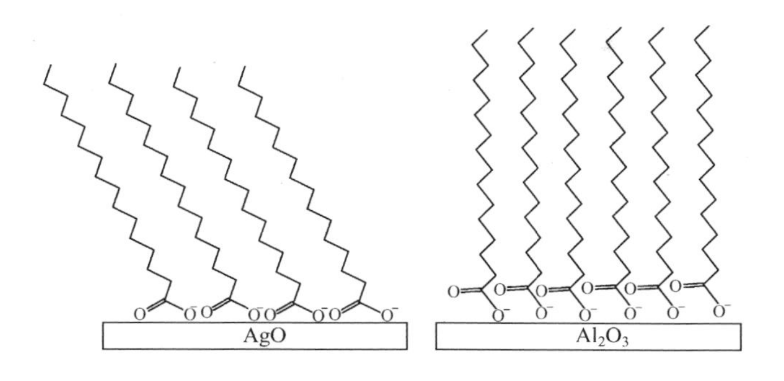

图1－3　*n*-烷基羧酸在 Al_2O_3 和 AgO 表面上自发吸附形成的单层膜[16]

1.2.2.2　有机硅衍生物单层膜

烷基氯硅烷、烷基烷氧基硅烷以及烷基氨基硅烷自组装单层膜的形成都需要一个羟基化的表面。这类自组装单层膜是由于与硅原子相连的易离去基团（如 —$SiCl_3$，$C_nH_{2n+1}OSi$—等）在溶液中水解，并在液/固界面上与基底表面的硅羟基（—SiOH）发生原位缩合反应生成聚硅氧烷而形成的[19]。研究表明，要想获得高质量的烷基三氯硅烷的自组装单层膜不是一件容易的事，其关键是如何控制成膜时溶液中水分的含量。溶液中痕量的水对于有机硅衍生物单层膜的形成具有催化作用。当溶液中水的含量低时，形成的膜不完全，缺陷很多；而当溶液中水分含量过高时，又容易引发溶液中硅烷分子之间的聚合，使膜表面变得粗糙（如图1－4所

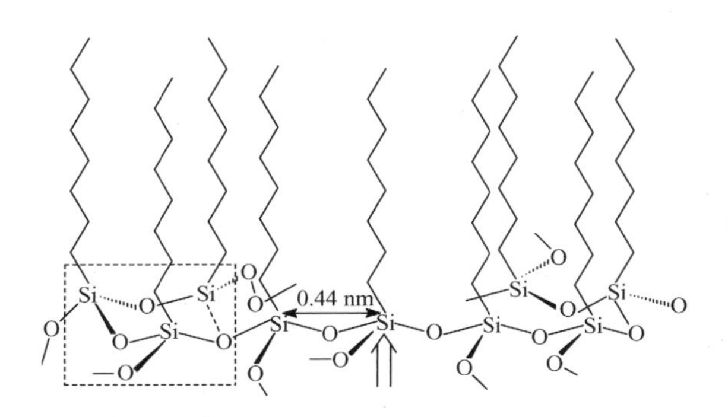

图1－4　基片与单层膜之间的聚硅氧烷的结构

注：箭头所指的硅羟基既可以和基片上的羟基反应，也可以和另一个聚硅氧烷上的羟基反应[16]

示)。控制溶液中水分的含量、溶液的温度和组装时间是获得高质量有机硅衍生物单层膜的重要条件。可用作有机硅衍生物单层膜制备的基底种类很多,包括:氧化硅、氧化铝、石英、玻璃、云母、硒化锌、氧化锗,甚至经过紫外光或臭氧氧化过的金表面。

1.2.2.3　有机硫化合物单层膜

含有硫或硒的化合物与过渡金属表面有很强的亲和力,这种强的亲和力可作为有机硫或硒的化合物在金属表面自组装的推动力。科学家们发现了越来越多的可在金表面自发形成自组装膜的含硫化合物,它们包括:烷基硫醇、二烷基硫化合物、二烷基双硫化合物、硫酚、巯基吡啶、巯基苯胺、噻吩、巯基丙氨酸、烷基磺酸盐、硫代氨基甲酸盐、硫脲等。这其中研究最多且了解最深的还是烷基硫醇在 Au(Ⅲ)表面的自组装。烷基硫醇在 Au(Ⅲ)表面的吸附动力学的研究表明,在稀溶液中,烷基硫醇的自组装包括两个过程[20]:第一个过程是一个受扩散控制的 Langmuir 吸附过程,这是一个快过程;而第二个过程则是一个表面结晶化过程,烷基链将经历从无序到有序的转变,从而形成一个类似二维晶体的结构,这是一个慢过程。快过程需要几分钟,当它结束时,膜的接触角接近最终值,膜厚度也达最终厚度的80%~90%,而慢过程则要持续几个小时。巯基化合物在金表面的自组装实际上是在金表面形成了 Au—S 键,如下式所示:

$$R—S—H + Au_n^0 \longrightarrow R—S^- Au^+ \cdot Au_n^0 + \frac{1}{2} H_2$$

除了金以外,有机硫化合物还可以在银、铜、铂、汞、铁以及纳米级的 γ-Fe_2O_3 微粒、金微粒、GaAs、ZnP 微粒等表面形成单层膜。

1.2.2.4　二磷酸化合物多层膜

当磷酸与四价过渡金属离子反应时,生成不溶的磷酸盐。设想如果将磷酸中的羟基用烷基链取代,则这种含有磷酸基团的烷基化合物在含有磷酸的表面通过四价过渡金属离子的参与可自组装形成单层膜[21]。如果是头尾都有磷酸的烷基化合物,则可与四价过渡金属离子在磷酸盐修饰的表面形成多层膜。图 1-5 给出了一些可用于多层膜组装的二磷酸盐化合物。Mallouk 最早报道了用图 1-5 中的化合物Ⅰ与 Zr^{4+} 在含磷酸盐的表面交替沉积制备多层膜的技术[22,23]。Katz 用化合物Ⅵ,在 Zr^{4+} 处理过的磷酸盐表面自组装形成单层膜,再将此单层膜用 $POCl_3$ 处理,并水解,又重新获得了含有磷酸盐的表面,再用 Zr^{4+} 处理此磷酸盐表面可以再引入一层化合物Ⅵ自组装膜[24,25]。重复上述操作可得到多层膜。这是一种制备非中心对称的多层膜的有效方法,此方法在非线性光学器件的制备中具有重要的应用前景。

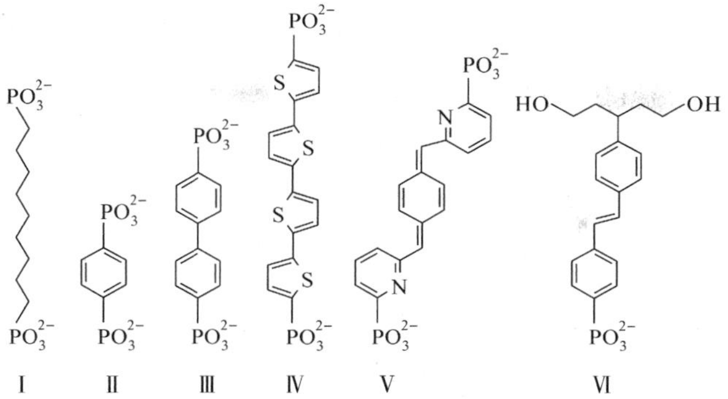

图 1－5　可用于与过渡金属离子交替沉积制备多层组装薄膜的二磷酸盐衍生物

除了二磷酸化合物与过渡金属的自组装以外，基于化学吸附的自组装技术也可以用于制备多层超薄膜，这通常包括两个步骤[26]：(1) 小分子化合物(如有机硅烷衍生物或烷基硫醇)通过化学吸附形成单层膜；(2) 通过活化，使得活性表面得

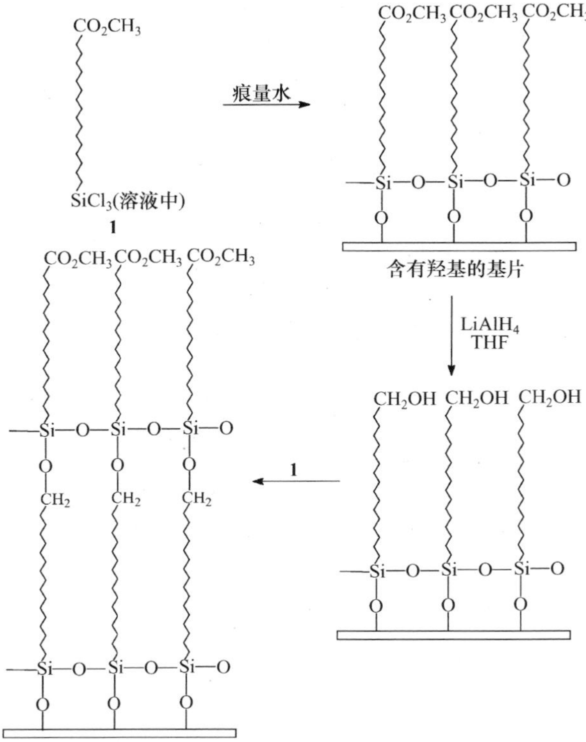

图 1－6　基于 23－(三氯硅烷)羧酸甲酯的自组装而制备多层组装薄膜的过程

到再生从而吸附下一层分子。循环这两步可以制备多层膜。由于层间形成的是化学键(共价键和配位键),这样得到的多层膜具有很好的稳定性。图 1－6 是用 23－(三氯硅烷)羧酸甲酯(MTST)制备多层膜的过程[26]。MTST 在痕量水的催化下形成自组装单层膜,再用 $LiAlH_4$ 将端基的羧酸甲酯还原成羟甲基,而羟甲基又允许下一层的 MTST 在其上进行组装,循环此操作即可得到自组装多层膜。用这种方法,N. Tillman 成功地在硅基底上制备了厚度约为 0.1 μm 的 MTST 多层膜。单层膜厚度平均为 3.5 nm/层,多层膜的厚度随沉积层数的增加线性增长[27]。椭圆偏振、吸收光谱和二色性比实验都表明多层膜是由结构清晰的单层膜构成的。在多层膜的制备中发现,这种自组装多层膜具有很好的自修复功能,即使由于基团间的反应不可能达到 100%而在膜制备过程中诱发“缺陷”,但上一层的“缺陷”也能有效地被下一层的组装所掩盖。否则,随组装层数的增加,“缺陷”会在膜中进一步生长和扩散,因而不可能制备厚度为 1～2 μm(250～500 层)的高质量的多层膜。

1.2.3 交替沉积技术

LB 膜技术和基于化学吸附的自组装技术虽然是制备层状组装超薄膜的非常有效的两种方法,但其本身所具有的一些局限性却限制了它们在实际中的应用。虽然 LB 膜的有序度高、结构规整,但由于层间是亲水/疏水的弱相互作用力,膜的稳定性较差。又由于膜的制备需要昂贵的 LB 膜槽,而且对基底的要求很严格,这些都严重限制了这一技术在实际中的应用。化学吸附的自组装多层膜是通过化学键连接在一起的,稳定性较好,有序度也较高,看起来是一种好的制备自组装多层膜的技术。但是,在实际操作中,快速、定量的化学吸附要求有高反应活性的分子和特殊的基底作保障,由于通常的化学反应的产率很难达到 100%,因而使得用连续的自组装技术制备结构有序的多层膜并不容易。这就需要新的、更简单有效的超薄膜制备技术的出现。

早在 1966 年,Iler 等报道了将表面带有电荷的固体基片在带相反电荷的胶体微粒溶液中交替沉积而获得胶体微粒超薄膜的研究[28]。当时,这种基于带相反电荷的物质之间的以静电相互作用为推动力的超薄膜的制备技术并没有引起人们的注意。直到 1991 年 Decher 等重新提出静电交替沉积这一技术,并将其应用于聚电解质和有机小分子的超薄膜的制备中,这种由带相反电荷的物质在液/固界面通过静电作用交替沉积形成多层超薄膜的技术才真正引起人们的注意[29]。这种技术制备超薄膜的过程十分简单,以聚阳离子和聚阴离子在带正电荷的基片上的交替沉积为例,超薄膜的制备过程(如图 1－7 所示)可描述如下[29]:(1) 将带正电荷的基片先浸入聚阴离子溶液中,静置一段时间后取出,由于静电作用,基片上会吸附一层聚阴离子,此时,基片表面所带的电荷由于聚阴离子的吸附而变为负;(2) 用水冲洗基片表面,去掉物理吸附的聚阴离子,并将沉积有一层聚阴离子的基

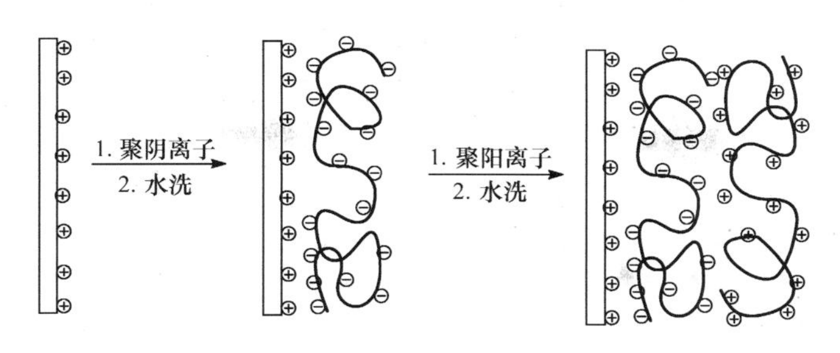

图1-7 基于聚阳离子/聚阴离子之间静电相互作用的
超薄膜的制备过程及超薄膜的简单模型图

片干燥;(3) 将上述基片转移至聚阳离子溶液中,基片表面便会吸附一层聚阳离子,表面电荷恢复为正;(4) 水洗,干燥。这样便完成了聚阳离子和聚阴离子组装的一个循环。重复(1)至(4)的操作便可得到多层的聚阳离子/聚阴离子超薄膜。尽管这种组装技术构筑的超薄膜的有序度不如LB膜高,但与其他超薄膜的制备技术相比较,它仍具有许多优点:(1) 超薄膜的制备方法简单,只需将离子化的基片交替浸入带相反电荷的聚电解质溶液中,静置一段时间即可,整个过程不需要复杂的仪器设备;(2) 成膜物质丰富,适用于静电沉积技术来制备超薄膜的物质不局限于聚电解质,带电荷的有机小分子、有机/无机微粒、生物分子如蛋白质、DNA、细菌、酶等带有电荷的物质都有可能通过静电沉积技术来获得超薄膜;(3) 静电沉积技术的成膜不受基底大小、形状和种类的限制,且由于相邻层间靠静电力维系,所获得的超薄膜具有良好的稳定性;(4) 单层膜的厚度在几个埃至几个纳米范围内,是一种很好的制备纳米超薄膜材料的方法,单层膜的厚度可以通过调节溶液参数,如溶液的离子强度、浓度、pH以及膜的沉积时间而在纳米范围内进行调控;(5) 特别适合于制备复合超薄膜。将相关的构筑基元按照一定顺序进行组装,可自由地控制复合超薄膜的结构与功能。静电沉积技术以及基于其他推动力的超薄膜的交替沉积技术(统称为层状组装技术)越来越受到人们的广泛关注,已经成为了一种构筑复合有机/无机超薄膜的十分有效的方法[30~32]。

1.3 静电组装技术

在基于分子自组装的交替沉积技术中,静电组装技术的发展格外引人注目。自1991年Decher及其合作者重新提出这一基于带相反电荷的物质的静电力为成膜推动力的超薄膜的组装方法以来,静电组装技术的研究日益发展,科学家们已经对静电组装技术的成膜机理、静电组装超薄膜的结构、超薄膜的结构控制等有了很深入的了解[29~34]。可以用静电组装技术制备超薄膜的物质的种类和数量也越来越多,如含有寡电荷的有机染料分子,各种结构的聚电解质,尺寸为纳米和微米的有机和无机微粒，带有电荷的无机物如黏土、杂多酸，生物大分子如酶、蛋白质、DNA 和某些细菌等。这些为基于静电组装技术的超薄膜器件的制备奠定了坚实的基础。同时，借鉴静电组装技术的经验，科学家们又发展了基于其他分子间作用力的超薄的层状组装技术，如氢键、配位键、分子识别、给受体的电荷转移作用力等。可以说，静电组装技术研究的日益深入为发展基于其他分子间作用力为成膜推动力的层状超薄膜组装技术提供了宝贵的经验。因此，先了解静电组装技术对于掌握整个超薄膜制备的方法是很重要的。本节将重点介绍静电组装技术的原理、膜结构及其相关的应用。

1.3.1 基底的处理

静电组装制备超薄膜首先需要一个带电荷的基底，玻璃、石英、单晶硅、云母、蒸镀于玻璃或石英上的金、ITO 玻璃和各种塑料是静电组装中常用的基底。基底上的电荷分布与存在方式直接影响与基底相邻的若干层膜的吸附、稳定性、结构及性质。因此，如何获得带有电荷的基底是超薄膜制备的第一步，也是很关键的一步。对于本身已带电荷的基底，当然可以直接应用，必要时也可以加以修饰。关键是怎样才能在不带电荷的基底上修饰出所需要的电荷。将新剥开的云母浸入水中时，由于铝硅酸盐电离出钾离子而使云母带负电荷，因此云母基片不需要额外的修饰就可以直接用于静电组装超薄膜的制备。但在上述提到的几种基底中，只有云母本身带有负电荷，其他的基底都需要人为地引入电荷。在不同的基底上引入电荷的方法，归纳起来大致有如下三种：自组装方法、聚电解质吸附法和化学反应法。

1.3.1.1 自组装方法[16]

石英和玻璃表面存在着大量的硅羟基，使得它们很容易用末端含有荷电基团的硅烷衍生物进行修饰从而引入电荷。例如，三烷氧基-3-氨基硅烷通过自组装连接于石英表面，在石英上修饰了一层氨基，使氨基质子化便得到了带正电荷的基底。一种能在石英表面通过自组装引入负电荷的试剂是(3-巯基丙基)-三甲氧基硅烷(MPTS)。MPTS 在石英表面自组装后，使其表面覆盖了一层巯基，这层巯基很容易被 30% H_2O_2/HOAc(体积比为 1∶5)氧化成磺酸基而使基片表面带负电荷[35]。由于硅表面有一层很薄的氧化层，所以适用于石英和玻璃的表面修饰方法对于硅基底都有效。由于 ITO 是 In_2O_3 和 SnO_2 的混合物，也可以用修饰石英的方法来修饰 ITO 表面。类似地，对于金基底(或其他贵金属)，用含有带电基团的巯基衍生物可方便地在它们的表面引入正电荷或负电荷，且可供选择的巯基试剂极其丰富。如 3-巯基丙酸和 3-巯基-1-丙基磺酸盐可在金表面修饰上负电荷，而巯基乙胺可在金表面引入正电荷。含有巯基的衍生物也可以在 ITO 表面组装，因此，含有带电基团的巯基衍生物也用于 ITO 的表面修饰。

1.3.1.2　聚电解质吸附法

一些聚电解质,特别是聚阳离子,很容易通过物理的或化学的方式吸附到某些基底上而在其表面引入电荷。一些可用于表面修饰的聚阳离子的结构如图1-8所示。聚胺类(polyamines)物质是一类由于含有易于质子化的胺基而容易诱导出正电荷的聚阳离子,它们可以通过氨基上的氮原子与金的复合而牢固地吸附于金表面上从而使金表面带上正电荷[36]。将 H_2O_2/H_2SO_4 处理过的干净的石英表面用碱液(如 NH_3 的水溶液)对表面的硅羟基作去质子处理,可以使其表面很容易吸附上一层聚阳离子。但是,仅用 H_2O_2/H_2SO_4 处理过的干净的石英也可以直接吸附含有胺基的聚电解质,如枝化的聚乙烯基胺(PEI)和线性的聚乙烯基胺(PVA)。由于硅羟基的 pK_a 约为7,α-胺基的 pK_a 在10～11之间,这决定了硅羟基和胺基不可能在同一pH下带相反的电荷,由此推测PEI和PVA在石英表面的吸附的推动力不可能是静电作用。据此,有人推测是氨基和硅羟基之间的氢键在起作用[37]。然而,聚二烯丙基二甲基铵氯化物(PDDA)和聚 *N*,*N*,*N*-三甲基-2-甲基丙烯酸乙酯溴化铵虽然没有自由氨基,却也都能容易地吸附于用酸处理过的石英上,这一结果就不能再用氢键作解释了。为什么有些聚电解质(多为聚阳离子)能很容易地吸附于某些基底上,仍是一个亟待回答的问题,但这丝毫不影响它们在基底修饰中的应用。Laschewsky曾提出用两亲性的嵌段聚合物来修饰憎水的表面而在其上引入电荷的设想。这一想法的原理是,不含电荷的疏水部分提供与疏水基底相结合的作用力,而含有电荷的亲水部分则提供静电组装所需的电荷[33]。这一想法在理论上虽然具有可行性,但它的缺点是两亲性嵌段聚合物与基底间的疏水/疏水作用力很弱,这将限制这一方法在实际中的应用。但类似的,有人成功地将蛋白质直接吸附于基底上作为组装的第一层[38,39]。PEI和PDDA是两种最

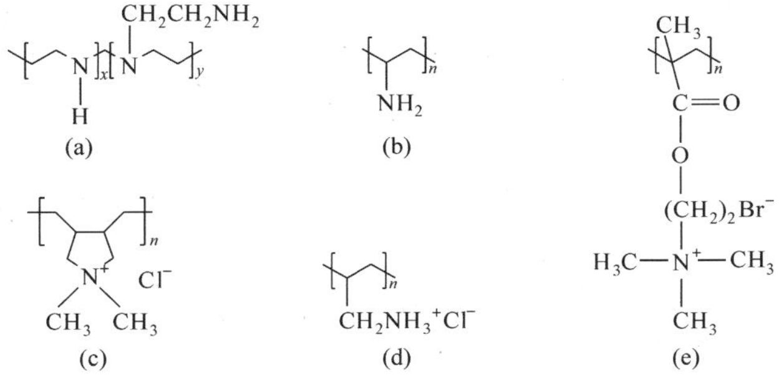

图1-8　可吸附于基片表面使基片带上正电荷的聚阳离子的结构

(a)枝化聚乙烯胺(PEI);(b)线性聚乙烯胺(PVA);(c)聚二烯丙基二甲基铵氯化物(PDDA);(d)聚丙烯胺(PAH);(e)聚 *N*,*N*,*N*-三甲基-2-甲基丙烯酸乙酯溴化铵

常用的在基片表面引入正电荷的聚合物,它们可以用在石英、玻璃、硅、金和 ITO 等绝大多数基底的表面通过吸附而引入电荷。

1.3.1.3　化学反应法

通过自组装和聚电解质吸附仍不能引入电荷的基底就只能借助于某些特殊的界面化学反应引入电荷了。这些基底通常是那些有机聚合物,它们一个共同的特点是具有较为疏水的表面。对于对苯二甲酸缩乙二醇酯(PET),通过表面化学反应,既可引入正电荷,又可引入负电荷[40]。当将 PET 浸入 1 mol/L NaOH 溶液于 60 ℃水解 16 min 后,表面便产生了大量的羧酸盐基团,用 0.1 mol/L 的 HCl 溶液浸泡,可将羧酸盐转化为羧酸基团。当将 PET 浸入聚丙烯基胺(PAH)溶液中时,可以通过 PAH 的吸附/反应而在 PET 表面引入氨基。在 pH 较低时,发生 PAH 在 PET 上的吸附;pH 升高时,发生 PAH 与 PET 酯基间的酰氨化反应而将 PAH 以共价键连接在 PET 表面上从而引入氨基(图 1-9)。类似地,聚(4-甲基-1-戊烯)可以用 CrO_3/H_2SO_4 的混合溶液(5 mol/L CrO_3 溶于体积分数为 28% 的 H_2SO_4 溶液中,温度为 80 ℃)将其表面的甲基氧化为羧酸基[41]。聚乙烯也可以通过此反应而引入羧酸基[42]。对于聚三氟氯乙烯(PCTFE),在表面引入羟基后,聚丙烯基胺可以很容易地吸附在上面而进行静电组装[43]。聚四氟乙烯(PTFE)是一种很难修饰的塑料,但可以通过其表面的烯丙基胺等离子体聚合而引入氨基[41]。

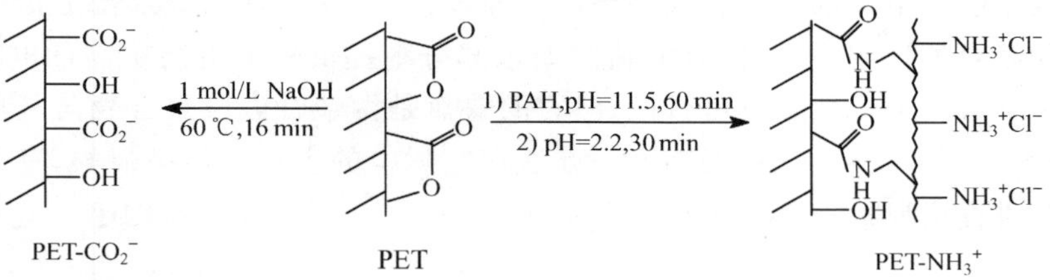

图 1-9　在对苯二甲酸缩乙二醇酯(PET)表面通过化学反应修饰正电荷和负电荷的方法

此外,除了上述方法外,还可以将带电荷的表面活性剂分子通过 LB 膜技术沉积于某些基底上,从而使其带上电荷[45,46]。这种方法满足了那些对表面电荷密度有严格要求的组装。但是,由于基底的选择受材料、尺寸和表面形态等制约,又加上 LB 膜与基底的结合牢固度差,多次吸附易导致多层膜脱落,这些不利因素的存在影响了此方法的广泛应用。据报道,部分有机聚合物的表面,如聚甲基丙烯酸甲酯(PMMA)、聚苯撑氧化物、聚乙酰胺、聚乙酸甲基乙烯酯等的表面未经任何处理也可以吸附上少量的聚电解质[47,48],但由于静电组装膜的“自洽”功能(self-healing),经过多次沉积,表面的电荷密度可能会逐渐增加并趋于恒定。

1.3.2　静电沉积技术的成膜推动力、膜的结构及调控

1.3.2.1　静电沉积技术的成膜推动力

交替沉积的静电组装技术的成膜推动力主要是聚电解质分子或带电物质在液/固界面上的静电作用力。以聚电解质的交替沉积为例，多层超薄膜制备的关键在于每吸附一层聚电解质，都会引起超薄膜表面电荷的翻转，使基片表面带上与上一层相反的电荷，从而保证膜的连续组装。尽管静电组装超薄膜的成膜推动力主要是层间的静电力，一些其他的短程的次级作用力，如亲水/疏水作用、电荷转移、π-π^* 重叠作用、氢键作用等对于多层超薄膜的连续沉积和稳定性的保持都起着不可忽视的作用。

尽管理论上关于静电组装的描述已有报道[49～51]，但对于这一过程更为具体、精确、客观的数学描述仍需要大量的工作做基础。简单地说，静电组装的推动力主要来自于体系的熵增加，而焓变的贡献则相对较小。类似于溶液中聚电解质复合物的形成，在固/液界面上，聚电解质同带相反电荷的表面复合，将那些结合于表面的抗衡离子释放出来，使体系的熵增加。另一部分熵增加来自于这一复合过程所释放出来的聚合物上(既包括已经吸附在基底上的前一层聚电解质，也包括将要吸附上的这一层聚电解质)带电基团结合的水合离子。在聚电解质吸附前后，整个体系的离子键的数量并没有变化，如果不考虑带电基团/带电基团，以及带电基团/抗衡离子间离子键强度的不同，则吸附过程中的焓变近乎为零。然而，在实际的多层膜组装过程中，由于不同基团间结合力的差异，使问题变得异常复杂。如果将聚电解质在带相反电荷的表面上的吸附看作一个界面反应，则可以认为聚电解质的带电基团与基片表面上的带相反电荷的基团形成了离子键，在界面上生成了一层不溶的“沉淀物”，也即组装了一层聚电解质超薄膜。这种“沉淀物”的生成一方面与带电基团的种类有关，就像 Ba^{2+} 与 SO_4^{2-} 在水中相遇生成不溶于水的 $BaSO_4$ 沉淀，而 Ba^{2+} 与 Cl^- 在水中则不能反应一样；另一方面，也与带电基团本身所处的微环境有关，如在构象上是否有利于聚合物链上带电基团和基片表面上带相反电荷的基团接近，是否有其他次级作用力的参与来协助此吸附过程，等等。不同种类的物质，尽管带有相同的带电基团，但它们基于静电作用力的成膜能力却大不相同，这就是由带电基团所处的环境的不同造成的。Laschewsky 等研究了聚电解质上的电荷密度对于成膜能力的影响[52]。他们的结论是：带相反电荷的聚电解质能否通过静电组装形成多层膜的关键在很大程度上取决于聚合物链上的电荷密度是否匹配，而不取决于电荷密度的绝对大小。这一结论也说明了带电基团微环境对成膜能力的影响。

1.3.2.2 单层膜吸附的动力学及结构调节

在静电组装时，为了选择合适的沉积时间，需要知道单层膜沉积的动力学。石英微重量天平（QCM）是迄今为止最为方便、快捷和有效的研究单层膜沉积动力学的工具，因为它可以精确地检测出石英晶体上纳克级的质量变化[53]。石英晶体上质量的变化反应在石英晶体的振荡频率的变化上，当石英晶体上有物质吸附时，其振荡频率降低，反之则升高。质量变化与频率变化的关系可由 Sauerbrey 方程得出[53]：

$$\Delta f = -\frac{2f_0^2}{\sqrt{\mu_Q \rho_Q}} \frac{\Delta m}{A} \tag{1-1}$$

式中，f_0 是石英晶体的基准振荡频率（Hz）；$\rho_Q = 2650 \mathrm{kg/m^3}$，是石英的密度；$\mu_Q = 2.957 \times 10^{-10} \mathrm{N/m^2}$，是石英的弹性系数；$\Delta f$ 是物质吸附前后石英晶体的频率变化；Δm 是石英晶体上由于物质吸附而引起的质量变化；A 为石英晶体的面积。

研究表明，带电荷物质在相反电荷的基底上的饱和吸附时间可以是几秒、几分钟到几十分钟甚至几个小时，但大多数聚电解质的吸附过程只需要几分钟。图 1-10 是用 QCM 表征聚电解质和染料分子静电组装单层膜的吸附动力学的例子[54]。图1-10 (a)是刚果红（CR）和 PDDA 超薄膜制备过程中第二层 CR（用 ○ 标记）和第三层 PDDA（用 ● 标记）的吸附动力学。聚电解质 PDDA 和染料小分子 CR 的吸附动力学相似，都在 20 min 内达到吸附平衡。相比而言，在 TPPS/PDDA 体系中，PDDA 和染料小分子 TPPS 的吸附动力学则完全不同，如图 1-10(b)所示是 TPPS/PDDA超薄膜制备过程中第二层 TPPS（用 ○ 标记）和第三层 PDDA（用 ● 标记）的吸附动力学。PDDA 的吸附在 5 min 内达到了饱和，而 TPPS 的吸附随着浸泡时间的延长而增加，在 20 min 内没有达到饱和。对比 CR/PDDA 和 TPPS/PDDA 这两种超薄膜的静电组装的动力学发现，PDDA 在 CR 和 TPPS 上吸附量达饱和吸附量 50%所需的时间不同，前者为 1.5 min，而后者则为 0.39 min。图中的实线为PDDA、CR 和 TPPS 吸附的拟合曲线，吸附动力学可用下面的方程拟合，是一个一级吸附动力学过程：

$$\ln\{(F - F_\infty)/(F_0 - F_\infty)\} = -kt \tag{1-2}$$

式中，t、F、F_0、F_∞ 和 k 分别是吸附时间、吸附时间为 t 时的频率、起始时的频率、吸附达饱和时的频率和吸附的速率常数。

通常，对于不同种类的聚电解质，甚至同一聚电解质在不同条件下，其吸附的动力学是不同的。所选用的基底（包括已被上一层聚电解质沉积的基底）、溶液的浓度、离子强度和 pH 都有可能影响吸附动力学。实际上，研究已经表明，聚电解质在带相反电荷的基底上的吸附经历了两个过程[33]：首先，聚电解质通过链段上

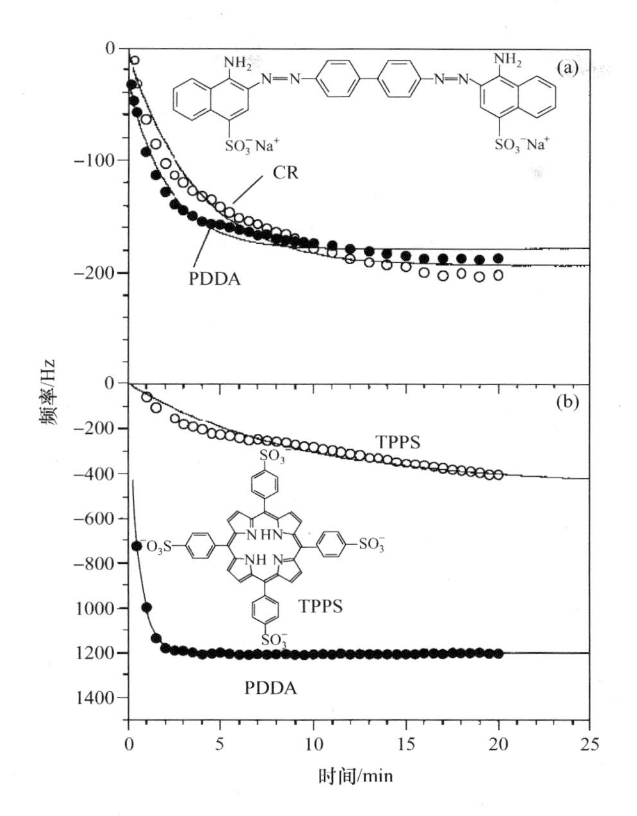

图 1-10　QCM 监测的聚电解质 PDDA、有机燃料分子 CR 和 TPPS 的静电组装吸附动力学

(a) CR/PDDA 超薄膜制备过程中第二层 CR（用 ○ 标记）和第三层 PDDA（用 ● 标记）的吸附动力学；(b) TPPS/PDDA 超薄膜制备过程中第二层 TPPS（用 ○ 标记）和第三层 PDDA（用 ● 标记）的吸附动力学。实线为理论拟合的吸附动力学曲线[54]

的少数位点将自己固定于带相反电荷的基底上，这是一个快过程；接着，链段通过其本身的构象调整，实现整个链段与基底的紧密接触，这是一个慢过程。正是由于静电组装中慢过程的存在，尽管聚电解质的吸附可以在几分钟内完成，但大多数情况下组装一层聚电解质所用的时间通常是10～20 min，这正是为了使链段有充分的时间对自身进行调整，以期望得到沉积过程重复性好、膜结构更为规整的超薄膜。

静电组装技术的另一个优点是单层膜的厚度可以在纳米尺度实现精细的调控[56～58]。聚电解质的浓度、离子强度，甚至溶液的 pH[57,58]都会对单层膜的厚度产生影响，调整这些参数就可以精确控制多层膜的厚度。聚电解质浓度和离子强度的增加都会引起聚电解质静电组装单层膜厚度的增大。例如，对于聚丙烯胺(PAH)和聚苯乙烯磺酸盐(PSS)的组装，仅通过改变溶液的离子强度，其单层膜厚度可由 1.09 nm（没有加入无机盐）变化至 10.4 nm（加入 3 mol/L 的 NaCl）。聚电解质溶液的浓度和离子强度影响聚电解质静电组装单层膜的厚度可归结于浓度和离子强度引起的聚电解质在溶液中的链段构象的变化。在聚电解质的稀溶液中，由于相邻带电荷基团间存在着静电斥力，使聚合物链在溶液中采取伸展的构象，这样吸附到基片上时形成的聚合物单层膜就薄；当聚合物浓度较大或离子强度较高时，聚合物链上的带电基团可以部分地相互屏蔽或被溶液中的抗衡离子屏蔽，此时聚合物链在溶液中采取较为卷曲的构象，被吸附的聚合物排列也较为疏松，吸附到基片上时，其厚度相对也较大。对于弱聚电解质，聚合物链上的电荷密度受溶液的pH影响，同样依靠弱聚电解质溶液pH的调节，也可以调节聚电解质单层膜组装的厚度。伴随着聚电解质薄膜厚度的改变，聚电解质薄膜的结构也发生了很大的变化，这对于那些含有功能性基团的聚电解质膜尤其明显。聚电解质单层膜厚度和结构可以通过浓度、离子强度和pH的改变而调节这一事实极大地方便了静电组装技术在实际中的应用。静电组装中，浓度和离子强度对于小分子静电组装单层膜厚度的影响一般不大，因为小分子通常是以单分子层的形式吸附上去的。除非在某些情况下，浓度或离子强度的改变导致了小分子在膜中构象或取向的变化，或者过高的离子强度导致了小分子的部分脱落。已有的研究表明，离子强度的变化足以大大改变有机或无机微粒在静电组装中的吸附行为，从而改变膜的厚度[59,60]。通常，在同一层超薄膜中，由于带同种电荷的相邻微粒间存在着强的静电排斥力，使得相邻微粒间有一定的距离而不是紧密排列，微粒在基底上的覆盖率远小于100%，几层膜的厚度相加才相当于完全覆盖时单层膜的厚度。如聚丙烯酸(PAA)和季铵盐修饰的聚苯乙烯微球单层膜的覆盖度只有30%，所得的多层膜由于层间穿插而变得无序。Serizawa等研究了550 nm的带有负电荷的聚苯乙烯微球在PAH上的组装[60]，发现增加聚苯乙烯微球溶液中的无机盐的浓度可以大大提高聚苯乙烯微球静电组装时的覆盖度。在未加入NaCl时，单层膜的表面覆盖度仅为6%，而当将聚苯乙烯微球溶于2 mol/L的NaCl水溶液并在此条件下组装时，单层膜的覆盖度可以增加至60%。这是因为无机盐的引入可以在很大程度上屏蔽掉相邻聚苯乙烯微粒间的排斥力，使它们的排列更紧密。为便于理解，有关静电组装单层膜结构调整的问题将分散在具体的章节中介绍。简言之，静电组装多层膜的结构的调节，既可以在单层膜制备过程中通过调节溶液的各种参数来实现，也可以在多层膜制备完了之后，通过诸如将多层膜置于光、热、电场或磁场等外界环境中通过外界因素的诱导来实现。

1.3.2.3 静电组装多层膜的结构

反射技术，尤其是X射线反射和中子反射技术，是研究多层膜在膜的生长方向周期性结构的有效方法。所不同的是，X射线反射技术对电子云密度的反差很敏感，而中子反射则能精确获得由氘代和非氘代物质所产生的超晶格结构的信息。

对于由A和B两种聚电解质交替沉积而成的多层膜，如果在膜的沉积方向存在周期结构，则最简单的周期结构是由A和B构成的一个双层膜，即A/B。对于由较柔性的聚电解质聚丙烯胺（PAH）和聚苯乙烯磺酸盐（PSS）交替沉积制备的多层膜，X射线反射实验只给出了一系列的Kiessig fringes，并没有布拉格（Bragg）衍射峰的出现[61]。即使是电子云密度反差大的聚阳离子和聚阴离子的交替组装多层膜，也没有给出布拉格衍射峰。这说明X射线反射所得到的信息来自于X射线在膜/基片和膜/空气界面的干涉，多层膜内的电子云分布是均匀的。静电组装超薄膜内沿膜生长方向分布均匀的电子云密度说明在多层膜中相邻层间不存在清晰的界面，静电组装超薄膜不具有周期结构。由此，只能说明多层膜中相邻层之间有严重的穿插，即多层膜具有穿插结构。在另一种类型的多层膜（ABCB）* n 中，由于选用了三种不同的聚电解质，相邻A层（或C层）的穿插可在一定程度上得到抑制，在这类膜的X射线衍射图样中观察到了布拉格衍射峰，支持了多层膜具有穿插结构这一说法[62]。最有说服力的能证明静电组装多层膜间具有穿插结构的是中子反射实验[63,64]。在$[(A/B)_m AB_d]*n(m=0,1,2,\cdots)$多层膜中，A为PAH，B为普通的PSS，而$B_d$为氘代的PSS。在这样结构的多层膜中，X射线反射只能给出一系列由光在膜/基片和膜/空气界面衍射产生的Kiessig fringes，而中子反射则得到了一系列的布拉格衍射峰，显示了超薄膜所具有的周期结构。总而言之，与LB多层膜及基于化学吸附的自组装多层膜不同，静电组装多层膜由于相邻层间存在着穿插，降低了其在结构上的规整性，使得静电组装超薄膜一般不具有在膜生长方向上的周期结构。正是由于静电组装多层膜存在层间的穿插，有序度不高，所以静电组装技术又常被称作“模糊”组装技术[29]。

由上面的分析可以推测，在静电组装超薄膜的制备过程中，如果能有效地抑制相邻层间的穿插，则有可能得到具有清晰界面的具有周期性结构的静电组装超薄膜。借用液晶分子的概念，张希等用带有刚性基团的聚马来酸单酯（$PSAC_6$）与含有联苯介晶基团的双吡啶盐（PyC_6BPC_6Py）交替沉积制备了$PSAC_6/PyC_6BPC_6Py$多层膜（如图1-11所示），这一多层膜的X射线衍射图样上出现了布拉格衍射峰，表明在这类膜中，相邻层间的穿插得到了一定程度的抑制，膜的有序度有所提高[65]。$PSAC_6/PyC_6BPC_6Py$超薄膜的有序性的提高归结于同一层中含联苯介晶基团的PyC_6BPC_6Py分子之间的π-π^*相互作用，它的存在在一定程度上抑制了相邻$PSAC_6$层的穿插。为了提高静电组装多层膜中发色团的取向，Laschewsky等将静电组装与环糊精的包结配位作用相结合，将含有非线性光学活性基团的聚阴离子与阳离子化的β-环糊精在基片上交替组装，获得了静电组装超薄膜。在超薄膜中，聚阴离子上的非线性光学活性基团与环糊精形成了包结配合物，如图1-12所示[66]。研究表明，在这类超薄膜中，嵌入于主体分子环糊精中的生色团的取向较普通静电组装多层膜中生色团的取向有很大程度的提高。他们认为，在聚合物

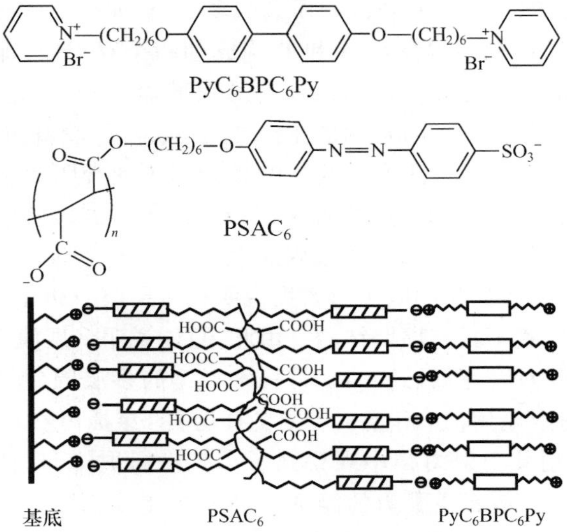

图 1－11　带有刚性基团的聚马来酸单酯(PSAC₆)与含有联苯介晶基团的双吡啶盐(PyC₆BPC₆Py)交替沉积制备的静电组装多层膜的结构[65]

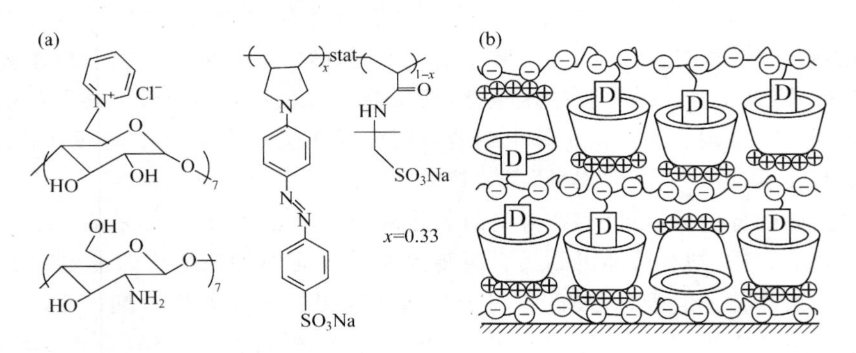

图 1－12　(a)含非线性光学活性基团的聚阴离子与阳离子化的 β－环糊精的结构式和(b)它们通过静电组装形成的含有包结配合物的超薄膜[66]

的静电组装多层膜的构筑中,三种机制对超薄膜的沉积和结构起着决定性的作用:(1) 由静电平衡控制的聚电解质在液/固界面上的吸附;(2) 新吸附的聚电解质层向上一层聚电解质的扩散,这一扩散使得带相反电荷的聚电解质层的界面变模糊;(3) 由扩散导致的聚阳离子/聚阴离子表面限域复合物的形成。聚阳离子/聚阴离子在液/固界面上能否形成有明确界面的复合物决定了所形成的静电组装多层膜的内部结构是否有序。他们的研究进一步支持了这一聚电解质静电组装超薄膜的生长机制:当采用溶致液晶聚电解质与对应的带相反电荷的聚电解质组装时,由于溶致液晶聚电解质沉积时能形成规整的薄层状超薄膜而使得所获得的静电组装超薄膜具有清晰的界面[67]。类似地，其他人的研究表明，用刚性板状的带电物质，如片状的蒙脱石(exfoliated montmorillonite)、锂皂石(hectorite)、石墨氧化物(graphiteoxide)、α-$Zr(HPO_4)_2$、铌酸盐和相应的聚电解质组装制备的超薄膜的 X 射线反射实验都观察到了布拉格衍射峰，表明在这类超薄膜中沿膜生长的方向也具有周期结构[68]。Decher 等在制备金微粒静电组装超薄膜时，将相邻的金微粒层用若干层聚电解质超薄膜分隔开来，充分避免了相邻金微粒层间的接触，得到了具有准超晶格结构的含有金微粒的超薄膜，其 X 射线反射同样给出了布拉格衍射峰[69]。

静电组装超薄膜中另一个值得关注的问题是膜的组成，即带有相反电荷的基团是以什么比例在膜中复合的。Schlenoff 等用 X 射线光电子能谱(XPS)研究了聚苯乙烯磺酸钠(PSS)和聚丁基紫精(PBV)静电组装多层膜中带电基团的组成[70]。XPS 结果显示，在 PSS/PBV 多层膜中，N 与 S 元素的比例基本为 1∶1，在超薄膜中并没有发现诸如 Na^+、K^+ 和 Cl^- 等抗衡离子的存在。这一结果充分说明 PSS/PVB 多层膜中 PSS 上的磺酸基团与 PVB 中的季铵化吡啶基团是以 1∶1 的比例结合的，如图 1-13 所示。但是，对于静电组装超薄膜的组成这一问题，由不同类型的物质组装形成的静电组装超薄膜，甚至由同种物质在不同条件下组装形成的超薄膜所得的结果通常是不一样的。这一现象的存在是合理的，因为即使是在溶液

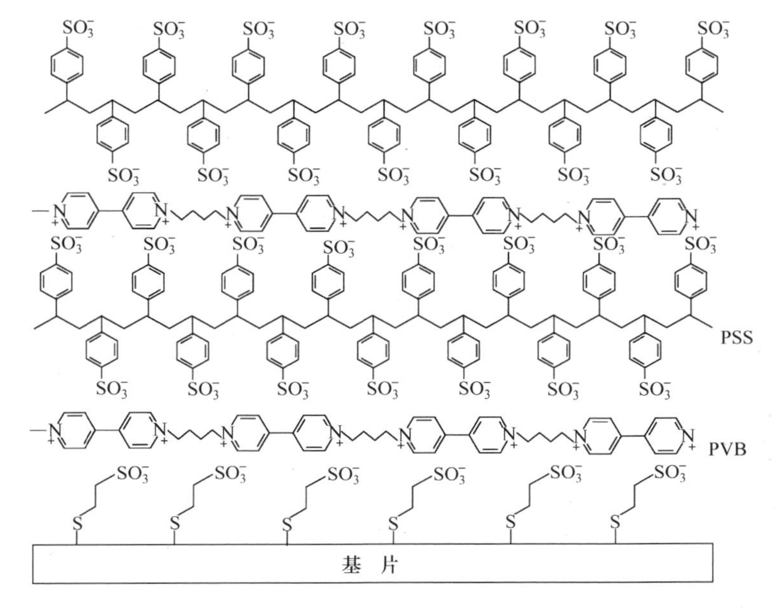

图 1-13　以 1∶1 的摩尔比进行静电组装的 PSS 和 PVB 所获得的超薄膜的理想模型图

注：实际的膜结构会更无序[70]

中，两种带相反电荷的聚电解质以非1:1的摩尔比例复合的情况也是存在的。决定静电组装超薄膜中带相反电荷的聚电解质的带电基团是否以1:1的等摩尔比复合的主要因素是：在多层膜形成的条件下，是否允许相邻层间带相反电荷的基团的充分接近以及这两种基团之间的结合能力[71]。对于那些连接在柔性链上的带电基团，它们很容易通过链段的活动找到与之结合的带相反电荷的基团。相反，对于那些连接在刚性基团或存在于刚性链段上的带电基团，由于其活动能力受到了某种程度的限制，便会失去一些与带相反电荷的基团结合的机会，而这一"空缺"会被一些小的抗衡离子所占据，以保持组装过程中膜内的电中性。当在聚电解质溶液中加入无机盐而使膜变得很厚时，一些带电基团便被包埋在聚合物链里面而失去与带相反电荷基团结合的机会，这时所制备的静电组装超薄膜中带相反电荷的基团的摩尔比就不可能是1:1。一般情况下，如果多层膜制备所用的溶液的离子强度不是很高，单层膜的厚度不是很厚时，倾向于得到带相反电荷的基团以1:1的摩尔比复合的多层膜。另外值得注意的是，多层膜中的最外一层很难实现与下一层的完全复合，使它更容易结合小的抗衡离子以维持电中性。所以，得出的结论是，静电组装多层膜中相反电荷基团的复合并非一定是等摩尔的，而是因情况而异。

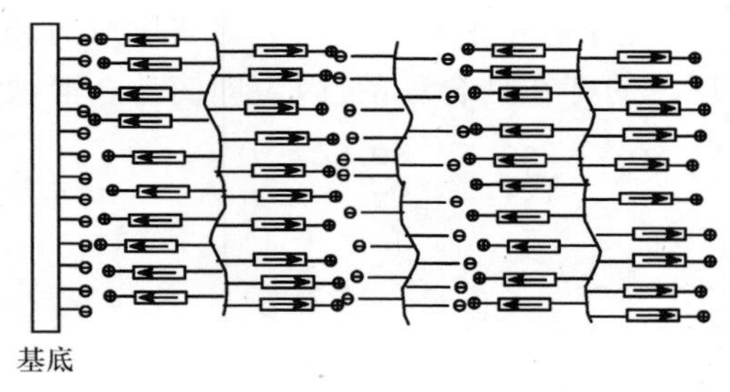

图1-14　含有光学非线性基团的聚电解质的静电组装超薄膜的理想模型图

注：图中没有考虑超薄膜中相邻层间的穿插。在图上可以看出，由于非线性基团在膜中的对称性分布将膜的非线性效应抵消了（→代表非线性基团的极性）

静电组装技术另外一个特点是所得到的超薄膜的结构是对称的。静电组装超薄膜的这一对称结构使得那些用聚电解质作为构筑基元，将静电组装技术用于制备具有非线性光学性质的超薄膜的尝试都失败了[72]。通常，静电组装多层膜的非线性效应不随膜厚度的平方成正比增加，或这种增加只限于最初的几层膜。这是因为非线性基团在膜中的对称性分布将其非线性效应抵消了。静电组装超薄膜的对称结构很容易从多层膜的吸附过程来理解：当聚电解质被吸附在带相反电荷的基底上时，其中，一部分带电基团与基底上的相反电荷结合，而留出另一部分用来吸附下一层带电物质。又由于静电组装技术的线性沉积特点，可以推测，用于吸附上一层和用来吸附下一层的带电基团的数量理论上是相等的。用一个理想的模型来描述，就是在单层膜中，带电基团基本上是以聚合物链为对称轴呈对称分布的，如图1-14所示。需要补充的一点是，选择具有非线性效应的有机小分子与聚电解质通过静电作用交替组装，在适当的条件下，可获得具有非线性效应的层状薄膜[73]。

1.3.3　有机小分子的静电组装

通常,静电组装技术也适用于那些如图 1－15 所示的含有两个或两个以上带电基团的有机小分子。高芒来等报道了含有偶氮基团的聚马来酸单酯与含有联苯介晶基团的双季铵盐通过静电交替沉积制备的多层膜,并用紫外－可见光谱跟踪了

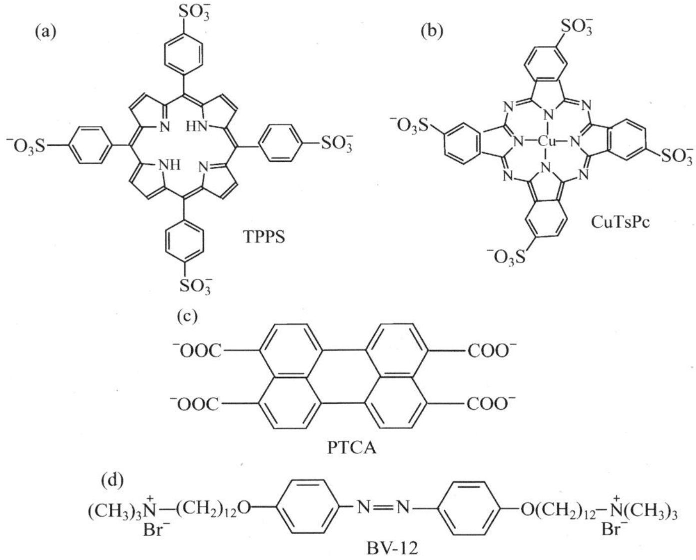

图 1－15　用于静电组装超薄膜制备的几种含有寡电荷的有机分子的结构式

多层膜的沉积过程[74]。张希等尝试了用带正电荷的双吡啶盐分子(PyC_6BPC_6Py)分别与带负电荷的四磺酸基卟啉(TPPS)和四磺酸基酞菁铜(CuTsPc)组装得到了含有卟啉和酞菁铜的超薄膜,结构如图 1－16 所示[75]。紫外－可见光谱表明,PyC_6BPC_6Py/TPPS 和 PyC_6BPC_6Py/CuTsPc 超薄膜的组装中,TPPS 和 CuTsPc 的沉积量随超薄膜的沉积层数的增加而线性增长。PyC_6BPC_6Py/TPPS 膜中卟啉 Soret 带的吸收峰在 423 nm,比溶液中的 Soret 带的吸收峰红移了 9 nm,且不随超薄膜沉积层数的增加而移动,这表明膜中只存在着层内的卟啉分子的聚集,而没有层间的卟啉分子的聚集。偏振紫外－可见光谱的研究表明,PyC_6BPC_6Py/TPPS 膜中卟啉平面与基片法线的夹角为 57°。进一步,用带相反电荷的卟啉/酞菁交替组装,得到了完全由寡电荷的有机分子构成的超薄膜。平面共轭的卟啉和酞菁具有优异的光物理、化学性质,将它们制备成超薄膜有助于实现基于卟啉和酞菁的功能器件的制备。利用卟啉和酞菁的电化学催化能力,孙长青等发展了一系列的以卟啉和酞菁为电活性催化中心的静电组装超薄膜传感器,它们可用于包括金属离子、

碳水化合物等在内的物质的电化学分析[76]。

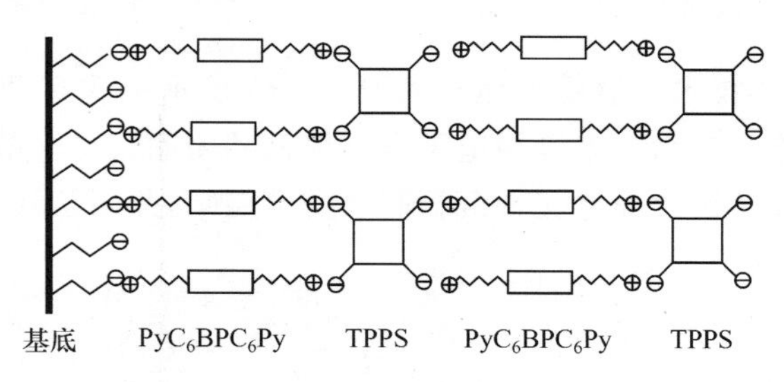

图 1-16　基于静电组装的 $TPPS/PyC_6BPC_6Py$ 超薄膜的结构

Kunitake 等制备了一系列含有电荷的染料分子与聚电解质的静电组装超薄膜，并详细研究了染料分子在超薄膜中的存在状态[54]。他们发现，当所用的聚电解质溶液的浓度较大时，前一层吸附的染料分子容易在浸入下一层聚电解质溶液中时脱附下来。他们对于这种脱附现象的解释是：当聚电解质溶液浓度过高时，溶液中的聚电解质/染料的作用力会大于基片上聚电解质/染料的作用力，从而引起已组装上的染料分子的脱附。Möhwald 等则系统地研究了聚电解质溶液离子强度对于染料/聚电解质静电组装时染料吸附/脱附的影响[77]。他们发现，在中等的离子强度下，染料的脱附最为严重。而在更低或更高的离子强度下，染料的脱附可以得到缓解。他们认为，吸附于基片上的染料分子与脱附于聚电解质溶液中的染料分子之间存在着一种平衡：

$$\text{染料}_{\text{吸附}} + \text{聚电解质}_{\text{溶液}} \rightleftharpoons \text{染料-聚电解质复合物}_{\text{溶液}} \qquad (1-3)$$

式中，$\text{染料}_{\text{吸附}}$、$\text{聚电解质}_{\text{溶液}}$和$\text{染料-聚电解质复合物}_{\text{溶液}}$分别指超薄膜上的染料分子、溶液中与染料分子带相反电荷的聚电解质以及溶液中染料分子/聚电解质复合物。

聚电解质溶液的浓度和离子强度都可以对上述平衡产生影响，因此，可以通过调节聚电解质溶液的浓度或离子强度来实现对有机染料分子静电组装的控制。此外，要得到较好的有机染料分子与聚电解质静电组装的条件，除了靠调节聚电解质溶液的浓度和离子强度外，Lvov 等还发展了一种办法来克服寡电荷有机小分子的脱附现象[78]。他们将有机小分子与带相同电荷的聚电解质在溶液中混合，再和另一种带相反电荷的聚电解质交替沉积，得到了满意的有机小分子静电组装超薄膜。孙俊奇等的研究也表明，将带同种电荷的聚电解质和染料分子先通过溶液共混，再和带相反电荷的聚电解质交替沉积，不但可以改善小分子染料在膜中的稳定性，而且更能改变染料分子在膜中的聚集状态[79]。用 1,4,9,10-四羧酸基二萘嵌苯(PTCA)与 PEI 交替沉积时，发现在浸入 PEI 溶液中时，已经组装于基片上的 PTCA 发生了严重的脱附。为了克服这一脱附现象，采用 PSS 和 PTCA 的混合溶液与 PEI 交替组装(1.5 mg PTCA 和 10 mg PSS 溶于 10 mL 水中),则得到了稳定的多层膜,如图 1－17所示。将小分子和含有同种电荷的聚电解质在溶液中共混后再与带相反电荷的聚电解质进行静电层状组装的成功之处在于,一方面,借助于聚电解质之间强的静电作用作为载体,在层内引入了聚合物与有机小分子间的物理交联点,使小分子得以稳定;另一方面,由于降低了小分子染料在膜中的浓度,使(1－3)式中的平衡向有利于小分子组装的方向移动,抑制了脱附过程。在(PEI/PTCA&PSS) * *n* 多层膜中,由于 PTCA 被均匀地分散于 PSS 和 PEI 中,PTCA 分子的荧光性质得到了改善。紫外－可见吸收光谱表明,PTCA 旋涂膜和(PEI/PTCA) * *n*中 PTCA 的含量相同,是(PEI/PTCA&PSS) * *n* 膜的 1.6 倍。但是,当用 448 nm 的光激发三种含有 PTCA 的膜时,荧光强度为(PEI/PTCA&PSS) * *n*≫(PEI/PTCA) * *n*>PTCA 旋涂膜。比较(PEI/PTCA) * *n* 和 PTCA 旋涂膜,不难理解,在(PEI/PTCA) * *n* 膜中,由于在相邻的 PTCA 层间引入了惰性的 PEI,使得层间的荧光淬灭在一定程度上得到了抑制,因此在 PTCA 含量相同的情况下,(PEI/PTCA) * *n* 膜的荧光强度要比 PTCA 旋涂膜高。在(PEI/PTCA&PSS) * *n* 中,PEI 作为间隔层,抑制了层间的荧光淬灭,而在同一层中,PSS 作为稀释剂,又在一定程度上抑制了层内的荧光淬灭,因此,(PEI/PTCA&PSS) * *n* 膜的荧光强度最强就不难理解了。

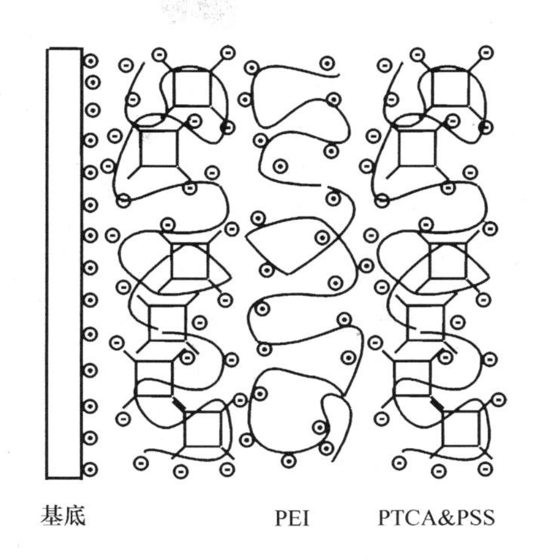

图 1－17　PTCA 和 PSS 混合后与 PEI 静电交替组装所获得的超薄膜的结构示意图

Hong 等研究了含有刚性偶氮介晶基团的双阳离子 BV-12 在不同离子强度的溶液中和聚乙烯磺酸(PVS)的静电组装[80]。他们发现,BV-12 溶液的离子强度可以影响其在溶液中的聚集状态。在组装成膜时,溶液中的 BV-12 的聚集状态可以转移并保留到超薄膜中。当离子强度高时,BV-12 吸附的量就大,与基片法线间的夹角也小,即倾向于垂直于基片。这种由离子强度引起的 BV-12 在静电组装超薄膜中存在状态的变化对于其顺-反异构的变化有很大的影响。

通过上面的关于有机小分子的静电层状组装的介绍不难看出,静电组装技术为含有寡电荷基团的有机小分子化合物(带电荷基团的数目通常不少于 2)的层状组装提供了一种十分有效的方法。通过调节溶液参数和选择合适的与小分子交替组装的物质,可以在很大程度上对有机小分子在膜中的存在状态乃至性质进行调节,从而为实现有机小分子超薄膜的功能化提供了空间。值得一提的是,由于有机小分子上带电荷基团数目少,与聚阳离子/聚阴离子多层膜相比,其静电组装超薄膜抗溶剂刻蚀的能力大大降低,但将超薄膜交联可以提高有机小分子在膜中的稳定性[81]。

1.3.4 有机-无机杂化超薄膜

将有机和无机材料的性质结合起来构筑新型的材料是一个古老的研究课题,最早的工作始于涂料和聚合物工业,人们将无机的颜料或填充物分散于有机的组分如有机的溶剂、表面活性剂和聚合物中以获得具有优异光学和机械性能的材料[82,83]。有机-无机杂化材料这一名称随着最近的“软”无机化学的诞生而诞生。“软”无机化学主要用于在温和的反应条件下制备各种各样的有机-无机杂化材料。随着有机-无机杂化材料的发展,其研究重点已经转向合成、制备结构更加复杂、精细的纳米复合材料,这些材料具有高的比表面积,在很小的体积下可以结合种类和数量更多的有机、无机甚至生物材料,这些材料在光学、电子、传感、生物、催化、膜材料以及机械等很多方面都具有很高的应用价值。所以,构筑有机-无机纳米杂化材料是现代材料化学发展的一个重要方向。利用静电组装技术,可以把多种无机材料,如纳米微粒、无机薄层、杂多酸等和有机材料组装成超薄膜,获得层状的有机-无机杂化超薄膜材料。静电组装技术对于成膜物质的广泛的适用性使得这一技术成为一种非常有效地构筑有机-无机杂化超薄膜的方法。

在有机-无机杂化超薄膜的构筑中,纳米微粒与有机分子的层状组装尤其引人注目。纳米尺寸的无机微粒由于电子限域效应而具有独特的光电化学性质,将这些微粒和适当的有机物交替沉积制备成超薄膜,一方面可以将微粒的性质保留在超薄膜中;另一方面,通过对与其组装的有机物质的选择,可以实现超薄膜中无机微粒的性质的调控,以及实现功能的集成甚至产生新的功能。高明远等最先报道了用静电沉积技术来实现 PbI_2 微粒、CdS 微粒与含有联苯介晶基团的双吡啶盐(PyC_6BPC_6Py)或聚电解质的静电组装,并发现在静电组装多层膜中,纳米微粒本身的物理性质被保留下来,且膜中微粒的聚集可以在一定程度上得到抑制[59,84]。随后,出现了一系列具有特殊功能的微粒/有机聚合物杂化超薄膜的研究。Mallouk等利用 Au 微粒良好的导电性质,制备了具有金属-绝缘层-微粒-绝缘层-金属(MINIM)结构的超薄膜器件[85],这种结构相当于两个平行排列的平板电容器。纳米尺度的金微粒赋予这种结构非常小的电容(1×10^{-8} F),在这种 MINIM 结构中,可以在室温下观察到单电子隧穿过程。Willner 等利用金微粒的导电性,将表面带负电荷的金微粒与具有光活性和电化学活性的物质基于静电作用交替组装于 ITO 电极上,一方面,成功地制备了具有光电性能的组装体,实现了有效的光-电能量转换;另一方面,制备了性能优越的电化学传感器[86~88]。用表面修饰有巯基乙酸的 CdSe 微粒和带正电荷的聚苯撑乙烯(PPV)前聚体(Pre-PPV)交替沉积,高明远等制备了 CdSe/Pre-PPV 多层膜,带负电荷的 CdSe 微粒外面含有一层 CdS,将 CdSe/Pre-PPV 组装于 ITO 玻璃上,蒸镀上铝电极,便制备了白光发光器件 ITO/PEI(CdSe/ Pre-PPV) * 20/Al,它的开启电压为 3.5～5V[89]。当将静电组装超薄膜器件中的 Pre-PPV 换成 PAH 时,器件的发光位置没有发生变化,但开启电压却升高了。这表明电子/空穴的复合发生在 CdSe 微粒上,而 PPV 仅起到载流子传输的作用,降低了器件的开启电压。用微粒作电致发光器件发光材料的一个好处是发光器件的发光颜色可以方便地通过改变微粒的尺寸或表面修饰而实现调节,易于实现全色发光。其他具有功能性的微粒/聚合物的组装还包括氧化铁、TiO_2/PbS、Ag 掺杂的 ZnS、富勒烯等,它们具有很好的光、电或磁性质[89～93]。几个有机-无机静电组装杂化超薄膜及器件的示意图如图 1-18 所示。

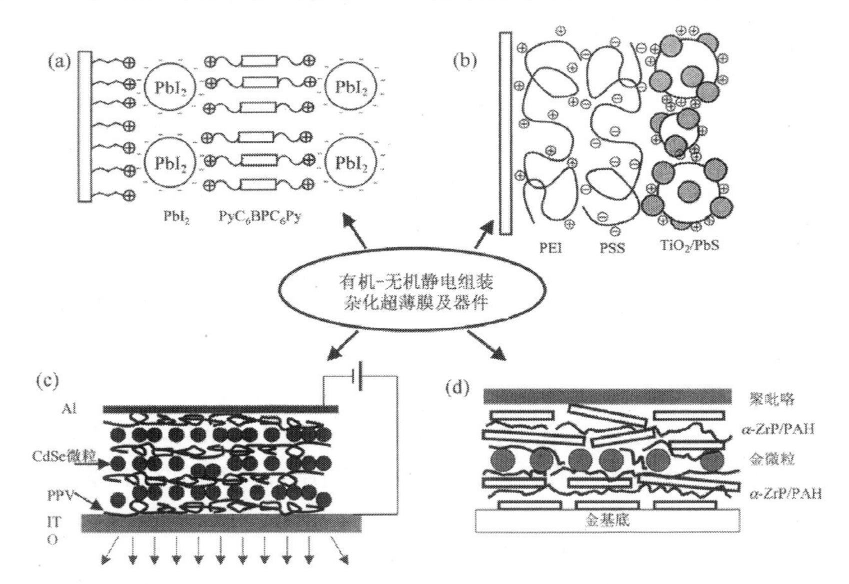

图 1-18　有机-无机静电组装杂化超薄膜及器件

(a)PyC_6BPC_6Py/PbI_2 超薄膜;(b)TiO_2/PbS 复合微粒/PSS 超薄膜;(c)CdSe 微粒/PPV 超薄膜电致发光器件;(d)金基底/(α-ZrP/PAH) * m/金微粒/(α-ZrP/PAH) * n/聚吡咯构成的金属-绝缘层-微粒-绝缘层-金属(MINIM)结构的超薄膜器件

Tripathy 等报道了在外围含有氨基的聚酰胺-胺树状分子[poly (amidoamine)]的空腔内形成金微粒,再将此含有金微粒的树状分子与 PSS 进行静电组装制备超薄膜的方法[94](图 1-19)。比起常用的表面活性剂,如聚 N-乙烯基-2-吡咯烷酮,这种树状分子的内部空腔可以更有效地防止金微粒的聚集。改变树状分子,可望实现对金微粒尺寸的控制,从而改变超薄膜中金微粒的一系列光、电及催化性能。如果将纳米微粒/聚电解质超薄膜组装于可溶性的基底上,再将此可

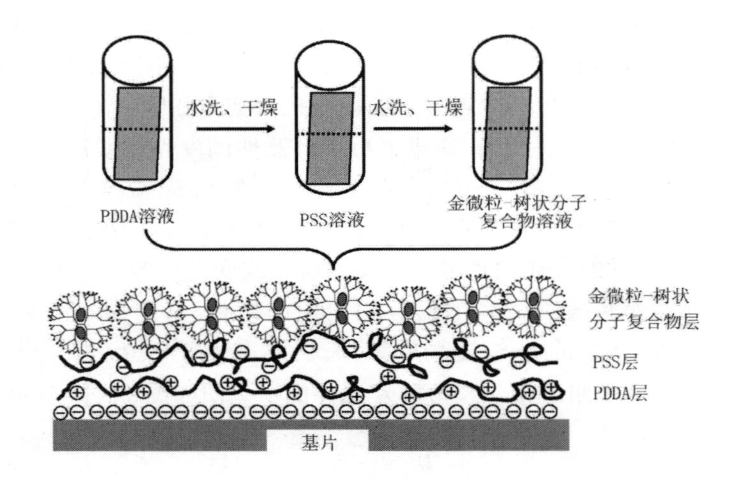

图 1-19　含金微粒的树状分子与 PSS 静电组装制备超薄膜的方法

(a)基于静电组装技术的 PSS/金微粒-树状分子的纳米复合超薄膜的组装过程;(b)超薄膜的结构[94]

溶性基底于适当溶剂中溶解但不破坏超薄膜的结构,便可制备自支持超薄膜。这种自支持超薄膜对于研究静电组装超薄膜的某些性质有很大帮助,因为它消除了由于基底的存在而给测试带来的不便,如用自支持膜可以很方便地研究静电组装超薄膜对于离子的渗透性,更为直接地观察超薄膜中组装物质的分布情况。基于这种纳米微粒/聚电解质自支持膜的制备方法,Kotov 等将带有负电荷的纤维素乙酸酯滴涂于干净的玻璃上,再在上面组装 Fe_3O_4 微粒/PDDA 多层膜,选用丙酮作溶剂,溶解掉玻璃与多层膜间的纤维素乙酸酯而得到 PDDA/Fe_3O_4 微粒的自支持超薄膜[95]。有关纳米微粒和有机物质的超薄膜的制备及性质会在"纳米图案化表面"一章中有更详细的介绍,这里不作赘述。

Kleinfeld 和 Ferguson 首次用静电组装技术制备了片状的锂蒙脱土/聚阳离子的有机-无机杂化超薄膜,X 射线衍射表明这种有机-无机超薄膜具有周期性结构[96]。蒙脱土(montmorillonite)是一类板状的带负电荷的物质,它可以和聚阳离子 PEI、PDDA 交替沉积。蒙脱土/PEI 交替沉积膜的 QCM 研究表明,每沉积一层蒙脱土和 PEI 所引起的频率的降低都约为 100 Hz(每降低 1Hz 相当于 QCM 电极上 0.9 ng 质量的增加)[97]。当蒙脱土水溶液的浓度由 0.03%、0.15%增加到 1%时,每沉积一层蒙脱土所引起的 QCM 电极上质量的变化保持惊人的一致,即每一层通过静电组装而吸附的蒙脱土的质量不受蒙脱土溶液浓度的影响。蒙脱土在 PEI 表面的吸附动力学表明,0.03%的蒙脱土在 PEI 表面的饱和吸附时间是 (1.8±0.2)min,当蒙脱土的浓度升高为 1%时,蒙脱土的吸附量随浸泡时间的延长而增加,不能达到饱和。显然,在高浓度时,蒙脱土的吸附已经不是单层的了。然而,随后的水洗步骤可洗掉过多吸附的蒙脱土而保证即使是在高浓度的蒙脱土溶液中，蒙脱土在PEI上的静电组装也是单层的。通常，在聚阳离子/聚阴离子的交替沉积中，每沉积一层后的干燥步骤是很必要的，它提供了聚合物在基片表面构象调整的时间，且干燥可使每一层沉积的聚电解质的物质的量较未干燥时略微增加。但是，在蒙脱土/PEI的交替沉积中，即使没有干燥步骤，每沉积一层蒙脱土所引起的QCM电极的频率下降还是约100Hz。这说明在蒙脱土/PEI超薄膜的制备过程中，膜的干燥过程是不必要的。所有这些结果都表明在蒙脱土/PEI的静电组装中，两种物质都是饱和吸附的，所以蒙脱土溶液的浓度和干燥不对成膜过程产生影响。当用PDDA取代PEI时，每沉积一层蒙脱土和PDDA所引起的QCM电极的频率降低分别为140 Hz和100 Hz。在蒙脱土/PEI超薄膜中，每一层蒙脱土和PEI的厚度分别为1.1 nm和2.2 nm；而在蒙脱土/PDDA超薄膜中，每一层蒙脱土和PDDA的厚度则分别为1.4 nm和2.2 nm。蒙脱土晶体的厚度在0.94～1.55 nm之间，依蒙脱土所结合的水分子的数目而变化。通过超薄膜中每一层蒙脱土的厚度和蒙脱土晶体厚度的比较可以确认，蒙脱土在阳离子化的PEI和PDDA表面的吸附都是单分子层的，而在PEI和PDDA表面吸附一层蒙脱土所引起的厚度变化的微小差异是由于蒙脱土在不同的离子化的表面吸附所结合的水分子数目的差异而引起的。

杂多酸是一类优异的无机材料，在催化、光致和电致变色、分子电子器件、生化和医药等方面都有很广泛的应用前景。Kunitake等研究了氨基钼酸盐 $(NH_4)_4[Mo_8O_{26}]\cdot 5H_2O$ 与聚阳离子基于静电作用的有机-无机杂化超薄膜的制备[98]，对 $Mo_8O_{26}^{4-}$/PAH超薄膜的成膜过程用QCM进行了表征，而膜的结构则由扫描电子显微镜(SEM)给出。QCM的结果表明，$Mo_8O_{26}^{4-}$ 在PAH表面的吸附量随吸附时间的延长而增加，不能达到饱和。当 $Mo_8O_{26}^{4-}$ 在PAH表面的吸附时间为7和20 min时，每吸附一次 $Mo_8O_{26}^{4-}$ 引起的QCM电极的频率下降分别为(224±27) Hz和(1775±261) Hz。$Mo_8O_{26}^{4-}$ 在PAH表面吸附的厚度增加速率为0.57 nm/min，每一次沉积所获得的 $Mo_8O_{26}^{4-}$ 膜的厚度依沉积时间不同而变化，在2～25 nm之间，相当于2～30层 $Mo_8O_{26}^{4-}$ 的沉积。引起 $Mo_8O_{26}^{4-}$ 多层沉积的原因是已经吸附在PAH表面的 $Mo_8O_{26}^{4-}$ 和溶液中的 $Mo_8O_{26}^{4-}$ 在液/固界面间的缩聚反应：

$$\mathrm{Mo{-}OH + Mo{-}OH \longrightarrow Mo{-}O{-}Mo}$$

所以，$Mo_8O_{26}^{4-}$ 与PAH交替沉积的成膜推动力是静电相互作用，而 $Mo_8O_{26}^{4-}$ 在PAH表面的多层吸附则是由 $Mo_8O_{26}^{4-}$ 在沉积过程中的去质子化和缩聚反应造成的。$Mo_8O_{26}^{4-}$/PAH超薄膜的结构如模型图1-20所示。在图中，与基片相邻的两层 $Mo_8O_{26}^{4-}$ 膜是由三层 $Mo_8O_{26}^{4-}$ 缩合而成，对应于4 min和7 min的 $Mo_8O_{26}^{4-}$ 的吸附，每一层PAH的厚度均为约3 nm，它不随沉积时间的变化而改变。除了 $Mo_8O_{26}^{4-}$ 在PAH表面吸附具有时间依赖性以外，$Mo_8O_{26}^{4-}$/PAH超薄膜的形成还依赖于PAH

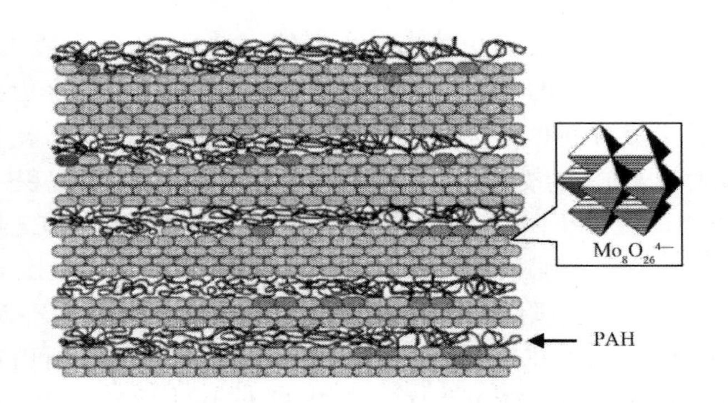

图 1-20 $Mo_8O_{26}^{4-}$/PAH 静电组装超薄膜的结构示意图

注：与基片相邻的两层 $Mo_8O_{26}^{4-}$ 膜是由三层 $Mo_8O_{26}^{4-}$ 缩合而成，对应于 4 min 和 7 min 的 $Mo_8O_{26}^{4-}$ 的吸附，PAH 层的厚度约为 3 nm，它不随沉积时间的变化而改变[98]

溶液的 pH。当 PAH 水溶液的 pH 在 5～6 之间时，$Mo_8O_{26}^{4-}$ 和 PAH 的交替沉积不能获得 $Mo_8O_{26}^{4-}$/PAH 超薄膜，只有在 PAH 水溶液的 pH 约为 3 时，才能获得 $Mo_8O_{26}^{4-}$/PAH 交替沉积的超薄膜。当用 PEI 取代 PAH 与 $Mo_8O_{26}^{4-}$ 交替沉积时，由于 $Mo_8O_{26}^{4-}$/PEI 复合物在水中的溶解性高而不能获得 $Mo_8O_{26}^{4-}$/PEI 超薄膜。

1.3.5 非平面基底上的层状组装

静电组装技术区别于 LB 膜技术的一个最大特点是组装过程不依赖于基底的种类、尺寸和表面形态，这一特点使得非平面基底上的多层膜的组装变得可能。孔维、张希等报道了葡萄糖异构酶与含有联苯介晶基团的双阳离子（PyC_6BPC_6Py）在聚合物多孔载体上的组装，最早实现了非平面基底上静电组装超薄膜的制备[99]。与平面基底相比，由于多孔载体增加了表面积，酶的固载量大大提高。Möhowald 等发展了一种在带电荷的胶体微粒上用静电组装技术沉积超薄膜的方法。胶体微粒的尺寸为 5～10 μm[37,100]，和在平面基底上的组装过程相似，把带负电荷的胶体微粒加入到聚阳离子溶液中，聚阳离子会吸附到带相反电荷的胶体微粒表面，待吸附达饱和后，用超速离心的方法使胶体微粒与聚阳离子溶液分离，再加入到聚阴离子溶液中进行类似的操作，如此反复，就可以得到以胶体微粒为核，多层膜为壳的核-壳结构的超薄膜。用作核的胶体微粒既可以是有机/无机粒子，也可以是生物胶体。用溶解或煅烧的方法将胶体微粒核除去，便可得到三维空心囊胞结构的超薄膜[101]。这一技术特别适合于制备由层状超薄膜构成的三维空心囊胞，同其他方法制备的囊胞相比，这种由静电组装多层膜构成的囊胞有许多优点，表现为：通过选择基底胶体微粒的形状、尺寸以及多层膜的沉积层数，可以对囊胞的几何形状、尺寸、壁厚以及囊胞的组成进行精细的调控。此外，也可以将磷脂双分子膜组装于囊胞的内壁或外壁，并留下物质传输的通道，进行人造细胞的生物模拟。关于多层膜囊泡的研究详见第 2 章。这里主要介绍在具有微米或亚微米级图案化结构的基底上如何选择性地沉积静电组装多层膜。

非平面基底上的静电组装也包括那些在具有微米或亚微米级图案化结构的基底上的超薄膜的制备，通过在这些图案化基底上的选择性沉积，可以制备三维层状结构的图案化超薄膜。随着电子器件的日益微型化，图案化多层超薄膜在光电器件、传感器以及电子器件的电路设计上有很大的应用前景。实现静电组装超薄膜在图案化基底上的选择性沉积，所用图案化的基底上至少应包含两部分：一部分含有带电基团，通常是用微接触印刷技术组装上的含有羧酸基团的自组装单层膜，静电组装可以顺利地在这些区域进行；另一部分则被能有效抑制静电组装进行的物质所覆盖，通常是含有活性基团的齐聚氧化乙烯或低相对分子质量的聚氧化乙烯的衍生物。在这种具有诱导和抑制静电组装进行的微区上进行静电交替组装，便可得到层状结构的图案化超薄膜。这种方法所能获得的图案化的最小尺寸一方面由采用的图案化基底所决定，同时也取决于溶液中聚电解质链段卷曲所能达到的最小尺寸。Hammond 等利用此技术成功地制备了 PDDA/PSS 图案化的多层膜，如图 1－21 所示，PDDA/PSS 只选择性地沉积于含有羧酸基团的区域，而齐聚氧化乙烯衍生物 EG 覆盖的区域则没有 PDDA/PSS 超薄膜的沉积[102,103]。她们发现聚电解质溶液的离子强度对多层膜沉积的选择性有很大影响，在中等离子强度时选择性最好，在高离子强度下(大于等于 1 mol/L NaCl)，由于 EG 表面失水而失去了阻碍聚电解质组装的作用，使其上的静电组装能够发生，选择性变差。而羧酸盐基团恰恰相反，在高离子强度下，羧酸根离子更易于被溶液中的无机盐离子所屏蔽而失去与聚阳离子复合的能力。在 PAH/PAA 图案化超薄膜的制备中，她们的研究又表明，亲疏水作用和氢键作用这两种次级作用力对于静电组装超薄膜的选择性沉积起着决定作用[104]。在图案化的基底上，采用静电组装的方法，并充分利用各种次级作用力对超薄膜沉积的影响，可以实现包括聚电解质、有机小分子和纳米微粒等在内的物质的图案化多层膜的制备，也可以用图案化的聚电解质超薄膜作模板来诱导带电荷的物质在其表面的选择性组装[105～107]。

通过巧妙利用静电组装过程中各构筑基元之间的次级作用力的协同效应，可以制备组成横向(指与超薄膜生长方向垂直的平面方向)可控的复杂的图案化超薄膜。含有磺酸基团的聚对-亚苯[poly(*p*-phenylene)]衍生物 PPP^- 是发绿光的聚阴离子，它与 PDDA 的静电组装发生在含有羧酸的区域，而不能沉积在被 EG 覆盖的区域；$Ru(Phen)_3^{4-}$ 是发红光的含有磺酸基的染料分子，通过调节溶液的 pH，PAA 和 $Ru(Phen)_3^{4-}$ 的静电组装可在 EG 覆盖的区域进行，而不在被羧酸覆盖的区域进行。这样，在图案化的含有羧酸和 EG 的基底上，先进行 PDDA/PPP^- 的静电组装，再进行 $Ru(Phen)_3^{4-}$/PAA 的交替沉积，便获得了双色发光的具有一定图案化

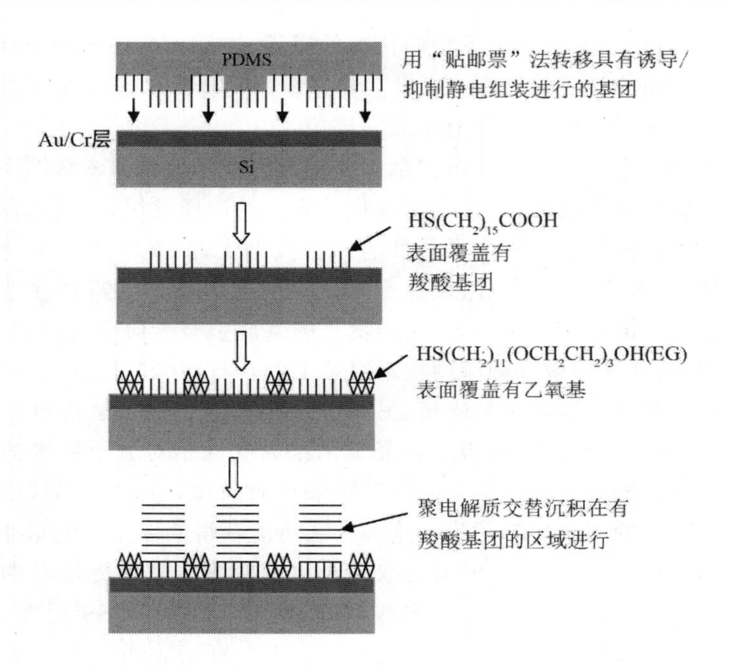

图 1－21　在图案化基底上用静电组装技术制备图案化超薄膜的过程[105]

结构的超薄膜[107]。PPP^- 和 $Ru(Phen)_3^{4-}$ 的结构式如图 1－22 所示。

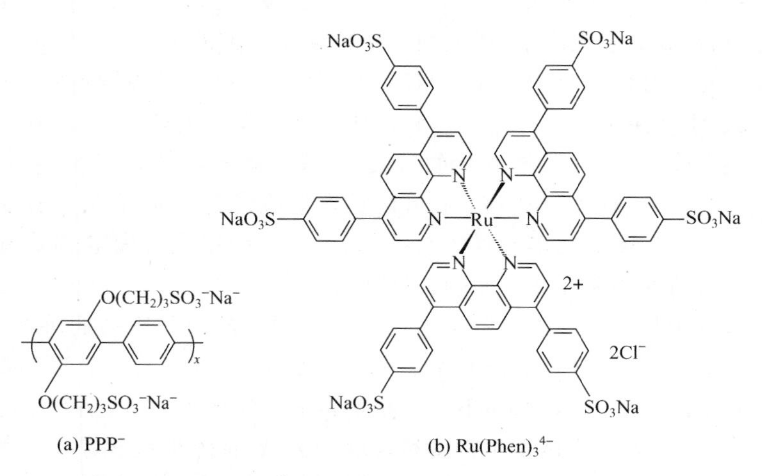

图 1－22　发绿光的 PPP^- 和发红光的 $Ru(Phen)_3^{4-}$ 的结构式

综上所述，将层状组装技术与柔性刻蚀技术相结合，是一种制备图案化超薄膜的好方法。通过调节带电物质沉积过程中溶液的离子强度、pH，以及合理运用交替沉积中各构筑基元之间的次级作用力，可以容易地控制不同功能的物质在不同区域的沉积从而获得横向上结构与组成可控的图案化超薄膜，这必将为超薄膜微型器件的制备奠定基础。关于静电组装技术用来制备图案化超薄膜的工作，在第 4 章还有较详尽的描述。

1.3.6 基于静电组装多层膜的化学修饰电极

由于化学修饰电极在传感器、环境监测、临床分析等方面有着广泛的作用，薄膜化学修饰电极的研究与制备引起了人们极大的兴趣。薄膜化学修饰电极发展到今天，其制备技术多种多样，且各具特色。通过化学反应将电活性物质以共价键连接到电极上，如通过巯基与贵金属的自组装，是一种制备稳定化学修饰电极的方法，但它较易实现单层膜修饰的电极，而不宜制备多层/多组分修饰的电极。多层/多组分修饰的电极由于含有更多量/种的电活性物质，其结果是更能提高所修饰电极的检测限及灵敏度。通过滴涂、溶液吸附、电化学沉积及聚合、等离子体聚合等方法，可将聚合物附着于电极表面，获得聚合物薄膜修饰的电极，但这些方法都不能在分子水平上精确地控制聚合物在电极上沉积的量，这使得其重复性大大降低。静电组装技术应用于化学修饰电极的制备，已经引起了人们的极大兴趣。和其他方法相比，此技术除了在制备方面的简便易行外，还具备以下优点[32]：(1) 适用于任何形状和任何材料的电极，具有电极选择性广的优点；(2) 适用于制备多组分修饰的电极，在这样的修饰电极上，底物的检测是通过与电极上所修饰物质的串联反应而实现的。这是由此技术可制备三维层状结构的多层膜决定的；(3) 电极重复性好。这是由沉积过程的重复性决定的。从这一意义上讲，静电组装技术克服了其他方法所不能克服的困难，既适于制备多层/多组分的膜，又可在分子水平上控制膜的结构，提供了一种薄膜化学修饰电极制备的崭新的途径。

以卟啉和酞菁的衍生物为电活性物质，孙长青、张希等最早于 1995 年在国际上率先报道了用静电组装技术制备的多层膜修饰电极，并发现它们可用于水溶液中二价铜离子(Cu^{2+})、碘离子、碳水化合物、肼等的定量分析与检测[76,108～111]。尽管最初的静电组装多层膜的化学修饰电极中只含有一种电活性物质，是电活性物质与另一种带相反电荷的辅助成膜物质交替组装而成的，其功能还比较简单，但它却开辟了一种崭新的制备复杂、精密化学修饰电极的途径。

这里以基于静电组装多层膜的电位型铜离子(Cu^{2+})选择性化学修饰电极的制备为例子，介绍一下静电组装技术在薄膜修饰电极制备方面的应用。很久以前曾有过用含有铜和银的硫化物的薄膜制备电位型铜离子选择性电极的报道，但电极响应的机制复杂，且在溶液中有氯离子时，电极对铜离子响应的灵敏度会大大降低。所以，如何提高电位型铜离子选择性修饰电极的性能是摆在分析化学家面前的一道难题。在用静电组装技术成功制备了带正电荷的双吡啶盐分子

(PyC_6BPC_6Py)和带负电荷的四磺酸基酞菁铜(CuTsPc)层状多层膜后，孙长青等试图用电化学方法对于薄膜的性质进行表征，由于膜中 CuTsPc 的氧化还原电流很小而失败了。但他们却发现 PyC_6BPC_6Py/CuTsPc 层状组装薄膜修饰的金电极对水溶液中的二价铜离子有很好的电位响应，这一偶然发现引导他们开始了用静电组装技术制备薄膜化学修饰电极的研究[108]。受这一工作的启发，目前，在国际上，一大批研究者也着手用静电组装技术制备化学修饰电极的研究，并取得了丰硕的成果。CuTsPc/PyC_6BPC_6Py 层状组装薄膜修饰的金电极的结构和图 1-16 中 TPPS/PyC_6BPC_6Py 薄膜的结构类似，制备过程是：将洁净的金电极浸入到 0.01 mol/L 的 3-巯基丙酸的乙醇溶液中，金电极表面便组装了一层含羧酸基团的自组装膜。然后将此含 COOH 基团的金电极交替浸入到 PyC_6BPC_6Py(0.5 mg/mL)和 CuTsPc(0.1 mg/mL)的溶液中，取出并用水冲洗掉物理吸附的 PyC_6BPC_6Py 和 CuTsPc，再将膜干燥。重复上述操作，就能得到 CuTsPc/PyC_6BPC_6Py 多层膜修饰的金电极。图 1-23 是 6 个双层的 PyC_6BPC_6Py/CuTsPc 薄膜修饰的金电极在 0.2 mol/L 的乙酸盐缓冲溶液(pH 4.5)中的循环伏安曲线。在 +0.8～-0.5 V(相对于饱和甘汞参比电极，下同)的电压扫描范围内，循环伏安曲线上只有一对氧化/还原峰，且电极的峰电流与电极扫描速率的平方根成正比，这表明层状组装薄膜中的 CuTsPc 在金电极表面的电化学反应是由扩散控制的氧化与还原过程。实验中发现，PyC_6BPC_6Py/CuTsPc 多层膜修饰的金电极的电位响应除受溶液中铜离子(Cu^{2+})的浓度影响外，还与溶液的 pH 以及缓冲液的种类有关。在 0.2 mol/L 的硝酸钾溶液中，在 pH 1 ～ 5 之间，PyC_6BPC_6Py/CuTsPc 多层膜修饰的金电极对 1×10^{-3} mol/L 的 Cu^{2+} 有很稳定的电位响应。如图 1-24 所示，在相同 pH 和相同 Cu^{2+} 浓度下，修饰电极对于 Cu^{2+} 的电位响应也依赖于缓冲溶液的种类。其中，在乙酸盐缓冲溶液和硝酸钾溶液中，Cu^{2+} 的浓度每升高或降低 10 倍，电极的电位响应最佳，分别为 29 mV 和 31 mV。电极响应

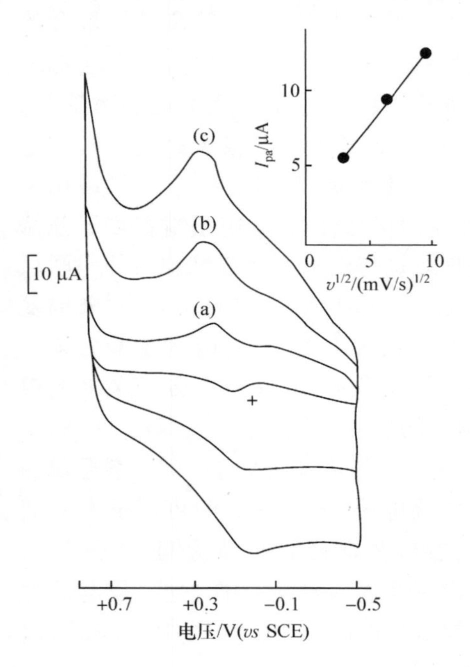

图 1-23　6 个双层的 PyC_6BPC_6Py/CuTsPc薄膜修饰的金电极在 0.2 mol/L 的乙酸盐缓冲溶液(pH 4.5)中的循环伏安曲线

注：电极的扫描速率是：(a)10，(b)50，(c)100 mV/s。插图是电极的阳极峰电流与电极扫描速率的平方根的线性关系曲线

在磷酸二氢钠溶液中最小，为 25 mV，且线性响应范围仅在 $10^{-4} \sim 10^{-1}$ mol/L 之间。在氯化钾溶液中，41 mV 的电极响应为最高，但却高于能斯特方程的响应斜率。对于 6 层 CuTsPc 薄膜修饰的金电极，在最优的条件下，即 pH 为 4.5 的 0.2 mol/L 的乙酸盐缓冲溶液中，电极的电位与 Cu^{2+} 的浓度在$1\times10^{-4} \sim 0.1$ mol/L 范围内呈现很好的线性关系。采用外推法，将电极响应的曲线延长，可得此电极的检测限为 7×10^{-6} mol/L。在搅拌下，PyC_6BPC_6Py/CuTsPc 多层膜修饰电极对 Cu^{2+} 的响应时间（达到饱和电位的95%所需的时间）为 15～30 s。修饰电极对 Cu^{2+} 的电位响应有很好的重复性：在 pH 为 4.5 的乙酸盐缓冲溶液中（0.2 mol/L），基于 10 次测量的结果，修饰电极对 1×10^{-3} mol/L 的 Cu^{2+} 响应的相对标准偏差为 1.7%。更重要的是，修饰电极对于 Cu^{2+} 的电位响应有很好的选择性。除了 Fe^{3+}、Fe^{2+} 和 Co^{2+} 以外，其他常见的无机阳离子，如 Cu^{2+}、Mg^{2+}、Zn^{2+}、Cd^{2+}、Ni^{2+}、Pb^{2+}、Al^{3+}和 Mn^{2+} 对于 Cu^{2+} 的检测没有影响。检测溶液中的 Fe^{2+} 可以氧化成 Fe^{3+}，而 Fe^{3+} 的响应又可以用 F^- 掩蔽，因此，Fe^{3+} 和 Fe^{2+} 并不影响电极对于 Cu^{2+}的检测。溶液中的阴离子，如 NO^{3-}、Cl^-、CH_3COO^- 和 SO_4^{2-} 等并不影响修饰电极对 Cu^{2+} 的检测。

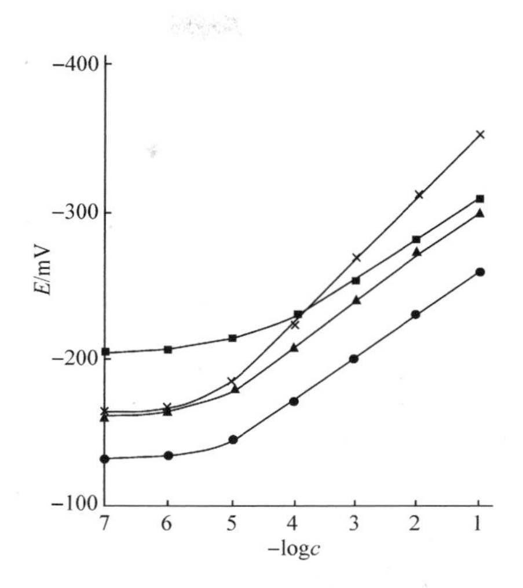

图 1－24　缓冲溶液的种类（0.2 mol/L，pH 4.5）对 PyC_6BPC_6Py/CuTsPc 薄膜修饰电极对于 Cu^{2+} 离子的电位响应的影响

磷酸二氢钠（■）；乙酸盐（●）；硝酸钾（▲）；氯化钾（×）

由于金属卟啉和酞菁的衍生物具有优异的电化学催化性能，应用静电组装技术，可以根据检测的需要，方便地设计含有其他金属卟啉和酞菁的衍生物的层状组装超薄膜修饰电极。用四磺酸基酞菁钴（CoTsPc）取代四磺酸基酞菁铜（CuTsPc），可以制备 PyC_6BPC_6Py/CuTsPc 层状薄膜修饰的金电极，它能催化肼在电极表面的氧化，并可用作电流型的肼传感器[109]。将 PyC_6BPC_6Py/CuTsPc 层状薄膜修饰电极与流动注射法相结合，可以建立一种方便、快捷、高效地检测肼的方法。修饰电极对溶液中肼的线性响应范围为 $1\times10^{-3} \sim 1\times10^{-6}$ mol/L，检测限为 6×10^{-7} mol/L。同时，此 PyC_6BPC_6Py/CuTsPc 层状薄膜修饰电极对溶液中糖类，如葡萄糖、麦芽糖、果糖、蔗糖等的氧化表现出很好的电化学响应，其中，对葡萄糖和麦芽糖的检测限分别是 150 和 6 pmol/L[76]。将四磺酸基卟啉与带正电荷的聚咯吡在银电极上交替组装，制备的修饰电极可用作碘离子的电位型传感器[110]。应用静电组装技术，还可以将其他的有机分子、功能性聚合物、杂多酸、纳米微粒等

物质组装在电极上,制备各种类型的层状组装薄膜化学修饰电极[111~113]。上面提到的层状组装薄膜修饰电极中,在电化学反应中起作用的只有一种组分。静电组装技术的特点之一是可以沿膜的组装方向,在分子水平上调节层状组装薄膜的组成。将两种以上的、相互关联的物质组装在电极上,利用它们在电极上的协同效应,可以进一步提高修饰电极的功能,也可以制备功能更新颖的修饰电极。下面以酶修饰电极的制备及催化性能的研究来阐述如何利用静电组装薄膜中各组分的协同反应来实现电极的催化功能。

酶是生物大分子,当溶液的 pH 大于酶的等电点(IEP)时,酶表面诱导出负电荷,可被看作聚阴离子;相反,当溶液的 pH 小于酶的等电点时,酶表面诱导出正电荷,可被看作聚阳离子。因此,可以用静电组装的方法实现生物酶的层状组装。将静电组装技术和酶的固定化相结合,沈家骢、张希和孔维等在国际上率先获得了基于静电组装技术的生物酶超薄膜,并在酶的固定化与酶微反应器的研究方面做出了许多开创性的工作[99,114]。这里只介绍与酶化学修饰电极及传感器有关的工作。

同其他的酶固定化的方法相比,基于静电组装技术的酶的固定化方法具有简单、方便和普遍适用等特点,且由于静电组装在温和的条件下进行,酶与上一层是通过静电力结合的,与通过共价键结合的酶相比,这种方法可在最大程度上保证不破坏酶的构象,不会导致酶的失活。孙轶鹏等选用具有顺次催化功能的葡萄糖氧化酶(GOD)和葡萄糖淀粉酶(GA)作为模型体系,在金电极上实现了葡萄糖氧化酶(GOD)和葡萄糖淀粉酶(GA)的双酶层状组装(如图 1-25 所示[115])。GOD 和 GA 的等电点分别为 4.3 和 4.2,在 pH 为 7.0 的磷酸盐缓冲溶液中,GOD 和 GA 表面

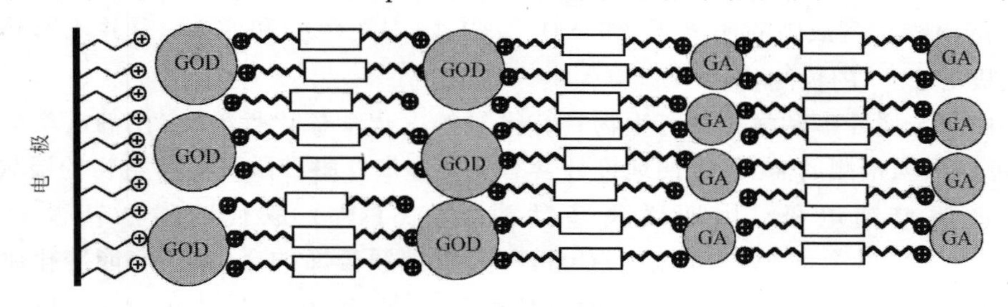

图 1-25　组装于金电极上的葡萄糖氧化酶(GOD)和葡萄糖淀粉酶(GA)

可诱导出负电荷。将 GOD 和 GA 分别与 PyC_6BPC_6Py 交替组装,可在金电极上获得 $Au/(GOD/PyC_6BPC_6Py)*2/GA/PyC_6BPC_6Py/GA$ 超薄膜。GOD 和 GA 在超薄膜中是疏松排列的,酶的这种疏松的结构有利于底物的扩散,保证了底物和酶反应的顺利进行。这种含有 GOD 和 GA 的静电组装超薄膜修饰的电极可用作麦芽糖传感器:底物麦芽糖先和超薄膜外层的 GA 反应生成葡萄糖,然后葡萄糖扩散进

超薄膜的内层与 GOD 反应生成双氧水并在电极上被检测。整个酶电极的反应过程如下所示：

$$葡萄糖 + H_2O \xrightarrow{GA} 2\beta-D-葡萄糖$$

$$\beta-D-葡萄糖 \xrightarrow{GOD} 葡萄糖酸 + H_2O_2$$

$$H_2O_2 \longrightarrow O_2 + 2e^- + 2H^+$$

图 1-26 是此双酶电极对于麦芽糖催化氧化的响应曲线。从响应曲线可以看出，麦芽糖加入以后，响应电流达到 95%饱和电流的时间小于 60 s。在 0～6 mmol/L 的范围内，此酶电极的电流响应同麦芽糖的浓度呈现良好的线性关系，可用作麦芽糖的定量检测。GOD 与 GA 的双酶组装充分利用了超分子科学中功能产生于组装之中这一概念：如果电极上只有 GOD 或 GA 中的一种，则这样的修饰电极没有检测麦芽糖的能力，不能用作麦芽糖传感器。

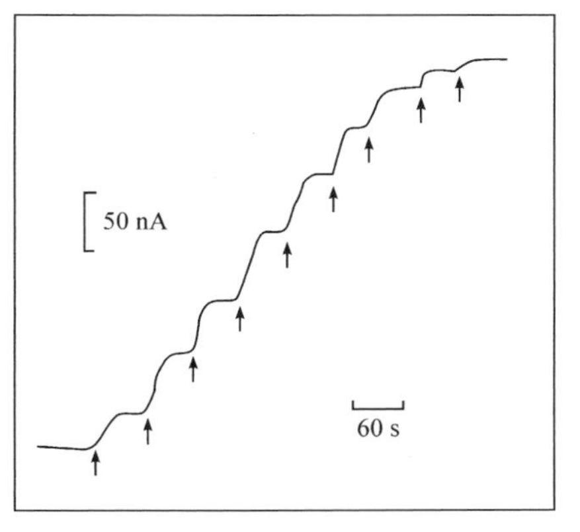

图 1-26　葡萄糖氧化酶和葡萄糖淀粉酶修饰的金电极对于麦芽糖的响应曲线

注：电极的操作电压是 0.1V(相对于饱和甘汞参比电极)，每次加入的麦芽糖使溶液中麦芽糖的浓度增加 1 mmol/L

葡萄糖的快速、准确的定量检测是临床医学需要解决的实际问题，基于葡萄糖氧化酶的葡萄糖传感器可用作葡萄糖的定量检测。但由于葡萄糖氧化酶(GOD)的氧化还原中心，即氧化型黄素腺嘌呤二核苷酸(FDA)/还原型黄素腺嘌呤二核苷酸($FDAH_2$)被不导电的蛋白质外壳所包围，使得其与外界的电子转移/交换变得异常困难，所获得的葡萄糖传感器的工作电压过高，很多干扰物质，如尿素、尿酸也能被电极检测。为了获得操作电压低的葡萄糖传感器，就需改善葡萄糖氧化酶与外界电子转移的能力。人们发展了多种方法以期实现 GOD 与电极表面较为容易的电子转移，最有效的一种是在葡萄糖氧化酶与电极之间引入电子转移中介体。将扩散型的电子转移中介体，如铁氰化物、二茂铁衍生物等和 GOD 以不同方式固载于电极表面，可使 GOD 上的电子转移变得容易。这种基于电子转移中介体的葡萄糖氧化酶传感器的工作原理可描述如下[116]：

$$葡萄糖 + GOD(FAD) \longrightarrow 葡萄糖酸 + GOD(FADH_2)$$

$$GOD(FADH_2) + 2M_{ox} \longrightarrow GOD(FAD) + 2M_{red} + 2H^+$$

$$2M_{red} \longrightarrow 2M_{ox} + 2e^-$$

在这里，GOD(FAD)和 GOD($FADH_2$)分别指葡萄糖氧化酶的氧化型和还原型，M_{ox} 和 M_{red} 分别指电子转移中介体的氧化型和还原型。

有些研究者将电子转移中介体以共价键的形式与酶连接在电极上[116～118]，由于电子转移中介体与酶的活性中心紧密接触，保证了电子从酶到电极表面的顺利流动。将酶的静电组装技术与电子转移中介体的概念相结合，并选用部分季铵化的聚(4-乙烯基吡啶)锇配合物(PVP-Os)作为电子转移中介体，在金电极上通过静电组装可制备 PVP-Os/GOD 超薄膜[119,120]。由于电子转移中介体 PVP-Os 的引入，使得 GOD 与电极表面的电子转移变得容易，这种 PVP-Os/GOD 多层膜修饰的金电极，可用作葡萄糖的传感器。对于组装了 3 个双层 PVP-Os/GOD 的金电极，在 0.1 mol/L 的磷酸盐空白缓冲溶液中(pH=7.0)，于 0.1～0.6 V(相对于 Ag/AgCl参比电极)范围内，循环伏安曲线上只出现了一对氧化/还原峰，它对应着 PVP-Os 上 $Os^{2+/3+}$ 的氧化-还原过程，且阳极峰电流和阴极峰电流的大小几乎相等(图 1-27)。当加入 40 mmol/L 的葡萄糖溶液并通氮气 5 min 除掉溶液中的氧气后，电极扫描的循环伏安曲线显示，氧化电流明显增加，伴随着的是还原电流明显降低。这表明，GOD 被扩散入膜的葡萄糖还原，被还原后的 GOD 又被 Os^{3+} 氧化，同时，Os^{3+} 被 GOD 的还原型还原成 Os^{2+}，而 Os^{2+} 被电极氧化，在电极上被检测，这种检测电流的大小是与溶液中的葡萄糖的浓度有关的。这就是 $Os^{2+/3+}$ 的氧化电流增加而还原电流降低的原因。通过这一过程，GOD 上的电子成功地传递到电极上，其本身在反应过程中得到再生，可以用来连续催化葡萄糖的氧化。

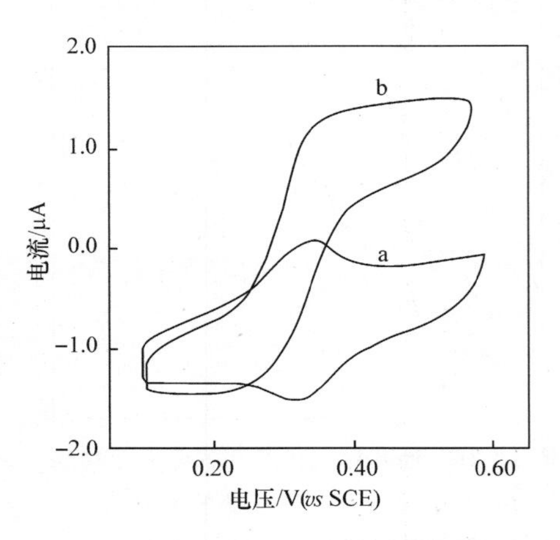

图 1-27　3 个双层 PVP-Os/GOD 修饰的金电极在 0.1 mol/L 的磷酸盐缓冲溶液中的循环伏安曲线

(a)没有加入葡萄糖溶液；(b)加入 40 mmol/L 的葡萄糖溶液。电极的扫描速度为 5 mV/s

利用静电组装技术，人们已经将多种多样的物质，如电活性的有机和无机分子、聚合物、生物分子、纳米微粒、杂多酸等组装在电极上，获得了它们的化学修饰电极。通过对这些化学修饰电极的制备及性质的研究，初步掌握了一些层状组装薄膜修饰电极的制备与功能优化之间的规律，同时也通过电极上多组分物质的协同效应，制备了一些功能独特的化学修饰电极。我们认为，静电组装技术用于化学修饰电极的制备，最大的优点就是能在微电极上或是阵列微电极上选择性地制备多层的、多组分和多类型的复合超薄膜，丰富微电极上组装物质的种类，实现多种物质的联合分析。尽管这方面的工作还未见报道，但我们相信，这定将会成为层状组装薄膜修饰电极研究的一个重要方向之一。

1.3.7 层间化学反应

吸引科学家们进行超薄膜的层间化学反应研究的原因是多方面的:超薄膜的层间化学反应可以生成新的物质,使超薄膜在反应前后在结构和功能上产生变化;由于超薄膜层间的化学反应被限域于一个很小的尺度内,有可能不同于常规进行的反应。但科学家进行超薄膜层间化学反应研究最初的,也是最单纯的目的可能是基于提高静电组装超薄膜的稳定性的需要。静电组装多层膜相邻层间是靠静电作用维系的,具有相当的稳定性,但由于静电力不同于化学键,是一种弱相互作用力,所以静电组装超薄膜的稳定性容易受到超薄膜所处的环境的影响,如超薄膜所处溶剂的种类、pH、离子强度等。尤其是在高离子强度的溶剂中,无机离子可以打开带相反电荷的基团间的静电作用,破坏超薄膜的结构,此时,静电组装超薄膜的稳定性将影响超薄膜在实际中的应用。在静电组装超薄膜中引入原位的交联反应不失为一种提高超薄膜稳定性的有效方法。Mao 等将含有 C═C 双键的刚性棒状小分子与 PDDA 进行组装,制备成静电组装多层膜,然后将此膜置于紫外光下,同一层的小分子上的碳碳双键发生(2)+(2)环加成反应,将同一层内的小分子以共价键的形式连接起来[81]。原子力显微镜(AFM)针尖刻蚀结果表明,相比于光反应前,光反应后膜的稳定性有所提高。但是,仅仅将同一层交联还不能有效地提高膜的稳定性。

基于磺酸基、羧酸基、羟基等亲核基团在紫外光照射或加热条件下很容易和重氮基团发生亲核反应,生成相应的磺酸酯、羧酸酯和醚这一事实,张希、孙俊奇等将静电组装和层间光化学反应相结合,发展了一种制备共价键合超薄膜的方法[121～125]。在这类共价键合超薄膜的制备中,所用的构筑基元都含有重氮基团和与之对应的磺酸、羧酸、磷酸等亲核基团。其一般的操作步骤是将含有磺酸、羧酸、磷酸甚至羟基等基团的物质和含有重氮基团的聚阳离子化合物交替沉积,获得超薄膜,再用光照或加热的方法诱导层间的化学反应将层间的静电作用力转变为共价键。以重氮树脂(DAR)和聚苯乙烯磺酸盐(PSS)为例,共价键合多层膜的制备过程可描述如下:将基片交替浸入 PSS 和 DAR 的水溶液中一段时间,使 PSS 和 DAR 吸附饱和,取出基片经水洗、干燥,得到以静电相互作用结合的多层超薄膜。为避免组装过程中重氮基团的分解,组装需要在避光的条件下进行。接下来,将此静电作用结合的多层膜置于紫外光下照射一段时间,使膜内的磺酸基团和重氮基团之间反应完全,就得到共价键合的多层膜[如图 1-28(a)所示]。DAR/PSS 超薄膜的红外光谱表明,紫外光照后,膜内发生了与苯环相连的重氮基团和磺酸基团的光化学反应[反应如图 1-28(b)所示]。超薄膜内的光化学反应经历了两个步骤。首先,在紫外光照射下,重氮基团分解,DAR 上与重氮基团相连的苯转变成苯正离子的形式;接着,富电子的磺酸盐和邻近的苯正离子发生亲核取代反应,形成磺酸酯。

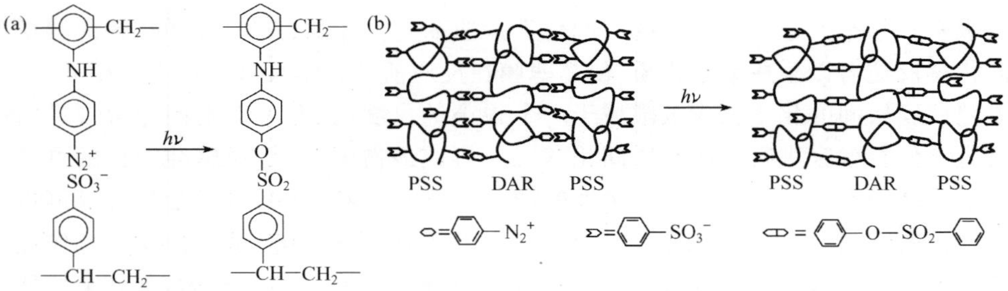

图 1-28　(a)紫外光照下，DAR/PSS 超薄膜中进行的光化学反应；(b)紫外光照下，DAR/PSS 超薄膜层间的作用力由离子键转变为共价键

用 H_2O-DMF-$ZnCl_2$(3:5:2，质量比)三元溶液对光反应前后的 DAR/PSS 超薄膜进行刻蚀，结果表明，与光照之前相比，光照后的超薄膜的稳定性大大提高了[121,122]。在 DAR 溶液中加入 NaCl，可以调节每一层组装所获得的 DAR 的厚度，DAR 厚度的改变并不影响这种方法对超薄膜稳定性提高的程度。除磺酸基团以外，含有羧酸基团的物质是另一大类常用的阴离子物质。同样地，将含羧酸基团的聚丙烯酸(PAA)与重氮树脂进行静电交替沉积，紫外光照或加热也可将超薄膜间的结合力转化为共价键。同样地，含有磷酸基团的物质，如 DNA，也可以和重氮树脂组装并用同样的方法制备共价键合超薄膜，提高膜的稳定性。这些都进一步拓宽了这一共价键合超薄膜制备方法的应用范围。研究中发现，超薄膜中重氮基团与亲核基团如磺酸、羧酸和磷酸基团的反应并不是百分之百进行的。影响超薄膜中光反应程度的因素主要有以下几个方面：(1) 超薄膜中重氮基团与磺酸基团或羧酸、磷酸基团的比例并不一定是 1:1，这具体由成膜的物质和成膜条件等多个因素决定；(2) 超薄膜中存在的其他种类的亲核物质可降低反应程度，如由于膜中含有微量水分而引入的羟基；(3) 由于重氮基团的反应活性很高，尽管在避光的条件下，也不可避免在超薄膜的组装过程中已有部分重氮基团分解。其实，超薄膜中的光反应程度是否完全并不重要，关键是光反应前后膜的稳定性确实有了很大程度的提高。PAA 是一种弱聚电解质，PAA 链上羧酸盐的含量受溶液 pH 的控制，所以 DAR/PAA 超薄膜是一种很好的研究光反应程度对超薄膜稳定性影响的体系，因为只有羧酸盐可以和重氮基团反应，而未电离的羧酸基团则不能。研究中发现，不同 pH 下制备的 DAR/PAA 超薄膜经紫外光照后，用三元溶液 H_2O-DMF-$ZnCl_2$ 刻蚀，都没有发现超薄膜结构的破坏。这表明，单从提高超薄膜的稳定性这一角度出发，没有必要追求超薄膜中每个基团都发生化学反应形成共价键，部分共价键的生成足以稳定超薄膜[125]。

在含有小分子染料的静电组装超薄膜中,由于有机小分子上所含有的带电基团数量较少,所获得的超薄膜的稳定性较完全由聚电解质构成的超薄膜差,因此,获得稳定性高的含有机小分子的超薄膜更为重要。基于同样的方法,将光反应性的重氮树脂与含有磺酸基团或羧酸基团的有机小分子染料交替沉积,经光照处理,也成功地制备了共价键合的小分子染料多层膜,使小分子染料在膜中的稳定性大大提高,但并不能实现超薄膜中小分子染料的完全稳定化,这是因为超薄膜中进行的化学反应是不彻底的[123,124]。超薄膜中的不彻底的光反应使得可以对光反应后超薄膜的结构作进一步的调整。调整的方法有两种:一种是通过在DAR/小分子染料多层膜上覆盖几层光反应性的DAR/PSS聚合物膜,可以进一步提高超薄膜中小分子的稳定性;另一种是通过溶剂刻蚀使超薄膜中未以共价键结合的小分子染料脱附,可在膜中生成便于离子或底物传输的"通道",使得这类共价键合的超薄膜在化学修饰电极方面具有很好的应用前景。可以预见,通过控制超薄膜中光反应的程度,或者采用含有重氮基团的共聚物,或者在超薄膜的制备中引入尺寸大的模板分子,可以很容易地控制超薄膜中"通道"的数量与大小。

循环伏安研究表明,光反应后超薄膜对于离子的渗透性较光反应前大大下降了,这表明相邻层交联后,超薄膜变得异常致密。这种高度致密的超薄膜在金属的防腐方面有极高的应用前景。同时,由于光反应前后多层膜对于溶剂刻蚀的稳定性的差异,使得这类具有光反应特性的超薄膜可以用来制备具有层状结构的、高度稳定的图案化复合超薄膜[126]。将DAR与PAA在石英或硅基底上交替沉积,先获得非共价键合的超薄膜,再在适当模板的协助下,将超薄膜的某些区域选择性地在紫外光照射下诱发交联反应,最后在十二烷基磺酸钠的饱和水溶液中洗掉未共价键交联的膜而保留共价键交联的膜,便可获得图案化的共价键合超薄膜,其图案化结构由所采用的模板决定。这种高稳定性的图案化超薄膜具有许多非共价键连接的图案化超薄膜所不具有的功能,如它可以在较为苛刻的条件下作为模板来诱导某些反应的进行。

到目前为止,将静电组装技术与超薄膜的层间化学反应相结合,已经实现了包括聚电解质[121,122,125]、树状分子[127]、有机小分子[123,124]、纳米微粒[128,129]和生物大分子DNA[130]等的稳定性层状组装。这证明将层状组装技术与层间原位化学反应相结合是一种非常有效的制备高稳定性的复合超薄膜的方法。同时,这一技术也提供了一种快捷有效地制备稳定的层状组装超薄膜的概念,它不局限于由带有重氮基团的阳离子物质和带有羧酸、磺酸、磷酸及羟基等亲核基团的对应物的组装体,如果能找到合适的反应,这种概念更可以拓宽至其他的组装体系。如选择合适的反应,靠加热交联的方法也可以用来提高静电沉积多层膜的稳定性。Bruening等报道了聚丙烯胺(PAH)和聚丙烯酸(PAA)形成的静电组装多层膜经过130 ℃或250 ℃的热处理后,超薄膜层间的羧酸盐与铵盐反应生成酰胺键,获得共价键交联的尼龙结构的超薄膜[131][图 1-29(a)]。交联后的超薄膜在一个很宽的pH范围内非常稳定。超薄膜循环伏安和电化学交流阻抗都表明交联后膜的透过性大大降低了。在某种意义上讲,用光交联的方法比用热交联的方法制备共价键合的超薄膜有一定的优越性。这是因为通过对光源的控制,很容易实现超薄膜中光反应位置的微观控制,而热交联则不能。上面讲的利用光反应前后 DAR/PAA 超薄膜对于溶剂刻蚀的稳定性的差异而制备的图案化超薄膜就是一个很有说服力的例子。

引入层间反应不仅可以用来提高多层膜的稳定性,也可以用来实现某些特殊功能的超薄膜组装体。Rubner 等报道了用带有正电荷的聚苯撑乙烯前聚体(Pre-PPV)与聚阴离子组装,经加热处理后得到含有聚苯撑乙烯(PPV)的多层膜结构,可用于制备以 PPV 为发光层的电致发光器件[132][图 1-29(b)]。Fendler 等报道了用聚二烯丙基二甲基胺盐酸盐(PDDA)和聚酰胺酸[poly(amicacid)]组装成的多层膜,经高温裂解和碳化处理变成了石墨状的碳膜,此碳膜的电导率可达 150~200 S/cm[133]。这些例子提供了一条以多层膜组装体为前提,利用组装体内化学反应来制备特殊功能材料的一种新途径。

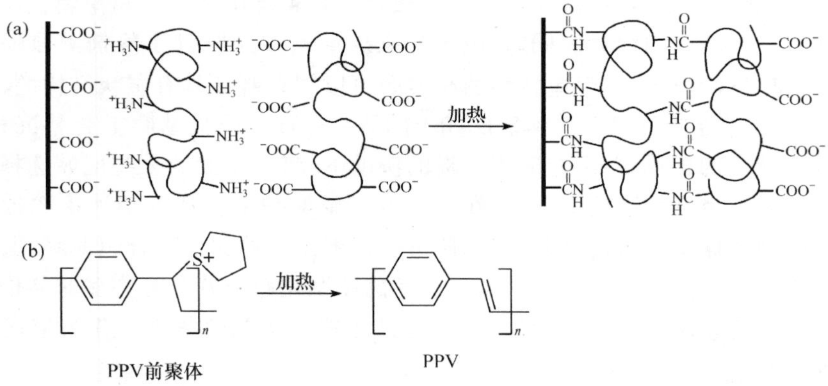

图 1-29　静电组装超薄膜中的化学反应

(a)PAH/PAA 超薄膜在加热时生成尼龙状结构的共价键合超薄膜;(b)静电组装超薄膜中的阳离子化的聚苯撑乙烯(PPV)前聚体(Pre-PPV)在加热时转化为发光的共轭聚合物 PPV

1.3.8　弱聚电解质的静电层状组装

弱聚电解质是在溶液中不能完全电离的一大类聚电解质的统称,既有聚阳离子,如含有氨基和吡啶、吡咯等基团的聚合物,也有聚阴离子,如含有羧酸基团、甚至苯羟基等的聚合物。由于弱聚电解质在溶液中的离子化程度受溶液 pH 的影响很大,所以,溶液的 pH 对于弱聚电解质的组装行为也会产生很大的影响,进而影响超薄膜组装体的结构和功能。利用弱聚电解质作为构筑基元来进行超薄膜的静电组装,可以获得许多强聚电解质所不能产生的特殊结构和功能。这是本节对弱聚电解质的静电层状组装进行单独描述的原因。

聚丙烯胺(PAH)和聚丙烯酸(PAA)是分别含有氨基和羧基的聚电解质,在PAH和PAA静电组装超薄膜的制备中,溶液pH微小的变化就能对PAH和PAA的组装产生很大的影响[57,58]。通过改变聚电解质溶液的pH,单层沉积所获得的聚合物膜的厚度可容易地在0.5~8 nm之间调节。相比之下,如果不在溶液中加入无机盐,强聚电解质沉积获得的单层膜的厚度通常在0.5~1 nm左右。所以,用弱聚电解质进行静电组装,很容易获得较厚的薄膜组装体。由于单层PAH和PAA膜的厚度可由溶液的pH自由调节,PAH/PAA超薄膜中相邻层的PAH和PAA的穿插也可以通过溶液pH的改变而得到控制,进而PAH/PAA超薄膜的表面组成,即氨基和羧酸/羧酸盐基团的相对含量也可以精确调控,由此便可很容易地控制多层膜的表面浸润性质。不同pH下制备的PAH/PAA超薄膜的接触角验证了这一点。

由于弱聚电解质超薄膜中存在没有电离的基团,很容易通过这些没有电离的基团于超薄膜中引入另一组分,因此,弱聚电解质超薄膜可以作为纳米微反应器,在超薄膜中产生新的功能。还是以PAH/PAA超薄膜为例,PAH和PAA超薄膜中未电离的羧酸基团可以结合某些金属离子。如将PAH/PAA超薄膜浸入含有Ag^{+}或Pb^{2+}的水溶液中,这些金属离子能取代膜中COOH基团上的质子而与羧酸配合,在氢气氛下还原超薄膜中的Ag^{+}可制备Ag微粒,在H_2S气氛下可将超薄膜中的Pb^{2+}转化为PbS微粒[134]。制备(PAH/PAA) * m(PAH/PSS) * n型的复合超薄膜,由于金属离子只选择性地与COOH基团结合,可以容易地控制相邻微粒层间的距离,如图1-30所示。这种于超薄膜中原位制备纳米微粒的优点是超薄膜中羧酸基团的含量可以通过溶液的pH进行控制,从而可以容易地控制多层膜中微粒的尺寸和密度。又由于这种以静电组装的弱聚电解质超薄膜为基体的微反应器中可进行多种类型的反应,通过改变嵌入的离子类型可容易地制备丰富多样的纳米微粒。弱聚电解质超薄膜还可以作为模板诱导某些化学反应在其上的进行。如通过控制PAH/PAA超薄膜最外层是氨基还是羧酸基团,可以实现镍在PAH和PAA多层膜表面的选择性非电解镀层的制备[135]。选用两种钯的配合物作为催化剂,一种是带正电荷的四氨基氯化钯[$Pd(NH_3)_4Cl_2$],它可以吸附在PAH表面而不能吸附于PAA表面;另一种是带负电荷的四氯化钯的钠盐(Na_2PdCl_4),与$Pd(NH_3)_4Cl_2$相反,它可以吸附在PAA表面而不能吸附于PAH表面。当PAH溶液的pH为7.5,PAA溶液的pH为3.5时,所得的PAH/PAA静电组装超薄膜的表面组成仅取决于最外层,与次外层无关。在同一基片上,先获得以PAH和PAA为最外层的区域,再将此基片浸入到$Pd(NH_3)_4Cl_2$溶液中,可在被PAA覆盖

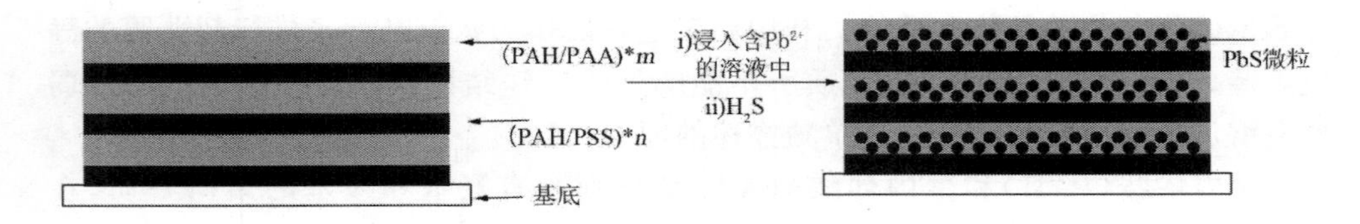

图 1-30　(PAH/PAA) * m/(PAH/PSS) * n 复合静电组装超薄膜中 PbS 微粒的制备过程

的区域上吸附上 $Pd(NH_3)_4Cl_2$，而 PAH 覆盖的区域则没有 $Pd(NH_3)_4Cl_2$ 的吸附。最后将选择吸附有 $Pd(NH_3)_4Cl_2$ 的基片浸入到含有镍离子的溶液中，在 $Pd(NH_3)_4Cl_2$ 的催化作用下，镍离子可选择性地在 PAA 覆盖的区域还原而获得金属镍的薄膜。类似地，采用 $Pd(NH_3)_4Cl_2$ 作催化剂，可在 PAH 覆盖的区域获得金属镍的薄膜。

弱聚电解质超薄膜的稳定性依赖于所处环境溶液的 pH[136]，这是因为环境 pH 的改变会打破超薄膜中各基团间的电离平衡和已建立起来的相互作用力之间的平衡，从而破坏超薄膜的结构。PAA 和聚丙烯酰胺(PAAm)在 pH 为 3.0 的水溶液中组装所获得的 PAA/PAAm 超薄膜在水溶液的 pH 高于 5.0 时变得不稳定，会溶解于水中。加热可促使 PAA/PAAm 超薄膜中的酰胺化反应，使超薄膜相邻层之间交联，稳定性不再受水溶液 pH 的影响。热交联前 PAA/PAAm 超薄膜的这种稳定性的差异也提供了一种制备图案化超薄膜的途径[137]。在 PAA/PAAm 多层膜表面通过 ink-jet 方法将 pH 为 7.0 的水选择性地“印”在某些区域，再经过加热交联处理，没有水覆盖的区域可发生交联反应，稳定性大大提高，而被水覆盖的区域由于羧酸基团的离子化，在加热时不能发生交联反应。这种利用弱聚电解质超薄膜在外界 pH 诱导下稳定性发生变化而制备图案化超薄膜的过程如图 1-31 所示。

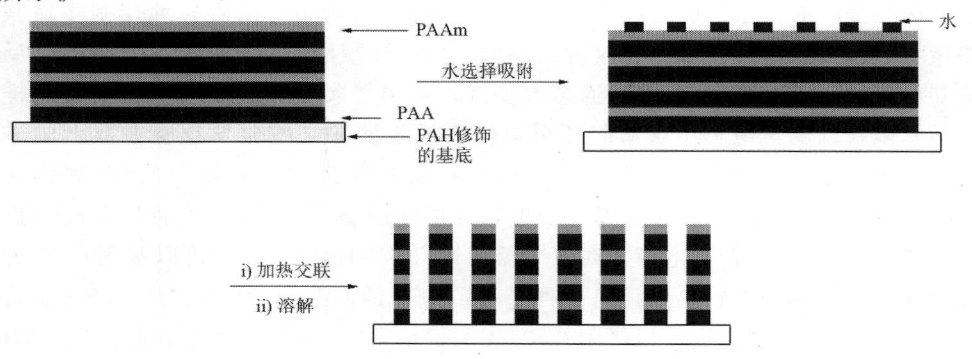

图 1-31　利用弱聚电解质聚丙烯酸(PAA)/聚丙烯酰胺(PAAm)超薄膜在外界 pH 诱导下稳定性发生变化而制备图案化超薄膜的过程

外界环境 pH 的改变可以诱导弱聚电解质超薄膜中的相变，利用这种相变，可以获得具有孔状结构的聚合物超薄膜[138]。用 pH 3.5 的 PAA 和 pH 7.5 的 PAH 溶液交替沉积制得 PAA/PAH 超薄膜，在这样的组装条件下，PAA 中的羧酸基团的电离是不完全的，而 PAH 中的氨基几乎全部质子化，每一沉积周期所获得的 PAA/PAH 的厚度在 5～8 nm 之间，这表明超薄膜中的聚合物链有严重的卷曲和缠结现象。在这一条件下制备的 PAA/PAH 超薄膜在 pH 为 3.0 至 9.0 间的水溶液中是稳定的，但当将其转移至 pH 等于或低于 2.5 的水溶液中时，PAA/PAH 超薄膜的厚度会立即增大，可为原来厚度的大约 3 倍。这时的 PAA/PAH 超薄膜不再是原来的致密结构，而是变成了具有孔状结构的超薄膜[如图 1－32(a)和(b)所示]。超薄膜中孔的形成与这一 pH 的水溶液中含有大量自由质子相关，PAA/PAH 超薄膜内与氨基结合的羧酸(—NH_3^+ $^-$OOC—)此时会与质子结合，转变为不带电荷的羧酸基团(COOH)，这一变化诱发了膜内的相变过程，使膜内的 PAA 和 PAH 发生链段的重排，导致了超薄膜中微孔的形成，且超薄膜中相邻层的孔是贯通的。PAA/PAH 超薄膜中的这种相变和链段的重排在动力学上是允许的，因为由于维系超薄膜稳定性的—NH_3^+ $^-$OOC—的数量随质子的引入而大大减少了。同时，相变的速度很快，可在数秒内完成。所获得的微孔状的 PAA/PAH 超薄膜在空气中可至少稳定存在 18 个月。将这种孔状的 PAA/PAH 超薄膜浸入中性的水中 1 h 以上，可诱发二次相变，使超薄膜的厚度几乎恢复到未浸入酸性水溶液中之前的厚度，此时，超薄膜中的孔变得更深、更圆且不连续，孔的直径在 50～200 nm 之间[如图 1－32(c)所示]。PAA/PAH 超薄膜中孔的大小是受浸泡此超薄膜的水溶液的 pH 影响的。研究表明，当水溶液的 pH 大于 2.6 时，不能诱导孔的形成。在 pH 为 2.4 的水溶液中，所诱导出的孔的直径为最大；在 pH 小于 2.3 时，孔径随 pH 的降低而减小。在 PAA/PAH 超薄膜浸入酸性水溶液中诱导出微孔以后，将膜

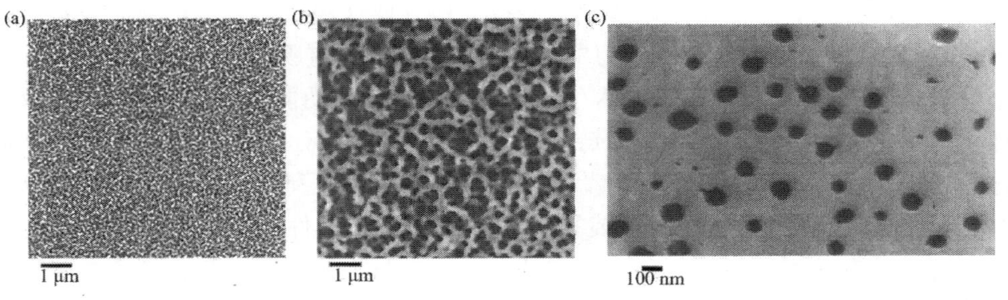

图 1－32　用 pH 3.5 的 PAA 和 pH 7.5 的 PAH 溶液交替沉积制得的 PAA/PAH 超薄膜浸入到 pH 2.50 的水溶液前(a)和后(b)的 AFM 表面形态图；(c)同一条件下获得的微孔的 PAA/PAH 超薄膜在中性的水中浸泡 10 h，超薄膜变得致密，孔变得更深、圆且不连续

注：图中的标尺分别为(a)，(b)1 μm；(c)100 nm[138]

用氮气吹干，于200 ℃以上的高温处理，膜内的羧酸与氨基反应生成酰胺键，将静电作用力结合的超薄膜转变为交联的超薄膜，并保留了超薄膜中的微孔结构。这种交联的含有相互贯通的孔状结构的超薄膜可以抵制二次相变的发生。

由上面的例子可以看出，与强聚电解质静电组装超薄膜相比，弱聚电解质超薄膜有其独特的特点：(1) 它容易获得较厚的超薄膜，这是由弱聚电解质链段在溶液中的卷曲构象决定的；(2) 弱聚电解质超薄膜的界面和表面性质很容易通过超薄膜组装时溶液的 pH 控制；(3) 弱聚电解质超薄膜更易于结合第三组分，作为模板或微反应器，在超薄膜中实现新的组装体的结构与功能。当然，弱聚电解质的静电组装体的优点远不限于这些，随着人们对弱聚电解质超薄膜的重视，会有更多、更新的基于弱聚电解质的组装体的出现。

1.3.9 功能聚合物的静电组装

聚合物作为当今材料中极其重要的一类，在人们的日常生活、航空、航天和国防等方面起着非常重要的作用。那些具有光电信息功能的聚合物，尤其引人注目，因为它们在光电信息器件的制备中具有巨大的应用价值。1990 年前后，剑桥大学卡文迪许实验室的 Friend 在研究聚合物的场效应晶体管时发现夹于两电极间的共轭聚合物聚苯撑乙烯(PPV)薄膜在外加电压下可以发出光。这是科学家们首次发现聚合物的电致发光性质，它导致了聚合物的发光器件的研究热潮。共轭聚合物不仅可以用作发光器件的发光层，还可以用作电子和空穴的传输层，利用这些功能聚合物，可以制备出全色发光的、全聚合物的柔性显示器件。导电聚合物，尤其是可溶性聚苯胺的问世，使人们获得稳定的、具有金属一样导电性能的聚合物的梦想变为现实。科学家们已经合成了大量的性质各异的光电功能材料，这些材料的出现为以聚合物为主的光电功能器件的研究奠定了坚实的基础。

将功能性聚合物制备成超薄膜将会极大地方便这些功能性聚合物作为膜材料在微米或纳米光电器件方面的应用。与其他聚合物超薄膜的制备技术相比较，静电组装技术有很多优点：(1) 天然存在的和人工合成的功能聚合物材料不计其数，这其中有很多聚合物的主链或侧链上带有荷电基团，更有很多功能聚合物可以通过简单的化学修饰而引入带有电荷的基团。用这些含有荷电基团的功能聚合物作为构筑基元，很容易通过静电组装技术制备成超薄膜器件。(2) 静电组装的聚合物超薄膜具有良好的机械和化学稳定性。(3) 基于静电组装的聚电解质超薄膜的结构容易控制。很多参数，如聚合物的相对分子质量、聚合物链的结构及电荷密度、聚合物溶液的浓度、离子强度等都可以用于调节聚合物基于静电作用在液/固界面的组装行为，从而调节超薄膜的结构。(4) 聚合物超薄膜结构的调整可以改善聚合物超薄膜的功能。下面通过几个例子来阐述如何利用静电组装技术制备功能性的聚合物超薄膜以及如何通过聚合物超薄膜结构和组成的调节来实现功能的优化。

Rubner 等用 p 型掺杂的导电聚合物，如聚吡咯、聚苯胺、聚噻吩与带相反电荷的聚合物通过静电交替组装，获得了含有导电聚合物的超薄膜[139～142]，由于超薄膜中相邻层间的穿插，使导电聚合物可在超薄膜中形成连续的相，这类含有导电聚合物的超薄膜具有一定的导电性。用部分质子酸掺杂的聚苯胺(PAN)和聚苯乙烯磺酸盐(PSS)交替沉积，可获得厚度在 4～60 nm 的含有聚苯胺的 PAN/PSS 超薄膜。由于静电组装过程涉及到大量带相反电荷的基团的复合，使得 PAN/PSS 超薄膜中的聚苯胺的掺杂程度较溶液中低很多。为了获得高导电性的超薄膜，需要将 PAN/PSS 超薄膜在强酸，如盐酸或甲基磺酸中浸泡以便使膜中的聚苯胺的掺杂更加彻底。在 1 mol/L 的盐酸中浸泡过的 PAN/PSS 超薄膜的电导率可以达到 0.5～1.0 S/cm，与聚苯胺旋涂膜的导电率相当。PAN/PSS 超薄膜的导电性在较薄时表现出对沉积层数的依赖性：在沉积层数小于 6 时，超薄膜的导电性随沉积层数的增加而增大。当 PAN/PSS 超薄膜较厚时，其导电性可达到一较为恒定的数值，不再受超薄膜沉积层数的影响。这说明在层数较少时，PAN/PSS 超薄膜中的聚苯胺还没有形成连续的相，但随着沉积层数的增加，超薄膜中的聚苯胺逐渐变得连续，导电率逐渐趋于恒定。虽然这些含有导电聚合物的超薄膜的导电率还不是很高，但也可满足于某些表面的抗静电的要求。

如前面介绍，在聚(4-乙烯基吡啶)链上引入过渡金属锇的配合物而获得的 PVP-Os 是一种电化学性质优异的聚阳离子，在 PVP-Os 超薄膜中，其电化学性质的发挥依赖于其在超薄膜中的存在方式，即超薄膜是否有利于 PVP-Os 上的电子向电极表面的传输。孙俊奇等基于静电作用，组装了两类含有 PVP-Os 的超薄膜，一类是将 PVP-Os 和不导电的聚苯乙烯磺酸钠(PSS)交替组装制备的 PVP-Os/PSS 超薄膜，另一类是将 PVP-Os 和导电的磺化聚苯胺[PAPSAH，结构式如图 1-33A 所示]组装获得的 PVP-Os/PAPSAH 超薄膜[143]。组装于金电极上的 PVP-Os/PSS 和 PVP-Os/PAPSAH 超薄膜对于水溶液中的亚硝酸(pH＝1.0)都有催化还原的作用。尽管催化作用来自于 PVP-Os，但两电极对亚硝酸的催化还原能力却有很大差别。在 PVP-Os/PSS 超薄膜修饰的电极上，PSS 是不导电的，对于 PVP-Os 上电子向电极的传输起到阻碍的作用[图 1-33B(a)]。而在 PVP-Os/PAPSAH 超薄膜修饰的电极上，PAPSAH 是一类良好的自掺杂导电高分子，其电导率可达 10^{-2} S/cm。尽管在组装成超薄膜时，PAPSAH 失去了自掺杂的能力，但在对亚硝酸的催化还原中，pH 为 1.0 的 Na_2SO_4 支持电解质溶液将有利于维持 PVP-Os/PAPSAH 超薄膜中 PAPSAH 的酸性，增加其电导率。由此，组装于 PVP-Os 之间的 PAPSAH 起到了“导线”的作用，它大大降低了膜上的电阻，有利于亚硝酸在电极上催化还原时电子的传输[图 1-33B(b)]。这就解释了为什么 PVP-Os/PAPSAH 超薄膜修饰的金电极对于水溶液中的亚硝酸的催化还原能力强于 PVP-

Os/PSS 修饰的金电极的缘故。

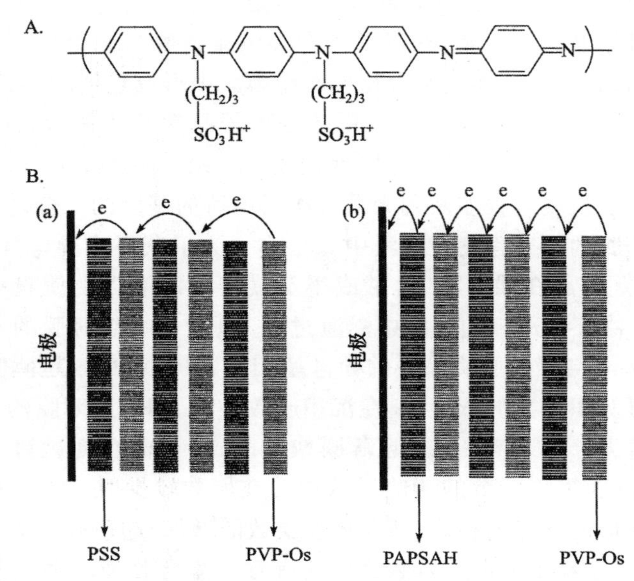

图 1－33　A. 含有磺酸基团的导电聚苯胺 PAPSAH 的结构式；
B. PVP-Os/PSS 和 PVP-Os/PAPSAH 静电组装超薄膜修饰的电
极上 PVP-Os 向电极传输电子的过程

将静电组装技术用于聚合物电致发光器件的制备，可以获得在分子水平上精确控制的具有高稳定性和高发光效率的显示器件。在电致发光器件的制备中，用静电组装技术可以将电荷注入/限制层和发光层组装于 ITO(氧化铟和氧化锡的混合物)电极表面，且各层的厚度、组成和界面性质很容易控制，容易使器件的电子和空穴的注入达到平衡，提高器件的发光效率。另外，也可用静电组装技术对电极表面进行修饰，避免器件使用中存在的电极老化、腐蚀等工艺问题。用作发光层的适合于静电组装的聚合物种类很多，如聚对苯撑乙烯(PPV)的前聚体，各种带有电荷基团的 PPV 的衍生物、质子化的聚对吡啶撑乙烯(PHPyV)等，它们可以与不发光的共轭或非共轭聚电解质(如磺化的聚苯胺、聚苯乙烯磺酸钠、聚甲基丙烯酸钠、聚氨基乙烯)、带电荷的无机微粒、寡电荷的有机小分子等交替沉积，制备成超薄膜电致发光器件。PPV 是最早用于聚合物电致发光器件的黄绿色发光材料，一般是将 PPV 的前聚体用旋涂的方法在 ITO 基底上制备成超薄膜，在真空加热的条件下将其转化为 PPV 的薄膜。由于 PPV 的前聚体是聚阳离子，可以与聚阴离子通过静电组装技术制备成超薄膜。Onitsuka 等将 PPV 的前聚体(Pre-PPV)分别与聚苯乙烯磺酸钠(PSS)和聚甲基丙烯酸钠(PMA)通过静电组装技术沉积在 ITO 玻璃表面，制备了 PPV/PSS 和 PPV/PMA 超薄膜，真空蒸镀上铝电极后，将超薄膜在真空和 210 ℃的条件下处理 11 h,使超薄膜中的 PPV 前聚体转化为共轭的发光聚合物 PPV,获得了超薄膜的电致发光器件[132]。尽管两种超薄膜器件都是以 PPV 作为发光材料,但它们的性能却大不相同。首先,在相同的驱动电压下,PPV/PSS 超薄膜器件的电流密度比 PPV/PMA 超薄膜器件的电流密度大;其次,PPV/PSS 超薄膜器件的电流-电压(I-V)曲线是中心反对称的,在正向和反向偏压下都有很高的电流密度,而 PPV/PMA 超薄膜器件的电流-电压曲线具有整流效应;再次,PPV/PMA 超薄膜器件的亮度要比 PPV/PSS 超薄膜器件的亮度高(分别为 10～50 cd/m^2 和约 1 cd/m^2)。此外,PPV/PMA 超薄膜器件的开启电压随超薄膜厚度的增加而增加,PPV/PSS 超薄膜器件的开启电压与超薄膜的厚度无关。PPV/PMA 超薄膜器件的行为更类似于由 PPV 旋涂膜制备的发光器件。PPV/PSS 超薄膜器件与 PPV 旋涂膜器件的不同来自于 PSS 中磺酸基团对于 PPV 的一定程度的 p 型掺杂(而弱酸如羧酸基团则没有这种 p 型掺杂的功能),使得 PPV/PSS 有更强的空穴传输能力。p 型掺杂的 PPV 使得 PPV/PSS 超薄膜电致发光器件的发光效率大大降低,但当制备 ITO/$(PPV/PSS)_5$/$(PPV/PMA)_{15}$/Al 杂化超薄膜器件时,由于靠近 ITO 电极的 PPV/PSS 层有强的空穴传输能力,使得器件的电子和空穴的注入更趋于平衡,所以,此器件的发光亮度和效率比单独的 ITO/$(PPV/PMA)_{15}$/Al 器件高得多。显然,通过改变与 PPV 交替沉积的聚阴离子的种类,可以改变超薄膜器件的电子、空穴注入和传输,进而调节超薄膜发光器件的性能,这正是静电组装超薄膜技术制备电致发光器件的优点所在。

聚合物静电组装超薄膜的结构和性质可以沿膜的组装方向呈梯度变化,充分利用这一点对于实现电致发光器件中的电子和空穴的注入平衡并最终提高器件的发光效率很有意义。由于 ITO 的功函数与 PPV 衍生物的电离式之间的差值较大,使得由 ITO 电极到发光层 PPV 衍生物的空穴的注入很困难。为解决空穴的注入这一问题,Friend 等在 ITO 电极和 PPV 发光层之间引入了具有梯度能级结构的不同掺杂程度的聚(3, 4-乙烯基二氧噻吩)(简称 PEDT)的静电组装超薄膜[144]。PEDT 是一种带正电荷的聚合物,在水溶液中,它可以和 PSS 形成复合物(用 PEDT∶PSS 表示),由于 PSS 过量而使复合物带负电荷。PEDT 的能带结构可以由掺杂程度调节,随掺杂程度的降低,PEDT 的能带变宽,价带的高度降低。完全掺杂的 PEDT 中的带正电荷的噻吩环与中性的噻吩环之比为 $y=0.3$。通过肼的还原可以控制 PEDT∶PSS 的掺杂程度,用 p^{2+}、p^{+}、p 和 I 分别表示 $y=0.30$、0.25、0.2 和 0.02 的 PEDT∶PSS 复合物。在 ITO 表面,将掺杂程度依次降低的 PEDT∶PSS 与 PXT 交替沉积。在这里,PXT(一种 PPV 的前聚体)可作为电子的阻挡层。组装完 PEDT∶PSS/PXT 超薄膜后,将超薄膜在 70～80 ℃加热 2 h,使超薄膜中的 PXT 转化为共轭的 PPV,然后在 PEDT∶PSS/PXT 超薄膜上旋涂上发绿光的 PPV 衍生物,蒸镀上钙/银电极,便制备了电致发光的器件。这种由 PEDT∶

PSS/PXT 聚合物超薄膜作为空穴传输层的电致发光器件的器件及能级结构如图 1－34(a)和(b)所示。可以看出，ITO 电极和发光层 PPV 之间的大的能级间隔被分割成了若干个小的能级间隔，这样，空穴的注入就变得容易了。PXT 层的引入有助于限制电子的注入，使电子和空穴的复合发生在 PPV 层中。当选用发绿光的 PPV 衍生物作为发光层时，器件的外量子效率可达 6.0%(内量子效率估计值在 15%～20%之间)，在 5 V 的驱动电压下，器件的亮度可达 1600 cd/m^2。同单一的、没有梯度分布的 PEDT 修饰的 ITO 电极相比，这种掺杂程度依次降低的 PEDT 聚合物超薄膜修饰的 ITO 制备的发光器件的发光效率有了很大程度的提高。

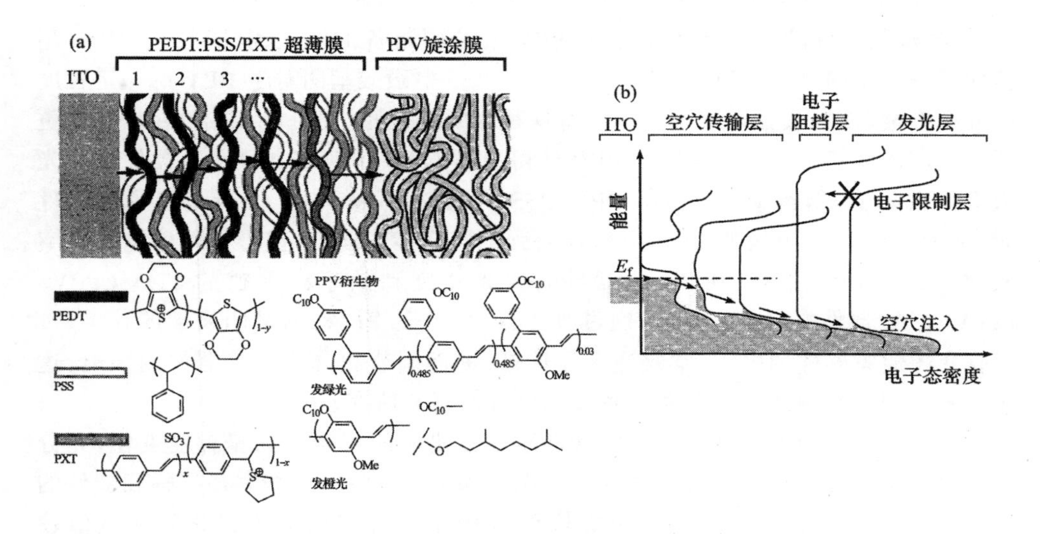

图 1－34　PEDT:PSS/PXT 聚合物静电组装超薄膜作为空穴传输层和旋涂的 PPV 衍生物作为发光层的电致发光器件的器件结构和能级结构示意图

(a)器件结构；(b)能级结构。图(a)中同时给出了 PEDT、PXT、发绿光和发橙光的 PPV 衍生物的结构式。PEDT 链的颜色由深变浅表明掺杂程度逐渐降低[144]

以上列举了功能性聚合物静电组装超薄膜在化学修饰电极、导电超薄膜和聚合物显示器件中的应用。当然，聚合物静电组装超薄膜的应用远不止这些。由于聚合物超薄膜的结构和组成容易控制，因此，静电组装超薄膜特别适用于聚合物超薄膜器件的精细调控，在光电磁等超薄膜器件的制备中有着广泛的应用前景，尤其是在小尺寸器件的制备中。

1.4　改进的静电组装技术

静电组装技术是一种非常有效地制备结构和功能可控的复合纳米超薄膜组装体的方法，它适用于绝大多数带电荷物质的层状组装，可以制备多种多样的、结构各异的超薄膜层状组装体。随着人们对静电组装技术认识的加深和复杂超薄膜组装体制备的需要，科学家们又对这一超薄膜制备的技术进行了修饰和改进，以便能制备结构更加特殊的超薄膜，同时，也使这一技术更适合于大规模工业化生产。本节简要介绍一下几种修饰和改进的静电组装技术。

1.4.1　聚电解质吸附-活化技术

通常的由静电组装技术获得的超薄膜的结构是对称的，这表现在将含有非线性光学活性基团的聚电解质组装成超薄膜时，所获得的超薄膜的非线性效应不随超薄膜厚度的平方成正比增加，这是因为非线性基团在膜中的对称分布将其非线性效应抵消了。Laschewsky 等为了获得非对称的超薄膜，将静电组装技术与表面活化反应相结合，发展了一种制备非对称超薄膜的方法，称之为聚电解质吸附-活化技术（ultrathin coating by multiple polyelectrolyte adsorption/surface activation technique，简称 CoMPAS 技术），将有望在非线性超薄膜的制备中发挥作用[145]。以带负电荷的基底为例，这种技术用于制备具有非对称结构的超薄膜的过程可用图 1-35 表示：(a) 将带负电荷的基片浸入含有可反应基团的聚阳离子溶液中；(b) 基于静电作用力，聚阳离子吸附在基片上形成一层超薄膜，并在基片表面引入

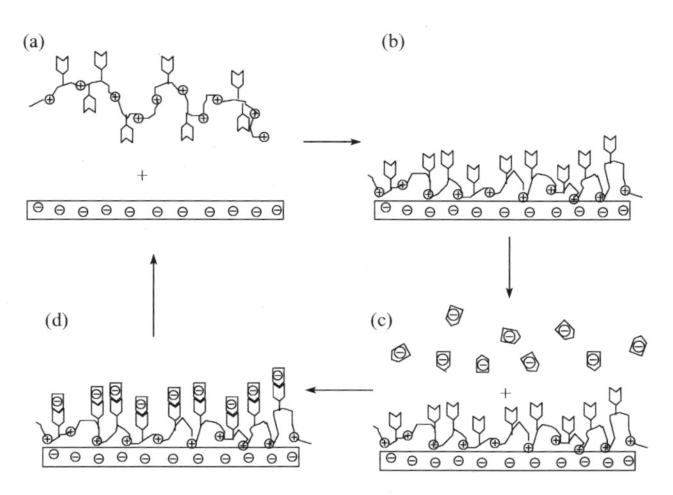

图 1-35　聚电解质吸附-活化技术(CoMPAS)用于非对称结构超薄膜的制备过程

一层可反应基团;(c) 再将此基片浸入含有可与聚阳离子反应的带负电荷的小分子溶液中;(d) 发生聚阳离子与小分子的界面反应,基片表面由于键合了小分子而使表面带负电荷,可用于吸附下一层聚阳离子。由这类超薄膜的制备过程也可以看出,含有可反应基团的聚合物的吸附同常规的聚电解质的静电组装一样,所获得的聚电解质单层膜结构是对称的,只是接下来的活化步骤中引入的有机小分子赋予了超薄膜非对称结构,即超薄膜的非对称结构源于小分子只与上一层聚合物外侧的反应基团发生化学反应。由于超薄膜的疏松结构,不可避免会有一小部分小分子与上一层聚合物内侧的反应基团发生反应,这在一定程度上会降低超薄膜的非对称结构。聚电解质吸附-活化技术对于构筑基元有两个要求:(1) 所用的聚合物必须带有电荷和可反应基团,聚合物上的电荷提供静电组装的位点,而可反应基团则提供有机分子非对称结合的位点;(2) 在聚合物表面引入的有机小分子必须能改变超薄膜表面的电荷类型,以保证超薄膜制备的连续性。在聚电解质吸附-活化技术制备超薄膜的过程中,聚合物表面的活化提供了下一层聚合物吸附的动力,是这一技术制备非对称超薄膜的关键。选择合适的反应,使每一步的活化反应都能在温和的条件下快速和有效地进行,是至关重要的。常用的活化反应有:亚硫酸盐与对烷氧基苯甲醛的加成反应、苯肼与对烷氧基苯甲醛的缩合加成反应、偶氮化合物与苯胺衍生物的偶联反应、4-甲基吡啶盐与苯甲醛的缩合反应等。常用的几类反应示于图 1-36。

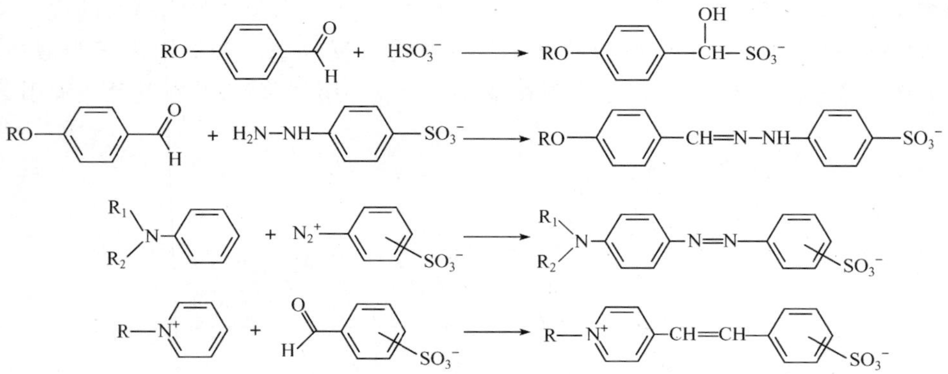

图 1-36　可用于聚电解质吸附-活化技术的在聚阳离子表面反应引入负电荷的几类化学反应

聚电解质吸附-活化技术不但适用于制备具有非对称结构的超薄膜,还可以用于有机小分子与聚电解质的稳定超薄膜的制备。

1.4.2　电场诱导的静电组装技术

将静电组装技术和“柔性刻蚀”技术结合起来,Hammond 等发展了一种制备图案化超薄膜的方法,它极大地丰富了图案化表面所结合的物质的种类和数量,从而更容易地调制图案化表面的功能[102～107]。但应用这一技术所获得的图案化表面多限于单一组分的图案化结构,也即每一图案化单元的组成都是一样的,还很难实现在横向上(这里的横向是指与超薄膜沉积方向垂直的平面所在的方向)对图案化超薄膜的组成和功能进行控制。尽管 Hammond 及其合作者也利用这一技术获得了双组分的图案化超薄膜,但其制备不具有普适性。相比而言,那些具有横向可控的、结构与组成复杂的图案化超薄膜更难以获得,却也更具有应用前景。解决了横向可控图案化超薄膜的制备问题,就可以在基片上根据需要制备出复杂而精细的图案化结构,进而制备出功能集成的纳米器件。

制备横向可控的复杂的图案化多层膜的关键是如何控制多层膜组装过程中膜的生长与终止。以基片上制备两种类型的图案化多层膜为例,简要描述如下:当在甲区组装 A/B 时,要保证 A/B 不能组装在乙区,而当甲区的组装完毕后,开始乙区的组装时,C/D 的组装只能发生在乙区而不能发生在甲区。如果成功地控制了膜的生长与终止,就可以在不同的区域组装不同类型的超薄膜。对于静电组装技术而言,带电物质在带相反电荷的基底上的组装主要包括两个步骤:(1) 带电物质向基底的运动;(2) 由于静电吸引而使带电物质(以离子键的形式)吸附于基底上。如果能控制第一步中的带电物质向基底的运动,就可以控制膜的生长与终止。利用外加于溶液中的电场可以影响溶液中带电粒子的运动这一性质,高明远等发展了一种电场诱导的静电组装技术(electric field directed layer-by-layer assembly technique,简称 EFDLA),它巧妙地将静电组装技术与电泳技术结合在一起。其工作原理可简要阐述如下[146～149]:外加于溶液中的电场可以影响溶液中带电物质的运动,在正向电场的驱动下,带正电的物质向负极板的运动会被加速,而向正极板的运动则会受到阻碍。如果外加于两极板之间的电压足够大,则带正电荷的粒子只能向负极板运动而不能向正极板运动。对于带负电荷的物质,情况恰好相反。这样,利用一个外加于溶液中的电场,就可以成功地控制静电组装的起始与终止。如果在一个基底上存在着数个彼此分离的电极,只要在组装过程中控制各个电极的极性与电场强度,就可控制其上组装的起始与终止,最终实现图案化多层膜的横向可控组装。利用 EFDLA 技术,已经成功地实现了无机纳米微粒、聚电解质和生物酶在导电基底上的选择性层状沉积。EFDLA 技术制备多层膜的过程及如何实现带电荷物质的选择性沉积将在第 8 章有详细的描述。电场诱导的静电组装技术不仅适用于带电物质在导电基底上的选择性吸附,而且借助外加电场的帮助,也可以将一些不易用静电组装技术直接成膜的物质组装成超薄膜。

1.4.3　旋涂-自组装技术

旋涂技术是利用高速旋转的基片来制备薄膜的一种方法。用微量注射器取少许聚合物溶液,滴加到高速旋转的基片上,过多的溶液将会被抛出基片表面,其余部分保留在基片表面并能形成均匀、无针孔的聚合物薄膜。旋涂技术的成膜物质不局限于聚合物。对于聚合物而言,所用溶剂的挥发性、溶液的浓度、黏度、基片的旋转速率、旋涂时间、成膜物质的相对分子质量等因素都可以影响膜的质量。由于这一技术操作简单、省时、价格低廉、重复性好,已在工业生产中得到了广泛的应用。H. L. Wang 等将旋涂技术和静电组装技术相结合,发展了一种可快速、高效地制备聚电解质多层膜的方法,被称为"旋涂-自组装技术(spin-assembly technique)"[150,151]。

以 PDDA 和 PAA 为例,旋涂-自组装技术制备聚电解质超薄膜的过程可描述如下:取 1 mL PDDA 水溶液,滴于高速旋转的基片上,保持基片旋转 1 min,然后将基片加热或置于真空中除去水分,便在基片上得到了一层 PDDA 聚合物膜。采取同样的操作,可在 PDDA 膜上制备一层 PAA 膜。重复 PDDA 和 PAA 膜的制备过程,便可获得多层的旋涂-自组装 PDDA/PAA 膜。从原理上讲,可用于静电沉积技术的聚电解质都适用于旋涂-自组装技术来制备多层膜。不难看出,这种由旋涂-自组装技术获得的多层膜相邻层间还是由静电力来维系的。在旋涂-自组装技术制备聚电解质多层膜的过程中,充分去除上一层膜中残留的水分对于下一层膜的制备以及整个多层膜的质量都是至关重要的。如果每一层聚合物膜仅用氮气吹干,膜的紫外-可见吸收光谱的强度和膜的厚度随膜层数的增加呈现不规律的变化,而不是按通常的吸收光谱强度和膜的厚度随多层膜层数的增加而线性增长的规律。然而,如果每沉积一层膜后便将膜加热或于真空充分干燥,则可以观察到膜的吸光度值和厚度都随多层膜沉积层数的增加而线性增长。利用旋涂-自组装技术,已经成功实现了包括基于含有荷电基团的不同代数的树状分子、侧链含有偶氮基团的聚阴离子和其他聚电解质如 PSS、PAA、PDDA、PAH 和 PEI 等的多层膜的制备。最有意义的是,旋涂-自组装技术还适用于制备单一组分的聚电解质超薄膜。与传统的旋涂技术不同,通过连续在基片上沉积一种聚电解质,可以精确地控制膜的厚度,也可以获得更厚的膜,这些是用常规的旋涂和静电组装技术无法实现的。图 1-37 给出了用侧链含有偶氮基团的聚阴离子 PAZO 连续用旋涂-自组装技术制备的"多层"超薄膜,可以看出,随沉积层数的增加,紫外-可见光谱中的最大吸收峰的强度和膜的厚度都随沉积层数的增加而线性增加。

这种旋涂-自组装技术的特点是:(1) 减少了将基片浸入溶液中和每一层沉积完成后用水洗的麻烦,更适合于大规模工业化生产;(2) 利用了基片旋转产生的外力,大大缩短了单层膜组装所需的时间,这样获得的膜没有达到热力学平衡状态;(3) 膜的厚度可以通过改变聚电解质的浓度和基片的旋转速率来调节;(4) 适用于制备单一组分的、厚度可控的聚电解质超薄膜。

此外,为了简单但精确地控制静电组装多层膜每一层的沉积量一致,利用石英

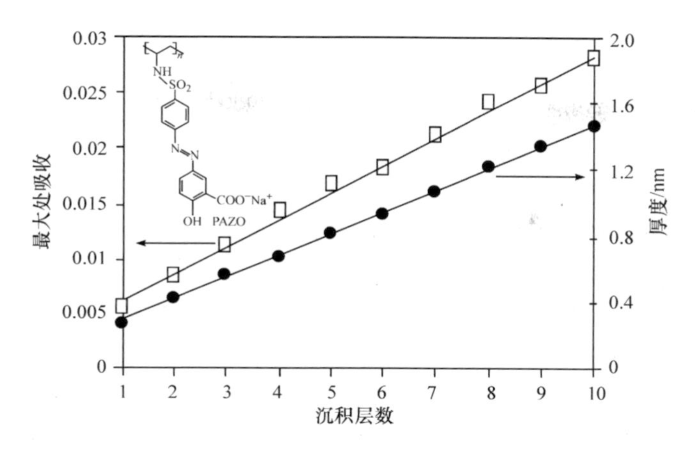

图 1-37　旋涂-自组装技术制备的 PAZO“多层”超薄膜的紫外-可见最大吸收峰和膜的厚度随沉积层数变化的曲线[151]

□ 表示最大吸收；● 表示膜厚度

微重量天平(QCM)可以精确地测量出静电组装超薄膜制备过程中纳克级的质量变化这一事实,用石英微重量天平作为交替沉积过程中的质量控制工具,结合聚电解质的静电沉积技术,Shiratori 等发展了一种质量控制的交替沉积技术[152]。质量控制的交替沉积技术改变了以往的通过每一层膜的沉积时间来控制整个膜的制备这一传统作法,通过跟踪置于聚电解质溶液中的石英微重量天平的频率的变化来控制同一溶液中的其他基片上的超薄膜的沉积过程,它保证了每一层所组装的聚阳离子/聚阴离子的质量都一致,实现了多层膜沉积过程中的精细控制。随着人们对于静电组装技术认识的深入,还会有更多的基于静电组装技术的、改进的多层超薄膜的制备技术的出现。

1.5　基于其他推动力的超薄膜的交替沉积技术

超薄膜制备的交替沉积技术的成膜推动力不局限于静电力,其他分子间作用力,如氢键、配位键、电荷转移、范德瓦尔斯力、π-π 相互作用、分子识别或上述几种作用力的协同都可以作为超薄膜组装的推动力。尽管上述都是弱相互作用力,强度不大,但这些弱相互作用力叠加的结果足可以维持所获得的组装体的稳定性。研究表明,多层膜的交替沉积的推动力往往不是单一的,多数情况下是以某一种作用力为主,几种作用力协同作用的结果。实际上,正是由于超薄膜组装体的成膜推动力具有多样性和协同性的特点,以及每一种作用力的强度都不是很大,才为科学家们提供了在时间和空间上对组装体结构进行调节、控制的可能性,才有了组装体丰富多样的结构和由结构决定的功能。设想,如果构成超分子组装体的构筑基元之间的作用力非常强，组装在瞬间即可完成，则人们不可能对超分子组装体的结构进行调控，而只能任其自然，那将是不可想象的结果。

1.5.1 基于氢键的聚合物超薄膜

静电组装技术所用的溶剂的极性很大，通常为水。但有相当一部分聚合物由于不含有带电基团，不溶于水，所以不能用静电组装技术来制备超薄膜，因此，发展一种技术使这一类物质也能通过组装制备成超薄膜是非常必要和有意义的。张希、王力彦等选用能溶于醇的聚丙烯酸(PAA)和聚4-乙烯基吡啶(PVP)为模型化合物，基于羧酸基团和吡啶基团间的强的氢键作用，成功地实现了聚丙烯酸(PAA)和聚4-乙烯基吡啶(PVP)交替多层膜(PVP/PAA)的制备[153]。PVP/PAA超薄膜的制备过程和基于静电作用的超薄膜的制备过程是相似的，如图1-38所示。

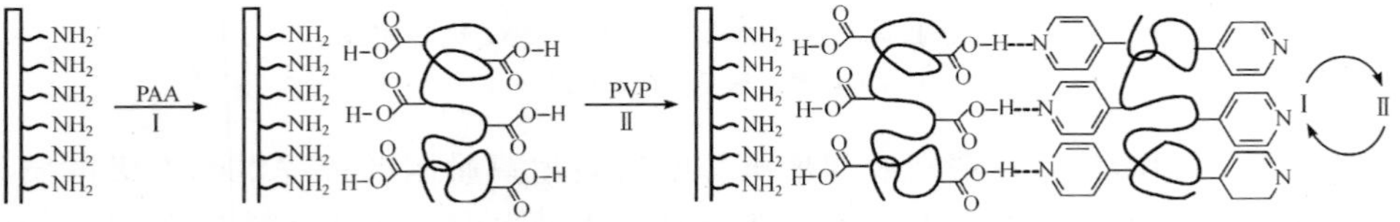

图1-38 基于氢键作用的聚丙烯酸(PAA)和聚4-乙烯基吡啶(PVP)超薄膜的制备过程

先将表面氨基化的基片浸入PAA的甲醇溶液中5 min后取出，于甲醇中润洗1 min，漂洗掉物理吸附的PAA，干燥后，再转入PVP的甲醇溶液中，5 min后取出，漂洗和干燥。重复上述操作，便可获得PVP/PAA多层膜。红外光谱表明，与PAA旋涂膜相比，PVP/PAA多层膜中羧酸基团的羟基的伸缩振动吸收峰(2530和1945cm^{-1})向低波数移动，多层膜中没有PAA和PVP的离子化，这表明PAA/PVP多层膜的构筑是基于羧酸基团和吡啶基团间的氢键而不是静电作用。在基于氢键的聚合物超薄膜的制备过程中，单层膜的厚度也可以通过改变聚合物溶液的浓度和相对分子质量而得以在纳米尺度上进行调控[154]。在一定范围内，聚合物的浓度和相对分子质量越大，每一层沉积所吸附的聚合物就越多，所获得的单层膜的厚度也就越厚。通过控制聚合物的浓度、相对分子质量甚至所用溶剂的种类，都可以实现单层膜厚度的精细调控。同基于静电作用的聚合物超薄膜一样，在基于氢键的PVP/PAA超薄膜中也存在严重的层间穿插，相邻层间不存在清晰的界面，表现为超薄膜的X射线衍射图样上没有布拉格衍射峰出现，只有Kiessig fringes出现[154]。虽然氢键作用相对于静电作用在强度上要小，但多重氢键的加和足以维持多层膜的稳定性。在PVP链上部分引入电化学活性的金属锇的吡啶衍生物[称POs，结构式如图1-39(b)所示]，它可以和PAA在金电极上交替组装，从而制备POs/PAA超薄膜修饰的化学电极[155]。POs/PAA超薄膜修饰的金电极的电化学循环伏安扫描给出了电势为+0.35V(相对于饱和甘汞参比电极)的一对氧化还原峰,对应于膜中 Os^{2+}/Os^{3+} 的氧化和还原过程。经过多次扫描,电极的峰电流没有降低,表明这种基于氢键的多层膜有较高的稳定性。由于基于氢键作用的多层膜可以在有机溶剂中制备,它对于静电组装技术是一个有益的补充。

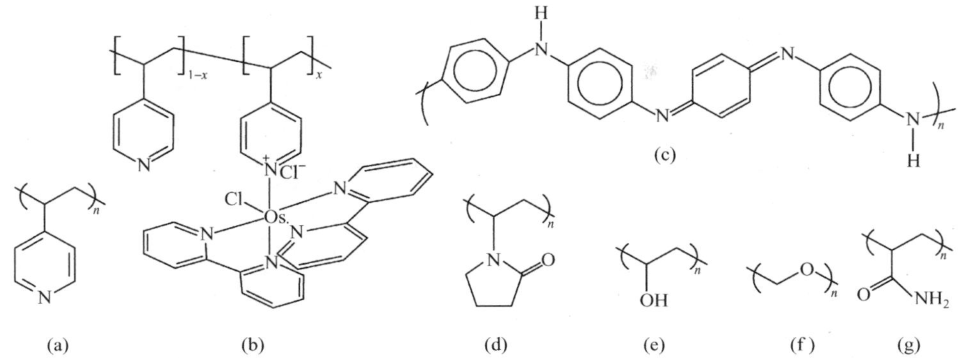

图 1-39　可利用氢键作用来组装超薄膜的聚合物的结构式

(a)聚乙烯基吡啶(PVP);(b)POs;(c)聚苯胺;(d)聚吡咯;

(e)聚乙烯醇;(f)聚乙撑氧(PEO);(g)聚丙烯酰胺

由于层状超薄膜中相邻层间氢键作用的强度小于静电作用,故基于氢键作用的层状组装薄膜的稳定性也低于静电组装超薄膜。但稳定性的相对低并不一定是基于氢键作用的层状组装技术的缺点,关键是如何利用。付昱等便充分利用了这一点,将基于氢键的 PAA/PVP 的层状组装多层膜浸入到碱性水溶液中,成功地制备了只含有 PVP 的微孔薄膜[156]。这是由于碱性水溶液破坏了 PAA/PVP 薄膜中的氢键作用,使 PAA 从膜中脱附下来,随后,碱性水溶液又诱发 PVP 链在膜中的重排而引起的。具体过程如下:将 PAA/PVP 多层膜浸入到 pH 为 12.5 或 13 的 NaOH 水溶液中,薄膜的 X 射线光电子能谱(XPS)和傅里叶变换红外光谱都表明,薄膜中的 PAA 在 1 min 内全部脱附下来,只剩下 PVP。这是因为在碱性条件下,水中的羟基将 PAA 上的羧酸基团转变成了羧酸盐,从而破坏了 PAA 上羧酸基团与 PVP 上吡啶基团之间的氢键作用,结果是膜上的 PAA 更容易溶解在水中,PVP 由于不能溶解于碱性水溶液中而保留在膜上。PAA/PVP 多层膜中 PAA 的脱附受水溶液的 pH 影响,实验表明,随水溶液 pH 的增加,PAA/PVP 膜上 PAA 的脱附速度变快。将含有 25 层 PAA 和 PVP 的薄膜于 25 ℃下浸入到 pH 为 13 的 NaOH 水溶液中并用 AFM 观察薄膜表面结构的变化,AFM 图像清楚地表明薄膜上产生了很多纺锤形的微孔,且微孔在膜表面的覆盖度、深度和孔的形状随浸泡时间的变化有很大的差别,孔的直径随浸泡时间的增加而增大,可达几百纳米(图 1-40)。随 PAA/PVP 薄膜在 pH 为 13.0 的 NaOH 溶液中的浸泡时间由 10 min 延长至 3 h,膜表面上微孔的覆盖度由 10%增加至 30%,微孔的深度也由最初的 12 nm 增

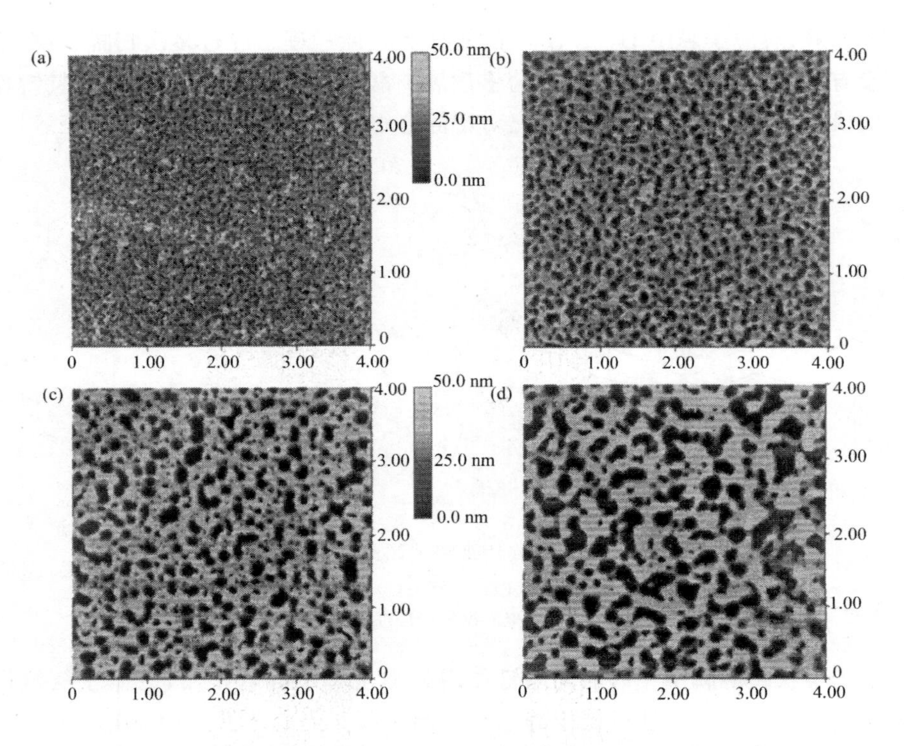

图 1-40　含有 25 层 PPA 和 PVP 的层状薄膜于 25 ℃下浸入到 pH 为 13 的 NaOH 水溶液中不同浸泡时间下的 AFM 图像[156]

(a)10 min;(b)40 min;(c)100 min;(d)180 min

加到 35 nm。调节 NaOH 溶液的 pH,可改变 PVP 薄膜中微孔的生成速率和形状。当用 pH 为 12.5 的 NaOH 水溶液浸泡相同层数的 PAA/PVP 薄膜时,所获得的是圆形的孔,而不是 pH 为 13 时的纺锤形的孔。在相同的浸泡时间下,孔的表面覆盖度随浸泡溶液 pH 的降低而降低。同时,尽管浸泡溶液的温度对于 PAA/PVP 层状组装薄膜中 PAA 的脱附影响极小,但它对孔的形成却有很大的影响。使用 pH 为 13 的 NaOH 水溶液,比较在 25 ℃和 30 ℃下生成的 PVP 微孔,可以发现,PVP 微孔的表面覆盖度和孔的深度都随温度的升高而增加。在温度为 18 ℃的 pH 为 13 的 NaOH 水溶液中,PAA/PVP 薄膜浸泡 3 h 后未观察到微孔的生成。此外,改变 PAA/PVP 层状组装薄膜的层数,尽管所获得的微孔的形状和表面覆盖度没有发生变化,但孔的深度却不同。例如,在 pH 为 13 的 NaOH 水溶液中浸泡 3 h, 15 层 PAA/PVP 层状组装膜上生成的微孔的深度是 25 nm,比 25 层 PAA/PVP 层状膜的微孔的深度小 10 nm。上述结果表明,将 PAA/PVP 层状组装薄膜浸入到碱性水溶液中可制备 PVP 微孔薄膜,此过程受浸泡溶液的 pH 值、温度、浸泡时间和 PAA/PVP 薄膜层数的影响,改变这几个参数,可实现对 PVP 薄膜微孔的形状、深度、孔径及孔的表面覆盖度的控制。值得一提的是,在PAA/PVP层状组装薄膜中,PAA在碱性溶液中的溶解速度相当快(少于1 min),而微孔的生成却慢得多。进一步研究表明,PAA/PVP薄膜在碱性水溶液中的微孔的生成是与薄膜中相邻的PAA层和PVP层中的氢键作用以及碱性溶液的使用分不开的:将PAA/PVP层状组装薄膜先浸于pH为13的NaOH水溶液中去除膜中的PAA,再将此膜转移至0.1 mol/L的NaCl水溶液中,膜中没有微孔的生成。将PAA和PVP的旋涂膜浸入到NaOH溶液中,尽管能将膜中的PAA溶解掉,但剩余的PVP膜上却没有微孔的生成。因此,可以确认,基于氢键的PAA/PVP薄膜在碱性溶液中微孔的生成源于膜中PVP链在碱性溶液中构象的改变。在PVP与PAA基于氢键作用的层状组装超薄膜中,由于有与PAA的氢键作用,PVP链段在膜中的构象趋于伸展,而非卷曲构象。当膜中的PAA在碱性溶液中溶解后,在最初的阶段,膜中的PVP依旧采取伸展的构象,随着在碱性溶液中浸泡时间的延长,由于PVP膜表面高的表面张力,PVP链段逐渐由伸展变为卷曲。最后的结果是,在膜的平面方向,PVP膜逐渐收缩,覆盖度降低,而在膜的垂直方向,膜的厚度增加,这种变化导致膜上微孔的生成。在中性溶液中,PVP上的吡啶基团由于部分质子化变得亲水,膜的表面张力变小,不能诱导PVP链段的构象的变化,因此膜中不能生成微孔。这种含有微孔的PVP薄膜在室温下于空气中很稳定。相信这种含有微孔的薄膜在药物的控制释放及相关方面有着潜在的应用前景。

基于氢键的超薄膜的组装也可以在水溶液中进行。基于氢键作用,Rubner等在水溶液中制备了聚苯胺与多种聚合物的超薄膜,它们是聚苯胺/聚吡咯、聚苯胺/聚乙烯醇、聚苯胺/聚丙烯酰胺、聚苯胺/聚乙撑氧的复合超薄膜[157](它们的结构式如图1-39所示)。值得一提的是,基于氢键作用的超薄膜中每一层的厚度要比基于静电作用的膜厚,这是因为适合于氢键组装的物质通常不含有可电离的基团,在溶液中它们的链段更倾向于卷曲构象,因此每一层所吸附的聚合物的量就多,膜的厚度就高。氢键作用不仅适用于含有互补氢键基团的聚合物的交替组装来制备超薄膜,也可以用于纳米微粒的组装。4-巯基苯甲酸稳定的CdSe微粒在有机溶剂中可以和PVP交替沉积,制备PVP/CdSe有机-无机杂化超薄膜[158]。PVP/CdSe交替沉积的成膜推动力是CdSe微粒上的羧酸基团和PVP上的吡啶基团之间的氢键作用。将CdSe微粒换作金微粒时,也可获得基于氢键的金微粒/有机聚合物超薄膜[159]。但是,由于氢键作用较之静电作用力弱,所以氢键作用一般不适于齐聚物或有机小分子的成膜,这是迄今为止没有发现基于氢键的有机小分子超薄膜报道的原因。

1.5.2 基于配位键的层状组装超薄膜

最早的基于配位键的超薄膜是基于磷酸盐和金属离子之间的配位作用,由双磷酸盐化合物与金属离子交替沉积而得的，超薄膜的制备过程如图 1－41 所示[22,23,160,161]。金属离子既可以是二价的，如铜、锌等，也可以是四价的，如 Ti、Zr、Hf、Sn、Ce、Th 和 U 等。特别是这些四价的金属离子，它们与磷酸基团形成的配合物稳定性极好，所以基于四价金属离子和二磷酸盐的交替组装超薄膜很容易制备，稳定性也很好。而二价金属离子与磷酸盐形成的配合物的稳定性差，基于二价金属离子（如 Cu^{2+} 和 Zn^{2+}）与二磷酸盐的超薄膜在制备过程中容易溶解在水溶液中，很难在水溶液中获得超薄膜。但用乙醇作溶剂时，则能获得二价金属离子与二磷酸盐的交替沉积超薄膜。一些常用的可与金属离子通过配位作用制备超薄膜的磷酸盐衍生物的结构式见图 1－5。

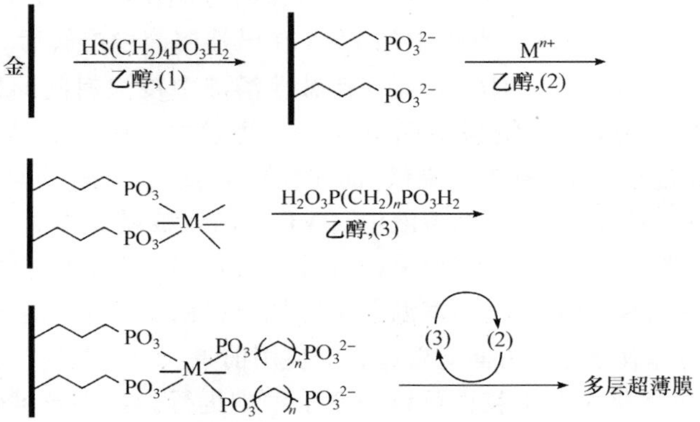

图 1－41　双磷酸盐化合物与金属离子基于配位作用的交替沉积膜的制备过程[160]

张希、熊辉明等利用聚苯乙烯磺酸（PSS）和聚 4－乙烯基吡啶（PVP）与铜离子的配位作用，制备了 PSS/Cu（Ⅰ）/PVP 的复合超薄膜[162]。制备方法是：先将 PSS 和 Cu(I)混合，由于 Cu（Ⅰ）和磺酸基团的配位作用，可获得聚苯乙烯磺酸铜（PSS-Cu）溶液。将基片在 PSS-Cu 和 PVP 溶液中交替沉积，基于吡啶基团和 Cu（Ⅰ）的配位作用，便可获得 PSS/Cu（Ⅰ）/PVP 的复合超薄膜，红外光谱证明超薄膜沉积的推动力是吡啶基团和 Cu（Ⅰ）形成的配位键。PSS/Cu（Ⅰ）/PVP 超薄膜的结构如图1－42(a)所示。接下来，将 PSS/Cu（Ⅰ）/PVP 多层膜置于 H_2S 气氛中，可在超薄膜中原位反应生成 Cu_2S 纳米微粒。可以预见，由于超薄膜的限域作用，微粒的粒径和分布可以通过 PSS/Cu（Ⅰ）/PVP 超薄膜的制备条件的改变而进行调节。配位作用也可以直接用于纳米微粒/聚合物的超薄膜的制备。郝恩才等制备了表面富含 Cd^{2+} 离子的 CdS 纳米微粒，这种 CdS 纳米微粒可以和 PVP 交替沉积，成膜推动力是 CdS 纳米微粒表面富含的 Cd^{2+} 离子与 PVP 上的吡啶基团之间的配位作用，CdS/PVP 超薄膜的结构如图 1－42(b)所示[163]。

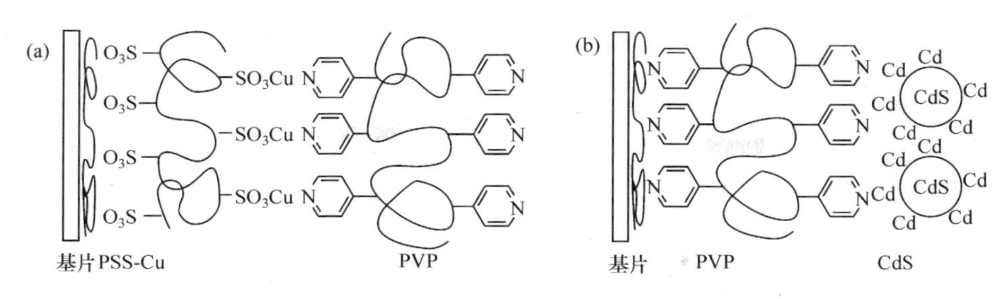

图 1－42　基于配位作用的层状组装超薄膜

(a)PSS/Cu(Ⅰ)/PVP 超薄膜;(b)CdS 纳米微粒/PVP 超薄膜

先基于配体和适当金属离子的配位作用,获得金属配合物,再用此金属配合物作为构筑基元来制备超薄膜,是配位作用在层状组装中的另一种应用形式。M. Schütte 等将 1,4－二(2, 2′, 6′,2″－三吡啶－4′)苯与二价铁离子等摩尔混合,由于吡啶基团和 Fe^{2+} 之间强的配位作用,制得了配位聚阳离子,再用这种配位聚阳离子与 PSS 交替沉积,获得了含有金属离子的超薄膜[164]。

1.5.3　基于电荷转移作用力的层状组装超薄膜

Shimazaki 和 Yamamoto 等报道了分别含有电子给体和电子受体的两种非离子型的聚合物基于电荷转移作用力为成膜推动力的超薄膜的制备[165]。聚甲基丙烯－2－(9－咔唑)－乙酯(PC-zEMA)和聚甲基丙烯－2－(3,5－二硝基苯甲酸)乙酯(PDNBMA)分别含有电子给体咔唑和电子受体 3,5－二硝基苯甲酸乙酯,它们都溶于二氯甲烷。将表面镀金的基片先浸入 PC-zEMA 的二氯甲烷溶液中 5 min 后取出,用二氯甲烷漂洗,由于咔唑基团上的氮原子与金的强配位作用,基片上便吸附了一层 PC-zEMA 薄膜。再将基片浸入 PDNBMA 的二氯甲烷溶液中 5 min,PC-zEMA 薄膜覆盖的基片上便会吸附一层 PDNBMA。重复上述步骤,可得到多层组装的 PC-zEMA/PDNBMA 超薄膜。所用 PC-zEMA 和 PDNBMA 溶液的浓度为 1.0×10^{-4} mol/L(以聚合物的重复单元计)。由于 PC-zEMA 和 PDNBMA 两种聚合物都不含有带电荷基团,这排除了由它们交替沉积而制备的超薄膜是基于静电相互作用的可能性。因为 PC-zEMA 和 PDNBMA 上分别含有电子给体和电子受体基团,因此 PC-zEMA/PDNBMA 超薄膜的成膜推动力最有可能是咔唑和3,5－二硝基苯甲酸乙酯间的电荷转移作用力。为了确定这一点,用电子给体化合物 9－乙基咔唑滴定含有电子受体的 PDNBMA 或用电子受体化合物 3,5－二硝基苯甲酸乙酯滴定 PC-zEMA,并用紫外－可见光谱跟踪了滴定过程。滴定过程中,紫外－可见光谱都出现了由于电荷转移复合物形成而导致的吸收峰,且吸收峰的强度随电子给体或受体的加入量的增加而逐渐变强。这表明,咔唑和 3,5－二硝基苯甲酸乙酯在溶液中可形成电子转移复合物,PC-zEMA 和 PDNBMA 上的电子给体和受体之间的电荷转移作用力是成膜的推动力。也就是说，PC-zEMA 和 PDNBMA 在液/固界面上反应生成电子转移复合物，从而获得超薄膜。这种基于电荷转移作用力为成膜推动力的 PC-zEMA/PDNBMA 超薄膜的结构如图 1-43 所示。

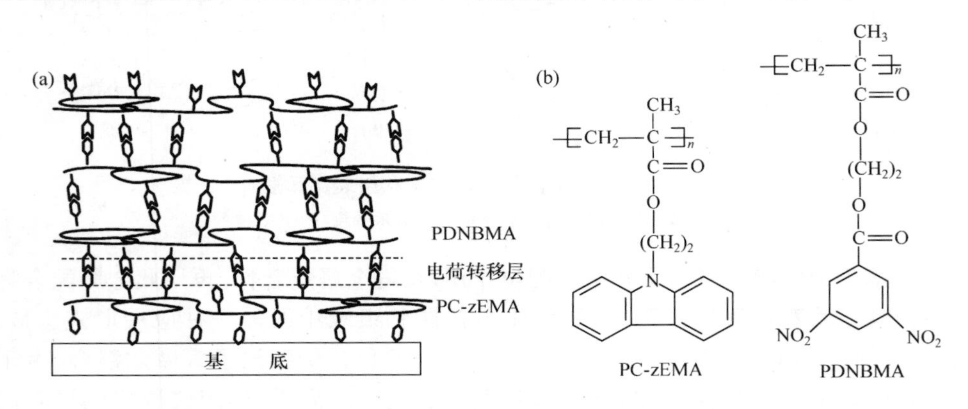

图 1-43 基于电荷转移作用力为成膜推动力的 PC-zEMA/PDNBMA 超薄膜的结构
(a)超薄膜的结构；(b)PC-zEMA/PDNBMA 的结构式

聚马来酸酐和有机胺之间也可以形成电荷转移复合物，其中，聚马来酸酐是电子受体，而有机胺是电子给体。曹维孝等用重氮树脂(DR)和聚(马来酸酐-苯乙烯)(PMS)作为构筑基元，在甲醇溶液中，基于 DR 中的苯胺基和 PMS 中的马来酸酐基团之间的电荷转移作用力，获得了 DR/PMS 交替组装超薄膜[166]。由于电荷转移作用力较弱，这种基于电荷转移作用力的 DR/PMS 超薄膜的稳定性差，将 DR/PMS 超薄膜浸入到极性溶剂中时，超薄膜会从基片上溶解下来。当将 DR/PMS 超薄膜置于紫外光下，经过一段时间的光照后，超薄膜的稳定性大大提高。这是因为在 DR/PMS 超薄膜中由于 DR 与 PMS 之间的光化学反应而形成了共价键，超薄膜相邻层之间的电荷转移作用力被共价键取代，提高了超薄膜的稳定性。DR/PMS 超薄膜在紫外光照下的化学反应机理并不是很清楚，但在超薄膜中可能发生了两种发应，如图 1-44 所示。在紫外光照下，DR 链上的重氮基团分解，生成了苯正离子和苯自由基。其中，苯正离子和马来酸酐反应，生成羧酸酯；而苯自由基则可以与 PMS 链上的苯反应，生成联苯。

1.5.4 表面溶胶-凝胶技术制备有机/无机杂化超薄膜

T. Kunitake 及其合作者发展了一种由表面溶胶-凝胶过程制备金属氧化物凝胶膜的技术，这种技术的成膜过程类似于含有烷氧基的硅烷化合物在羟基表面的自组装，但要获得多层超薄膜，需要将吸附上的金属烷氧基化合物水解重新获得含有羟基的表面[167,168]。如图 1-45 所示，以 $Ti(O^nBu)_4$ 为例，表面溶胶-凝胶技术

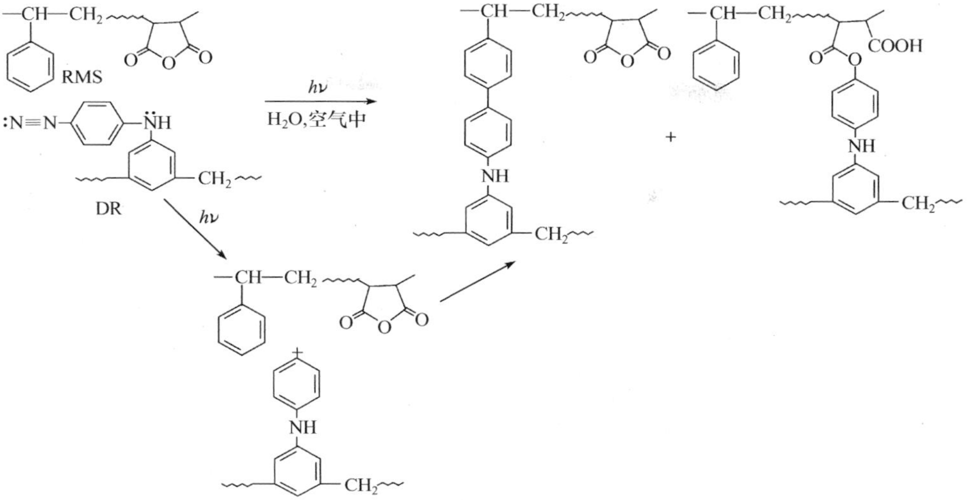

—CH—CH₂ RMS
:N≡N— —NH
—CH₂ DR
$h\nu$
H_2O,空气中
—CH—CH₂ NH —CH₂
+
—CH—CH₂ COOH NH —CH₂
$h\nu$
—CH—CH₂ + NH —CH₂

图 1-44　基于电荷转移作用力的 DR/PMS 超薄膜在紫外光照下发生的膜内的化学反应

注：由于共价键取代了超薄膜相邻层间的电荷转移作用力，所以光照后超薄膜的稳定性大大提高了

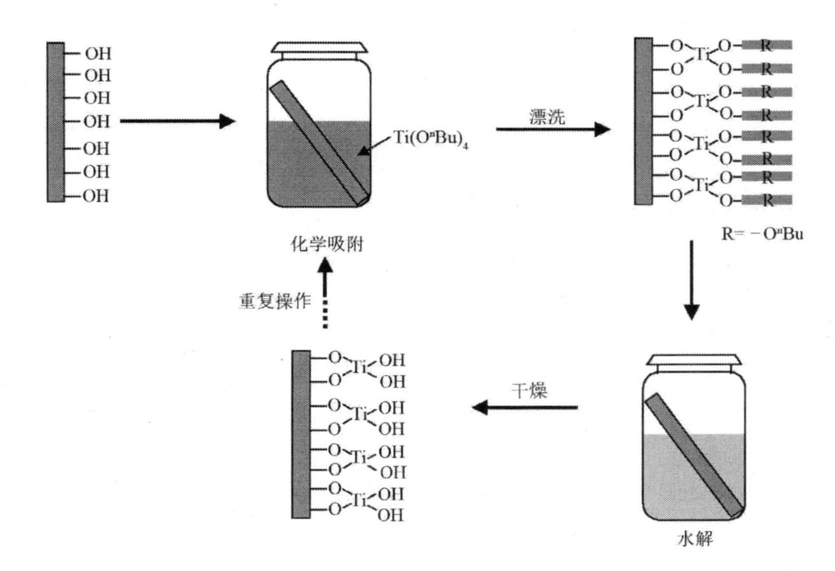

图 1-45　基于表面溶胶-凝胶技术的 TiO_2 凝胶超薄膜的制备过程

制备 TiO_2 凝胶超薄膜的过程如下：将表面富含羟基的基片（巯基乙醇修饰的金或用 KOH/乙醇处理的石英）浸入 $Ti(O^nBu)_4$ 的甲苯/乙醇混合溶液中 3 min 后取出，用适当溶剂漂洗掉物理吸附的 $Ti(O^nBu)_4$，再将基片浸于水中，使外层的烷氧基团水解重新生成羟基，这样便在基片上沉积了一层 TiO_2 凝胶膜。由于凝胶膜表

面含有大量羟基,允许下一层凝胶膜的生成,所以,重复上述的吸附、漂洗、水解过程,便可获得多层的 TiO_2 凝胶超薄膜。用 QCM 跟踪了表面溶胶-凝胶超薄膜的制备过程,发现每一层所吸附的 TiO_2 的量是相同的,且每一层 TiO_2 凝胶膜的厚度可以通过沉积条件的改变而加以调节,如改变所用溶剂的种类或在 $Ti(O^nBu)_4$ 的溶液中加入痕量的水等。研究表明,以甲苯/乙醇作混合溶剂,用 $Ti(O^nBu)_4$ 制备 TiO_2 凝胶膜时,如混合溶剂中甲苯的含量高,则每层沉积所获得的 TiO_2 膜就厚。由于少量水的加入能促使 $Ti(O^nBu)_4$ 的水解而生成齐聚物,也会使每一层吸附所获得的膜的厚度大大增加。TiO_2 凝胶多层膜的切面 SEM 图片表明,单层 TiO_2 膜的厚度可以在纳米尺度上进行调控。表面溶胶-凝胶技术不仅适用于制备 TiO_2 超薄膜,如采用含有硅、锆、硼、铝、铌等的烷基氧化物,也可以获得相应的氧化物超薄膜[167,169]。将上述烷基氧化物和含有羟基的聚合物或有机小分子交替沉积,则可以获得无机-有机纳米杂化超薄膜[170]。如将 $Ti(O^nBu)_4$ 和聚丙烯酸交替沉积,可获得 TiO_2/PAA 多层膜。同样,如选用聚乙烯醇、纤维素、葡萄糖,也可获得相应的 TiO_2/有机物超薄膜。

这些基于表面溶胶-凝胶技术制备的金属氧化物的无机或无机-有机杂化超薄膜在分子印迹、光电功能超薄膜器件方面有很广泛的应用前景。这里简要介绍一下表面溶胶-凝胶技术制备的金属氧化物超薄膜在分子印迹方面的应用。如图 1-46 所示,基于表面溶胶-凝胶技术的具有印迹功能的氧化物超薄膜的制备有两

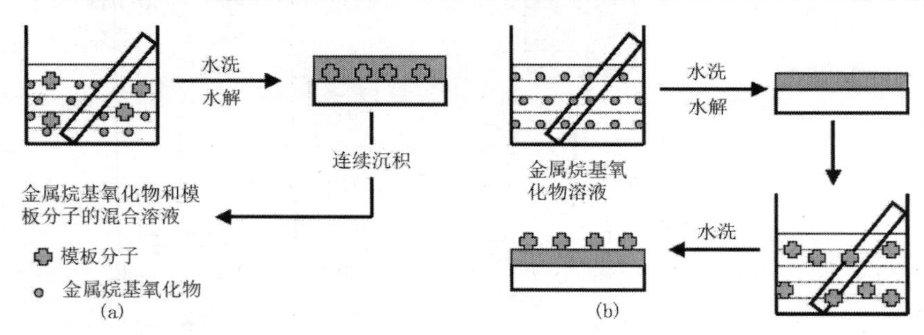

图 1-46　基于表面溶胶-凝胶技术的具有印迹功能的氧化物超薄膜的制备方法
(a)共吸附法;(b)层状交替吸附法

种方法,即共吸附法和层状交替吸附法[171,172]。共吸附法是将烷氧基金属氧化物和与其有配位能力的模板分子共同溶于适当溶剂中生成复合物,基于表面溶胶-凝胶技术在基片上制备金属氧化物的超薄膜,由于模板分子与金属氧化物的强相互作用,模板分子便被"印迹"在超薄膜中[171]。层状交替吸附法是将烷氧基金属氧化物与模板分子交替沉积制备含有模板分子的金属氧化物超薄膜[172]。它适用于那些含有极性基团的有机分子,通常这些分子不能溶解于有机溶剂中,但却能溶解

于水中,如某些氨基酸和短肽。在 TiO_2 超薄膜的制备中加入模板分子,可制得具有分子印迹功能的 TiO_2 超薄膜。例如,将含有羧酸基团的芳香化合物 C_3AzoCO_2H 和 $Ti(O^nBu)_4$ 的混合物溶解于体积比为 2∶1 的甲苯/乙醇溶液中,在室温下搅拌 12 h,并往混合溶液中加入适量的水,这时,模板分子 C_3AzoCO_2H 可以和 Ti 配位形成复合物。基于表面溶胶-凝胶技术,用上述复合物的溶液制备含有 C_3AzoCO_2H 的 TiO_2 超薄膜[图 1-47(a)][171],由于 C_3AzoCO_2H 中含有偶氮基团,其在 TiO_2 膜中的结合与离去可以用紫外-可见光谱表征。将含有 C_3AzoCO_2H 的 TiO_2 超薄膜用 1%的氨水浸泡 30 min 后,C_3AzoCO_2H 可全部从 TiO_2 凝胶膜中离去,并在 TiO_2 凝胶膜中留下羧酸结合的位点。将上述 TiO_2 超薄膜浸入含有 C_3AzoCO_2H 的乙腈溶液中,C_3AzoCO_2H 可重新吸附到 TiO_2 超薄膜上,占据原来 C_3AzoCO_2H 的位置。C_3AzoCO_2H 的吸附可在 1 min 内达到平衡。作为对比,由 $Ti(O^nBu)_4$ 制备的没有 C_3AzoCO_2H 模板的 TiO_2 超薄膜不具有吸附 C_3AzoCO_2H 的能力,这证明 C_3AzoCO_2H 吸附到了原来的作为模板分子而离去的 C_3AzoCO_2H 的位置。研究表明,C_3AzoCO_2H 的选择性识别与分子的形状和羧酸基团都有很重要的关系。以 C_3AzoCO_2H 为模板制备的 TiO_2 超薄膜只对 C_3AzoCO_2H 有识别作用,而对其他的含有羧酸基团的芳香化合物没有选择性识别作用。这种具有印迹功能的 TiO_2 超薄膜对于 C_3AzoCO_2H 的选择性识别可用[图 1-47(b)]解释。如果在 TiO_2 超薄膜的制备中选用其他的含有羧酸基团的芳香衍生物作为模板分子,也可以获得相应的具有"印迹"功能的 TiO_2 超薄膜。将 $Ti(O^nBu)_4$ 和一些氨基酸或短肽交替沉积,可获得以这些氨基酸或短肽链为模板分子的 TiO_2 超薄膜,可用作氨基酸或短肽链的"分子印迹"。将与金属离子具有配位能力的分子引入 TiO_2 膜中,可"印迹"下某些金属离子的配位环境,实现对这些金属离子的选择性识别[173]。

具有纳米级微孔的超薄膜材料在微型化的光电器件、催化剂的载体、传感器和分离技术中有着广泛的应用前景。基于表面溶胶-凝胶技术,可制备金属氧化物和有机物的无机-有机超薄膜,如 TiO_2/PAA 和 ZrO_2/PAA 超薄膜。在氧等离子体(O_2-plasma)处理下,超薄膜中的有机成分可被完全除去,这样便获得了具有纳米微孔的 TiO_2 或 ZrO_2 超薄膜材料。这种孔状超薄膜材料可作为微反应器,也可以用作催化剂的载体[174]。

需要强调的是,这种基于表面溶胶-凝胶技术制备的金属氧化物超薄膜的结构是无定形的,而非结晶状的。通常,用作光电器件和能量转换的纳米金属氧化物材料都是晶态的,这是因为通常的观点是电子和空穴沿着晶格的传输要更迅速和有效。其实,和晶态的金属氧化物一样,无定形的金属氧化物同样可用于能量转换和光电催化,是和晶态的金属氧化物同样重要的一类功能材料,尤其是无定形的金属

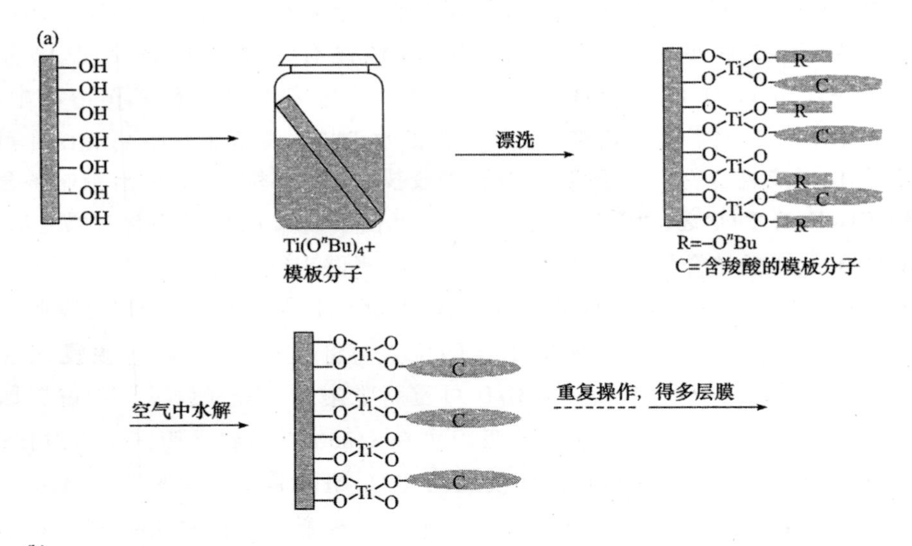

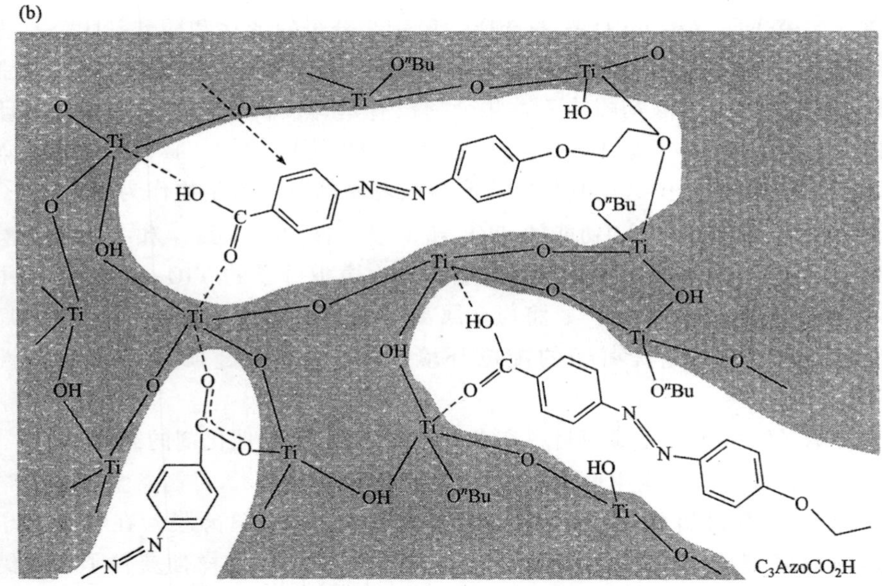

图 1-47 (a)基于模板和溶胶-凝胶技术制备的具有分子印迹功能的 TiO_2 超薄膜的制备过程;(b)含有分子印迹位点的 TiO_2 超薄膜对于 C_3AzoCO_2H 的选择性识别示意图[171]

氧化物作为膜材料时,表现出比相应的晶态金属氧化物材料更好的相容性和反应活性。由于无定形的金属氧化物超薄膜表面含有羟基和烷氧基,使得金属氧化物无机超薄膜具有很好的与其他物质的相容性和反应活性,可以很容易地结合其他组分，因此可制备金属氧化物的复合超薄膜，或作为模板，诱导某些物质在其表面的吸附。此外，晶态的金属氧化物超薄膜材料较“脆”，机械稳定性差，而无定形的金属氧化物超薄膜则具有较高的“韧性”，机械稳定性好。

基于金属烷氧基化合物表面溶胶-凝胶技术制备金属氧化物超薄膜方法的一个缺点是，膜的制备过程对环境中的水分很敏感，因为环境中的水可以直接影响凝胶超薄膜的水解，近而影响超薄膜的质量。Mallouk 等用金属盐的水溶液，基于表面溶胶-凝胶技术，获得了金属硫化物和氧化物的超薄膜[175,176]。这种在水溶液中进行的表面溶胶-凝胶技术的优点是膜的制备过程不受环境中水分的影响。以乙酸锌和乙酸锰为原料，用水溶液中进行的表面溶胶-凝胶技术可以制备 ZnS 微粒和 Mn^{2+} 掺杂的 ZnS 微粒的超薄膜：将表面含有羟基或氨基的基片浸入91 mmol/L 的 $Zn(OAc)_2$ 的水溶液中(pH＝6.7)，5 min 后取出，用水润洗后，在氮气气氛下干燥，再将基片转移至 Na_2S 的水溶液中(4 mmol/L，pH＝11.05)，2 min 后取出，同样经水洗和干燥。重复上述操作便可得到多层的 ZnS 超薄膜。如果在制备过程中采用适当比例的 $Zn(OAc)_2$ 和 $Mn(OAc)_2$ 水溶液，便可得到 Mn^{2+} 掺杂的 ZnS 微粒超薄膜。如果要用这种技术于水溶液中制备 ZnO 的超薄膜，则需要用与 $Zn(OAc)_2$结合力更强的、表面修饰有氨基的基片，将此基片在 $Zn(OAc)_2$ 和 NaOH 的水溶液中交替沉积即可。这种方法不但可以用于制备 ZnS 超薄膜，也可用于制备其他Ⅱ～Ⅵ族的金属硫化物超薄膜。这种超薄膜的制备过程可用以下化学反应式表示：

$$\text{Si—OH} \xrightarrow{Zn^{2+},\,OAc^-} \text{Si—O—Zn}(H_2O)_x(OAc)_y \xrightarrow{S^{2-}}$$
$$\text{Si—O—Zn—S} \xrightarrow{Zn^{2+},\,OAc^-}$$
$$\text{Si—O—Zn—S—Zn}(H_2O)_x(OAc)_y\cdots \qquad (\text{Ⅰ})$$

$$\text{Si—NH}_2 \xrightarrow{Zn^{2+},\,OAc^-} \text{Si—}(NH_2)Zn(H_2O)_x(OAc)_y \xrightarrow{OH^-}$$
$$\text{Si—}(NH_2)\text{Zn—OH} \xrightarrow{Zn^{2+},\,OAc^-}$$
$$\text{Si—}(NH_2)\text{Zn—O—Zn}(H_2O)_x(OAc)_y\cdots \qquad (\text{Ⅱ})$$

从上面的 ZnS 超薄膜的制备过程的反应式可以看出，在基片表面通过表面溶胶-凝胶技术获得 ZnS 超薄膜的关键是羟基和 S^{2-} 离子与 Zn^{2+} 的配位能力高于 OAc^- 基团，使得 Zn(Ⅱ)在基片表面的结合和与 S^{2-} 的反应能顺利进行。但由于 Zn^{2+}同羟基的结合力实际上是较弱的，表面溶胶-凝胶技术制备 ZnO 的超薄膜时要在 NaOH 溶液中浸泡。为避免已结合于基片上的 Zn^{2+}的脱附，就要用表面氨基化的基片，因为氨基与 Zn(Ⅱ)的结合能力要比相应的羟基与 Zn(Ⅱ)的结合能力大得多。用椭圆偏振技术对 ZnO 和 ZnS、Mn(Ⅱ)掺杂的 ZnS 超薄膜的沉积过程进行了表征，发现在前几个周期的沉积中，羟基修饰的基片表面并没有 ZnS 和

Mn(Ⅱ)掺杂的 ZnS 薄膜的生成。但从第四个沉积周期开始，ZnS 和 Mn(Ⅱ)掺杂的 ZnS 超薄膜的厚度增长随沉积周期的增加而线性增加。每沉积一层 ZnS 和 Mn(Ⅱ)掺杂的 ZnS 薄膜可使膜的厚度平均增长 0.62 和 0.57 nm。对应于单层 ZnS 和 Mn(Ⅱ)掺杂的 ZnS 微粒的生成，在氨基表面沉积的 ZnO 超薄膜的厚度随沉积层数的增加呈现很好的线性关系，每一层 ZnO 的厚度平均为 2.45 nm，这一数值要比单层沉积的厚度大得多。ZnO、ZnS 和 Mn(Ⅱ)掺杂的 ZnS 超薄膜的紫外-可见吸收光谱和荧光光谱都表现出了相应的溶胶的光谱性质：ZnS 超薄膜的吸收边带在 240 nm，在 270 nm 有一个肩形吸收峰，其荧光发射峰出现在 445 nm，这是由超薄膜中 ZnS 晶格中硫的空位引起的；Mn(Ⅱ)掺杂的 ZnS 超薄膜的吸收边带在 245 nm，肩形吸收峰在 280 nm，荧光发射峰在 580 nm，相对于 ZnS 都有红移；ZnO 超薄膜在 440 nm 有一个宽的荧光发射峰。

通过上面的例子可以看出，分子之间的作用力是多种多样的，其强度也有很大的差异，尽管并非每一种力都在组装时起决定性的作用，但它们都可以用作分子组装形成超薄膜的推动力。在某一超薄膜的形成过程中，涉及到的分子间的作用力往往不是某一种单一的力，而是几种力，它们都在膜的形成过程中起着或大或小的作用，应该说，膜的形成是几种分子间力的协同作用的结果。例如，在含有联苯介晶基团的双阳离子(PyC_6BPC_6Py)与聚阴离子 $PSAC_6$ 的组装中，成膜的推动力除了相邻层间正负离子的静电作用外，层内 PyC_6BPC_6Py 分子中共轭的联苯基团间的 π-π 相互作用对于 $PyC_6BPC_6Py/PSAC_6$ 超薄膜的稳定作用也是不能忽视的[65]。某些分子间的作用力尽管很弱，但多重作用的加和能使这种弱相互作用的强度变得足够大，进而实现分子的组装并保持组装体的稳定。基于弱相互作用力的超薄膜的制备的例子很多，Laschewsky 等报道了两种含有偶氮生色团的聚阳离子可以交替沉积形成超薄膜，膜的形成可由紫外-可见光谱证明[177]。尽管这种基于同种电荷的聚电解质的交替沉积膜的制备仅限于为数不多的几层，但足以说明超薄膜的形成并不需要很强的成膜推动力。上面提到，超薄膜的成膜推动力可以是静电作用、氢键、配位键、电荷转移、π-π 相互作用、分子识别、亲/疏水作用、范德瓦尔斯作用等。正是由于在某一体系中，超薄膜形成的推动力不是一种，而是几种作用力的协同作用，所以使得超薄膜形成的机理和过程变得复杂，目前还很难将超薄膜的形成过程用化学计算或模拟的方法进行确切的描述。同时，应该认识到，超薄膜成膜推动力的多样性是制备具有高级、复杂结构的超薄膜组装体的基石。从这一角度讲，研究超薄膜的成膜推动力至少有以下几方面的意义：(1) 可以发展更多的超薄膜制备的技术，拓宽成膜物质的种类和数量。自然界中有数以千万计的化合物，但直接适用于超薄膜制备的化合物在数量和种类上相对还很少，因此，发展超薄膜的制备技术，尤其是基于自组装的超薄膜制备技术是很有意义的。(2) 巧妙利用超薄膜形成的各种推动力，可以实现物质在超薄膜中的排列、取向、聚集状态等的控制。同一种物质若以不同的方式组装于超薄膜中,可能表现出不同的性质与功能。(3) 可以实现对超薄膜的结构调控,如膜的界面性质、对称性、单层膜的厚度、膜中的相分离、膜的表面粗糙度等。在功能性器件中,超薄膜的这些参数可以对超薄膜器件中的电荷/能量转移、底物在膜中的扩散、超薄膜的浸润性等一系列性质产生直接影响。(4) 可以实现超薄膜的区域选择性生长。这是图案化超薄膜制备的基础。巧妙运用各种分子间的弱相互作用力,可以实现特定物质在特定界面上的选择性(甚至是连续性)沉积,从而获得微型化的、功能集成的超薄膜器件。

1.6　自组装多层膜的展望

层状组装超薄膜的研究已经引起了来自不同领域的科学家的广泛兴趣。[178] 到现在为止,科学家们利用种种超薄膜的组装手段,获得了数不清的超薄膜组装体。所涉及到的构筑基元更是多种多样,既有带电荷的物质,也有不带电荷的物质;既有有机小分子,也有聚合物和生物大分子;既有有机物质,也有各种类型的无机材料,如纳米微粒,杂多酸等;既有单一组分的物质,也有预组装的“前体”超分子聚集体(即由小的超分子聚集体来构筑更复杂的超薄膜组装体)。可用于层状组装超薄膜制备的技术很多,成膜推动力也多种多样,如静电力、氢键、配位键、π-π^* 相互作用、电荷转移、分子识别、范德瓦尔斯力、亲/疏水作用等。成膜推动力的多样性是超薄膜组装体结构多样性的前提,它提供了对超薄膜组装体的结构和功能调整的手段。可以说,超分子化学提供了一条用分子聚集体来创造新物质、获得新材料的途径;而超薄膜组装体是超分子化学创造的新物质中最方便应用、也最具有应用前景的材料。超薄膜是现代纳米材料不可缺少的部分。基于超薄膜组装体的纳米器件是解决器件日益微型化的有效途径之一。

尽管层状组装超薄膜研究已经取得了很大的成绩,但是仍有很多方面的问题有待发展和澄清,如:(1) 膜的制备方法,包括单层膜和多层复合膜。尽管目前已有多种层状组装超薄膜的制备方法,但功能超薄膜的发展仍需要更为简单、有效的超薄膜的制备方法的诞生,尤其是那些适合于规模生产的超薄膜的制备方法。(2) 膜的精细结构的控制,这是实现超薄膜功能化的最关键的一步,它包括:膜的组成的控制,也即复合膜的制备、膜中相邻层间的扩散控制问题、膜厚度控制、膜中的相分离问题、膜内分子的取向和聚集、膜的对称与非对称结构、界面对膜性质的影响、超薄膜的表面结构控制等。(3) 膜的图案化,即如何制备点状、线状和其他纳米尺度的具有特殊阵列结构的复合超薄膜。(4) 功能超薄膜的制备,这要求充分了解膜的结构与功能之间的内在联系。我们的最终目的是如何获得基于超薄膜的具有智能化、微型化、功能集成化和自适应、自修复和自进化能力的器件。

作为超分子科学中的一个重要组成部分,层状组装超薄膜的研究不是孤立的,它的发展依赖于其相关学科的发展,如合成化学、生物科学、物理和电子科学以及数学等。同时,层状组装超薄膜的发展也推动了其他相关学科的发展。从这一意义上讲,层状组装超薄膜及超分子科学的发展不仅需要化学家的参与,更需要生物、物理、电子、材料和数学等多方面人才的介入,需要众多领域研究者协同有效地合作,只有这样,层状组装超薄膜和超分子科学才能长足发展,造福人类。

参考文献

[1] Lehn JM. Supramolecular Chemistry—Concepts and Perspectives. Weinheim: VCH Publishers, 1995

[2] Vögtle F. 著. 张希、林志宏、高倩译. 超分子化学. 长春:吉林大学出版社,1995

[3] Ringsdorf H, Schlarb B, Venzmer J. Molecular architecture and function in polymeric oriented systems: models for the study of organization, surface recognition, and dynamics in biomembranes. Angew. Chem. Int. Ed., 1988, 27: 113

[4] Zhang X, Shen JC. Self-assembled ultrathin films: from layered nanoarchitectures to functional assemblies. Adv. Mater., 1999, 11: 1139

[5] Shen JC, Sun JQ, Zhang X. Polymeric nanostructured composite films. Pure Appl. Chem., 2000, 72: 147

[6] Lehn JM. Programmed chemical systems: multiple subprograms and multiple processing/expression of molecular information. Chem. Eur. J., 2000, 6: 2097

[7] Xia YN, Whitesides GM. Soft lithography. Angew. Chem., Int. Ed. Engl. 1998, 37: 550

[8] Nguyen ST, Gin DL, Hupp JT, Zhang X. Supramolecular chemistry: functional structures on the mesoscale. Prog. Natl. Acad. Sci. USA (PNAS), 2001, 98: 11849

[9] Blodgett KB. Films built by depositing successive monomolecular layers on a solid surface. J. Am. Chem. Soc., 1935, 57: 1007

[10] Blodgett KB, Langmuir I. Built-up films of barium stearate and their optical properties. Phys. Rev., 1937, 57: 964

[11] Kuhn H, Möbius D. Systems of monomolecular layers: assembling and physicochemical behavior. Angew. Chem., Int. Ed. Engl., 1971, 10: 620

[12] Inacker O, Kuhn H, Möbius D, Debuch G. Manipulation in molecular dimensions. Z. Physik Chem. (Muenchen, Germany), 1976, 101: 337

[13] Netzer L, Sagiv J. A new approach to construction of artificial monolayer assemblies. J. Am. Chem. Soc., 1983, 105: 674

[14] Lee H, Kepley LJ, Hong HG, Mallouk TE. Inorganic analogs of Langmuir-Blodgett films: adsorption of ordered zirconium 1,10-decanebisphosphonate multilayers on silicon surfaces. J. Am. Chem. Soc., 1988, 110: 618

[15] Decher G, Hong JD. Buildup of ultrathin multilayer films by a self-assembly process. 1. Consecutive adsorption of anionic and cationic bipolar amphiphiles on charged surfaces. Makromol. Chem., Macromol. Symp., 1991, 46: 321

[16] Ulman A. Formation and structure of self-assembled monolayers. Chem. Rev., 1996, 96: 1533

[17] Allara DL, Nuzzo RG. Spontaneously organized molecular assemblies. 1. Formation, dynamics, and physical properties of *n*-alkanoic acids adsorbed from solution on an oxidized aluminum surface. Langmuir, 1985, 1: 45

[18] Tao YT. Structural comparison of self-assembled monolayers of *n*-alkanoic acids on the surfaces of silver, copper, and aluminum. J. Am. Chem. Soc., 1993, 115: 4350
[19] McGovern ME, Kallury KMR, Thompson M. Role of solvent on the silanization of glass with octadecyltrichlorosilane. Langmuir, 1994, 10: 3607
[20] Bain CD, Troughton EB, Tao YT, Evall J, Whitesides GM, Nuzzo RG. Formation of monolayer films by the spontaneous assembly of organic thiols from solution onto gold. J. Am. Chem. Soc., 1989, 111: 321
[21] Cao G, Hong HG, Mallouk TE. Layered metal phosphates and phosphonates: from crystals to monolayers. Acc. Chem. Res., 1992, 25: 420
[22] Lee H, Kepley LJ, Hong HG, Mallouk TE. Inorganic analogs of Langmuir-Blodgett films: adsorption of ordered zirconium 1,10-decanebisphosphonate multilayers on silicon surfaces. J. Am. Chem. Soc., 1988, 110: 618
[23] Lee H, Kepley LJ, Hong HG, Akhter S, Mallouk TE. Adsorption of ordered zirconium phosphonate multilayer films on silicon and gold surfaces. J. Phys. Chem., 1988, 92: 2597
[24] Katz HE, Scheller RG, Putvinski TM, Schilling ML, Wilson WL, Chidsey CED. Polar orientation of dyes in robust multilayers by zirconium phosphate-phosphonate interlayers. Science, 1991, 254: 1485
[25] Katz HE, Schilling ML. Electrical properties of multilayers based on zirconium phosphate/phosphonate bonds. Chem. Mater., 1993, 5: 1162
[26] Linford MR, Chidsey CED. Alkyl monolayers covalently bonded to silicon surfaces. J. Am. Chem. Soc., 1993, 115: 12631
[27] Tillman N, Ulman A, Penner TL. Formation of multilayers by self-assembly. Langmuir, 1989, 5: 101
[28] Iler R. Multilayers of colloidal particles. J. Colloid Interface Sci., 1966, 21: 569
[29] Decher G. Fuzzy nanoassemblies: toward layered polymeric multicomposites. Science, 1997, 277: 1232
[30] Shen JC, Zhang X, Sun YP. Molecular deposition films. Progress in Natural Science, 1996, 6: 651
[31] 吴涛,张希. 自组装超薄膜:从纳米层状构筑到功能组装. 高等学校化学学报,2001, 22: 1057
[32] 孙俊奇. 纳米结构三维组装与功能化研究[博士论文]. 长春:吉林大学,2002
[33] Bertrand P, Jonas A, Laschewsky A, Legras R. Ultrathin polymer coatings by complexation of polyelectrolytes at interfaces: suitable materials, structure and properties. Macromol. Rapid Commun., 2000, 21: 319
[34] Hammond PT. Recent explorations in electrostatic multilayer thin film assembly. Curr. Opin. Coll. Interface Sci., 2000, 430: 442
[35] Liu JF, Zhang LG, Gu N, Ren JY, Wu YP, Lu ZH, Mao PS, Chen DY. Fabrication of colloidal gold micro-patterns using photolithographed self-assembled monolayers as templates. Thin Solid Films, 1998, 327～329: 176
[36] Kolarik L, Furlong DN, Joy H, Struijk C, Rowe R. Building assemblies from high molecular weight polyelectrolytes. Langmuir, 1999, 15: 8265
[37] Caruso F, Donath E, Möhwald H. Influence of polyelectrolyte multilayer coatings on Foerster resonance energy transfer between 6-carboxyfluorescein and rhodamine B-labeled particles in aqueous solution. J. Phys. Chem. B, 1998, 102: 2011
[38] Brynda E, Houska M. Preparation of organized protein multilayers. Macromol. Rapid. Commun., 1998, 19: 173
[39] Anzai JI, Nakamura N. Preparation of active avidin films by a layer-by-layer deposition of poly(vinyl sulfate)

and avidin on a solid surface. J. Chem. Soc., Perkin Trans., 1999, 2: 2413

[40] Chen W, McCarthy TJ. Layer-by-layer deposition: a tool for polymer surface modification. Macromolecules, 1997, 30: 78

[41] Hsieh MC, Farris RJ, McCarthy TJ. Surface "priming" for layer-by-layer deposition: polyelectrolyte multilayer formation on allylamine plasma-modified poly(tetrafluoroethylene). Macromolecules, 1997, 30: 8453

[42] Ghosh P, Crooks RM. Covalent grafting of a patterned, hyperbranched polymer onto a plastic substrate using microcontact printing. J. Am. Chem. Soc., 1999, 121: 8395

[43] Phuvanartnuruks V, McCarthy TJ. Stepwise polymer surface modification: chemistry—layer-by-layer deposition. Polym. Prepr. (Am. Chem. Soc., Div. Polym. Chem.), 1997, 38: 961

[44] Dias AJ, McCarthy TJ. Introduction of carboxylic acid, aldehyde, and alcohol functional groups onto the surface of poly(chlorotrifluoroethylene). Macromolecules, 1987, 20: 2068

[45] Lvov Y, Essler F, Decher G. Combination of polycation/polyanion self-assembly and Langmuir-Blodgett transfer for the construction of superlattice films. J. Phys. Chem., 1993, 97: 13773

[46] Gao MY, Zhang X, Yang B, Shen JC. A monolayer of PbI_2 nanoparticles adsorbed on MD-LB film. J. Chem. Soc. Chem. Commun., 1994, 2229

[47] Delcorte A, Bertrand P, Wischerhoff E, Laschewsky A. Adsorption of polyelectrolyte multilayers on polymer surfaces. Langmuir, 1997, 13: 5125

[48] Brynda E, Houska M. Multiple alternating molecular layers of albumin and heparin on solid surfaces of medical devices. J. Coll. Interface Sci., 1996, 183: 18

[49] Kotov NA. Layer-by-layer self-assembly: the contribution of hydrophobic interactions. Nanostructured Mater., 1999, 12: 789

[50] Arys X, Jonas AM, Laschewsky A, Legras R. Supramolecular polyelectrolyte assemblies. In: Ciferri A ed. Supramolecular polymers. New York: Marcel Dekker, 2000. 505～564

[51] Joanny JF. Polyelectrolyte adsorption and charge inversion. Eur. Phys. J. B., 1999, 9: 117

[52] Fischer P, Laschewsky A, Wischerhoff E, Arys X, Jonas A, Legras R. Polyelectrolytes bearing azobenzenes for the functionalization of multilayers. Macromol. Symp., 1999, 137: 1

[53] Sauerbrey G. The use of quartz oscillators for weighing thin layers and for microweighing. Z. Phys., 1959, 155: 206

[54] Ariga K, Lvov Y, Kunitake T. Assembling alternate dye-polyion molecular films by electrostatic layer-by-layer adsorption. J. Am. Chem. Soc. 1997, 119: 2224

[55] Klitzing R, Möhwald H. A realistic diffusion model for ultrathin polyelectrolyte films. Macromolecules, 1996, 29: 6901

[56] Loesche M, Schmitt J, Decher G, Bouwman WG, Kjaer K. Detailed structure of molecularly thin polyelectrolyte multilayer films on solid substrates as revealed by neutron reflectometry. Macromolecules, 1998, 31: 8893

[57] Yoo D, Shiratori SS, Rubner MF. Controlling bilayer composition and surface wettability of sequentially adsorbed multilayers of weak polyelectrolytes. Macromolecules, 1998, 31: 4309

[58] Shiratori SS, Rubner MF. pH-dependent thickness behavior of sequentially adsorbed layers of weak polyelectrolytes. Macromolecules, 2000, 33: 4213

[59] Gao MY, Zhang X, Yang B, Li F, Shen JC. The assembly of modified CdS particles/cationic polymer based on electrostatic interactions. Thin Solid Films, 1996, 284～285: 242

[60] Serizawa T, Takeshita H, Akashi M. Electrostatic adsorption of polystyrene nanospheres onto the surface of an ultrathin polymer film prepared by using an alternate adsorption technique. Langmuir, 1998, 14: 4088
[61] Decher G, Schmitt J. Fine-tuning of the film thickness of ultrathin multilayer films composed of consecutively alternating layers of anionic and cationic polyelectrolytes. Prog. Colloid Polym. Sci., 1992, 89: 160
[62] Decher G, Lvov Y, Schmitt J. Proof of multilayer structural organization in self-assembled polycation-polyanion molecular films. Thin Solid Film, 1994, 244: 772
[63] Schmitt J, Gruenewald T, Decher G, Persham PS, Kjaer K, Loesche M. Internal structure of layer-by-layer adsorbed polyelectrolyte films: a neutron and x-ray reflectivity study. Macromolecules, 1993, 26: 7058
[64] Krneev D, Lvov Y, Decher G, Schmitt J, Yaradaikin S. Neutron reflectivity analysis of self-assembled film superlattices with alternate layers of deuterated and hydrogenated polystyrenesulfonate and polyallylamine. Physica B, 1995, 213~214: 954
[65] Zhang X, Sun YP, Gao ML, Kong XX, Shen JC. Effects of pH on the supramolecular structure of polymeric molecular deposition films. Macromol. Chem. Phys., 1996, 197: 509
[66] Fischer P, Koetse M, Laschewsky A, Wischerhoff E, Jullien L, Persoons A, Verbiest T. Orientation of nonlinear optical active dyes in electrostatically self-assembled polymer films containing cyclodextrins. Macromolecules, 2000, 33: 9471
[67] Arys X, Laschewsky A, Jonas AM. Ordered polyelectrolyte "multilayers": 1. mechanisms of growth and structure formation: A comparison with classical fuzzy "multilayers". Macromolecules, 2001, 34: 3318
[68] Ferguson GS, Kleinfeld ER. Mosaic tiling in molecular dimensions, Adv. Mater., 1995, 7: 414
[69] Schmitt J, Decher G, Dressick WJ, Brandow SL, Geer RE, Shashidhar R, Calvert JM. Metal nanoparticle/polymer superlattice films: Fabrication and control of layer structure. Adv. Mater., 1997, 9: 61
[70] Laurent D, Schlenoff JB. Multilayer assemblies of redox polyelectrolytes. Langmuir, 1997, 13: 1552
[71] Hoogeveen NG, Stuart MAC, Fleer GJ, Böhmer MR. Formation and stability of multilayers of polyelectrolytes. Langmuir, 1996, 12: 3675
[72] Lvov Y, Yamada S, Kunitake T. Non-linear optical effects in layer-by-layer alternate films of polycations and an azobenzene-containing polyanion. Thin Solid Films, 1997, 300: 107
[73] Cott KEV, Guzy M, Neyman P, Brands C, Heflin JR, Gibson HW, Davis RM. Layer-by-layer deposition and ordering of low-molecular-weight dye molecules for second-order nonlinear optics. Angew. Chem. Int. Ed., 2002, 41: 3236
[74] Gao ML, Kong XX, Zhang X, Shen JC. Build-up of polymeric molecular deposition films bearing mesogenic groups. Thin Solid Films, 1994, 244: 815
[75] Zhang X, Gao ML, Kong XX, Sun YP, Shen JC. Build-up of a new type of ultrathin film of porphyrin and phthalocyanine based on cationic and anionic electrostatic attraction. J. Chem. Soc. Chem. Commun., 1994, 1055
[76] Sun CQ, Zhang XY, Jiang D, Gao Q, Xu HD, Sun YP, Zhang X, Shen JC. Electrocatalytic oxidation of carbohydrates at a molecular deposition film electrode based on water-soluble cobalt phthalocyanine and its application to flow-through detection. J. Electroanal. Chem., 1996, 411: 73
[77] Linford MR, Auch M, Möhwald H. Nonmonotonic effect of ionic strength on surface dye extraction during dye-polyelectrolyte multilayer formation. J. Am. Chem. Soc. 1998, 120: 178
[78] Ariga K, Onda M, Lvov Y, Kunitake T. Alternate layer-by-layer assembly of organic dyes and proteins is facilitated by pre-mixing with linear polyions. Chem. Lett., 1997, 25

[79] Sun JQ, Zou S, Wang ZQ, Zhang X, Shen JC. Layer-by-layer self-assembled multilayer films containing the organic pigment, 3,4,9,10-perylenetetracarboxylic acid, and their photo-and electroluminescence properties. Materials Science and Engineering C: Biomimics and Supramolecular Systerms, 1999, 10: 123

[80] Hong JD, Park ES, Park AL. Effects of added salt on photochemical isomerization of azobenzene in alternate multilayer assemblies: bipolar amphiphile-polyelectrolyte. Langmuir, 1999, 15: 6515

[81] Mao GZ, Tsao YH, Tirrell M, Davis HT, Hessel V, Ringsdorf H. Interactions, structure, and stability of photoreactive bolaform amphiphile multilayers. Langmuir, 1995, 11: 942

[82] Mitzi DB, Thin-film deposition of organic-inorganic hybrid materials. Chem. Mater., 2001, 13: 3283

[83] Gomez-Romero P. Hybrid organic-inorganic materials-in search of synergic activity, Adv. Mater., 2001, 13: 163

[84] Gao MY, Gao ML, Zhang X, Yang Y, Yang B, Shen JC. Constructing PbI_2 nanoparticles into a multilayer structure using the molecular deposition (MD) method. J. Chem. Soc. Chem. Commun., 1994, 2229

[85] Feldheim DL, Grabar KC, Natan MJ, Mallouk TE. Electron transfer in self-assembled inorganic polyelectrolyte/metal nanoparticle heterostructures. J. Am. Chem. Soc., 1996, 118: 7640

[86] Kharitonov AB, Shipway AN, Willner I. An Au nanoparticle/bisbipyridinium cyclophane-functionalized ion-sensitive field-effect transistor for the sensing of adrenaline. Anal. Chem., 1999, 71: 5441

[87] Lahav M, Gabriel T, Shipway AN, Willner I. Assembly of a Zn(Ⅱ)-porphyrin-bipyridinium dyad and Au-nanoparticle superstructures on conductive surfaces. J. Am. Chem. Soc., 1999, 121: 258

[88] Shipway AN, Lahav M, Blonder R, Willner I. Bis-bipyridinium cyclophane receptor-Au nanoparticle superstructures for electrochemical sensing applications. Chem. Mater., 1999, 11: 13

[89] Gao MY, Richter B, Kirstein S. White-light electroluminescence from self-assembled Q-CdSe/PPV multilayer structures. Adv. Mater., 1997, 9: 802

[90] Liu YJ, Wang AB, Claus RO, Layer-by-layer electrostatic self-assembly of nanoscale Fe_3O_4 particles and polyimide precursor on silicon and silica surfaces. Appl. Phys. Lett., 1997, 71: 2265

[91] Sun YP, Hao EC, Zhang X, Yang B, Shen JC, Chi LF, Fuchs H. Build-up of a new kind of composite films containing TiO_2/PbS nanoparticles and polyelectrolytes based on electrostatic interaction. Langmuir, 1997, 13: 5168

[92] Sun JQ, Hao EC, Sun YP, Zhang X, Yang B, Shen JC, Wang SB. Multilayer assemblies of colloidal ZnS doped with sliver and polyelectrolytes based on electrostatic interaction. Thin Solid Films, 1998, 327～329: 528

[93] Liu YJ, Wang YX, Lu HX, Claus RO. Electrostatic self-assembly of highly-uniform micrometer-thick fullerene films. J. Phys. Chem. B, 1999, 103: 2035

[94] He JA, Valluzzi R, Yang K, Dolukhanyan T, Sung C, Kumar J, Tripathy SK, Samuelson L, Balogh L, Tomalia DA. Electrostatic multilayer deposition of a gold-dendrimer nanocomposite. Chem. Mater., 1999, 11: 3268

[95] Mamedov AA, Kotov NA. Free-standing layer-by-layer assembled films of magnetite nanoparticles. Langmuir, 2000, 16: 5530

[96] Kleinfeld ER, Ferguson GS. Stepwise formation of multilayered nanostructural films from macromolecular precursors. Science, 1994, 265: 370

[97] Lvov Y, Ariga K, Ichinose I, Kunitake T. Formation of ultrathin multilayer and hydrated gel from montmorillonite and linear polycations. Langmuir, 1996, 12: 3038

[98] Ichinose I, Tagawa H, Mizuk S, Lvov Y, Kunitake T. Formation process of ultrathin multilayer films of molybdenum oxide by alternate adsorption of octamolybdate and linear polycations. Langmuir, 1998, 14: 187

[99] Kong W, Wang LP, Gao ML, Zhou H, Zhang X, Li W, Shen JC. Immobilized bilayer glucose isomerase in porous trimethylamine polystyrene based on molecular deposition. J. Chem. Soc. Chem. Commun., 1994, 1297

[100] Donath E, Walther D, Shilov VN, Knippel E, Budde A, Lowack K, Helm CA, Möhwald H. Nonlinear hairy layer theory of electrophoretic fingerprinting applied to consecutive layer by layer polyelectrolyte adsorption onto charged polystyrene latex particles. Langmuir, 1997, 13: 5294

[101] Caruso F. Hollow capsule processing through colloidal templating and self-assembly. Chem. Eur. J., 2000, 6: 413

[102] Clark SL, Montague MF, Hammond PT. Ionic effects of sodium chloride on the templated deposition of polyelectrolytes using layer-by-layer ionic assembly. Macromolecules, 1997, 30: 7237

[103] Clark SL, Hammond PT. Engineering the microfabrication of layer-by-layer thin films. Adv. Mater., 1998, 10: 1515

[104] Clark SL, Hammond PT. The role of secondary interactions in selective electrostatic multilayer deposition. Langmuir, 2000, 16: 10206

[105] Chen KM, Jiang XP, Kimerling LC, Hammond PT. Selective self-organization of colloids on patterned polyelectrolyte templates. Langmuir, 2000, 16: 7825

[106] Jiang XP, Hammond PT. Selective deposition in layer-by-layer assembly: functional graft copolymers as molecular templates. Langmuir, 2000, 16: 8501

[107] Jiang XP, Clark SL, Hammond PT. Creating microstructures of luminescent organic thin films using layer-by-layer assembly. Adv. Mater., 2001, 13: 1669

[108] Sun CQ, Sun YP, Zhang X, Xu HD, Shen JC. Selective potentionmetric determination of copper (Ⅱ) ions by use of a molecular deposition film electrode based on water-soluble copper phthalocyanine. Anal. Chim. Acta, 1995, 312: 207

[109] Sun CQ, Sun YP, Zhang X, Zhang XY, Jiang D, Gao Q, Xu HD, Shen JC. Fabrication of multilayer film containing cobalt phthalocyanine on the surface of gold electrode based on electrostatic interaction and its application as an amperometric sensor of hydrazine. Thin Solid Films, 1996, 288: 291

[110] Sun CQ, Zhao JH, Xu HD, Sun YP, Zhang X, Shen JC. Fabrication of a multilayer film electrode containing porphyrin and its application as a potentiometric sensor of iodide ion. Talanta, 1998, 46: 15

[111] Sun CQ, Zhao JH, Xu HD, Sun YP, Zhang X, Shen JC. Fabrication of multilayer films containing 1:12 phosphomolybdic anions on the surface of a gold electrode based on electrostatic interaction and its application as an electrochemical detector in flow-injection amperometric detection of hydrogen peroxide. J. Electroanal. Chem., 1997, 435: 63

[112] Cheng L, Niu L, Gong J, Dong SJ. Electrochemical growth and characterization of polyoxometalate-containing monolayers and multilayers on alkanethiol monolayers self-assembled on gold electrodes. Chem. Mater., 1999, 11: 1465

[113] Shipway AN, Lahav M, Willner I. Nanostructured gold colloid electrodes. Adv. Mater., 2000, 12: 993

[114] Zhang X, Sun YP, Shen JC. editor Lovo Y, Möhwald H. Protein architecture: interfacing molecular assemblies and immobilization biotechnology. Enzyme multiplayer films: A way for assembly of microreactors

and biosensors. New York: Marcel Deker Inc., 1999

[115] Sun YP, Zhang X, Sun CQ, Wang B, Shen JC. Fabrication of ultrathin film containing bi-enzyme of glucose oxidase and gluoamylase based on electrostatric interaction and its potential application as a maltose sensor. Macromol. Chem. Phys.,1996, 197: 147

[116] Heller A, Electrical wiring of redox enzymes. Acc. Chem. Res., 1990, 23: 128

[117] Willner I, Riklin A, Shoham B, Rivenzon D, Katz E. Development of novel biosensor enzyme electrodes: glucose oxidase multilayer arrays immobilized onto self-assembled monolayers on electrodes. Adv. Mater., 1993, 5: 912

[118] Schuhmann W, Ohara TJ, Schmidt HL, Heller A. Electron transfer between glucose oxidase and electrodes via redox mediators bound with flexible chains to the enzyme surface. J. Am. Chem. Soc., 1991, 113: 1394

[119] Sun YP, Sun JQ, Zhang X, Sun CQ, Wang Y, Shen JC. Chemically modified electrode via layer-by-layer deposition of glucose oxidase and polycation bearing Os complex. Thin Solid Films, 1998, 327～329: 730

[120] Sun JQ, Sun YP, Wang ZQ, Sun CQ, Wang Y, Zhang X, Shen JC. Ionic self-assembly of glucose oxidase with polycation bearing Os complex. Macromol. Chem. Phys., 2001, 202: 111

[121] Sun JQ, Wu T, Sun YP, Wang ZQ, Zhang X, Shen JC, Cao WX. Fabrication of a covalently attached multilayer via photolysis of layer-by-layer self-assembled film containing diazo-resins. Chem. Commun., 1998, 1853

[122] Sun JQ, Wang ZQ, Wu LX, Zhang X, Shen JC, Gao S, Chi LF, Fuchs H. Investigation of the covalently attached multilayer architecture based on diazo-resins and poly(4-styrene sulfonate). Macromol. Chem. Phys., 2001, 202: 961

[123] Sun JQ, Wang ZQ, Sun YP, Zhang X, Shen JC. Covalently attached multilayer assemblies of diazo-resins and porphyrins. Chem. Commun., 1999, 693

[124] Sun JQ, Wu T, Zou B, Zhang X, Shen JC. Stable entrapment of small molecules bearing sulfonate groups in multilayer assemblies. Langmuir, 2001, 17: 4035

[125] Sun JQ, Wu T, Liu F, Wang ZQ, Zhang X, Shen JC. Covalently attached multiplayer assemblies by sequential adsorption of polycationic diazo-resins and polyanionic poly(acrylic acid). Langumuir, 2000, 16: 4620

[126] Shi F, Dong B, Qiu DL, Sun JQ, Wu T, Zhang X. Layer-by-layer self-assembly of reactive polyelectrolytes for robust multilayer patterning. Adv. Mater., 2002, 14: 805

[127] Wang JF, Chen JY, Jia XR, Cao WX, Li MQ. Self-assembly ultrathin films based on dendrimers. Chem. Commun., 2000, 511

[128] Fu Y, Xu H, Bai SL, Qiu DL, Sun JQ, Wang ZQ, Zhang X. Fabrication of a stable polyelectrolyte/au nanoparticles multilayer film. Macrol. Rapid. Commun., 2002, 23: 256

[129] Zhang H, Yang B, Wang RB, Zhang G, Hou XL, Wu LX. Fabrication of a covalently attached self-assembly multilayer film based on CdTe nanoparticles. J. Colloid. Interf. Sci., 2002, 247: 361

[130] Hou XL, Wu LX, Sun L, Zhang H, Yang B, Shen JC. Covalent attachment of deoxyribonucleic acid (DNA) to diazo-resin (DAR) in self-assembled multilayer films. Polym. Bull., 2002, 47: 445

[131] Harris JJ, DeRose PM, Bruening ML. Synthesis of passivating, nylon-like coatings through cross-linking of ultrathin polyelectrolyte films. J. Am. Chem. Soc. 1999, 121: 1978

[132] Onitsuka O, Fou AC, Ferreira M, Hsieh BR, Rubner MF. Enhancement of light emitting diodes based on

self-assembled heterostructures of poly(p-phenylene vinylene). J. Appl. Phys., 1996, 80: 4067

[133] Moriguchi I, Teraoka Y, Kagawa S, Fendler JH. Construction of nanostructured carbonaceous films by the layer-by-layer self-assembly of poly(diallyldimethylammonium) chloride and poly(amic acid) and subsequent pyrolysis. Chem. Mater., 1999, 11: 1603

[134] Joly S, Kane R, Radzilowski L, Wang T, Wu A, Cohen RE, Thomsa EL, Rubner MF. Multilayer nanoreactors for metallic and semiconducting particles. Langmuir, 2000, 16: 1354

[135] Wang TC, Chen B, Rubner MF, Cohen RE. Selective electroless nickel plating on polyelectrolyte multilayer platforms. Langmuir, 2001, 17: 6610

[136] Granick S, Sukhishvili SA. Layered, erasable, ultrathin polymer films. J. Am. Chem. Soc., 2000, 122: 9550

[137] Yang SY, Rubner MF. Micropatterning of polymer thin films with pH-sensitive and cross-linkable hydrogen-bonded polyelectrolyte multilayers. J. Am. Chem. Soc., 2002, 124: 2100

[138] Mendelsohn JD, Barrett CJ, Chan VV, Pal AJ, Mayes AM, Rubner MF. Fabrication of microporous thin films from polyelectrolyte multilayers. Langmuir, 2000, 16: 5017

[139] Cheung JH, Stockton WB, Rubner MF. Molecular-level processing of conjugated polymers. 3. Layer-by-layer manipulation of polyaniline via electrostatic interactions. Macromolecules, 1997, 30: 2712

[140] Ferreira M, Cheung JH, Rubner MF. Molecular self-assembly of conjugated polyions: a new process for fabricating multilayer thin film heterostructures. Thin Solid Films, 1994, 244: 806

[141] Ferreira M, Rubner MF. Molecular-level processing of conjugated polymers. 1. layer-by-layer manipulation of conjugated polyions. Macromolecules, 1995, 28: 7107

[142] Cheung JH, Fou AC, Rubner MF. Molecular self-assembly of conducting polymers. Thin Solid Films, 1994, 244: 985

[143] Sun JQ, Sun YP, Zou S, Zhang X, Sun CQ, Wang Y, Shen JC. Layer-by-layer assemblies of polycation bearing Os complex with electroactive and electroinactive polyanions and their electrocatalytic reduction of nitrite. Macromol. Chem. Phys., 1999, 200: 840

[144] Ho PKH, Kim J-S, Burroughes JH, Becker H, Li SFY, Brown TM, Cacialli F, Friend RH. Molecular-scale interface engineering for polymer light-emitting diodes. Nature, 2000, 404: 481

[145] Koetse M, Laschewsky A, Mayer B, Rolland O, Wischerhoff E. Ultrathin coatings by multiple polyelectrolyte adsorption/surface activation (CoMPAS). Macromolecules, 1998, 31: 9316

[146] Sun JQ, Gao MY, Feldmann J. Electric field directed layer-by-layer assembly of highly fluorescent CdTe nanoparticles. J. Nanosci. Nanotechno., 2001, 1: 133

[147] Gao MY, Sun JQ, Dulkeith E, Gaponik N, Lemmer U, Feldmann J. Lateral patterning of CdTe nanocrystal films by the electric field directed layer-by-layer assembly method. Langmuir, 2002, 18: 4098

[148] Sun JQ, Gao MY, Zhu M, Feldmann J, Möhwald H. Layer-by-layer depositions of polyelectrolyte/CdTe nanocrystal films controlled by electric fields. J. Mater. Chem., 2002, 12: 1775

[149] Shi LX, Sun JQ, Liu JQ, Shen JC, Gao MY. Site-selective deposition of enzyme/polyelectrolyte multilayer films on ITO electrodes controlled electric fields. Chem. Lett., 2002, 1168

[150] Chiarelli PA, Johal MS, Casson L, Roberts JB, Robinson JM, Wang HL. Controlled fabrication of polyelectrolyte multilayer thin films using spin-assembly. Adv. Mater., 2001, 13: 1167

[151] Chiarelli PA, Johal MS, Holmes DJ, Casson JL, Robinson JM, Wang HL. Polyelectrolyte spin-assembly. Langmuir, 2002, 18: 168

[152] Okayama Y, Ito T, Shiratori S. Optimization of the feedback constant control for the mass-controlled layer-by-layer sequential adsorption technique for polyelectrolyte thin films. Thin Solid Films, 2001, 393: 132

[153] Wang LY, Wang ZQ, Zhang X, Shen JC, Chi LF, Fuchs H. A new approach for the fabrication of alternating multilayer film of poly(4-vinylpyridine) and polyacrylic acid based on hydrogen bonding. Macromol. Rapid Commun., 1997, 18: 509

[154] Wang LY, Fu Y, Wang ZQ, Fan YG, Zhang X. Investigation into an alternating multilayer film of poly(4-vinylpyridine) and poly(acrylic acid) based on hydrogen bonding. Langmuir, 1999, 15: 1360

[155] Wang LY, Fu Y, Wang ZQ, Wang Y, Sun CQ, Fan YG, Zhang X. Multilayer assemblies of poly(4-vinylpyridine) bearing osmium complex and poly(acrylic acid) via hydrogen-bonding. Macromol. Chem. Phys., 1999, 200: 1523

[156] Fu Y, Bai SL, Cui SX, Qiu DL, Wang ZQ, Zhang X. Hydrogen-bonding-directed layer-by-layer multiplayer assembly: reconformation yielding microporous films. Macromolecules, 2002, 35: 9451

[157] Stockton WB, Rubner MF. Molecular-level processing of conjugated polymers. 4. Layer-by-layer manipulation of polyaniline via hydrogen-bonding interactions. Macromolecules, 1997, 30: 2717

[158] Hao EC, Lian TQ. Layer-by-layer assembly of CdSe nanoparticles based on hydrogen bonding. Langmuir, 2000, 16: 7879

[159] Hao EC, Lian TQ. Buildup of polymer/Au nanoparticle multilayer thin films based on hydrogen bonding. Chem. Mater., 2000, 12: 3392

[160] Mallouk TE, Gavin JA, Molecular recognition in lamellar solids and thin films. Acc. Chem. Res., 1998, 31: 209

[161] Yang HC, Aoki K, Hong HG, Sackett DE, Arendt MF, Yau S-L, Bell CM, Mallouk TE. Growth and characterization of metal(Ⅱ) alkanebisphosphonate multilayer thin films on gold surfaces. J. Am. Chem. Soc., 1993, 115: 11855

[162] Xiong HM, Chen MH, Zhou Z, Zhang X, Shen JC. A new approach for fabrication of a self-organizing film of heterostructured polymer/Cu_2S Nanoparticles. Adv. Mater., 1998, 10: 529

[163] Hao EC, Wang LY, Zhang JH, Yang B, Zhang X, Shen JC. Fabrication of polymer/inorganic nanoparticles composite films based on coordinative bonds. Chem. Lett., 1999, 5

[164] Schütte M, Kurth DG, Linford MR, Cölfen H, Möhwald H. Metallosupramolecular thin polyelectrolyte films. Angew. Chem. Int. Ed., 1998, 37: 2891

[165] Shimazaki Y, Mitsuishi M, Ito S, Yamamoto M. Preparation of the layer-by-layer deposited ultrathin film based on the charge-transfer interaction. Langmuir, 1997, 13: 1385

[166] Zhang YJ, Cao WX. Stable self-assembled multilayer films of diazo resin and poly(maleic anhydride-co-styrene) based on charge-transfer interaction. Langmuir, 2001, 17: 5021

[167] Ichinose I, Senzu H, Kunitake T. Stepwise adsorption of metal alkoxides on hydrolyzed surfaces: a surface sol-gel process. Chem. Lett., 1996, 831

[168] Ichinose I, He JH, Fujikawa S, Hashizume M, Huang JG, Kunitake T. Ultrathin composite films: An indispensable resource for nanotechnology. RIKEN Review, 2001, 34

[169] Ichinose I, Senzu H, Kunitake T. A surface sol-gel process of TiO_2 and other metal oxide films with molecular precision. Chem. Mater., 1997, 9: 1296

[170] Ichinose I, Kawakami T, Kunitake T. Alternate molecular layers of metal oxides and hydroxyl polymers prepared by the surface sol-gel process. Adv. Mater., 1998, 10: 535

[171] Lee SW, Ichinose I, Kunitake T. Molecular imprinting of azobenzene carboxylic acid on a TiO_2 ultrathin film by the surface sol-gel process. Langmuir, 1998, 14: 2857

[172] Ichinose I, Kikuchi T, Lee S-W, Kunitake T. Imprinting and selective binding of di-and tri-peptides in ultrathin TiO_2-gel films in aqueous solutions. Chem. Lett., 2002, 104

[173] He JH, Ichinose I, Kunitake T. Imprinting of coordination geometry in ultrathin films via the surface sol-gel process. Chem. Lett., 2001, 850

[174] Huang JG, Ichinose I, Kunitake T, Nakao A. Zirconia-titania nanofilm with composition gradient. Nano Lett., 2002, 2: 669

[175] Kovtyukhova MI, Buzaneva EV, Waraksa CC, Martin BR, Mallouk TE. Surface sol-gel synthesis of ultrathin semiconductor films. Chem. Mater., 2000, 12: 383

[176] Kovtyukhova NI, Buzaneva EV, Waraksa CC, Mallouk TE. Ultrathin nanoparticle ZnS and ZnS: Mn films: surface sol-gel synthesis, morphology, photophysical properties. Materials Science and Engineering B, 2001, 69~70: 411

[177] Fischer P, Laschewsky A. Layer-by-layer adsorption of identically charged polyelectrolytes. Macromolecules, 2000, 33: 1100

[178] Decher G, Schlenoff J. (Eds.) Multilayer thin films sequential assembly of nanocomposite materials. Wiley-VCH, 2002

第 2 章　中空微胶囊

高长有

2.1 引　　言

微胶囊是通过成膜物质将囊内空间与囊外空间隔离开以形成特定几何结构的物质,其内部可以是填充的,也可以是中空的。微胶囊的形状以球形结构为主,也可为卵圆形、正方形或长方形、多角形及各种不规则形状。传统微胶囊尺寸大小通常在微米至毫米级,囊壁厚度在亚微米至几百微米。各种药物、化妆品、染料、香料、油墨、涂料、黏合剂、纳米微粒及活细胞等都可被包裹形成各种功能化的微胶囊[1]。囊壁通常由天然或合成的高分子材料组成,也可是无机化合物。根据被包裹物的性质和微胶囊的使用要求,囊壁可由一种材料或多种材料复合构成。

微胶囊的技术特色在于囊内空间与囊外空间隔离,因而可分别对囊内和囊外空间的化学物理性质进行调控。如可将物质包裹在微胶囊内,形成填充的微胶囊;而物质本身的性能,如物理化学性能、生物学性能或光电性能等则不受影响。在适当的条件下,如破坏囊壁或改变囊壁的通透性能,被包裹的物质又能够释放出来。这为贮存、运输和使用都带来极大的方便。通过微胶囊化,还可避免受到外界氧气、水和光等因素的影响,从而使性质不稳定的物质不会变质。通过囊壁的部分阻隔作用和渗透调节性能,可降低被包埋物的释放速率,或将被包埋物以可控的速率释放,形成各种具有缓释和可控释放性能的微胶囊。例如微胶囊化的香水可降低其挥发性能,延长其使用和保存期。利用某些带有电荷的聚电解质如邻苯二甲酸乙酸纤维素(CAP)在不同 pH 值溶解性能的差异,可制备出具有定位释放功能的微胶囊。利用微胶囊的半透性能和阻隔性能,可制备出微胶囊化的组织工程化器官,如人工肝脏或人工胰脏。这种微胶囊的囊壁允许正常的营养物和废物的交换,也允许低相对分子质量的代谢产物(如胰岛素)透过薄膜,但阻止淋巴细胞、白细胞、抗体和其他的免疫蛋白质透过[2~5]。

根据囊壁形成的原理,微胶囊的传统制备技术大体可分为三类[1]:利用反应生成囊壁的化学方法、利用相分离形成囊壁的物理化学方法、利用机械或其他物理作用形成囊壁的物理方法。随着微胶囊研究与应用领域的不断拓展,新的微胶囊制备技术也不断地被创造和发明。如纳米胶囊是指胶囊的尺寸在纳米至亚微米,即 1～1000 nm。人体中最细的毛细血管直径也有 4 μm,因此纳米胶囊可直接注射到静脉中而不会引起毛细血管的堵塞。此外,材料引起的致癌作用与粒子大小密切相关。同样的材料粒子越小,诱发癌症的作用越弱,因此生物相容性越好[4,6]。由磷脂双分子层结构形成的脂质体(liposome)也是一种胶囊。双亲聚合物与磷脂具有相似的亲水-疏水分子结构,因此也具有形成囊泡的能力[7]。通过某些纳米颗粒的自组装,可自发地形成中空微胶囊[8]。

2.2 层状组装的聚合物中空微胶囊的制备技术

上述方法制备的微胶囊,无论是核-壳结构的还是中空的微胶囊,在微胶囊的大小和囊壁厚度方面都无法精确控制,导致微胶囊的尺度和壁厚存在着较大的多分散性。许多方法还存在着微胶囊易聚集的缺点。此外,对囊壁化学物理结构的调整通常也非常困难,如对囊壁通透性能的调控,生物活性物质(蛋白、酶和核酸等)及其他生物高分子、纳米粒子、磁性粒子、金属离子及染料等的可控引入。上述缺点一方面限制了微胶囊基本物理性能如通透性、力学强度和光电性能的研究,另一方面也影响了微胶囊在生物技术、纳米技术和光电技术等领域的应用。受制于对微胶囊基本物理性能了解的缺乏及制备与性能间的有效关联,也不利于获得具有理想功能的微胶囊。

1966 年 Iler 建议采用交替沉积制备自组装薄膜的方法,其后为 Mallouk 等进一步发展[9,10]。Decher 后来提出了基于聚合物阴阳离子静电作用的层层(layer-by-layer,LBL)自组装概念[11~14]。LBL 的技术核心是将离子化的基材,如 γ-氨丙基三乙氧基硅烷处理后得到的氨基化硅片(经酸处理后带正电),依次浸入聚阴离子如聚苯乙烯磺酸钠(PSS)和聚阳离子如聚烯丙基铵盐酸盐(PAH)溶液中。由于 PSS 侧链上的—SO_3^- 和 PAH 侧链上的—NH_3^+ 因静电作用而形成稳定的—SO_3^- NH_3^+ 离子对,因而 PSS 与 PAH 可交替沉积于硅片上形成 Si(PSS/PAH)沉积膜,重复 n 个循环后可得到层数为 $2n$ 的 Si(PSS/PAH) * n 自沉积膜。

将自组装技术应用于胶体颗粒,就得到了聚合物 LBL 超薄膜为壳层的微粒,从而将 LBL 技术从二维扩展到三维空间[15~18]。Möhwald 等采用可被去除的胶体颗粒作为组装的模板,通过 LBL 技术将聚电解质沉积到该胶体颗粒上,然后将作为模板的胶体颗粒溶解或分解,制备出了自由的聚电解质三维薄膜—— 一类全新结构的聚合物中空微胶囊[19~21]。这种方法不仅极大地拓宽了自组装技术的研究与应用范围,导致了自组装技术的一个质的飞跃,而且制备得到的微胶囊显示出独特的结构与多变的性能,在基础研究与实际应用方面都具有重要的研究与开发价值。

2.2.1 基本原理

层状组装聚合物中空微胶囊的制备首先以可被溶解、分解或氧化的胶体颗粒为模板，例如颗粒表面带有正电荷的微交联三聚氰胺-甲醛树脂（MF），采用通常的LBL技术先组装上一层与颗粒表面电荷相反的聚合物如荷负电的PSS，然后再沉积荷正电的聚阳离子如PAH。当组装到所需层数后，将作为模板的胶体颗粒去除（如MF可在pH<1.7的酸性条件下分解），就得到了中空的聚电解质微胶囊[19]。该过程示意于图2-1。

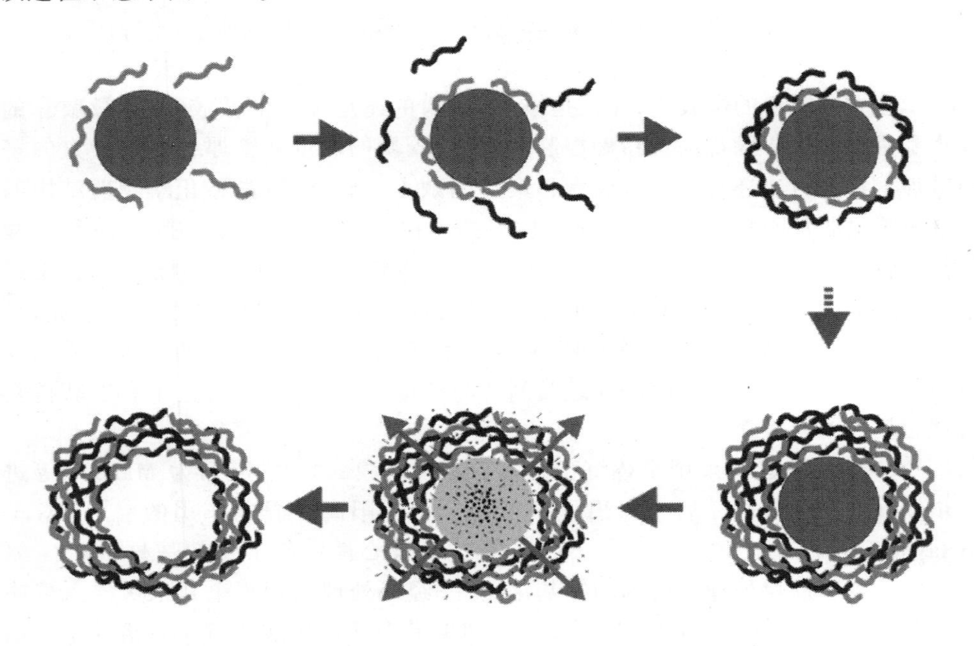

图2-1　LBL层层自组装制备聚电解质中空微胶囊过程示意图

多种具有电荷的物质，如合成与天然的聚电解质、纳米微粒、蛋白质、酶、磷脂、染料、金属离子和表面活性剂等，都可被组装到中空微胶囊中，从而制备出具有多种性能与功能的微胶囊。可去除的模板材料包括三聚氰氨-甲醛树脂（MF）胶体颗粒、红细胞和某些无机酸盐或者有机染料等。带有电荷的模板可直接用来组装，无电荷的模板可用聚乙烯亚胺（PEI）或PSS处理后进行组装。该微胶囊的主要特征在于：(1) 形态和尺度大小由模板精确控制，因此，若模板尺度均一，则得到的微胶囊也是均一的；(2) 壁厚由组成、沉积的层数和组装条件精确控制，最小可到1 nm；(3) 囊壁的通透性能（开关性能）由组成、壁厚和外部条件如pH、离子强度等精确控制；(4) 微胶囊的机械强度由尺度、壁厚与组成精确控制；(5) 微胶囊对热、盐和pH等外部刺激敏感，会引起许多性能的变化，如尺度、壁厚、开关性能等。该微胶囊在材料科学、生命科学、电子科学与技术、生物医学工程学、催化科学与技术等许多领域中都具有潜在的十分重要的应用价值。

2.2.2　聚电解质在胶体颗粒表面的层状自组装

与平面的二维组装相比，在胶体颗粒上组装的主要问题是如何去除溶液中多余的聚电解质。如下三种方法可用来解决这一问题。

第一种方法是聚电解质在胶体颗粒表面的等量吸附，即加入的聚电解质刚好全部被吸附到胶体颗粒表面且吸附的量足以实现表面电荷的反转。胶体颗粒溶液无需任何分离和纯化，直接加入电荷相反的另外一种聚电解质。该方法最早为 Sukhorukov 等所采用[18]。其优点是工艺过程简单、省时，胶体颗粒或聚电解质无损失。其缺点是确定恰当的聚电解质的量比较困难，且组装条件或胶体颗粒浓度或粒径稍有改变则需重新确定。因此，在无法充分保证等量的情况下，非常容易导致胶体颗粒的聚集和聚电解质配合物的形成[18,22]。

第二种方法是离心分离。通常每组装一层至少需离心 2～3 次以去除上清液中的自由聚电解质，每次离心后都需通过振荡、超声等手段将胶体颗粒重新悬浮。通过充分洗涤可避免聚电解质配合物的形成。但由于离心力的作用，沉积在一起的粒子再分散比较困难，易形成较大的聚集体。多次离心-洗涤会造成大量的粒子损失。此外，小粒子更难离心分离。一般样品量较少且粒子尺寸或密度较大时，该方法比较适用。

第三种方法是膜过滤法，最早由 Voigt 等引入[23]。如图 2-2 所示，该方法采用微孔滤膜将多余的聚电解质去除，LBL 自组装过程在一个膜过滤装置中进行。在多孔或条纹形支持物上衬以一定孔径的微孔滤膜，其微孔尺寸小于胶体粒子，同时嵌入磁性或电动搅拌装置以利于胶体颗粒的分散。为加快过滤速度，可采用负

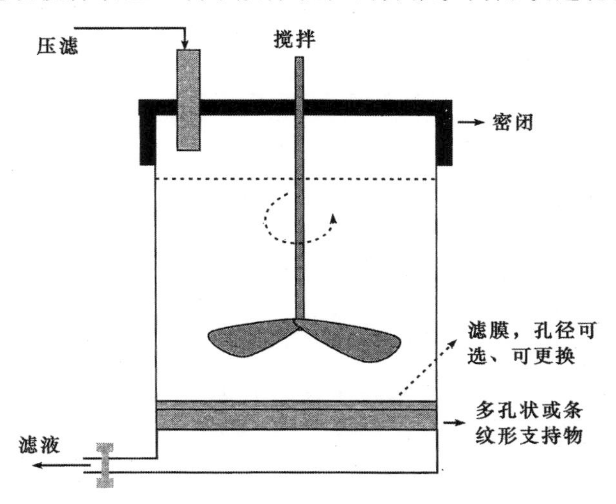

图 2-2　胶体颗粒表面 LBL 组装聚电解质多层膜的膜过滤装置

压吸引，或将上盖密闭后加压。LBL 组装过程中，胶体颗粒悬浮于腔体中，并通过搅拌使其稳定悬浮。吸附过程进行时，下面的排液孔关闭；吸附完成时，打开下面的排液孔，依靠重力或正、负压将过量的聚电解质滤除。重复洗涤 2～3 次后，可加入电荷相反的聚电解质。将此过程连续重复下去，就可得到层状聚电解质包裹的核-壳结构微粒。因为整个组装过程中粒子间一直保持较大的距离，因此所得核-壳结构微粒的聚集程度较低。此外，微粒的损失也较少。通过适当的设计，还可实现组装过程的自动化，因此可用于大规模制备。但对于尺寸较小的粒子，因为超滤膜的渗透性能较差，且存在堵塞问题，故过滤速度较慢，耗时较长。

Sukhorukov 等采用多种方法跟踪了组装过程的进行[18]。首先，胶体颗粒表面电荷的反转是 LBL 组装过程得以进行的驱动力。ζ-电位(ζ-potential)是跟踪胶体颗粒表面电性能的最有用的工具。图 2-3 的结果显示，胶体颗粒的 ζ-电位在正与负间交替变化，表明每沉积一层聚电解质后，胶体颗粒表面的电荷都发生了反转。也就是说，组装可以在胶体颗粒上正常进行。

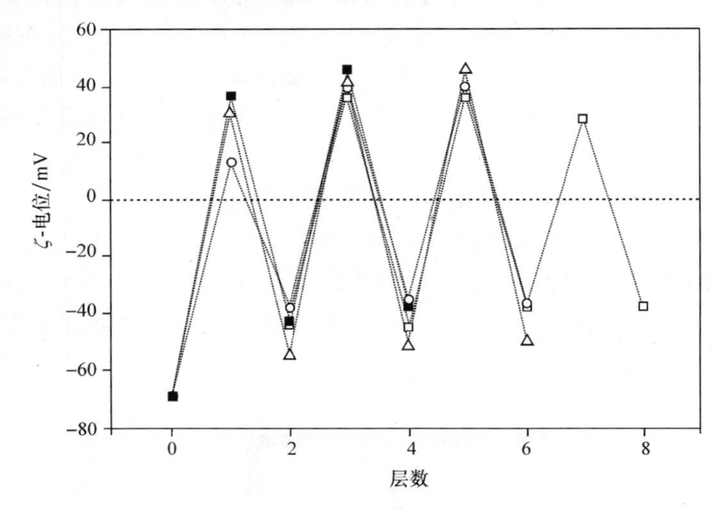

图 2-3　组装层数对聚苯乙烯(PS)胶体颗粒(直径 640 nm)ζ-电位的影响

□ PSS/PDADMAC [poly(diallyldimethyl ammonium) chloride，聚二烯丙基甲基铵盐酸盐]；

■ BSA(牛血清白蛋白)/PDADMAC；○ PSS/PAH；△ DNA/PDADMAC

荧光光谱可用来跟踪组装过程中胶体颗粒上聚电解质量的增加过程。为此，需采用荧光标记的聚电解质为组装材料。最常用的标记聚电解质的荧光探针是异硫氰酸荧光素(FITC)和四甲基异硫氰酸罗丹明(TRITC)，可分别用 488 nm 和 543 nm 的光激发，结构见图 2-4(a)。上述荧光探针上的异硫氰酸酯基团(—NCS)，很容易和化合物中的氨基反应，如 PAH[图 2-4(b)] 或蛋白质，从而将荧光基团共价偶联到聚合物中去。由于—NCS 的活性较差，不和羟基或水反应，因此具有高选择性，且标记过程可在水溶液中进行。

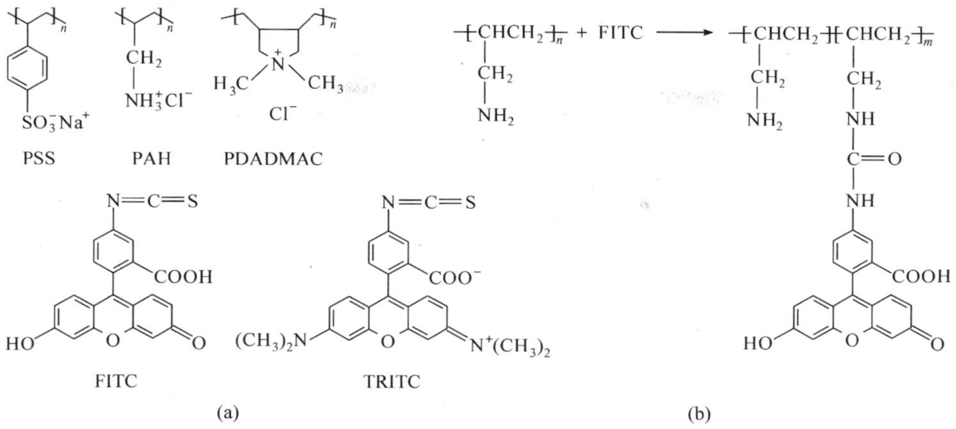

PSS　PAH　PDADMAC

FITC　TRITC

(a)　(b)

图 2-4　(a)常用聚电解质和可反应型荧光探针的分子结构;(b)FITC 标记 PAH 过程

将 FITC 标记的 PAH(FITC-PAH)和 PSS 交替沉积于胶体颗粒上,则 FITC 的荧光强度应该随着层数的增加而增大。图 2-5 给出了荧光强度随层数的变化。为避免在洗涤过程中粒子损失所带来的系统误差,荧光强度用 500 nm 的散射强度来进行归一化处理。在此波长下,散射强度与粒子数目成正比,而荧光强度与散射强度相比可以忽略不计。图 2-5 表明荧光强度总体上随着层数的增加而增大。但奇数层的 FITC-PAH 为最外层时,所得荧光强度比下面相应偶数层的 PSS 为最外层时大。这种现象在 LBL 组装体系中普遍存在[18,24]。其原因主要是 LBL 的最外层存在比较松散的线团结构,当下一层相反电荷的聚电解质沉积上时,部分松散

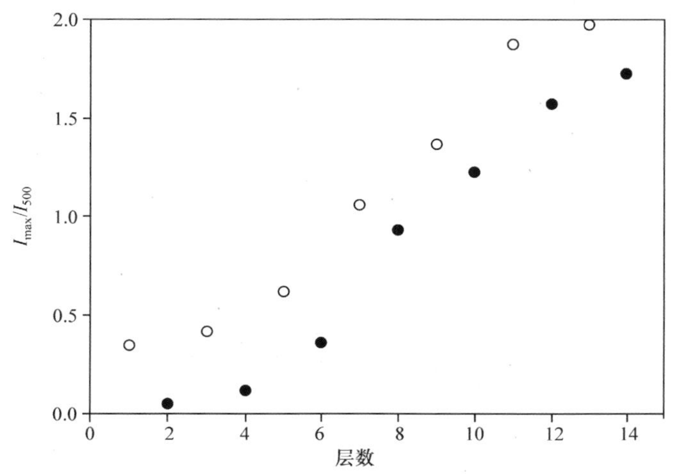

图 2-5　PS 胶体颗粒的荧光强度随组装层数的变化

(以 FITC-PAH 和 PSS 为组装聚电解质)

○ 外层为 FITC-PAH; ● 外层为 PSS

的线团会重新释放到溶液中,造成物质的部分损失,因此荧光强度降低。笔者在石英表面组装 PSS 和 PDADMAC 时,PSS 的吸收光谱也呈现出相似的变化规律。

单粒子散射(single particle light scattering,SPLS)可以更加精确地跟踪 LBL 的组装过程,单层厚度检测的下限是 1 nm[18,25]。目前可研究小到 200 nm 的聚苯乙烯(PS)微球。PS 微球和组装了 8 层 PSS/PAH 微球的散射强度示于图 2－6。根据 Raleigh-Debye-Gans 理论[26],并假设 PSS/PAH 的折光指数为 1.47[27],从粒子计数强度的位移可计算出微球上吸附的物质的质量。结果表明,聚电解质膜厚度的增加与组装的层数成正比(图 2－7)。离心法制备时单层厚度约为 1.5 nm,而

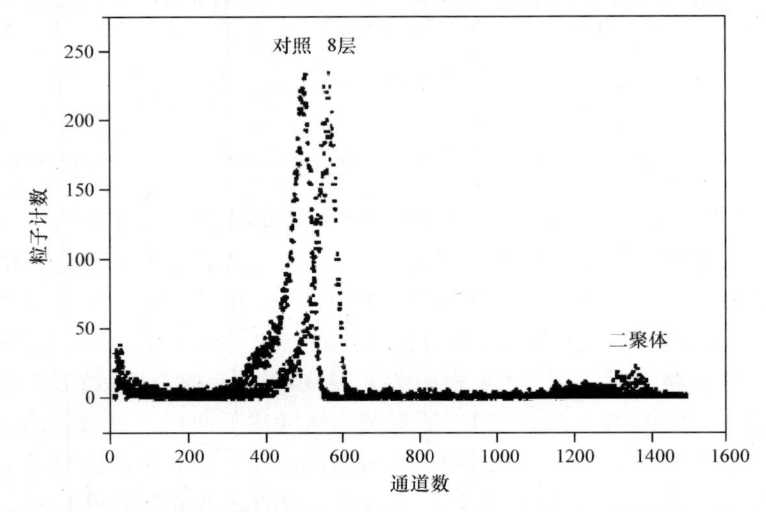

图 2－6 PS 胶体颗粒(直径 640 nm)与组装 8 层 PAH/PSS 聚电解质后 PS 胶体颗粒的单粒子光散射强度

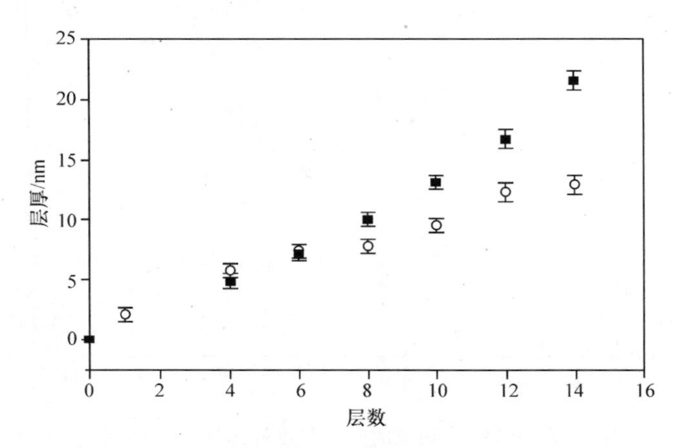

图 2－7 SPLS 检测膜厚度的增加与吸附层数间的关系

注:PS 为胶体颗粒,直径 640 nm;PAH/PSS 为组装聚电解质。■ 离心法组装;○等量吸附法组装

等量吸附法则为 1 nm。由于 SPLS 检测的是粒子的质量，也是研究粒子聚集的有效手段，因此它非常容易区分单粒子、二聚及多聚体。

2.2.3 聚电解质中空微胶囊

将 2.2.2 节得到的聚电解质包裹的核-壳结构微粒的核在一定条件下脱除，就得到了聚电解质中空微胶囊。去除核的方法取决于所用核的性质，如 MF 通常可在 pH<1.7 的酸性条件下分解或被二甲基甲酰胺（DMF）溶解脱除；红细胞可用次氯酸钠将细胞内容物氧化脱除；二氧化硅颗粒可用 HF 腐蚀掉；$CaCO_3$ 或 $CdCO_3$ 可用盐酸分解；聚乳酸微球、有机染料或酶可用其相应的溶剂溶解去掉。对于囊壁由纳米颗粒组装成的无机材料，可用碳化的方法将有机的核如 PS 去掉。图 2-8 是组装了 9 层 PSS/PAH 的 MF 微粒和去除 MF 后得到的中空微胶囊的扫描电镜（SEM）图像。

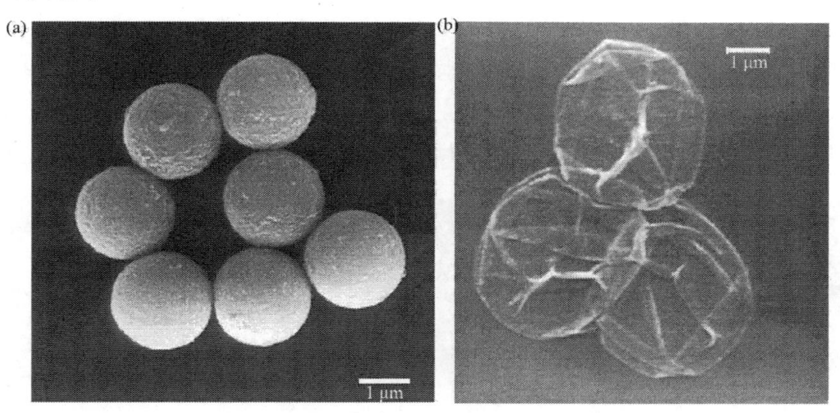

图 2-8　(a)表面组装$(PSS/PAH)_4$PSS 后的 MF 胶体颗粒和(b)在酸性条件下脱除 MF 后得到的中空微胶囊的扫描电镜(SEM)图像

注：最外层是 PSS。图(b)中，干燥后出现的褶皱是微胶囊的典型形态结构

2.2.4 基于 MF 微胶囊制备过程中的结构变化

迄今为止，尽管价格昂贵，MF 胶体颗粒仍然是使用最为广泛的模板，因为以 MF 为模板制备的聚电解质中空微胶囊具有非常好的整体质量。微交联 MF 胶体颗粒是德国 Microparticles 公司的专利产品，座落于柏林的该公司同时生产均一分布的从纳米到几十微米的多种微粒，如 PS、PMMA 和 SiO_2 等。微交联 MF 胶体颗粒的储存寿命一定程度上与其合成工艺有关，不同批次的产品存在非常大的差异，但通常在低温（4 ℃）下可达一个月。其主要原因是 MF 颗粒内的交联反应并没有终止，随着储存时间延长，交联度变大从而导致不能再被溶解或分解。

对聚电解质 LBL 组装过程目前已进行了非常详细的研究，已考察了各种组装条件如聚电解质本身的性质、pH、离子强度和吸附时间等对 LBL 多层膜性能的影响。人们非常容易控制组装条件得到预期结构的核-壳微粒。因此，在聚电解质微胶囊的制备中，模板的去除过程是决定微胶囊成败的关键步骤。研究发现，成功的去核方案可获得完好率超过 90%的微胶囊，而不加控制的去核过程或许只能得到非常少量的完好胶囊。高完好率微胶囊的获得是研究微胶囊其他性能的先决条件，也是该技术赖以存在的基础。

激光共聚焦显微镜(confocal laser scanning microscopy，CLSM)被首先采用，以跟踪在酸性条件下 MF 核的分解过程，见图 2-9[28]。为便于 CLSM 的观察，采用罗丹明(rhodamine，Rd)标记的 MF(Rd-MF)胶体颗粒为核，在 0.5 mol/L 的 NaCl 溶液中沉积上 8 层 PSS/PAH 多层膜(MF 表面带正电荷，因此第一层应采用带负电荷的聚电解质)。Rd 标记的好处是其荧光强度不受酸的影响。然后将包覆的颗粒(PAH 为最外层，带正电荷)通过静电力吸附于载玻片(带负电)表面。待自然干燥后，滴加 0.1 mol/L 的 HCl 并同时启动 CLSM 的时间扫描功能。图 2-9 表明，当酸加入后，MF 核立刻开始其分解过程，其尺寸随时间延长而逐渐变小。约 20 s 后 MF 核即分解完成。通过同步采集的透射图像［图 2-9(d)］，可定量化 MF 核

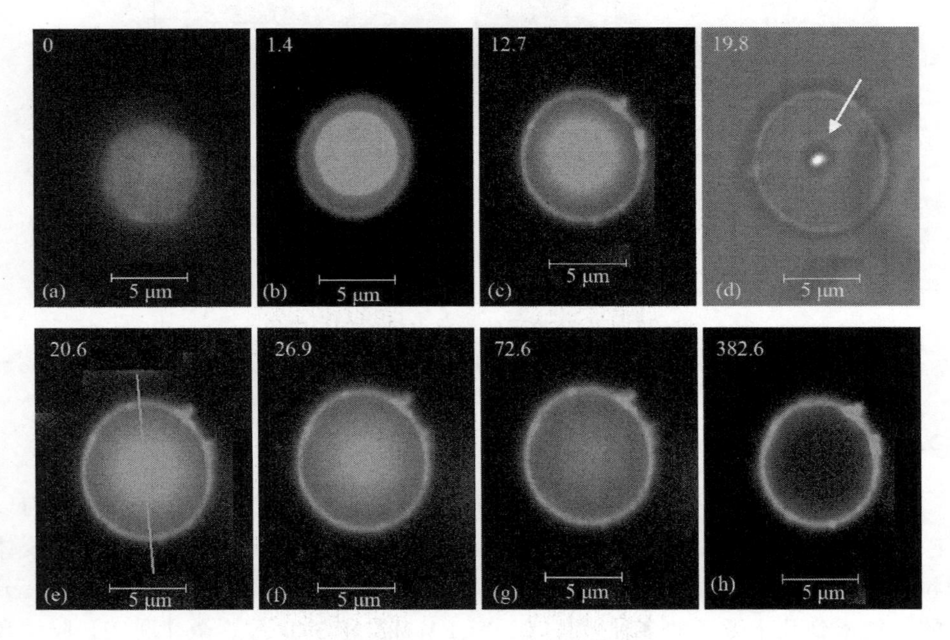

图 2-9　激光共聚焦显微镜(CLSM)跟踪 MF 核在酸性条件下的分解过程

注：采用直径为 6.4 μm 的 Rd-MF 胶体颗粒为模板，并沉积上 8 层 PSS/PAH 多层膜。(d)中的箭头所指为尚未分解的核；通过(e)中的线可同时测定囊壁的荧光强度(图 2-10)和微胶囊直径(图 2-11)随时间的变化。左上角的数字代表 MF 的分解时间，单位为 s

直径的变化过程(图 2-10)。可见核的直径随时间的变化呈线性降低,这说明 MF 核的分解是从外到内逐步进行的,限速步骤为最外层的分解及其从残留核表面的脱附,而不是降解物从囊内到囊外的渗透。因为在后者情况下,降解产物在囊内的饱和,将导致核体积而不是核半径的变化与反应时间成正比。

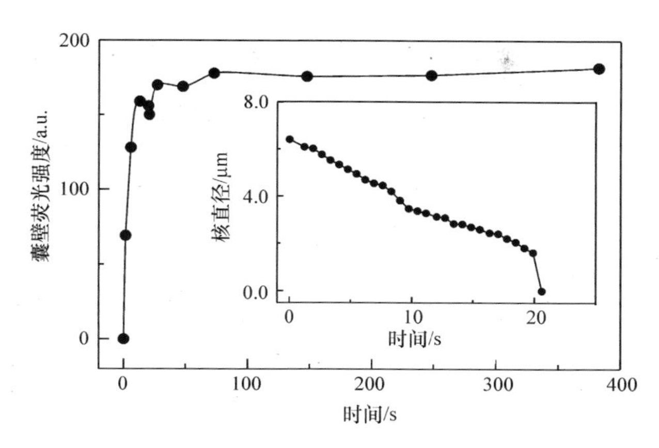

图 2-10　囊壁荧光强度随 MF 核分解时间的变化情况[位置如图 2-9(e)所示,取直线通过囊壁两点平均值]

注:嵌入的图是残余 MF 微粒的直径随分解时间的变化情况

通过对图 2-9 系列图像的直观比较,可发现酸加入后囊壁立刻发生膨胀,核分解完成后又逐渐收缩。定量分析(图 2-11)表明,在 2s 内,微胶囊直径增大为原尺寸的 120%,其后几乎线性增大至 140%,直到核分解完全[图 2-9(e)]。最终微胶囊由最初的 6.4 μm(核直径)增大为 9.1 μm。在维持这一最高膨胀状态很短时

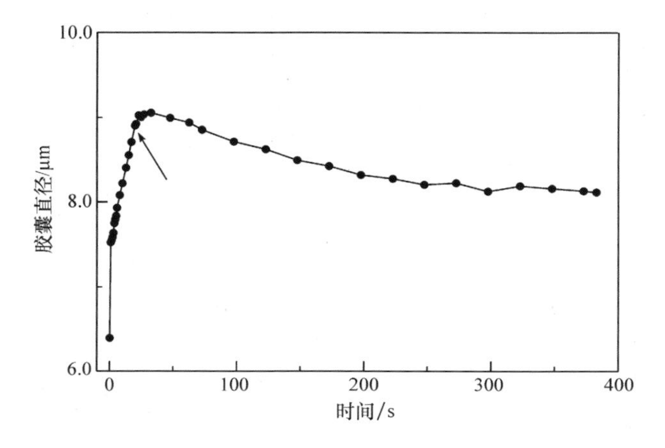

图 2-11　微胶囊直径随 MF 核分解时间的变化情况

注:箭头所指处为核完全分解的时间

间后,微胶囊的直径又开始逐渐变小,即收缩。最终的收缩程度与囊壁的组成有关,PSS/PAH 微胶囊可完全恢复其原来的模板尺寸,而 PSS/PDADMAC 微胶囊则仅能部分恢复,即微胶囊尺寸大于模板。上述结果同时说明在微胶囊制备过程中,囊壁受到了三维方向的张力作用。

微胶囊的膨胀归因于微胶囊内外渗透压的差异。根据渗透压的依数性原则,大量的相对分子质量较小的 MF 分解产物在囊内产生了一个瞬间的高压,因此对囊壁造成了一个由内到外的压力(Δp)。该压力对囊壁造成的张力(γ)的大小及持续的时间长短取决于核的分解速率及分解产物通过囊壁的释放速率(渗透速率)。高的渗透速率有利于张力的释放。此外,膨胀程度与模板的大小有关,小的胶囊有更强的抵抗膨胀的能力。这是因为 $\gamma=\Delta pr/2$,式中 r 为微胶囊的半径,因此在相同的渗透压(Δp)下,尺寸小的微胶囊囊壁所受的张力较低。另一方面,浓度的衰减时间为 $V/AP=r/3P$,式中 V 和 A 分别为微胶囊的体积和面积,P 为囊壁的渗透系数。鉴于囊壁所受的张力小和降解产物的释放速率快,因此,对于相同的囊壁组成,小尺度微胶囊具有更强的抵抗膨胀的能力。

图 2-9 同时表明,囊内荧光强度的衰减速率滞后于核的分解速率。如在图 2-9(e)时,透射图像中固体核已经完全消失,但液体 MF 分解产物仍大量存在,内外荧光强度的平衡需要 400 s 以上的时间[图 2-9(h)]。这说明囊壁的存在显著地降低了 MF 分解产物的扩散速率,据此可以解释核分解后微胶囊是逐渐而不是立刻收缩到原始尺寸的原因。

经过如此膨胀-收缩过程制备的聚电解质微胶囊,其囊壁的层状结构能否保持是一个疑问。Förster 能量转移(Förster resonance energy transfer,FRET)是一种用来研究 LBL 层状结构的有效手段[28,29]。其原理是给体(donor)的荧光发射波长落在受体(acceptor)的激发波长范围内,因此在仅激发给体的情况下,给体的荧光强度降低,代之出现受体的荧光发射峰。能量转移的效率与给体和受体间的距离有关,距离越远,效率越低。为此,分别将 FITC-PAH(给体)和 Rd-PAH(受体)组装到 3.2 μm 的 MF 胶体颗粒上,并将二者以 1、3 或 5 层的聚电解质隔离。为避免表面效应,在下层给体 FITC-PAH 下组装 3 层聚电解质,在上层受体 Rd-PAH 上组装 2 层聚电解质。为进行定量比较,定义表观能量转移效率为

$$E=(I_a-0.4I_d)/(I_d+I_a-0.4I_d) \qquad (2-1)$$

式中,I_a 和 I_d 分别为受体和给体的最大荧光发射强度。

与未去核时一样,随着给体与受体间间隔的增大,能量转移效率逐渐降低。这说明在去核后聚电解质层间没有发生穿插或融合,其原始组装结构仍然被保留下来。需要指出的是,定量化的能量转移数据表明去核后能量转移效率有所提高,如间隔 3 层时从未去核时的 22%提高到 32%。这可能是由于微胶囊的膨胀导致单层厚度变薄,使层间距变近,在其后的收缩过程中拉近的地方被部分保留下来。

考虑到核的质量远远大于囊壁的质量，MF 分解产物在微胶囊中的残留是一个重要问题。由于微胶囊的囊壁和 MF 的分解产物都是带有电荷的，通过静电力的作用 MF 的分解产物会吸附在囊壁上，如图 2-9(c)～(h)所示。CLSM 的定量分析表明，囊壁上的荧光强度在 MF 的分解过程中快速增大，在 MF 分解完成后则保持不变。这说明至少部分 MF 在囊壁上的吸附是不可逆的。SPLS 可以测出微胶囊中残留 MF 的总量。通过 MF 水溶液外推，可测定出 MF 的折光指数为 1.54。据此，通过 Raleigh-Debye-Gans 理论[26]可将 MF 核的散射强度转换成表观粒径分布(等同于质量分布)，见图 2-12。考虑 PSS/PAH 多层膜的折光指数为 1.47，并假定微胶囊内为纯 H_2O(折光指数 1.333)，则可预期微胶囊表观粒径(或质量)的理论分布。然而实测微胶囊的散射强度远大于该理论值，该增强程度等同于囊内包含有折光指数为 1.341 的溶液。据此可以计算出 SPLS 测定的微胶囊质量中约有 4%是由残留的 MF 降解产物贡献的。MF 降解产物的残留也为元素分析所证实，其含量可以高达 20%。除上述提及的静电吸附外，MF 分解不完全而残留的较大的颗粒及形成某种配合物也是 MF 残留的重要原因。MF 的残留会影响微胶囊的许多物理性能，如渗透、沉积等(见 2.5.4 节)。

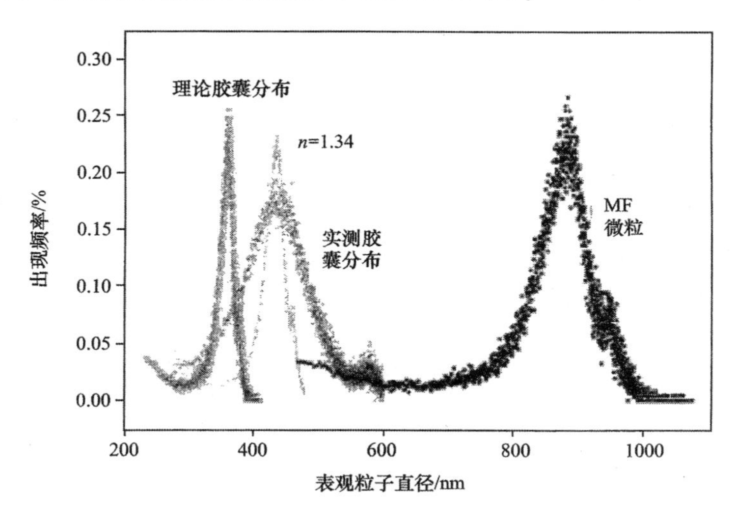

图 2-12　理论与实测 MF 微粒和微胶囊的单粒子散射(SPLS)强度分布

分解产物能够透过囊壁渗透到外部溶液中，说明囊壁具有一定的通透性。采用荧光相关光谱(fluorescence correlation spectroscopy，FCS)对 MF 降解前后的动态力学半径进行了研究。根据爱因斯坦-斯托克斯(Einstein-Stokes)方程：

$$D = kT/6\pi\eta r \tag{2-2}$$

式中，D 为扩散系数，由 FCS 测出；k 为波尔兹曼常数；T 为热力学温度；η 是体系黏度；r 为微胶囊半径。

结果表明，在 0.1 mol/L 的 HCl 中，MF 降解产物的动态力学半径为(3.4 ±0.8) nm(分布 2.6～4.2)；而溶解在 DMF/H_2O(体积比为 1∶9)中的未降解的 MF 则为 16.3 nm(分布 8.7～27.2)。这说明在酸性条件下，MF 确实发生的是降解反应而非物理溶解。假定 MF 单体的体积为 2 nm^3，则 MF 聚合物和降解产物分别由大约 4000 和 60 个单体链节组成。

MF 的分子结构见图 2-13。三聚氰胺上的氨基通过亚甲基或醚键相联而形成三维网状结构。微交联 MF 中的氨基没有被完全取代，且含有较多的羟甲基结构(—CH_2OH)。在酸的作用下，醚键可被分解，从而将 MF 降解为可溶物。通过红外光谱，可进一步证实上述推测。在 pH＝0.7～1.5 的范围内，MF 降解产物的 FTIR 光谱没有显著的差异；但与未降解产物相比，在 1645 cm^{-1} 处出现了一个新的吸收峰(图 2-14)，这个峰归因于氰脲二酰胺(ammeline)中的酰胺键[28]。这意味着在较强的酸性条件下，除了 MF 被降解为低相对分子质量产物外，至少还有部分的三聚氰胺环状结构也同时被水解成氰脲二酰胺。

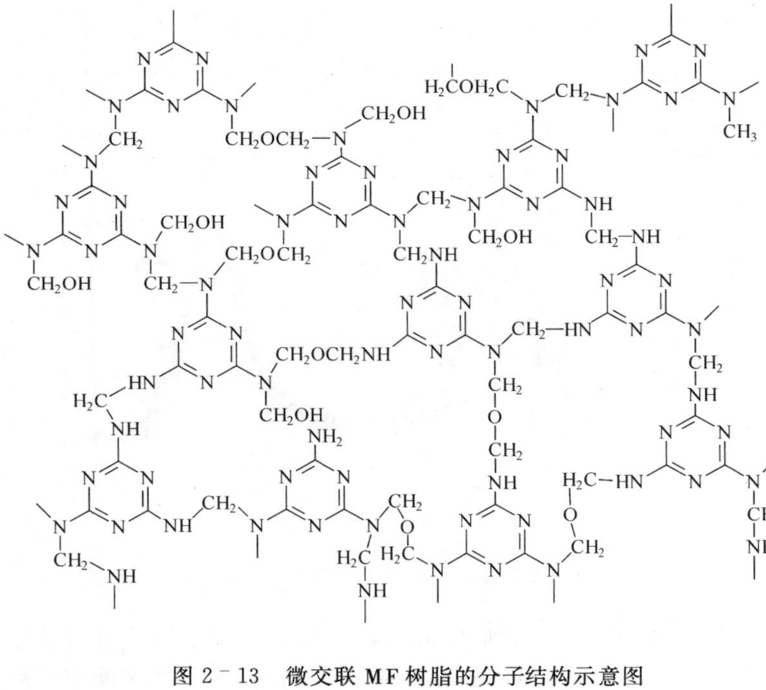

图 2-13　微交联 MF 树脂的分子结构示意图

MF 的另外一个重要特性是长时间存储或在 pH＞1.7 的酸性溶液中预处理后，不能再被 pH≤1.7 的酸性溶液分解，也不能被 DMF 等溶解。其主要原因是由于 MF 发生了进一步的交联反应而变得不可溶解。通过比较图 2-14 中未处理的

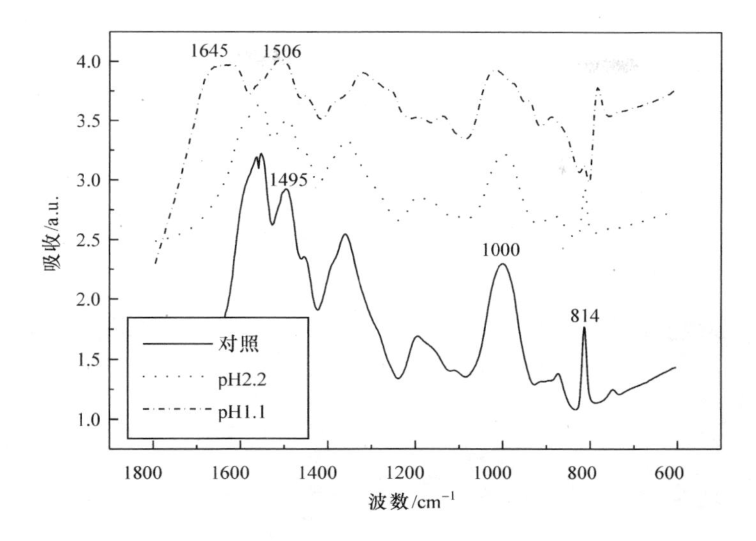

图 2-14　不同 pH 处理后微交联 MF 树脂的红外光谱

注:内部的数字指出了其结构中的某些特征吸收峰

和经 pH＝2.2 酸溶液处理的 MF 光谱,可证实这一结论。3300、1495、1000 和 814 cm^{-1}的吸收分别归属于羟基/氨基、氨基、醚(C—O—C)和 C—N—C 基团。$A_{OH,NH}/A_{NH}$、$A_{C-O-C}/A_{NH,OH}$和 A_{C-N-C}/A_{C-O-C}的比值(吸收峰间比值),未处理 MF 和酸处理后 MF 分别为 0.477、1.411、0.596 和 0.397、1.855、0.65,说明酸处理后的 MF 分子结构中,在羟基或氨基减少的同时,醚键与 C—N—C 基团增加。这意味着高于临界分解 pH 的酸性条件可以催化羟基向醚键及醚键向 C—N—C 基团的转化。与醚键不同,一旦形成 C—N—C 键,则不能再被高浓度的酸分解。从上述结果也可推断在 pH＜1.7 的条件下,分解速率应大于 C—N—C 的形成速率,否则 MF 不可能被分解。但并非 pH 越小越好,如在 1 mol/L 的 HCl 溶液中,可观察到没有完全分解的 MF,其原因尚不清楚。因此,MF 分解的 pH 窗口应在 0～1.7 间选择。

2.2.5　MF 微胶囊的最佳制备条件

如上节所述,在 MF 的分解过程中会发生一系列的结构变化,尤其是微胶囊的膨胀及收缩,因此只有严格控制制备条件,才能获得高完好率的微胶囊。

当 MF 分解产生的渗透压超过囊壁所能承受的极限时,微胶囊的破坏就会发生。这一方面与所用的囊壁材料有关,如 PSS/PDADMAC 的强度本身较低,因此高完好率微胶囊更难制备。而 PSS/PAH 则强度较好,高完好率的微胶囊相对容易获得。另一方面则与 MF 具体的分解条件如 pH、表面电荷性质和组装层数等有关[30]。为定量比较各种条件的影响,采用外加渗透压导致微胶囊变形的客观方法来区分完好与破损的微胶囊,如图 2-15 所示。其原理是将足够高浓度的聚电解质溶液如 PSS 快速与微胶囊溶液混合,在微胶囊外部形成一个瞬间的高渗透压。由于聚合物的分子尺寸较大,受到囊壁的阻隔作用,其向微胶囊内渗透的速率远小于微囊内的水向囊外渗透的速率,故而完好微胶囊会出现内凹变形;而破损微胶囊,因在囊壁上存在较大的孔洞(如图 2-15 中箭头所指之处),则大尺寸的聚合物可通过该孔洞向微胶囊内扩散,故而仍保持球形。

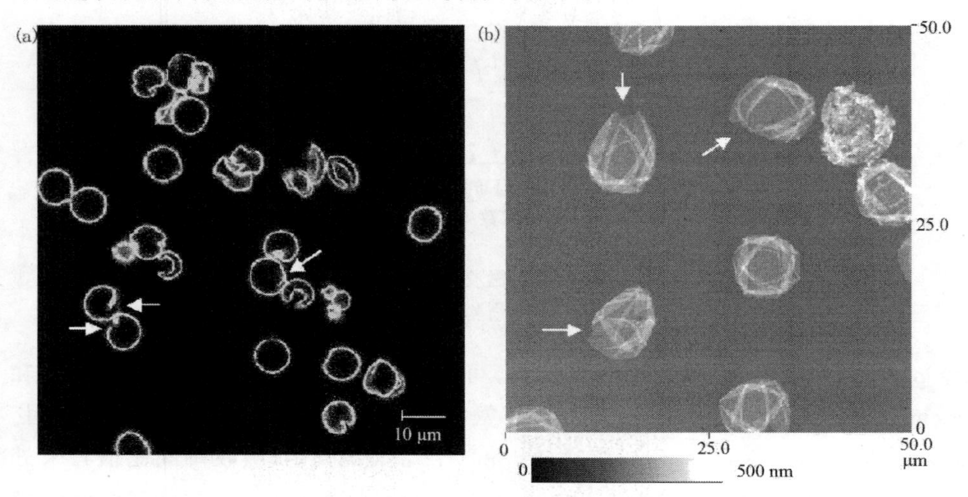

图 2-15 典型的制备不成功的微胶囊的 CLSM 和扫描力显微镜(SFM)图像

(a)10 层 PSS/PAH 微胶囊在 5% PSS(相对分子质量 70000)溶液中的 CLSM 图像[因完好微胶囊可以变形而破损微胶囊(即囊壁上有大的孔洞,如箭头所指)不变形,因此非常容易将二者区分开];(b)微胶囊的 SFM 图像箭头所指为囊壁的破损处。微胶囊直径 8.7 μm

以 PSS/PAH 为囊壁材料的研究结果表明,在 MF 的分解窗口范围内,pH=1.1 时所得微胶囊的完好率最高。聚电解质包覆 MF 胶体颗粒与酸的混合顺序也有影响。将少量 MF 颗粒分次快速与大量 pH 为 1.1 的盐酸混合效果较好;反之,将同样 pH 的大量盐酸加入到同样数量的 MF 颗粒中则较差。在 MF 分解过程中,囊壁所受的张力与核的分解速率和分解产物的渗透速率有关。FCS 的研究结果表明,在 pH=0.7~1.5 的范围内,分解产物具有相近的扩散系数 D(或相近的流体力学体积)。根据 $P=D/\delta$,其中 δ 为微胶囊的壁厚,在上述 pH 范围内,分解产物应具有相近的渗透系数 P。但是,在较低的 pH 条件下,MF 的分解速率较快,高浓度的分解产物在微胶囊内的聚集必然导致更高的渗透压。另一方面,依托于静电力的离子对的作用也会被削弱,这是因为在 pH 小于 PSS 的 $pK_a=1$ 的情况下,PSS 的部分磺酸基会质子化。如前所述,酸对 MF 的影响具有双重作用

(图 2－16)，较高的 pH 更有利于 MF 的进一步聚合，在微胶囊内形成一些尺寸较大的剩余物。这些存在的剩余物所引起的囊壁张力不能被及时消除，则会导致微胶囊的破坏。直接的证据来自于 CLSM 的在线观察。微胶囊的破坏总是在 MF 核分解近于完成时，残余的核会冲破囊壁，在微胶囊上留下大的孔洞。需说明的是，FCS 测定的只是可溶物的扩散系数。

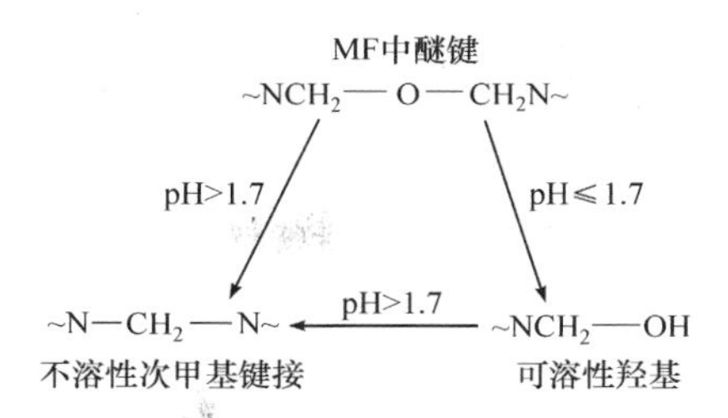

图 2－16　酸对 MF 树脂的双重作用

注：在 pH≤1.7 时，可将 MF 分解；而在 pH＞1.7 时，则可促进 MF 的进一步交联，并形成不溶物

微胶囊的表面电荷由最外层聚电解质的性质来决定：PAH 为最外层时带正电，PSS 为最外层时带负电。其电位正负及大小同样可用 ζ－电位仪测定。研究发现，PAH 为最外层时所得微胶囊总是比 PSS 为最外层时的好，如图 2－17 所示。无论在水溶液还是在干燥状态下，PSS 最外层时 CLSM 下都可观察到许多开裂的微胶囊，如箭头所指。表面电荷的影响主

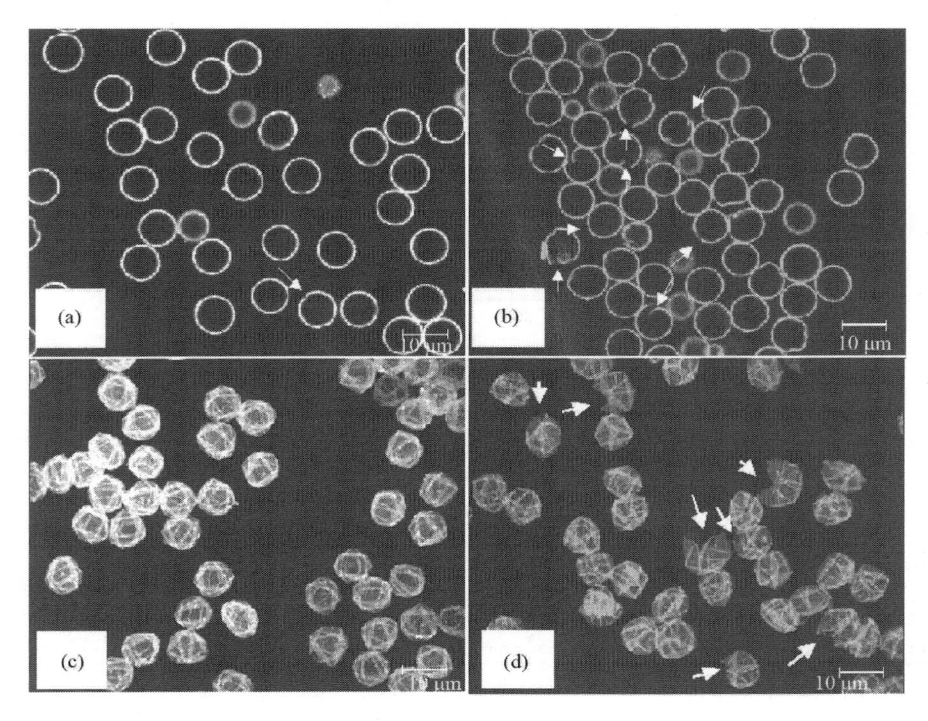

图 2－17　10 层 PSS/PAH[(a)和(c)，最外层 PAH，荧光素染色]和 11 层 PSS/PAH [(b)和(d)，最外层 PSS，罗丹明染色]的 CLSM 图像

(a)和(b)在溶液中，而(c)和(d)为干燥后。箭头所指为光镜下可检测到的破损处。微胶囊直径 3.8 μm

要归因于 MF 在囊壁上吸附性能的差异。已有的研究结果表明,LBL 多层膜的电荷性质取决于最外层的聚电解质。在多层膜内部,与表面电荷相同的组分会膨胀,而相反的组分则被压缩[31]。这意味着当 PSS 为最外层时囊壁带负电荷因此会吸附更多的带正电荷的 MF 分解产物。直接的证据来自于 FRET。采用 Rd-MF 为核,将 FITC-PAH 分别组装在第 2、6 或 10 层,并控制总层数为 10 层(PAH 为最外层)。能量转移主要发生在 MF 核中的 Rd 与囊壁上的 FITC。图 2-18 结果表明,去核后,随着 FITC-PAH 所处层数的增加,能量转移的效率逐渐下降,说明 PAH 为最外层时 MF 降解产物主要聚集在微胶囊内。若在去核前将 FITC-PAH 为第 10 层的样品再组装一层 PSS,去核后能量转移效率由 14.5%提高到 48%。惟一合理的解释就是有更多的 MF 降解产物吸附于囊壁或最外层的 PSS 上。吸附的 MF 降解产物会降低囊壁的通透性能,导致 MF 降解产物渗透速率的降低,产生更大的渗透压从而造成更大比例的微胶囊破坏。

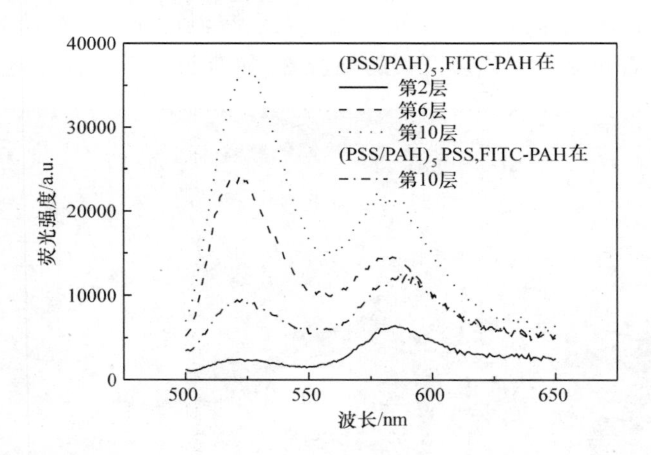

图 2-18 在第 2、6 或 10 层含有 FITC-PAH 的$(PSS/PAH)_5$微胶囊及在第 10 层含有 FITC-PAH 的$(PSS/PAH)_5$ PSS 微胶囊的荧光光谱

注:模板为 Rd-MF,直径 5.6 μm

既然微胶囊的破坏是由于其囊壁强度不足以抵抗渗透压的结果,那么增加囊壁的厚度则可提高微胶囊的强度,因此预期应该有利于微胶囊的制备。然而实际情况却相反。微胶囊的完好率随着组装层数的增大而降低。通常在 10 层或 8 层时最好。层数再少时,囊壁的强度太低导致其容易变形,而变形后又不能恢复。尽管囊壁厚度增加时强度会增大,但另一方面,囊壁上的孔径会变小,渗透性下降。由上述结果可以推断,囊壁强度的提高小于因渗透性降低而导致的渗透压增大,因此有更多的微胶囊破裂。

综上所述,以 MF 胶体颗粒为模板制备微胶囊时,应遵循如下基本原则:

(1) 采用新制备的 MF 胶体颗粒;(2) 沉积层数控制为 10 层左右;(3) 保持最外层为聚阳离子;(4) 采用 pH=1.1 左右的酸溶液分解 MF 模板;(5) 将包裹的 MF 颗粒分批注入大量的酸溶液中。由此可制备出完好率大于 90%的聚电解质微胶囊。

2.2.6 基于其他模板的微胶囊

除 MF 外,在一定条件下可被去除的其他材料也可作为模板来制备聚电解质微胶囊。模板的选择除必须考虑其可去除外,来源、价格及储存稳定性也是非常重要的因素。

均一分散的 SiO_2 球形颗粒是与 MF 同样良好的模板材料,也可得到均一分散的球状微胶囊。与 MF 的不同点是,可溶性 MF 胶体颗粒的粒径最大可到 10 μm,而目前 SiO_2 胶体颗粒的粒径最大只有 3 μm 左右;此外,SiO_2 是用 HF 来腐蚀去除的,因此在去核过程中不能使用玻璃器皿,而应使用塑料制品。因为去核速率较慢,囊内外渗透压的差别较小,因此对囊壁造成的张力也较小,PSS/PAH 微胶囊基本无膨胀,PSS/PDADMAC 则略有膨胀。图 2-19 是以 SiO_2 为模板制备的 $(PSS/PAH)_5$ 和 $(PSS/PDADMAC)_5$ 微胶囊的 CLSM 图像。

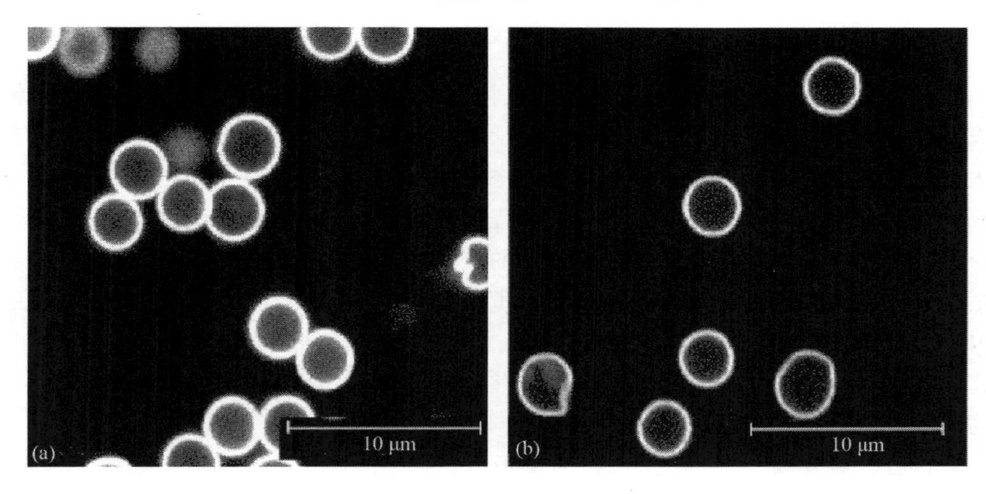

图 2-19　以 SiO_2 胶体颗粒(直径 3 μm)为模板制备的(a) $(PSS/PAH)_5$ 和 (b) $(PSS/PDADMAC)_5$ 微胶囊的 CLSM 图像

正常红细胞呈两面凹的碟形结构,尺寸在 6～8 μm,表面带负电荷。碟形红细胞经乙酰水杨酸盐和氨基乙酸处理后,可转化成棘状细胞(echinocyte)[32]。无论外形是何种形状的红细胞,经戊二醛交联稳定后,都可作为自组装的模板。因表面带负电荷,因此与 MF 不同,应首先组装带正电荷的聚电解质。采用蛋白质去除剂次氯酸钠将细胞内容物氧化成低相对分子质量产物后去除模板细胞,就可得到中空微胶囊(图 2－20)。

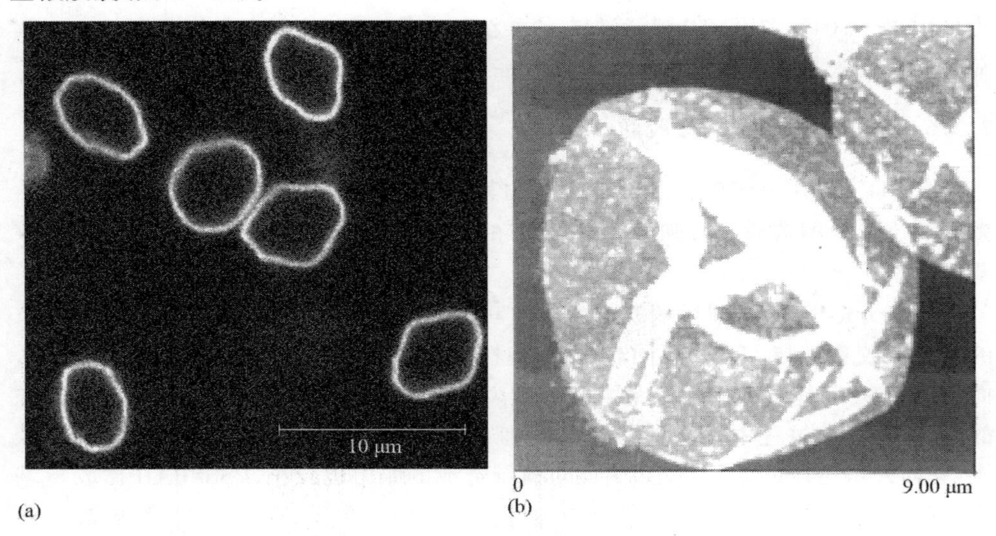

图 2－20　以红细胞为模板制备的 PSS/PAH 微胶囊的(a)CLSM 和(b)SFM 图像（z 方向高度：350 nm）

与 MF 微胶囊相似，红细胞微胶囊也具有一定的包裹能力[33]。但是，Moya 等发现次氯酸钠的强氧化作用对囊壁的化学和物理结构造成了严重影响，囊壁上有大量的物质损失[34]。如 PAH 中的氨基被氧化成—CN、—NO、—NO_2 和羧基等，其中 N 含量损失了 30％；尽管 PSS 氧化程度较小，但会导致其分子断链，因此部分从囊壁上脱落。氧化过程中会导致囊壁的交联，这也是微胶囊得以在氧化剂中稳定的原因。这样制备的微胶囊表面总是带负电荷，即使 PAH 为最外层；微胶囊在 pH＝14 的强碱性溶液中仍然稳定，而普通的 PSS/PAH 微胶囊因 PAH 的去质子化，在 pH＞10 时就会溶解。因此，由此得到的微胶囊尽管囊壁物质有损失，但因为交联，囊壁的稳定性提高。

以有机聚合物如 PS 胶体颗粒为模板，通过烧结可制备出以纳米颗粒为囊壁的中空微胶囊。通常采用的是表面带有磺酸基的 PS 微球，因此组装过程应从聚阳离子开始。Caruso 等将带有负电荷的金、SiO_2 或 TiO_2 纳米颗粒和聚阳离子 PDADMAC 通过 LBL 组装后，于 500 ℃烧结掉 PS 模板，得到了以上述纳米颗粒为囊壁的微胶囊(图 2－21)[20,35,36]。因为烧结的原因，微胶囊只能在固态下存在，且容易聚集。PS 也可通过有机溶剂溶解脱出，但因为商品 PS 微粒存在一定程度的交联，导致大量的核残留，因此以 PS 为核溶解法制备微胶囊不是理想的选择。

以胶体金为模板，Caruso 等也制备出尺度在纳米级的聚电解质微胶囊[37～39]。由于粒径很小，颗粒表面的曲率较大，采用涂敷一层聚电解质以在表面引入电荷的

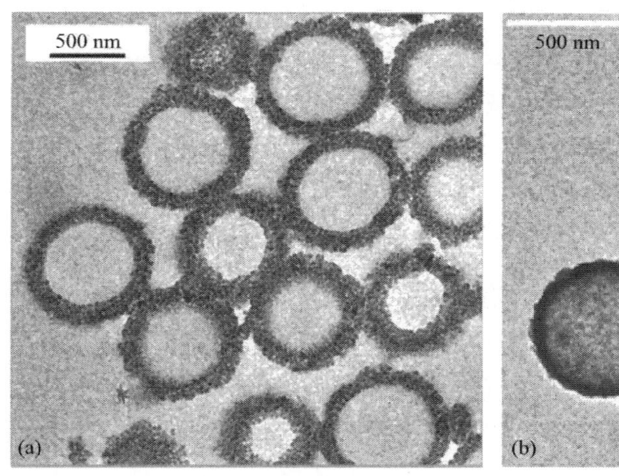

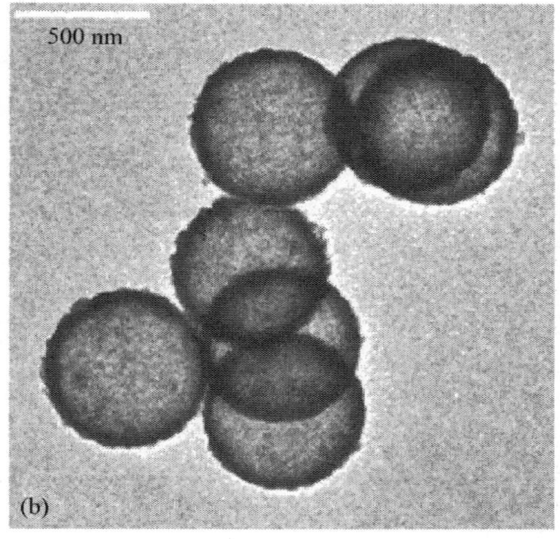

图 2－21　以 PS 胶体颗粒为模板，组装(a)SiO_2 或(b)TiO_2 纳米颗粒与聚电解质多层膜后，经高温烧结脱除 PS 后得到的无机纳米颗粒为囊壁组成的微胶囊的透射电镜(TEM)图像

方法无法进行 LBL 组装过程，因为下一层的聚电解质会将该层聚电解质脱附。因此金颗粒表面必须以离子型烷基硫醇处理，如 10－巯基磺酸钠。LBL 组装后，将金颗粒用氰化钾腐蚀(式 2－3)，就可得到中空微胶囊(图 2－22)。

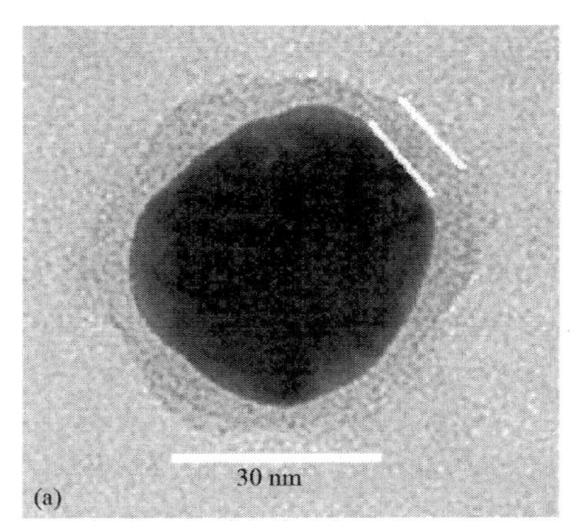

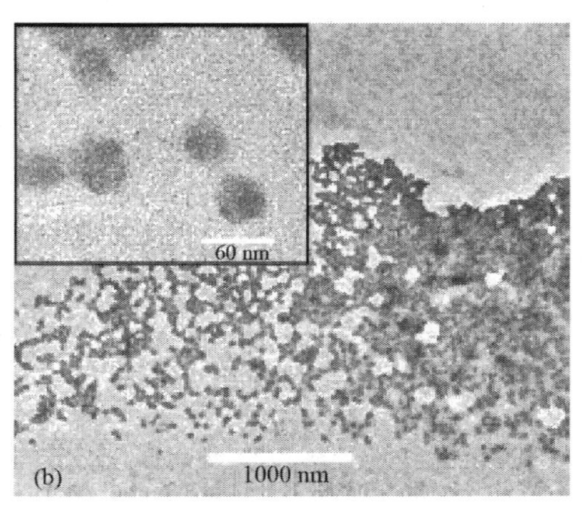

图 2－22　以胶体金颗粒为模板组装$(PSS/PDADMAC)_4$ 后(a)和去除金颗粒后得到的相应微胶囊(b)的 TEM 图像

(a)中的平行白线标出了自组装的聚电解质多层膜；(b)中嵌入图的标尺为 60 nm

$$4Au + 8KCN + 2H_2O + O_2 \longrightarrow 4KOH + 4KAu(CN)_2 \qquad (2-3)$$

表面不带电荷或带电很少的酶、药物、无机晶体、有机晶体、聚乳酸微粒和染料等也可作为模板制备微胶囊[40～43]。可采用离子型表面活性剂或磷脂吸附的方法

使材料表面带电；更简单的方法是首先将上述材料与 PSS 或 PEI 混合，利用疏水力或聚合物在材料表面的吸附性能使 PSS 或 PEI 吸附于材料表面。其后的 LBL 组装及采用相应的核去除技术就可得到各种微胶囊，如图 2－23 所示。

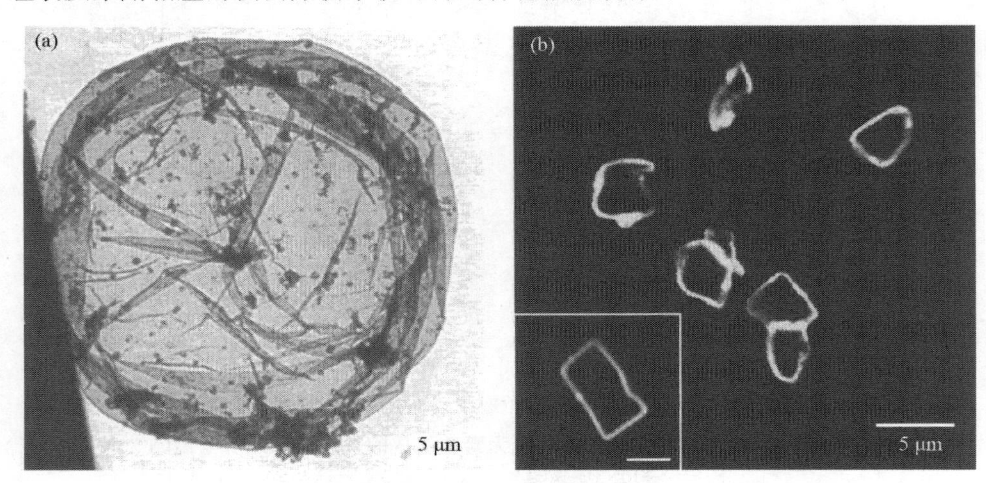

图 2－23 (a)以过氧化氢酶(catalase)晶体为模板，组装得到的(PSS/PAH)$_4$微胶囊的 TEM 图像；(b)以荧光素二乙酸酯(FDA)为模板组装得到的(PSS/PAH)$_4$ FITC-PAH 微胶囊的 CLSM 图像

注：(b)中嵌入图的标尺为 2 μm

2.3 聚电解质中空微胶囊的基本物理性能

迄今为止，已采用多种方法如 CLSM、SFM、SPLS、SEM、TEM、石英微天平(QCM)、核磁、荧光、红外和元素分析等研究了微胶囊的各种性能，如机械性能、热性能、表面形态结构、电性能、光性能、渗透性能与包埋性能等。

2.3.1 微胶囊的机械性能

当对微胶囊壁施以压力时，在临界压力(p_c)下，微胶囊会从球形变成内凹形状。根据连续介质理论(continuum theory)，临界压力与囊壁材料的杨氏模量(E)间存在如下关系式[44,45]：

$$p_c = \frac{2E}{\sqrt{3(1-\sigma^2)}}\left(\frac{\delta}{r}\right)^2 \tag{2-4}$$

式中，σ 是泊松比(Poisson's ratio)；δ 是壁厚；r 是微胶囊半径。

根据

$$E = \frac{9K\mu}{3K+\mu} \tag{2-5}$$

$$\sigma = \frac{3K - 2\mu}{2(3K + \mu)} \tag{2-6}$$

对于不可压缩材料，K(压缩模量)≫μ(弹性模量)，得到

$$p_c = 4\mu\left(\frac{\delta}{r}\right)^2 \tag{2-7}$$

根据式(2-7)，临界压力与微胶囊的壁厚平方成正比，与微胶囊的半径平方成反比，其斜率就是囊壁材料的弹性模量。

高长有等采用渗透压引起的完好微胶囊的变形测定出临界压力 p_c，再根据微胶囊的几何参数计算出了囊壁材料的弹性模量。其过程是在微胶囊溶液中混入聚电解质 PSS，随着溶液中 PSS 浓度的增大，渗透压变大(PSS 浓度与渗透压间的关系由渗透压仪测定)。对于一个特定的微胶囊，微胶囊由初始的球形逐渐出现内凹变形，且变形程度也逐渐增加，最后完全被压扁，如图 2-24 所示[46]。由于微胶囊存在多分散性，每个具体微胶囊的临界 p_c 存在差异，因此通过测定一批微胶囊在一系列不同浓度聚电解质溶液中的变形比率，可得到如图 2-25 所示的曲线。采

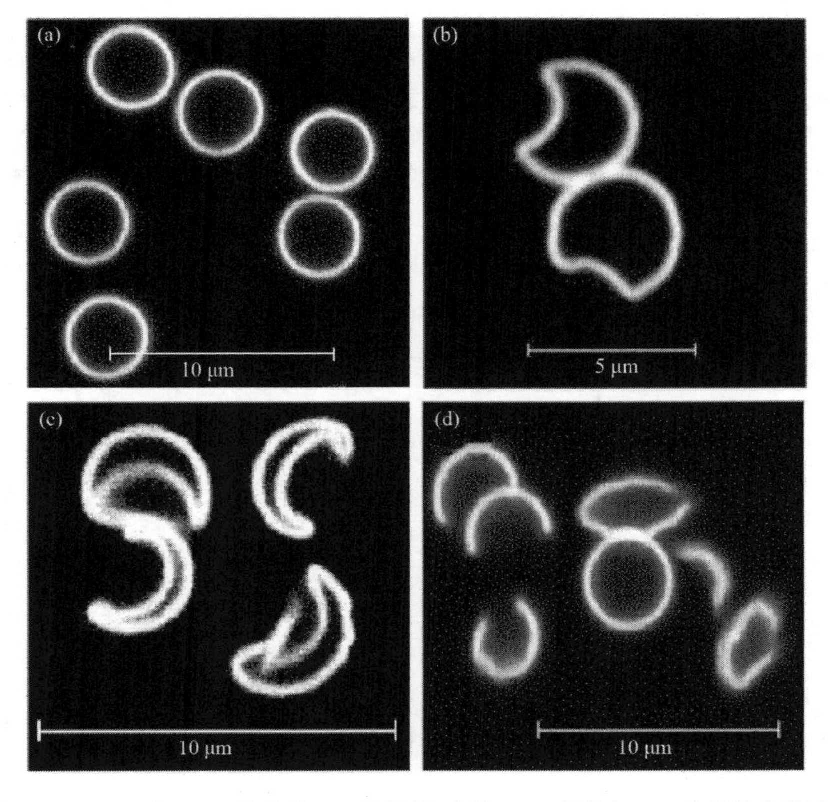

图 2-24　$(PSS/PAH)_5$ 微胶囊(MF 为模板，半径 2 μm)随外加 PSS 浓度的变形过程

PSS(相对分子质量 70000)浓度(%)：(a)0；(b)2.5；(c)5；(d)10

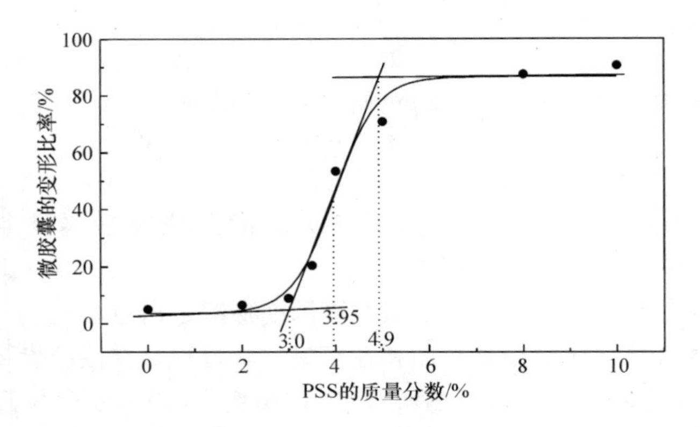

图 2-25 PSS浓度对微胶囊变形比率的影响

注：囊壁组成为 10 层 PSS/PAH，其中 PAH 的相对分子质量为50000～65000，微胶囊半径 2 μm。三条直线表示临界渗透压 p_c 的计算过程。计算过程中仅考虑渗透压引起的变形的微胶囊数量（p_c 的定义即为此部分微胶囊 50% 发生变形时的 PSS 浓度，并由标准曲线求得渗透压），而制备过程中已经变形的微胶囊和不发生变形的微胶囊（即破损微胶囊）则不计算在内

用三切线法，则可将该批微胶囊发生变形的临界渗透压求出。通过改变微胶囊的壁厚（组装层数）和微胶囊的尺寸，则可得到一系列的临界渗透压。PSS/PAH 微胶囊的尺寸由其模板决定，也可由 CLSM 测定；壁厚由 SFM 测定（2 nm/层）。根据式（2-7），以临界渗透压对 δ^2 或 r^{-2} 作图，得到如图 2-26 所示的线性关系，分别为

$$p_c = 4.99 \times 10^{20} \delta^2 \quad (2-8)$$

$$p_c = 8.76 \times 10^{-7} r^{-2} \quad (2-9)$$

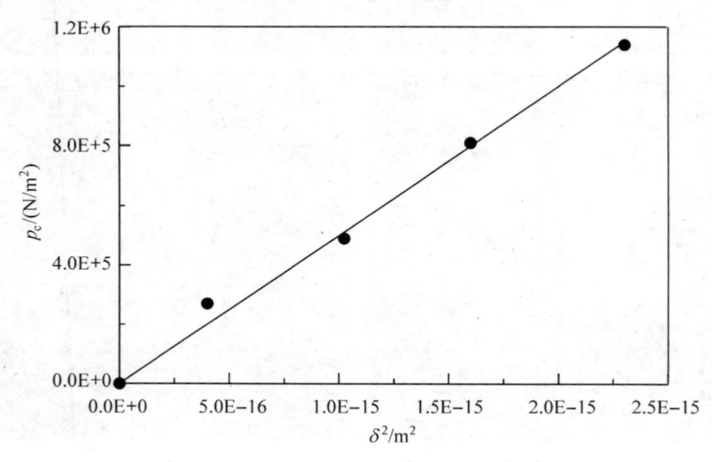

图 2-26 临界渗透压 p_c 与微胶囊壁厚平方（δ^2）间的线性关系

微胶囊半径 2 μm

由其斜率及半径(改变壁厚情况)或壁厚(改变半径情况),通过式(2-7)就可得到囊壁的弹性模量。如在式(2-8)情况下,微胶囊的半径为 2×10^{-6} m,则可计算得到:$\mu=4.99\times10^{20}r^2/4\approx500$ MPa。而在式(2-9)情况下,微胶囊的壁厚保持为 20 nm,则同样可得囊壁的弹性模量 μ 为 550 MPa。分别改变壁厚和半径情况下所得数值基本一致,证明该方法不仅适用于宏观体系,也适用于该聚电解质微胶囊体系。

囊壁的弹性模量与所用聚电解质的相对分子质量有一定关系。在 PAH 相对分子质量为 15000 时,弹性模量在 500～550 MPa;在 PAH 相对分子质量为 50000～65000 时,弹性模量提高到 750 MPa。这表明 PSS/PAH 聚电解质多层膜是相当刚性的材料,其弹性模量可与聚碳酸酯(490)、氯化聚氯乙烯(560)、中等抗冲强度的 ABS(500～580)和浇铸型环氧树脂(650～780)相当。说明由大量离子键交联形成的 PSS/PAH 聚电解质膜具有相当高的机械强度。

2.3.2　微胶囊的热稳定性能

作为反应或包埋/释放的载体,微胶囊在许多场合下都要经受高温的处理,因此其结构对温度的响应性能也非常重要。微胶囊的热稳定性能体现在其宏观形状的保持能力、尺寸及壁厚的变化。微胶囊对热的反应与其囊壁组成密切相关,而受模板的影响较小。PSS/PAH 微胶囊在热处理情况下,表现为尺寸的减小与囊壁厚度的增大,而其宏观形状基本不变[47]。如图 2-27 所示,基于 MF 的初始直径为 8.6 μm 的$(PSS/PAH)_5$ 微胶囊(第 9 层为 Rd-PSS),在 70 ℃水溶液中处理 2 h 后,其直径缩小为 6 μm,表面积则缩小为原来的 50%。SFM 研究发现热处理后囊壁的厚度增大。定量的计算表明囊壁的表观体积基本没有变化。不用 Rd-PSS 标记的微胶囊,以及以红细胞或 SiO_2 为模板的微胶囊也出现同样的尺寸收缩现象,尽管程度不同。定量比较发现,以 MF 或 SiO_2 为模板时,PAH 为最外层即囊壁结构为偶数层时收缩程度比 PSS 为最外层即囊壁结构为奇数层时大。这种层数的奇偶性对收缩或膨胀程度的影响在 PSS/PDADMAC 微胶囊中同样存在,与 PSS/PAH 微胶囊不同的是,该微胶囊受热后尺寸发生膨胀。

与 PSS/PAH 微胶囊的收缩不同,PSS/PDADMAC 热处理后体积发生膨胀,如图 2-28 所示[48]。在粒径为 3.8 μm 的 MF 模板上组装上 10 层 PSS/PDADMAC 后,在 MF 的最佳去核条件下可制备出完好率大于 90%的微胶囊,其直径为 5.5 μm[49]。去核过程引起的膨胀不能完全被消除,因此 PSS/PDADMAC 微胶囊的尺寸总是大于模板。将该微胶囊于 40 ℃下处理 2 h,其直径增大为 7.5 μm;而在 70 ℃下处理,则会导致微胶囊的完全破裂。将 40 ℃热处理后的微胶囊于 4 ℃下冷藏过夜,其直径又恢复到 5.5 μm,但囊壁上出现了褶皱。将该冷藏后微胶囊再次热处理,则微胶囊又可发生膨胀,但程度较第一次小,直径为 6.6 μm;冷藏过程中

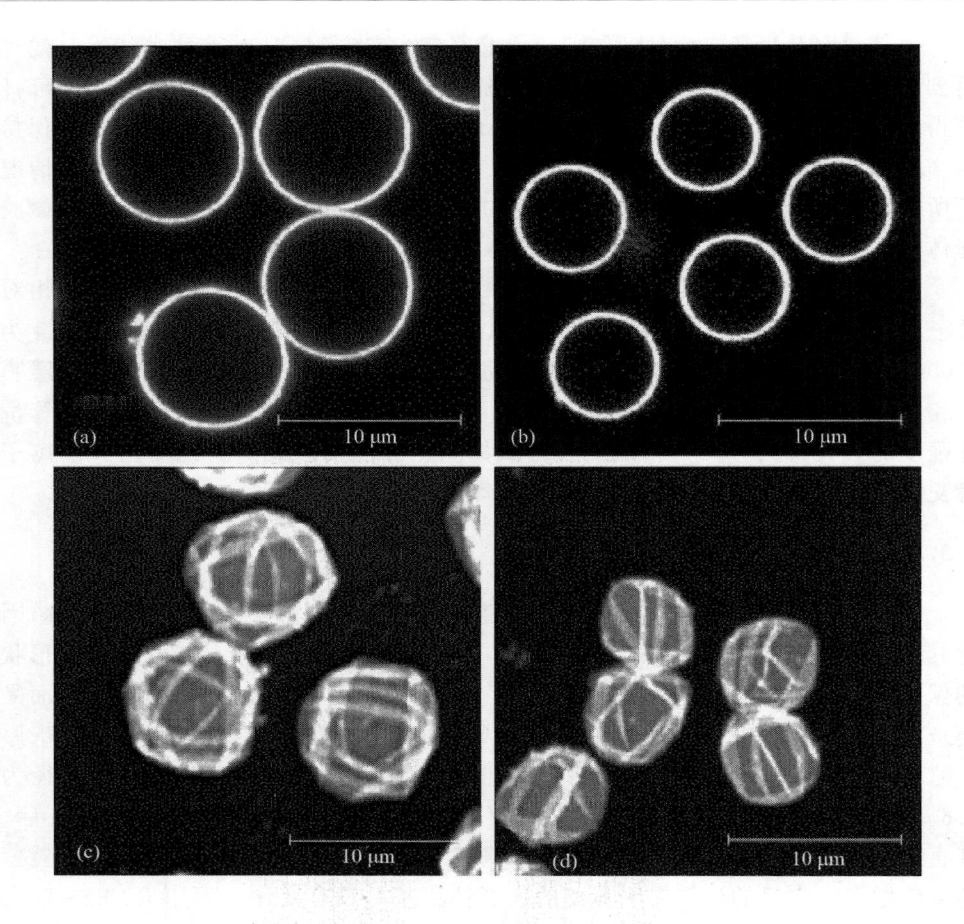

图 2-27　$(PSS/PAH)_5$ 微胶囊(MF 模板,直径 8.7 μm)热处理前后的尺寸变化

(a)、(c)对照,(b)、(d)70 ℃处理 2 h 后;(a)、(b)水溶液中,(c)、(d)干燥后

产生的褶皱被部分保留下来。PSS/PDADMAC 微胶囊对离子强度的响应也表现出与 PSS/PAH 微胶囊截然不同的性能。无论是小分子电解质还是聚电解质都能导致 PSS/PAH 微胶囊渗透性能的改变及内凹变形(若电解质浓度足够大),但没有观察到明显的体积收缩现象。然而,即使将 PSS/PDADMAC 微胶囊与弱电离性能的蛋白(白蛋白)混合,也会导致其直径由 5.5 μm 降低为 4.4 μm(图 2-29)。而在强电解质 0.5 mol/L 的 NaCl 溶液中,则降低为 3.4 μm;若同时在 40 ℃下进行热处理,则降低为 2.6 μm。在 NaCl 浓度高于 0.2 mol/L 时,都会出现微胶囊的聚集。在盐的浓度低至 0.1 mol/L 时,仍能够观察到微胶囊的收缩,且基本不出现微胶囊的聚集现象。伴随着微胶囊体积收缩,囊壁的几何体积减小,这与 PSS/PAH 微胶囊热收缩情况不同,后者的囊壁体积基本不变。有两种情况会导致囊壁体积减小,即物质的损失和囊壁的压缩,其中后者是主要原因。

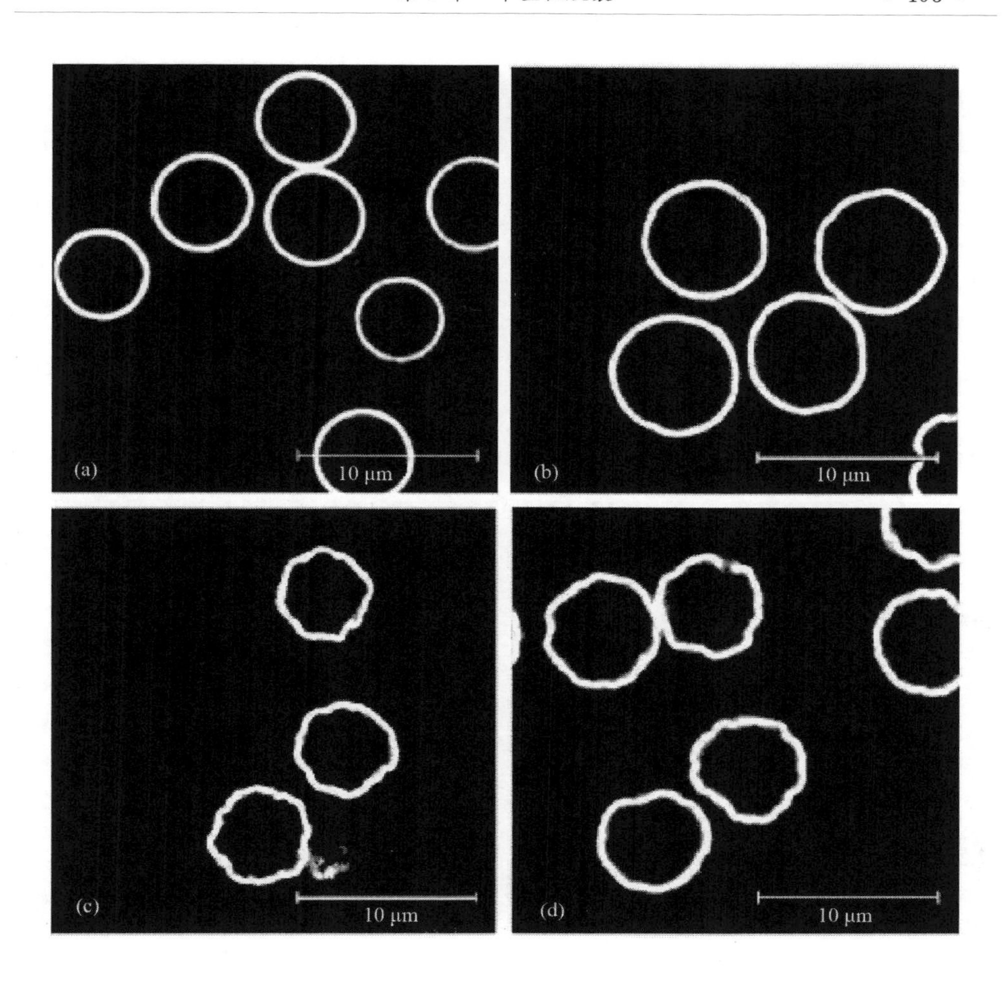

图 2-28　$(PSS/PDADMAC)_5$ 微胶囊(MF 模板,直径 3.8 μm)热处理前后的尺寸变化

(a)对照,直径 5.5 μm;(b)40 ℃处理 2 h,直径 7.5 μm;(c)将(b)在 4 ℃下冷藏过夜,直径 5.5 μm;(d)将(c)再次于 40 ℃处理 2 h,直径 6.6 μm

上述结果说明以 PSS/PDADMAC 多层膜构成的囊壁对环境具有更为敏感的响应性能。这主要归因于 PDADMAC 刚性的分子结构、叔胺周围大的空间位阻(图 2-4)和电荷距离间的不匹配,使其与 PSS 的结合不如 PAH 与 PSS 的结合紧密。因此,尽管 PDADMAC 是强聚电解质,但与 PSS 的结合力仍然很弱,在没有支撑物存在下形成的自由聚电解质配合物膜的机械强度较低。这可从其弹性模量仅为 140 MPa 得到证实。PSS/PDADMAC 多层膜间隙中水的比率大于 PSS/PAH多层膜,在离子的去屏蔽作用下,分子间的距离可以被压缩,导致膜变得紧密。经 0.1 mol/L 的 NaCl 处理后,弹性模量增加为 321 MPa,这证实了上述推论。

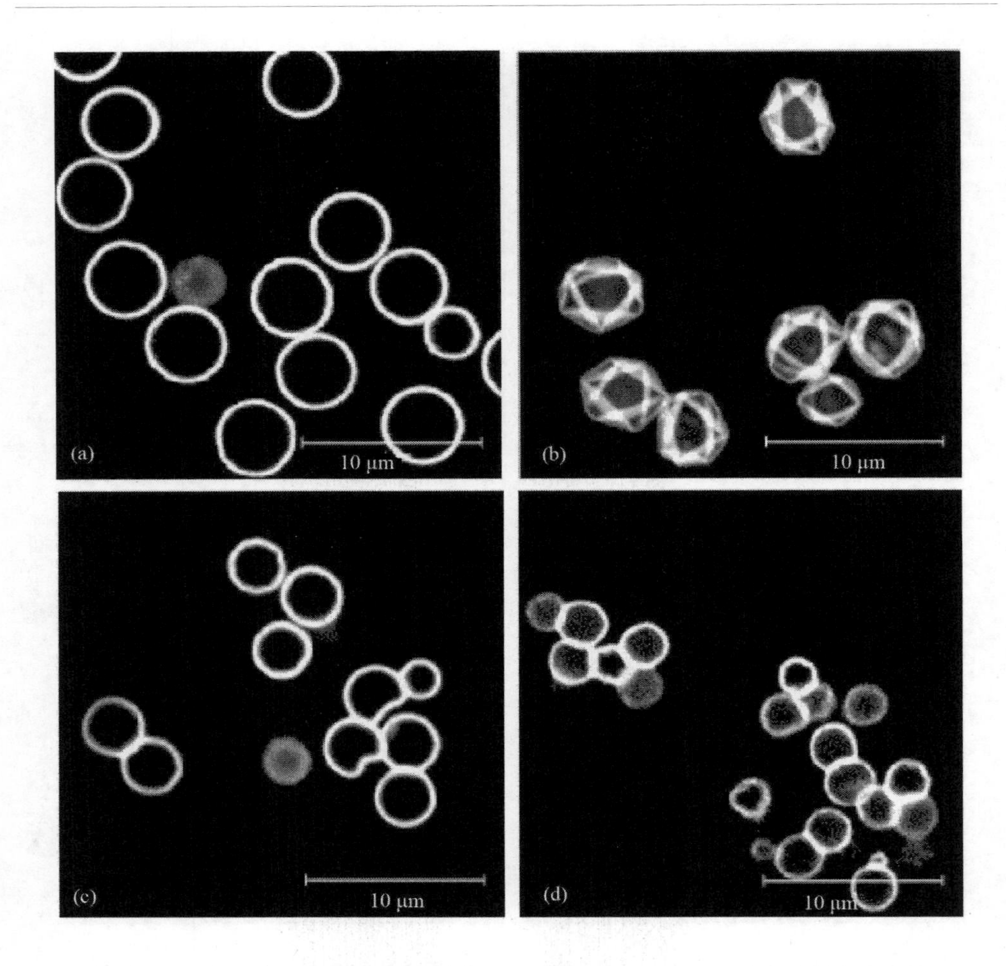

图 2-29　$(PSS/PDADMAC)_5$ 微胶囊(MF 模板,直径 3.8 μm)的离子强度响应性

(a)4 ℃在 0.5 mg/mL FITC-白蛋白中处理 2 h,直径 4.4 μm;(b)为(a)干燥后;(c)室温下在 0.5 mol/L 的 NaCl 中处理 2 h,直径 3.4 μm;(d)40 ℃在 0.5 mol/L 的 NaCl 中处理 2 h,直径 2.6 μm

聚电解质微胶囊在热或盐作用下,收缩或膨胀的分子机理是分子链间必须产生相对滑移。这要求由正负离子对形成的聚电解质配合物存在一定程度的解离和再形成过程,即至少在链段级程度上的解离与再形成。外部条件的改变,如热和离子强度,将有利于这一过程的进行。热力学上,由链段运动引起的囊壁结构变化应该向熵增加方向进行。在热处理情况下,囊壁的聚电解质配合物应趋向于更加无规化,因此应该向囊壁增厚方向进行,这正是 PSS/PAH 和盐溶液中PSS/PDADMAC微胶囊出现的情况。在盐中沉积的 PSS/PDADMAC 配合物在水溶液中时处于非平衡态,未被中和的电荷间产生大的排斥力,导致囊壁的变薄,表现为微胶囊的膨胀。据此可以推测电荷间排斥力的降低作用应大于熵增加的作用。奇偶层数对收缩或膨胀程度

的影响可能是由于正负聚电解质的收缩或膨胀能力不同而造成的,当为不对称结构的偶数时程度加大,而奇数时存在互补效应因此较小。

2.3.3　微胶囊的电性能

层状自组装微胶囊的囊壁是由带电配合物形成的,因此也呈一定的导电性能。Georgieva 等采用电致旋转(electrorotation)技术定量研究了微胶囊的电性能[50]。电致旋转是研究胶体颗粒和细胞电性能和介电性能的非常有用的介电谱技术。粒子的旋转速度和旋转方向强烈依赖于粒子的电导率和本体溶液电导率的差。当溶液的电导率小于粒子的电导率时,将发生共场旋转(cofield rotation);当溶液的电导率大于粒子的电导率时,将发生反场旋转(antifield rotation);在二者相等时,粒子则不再旋转。因此,改变本体溶液的电导率就可估算出粒子的电导率。据此得到以红细胞为模板的$(PAH/PSS)_5$ 微胶囊的电导率约为 1 S/m,大约与 0.1 mol/L 的 NaCl 溶液相当。该电导率的产生说明在聚电解质多层膜中存在自由的未缔合的离子,其含量约为 10%左右。反离子在多孔聚电解质多层膜中的迁移产生了导电性。需特别说明的是,因在去核过程中的氧化,红细胞为模板的微胶囊的囊壁结构与组装时存在非常大的差异,因此该电导率不能与 PAH/PSS 多层膜直接对应。

聚电解质微胶囊外可复合一层磷脂双分子层,以调控微胶囊的性能如渗透性能和电性能[29,33]。复合了 DPPA(dipalmitoyl phosphatidyl acid)或 DPPC(dipalmitoyl phosphatidyl choline)的上述微胶囊的电导率随着本体电导强度的增加而增大,在 10^{-4}～10^{-1} mS/m;DPPA 复合微胶囊的电容为 2.7 $\mu F/cm^2$,DPPC 复合微胶囊的电容为 0.5 $\mu F/cm^2$。这个电导率的量级远远大于磷脂黑膜的 10^{-9}～10^{-13} mS/m[51,52]。其原因是因为微胶囊表面的磷脂双分子层存在着一定程度的缺陷。计算结果表明,磷脂未覆盖的区域约占总面积的 0.01%。

2.3.4　微胶囊的表面形态结构

Leporatti 等采用原子力(或称扫描力)显微镜研究了 PSS/PAH 微胶囊在干燥后的表面形态结构。图 2-30 说明水溶液中球状 PSS/PAH 微胶囊干燥后形成了多角形结构,其间分布着非常有特征的皱褶[53]。如前所述,微胶囊的囊壁厚度在几十纳米,其强度不足以支撑自身的重量,因而在水挥发后产生塌陷。从近乎线型的折叠可推断出 PSS/PAH 多层膜的结构比较刚硬。对无皱褶区进一步放大,可以观察到无规分布的微区结构。其表面的粗糙度(roughness)为 10 nm 左右。用高斯分布来拟合 SFM 测量得到的自相关方程(autocorrelation function),并定义半峰高处的半峰宽为微区(domain)尺寸,得到(70±5) nm。

对 PSS/PDADMAC 微胶囊的研究同样发现(图 2-31),干燥后的微胶囊呈现出相似的多角形结构,但表面更粗糙[54]。通过进一步的放大可观察到颗粒状微区结

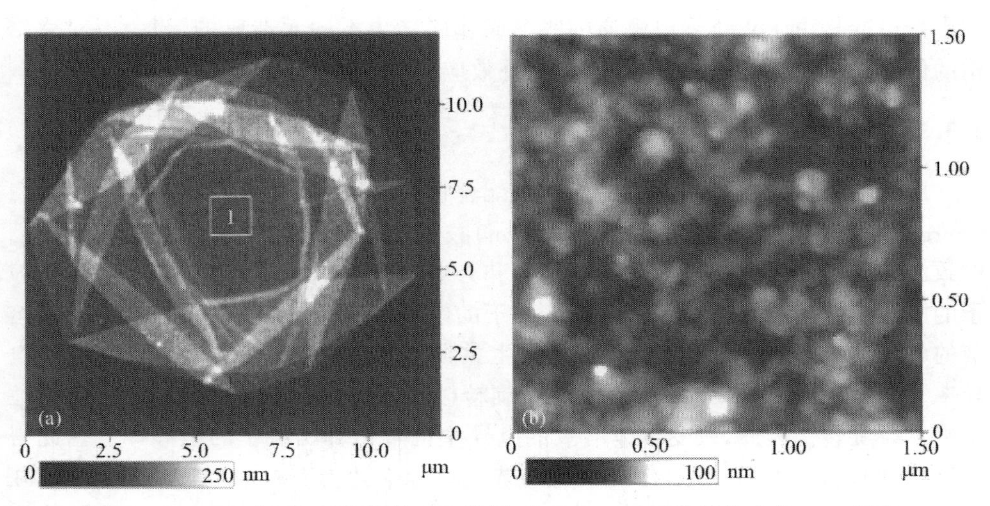

图 2-30　$(PSS/PAH)_5$ 微胶囊(MF 模板,直径 10 μm)的接触模式的 SFM 图像(a)及无皱褶处[(a)中 I 处]的放大图像(b)

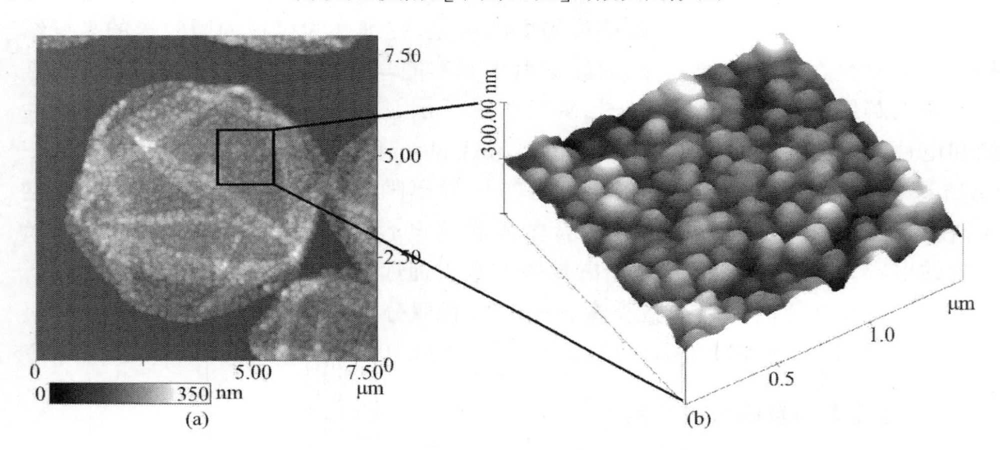

图 2-31　$(PSS/PDADMAC)_5$ 微胶囊(MF 模板,直径 3.8 μm)的接触模式的 SFM 图像(a)及无皱褶处[(a)中方框区]的放大图像(b)

构。其粗糙度和微区尺寸比 PSS/PAH 微胶囊大,分别为 13 nm 和(124±10) nm。

微胶囊的表面粗糙度都较相应的平面多层膜大,如组装在云母表面的同样层数的 PSS/PDADMAC 多层膜的粗糙度仅为 8～9 nm。因此其形成不仅仅是干燥导致的微区侧向分离的结果。注意到组装过程中在平面膜上已经形成了一定的微区分布,结合模板分解过程中微胶囊的体积膨胀可以解释微胶囊表面存在特殊微区结构的原因。囊壁上较厚的区域具有更强的抵抗微胶囊膨胀过程中侧向应力的能力,因此囊壁受到不均一应力的作用。对于膨胀程度大的 PSS/PDADMAC 微胶囊,这种效果更加明显,因此形成的微区尺寸也大。

2.4　微胶囊的渗透调控性能

囊壁的通透性能对于微胶囊的物质包埋与释放至关重要。除与囊壁的化学组成相关外,目前已发现 pH 的大小、盐和磷脂复合等都可改变微胶囊的通透性能。由于不同的研究者制备微胶囊的条件及微胶囊的质量存在差异,而囊壁微结构、厚度、MF 残留量甚至储存时间的微小差异都会对囊壁的通透性造成巨大影响,因此即使对于同样组成的微胶囊,得到的结果也常存在一定程度的相互矛盾。

2.4.1　渗透性的 pH 调控

迄今最常用的囊壁组成材料是强聚电解质 PSS 和弱聚电解质 PAH。Rubner 等发现对于弱聚电解质,pH 的改变会影响到质子化与去质子化的程度,因而分子链上的电荷密度也会改变[55~57]。分子间不同的排斥状态决定了聚电解质在囊壁中的伸展或收缩状态,进而影响到囊壁的通透性能。Sukhorukov 等发现对于 $(PSS/PAH)_4$ 微胶囊,无论模板是 MF 还是 $CdCO_3$,都观察到了 pH 对囊壁通透性能的调节现象[58,59]。如图 2－32 所示(所有测试都在 0.1 mol/L 的缓冲溶液中进

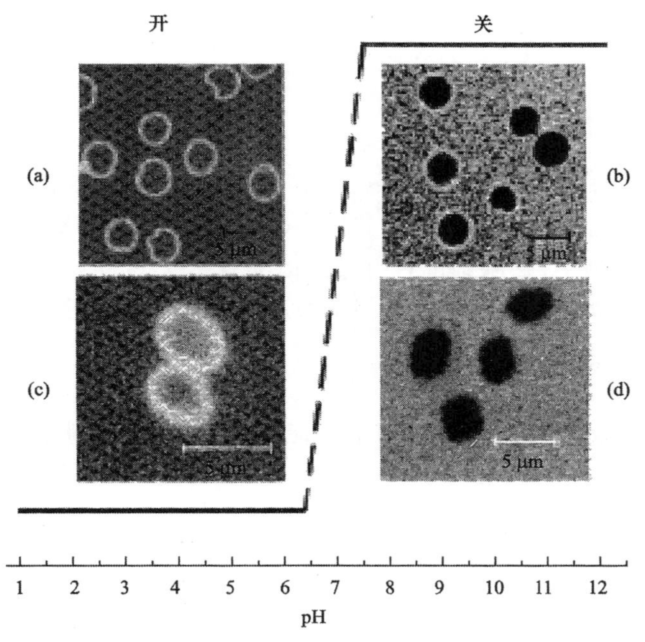

图 2－32　pH 调控的 PSS/PAH 微胶囊的通透性能

(a),(c)pH 为 3.5,微胶囊处于开的状态(open state);(b),(d)pH 为 10,微胶囊处于关的状态(closed state)。(a)和(b)是以 MF 为模板,直径 5.2 μm;(c)和(d)是以 $CdCO_3$ 晶体为模板

行)，在 pH<6 时，囊壁处于“开”的可通透状态，FITC 标记的白蛋白和相对分子质量高达 2×10^6 的葡聚糖(dextran)都可自由通透，囊内外的荧光强度一样。当 pH 升高到 8 以上时，则微胶囊处于“关”的低通透状态，在短时间内上述大分子都不能透过囊壁，因此囊内的荧光强度远低于囊外。在中性条件下，通透与不通透的微胶囊同时存在(微胶囊间存在多分散性)。PAH 在碱性条件下存在着去质子化，分子链间排斥力降低，导致分子链更为舒展，因此阻碍了大分子的通透。

2.4.2　渗透性的离子强度调控

PSS/PAH 微胶囊在不同离子强度的溶液中也表现出不同的通透性能。Dähne 等发现当溶液中 NaCl 的浓度低于 0.01 mol/L 时，在$(PSS/PAH)_4$ 微胶囊与罗丹明 B 标记的相对分子质量为 7×10^5 的 PAH(Rd-PAH)混合 24 h 后，CLSM 下 90% 以上微胶囊内仍不能观察到 Rd-PAH。而当 NaCl 的浓度提高到 0.01 mol/L 以上时，则所有微胶囊都可通透 PAH[60]。若将囊壁层数增加为 10 层时，囊内外荧光探针的平衡时间由 6 min 提高到 20 min，说明囊壁厚度增加对高分子的扩散具有更强的阻隔作用。能量转移测试发现，在 NaCl 浓度为 0.01 mol/L 时，能量转移效率明显降低，说明囊壁结构发生了显著变化，层间距增大。以红细胞为模板或其他囊壁组成的微胶囊也观察到了同样的现象，只是发生转变的盐浓度不同[61]。离子强度对通透性的调节机理尚不清楚，推测是盐浓度的提高使离子键强度降低，聚电解质沿囊壁方向产生收缩，已存在的微孔扩大因而使通透性提高。

2.4.3　渗透性的溶剂调控

溶剂对囊壁的通透性能也具有一定的调控能力。Lvov 发现当微胶囊悬浮于水中时，FITC 标记的脲酶(urease)被排除在$(PSS/PAH)_4$ 微胶囊外；而在体积比为 1:1 的水/乙醇溶液中，脲酶则可自由通透微胶囊[62]。该过程是可逆的。利用溶剂的变换可将脲酶包埋在微胶囊内，但活性比自由酶低，而稳定性有所提高。

2.4.4　磷脂复合对渗透性的影响

磷脂复合不仅影响到微胶囊的电性能，对囊壁的通透性影响也十分显著。Moya 等介绍了两种制备磷脂复合微胶囊的方法(图 2-33)，利用的都是磷脂与聚电解质微胶囊间的静电作用[29]。第一种方法是在水溶液中将微胶囊与磷脂囊泡复合，磷脂囊泡沿囊壁铺展就得到了磷脂双分子层；第二种方法是将微胶囊与磷脂同时悬浮或溶解于甲醇中，依靠单个磷脂分子的吸附形成双分子层。在后一种情况中，微胶囊内壁也可形成一层磷脂双分子层，且囊内会有磷脂囊泡存在。小分子 6-羧基荧光素(6-carboxyfluorescein，6-CF)可完全自由通透以红细胞为模板的$(PAH/PSS)_5$ 微胶囊，而 DPPA 复合后，6-CF 的通透时间被延缓至 10～100 min。

可见，即使是对小分子，微胶囊的通透能力也被极大地降低了。

2.4.5　囊壁的再愈合

Decher 等证明在 PSS/PAH 多层膜中有 50%的体积为水，说明其结构是高度疏松多孔的[14]。此外，微胶囊在去核过程中的膨胀不可避免地在囊壁上引入各种缺陷。这是微胶囊囊壁的渗透系数远大于其相应的自组装膜的主要原因。Dähne 等发现去核后，再组装多层膜可将去核过程中产生的缺陷覆盖，因此可大大降低微胶囊的通透性[63]。如以 MF 为模板的$(PSS/PAH)_4$ 微胶囊可通透相对分子质量高达 2×10^6 的葡聚糖；在组装了额外的 4 层 PSS/PAH 后，则相对分子质量高于 7×10^5 的葡聚糖不能通透，但相对分子质量小于 4400 的仍然可以渗透[63]；6-CF 的渗透系数也由 1.8×10^{-5} m/s 降低为 2.5×10^{-8} m/s，降低了三个数量级。由此也说明囊壁缺陷的存在是大分子可以通透的原因。除了去核后额外组装的方法，热处理导致微胶囊的收缩及结构完善也会降低囊壁的通透性能[64]。

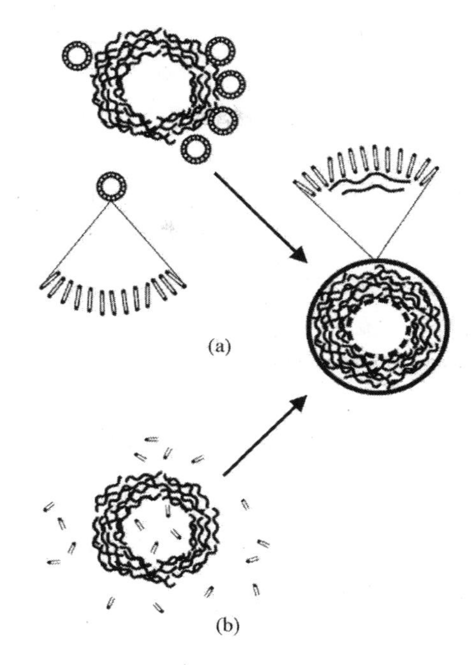

图 2－33　磷脂膜在聚电解质微胶囊表面复合过程示意图

(a)通过磷脂囊泡(liposome)在微胶囊表面的吸附和铺展形成；(b)通过将磷脂和微胶囊溶于相同的溶剂如甲醇从而将磷脂吸附于微胶囊上，此时可在微胶囊的内外表面同时形成磷脂双分子层

2.5　微胶囊的包埋与释放性能

与其他微胶囊技术不同，模板制备的微胶囊是中空的。因此，发挥该微胶囊特殊结构特征的一个重要技术问题是如何将物质包埋到预先形成的微胶囊中。目前已经有多种方法可以实现物质的包埋，如可控沉淀、内层溶解、囊内聚合、自沉积法和膨胀-收缩包埋等。其中自沉积技术的选择性和效率高，适用范围广，尤其适用于水溶性物质的包埋，这为微胶囊的应用创造了良好条件。

2.5.1　可控沉淀

很多化合物的溶解度随 pH 或溶剂的不同而改变，即在某些条件下的溶解性能较好,而在另外的条件下则较差。Sukhorukov 等利用溶解度的差异,将这些物质包埋在微胶囊中[65]。例如,6-CF 上有羧基,在碱性条件下通过羧基的电离而呈现高溶解性能。将红细胞为模板的微胶囊与 6-CF 混合后,降低该体系的 pH,此时 6-CF 的溶解性能下降,故而从溶液中结晶析出。研究发现,6-CF 选择性地沉淀于微胶囊内,囊外则基本没有。采用相反的 pH 变化过程,则可将酸性条件下易溶的罗丹明 6G 同样沉淀于微胶囊内。上述有机化合物选择性沉淀于囊内与其带电性能有关,囊内的电荷性质和微环境更有利于晶核的形成,因此晶体生长主要发生在囊内。在硫酸葡聚糖存在下,将 Ca^{2+} 离子和 Ba^{2+} 离子分别与微胶囊混合后,滴加 Na_2CO_3 溶液,则可选择性地在微胶囊内或囊壁上形成 $CaCO_3$ 或 $BaCO_3$ 晶体[66]。此外,通过溶剂改变也可实现物质的包埋。如某种物质 S 在醇中的溶解度较大,而在水中较小,则可将水逐渐滴加到微胶囊/醇/S 溶液中,从而将 S 沉淀于微胶囊内。

2.5.2 内层溶解

Sukhorukov 等采用稳定性不同的囊壁组合,也实现了物质的包埋[67]。如图 2-34所示,在模板上先组装上一定层数的内层如(Tb^{3+}/PSS)$_n$,然后再组装上外层如(PSS/PAH)$_m$。将模板脱除后,则得到了双层结构的微胶囊。在一定条件下,如 2 mol/L 的 NaCl 溶液 80 ℃下处理 2 h,则可将内层的(Tb^{3+}/PSS)$_8$ 溶解。由于 Tb^{3+} 是小分子,可以自由渗透出微胶囊,而 PSS 是大分子,受囊壁限制,则被包裹在微胶囊内。以 4-硫酸芘(4-pyrene sulfate,PS)/PAH 组合为内层,则可将荷正电的 PAH 包裹在微胶囊内。因包裹的聚电解质处于自由状态而产生了向外的渗透压,导致微胶囊的体积发生膨胀,其直径可比内层未溶解时大 1.4 倍。作为对上述技术的改进,可通过可控沉淀法将聚电解质如 PSS(或 PAH)和适当的反离子如

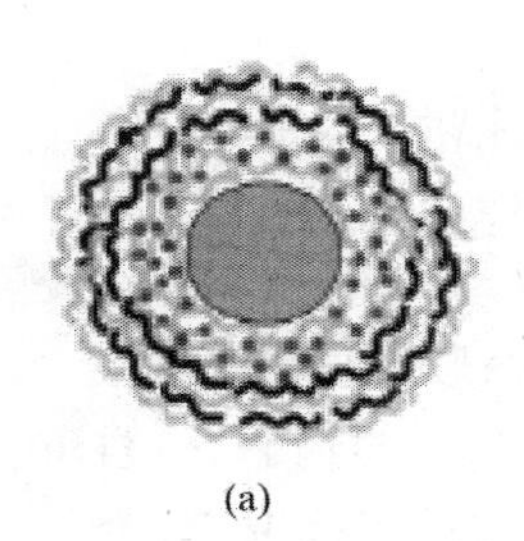
(a)

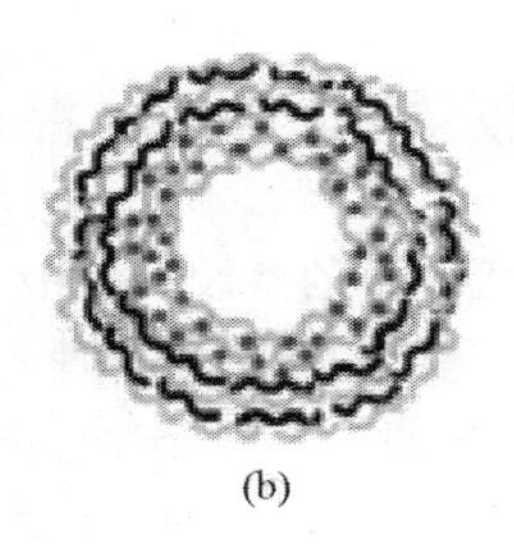
(b)

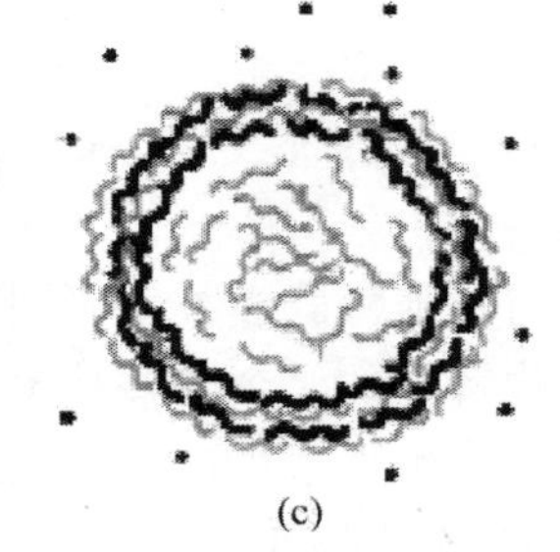
(c)

图 2-34　内层溶解法在微胶囊内包埋聚合物过程的示意图

(a)组装获得的具有双壳层结构的核-壳结构微粒;(b)将模板脱除后得到双壳层结构微胶囊;(c)将内层溶解后,脱除组装过程中的多价金属离子,则可将聚合物包埋在微胶囊中

Y^{3+}(或柠檬酸盐)一步沉积于模板颗粒上[68]。

基于内层溶解的技术已被用来进一步包埋纳米微粒和酶[68,69]。如将表面带正电(2-巯基乙胺修饰)或带负电(巯基乙酸修饰)的 CdTe 纳米微粒与上述囊内具有相反电荷的聚电解质的微胶囊混合,通过静电的相互作用可将 CdTe 纳米微粒吸附于囊内及囊壁上。因 CdTe 纳米微粒的荧光发射波长与其尺寸有关,因此将不同尺寸的微粒分别吸附于微胶囊中,则可得到一系列不同颜色的荧光;也可将不同尺寸的纳米微粒同时吸附,得到混合后的橘黄色荧光,如图 2-35 所示。

(a)

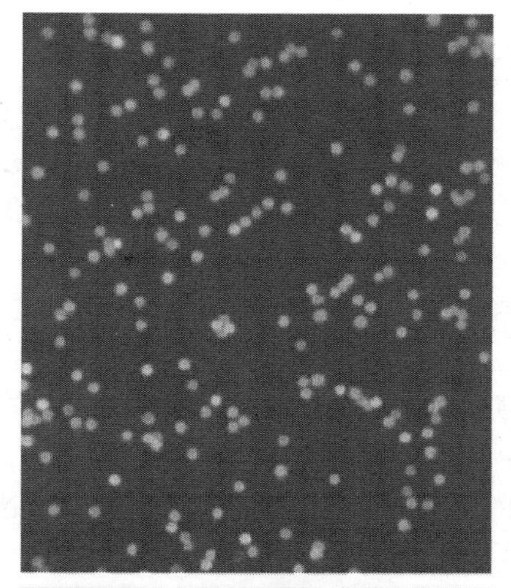

(b)

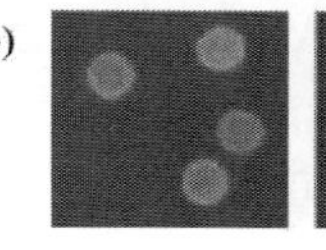
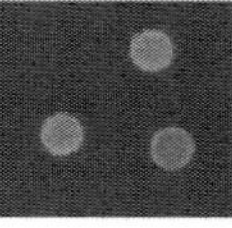
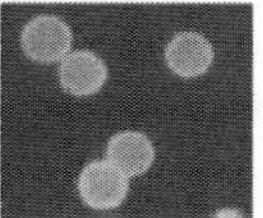

图 2-35　(a)沉积了不同尺寸 CdTe 晶体的聚电解质微胶囊的荧光图像;(b)绿色、红色(单色)和橘黄色(5 种混合色)微胶囊的放大荧光图像

注:(a)图像中同时含有单色(发射峰分别在 548、558、581、615 和 633 nm)和多色(上述 5 种颜色的混合色)微胶囊;(b)图像是通过数码相机和同一光源激发采集得到的

2.5.3　原位聚合

Dähne 等将微胶囊与可聚合的单体混合后,引发单体的聚合,在微胶囊内原位合成聚合物,从而将聚合物包埋在微胶囊内[70]。如图 2-36 所示,将 4-磺酸苯乙烯、引发剂过硫酸钾与微胶囊共同溶解于 20%甲醇溶液中,80 ℃下反应 4 h 后,洗涤去除囊外聚合的 PSS 和囊内的单体及低聚物后,就得到了内含 PSS 的微胶囊。由于电荷的作用,囊壁上聚合的 PSS 通常比囊内多,因此该方法可同时对囊壁进行改性。与内层溶解方法的结果类似,渗透压的作用会导致微胶囊的膨胀。此外,聚合过程中易导致微胶囊的聚集,高温处理对微胶囊的结构也有很大影响。这种内含聚电解质的微胶囊在高浓度的聚电解质溶液中同样能被压缩变形,但不同的是去除本体溶液中的聚电解质后,微胶囊的形状又可以恢复。

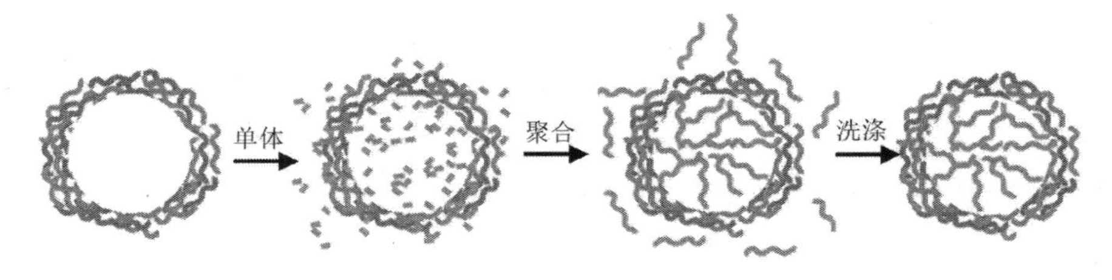

图 2-36　原位聚合法在微胶囊内包埋聚合物过程的示意图

2.5.4 自沉积包埋

上述的沉积方法尽管各有其优点，但都存在着一定的局限性，如物质的沉淀或聚合也或多或少发生在囊外，存在体积膨胀，或包埋的物质不能在水溶液中稳定存在等。此外，包埋的效率较低，对水溶性物质的包埋存在一定的难度等。因此上述方法的普适性较差。利用 MF 模板微胶囊本身具有的一个特殊性质，可在温和条件下实现多种水溶性物质的自发沉积与包埋[71,72]。

制备后经较长时间(取决于 MF 模板的性质，通常 1 个月以上自沉积现象比较明显)存放的以 MF 为模板的微胶囊，无论其囊壁组成是 PSS/PAH 还是 PSS/PDADMAC，当与水溶性物质如罗丹明混合后，这些水溶性物质会自发地在微胶囊内形成高浓度富集区(图 2-37)。这种自发沉积对于以 MF 为模板的完整微胶囊是相当普遍的现象，与微胶囊的尺寸、壁厚和囊壁组成等无关，而与所用的核紧密相关。以 $CdCO_3$ 或 FDA 为核则观察不到这种现象；存在明显破损的微胶囊也没有自沉积现象。多种水溶性物质，无论是小分子还是大分子，如罗丹明、维生素 B_2、PAH 和葡聚糖等都可自发沉积。电中性或荷正电物质具有特别明显的沉积现象，而荷负电的则相对较弱。

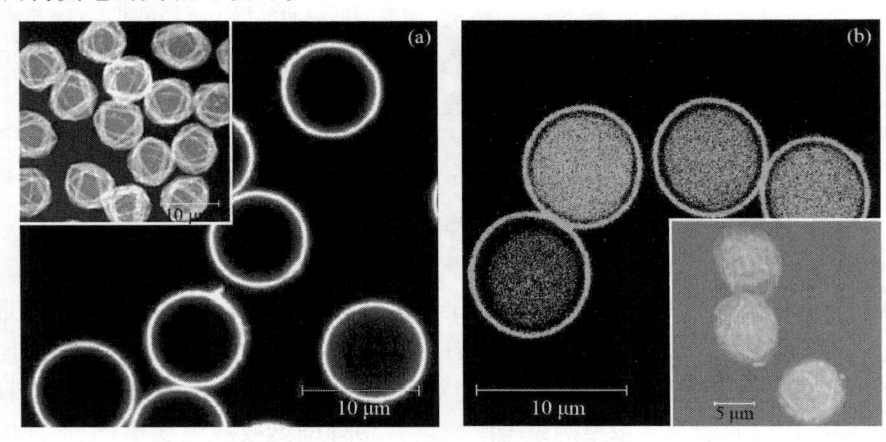

图 2-37 水溶性物质在 MF 模板微胶囊内自发沉积的 CLSM 图像

(a)水溶液中空白微胶囊(直径 8.7 μm)；(b)与 2 mg/mL 的 Rd6G 混合后。嵌入的图为干燥状态下的对比

对 CLSM 的动态跟踪表明，这些水溶性物质的确是从本体逐渐沉积到囊内的(图 2-38、图 2-39)。囊内初始的荧光强度为 0；当与 Rd6G 混合后，囊内逐渐出现荧光且随混合时间延长而增大，约 10 s 后基本达到平衡值(图 2-38)。而本体溶液中的荧光强度仅略有增大，仍保持非常低的水平。这说明 Rd6G 选择性地富集在微胶囊内。进一步的研究发现沉积的速度与分子的尺寸大小有关。高相对分

子质量的 TRITC-葡聚糖(65000)需要 150 s 才能达到自沉积的平衡(图 2-39)。同样,囊内的荧光强度也远高于本体溶液。

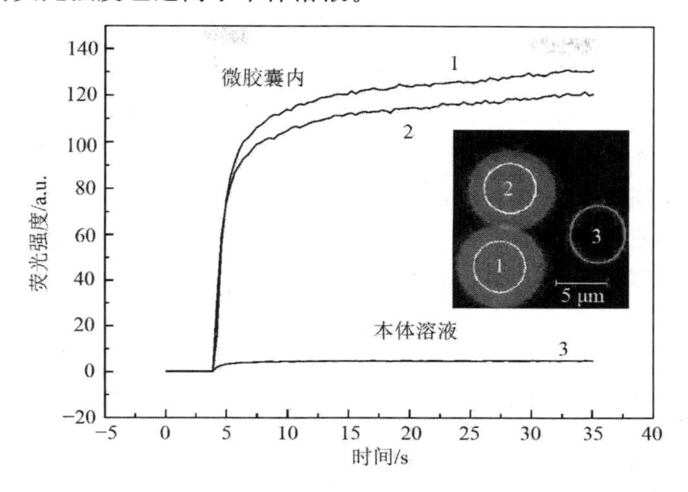

图 2-38　Rd6G 在 MF 模板微胶囊内(直径 8.7 μm)自发沉积的动力学过程

注:采用 CLSM 的时间扫描功能采集一系列图像(如嵌入图),然后定量化所示区域内的平均荧光强度随时间的变化

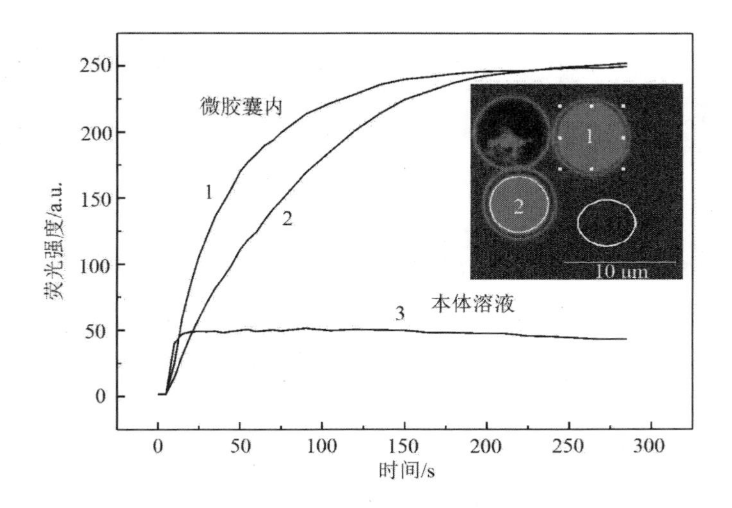

图 2-39　TRITC-葡聚糖(65000)在 MF 模板微胶囊内(直径 8.7 μm)自发沉积的动力学过程

注:采集过程详见图 2-38 说明

上述自沉积现象与自沉积过程揭示了一个不同寻常的现象,即物质会从本体的低浓度区向囊内的高浓度区自发沉积。这个体系中必然存在某种形式的驱动力来促进这一过程的发生。惟一合理的解释只能来自于 MF 微胶囊这一特殊的结

构。推测认为囊内存在某种形式的带电物质，且最有可能的是 PSS 和 MF 降解产物形成的带电配合物(图 2－40)。当聚电解质多层膜包裹的 MF 颗粒(a)被 HCl 分解时，囊内 MF 降解产物的存在使微胶囊发生膨胀(b)。同时因支撑物 MF 的消失，第一层的聚阴离子 PSS 会部分从囊壁上解离，进而通过静电作用和 MF 降解产物形成配合物(c)。由 PSS 和 MF 降解产物形成的模型 PSS/MF 配合物经 ζ-电位测试，被证明是带负电的[(－30.4±0.9)mV]。PSS/MF 配合物的存在提供了额外的驱动力来诱导水溶性物质，尤其是带正电的物质在微胶囊内的自发沉积(d、e)，最终将这些物质包埋(f)。沉积的物质一定是以聚集或配合物的形式存在，这样仍能够保证囊内的真实浓度低于囊外。

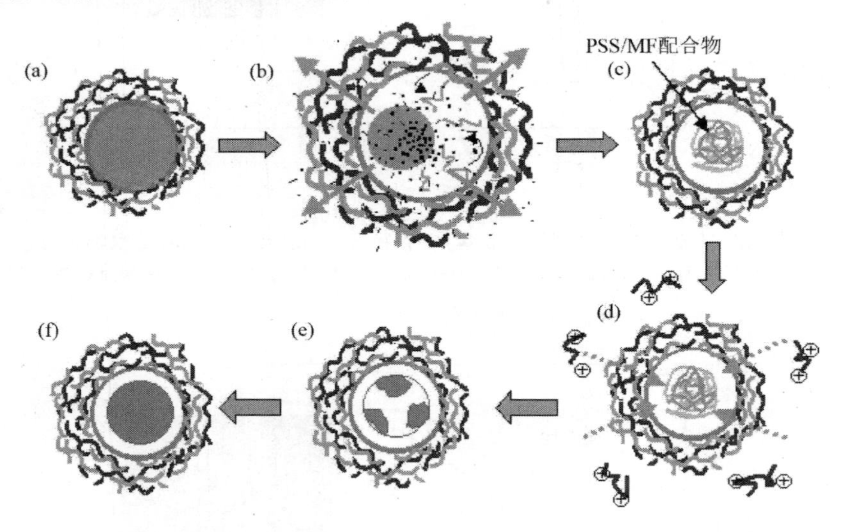

图 2－40　水溶性物质在 MF 模板微胶囊内自发沉积的可能机理示意图

注：MF 分解过程中在完好微胶囊内形成的荷负电的 PSS/MF 配合物对自发沉积的发生起着决定性的作用

荷负电物质不能沉积或沉积现象较弱，从另外一个方面证明了上述推测。PSS/MF 配合物存在的另外证据是所有破损微胶囊都没有自沉积现象。从 CLSM 观察，PSS/MF 模型配合物的尺寸在几百纳米至微米量级，因此不能透过完整的囊壁，但能通过破损微胶囊的大的孔洞而释放出来。这也说明 PSS/MF 配合物的存在是自沉积现象发生的必不可少的条件。如 2.2 节微胶囊制备部分所述，MF 的残留已经被 SPLS、元素分析和能量转移所证实。尺寸较小的 MF 降解产物可从 PSS/MF 配合物中逐渐释放，使 PSS/MF 配合物中产生静的负电荷，从而可以解释只有经过储存的微胶囊才具有显著的自沉积现象。

应用光漂白后恢复(fluorescence recovery after photobleaching，FRAP)技术可证明囊内的沉积物不是处于自由状态。如图 2－41 所示，选择图 2－41(a)中的有自沉积现象的微胶囊 1 和没有自沉积现象的微胶囊 2 为研究对象，以 FITC－葡聚糖（相对分子质量 77000）为荧光探针。采用 488 nm 的最大激光强度将 1、2 所示的位置各漂白 1 s，然后跟踪囊内荧光强度随时间的恢复情况。结果证明，光漂白后，微胶囊 2 的内部全部变暗，即所有的 FITC 都被破坏，葡聚糖在囊内是可以运动的；而微胶囊 1 仅漂白点处变暗，说明葡聚糖在囊内不能自由运动。图 2－41(b)的恢复曲线进一步证明，光漂白后，微胶囊 2 存在恢复现象，即囊内外葡聚糖可进行交换；而微胶囊 1 则不能恢复，即囊内外不存在物质交换。这些结果证明沉积的葡聚糖的确是处于聚集或配合状态，而微胶囊 2 必然存在大的孔洞。

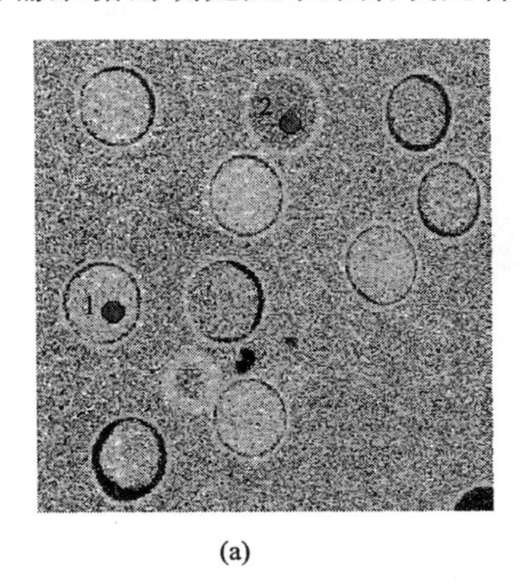

(a)

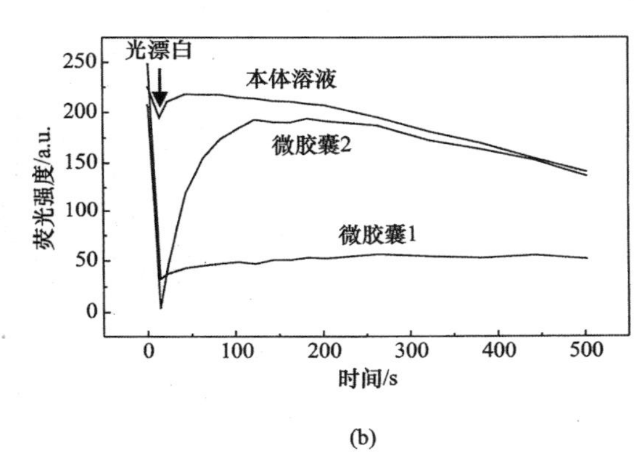

(b)

图 2－41　CLSM 的 FRAP 技术证明微胶囊内的自发沉积物（此处以 FITC－葡聚糖为例）是以聚集或配合状态存在

(a)选择两个微胶囊同时漂白；(b)光漂白后，采用 CLSM 跟踪微胶囊内及本体溶液中的荧光强度恢复过程

利用自沉积技术可将多种水溶性物质如蛋白、酶、DNA、多肽、维生素、纳米微粒及各种药物自发包埋在微胶囊内。如图 2－42 所示，在中性条件下，FITC－白蛋白带负电[ζ－电位：(－15.4±3.6) mV]，因此不能被自发包埋[图 2－42(a)]；将 pH 降低到其等电点(4.2～5.0)以下，如 2.5 时，白蛋白的电荷发生了反转[ζ－电位：(44.6±1.1) mV]，因此可被自发包埋在微胶囊内[图 2－42(b)]。干燥后的 SFM 测试进一步证明了微胶囊内有大量的白蛋白存在[图 2－42(c)]。

辣根过氧化物酶（horseradish peroxidase，HRP）也可同样被沉积到微胶囊内部。沉积的 HRP 比自由的 HRP 具有更好的耐温性能、耐溶剂性能和时间稳定性能（图 2－43 和图 2－44）[71]。沉积或自由 HRP 的活性都随着温度的升高而降低，但自由酶降低的速度明显快于沉积酶[图 2－43(a)]。例如 60 ℃时，沉积 HRP 仍保持其初始活性的 70%，而自由酶仅保持了其初始活性的 30%。在固定温度为 47 ℃的情况下，自由酶随时间的延长活性迅速降低，如 3 h 后其活性仅为初始值的一半；而沉积酶的活性损失则非常缓慢，同样时间内仍可保持其初始活性的 90%。

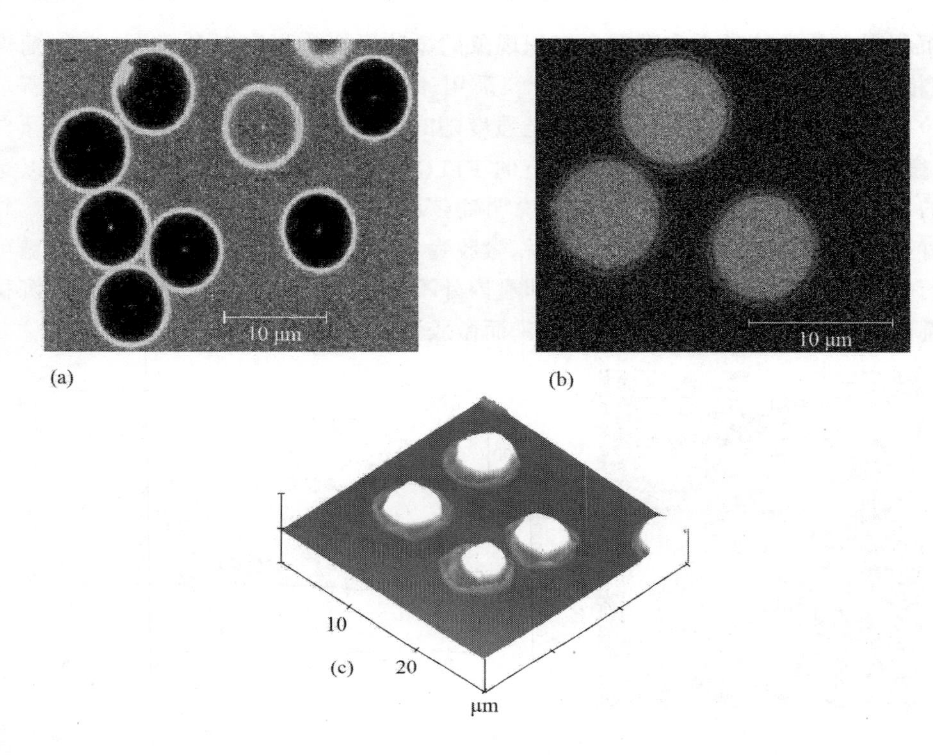

图 2-42　利用自沉积机理包埋白蛋白

(a)中性条件下白蛋白带负电，因此不能被包埋；(b)当将 pH 降低为 2.5 时，白蛋白带正电，因此可以自发包埋；(c)SFM 图像证明微胶囊内沉积了大量的白蛋白

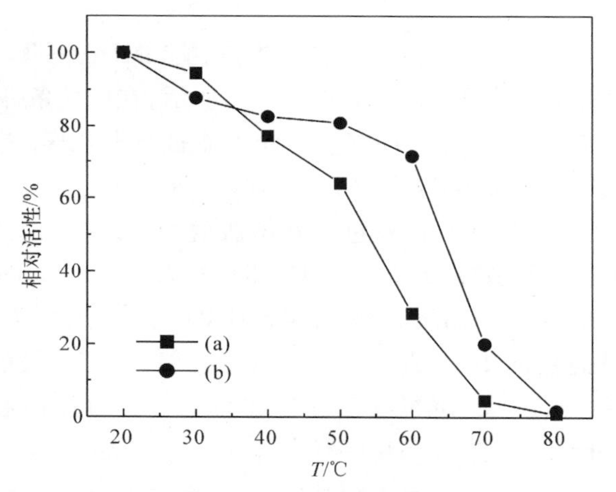

图 2-43　辣根过氧化物酶的相对活性随温度的变化

(相对活性定义为在某个温度下处理 15 min 后的活性与初始活性比)

(a)自由的辣根过氧化物酶；(b)沉积于$(PSS/PDADMAC)_5$微胶囊内的辣根过氧化物酶

上述结果明显优于通过溶剂渗透包埋的酶[62]。

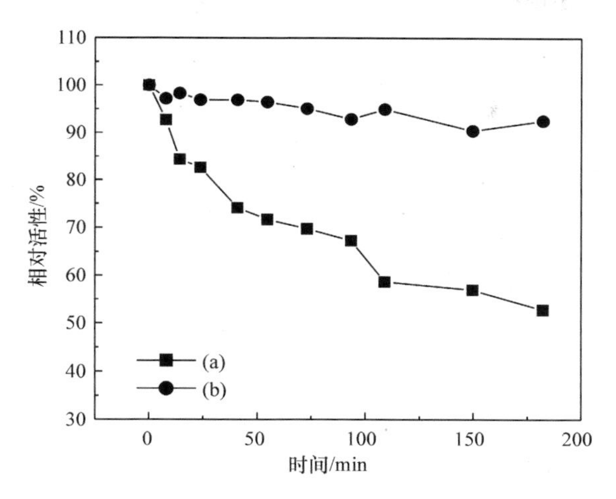

图 2-44　在 47 ℃下，辣根过氧化物酶的相对活性随时间的变化

(a)自由的辣根过氧化物酶；(b)沉积于$(PSS/PDADMAC)_5$ 微胶囊内的辣根过氧化物酶

2.5.5　膨胀-收缩包埋

PSS/PDADMAC 微胶囊对渗透压、热、盐的刺激敏感(2.3.2 节)，在去核过程中发生体积膨胀，热处理会促进体积的进一步膨胀；而在盐溶液中则会发生体积收缩现象。利用这种膨胀-收缩性能，也可实现物质的包埋，尤其是分子体积大的聚合物、结构刚硬的纳米粒子等。以相对分子质量 2×10^6 的葡聚糖为例，在室温下水溶液中，可自由通透 PSS/PDADMAC 微胶囊的囊壁。将等量 0.2 mol/L 的 NaCl 溶液滴加到葡聚糖与微胶囊的混合溶液中，微胶囊会发生收缩。收缩过程可使囊壁上存在的缺陷或孔洞愈合，因此渗透性降低，从而将葡聚糖包埋在微胶囊内。通过荧光光谱和微胶囊计数测试发现，微胶囊内包埋的葡聚糖的量约为本体浓度的 7 倍。这一方面是由于体积收缩造成的浓缩效应，另一方面囊壁的吸附和葡聚糖的自沉积也有一定的贡献。

2.5.6　LBL 直接包埋

将 LBL 应用于药物、酶和细胞等则可直接实现这些物质的核-壳结构包埋[42,73~75]。如 Donath 等采用生物降解高分子壳聚糖与硫酸葡聚糖、羧甲基纤维素或藻酸钠的 LBL 组装，将镇痛药布洛芬(ibuprofen)包埋，并实现了缓释[42]。释放速率与沉积的层数、布洛芬晶体颗粒的大小成反比。在酸性条件下(pH 1.4)，布洛芬的溶解性能差，因此需要几个小时才能完全释放；而在 pH 为 7.4 时溶解性能好，在 1 min 内就可全部释放。将核去除后，则可得到中空微胶囊。以 PSS/

PAH 为组合,采用 LBL 技术将活的单个酵母细胞包裹,包裹后的细胞仍保持代谢活性和分裂增殖能力[75]。

2.6 囊壁的功能化调控

通过改变囊壁的结构、组成或引入功能性组分,可获得具有各种功能的微胶囊。

2.6.1 特殊结构微胶囊

Voigt 等将 PSS 和聚乙烯基苄基三甲基氯化铵[poly(vinyl benzyl trimethylammonium chloride),PVBTAC]溶于水/丙酮/溴化钠(质量比 60:20:20)混合溶液中形成均相溶液,然后加入 MF 胶体颗粒,通过缓慢蒸发丙酮或加水使 PSS/PVBTAC 配合物沉积于 MF 颗粒上,形成聚电解质膜。然后分解 MF,则可一步制备出聚电解质微胶囊[76]。

Dai 等将纳米 SiO_2 通过特殊的组装形式获得了囊壁高度疏松和壳-壳结构的微胶囊[77]。如将 PAH 预包裹的 SiO_2 作为一种组装成分组装到 LBL 膜中,在以盐酸分解掉 MF 后,得到囊壁杂化了 SiO_2 的微胶囊;进一步以 HF 处理后,则得到囊壁高度疏松多孔的微胶囊。若将尺寸较大的 SiO_2 微粒均匀地组装在两层$(PSS/PAH)_n$ 之间,在分别脱出 MF 和 SiO_2 微粒后,得到了壳-壳结构的微胶囊。如此得到的微胶囊的渗透性能和机械强度都有很大程度的改变。

为提高微胶囊的稳定性,可将囊壁进行适当的化学交联。PSS/PAH 的囊壁组成可用戊二醛对 PAH 上的氨基进行交联;而由弱聚电解质 PAA/PAH 组成的微胶囊,经高温处理则可将离子型羧酸铵转变为酰胺键[78]。张希等介绍了一种新的交联方法,他们采用重氮树脂(diazoresins,DZR)代替 PAH 与 PSS 组装,然后进行紫外光处理,将离子键转化为共价键[79,80]。其后,Caruso 等将该技术用于微胶囊的组装,获得了一种新的交联型微胶囊[81]。经过交联处理的微胶囊的热稳定性、耐溶解性能和机械性能都有所改善。

与交联结构相对照的是易溶解微胶囊。通常应选用天然的或合成的弱聚电解质,如聚丙烯酸(PAA)、藻酸钠、角叉藻聚糖(carrageenan)、多聚赖氨酸、壳聚糖、DNA、PAH 和各种蛋白等。由这些聚电解质之间组成的囊壁在某些条件下是稳定的,而在另外的条件下,如酸性、碱性、微波、超声波或高离子强度条件下则会发生溶解,通过适度的交联则可对微胶囊的通透性能进行调节。这种特性对于微胶囊在药物包埋与控制释放、模型化细胞研究等领域非常重要。

2.6.2 光、磁功能化微胶囊

将有机染料、感光性金属离子或纳米颗粒及磁性微粒组装到囊壁上,就得到了具有各种光、电、磁功能的微胶囊。Dai 等将几种具有合适激发波长和荧光发射波长的染料组合到囊壁上,得到了具有多步能量转移功能的微胶囊[82]。研究发现,Förster 能量转移沿囊壁平行方向较容易,而沿垂直方向则较困难。除静电组装外,也可将带电或不带电的有机染料通过疏水力和范德瓦尔斯力与聚电解质组装成中空微胶囊[83]。其组装过程分别在水溶液中(对于聚电解质层)和有机溶剂如乙醇(对于染料层)中交替进行。含有光敏特性的有机染料的囊壁可在红外光辐照下分解,因此对于药物的定点传输等具有较为重要的意义。Hong 等将光致变色的偶氮离子聚合物 PAZ-6 与 PSS 组装,通过 PAZ-6 的光致 E—Z—E 循环变化,得到了变色的微胶囊[84]。银离子也可被组装到囊壁上,光照后将银还原并沉积到囊壁上[85]。将表面经过修饰的铁磁性微粒组装到囊壁上[86],则可通过外加磁场来控制微胶囊的运动,因此也有利于包埋物的定位传输。

2.6.3　生物功能化微胶囊

采用生物降解高分子组装或采用生物功能分子修饰囊壁,则可得到具有各种生物功能的微胶囊,如药物或基因的包埋与传输、模型细胞、人工病毒和生物催化等。通常合成的聚电解质不能被生物降解,应用于人体时残留的聚电解质会产生很大的毒害作用,而采用生物合成或生物衍生的聚电解质则可得到生物相容性微胶囊[61,87]。这些天然的或合成的可降解聚电解质有很多,如藻酸钠、多聚赖氨酸、DNA、胶原、明胶、壳聚糖、葡聚糖、肝素等及其衍生物——硫酸肝素、硫酸葡聚糖、硫酸壳聚糖和 DEAE-葡聚糖(*N*,*N*-二乙基胺乙基-葡聚糖)等。

将磷脂双分子层组装到微胶囊表面,则可模拟细胞的膜结构,进而可研究磷脂膜在外界条件影响下的结构和功能变化。进一步的研究可将蛋白嵌入到磷脂膜中,以模拟细胞膜的功能,如离子选择性通道。Lvov 等将具有特异性识别功能的基团组装或共价偶联到微胶囊表面,如免疫球蛋白(IgG),则可选择性识别溶液中或基底上的抗免疫球蛋白(anti-IgG)[88]。

2.7　结　束　语

基于层状自组装的聚电解质中空微胶囊以其结构的易调控性、尺寸与壁厚的均一性及与其他多种功能物质如生物功能分子、纳米微粒、金属和染料的易整合等特性,从其方法学的建立至今的短短几年时间里已得到了飞速发展,在基础研究方面取得了丰硕的成果,在应用开发方面也初露端倪。这是一个与化学、材料科学、生命科学、纳米科学和物理学等高度交叉的研究领域,吸引了从化学家、材料学家、生物学家到物理学家的高度兴趣,进而引领了一个新兴领域的发展。LBL 中空微胶囊提供了一个强大的技术平台,通过与各个学科的交叉结合必将从目前的以基础研究为主向产业化过渡。为此,层状自组装微胶囊的研究正向各个领域渗透,未来的发展潜力巨大。

参考文献

[1] 梁治齐编著. 微胶囊技术及其应用. 北京:中国轻工业出版社,1999. 1~3

[2] Langer R, Vacanti JP. Tissue engineering. Science, 1993, 260: 920~926

[3] Baldwin SP, Saltzman WM. Polymers for tissue engineering. Trends Polym. Sci., 1996, 4(6): 177~182

[4] 高长有,李安,益小苏,封麟先. 多孔聚合物材料的应用及其生物相容性. 生物医学工程学杂志, 1999, 16(4): 511~515

[5] Marinakos SM, Novak JP, Brousseau Ⅲ LC, House AB, Edeki EM, Feldhaus JC, Feldheim DL. Gold particles as templates for the synthesis of hollow polymer capsules. Control of capsule dimensions and guest encapsulation. J. Am. Chem. Soc., 1999, 121: 8518~8522

[6] 朱明华,吴增树. 医用高分子材料的致癌性.北京生物医学工程,1992, 11(3): 179~183

[7] Discher BM, Won YY, Ege DS, Lee JCM, Bates FS, Discher DE, Hammer DA. Polymersomes: Tough vesicles made from diblock copolymers. Science, 1999, 284: 1143~1146

[8] Wong MS, Cha JN, Choi K-S, Deming TJ, Stucky GD. Assembly of nanoparticles into hollow spheres using block copolypeptides. Nano. Letters, 2002, 2(6): 583~587

[9] Iler RK. Multilayers of colloidal particles. J. Colloid Interface Sci., 1966, 21: 569~572

[10] Keller SW, Johnson SA, Brigham ES, Yonemoto EH, Mallouk TE. Photoinduced charge separation in multilayer thin films grown by sequential adsorption of polyelectrolytes. J. Am. Chem. Soc., 1995, 117: 12879~12880

[11] Decher G. Fuzzy nanoassemblies: toward layered polymeric multicomposites. Science. 1997, 277: 1232~1237

[12] Decher G, Hong JD. Buildup of ultrathin multilayer films by a self-assembly process. 1 Consecutive adsorption of anionic and cationic bipolar amphiphiles on charged surfaces. Makromol Chem. Macromol. Symp., 1991, 46: 321~327

[13] Decher G, Lehr B, Lowack K, Lvov Y, Schmitt J. New nanocomposite films for biosensors—layer-by-layer adsorbed films of polyelectrolytes, proteins or DNA. Biosensors & Bioelcetronics, 1994, 9: 677~684

[14] Ruths J, Essler F, Decher G, Riegler H. Polyelectrolytes Ⅰ: Polyanion/polycation multilayers at the air/monolayer/water interface as elements for quantitative polymer adsorption studies and preparation of hetero-superlattices on solid surfaces. Langmuir, 2000, 16: 8871~8878

[15] Pommersheim R, Schrezenmeir J, Vogt W. Immobilization of enzymes by multilayer microcapsules. Macromol. Chem. Phys., 1994, 195: 1557~1567

[16] Chen YT, Somasundaran P. Preparation of novel core-shell nanocomposite particles by controlled polymer bridging. J. Am. Chem. Soc., 1998, 81: 140~144

[17] Sukhorukov GB, Donath E, Lichtenfeld H, Knippel E, Knippel M, Budde A, Möwald H. Layer-by-layer self assembly of polyelectrolytes on colloidal particles. Colloids Surfaces A, 1998, 137: 253~266

[18] Sukhorukov GB, Donath E, Davis SA, Lichtenfeld H, Caruso F, Popov Ⅵ, Möwald H. Stepwise polyelectrolyte assembly on particle surfaces: a novel approach to colloid design. Polym. Adv. Tech., 1998, 9: 759~767

[19] Donath E, Sukhorukov GB, Caruso F, Davis SA, Möhwald H. Novel hollow polymer shells by colloid-tem-

plated assembly of polyelectrolytes. Angew Chem. Inter. Ed., 1998, 37: 2201～2205

[20] Caruso F, Caruso RA, Möhwald H. Nanoengineering of inorganic and hybrid hollow spheres by colloidal templating. Science, 1998, 282: 1111～1114

[21] Caruso F, Lichtenfeld H, Giersig M, Möhwald H. Electrostatic self-assembly of silica nanoparticle—polyelectrolyte multilayers on polystyrene latex particles. J. Am. Chem. Soc., 1998, 120: 8523～8524

[22] Sukhorukov, GB. Designed nano-engineered polymer films on colloidal particles. In: Möbius D, Miller R (eds). Novel Methods to Study Interfacial Layers. Oxford: Elsevier Science BV, 2001. 383～414

[23] Voigt A, Lichtenfeld H, Sukhorukov GB, Zastrow H, Donath E, Bäumler H, Möhwald H. Membrane filtration for microencapsulation and microcapsules fabrication by layer-by-layer polyelectrolyte adsorption. Ind. Eng. Chem. Res., 1999, 38: 4037～4043

[24] Zhu YB, Gao CY, Liu XY, He T, Shen JC. Layer-by-layer assembly to modify poly(L-lactic acid) surface towards improving its cytocompatibility to human endothelial cells. Biomacromolecules, 2003, 4: 446～452

[25] Lichtenfeld H, Knapschinsky L, Sonntag H, Shilov V. Fast coagulation of nearly spherical ferric oxide (haematite) particles. Part 1. formation and decomposition of aggregates: experimental estimation of velocity constants. Colloids Surfaces A, 1995, 104: 313～320

[26] Kerker M. The scattering of light and other electromagnetic radiation. New York: Academic Press, 1969

[27] Ramsden JJ, Lvov YM, Decher G. Determination of optical constants of molecular films assembled via alternate polyion adsorption. Thin Solid Films, 1995, 254: 246～251

[28] Gao CY, Moya S, Lichtenfeld H, Casoli A, Fiedler H, Donath E, Möhwald H. The Decomposition process of melamine formaldehyde cores: the key step in fabrication of ultrathin polyelectrolyte multilayer capsules. Macromol. Mater. Eng., 2001, 286(6): 355～361

[29] Moya S, Donath E, Sukhorukov GB, Auch M, Bäumler H, Lichtenfeld H, Möhwald H. Lipid coating on polyelectrolyte surface modified colloidal particles and polyelectrolyte capsules. Macromolecules, 2000, 33: 4538～4544

[30] Gao CY, Moya S, Donath E, Möhwald H. Melamine formaldehyde core decomposition as the key step controlling capsule integrity: optimizing the polyelectrolyte capsule fabrication. Macromol. Chem. Phys., 2002, 203 (7): 953～960

[31] Caruso F, Lichtenfeld H, Donath E, Möhwald H. Investigation of electrostatic interactions in polyelectrolyte multilayer films: binding of anionic fluorescent probes to layers assembled onto colloids. Macromolecules, 1999, 32: 2317～2328

[32] Neu B, Voigt A, Mitlöhner R, Leporatti S, Gao CY, Donath E, Kiesewetter H, Möhwald H, Neiselman HJ, Bäumler H. Biological cells as templates for hollow microcapsules. J. Microencapsulation, 2001, 18(3): 385～395

[33] Moya S, Sukhorukov GB, Auch M, Donath E, Möhwald H. Microencapsulation of organic solvents in polyelectrolyte multilayer micrometer-sized shells. J. Colloid Interface Sci., 1999, 216: 297～302

[34] Moya S, Dähne L, Voigt A, Leporatti S, Donath E, Möhwald H. Polyelectrolyte multilayer capsules templated on biological cells: core oxidation influences layer chemistry. Colloids Surfaces A, 2001: 183～185: 27

[35] Caruso F, Caruso RA, Möhwald H. Production of hollow microspheres from nanostructured composite particles. Chem. Mater., 1999, 11: 3309～3314

[36] Caruso RA, Susha A, Caruso F. Multilayered titania, silica, and laponite nanoparticles coatings on

polystyrene colloidal templates and resulting inorganic hollow spheres. Chem. Mater., 2001, 13: 400~409
[37] Gittins DI, Caruso F. Tailoring the polyelectrolyte coating of metal nanoparticles. J. Phys. Chem. B, 2001, 105: 6846~6852
[38] Gittins DI, Caruso F. Multilayered polymer nanocapsules derived from gold nanoparticle templates. Adv. Mater., 2000, 12(24): 1947~1949
[39] Caruso F, Spasova M, Salgueiriño-Maceira V, Liz-Marzμn LM. Multilayer assemblies of silica-encapsulated gold nanoparticles on decomposable colloid templates. Adv. Mater., 2001, 13(14): 1090~1094
[40] Caruso F, Trau D, Möhwald H, Renneberg R. Enzyme encapsulation in layer-by-layer engineered polymer multilayer capsules. Langmuir, 2000, 16: 1485~1488
[41] Caruso R, Yang WJ, Trau D, Renneberg R. Microencapsulation of uncharged low molecular weight organic materials by polyelectrolyte multilayer self-assembly. Langmuir, 2000, 16: 8932~8936
[42] Qiu XP, Leporatti S, Donath E, Möhwald H. Studies on the drug release properties of polysaccharide multilayers encapsulated ibuprofen microparticles. Langmuir, 2001, 17: 5375~5380
[43] Dai ZF, Viogt A, Donath E, Möhwald H. Novel encapsulation of functional dye particles based on alternately adsorbed multilayers of active oppositely charged macromolecular species. Macromol. Rapid Comm. 2001, 22: 756
[44] Landau LD, Lifshitz EM. Course of Theoretical Physics, vol 7, Theory of Elasticity, 3 rd edition. Oxford: Butterworth-Heinemann, 1997. 187
[45] Pogorelov AV. Bending of Surface and Stability of Capsules. New York: American Mathematical Society, 1988. 77
[46] Gao C, Donath E, Moya S, Dudnik V, Möhwald H. Elasticity of hollow polyelectrolyte capsules prepared by the layer-by-layer technique. Eur. Phys. J. E., 2001, 5: 21~27
[47] Leporatti S, Gao C, Viogt A, Donath E, Möhwald H. Shrinking of ultrathin polyelectrolyte multilayer capsules upon annealing: a confocal laser scanning microscopy and scanning force microscopy study. Eur. Phys. J. E., 2001, 5: 13~20
[48] Gao CY, Leporatti S, Moya S, Donath E, Möhwald H. Swelling and shrinking of polyelectrolyte microcapsules in response to changes in temperature and ionic strength. Chem. Eur. J., 2003, 9: 915~920
[49] Gao CY, Leporatti S, Moya S, Donath E, Möhwald H. Stability and mechanical properties of polyelectrolyte capsules obtained by stepwise assembly of poly(styrenesulfonate sodium salt) and poly(diallyldimethyl ammonium) chloride onto melamine resin particles. Langmuir, 2001, 17: 3491~3495
[50] Georgieva R, Moya S, Leporatti S, Neu B, Bäumler H, Reichle C, Donath E, Möhwald H. Conductance and capacitance of polyelectrolyte and lipid-polyelectrolyte composite capsules as measured by electrorotation. Langmuir, 2000, 16: 7075~7081
[51] Hanai T, Haydon DA, Tayler J. The influence of lipid composition and of some adsorbed proteins on the capacitance of black hydrocarbon membranes. J. Theor. Bio., 1965, 9: 422~432
[52] Baba T, Toshima Y, Minamikava H, Hato M, Suzuki K, Kamo N. Formation and characterization of planar lipid bilayer membranes from synthetic phytanyl-chained glycolipids. Biochimica et biophysica Acta-Biomembranes, 1999, 1421 (1): 91~102
[53] Leporatti S, Voigt A, Mitlöhner R, Sukhorukov G, Donath E, Möhwald H. Scanning force microscopy Investigation of polyelectrolyte nano-and microcapsule wall texture. Langmuir, 2000, 16: 4059~4063
[54] Gao CY, Leporatti S, Donath E, Möhwald H. Surface texture of poly(styrenesulfonate sodium salt) and

poly(diallyldimethylammonium chloride) micro-sized multilayer capsules: a scanning force and confocal microscopy study. J. Phys. Chem. B, 2000, 104 (30): 7144～7149

[55] Yoo D, Shiratori SS, Rubner MF. Controlling bilayer composition and surface wettability of sequentially adsorbed multilayers of weak polyelectrolytes. Macromolecules, 1998, 31: 4309～4318

[56] Shiratori SS, Rubner MF. pH-Dependent thickness behavior of sequentially adsorbed layers of weak polyelectrolytes. Macromolecules, 2000, 33: 4213～4219

[57] Mendelsohn JD, Barrett CJ, Chan VV, Pal AJ, Mayes AM, Rubner MF. Fabrication of microporous thin films from polyelectrolyte multilayers. Langmuir, 2000, 16: 5017～5023

[58] Sukhorukov, GB, Antipov AA, Viogt A, Donath E, Möhwald H. pH-Controlled macromolecule encapsulation in and release from polyelectrolyte multilayer nanocapsules. Macromol. Rapid Comm., 2001, 22: 44～46

[59] Antipov AA, Sukhorukov GB, Leporatti S, Radtchenko IL, Donath E, Möhwald H. Polyelectrolyte multilayer capsule permeability control. Colloids Surfaces A, 2002, 198～200: 535～541

[60] Ibarz G, Dähne L, Donath E, Möhwald H. Smart micro-and nanocontainers for storage, transport, and release. Adv. Mater., 2001, 13(17): 1324～1327

[61] Georgieva R, Moya S, Hin M, Mitlöhner R, Donath E, Kiesewetter H, Möhwald H, Bäumler H. Permeation of macromolecules into polyelectrolyte microcapsules. Biomacromolecules, 2002, 3: 517～524

[62] Lvov Y, Antipov AA, Mamedov A, Möhwald H, Sukhorukov GB. Urease encapsulation in nanoorganized microshells. Nano. Letters, 2001, 1(3): 125～128

[63] Ibarz G, Dähne L, Donath E, Möhwald H. Resealing of polyelectrolyte capsules after core removal. Macromol. Rapid Comm., 2002, 23: 474～478

[64] Ibarz G, Dähne L, Donath E, Möhwald H. Controlled permeability of polyelectrolyte capsules via defined annealing. Chem. Mater., 2002, 14 (10): 4059～4062

[65] Sukhorukov G, Dähne L, Hartmann J, Donath E, Möhwald H. Controlled precipitation of dyes into hollow polyelectrolyte capsules based on colloids and biocolloids. Adv. Mater., 2000, 12(2): 112～115

[66] Sukhorukov GB, Susha AS, Davis S, Leporatti S, Donath E, Hartmann J, Möhwald H. Precipitation of inorganic salts inside hollow micrometer-sized polyelectrolyte shells. J. Colloid Interface Sci., 2002, 247: 251～254

[67] Radtchenko IL, Sukhorukov GB, Leporatti S, Khomutov GB, Donath E, Hartmann J, Möhwald H. Assembly of alternated multivalent ion/polyelectrolyte layers on colloidal particles. Stability of the multilayers and encapsulation of macromolecules into polyelectrolyte capsules. J. Colloid Interface Sci., 2000, 230: 272～280

[68] Gaponik N, Radtchenko IL, Sukhorukov GB, Weller H, Rogach AL. Toward encoding combinatorial libraries: charge-driven microencapsulation of semiconductor nanocrystals luminescing in the visible and near IR. Adv. Mater., 2002, 14(12): 879～882

[69] Tiourina OP, Sukhorukov GB. Multilayer alginate/protamine microsized capsules: encapsulation of α-chymotrypsin and controlled release study. J. Pharmaceutics, 2002, 242 (1～2): 155～161

[70] Dähne L, Leporatti S, Donath E, Möhwald H. Fabrication of micro reaction cages with tailored properties. J. Am. Chem. Soc., 2001, 123: 5431～5436

[71] Gao CY, Liu XY, Shen JC, Möhwald H. Spontaneous deposition of horseradish peroxidase into polyelectrolyte multilayer capsules to improve its activity and stability. Chem. Comm., 2002, (17): 1928～1929

[72] Gao CY, Donath E, Möhwald H, Shen JC. Spontaneous deposition of water-soluble substances into microcapsules: phenomenon, mechanism, and application. Angew. Chem. Inter. Ed., 2002, 41(20): 3789~3793

[73] Balabushevitch NG, Sukhorukov GB, Moroz NA, Volodkin DV, Larionova NI, Donath E, Möhwald H. Encapsulation of proteins by layer-by-layer adsorption of polyelectrolytes onto protein aggregates: Factors regulating the protein release. Biotechnology and Bioengineering, 2001, 76(3): 207~213

[74] Caruso F, Trau D, Möhwald H, Renneberg R. Enzyme encapsulation in layer-by-layer engineered polymer multilayer capsules. Langmuir, 2000, 16, 1485~1488

[75] Diaspro A, Silvano D, Krol S, Cavalleri O, Gliozzi A. Single living cell encapsulation in nano-organized polyelectrolyte shells. Langmuir, 2002, 18, 5047~5050

[76] Voigt A, Donath E, Möhwald H. Preparation of microcapsules of strong polyelectrolyte couples by one-step complex surface precipitation. Macromol. Mater. Eng., 2000, 282: 13~16

[77] Dai ZF, Dähne L, Möhwald H, Tiersch B. Novel capsules with high stability and controlled permeability by hierarchic templating. Angew. Chem. Inter. Ed., 2002, 41(21): 4019~4022

[78] Harris JJ, DeRose PM, Bruening ML. Synthesis of passivating, nylon-like coatings through cross-linking of ultrathin polyelectrolyte films. J. Am. Chem. Soc., 1999, 121: 1978~1979

[79] Sun JQ, Wu T, Sun YP, Wang ZQ, Zhang X, Shen JC, Cao WX. Fabrication of a covalently attached multilayer via photolysis of layer-by-layer self-assembled films containing diazo-resins. Chem. Comm., 1998: 1853~1854

[80] Sun JQ, Wang ZQ, Sun YP, Zhang X, Shen JC. Covalently attached multilayer assemblies of diazo-resins and porphyrins. Chem. Comm., 1999: 693~694

[81] Pastoriza-Santos I, Schöler, Caruso F. Core-shell colloids and hollow polyelectrolyte capsules based on diazoresins. Adv. Functional Mater., 2001, 11(2): 122~128

[82] Dai ZF, Dähne L, Donath E, Möhwald H. Mimicking photosynthetic two-step energy transfer in cyanine triads assembled into capsules. Langmuir, 2002, 18: 4553~4555

[83] Dai ZF, Voigt A, Leporatti S, Donath E, Dähne L, Möhwald H. Layer-by-layer self-assembly of polyelectrolyte and low molecular weight species into capsules. Adv. Mater., 2001, 13(17): 1339~1342

[84] Jung BD, Hong JD, Voigt A, Leporatti S, Dähne L, Donath E, Möhwald H. Photochromic hollow shells: photoisomerization of azobenzene polyionene in solution, in multilayer assemblies on planar and spherical surfaces. Colloids Surfaces A, 2002, 198~200: 483~489

[85] Antipov AA, Sukhorukov GB, Fedutik YA, Hartmann J, Giersig M, Möhwald H. Fabrication of a novel type of metallized colloids and hollow capsules. Langmuir, 2002, 18 (17): 6687~6693

[86] Voigt A, Buske N, Sukhorukov GB, Antipov AA, Leporatti S, Lichtenfeld H, Bäumler H, Donath E, Möhwald H. Novel polyelectrolyte multilayer micro-and nanocapsules as magnetic carriers. J. Magnetism Magnetic Mater., 2001, 225: 59~66

[87] Berth G, Voigt A, Dautzenberg H, Donath E, Möhwald H. Polyelectrolyte complexes and layer-by-layer capsules from chitosan/chitosan sulfate. Biomacromolecules, 2002, 3: 579~590

[88] Ai H, Fang M, Jones SA, Lvov YM. Electrostatic layer-by-layer nanoassembly on biological microtemplates: platelets. Biomacromolecules, 2002, 3: 560~564

第3章　插层组装材料

段　雪　张法智　卫　敏　李殿卿

3.1 引　　言

层状插层组装体是一大类具有超分子结构的功能材料，因其结构和性能的特殊性，它可广泛应用于国民经济众多领域和行业，近年来引起了各国研究者和产业界的高度重视。该类材料主要是以层状结构材料为前驱体，经超分子设计和插层组装而得到的一类结构高度有序、且具有多种优异功能的新型材料。构筑此类材料的推动力一般为共价键、离子键、氢键、静电力、亲(疏)水力、范德瓦尔斯力及其相互作用。构筑基元和结构的多样化和可调控性，为此类材料的迅速发展提供了广阔的空间，可作为新型高性能催化材料、生物材料、电子材料、吸波材料、环保材料等，广泛服务于国民经济各领域。据不完全统计，目前国际市场此类材料的需求量约为2000万吨，并以每年40%的速率高速增加，同时拉动了百倍于自身吨位的传统产品的发展和技术进步，在国民经济发展中发挥着越来越重要的战略作用。

层状材料是一类具有特殊结构和功能的主体化合物，可分为阳离子型黏土(包括蒙脱土、高岭土等)、阴离子型黏土(包括水滑石类化合物等)、石墨、层状金属化合物、过渡金属硫化物以及金属盐类层状化合物等。

水滑石类化合物包括水滑石(hydrotalcite)和类水滑石(hydrotalcite-like compound)，其主体一般由两种金属的氢氧化物构成，因此又称为层状双羟基复合金属氧化物(layered double hydroxide，简写为LDH)。LDH的插层化合物称为插层水滑石。水滑石、类水滑石和插层水滑石统称为水滑石类插层材料(LDHs)。LDHs的发展已经历了100多年的历史，但直到20世纪60年代才引起物理学家和化学家的极大兴趣。早在1842年瑞典人Circa就发现了天然LDHs矿物的存在，20世纪初人们就已发现了LDHs的加氢催化活性。1942年，Feitknecht等首次通过金属盐溶液与碱金属氢氧化物反应合成了LDHs，并提出了所谓双层结构的设想。1969年，Allmann等测定了LDHs单晶的结构，首次确定了LDHs的层状结构。70年代Miyata等对其结构进行了详细的研究，并对其作为新型催化材料的应用进行了探索性的工作。作为一种催化新材料，它在许多反应中显示了良好的应用前景。在此阶段，Taylor和Rouxhet还对LDHs热分解产物的催化性质进行了研究，发现它是一种性能良好的催化剂和催化剂载体。80年代Reichle等研究了LDHs及其焙烧产物在有机催化反应中的应用，指出它在碱催化、氧化还原催化过程中有重要的价值。自 90 年代以来，LDHs 层状晶体结构的灵活多变性被充分揭示，尤其是其可经组装得到更强功能的超分子插层结构材料的性质，引起了国际上相关领域的高度关注。在层状前驱体制备、结构表征、超分子结构模型建立、插层组装动力学和机理、插层组装体的功能开发等诸方面得到了许多具有理论指导意义的结论和规律。特别是近年来，基于超分子化学定义及插层组装概念，有关 LDHs 的研究工作获得了更深层次上的理论支持。LDHs 插层组装体的主体层板内存在强的共价键，层间则是一种弱的相互作用力，主体与客体之间通过静电作用、氢键、范德瓦尔斯力等结合，且主、客体都以有序的方式排列，这种具有特殊结构的多元素、多键型分子聚集体已不是一般概念上的分子化合物，而是一类具有超分子结构的分子复合材料。此类材料特殊的结构使其同时具备了插层客体和 LDHs 主体的许多优点，故其在吸附、催化、医药、电化学、光化学、农药、军工材料等许多领域已经或即将展现出极为广阔的应用前景。

3.2　LDHs 插层前驱体的结构特征

3.2.1　晶体结构简述

LDHs 是由层间阴离子及带正电荷层板堆积而成的化合物，其结构类似于水镁石 $Mg(OH)_2$（如图 3-1 所示[1]），由 MO_6 八面体共用棱边而形成主体层板。LDHs 的化学组成具有如下通式：$[M^{2+}_{1-x}M^{3+}_{x}(OH)_2]^{x+}(A^{n-})_{x/n}\cdot mH_2O$，其中 M^{2+} 和 M^{3+} 分别为二价和三价金属阳离子，位于主体层板上；A^{n-} 为层间阴离子；x 为 $M^{3+}/(M^{2+}+M^{3+})$的摩尔比值；m 为层间水分子的个数。位于层板上的二价金属阳离子 M^{2+} 可以在一定的比例范围内被离子半径相近的三价金属阳离子 M^{3+} 同晶取代，从而使得主体层板带部分的正电荷；层间可以交换的客体 A^{n-} 与层板正电荷相平衡，因此使得 LDHs 的这种主客体结构呈现电中性。此外，通常情况下在 LDHs 层板之间尚存在着一些客体水分子。

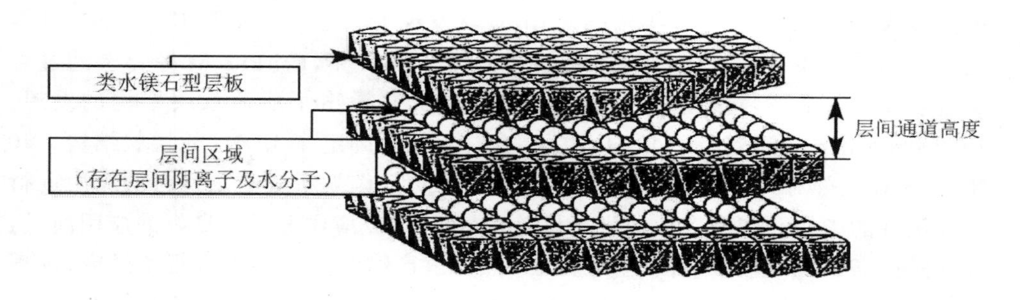

图 3-1　LDHs 的结构示意图

LDHs 的晶体结构特征主要由层板的元素性质、层间阴离子的种类和数量、层间水的数量及层板的堆积形式所决定，由此使得 LDHs 具有如下特殊性能：

(1) 层板化学组成的可调控性：LDHs 层板组成中 M^{2+} 和 M^{3+} 可以被其他半径相近的金属离子取代，从而形成新的 LDHs 化合物。

(2) 层间阴离子种类及数量的可调控性：LDHs 层间的阴离子可以与多种功能性阴离子如无机和有机阴离子、同多和杂多阴离子以及配合物阴离子等进行交换(即层板主体与客体分子的插层组装)，使得 LDHs 成为具有不同应用功能的超分子插层结构材料。另外，可以通过调变 LDHs 层板组成中 M^{2+} 和 M^{3+} 的比例，来调控层板电荷密度，从而调控层间客体分子数目。

X 射线衍射(XRD)技术是最常用的表征 LDHs 晶体结构的方法之一。典型的 LDHs 衍射图在 2θ 值较低处有尖锐且强的低晶面指数 $00l$ 衍射峰，在 2θ 值较高处有弱衍射峰。当层板堆积有序性低时，表现为 2θ 值较高处的衍射峰宽化程度较大。LDHs 的层板存在菱形(3R)、六方形(2H)两种堆积形式，二者可通过 XRD 技术加以区分。前者的晶胞参数 $c=3c'$ (c'为层间距)；后者的 $c=2c'$，其衍射图通常按六方晶胞进行分析。由层间距减去层板厚度(约 0.48 nm)可得层间通道高度(见图 3-1)，其值取决于层间阴离子的大小、排列及定位方向。根据式 3-1 和 LDHs 的 XRD 数据可以确定其层板结构和晶胞参数 a 和 c 值。参数 a 为相邻两六方晶胞中金属离子间的距离，是层板金属离子半径的函数，a 和 $d(110)$ 反映了层板及(100)晶面的原子排列密度，$a=2d(110)$；参数 c 为晶胞厚度，是层板电荷密度、层间阴离子和层间水含量的函数，而 $d(003)$ 反映了层间距的大小，$c=3d(003)$。

$$l/d^2 = 4/3\times[(h^2+hk+k^2)/a^2]+l^2/d^2 \tag{3-1}$$

式中，d 为晶面间距，单位为 nm；h, k, l 为晶面指数。

3.2.2　主体层板的化学组成及其调变

LDHs 的主体层板化学组成与其层板阳离子特性、层板电荷密度或者阴离子交换量、超分子插层结构等因素密切相关。一般来讲，只要金属阳离子具有适宜的离子半径(与 Mg^{2+}的离子半径 0.072 nm 相差不大)和电荷数，均可形成 LDHs 层板[2]。

Mg^{2+}-Al^{3+} 组合是目前文献中研究最多的 LDHs 主体层板组成。Mg/Al 摩尔比通常在 2.0～4.0 之间。由于 Al^{3+} 离子半径(0.054 nm)小于 Mg^{2+} 离子半径，因此随着 Mg/Al 摩尔比的增加，MgAl-LDHs 的晶胞参数 a 值增大。而随着 Mg/Al 比的增加，晶胞参数 c 值也增大，这是因为 Mg/Al 比增加，层板电荷密度降低，主体层板与层间阴离子的静电引力减小。当 Mg/Al 投料比超出 2.0～4.0 时，则伴随着 LDHs 的生成将可能出现 $Mg(OH)_2$ 或者 $Al(OH)_3$ 杂晶。Brindley 等[3]认为，当 Mg/Al 比大于 2 时,受静电排斥作用的影响,LDHs 层板 Al^{3+} 离子之间彼此隔离,能够在层板上达到高度均匀分布。随着 Mg/Al 比的减小,层板相邻铝氧八面体增加,并可能形成 $Al(OH)_3$;而较大的 Mg/Al 比则容易导致生成 $Mg(OH)_2$。

不同的金属阳离子(主要包括二价和三价金属阳离子)组合可以合成一系列的二元、三元以至四元 LDHs(参见表 3-1)。

表 3-1 有关的 LDHs 及代表性文献

组成			参考文献
M^{2+}(或 M^{1+})	M^{3+}(或 M^{4+})	层间阴离子	
Mg^{2+}	Al^{3+}	CO_3^{2-}	4~33
Mg^{2+}	Al^{3+}	NO_3^-	34~40
Mg^{2+}	Al^{3+}	SO_4^{2-}	19, 35
Mg^{2+}	Al^{3+}	Cl^-	35, 41~43
Mg^{2+}	Cr^{3+}	CO_3^{2-}	15, 44
Mg^{2+}	Fe^{3+}	CO_3^{2-}	44~47
Mg^{2+}	Fe^{3+}	NO_3^-	48
Mg^{2+}	Fe^{3+}	Cl^-	48
Mg^{2+}	V^{3+}	CO_3^{2-}	49
Mg^{2+}	Ga^{3+}	CO_3^{2-}	18
Zn^{2+}	Al^{3+}	CO_3^{2-}	14, 50~53
Zn^{2+}	Al^{3+}	NO_3^-	34, 52, 54, 55
Zn^{2+}	Al^{3+}	Cl^-	54
Zn^{2+}	Cr^{3+}	CO_3^{2-}	56
Zn^{2+}	Cr^{3+}	NO_3^-	55
Zn^{2+}	Cr^{3+}	SO_4^{2-}	57
Zn^{2+}	Cr^{3+}	ClO_4^-	57
Zn^{2+}	Cr^{3+}	HPO_4^{2-}	57
Zn^{2+}	Cr^{3+}	F^-	57
Zn^{2+}	Cr^{3+}	Cl^-	57
Zn^{2+}	Cr^{3+}	Br^-	53, 57, 58
Zn^{2+}	Cr^{3+}	I^-	57
Zn^{2+}	Fe^{3+}	CO_3^{2-}	46
Ni^{2+}	Al^{3+}	CO_3^{2-}	16, 17, 56, 59~62
Ni^{2+}	Al^{3+}	NO_3^-	54, 62~64
Ni^{2+}	Al^{3+}	Cl^-	62
Ni^{2+}	Fe^{3+}	CO_3^{2-}	44
Ni^{2+}	Fe^{3+}	SO_4^{2-}	65
Ni^{2+}	Co^{3+}	CO_3^{2-}	66

续表

组成			参考文献
M^{2+}（或 M^{1+}）	M^{3+}（或 M^{4+}）	层间阴离子	
Ni^{2+}	V^{3+}	CO_3^{2-}	67
Cu^{2+}	Al^{3+}	CO_3^{2-}	64，68，69
Cu^{2+}	Al^{3+}	NO_3^-	64
Cu^{2+}	Cr^{3+}	Cl^-	58，65，70
Co^{2+}	Al^{3+}	Cl^-	71
Co^{2+}	Al^{3+}	OH^-	65
Co^{2+}	Cr^{3+}	CO_3^{2-}	72
Cd^{2+}	Al^{3+}	CO_3^{2-}	73
Cd^{2+}	Al^{3+}	NO_3^-	73
Ca^{2+}	Al^{3+}	CO_3^{2-}	65
Ca^{2+}	Al^{3+}	NO_3^-	55，74
Ca^{2+}	Al^{3+}	OH^-	65
Li^+	Al^{3+}	CO_3^{2-}	75，76
Li^+	Al^{3+}	NO_3^-	73，77，78
Li^+	Al^{3+}	OH^-	77
Li^+	Al^{3+}	SO_4^{2-}	77
Li^+	Al^{3+}	Cl^-	76，78，79
Li^+	Al^{3+}	Br^-	77
Mg^{2+}	Al^{3+}，Fe^{3+}	CO_3^{2-}	58，80
Mg^{2+}	Al^{3+}，Rh^{3+}	CO_3^{2-}	81，82
Mg^{2+}	Al^{3+}，Ir^{3+}	CO_3^{2-}	81，82
Mg^{2+}	Al^{3+}，Ru^{3+}	CO_3^{2-}	81，82
Mg^{2+}	Al^{3+}，Zr^{4+}	CO_3^{2-}	83
Mg^{2+}	Ga^{3+}，Rh^{3+}	CO_3^{2-}	84
Mg^{2+}	Sc^{3+}，Rh^{3+}	CO_3^{2-}	84
Mg^{2+}	Cr^{3+}，Rh^{3+}	CO_3^{2-}	84
Mg^{2+}	Fe^{3+}，Ru^{3+}	CO_3^{2-}	84
Ni^{2+}	Al^{3+}，Sn^{4+}	CO_3^{2-}	61
Co^{2+}	Al^{3+}，Sn^{4+}	CO_3^{2-}	61
Co^{2+}	Al^{3+}，Ru^{3+}	CO_3^{2-}	17，19
Co^{2+}	Al^{3+}，La^{3+}	CO_3^{2-}	17
Mg^{2+}	Al^{3+}，Sn^{4+}	CO_3^{2-}	85
Mg^{2+}	Al^{3+}，Ga^{3+}	CO_3^{2-}	18
Mg^{2+}	Al^{3+}，Fe^{3+}	CO_3^{2-}	46
Zn^{2+}	Al^{3+}，Ru^{3+}	CO_3^{2-}	19

续表

组成			参考文献
M^{2+}(或 M^{+})	M^{3+}(或 M^{4+})	层间阴离子	
Fe^{2+}	Al^{3+}, Ru^{3+}	CO_3^{2-}	19
Mn^{2+}	Al^{3+}, Ru^{3+}	CO_3^{2-}	19
Ni^{2+}, Mg^{2+}	Al^{3+}	CO_3^{2-}	16, 17, 62, 86
Ni^{2+}, Mg^{2+}	Al^{3+}	NO_3^{-}	62
Ni^{2+}, Mg^{2+}	Al^{3+}	Cl^{-}	62
Ni^{2+}, Ca^{2+}	Al^{3+}	NO_3^{-}	87
Co^{2+}, Mg^{2+}	Al^{3+}	NO_3^{-}	17
Zn^{2+}, Mg^{2+}	Al^{3+}	CO_3^{2-}	58
Pd^{2+}, Mg^{2+}	Al^{3+}	CO_3^{2-}	81, 84, 88
Pd^{2+}, Mg^{2+}	Ga^{3+}	CO_3^{2-}	84
Pd^{2+}, Mg^{2+}	Sc^{3+}	CO_3^{2-}	84
Pd^{2+}, Mg^{2+}	Cr^{3+}	CO_3^{2-}	84
Pd^{2+}, Mg^{2+}	Fe^{3+}	CO_3^{2-}	84
Pt^{2+}, Mg^{2+}	Al^{3+}	CO_3^{2-}	84
Cu^{2+}, Ni^{2+}	Al^{3+}	CO_3^{2-}	64
Cu^{2+}, Ni^{2+}	Al^{3+}	NO_3^{-}	64
Cu^{2+}, Zn^{2+}	Al^{3+}	CO_3^{2-}	89
Mg^{2+}, Co^{2+}	Co^{3+}	NO_3^{-}	90
Mg^{2+}, Mn^{2+}	Mn^{3+}	CO_3^{2-}	91
Mg^{2+}, Fe^{2+}	Fe^{3+}	SO_4^{2-}	92
Ni^{2+}, Fe^{2+}	Fe^{3+}	SO_4^{2-}	93
Co^{2+}, Fe^{2+}	Fe^{3+}	SO_4^{2-}	93
Co^{2+}, Ni^{2+}, Mg^{2+}	Al^{3+}	CO_3^{2-}, NO_3^{-}	94
Cu^{2+}, Ni^{2+}, Mg^{2+}	Al^{3+}	CO_3^{2-}	95

合成含 Cu^{2+} LDHs 的过程中,因 Cu^{2+} 的存在导致出现 Jahn-Teller 效应,形成扭曲的八面体使得层板不稳定,从而有少量 CuO 生成。冯拥军等[95]的研究表明,二价金属离子的配比对 Cu-Ni-Mg-Al-CO_3 四元 LDHs 的合成有显著影响,当 $Mg^{2+}/\Sigma(M^{2+})=0.25$ 时,为得到结构规整的四元 LDHs,则 $Cu^{2+}/\Sigma(M^{2+})<0.438$;当 $Mg^{2+}/\Sigma(M^{2+})=0.50$ 时,则 $Cu^{2+}/\Sigma(M^{2+})<0.375$。

有关三元 LDHs 的研究工作多集中于 Mg-Al-M 体系(其中 M＝Ni、Cu、Co、Mn、Fe、Cr、Rh、Ru 等)。其中含四价金属阳离子 Sn^{4+}、Zr^{4+} 的三元 LDHs 亦有文献报道。Velu 等[83,85]研究认为,当 Mg/Al/Sn(Zr)投料比为 3∶1∶0～3∶0.7∶0.3 之间时,才能够获得单相 MgAl Sn(Zr)-LDHs。

由于 Fe^{2+}、Co^{2+}、Mn^{2+} 等容易被氧化为相应的三价阳离子,因而通过控制合成条件可以获得含不同价态金属阳离子的三元 LDHs,如:MgCo(Ⅱ)Co(Ⅲ)-LDHs[90]、MgMn(Ⅱ)Mn(Ⅲ)-LDHs[91]和 MgFe(Ⅱ)Fe(Ⅲ)-LDHs[92]等。

3.2.3 主体层板与层间客体分子之间的相互作用

由于 LDHs 的结构特征,三价金属阳离子同晶取代层板 Mg^{2+} 的结果使得主体层板带正电荷,因而层间必须有阴离子与层板上的正电荷相平衡,使得 LDHs 结构保持电中性。一般情况下,LDHs 前驱体的合成多采用无机阴离子如 CO_3^{2-}、NO_3^-、SO_4^{2-}、ClO_4^-、F^-、Cl^-、Br^-、I^- 等来平衡层板正电荷。然后,根据 LDHs 超分子插层结构的模型设计,利用主体层板的分子识别能力,采用插层或者离子交换的方法来进行层状超分子结构的组装,通过改变层间阴离子的种类和数量来获得具有特殊优异性能的功能材料。对于体积较小的无机阴离子,其交换能力大小顺序为:$CO_3^{2-} > SO_4^{2-} > HPO_4^{2-} > OH^- > F^- > Cl^- > Br^- > NO_3^-$。一般而言,高价阴离子易于交换进入层间,而低价阴离子易于被交换出来。

通常,层间阴离子的尺寸、数量、价态及阴离子与层板羟基的键合强度决定了 LDHs 的层间距大小。由表 3-2 可见,层间无机阴离子不同,LDHs 的层间距不同[96]。

表 3-2 含常见无机阴离子的 LDHs 的层间距

阴离子	OH^-	CO_3^{2-}	F^-	Cl^-	Br^-	I^-	NO_3^-	SO_4^{2-}	ClO_4^-
层间距/nm	0.755	0.765	0.766	0.786	0.795	0.816	0.879	0.858	0.920

LDHs 的晶体结构由带正电荷的类水镁石[$M^{2+}(OH)_2$]主体层板和层间可交换的阴离子及水分子组成,其主体层板内存在着较强的共价键作用,而层板与客体阴离子之间则以静电引力、氢键或者范德瓦尔斯力等弱化学作用相连。这种主客体之间的相互作用必然会影响到 LDHs 的超分子结构特性,进而影响到其组装性能、热稳定性能等。

Cu-Ni-Mg-Al-CO_3 四元 LDHs 的研究结果表明[95],在 Mg^{2+} 量不同或者 Mg^{2+} 量相同而 Cu^{2+} 量增加的条件下,CO_3^{2-} 的红外对称伸缩振动峰位置基本不变,均在 1360 cm^{-1} 附近(见表 3-3)。主体层板对 CO_3^{2-} 的静电作用力未随主体层板中二价金属离子配比的变化而发生大的变化,峰位置向高波数方向的微小移动是因为八面体在垂直层板方向上的扭曲增加了层板厚度,从而减弱了对层间 CO_3^{2-} 的作用。另外,随 Cu^{2+} 量的增加,层间 H_2O 的红外伸缩振动向高波数移动,说明 Cu^{2+} 量的增加加强了八面体扭曲程度,使八面体在垂直层板方向有一定的拉伸,减弱了金属氧键对层间 H_2O 的作用。

表 3-3 Cu-Ni-Mg-Al-CO_3 四元 LDHs 样品的 FT-IR 和 TG-DTA 数据表

样品	$Mg^{2+}/\Sigma M^{2+}$	$Cu^{2+}/\Sigma M^{2+}$	FT-IR 数据/cm^{-1}			TG-DTA 数据		
			H_2O 伸缩振动	CO_3^{2-} 反对称伸缩振动	M^{2+}—OH—Al 伸缩振动	第一失重量/%	第一吸热峰温度/℃	第二吸热峰温度/℃
1		0.250	3412	1359	631	12.27	209.0	355.0
2	0.25	0.375	3426	1360	632	11.98	200.0	366.0
3		0.438	3426	1361	632	13.13	194.0	377.0
4		0.250	3425	1362	643	13.20	208.0	394.0
5	0.50	0.312	3435	1363	645	13.06	205.0	407.0
6		0.375	3440	1365	648	12.45	200.0	411.0

图 3-2 TG-DTA 曲线中,对应层板羟基和碳酸根脱除的吸热峰温度随 Cu^{2+} 量增加而明显升高,如当 $Mg^{2+}/\Sigma(M^{2+})=0.25$ 时,随着 $Cu^{2+}/\Sigma(M^{2+})$由 0.250 增加到 0.438,相应的第二失重平台的终点温度由 355.0 ℃升至 377.0 ℃,是由于羟基脱除破坏层板结构,使铝的化学环境从八面体变为四面体,从而对羟基作用力加强。这进一步说明随 Cu^{2+} 量的增加,Jahn-Teller 效应加强,从而减弱了层板的作用力,八面体更容易变为四面体,使得其他羟基的脱除困难,导致脱除的温度升高。

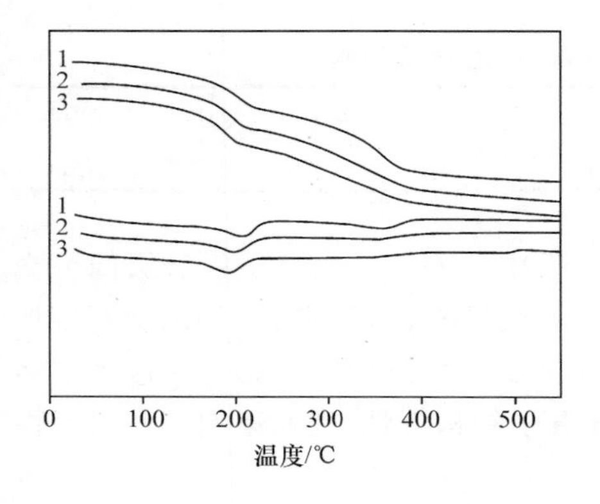

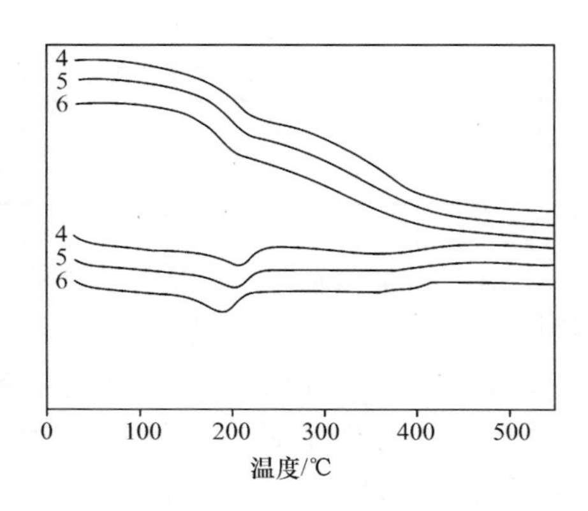

图 3-2 Cu-Ni-Mg-Al-CO_3 四元 LDHs 样品的 TG-DTA 曲线

由上可知,在 Cu-Ni-Mg-Al-CO_3 四元 LDHs 中,主体层板对客体 CO_3^{2-} 的作用、主体层板对层间 H_2O 的作用和主体层板中金属离子对羟基的作用均因 Cu^{2+} 量增加,Jahn-Teller 效应的加强而减弱。

3.3 LDHs 插层前驱体的制备化学

依据胶体化学和晶体学理论,调变 LDHs 成核时的浓度、温度可以控制晶体成核的速度。同时，通过调变 LDHs 晶化时间、温度及溶液浓度可以控制晶体生长速度。由此可以在较宽的范围内对于 LDHs 的晶粒尺寸及其分布进行调控。另外，LDHs 的制备方法对于控制 LDHs 的晶粒形貌也是非常重要的。有关 LDHs 制备方面的研究一直是该领域研究的重要内容。

3.3.1 共沉淀法

共沉淀法是制备 LDHs 最常用的方法，是指将构成 LDHs 层板的金属盐溶液和碱溶液通过一定方法混合，使之发生共沉淀，将该沉淀在一定条件下晶化可得目标 LDHs。共沉淀的基本条件是达到过饱和状态，而达到过饱和状态的方法有多种，在 LDHs 的合成过程中通常采用的是 pH 调节法，其中最关键的一点是沉淀的 pH 必须高于或至少等于最易溶金属氢氧化物的沉淀 pH。共沉淀法又可以分为以下几种。

3.3.1.1 变化 pH 法(又称单滴法或高过饱和度法)

将构成 LDHs 层板的混合金属盐溶液在剧烈搅拌条件下滴加到碱溶液中，再在一定温度下晶化[97,98]。此法特点是在滴加过程中体系 pH 持续变化，但体系始终处于高过饱和状态，而在高过饱和状态下往往由于搅拌速度远远低于沉淀速度，常会伴有氢氧化物和难溶盐等杂相生成。

3.3.1.2 恒定 pH 法(又称双滴法或低过饱和度法)

将混合金属盐溶液和碱溶液通过控制相对滴加速度同时缓慢加入到一搅拌容器中，其 pH 通过控制相对滴加速度调节，然后在一定温度下晶化[99~101]。此法特点是，在滴加过程中体系 pH 恒定不变，易得到单相 LDHs。Yun 等[101]的研究表明，与变化 pH 法相比，采用恒定 pH 法制得的 MgAl-LDHs 晶型完整、晶粒尺寸分布较窄。

3.3.1.3 成核/晶化隔离法

将混合金属盐溶液和碱溶液在全返混旋转液膜成核反应器中迅速混合，剧烈循环搅拌几分钟后，将所得浆液在一定温度下晶化[24,102]。这种方法一方面可使生成 LDHs 所需的盐溶液与碱溶液快速混合，在极短的时间内充分接触、碰撞，完成成核反应；另一方面，可将生成的晶核快速分离，使得晶化过程中不再有新核生成，减少了成核与晶体生长同时发生的可能性。与恒定 pH 法相比，成核/晶化隔离法合成的 LDHs 样品的 XRD 特征衍射峰更强，基线更平稳，表明样品结晶度更高，晶相结构更完整。另外，两种方法合成的样品在粒径大小和分布上差别显著，成核/晶化隔离法产物粒子小，为纳米量级，且分布均匀；恒定 pH 法产物粒径大，分布宽。粒度分布测定结果见表 3-4。

表 3-4 不同方法制备的 LDHs 样品的粒径分布数据

粒径分布	恒定 pH 法			成核/晶化隔离法		
	Mg_2Al	Mg_3Al	Mg_4Al	Mg_2Al	Mg_3Al	Mg_4Al
$d(0.1)/\mu m$	0.098	0.071	0.107	0.082	0.084	0.082
$d(0.5)/\mu m$	0.281	0.145	2.070	0.142	0.139	0.137
$d(0.9)/\mu m$	4.819	0.721	5.388	0.233	0.220	0.249

两种方法导致样品粒径大小和分布差别较大的原因在于：恒定 pH 法在合成 LDHs 的过程中，成核与晶化过程同时发生，导致新成核的粒子和已经晶化一定时间的粒子存在尺寸差别。根据晶体化学原理，对于共沉淀反应制备晶体材料，如果能保证晶体的前驱体晶核大小一致，同时保证粒子的生长条件一致，就有可能合成出粒径均匀的晶体材料。成核/晶化隔离法就是在此基础上提出的，将成核与晶化过程分开，使晶化过程不再有新核的生成，达到了产物粒子均匀的目的。

3.3.1.4 非平衡晶化法

非平衡晶化法的实施可采取两种方式：保持前期成核条件相同，调变后期溶液中补加的离子浓度；保持后期溶液中补加的离子浓度相同，调变前期成核离子浓度[27]。表 3-5 和表 3-6 分别列出了上述两种方式合成的 LDHs 的粒径分布结果。从表 3-5 中可看出，在前期成核条件一致时，随后期溶液中离子浓度增大及滴加液的增加，LDHs 粒径增大。对样品 A、B、C，第一步成核条件完全相同，所以各体系中晶核的数量基本一样。在相同的晶化条件下，晶化一段时间后，体系中粒子数目相同，且晶体生长几乎达到了平衡。此时通过补加原料改变体系中离子的浓度，促使 LDHs 的沉淀溶解平衡向沉淀方向移动，表现为 LDHs 粒子长大；又由于体系中粒子数目一样，且滴加时尽量不形成新的晶核，即在等量 LDHs 粒子上沉淀，这样随粒子浓度增大或补加原料量的增多，LDHs 晶粒尺寸加大。

表 3-5 非平衡晶化法 LDHs 的制备条件及粒径分布(前期的成核离子浓度相同)

样品	成核离子浓度/(mol/L)		粒径分布/%		
	第一步[Mg^{2+}]	第二步[Mg^{2+}]	<0.4 μm	0.4～1.5 μm	>1.5 μm
A	0.086	0.60	73.8	26.2	0
B	0.086	1.08	61.6	38.4	0
C	0.086	2.00	56.3	40.9	2.8

表 3-6 结果表明，当保持后期溶液中粒子浓度相同即第二步滴加液相同时(样品 A、D、E)，随第一步成核离子浓度提高，LDHs 粒径减小。因为成核离子浓度

表 3-6　非平衡晶化法 LDHs 的制备条件及粒径分布(后期补加的离子浓度相同)

样品	成核离子浓度/(mol/L)		粒径分布/%	
	第一步[Mg^{2+}]	第二步[Mg^{2+}]	<0.4 μm	0.4～1.5 μm
A	0.086	0.60	73.8	26.2
D	0.857	0.60	75.0	25.0
E	1.543	0.60	80.9	19.1

越高,随晶核生成的 LDHs 晶体数量越多。晶化 2 h 后,体系中粒子数目仍较多,等量的离子在较多的 LDHs 粒子上沉淀,晶粒尺寸自然小。样品 A 和 D 在第一步中成核离子浓度相差大,所得 LDHs 的粒径分布却相差不多的原因,可能除了与体系中粒子数目有关外,还与体系的过饱和度及晶体生长速率有关。

3.3.2　离子交换法

当构成 LDHs 层板的金属阳离子在碱性介质中不能稳定存在,或者当层间阴离子没有可溶性的盐类时,采用共沉淀法无法得到所需 LDHs 时,可以考虑采用离子交换法来制备[96,103]。此法是从 LDHs 前驱体出发,将所需的阴离子与 LDHs 层间阴离子在一定条件下交换,来得到目标 LDHs。对于体积较小的无机阴离子,其交换能力顺序为:$CO_3^{2-} > SO_4^{2-} > HPO_4^{2-} > OH^- > F^- > Cl^- > Br^- > NO_3^-$。

研究表明,离子交换进行的程度至少由下列因素所决定:

(1) 阴离子的交换能力　一般情况下,交换阴离子的电荷越高、离子半径越小,则交换能力越强。NO_3^- 离子最容易被其他阴离子交换。

(2) 层板的溶胀　选用适宜的溶剂和溶胀条件将有利于 LDHs 前驱体层板的撑开,以使离子交换容易进行。比如用水做溶剂,有利于某些无机阴离子的交换,而对于有机阴离子,采用有机溶剂可以使得交换更容易进行。另外,通过提高交换温度有利于离子交换的进行,但是必须要考虑高温对于 LDHs 晶体结构的影响。

(3) 离子交换过程的 pH　通常情况下,交换介质的 pH 越小,越有利于减小层板与层间阴离子的作用力,因而有利于离子交换的进行。但是,溶液 pH 过低对 LDHs 的层板有一定的破坏作用。一般交换过程中溶液 pH 控制在 4 以上。

除了以上因素以外,离子交换能力的差异与 LDHs 结构中水的结合状态有关,层间结合水多有利于交换的进行,而层板表面结合水多则不利于交换。另外,LDHs的层板电荷密度也影响到离子交换,电荷密度越高越有利于交换的进行。

3.3.3　焙烧复原法

此法是建立在 LDHs 的"记忆效应(memory effect)"特性基础上的。在一定温度下,将 LDHs 的焙烧产物加入到含有所需阴离子的溶液中时,会发生 LDHs 的层状结构重建,阴离子进入层间从而形成新结构的 LDHs[104,105]。采用该法制备 LDHs 时,应该依据不同 LDHs 前驱体组成来选择适宜的焙烧温度。一般 500 ℃以内重建 LDHs 的结构是可能的。以 MgAl-LDHs 为例,焙烧温度在 500 ℃以内的产物是层状双金属氧化物(LDO),当焙烧温度超过 500 ℃时,则焙烧产物中有镁铝尖晶石生成,导致最后不能完全进行结构的恢复。

3.3.4 水热合成法

此法是以含有构成 LDHs 层板的金属离子的难溶性氧化物和/或氢氧化物为原料,在高温高压下水热处理得到 LDHs[106]。水热处理温度、压力、投料比等对 LDHs 的制备具有较大的影响。

由上可知,离子交换法、焙烧复原法以及水热合成法的一个共同特点是液固相反应,通过控制反应温度、体系 pH 或反应时间等条件可以调变其产物的晶体结构,从而得到晶体结构完整的 LDHs。但是,产物的晶粒尺寸及分布却难以控制,原因在于制备反应为液固相反应,固相原料的晶粒尺寸及分布决定了产物的晶粒尺寸及分布。而采用共沉淀法制备 LDHs,通过控制投料 Mg/Al 比、体系 pH、晶化温度、晶化时间等条件可以调变其产物的晶相结构,得到晶体结构完整的 LDHs。但由于具体实施手段方面的差异,产物晶粒尺寸及分布仍各有特点。

(1) 对于变化 pH 法,初始滴入反应原料盐溶液时,达到过饱和度便会生成 LDHs 晶核,后续滴入的盐溶液除了生成新的晶核以外,还能够在原有晶核上发生沉积,使得 LDHs 晶体生长。一般情况下,新核生成与晶体生长同时发生,因此晶粒尺寸分布宽且难以控制。另外,盐溶液滴入碱溶液的过程中,盐和碱分子发生碰撞的概率较高,故成核数量相对较多,造成 LDHs 产物的晶粒尺寸较小。

(2) 对于恒定 pH 法,反应原料盐溶液和碱溶液同时被缓慢滴入反应器。与变化 pH 法相似,初始滴入时,达到过饱和度便会生成 LDHs 晶核,而后续滴加时,则会造成成核与晶化同时发生,因此产物的晶粒尺寸分布亦较宽且难以控制。另外,与变化 pH 法相比,盐和碱分子在滴加条件下碰撞概率较小,因此成核数量较少,产物的晶粒尺寸相对较大。

对于上述几种共沉淀法,通过调变 LDHs 成核、晶化时的浓度、温度,可以适当控制晶体成核速率和生长速率。但是由于实验方法本身的问题,在控制产物晶粒尺寸及分布方面均存在着一定难度,而成核/晶化隔离法在控制 LDHs 晶粒尺寸分布方面取得了突破。该方法采用液-液两相共沉淀反应的全返混旋转液膜反应器进行盐液与碱液的共沉淀反应,可使反应物溶液快速混合,促使大量晶核瞬间生成,最大限度地减少了成核和晶化生长同时发生的可能性,使成核和晶化两个步骤隔离进行,从而有可能通过分别控制晶体成核和生长条件,制备出晶粒尺寸较小且粒度分布均匀的LDHs。

3.4　LDHs插层组装体的组装及其结构表征

LDHs插层组装体的研究是以插层组装概念为基础,应用插层化学方法,将LDHs层板主体与客体分子进行组装,即使客体有机物分子或离子克服LDHs层与层之间的作用力而可逆地插入层间空隙,将层板撑开,并与层板形成较强的相互作用力,构筑LDHs插层组装体。目前,有关LDHs插层组装体的插层组装原理、可控制备实验规律、插层材料的精细结构描述及结构模型等科学问题的研究,逐渐成为此类材料的研究热点。

3.4.1　插层组装原理

3.4.1.1　插层组装的驱动力

层板与插入客体之间的相互作用力是超分子材料插层组装的主要驱动力。层板与客体之间的相互作用力主要有静电作用和共价作用两种形式。

最初,研究者主要是利用层板与客体分子之间的静电作用来研究LDHs的插层组装。因为LDHs层板是具有正电荷的金属氧化物或氢氧化物,从理论上分析,所有阴离子型化合物(无论无机、有机、杂多酸以及金属有机化合物)作为客体分子都能够通过静电引力与层板发生相互作用,并且通过这种作用力而影响LDHs的结构稳定性。如在中性或碱性条件下,有机阴离子插层LDHs非常稳定。因为酸性作用容易使有机阴离子发生质子化作用,减弱了有机阴离子与LDHs层板的静电作用,使有机阴离子脱出层间。另外,扩散理论也可以用来解释层间客体的稳定性。如1,5-萘磺酸插层LDHs在酸性条件下结构不易破坏,原因是1,5-萘磺酸与对苯二甲酸相比分子较大,使进出层板的扩散速率减小;月桂基磺酸插层LDHs结构不易破坏的原因,是C—H的缠结阻止阴离子在层间进出的扩散[107]。

最近的研究表明,根据层板金属阳离子的不同,层板与客体分子之间可以形成共价键。比如,通过结构恢复使LDO在水溶液中恢复成LDHs,再通过酯化反应使表面改性,得到插层组装的疏水性LDHs;ZnAl-LDHs层板与客体之间形成共价键(图3-3),而MgAl-LDHs层板与客体之间却不能形成共价键[108,109]。

3.4.1.2　插层客体分子的选择

LDHs的晶体结构中,由二价和三价金属阳离子构成的层板主体带有正电荷,为使这一结构呈电中性,层间必须有相反电荷离子与之平衡。但并非所有阴离子均可插入层间,层板主体对进入层间的客体有一定的分子识别能力,主要识别具有一定电荷密度、体积适中的无机、有机、杂多酸阴离子以及金属有机化合物等,甚至

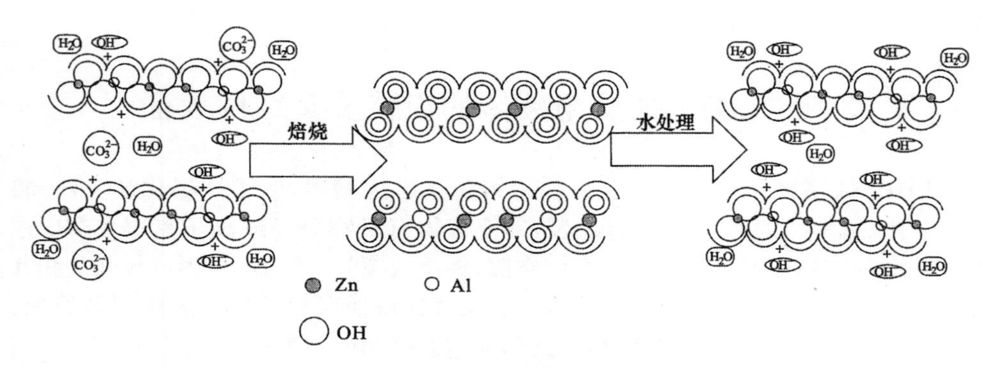

(a) ZnAl-LDHs的结构恢复

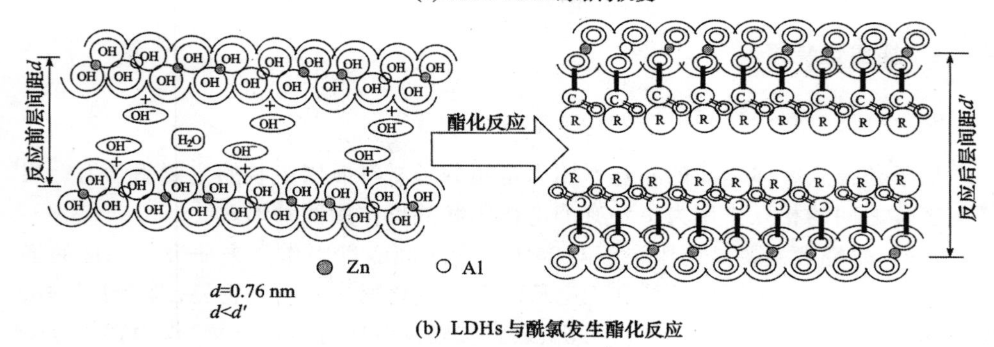

(b) LDHs与酰氯发生酯化反应

图 3-3 酰氯插层 LDHs 示意图

是生物客体氨基酸。研究证明,阴离子的电荷密度越大,其离子交换能力越大;电荷密度相同时,阴离子直径越小,其离子交换能力越大。例如:虽然有的有机染料阴离子体积较大,但是由于其电荷密度较大(苯环连有多个 SO_3^-),通过阴离子交换法,插层组装也非常成功。又如在 MgAl-LDHs 中直接插入光敏剂 SP 没有成功,但是 SP 经过磺化形成 SP-SO_3^- 后就能进行插层组装[110]。

3.4.2 插层组装的途径

3.4.2.1 共沉淀法

共沉淀法是将预插入的阴离子与层板金属的混合盐溶液在隔绝 CO_2 的条件下共同沉淀,组装得到结构规整的超分子插层材料。此法是制备 LDHs 插层组装体的基本途径,可以一步组装得到 LDHs 插层体,且通过调节 M^{2+}/M^{3+} 比值可控制产物层板的电荷密度。Carlino 等[111]采用此方法组装出晶相结构较好的癸酸插层 LDHs。Whilton 等[22]成功将天冬氨酸和谷氨酸通过共沉淀法插入层间,组装出结构规整的氨基酸插层 LDHs,其层间距由原来的 0.76 nm 增大为 1.11～

1.19 nm。

3.4.2.2　阴离子交换法

阴离子交换法一般是用层间为一价阴离子(如 Cl^- 和 NO_3^-)的 LDHs 作为交换前驱体,一价阴离子与欲插入的阴离子进行交换,组装出结构有序的超分子插层材料。这种方法插入的客体一般是具有较高电荷密度的二价或更高价态的阴离子,且反应时间较短。通过这种途径可以得到 1,5-二萘磺酸插层 MgAl-LDHs[112] 及间三苯基膦三磺酸插层 ZnAl-LDHs[113]。钨硅系列三元杂多阴离子插层 LDHs[114] 或者 L-酪氨酸和苯并丙氨酸插层 LDHs 也可以通过此途径得到[115]。

3.4.2.3　焙烧复原法

通过将 LDHs 焙烧成 LDO,利用 LDHs 的“记忆效应”在期望插入的阴离子溶液中恢复原来的结构,从而实现插层组装。这种方式多用于插入较大体积的客体分子,但缺点是容易生成非晶相物质[116]。该法突出的优点是消除了与有机阴离子竞争插层的金属盐无机阴离子,但合成过程较为繁琐,LDO 经结构复原生成插层 LDHs 的程度与前驱体金属阳离子的性质及焙烧温度有关,焙烧时采用逐步升温法可提高 LDO 的结晶度,若升温速率过快,CO_2 和 H_2O 的迅速逸出易导致层结构被破坏[117]。段雪等[118]的研究表明,采用此法可以将邻苯二甲酸、间苯二甲酸及对苯二甲酸阴离子选择插入 LDHs 层间,插层过程的选择性与层板组成元素、反应介质、插层有机阴离子的空间结构和电子结构相关。

3.4.2.4　二次组装法

当插层客体为体积较大、电荷密度较小的有机分子时,插层组装该类 LDHs 较为困难,而二次组装法是解决这一问题的有效途径之一。具体过程是,首先用共沉淀法制备较大阴离子插层的 LDHs,使层间距增大,再通过阴离子交换方法使较小阴离子交换进入层间,组装出结构有序的插层材料。这种方法适用于电荷密度相当而离子半径较小的客体。例如通过共沉淀法制备具有较大层间距的对苯二甲酸插层 LDHs 材料,再用较小阴离子钼酸根和钒酸根阴离子进行交换,得到 $Mg_{12}Al_6(OH)_{36}(Mo_7O_{24})\cdot xH_2O$ 和 $Mg_{12}Al_6(OH)_{36}(V_{10}O_{28})\cdot xH_2O$ 插层材料,其插层组装示意图如图 3-4 所示[119]。依据此原理,段雪等[120]采用谷氨酸插层 LDHs 超分子结构材料实现了青霉素酰化酶的固定化。

另外,也可通过共沉淀方法制备插层前驱体,再将功能阴离子直接插入层间实现 LDHs 的插层组装。这种组装途径通过设计 LDHs 材料的结构,充分利用插层化学方法,将功能性客体引入层间,赋予其特殊应用性能,组装出结构规整的功能性材料。如对于只能存在于非极性环境中才能发挥作用的光敏剂磺化螺吡喃

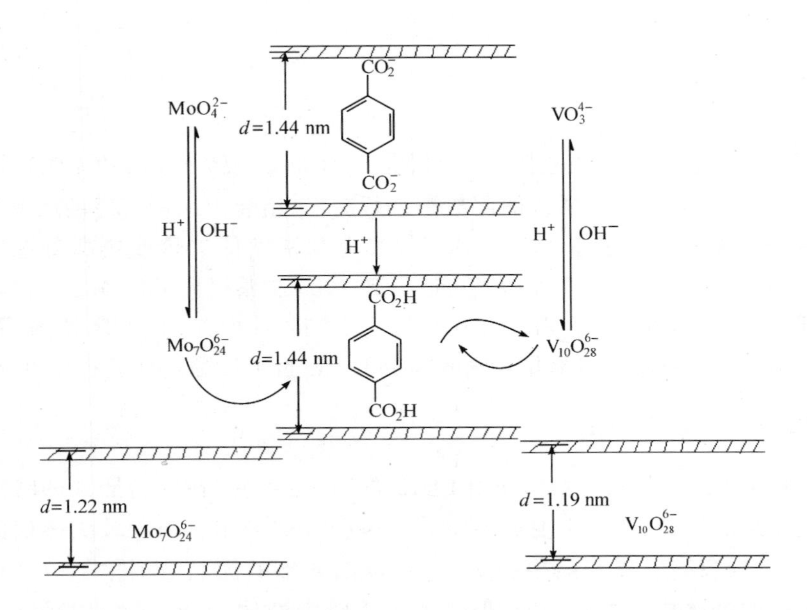

图 3－4　LDHs 层间阴离子对苯二甲酸与钼酸根或钒酸根离子的交换示意图

(SP-SO_3^-)，通过分子结构设计，用共沉淀法得到对甲基苯磺酸插层 LDHs，构成非极性的通道，然后插入 SP-SO_3^-，使其存在于非极性环境中，见图 3－5[110]。该超分子化合物的层间距达到 2.5 nm。

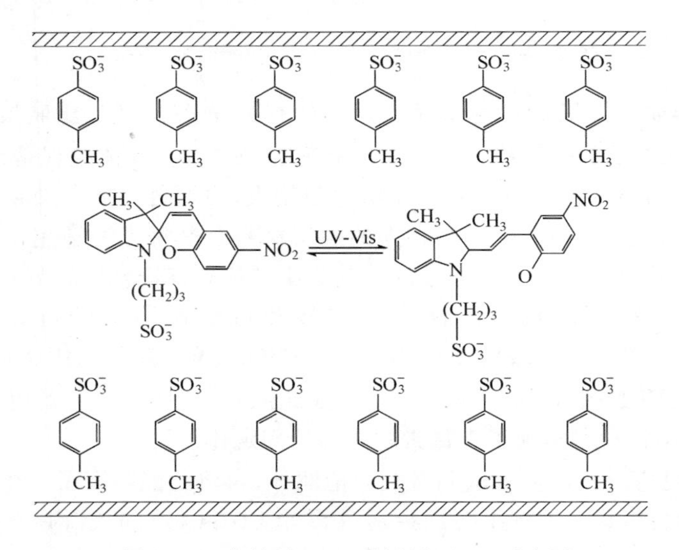

图 3－5　光敏剂 SP-SO_3^- 插层 LDHs 示意图

3.4.2.5　模板法

这种插层组装途径是在去除CO_2条件下，让LDHs层板在期望插入的有机阴离子溶液中生长，得到插层组装的有机阴离子型层状材料[47]。这种方法适用于阴离子交换法动力学上受限制的相对分子质量较大的聚合物的插层组装。例如聚乙烯磺酸盐-LDHs、聚丙烯磺酸盐-LDHs、聚苯乙烯磺酸盐-LDHs等即通过这种途径实现插层组装[116]。

3.4.2.6　返混/沉淀法

返混/沉淀法是一种插层组装的新方法。该方法是将LDHs加入有机酸溶液中使其为澄清溶液，再将此溶液滴加至NaOH溶液中，由此制得插层产物。返混/沉淀法对于pH要求控制在较低范围的插层产物的合成具有较大优势，该法无需N_2保护即能合成出无CO_3^{2-}干扰、晶相单一的LDHs插层组装体，这是其他方法难以做到的。目前已经成功合成出晶相单一的谷氨酸插层LDHs[121]。

3.4.2.7　热反应法

热反应法也是一种相对较新的方法。Carlino等[122]首先进行了报道，将癸二酸固体与MgAl-LDHs混合物在高出酸熔点20～30 ℃的温度下加热，由此制得癸二酸插层LDHs。Carlino等[111～122]还用该法制得癸酸及苯基膦酸插层LDHs。该法不足之处在于产物中有未反应的LDHs相。虽不能获得纯产物，但此方法为替代传统的湿法组装LDHs插层组装体指出了一个新的研究方向。

3.4.2.8　其他方法

为获得纯且晶形较为完善的LDHs插层组装体，有时将几种插层组装方法联合使用，通常将焙烧复原法与离子交换法结合或进行二次离子交换。Dimotakis等[123]采用甘油为预膨胀剂，有助于焙烧复原法中有机分子的插入。预膨胀是采用在N_2气氛下，将前驱体MgAl-LDHs的焙烧产物LDO置于1∶2(体积比)的水-甘油混合液中进行的。由此可得单一且结晶度较好的产物，否则产物为混合相。此外，段雪等[124]以微波晶化代替传统热晶化过程以缩减制备时间，也是较新的研究内容。

3.4.3　插层组装的影响因素

插层组装LDHs的主要影响因素可归纳为合成条件及主、客体的性质两个方面。合成条件的影响主要有晶化温度、晶化时间、过程及终点pH、干燥温度等。晶化温度及时间的变化对LDHs插层组装体的晶型完善程度及晶粒尺寸存在较大影响。过程及终点 pH 对主体层板及客体有机物的稳定性、客体有机物的荷电形式、客体有机物插层进入 LDHs 层间的形式存在影响。干燥温度通常会对层间客体有机物的定位方式产生影响。主、客体的性质包括层板组成元素种类、层板元素 M^{2+}/M^{3+} 比、客体有机物的离解性质、主客体相互间的几何匹配性等。若客体有机物在主体层间占据较大的位置而使主体层板与层间阴离子间不能满足电荷平衡的要求,则插层组装难以实现。

3.4.4 LDHs 插层组装体的超分子结构表征方法

LDHs 插层组装体的表征技术较多,包括粉末 X 射线衍射(XRD)、红外(IR)、热重(TG)、差示扫描量热分析(DSC)、差热分析(DTA)、程序升温脱附(TPD)、固体魔角核磁(MAS NMR)、时间变化原位能量弥散 X 射线衍射(*in situ* EDXRD)、电子自旋共振(ESR)、逸出气体分析(EGA)、电镜等。其中 XRD、IR、TG-DTA 是较常规的表征方法。

3.4.4.1 XRD

XRD 是最常用的表征方法之一。考察 LDHs 插层组装体的 003(或 002)衍射峰位置是否相对于层间为无机阴离子(如 CO_3^{2-})LDHs 的 003 衍射峰位置向低衍射角度方向发生位移,通常是判断有机分子或离子是否插入层状主体层间形成超分子结构插层产物的有力证据之一。由层间距减去层板厚度(约 0.48 nm)可得层间通道高度,其值取决于层间阴离子的大小、排列及定位方向。晶胞参数 $a=2d(110)$,$d(110)$为 110 晶面间距。M^{3+}、M^{2+} 的半径较为接近,但仍存在差异,故晶胞参数 a 会随 LDHs 中 M^{3+} 含量的变化而变化。通过 $d(110)$确定 M^{2+}/M^{3+} 比,再结合元素及热失重分析,可确定 LDHs 的近似化学式。

3.4.4.2 IR

IR 是检测 LDHs 插层组装体的层间阴离子,确定其超分子结构的重要方法之一。例如,当插层客体为有机羧酸时,可通过 IR 区分客体是阴离子形式(约 1560、1400 cm^{-1} 处可观察到—COO^- 的反对称和对称伸缩振动)还是未离解的分子形式(约 1700 cm^{-1}处出现—COOH 伸缩振动吸收峰)。当插层客体为多元有机酸时,也可利用 IR 来判断其荷电形式。IR 还可用于分析 CO_3^{2-}、NO_3^- 等杂质的存在及插层产物层板的有序性。通过特征官能团吸收峰位置的变化,可判断层间有机物端基是否与层板产生了氢键或其他类型的相互作用。

最近,邢颖等[125]对于水杨酸根插层 LDHs 的结构特性进行了详细研究。IR 光谱如图 3－6 所示。从表 3－7 给出的吸收峰数据可以看出,LDHs 前驱体的 IR 光谱(图 3－6 中曲线 b)在 1360 cm^{-1}处出现了 CO_3^{2-} 的特征伸缩振动吸收峰以及

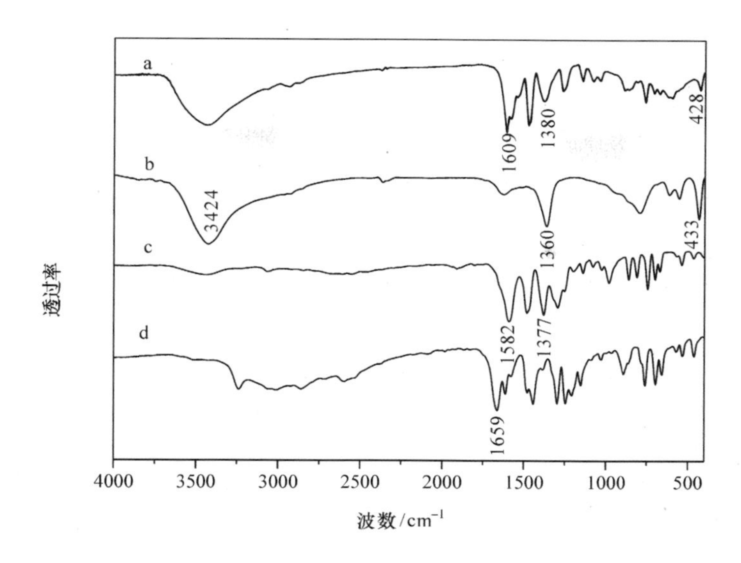

图3-6 水杨酸及其钠盐、LDHs前驱体和水杨酸根插层LDHs的FT-IR谱图

a. 水杨酸根插层LDHs;b.LDHs前驱体;c.水杨酸钠;d.水杨酸

表3-7 主要官能团的IR吸收峰位置

	波数/cm^{-1}			
	ZnAl-LDHs	水杨酸	水杨酸钠	ZnAl-[o-OH(C_6H_4)COO]-LDHs
ν_{O-H}	3424	—	3200～3600	3424
$\nu_{CO_3^{2-}}$	1360	—	—	—
$\nu_{C=O}$	—	1659	—	—
ν_{COO^-}	—	—	1582,1377	1609,1380
O—M—O	433	—	—	428

在433 cm^{-1}处出现一与LDHs层上O—M—O键相关的振动吸收峰。客体水杨酸在插层前由于分子内氢键的作用使$\nu_{C=O}$位于1659 cm^{-1}的较低频处(图3-6中曲线d)。离子交换反应后,图3-6中曲线a水杨酸根插层LDHs原1360 cm^{-1}处CO_3^{2-}的振动吸收峰消失,而在1609 cm^{-1}、1380 cm^{-1}处出现了—COO^-的不对称和对称伸缩振动吸收峰,且同样出现了O—M—O振动吸收峰,这表明了产物中水杨酸根阴离子已取代CO_3^{2-}进入LDHs层间。

从表3-7还可以看出,与水杨酸钠(图3-6中曲线c)相比,插层LDHs的—COO^-的不对称和对称伸缩振动吸收峰的位置发生了位移,$\Delta\nu=\nu_{as}-\nu_s$由205 cm^{-1}转变为229 cm^{-1},给出了客体水杨酸根上的COO^-与羟基化层板相互作用的对称性信息。$\Delta\nu$的值与水杨酸钠相比相差不大,说明COO^-上的两个氧离子都可能与层板OH产生桥键。

插层后，水杨酸钠在 3200～3600 cm^{-1} 的 OH 伸缩振动吸收峰被中心在 3424 cm^{-1}的层板 OH 的振动吸收峰代替，证明客体水杨酸根的 C—O—H 与主体层板的 OH 或层间水分子之间存在较强的氢键。

由以上红外表征并结合热分析结果可知，水杨酸根插层 LDHs 并不是水杨酸与 LDHs 的简单复合，而是一类主、客体之间以静电力和氢键、主体层板内元素间以共价键、客体之间以分子间作用力发生作用，且客体在层间高度有序排列的具有插层结构的超分子化合物。

3.4.4.3 TG、DTA、DSC

TG、DSC、DTA 是表征 LDHs 插层组装体热稳定性的常用方法，如与质谱联用，通过分析 LDHs 插层组装体在热处理过程中所分解的气相产物可了解 LDHs 插层组装体的热分解机理。

LDHs 插层组装体的热稳定性与其许多潜在的应用有着密切的联系。其热分解过程一般分为三个阶段：(1) 室温至 300 ℃，失去表面物理吸附水与层间水；(2) 300～500 ℃，层板羟基脱除；(3) 层间有机分子的脱除及燃烧。每阶段准确的起始及终止温度受许多因素的影响，包括 M^{2+} 和 M^{3+} 的性质、M^{2+} 与 M^{3+} 之比、层间有机阴离子的性质等。层间有机阴离子不同时，第三阶段的温度会有很大差异。例如，孙幼松[126]研究表明，对苯二甲酸插层 MgAl-LDHs 的第三阶段出现在 480～600 ℃；而十二烷基磺酸插层 MgAl-LDHs 层间有机阴离子的脱除却在 150～400 ℃。出现这样的差异，主要由于：(1) 不同的层间有机阴离子与层板的相互作用力不同；(2) 不同有机物的分解温度存在相当大的差异；(3) 客体间的相互作用力及客体在 LDHs 插层组装体层间的排列方式不同。

己二酸插层 LDHs 样品的 DTA 曲线显示在 390 ℃左右均有一个强的放热峰(如图 3－7 中曲线 b、c、d 所示[29])，对应于层间$[O_2C(CH_2)_4CO_2]^{2-}$的氧化分解。通常情况下，LDHs 在 400 ℃左右脱除 CO_3^{2-} 和层板羟基而产生吸热峰(如图 3－7 中曲线 a 所示)，而对于己二酸插层 LDHs，由于 CO_3^{2-} 和羟基脱除的温度恰好对应于$[O_2C(CH_2)_4CO_2]^{2-}$的氧化分解温度，其吸热效应被$[O_2C(CH_2)_4CO_2]^{2-}$氧化分解的放热效应所掩盖，因而在 390 ℃左右只出现了放热峰。此外，随着插层 LDHs 层间$[O_2C(CH_2)_4CO_2]^{2-}$含量的增加，放热峰的面积亦逐渐增大，对应于插层 LDHs 的反应热焓逐渐增加，其中插层 LDHs 样品 b、c、d(图 3－7)的反应热焓计算值分别为 3.04 kJ/g、3.27 kJ/g 和 3.78 kJ/g。

同时，随着插层 LDHs 层间$[O_2C(CH_2)_4CO_2]^{2-}$含量的增加，层间水的热稳定性亦有所变化。随着层间$[O_2C(CH_2)_4CO_2]^{2-}$含量的增加，图中 200～300 ℃对应于脱出层间水的吸热峰面积逐渐减小并消失，同时峰值温度逐渐降低，其中 LDHs 样品和插层 LDHs 样品 b、c 的峰值温度分别为 249 ℃、238 ℃、232 ℃。这可能是因

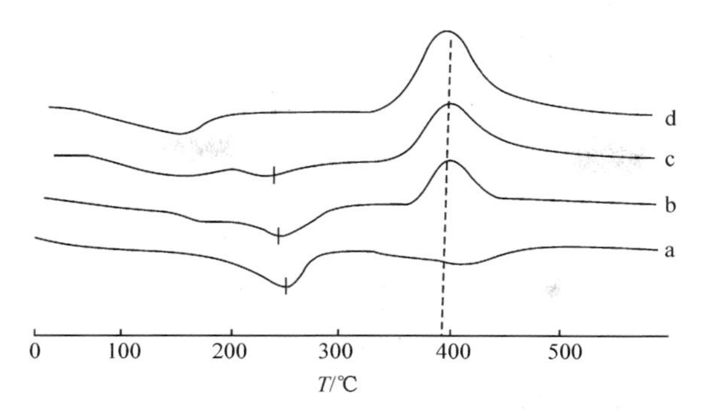

图 3-7　LDHs 前驱体和己二酸插层 LDHs 的 DTA 曲线

a. LDHs 前驱体；b. 己二酸插层 LDHs(己二酸∶LDHs＝1∶1，反应 1 h)；
c. 己二酸插层 LDHs(己二酸∶LDHs＝1∶1，反应 3 h)；
d. 己二酸插层 LDHs(己二酸∶LDHs＝2∶1，反应 1 h)

为$[O_2C(CH_2)_4CO_2]^{2-}$极性较低，与层间水产生排斥作用，导致层间水的热稳定性降低。

3.4.4.4　TPD

由于 LDHs 和 LDO 均存在碱性中心，因而可用于碱催化反应或者作为吸附剂来吸附酸性有害气体如 SO_x 等。CO_2-TPD 是表征催化剂碱强度和碱量的有力手段之一。最近，段雪等[127]采用 CO_2-TPD 研究了由包覆型 MgAl-LDHs/Fe_2O_3 焙烧制备的磁性纳米固体碱催化剂 MgAl(O)/$MgFe_2O_4$ 的碱性质。由表 3-8 可见，催化剂焙烧温度的降低导致 CO_2 脱附峰温的下降，意味着弱碱中心的强度减小，但弱碱中心的数量却有一定程度的增加；而对于磁性前驱体经不同晶化时间得到的 MgAl(O)/$MgFe_2O_4$ 催化剂，晶化时间愈长，弱碱中心的数量下降愈多，弱碱中心的强度则变化不显著。

表 3-8　由 CO_2-TPD 实验表征的 MgAl(O)/$MgFe_2O_4$ 催化剂的碱性质

催化剂样品*	焙烧温度/℃	前驱体晶化时间/h	TPD 测量用量/g	TPD 峰温/℃	TPD 相对峰面积
1	600	6	0.104	231	2055
2	550	6	0.102	200	2257
3	600	6	0.104	197	1973
4	600	24	0.102	204	1215

* MgAl(O)/$MgFe_2O_4$ 催化剂前驱体 MgAl-LDHs 的镁铝比为 3。

3.4.4.5　MAS NMR

1. ^{27}Al MAS NMR

^{27}Al MAS NMR 可给出层板中 Al 的配位环境。Carlino 等[111,117,122]用

^{27}Al MAS NMR 表征了分别经热反应、共沉淀所制备的癸酸、癸二酸及苯基膦酸插层的 MgAl-LDHs。位于八面体配位环境 Al 的共振吸收峰应出现在(−10～+20) ppm[1)]。MgAl-LDHs 的^{27}Al MAS NMR 谱图中仅在 δ=8.8 ppm 出现吸收峰,表明 Al 位于单一的八面体配位环境中。癸酸与 MgAl-LDHs 经热反应所得癸酸插层 MgAl-LDHs 的一维^{27}Al MAS NMR 谱图[图 3-8(a)]显示 Al 只处于一种配位环境——八面体配位环境中;而经共沉淀法所得产物中 Al 的配位环境比前者复杂,δ=1.8 ppm的吸收峰表明存在六配位 Al,δ=88.2 ppm 的吸收峰则显示四配位 Al的存在[图 3-8(b)],这表明癸酸经两种不同方法插层到 MgAl-LDHs 层间所经历的机理是不同的。

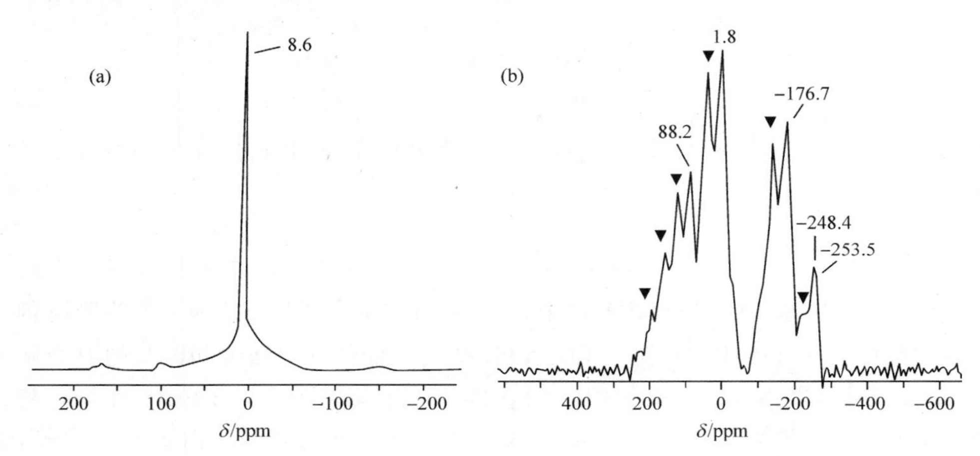

图 3-8　癸酸插层 MgAl-LDHs 的一维^{27}Al MAS NMR 谱图

注:▼ 旋转边带。(a)癸酸与 MgAl-LDHs 的热反应产物;(b)共沉淀法所得反应产物

2. ^{13}C MAS NMR

液体样品通过 NMR 无法区分同样环境中两种不同分子中的碳原子。而利用^{13}C 固体 MAS NMR 及附加位移法,可通过二元羧酸骨架 C 链中羧基端的亚甲基 C^2、C^3 的共振吸收峰判断插层产物层间的二元羧酸是否发生离解及其在层间形成了几种定位排列方式[111,122]。CO_3^{2-} 中 C 原子的共振吸收峰可用于判断层间是否有 CO_3^{2-} 存在,此峰的化学位移、峰强度及二者的变化情况可反映出层间 CO_3^{2-} 的定位变化情况、存在量的多少及层间有机插层客体量的变化。

3. *In situ* EDXRD

In situ EDXRD 是一种较新的表征技术,已逐渐应用于层状化合物的合成及其插层动力学研究中。Fogg 等[128]采用这一技术研究了多种二元羧酸阴离子插层

1)　ppm 为非法定单位,1 ppm=1×10^{-6}。考虑到学科及读者的阅读习惯,本书仍沿用该用法。

LiAl-LDHs 的过程机制，结果表明，离子交换过程经历了两个阶段：首先主客体迅速反应生成一具有晶相结构的过渡态，然后过渡态逐渐转化为插层化合物。该方法可原位监测 LDHs 插层组装体的插层过程，有助于进一步认识 LDHs 插层组装体中层间客体的排列方式。深入开展此方面的研究有望从插层反应机理对 LDHs 插层组装体的形成作出解释，从而实现控制组装 LDHs 插层组装体。

3.4.5 客体分子在层间的定位和取向

LDHs 插层组装体层间有机客体排列方式将对其结构及性能产生较大的影响。组装客体在层间以多种排列方式在层间定位，如以单层、双层方式排列或以垂直或一定角度方式排列，这主要与阴离子的种类、大小以及客体的亲、疏水性有关。研究较多的为以下几类有机插层客体。

3.4.5.1 脂肪族羧酸

Raki 等[47]采用共沉淀法合成一系列 α, ω-直链二元羧酸阴离子插层 MgFe-LDHs，阴离子在层间接近垂直排列，其有机链为全反式构象。Prevot 等[53]研究了酒石酸插层 LDHs 层间阴离子的排列情况（图 3-9），常温下插层产物层间酒石酸阴离子长链端垂直于层板，其两端发生离解的羧基分别与上下层板通过氢键相连[见图 3-9(a)]。将插层产物加热至一定温度，其层间距从 1.2 nm 减到 0.95 nm，原因是层间酒石酸阴离子发生了构型转化[见图 3-9(b)]。此时，离子长链端平行于层板，其羧基两个氧原子分别与上下层板通过氢键连接，其羟基也与层板发生一定作用，可见重排后产物的热稳定性高于常温下的插层产物。

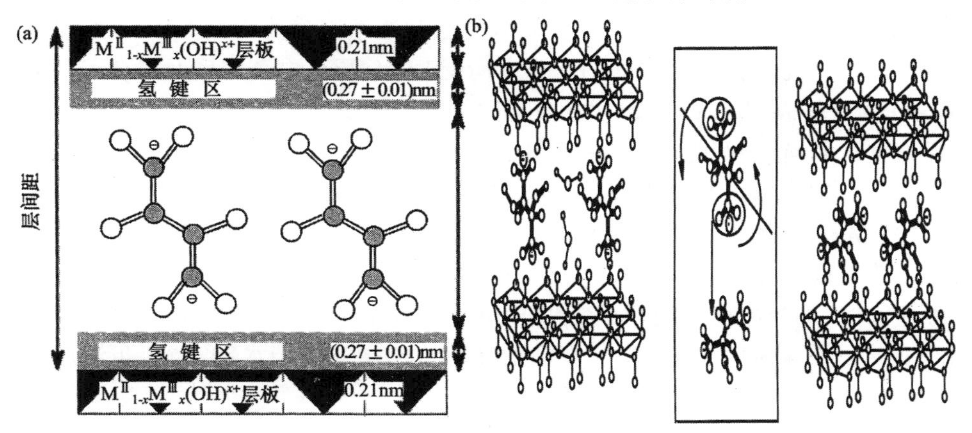

图 3-9 酒石酸插层 LDHs 的层间阴离子排列模型示意图

Chibwe 等[129]经焙烧复原法和共沉淀法制得癸二酸插层 MgAl-LDHs 的层间

距分别为 1.63 nm 和 1.88 nm。Carlino 等[122]经热反应法和共沉淀法制得癸二酸插层 MgAl-LDHs 的层间距分别为 1.93 nm 和 1.76 nm。同一插层产物层间距存在一定差异,主要在于层间距受插层产物形成历程(合成方法、干燥条件等)、层间水含量、插层阴离子在层间的定位取向和堆积方式、层板电荷密度等的影响。

Meyn 等[55]经离子交换法制备了系列一元直链脂肪酸 $C_nH_{2n+1}COO^-$ 插层 ZnCr-LDHs。LDHs 层间存在上下两个极性亲水表面,两个层板均可与一元直链脂肪酸的羧基作用,因而一元直链脂肪酸易在插层产物的层间形成双层排列:羧酸阴离子的烷基端指向层间的中部,且阴离子与层板平面间形成一定的倾斜角度。

3.4.5.2 芳香族羧酸

研究较多的芳香族羧酸客体是苯甲酸阴离子(BA)和对苯二甲酸阴离子(TA)。由不同方法和不同金属离子前驱体所得到的 TA 插层 LDHs,其层间距在 1.40～1.44 nm,相应层间通道高度为 0.92～0.96 nm。TA 长度为 0.99 nm,其终端氧原子可与层板羟基形成氢键,故分析其在层间采取长轴垂直于层板的方式排列[30,55,130～132]。BA 插层 LDHs 的层间通道高度为 1.04～1.07 nm,BA 长度为 0.88 nm,因而其插层产物层间排列存在两种解释:(1) 双层排列,羧基氧原子与层板羟基作用,苯基指向层间中部,BA 与层板平面间存在一定倾斜角度(35°±10°)[126,131,133];(2) 单层垂直排列,BA 垂直排列于层间,其氧原子与一个层板的羟基作用,苯基指向层间中部,苯基与另一层板之间有一层水分子存在[119]。

Kooli 等[131]研究了层板电荷密度对 BA、TA 插层 MgAl-LDHs 的影响。BA 及 TA 在层间有两种相反的定位取向:(1) 垂直取向,对应的层间通道高度分别为 0.92 nm 和 1.04 nm;(2) 水平取向,对应的层间通道高度均为 0.35 nm,近似于苯环的厚度。室温下,TA 在层间的定位方向受 LDHs 层板电荷密度及水合程度的影响。XRD 分析表明,Mg/Al 摩尔比较低(1 或 2)时,干燥前后 TA 在层间的定位方向均为垂直取向(层间距 1.42 nm);Mg/Al 摩尔比为 3 时,干燥前后 TA 在层间的定位方向分别为垂直取向和水平取向(层间距分别为 1.42 nm 和 0.83 nm)。这是因为,当 Mg/Al 摩尔比较低时,层板电荷密度较大,TA 在层间采取垂直取向可使带正电荷层板间的库仑斥力减小、使 TA 之间侧向分离程度最大;当 Mg/Al 摩尔比增至 3 时,层板电荷密度降低,层板间库仑斥力减弱,因而干燥后 TA 在层间为水平取向。干燥前后 TA 在层间取向的变化说明层间的亲水/憎水相互作用也会对层间阴离子的定位方向产生影响。

段雪等[30]认为,不同交换温度下 TA 插层 LDHs 的层间距略有不同(见表 3-9):随着交换温度的升高,层间距略有增加。这说明在 70、100 和 130 ℃时离子交换未达到完全,但随着温度的升高,离子交换逐渐趋于完全,层间 $[C_6H_4(COO)_2]^{2-}$ 逐渐增加并接近于垂直层板方向排列,导致 LDHs 的层间距增加。

表 3-9　不同交换温度下得到的 TA 插层 MgAl-LDHs 的层间距

样　品	交换温度/℃	层间距/nm
1#	70	1.38
2#	100	1.42
3#	130	1.43
4#	150	1.45

3.4.5.3　有机磺酸

Leroux 等[134]采用离子交换法插层组装了 $CH_3(CH_2)_{11}SO_4$-ZnAl-LDHs，其层间距为 2.52 nm（十二烷基磺酸分子长度为 2.08 nm），结合 XRD、IR、TG、XAFS 表征手段，推测其层间的十二烷基磺酸阴离子单层垂直排列且链端的磺酸基交错地与上下层板发生相互作用。孙幼松[126]研究表明，对于十二烷基磺酸插层 LDHs，其层间高度接近十二烷基磺酸阴离子长度，这同样证明客体是以长链端垂直于层板的位置定向排列于层间。

3.4.5.4　膦酸盐

Carlino 等[117]利用热反应法制备得到苯基膦酸插层的 MgAl-LDHs。XRD 分析中两个层间距[$d(003)$分别为 1.47 nm 和 1.58 nm]的出现，说明层间排列存在两种形式（见图 3-10），二者膦基均接枝到主体层板上，即膦基的氧原子直接与层板的金属阳离子相连。层间距为 1.58 nm[图 3-10(b)]的层间排列中，水分子来源于层板脱羟基所形成的水（热反应温度为 175 ℃，此温度下结晶水已全部脱除）。Prevot 等[70]利用离子交换法（pH 恒定为 6）制得单层排列的苯基膦酸插层 ZnAl-LDHs，该产物于空气中 120 ℃加热 4～12 h 形成接枝产物。

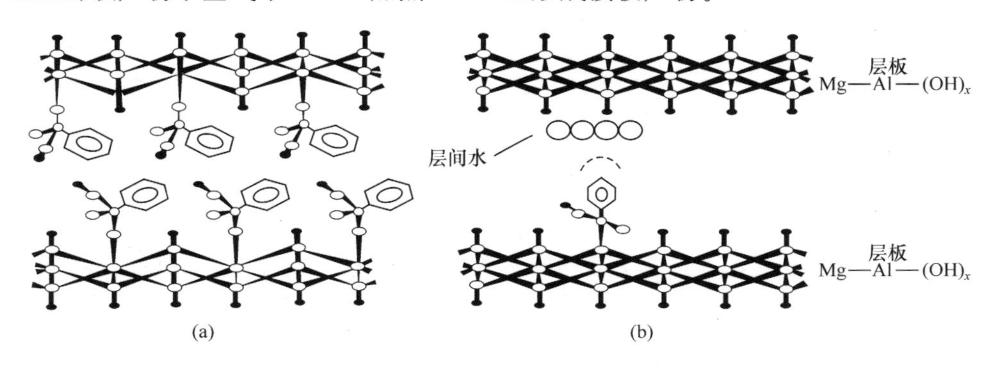

图 3-10　苯基膦酸与 MgAl-LDHs 热反应产物层间结构示意图

(a) 层间距 1.47 nm；(b) 层间距 1.58 nm

3.5　LDHs 插层组装体及其前驱体的功能

3.5.1　催化方面的应用

具有独特晶体结构和物化特性的 LDHs 及其焙烧产物 LDO，可以作为碱性催化剂、氧化还原催化剂以及催化剂载体等广泛应用于多种催化反应中。

由于 LDHs 和 LDO 均存在碱性中心，因而可用于碱催化反应，主要被用于烯烃环氧化物聚合、醇醛缩合、烷氧基化反应及酯交换反应等。Kohjiyo 等[135]研究了 MgAl-LDHs 焙烧产物催化环氧丙烷聚合的性能，发现 LDHs 原粉和只脱出结晶水的焙烧产物不表现催化活性，而 450 ℃焙烧产物具有最高的催化活性。同时，根据催化剂在较低反应温度下得到高相对分子质量聚合物的实验结果，推测该反应遵从由催化剂碱性中心引发的配位阴离子机理。Reichle[136] 详细研究了多种 LDHs 催化的醛酮缩聚反应，发现 LDHs 的催化活性与构成 LDHs 层板的金属阳离子及层间阴离子有关。Drezdzon 等[103]以 $Mg_4Al_2(OH)_{12}(TA)\cdot xH_2O$ 为前驱体，在温和的酸性条件下与金属低聚物水溶液交换可得 $Mg_{12}Al_6(OH)_{36}(Mo_7O_{24})\cdot xH_2O$ 和 $Mg_{12}Al_6(OH)_{36}(V_{10}O_{28})\cdot xH_2O$。LDO 的碱性使其对气相醇醛缩合有催化作用，而有机阴离子(如 1,10-癸二酸、草酸等)插层 LDHs 热分解产物的催化活性相对 LDO 提高较多。

LDO 作为碱催化剂在酯交换反应中也获得了应用[137]。长碳链脂肪酸低级醇酯是一种重要的有机中间体。$C_{10\sim20}$脂肪酸甲酯(或乙酯)一般是通过酯交换来实现的。植物油和甲醇(或乙醇)在催化剂作用下，通过酯交换得脂肪酸酯和甘油，分离后得粗品，再减压蒸馏得纯品。吕亮等[137]发现以 LDHs 作为固体碱催化剂在酯交换反应中具有较高的活性。油脂与甲醇酯交换的最佳反应条件为：反应温度为 65～70 ℃，反应时间为 3 h，醇油摩尔配比为 6∶1，催化剂用量为 2%；油脂与乙醇酯交换的最佳反应条件为：反应温度为 78～85 ℃，反应时间为 5.5 h，醇油摩尔配比为 6∶1，催化剂用量为 3%。该工艺操作简单，可直接获得脂肪酸甲酯或乙酯和副产物甘油，催化剂可回收再生，整个过程无三废污染。

乙醇与环氧丙烷加成制备醇醚的反应是逐级加成的开环反应，因此存在着相对分子质量分布问题。而加成数(n)集中在 $n<5$ 的窄分布醇醚产物具有较好的溶剂性能，是目前工业上非常受重视的一类化工产品。研制并筛选兼备较高催化活性和选择性的多相催化剂是窄分布醇醚的重要研究方向。段雪等[138]研究表明，MgAl-LDO 对窄分布醇醚的合成反应具有较好的催化活性，非醇醚类产物仅占反应产物质量的 1.2%，而且其在选择性和后处理等方面表现出来的综合性能也优于其他催化剂，因此极具开发潜力。LDO 的催化作用分析表明，LDO 的晶体结构与同是碱性催化剂的 MgO 具有相似性，且表面碱性较弱。然而，LDO 的比表面

积远远超过 MgO,从而加大了反应物分子与活性中心接触的机会,因而也提高了其催化活性。

对于传统的均相催化剂 KOH,反应液中的 K^+ 可与加成中间产物 $EtO(C_3H_7O)_nH$中聚醚链上的氧原子进行配位,结果使中间产物端基氧的亲核能力增强,有利于加成的进一步进行,从而生成较高加成数的终产物。而碱土金属离子本身不易与聚醚链上的氧原子配位,且 LDO 中的 Mg^{2+} 是以六配位的状态与晶体中的氧结合的,因而在反应过程中不会因配位作用增加中间产物的亲核性。所以,当中间产物分子体积增大到一定程度时,其热运动速率降低,与环氧丙烷发生活性碰撞的概率下降,减少了生成更大相对分子质量醇醚的概率,窄化了醇醚分布。此外,LDO 对醇醚相对分子质量分布的影响也可能是通过催化剂择形来实现的。由 LDO 低温氮吸附曲线的脱附分支计算得到的孔径分布曲线见图3-11。可以看出,LDO 的孔径分布较窄,大部分分布在 1.7 nm 左右。由前述实验结果可知,以 LDO 催化合成的醇醚产物中,$n=5$ 的产物量较 $n=4$ 的大大减少,这说明 LDO 的择形功能体现在 $n=5$ 的水平上,而 $n=4$ 以上的醇醚分子很难进入孔中与碱性中心作用,限制了加成数为 5 或 5 以上醇醚的生成。

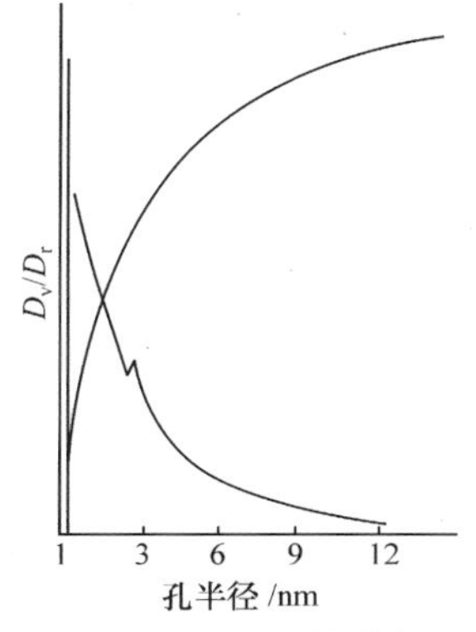

图 3-11　LDO 的孔径分布曲线

注:D_v/D_r 为微孔体积对孔半径的曲线斜率

LDO 具有多孔性、高比表面积和均匀分布的活性中心,且其前驱体 LDHs 的组成可调控性能够将具有变价特性的过渡金属定量引入,因此可作为氧化还原催化剂在多种反应中获得应用。如用于水煤气变换、硝基苯还原、甲烷化、甲醇或者高级醇合成等反应中。Gusi[139]研究了由 CuZnAl-LDHs 制得的 CuZnAl 氧化物催化剂上低温低压合成甲醇的反应,讨论了催化剂 Cu/Zn 比及 Al 含量对活性的影响。

另外,LDHs 还可以作为制备杂多酸、聚合金属阳离子等插层 LDHs 的前驱体。其中以同多和杂多阴离子插层 LDHs 最具独特的性能。通常同多和杂多阴离子插层 LDHs 的制备采用离子交换方法。首先,制备出前驱体,然后在一定条件下与同多和杂多阴离子进行离子交换反应,得到具有不同通道高度的插层 LDHs。此类插层 LDHs 具有可调变的孔道结构及较强的择形催化和酸碱性能等,倍受人们的重视,作为加氢、重整、裂解、缩聚、聚合、费托合成、酯化、氧化等反应的催化剂(见表 3-10)[140]。近年来,同多和杂多阴离子插层 LDHs 作为光氧化催化剂脱除水中微量有机氯污染物(HCH)或者参与其他有机反应的研究成为热点。Guo 等[141,142]将 $W_7O_{24}^{6-}$、$SiW_{11}O_{39}Z(H_2O)^{6-}$ ($Z=Cu^{2+}$、Co^{2+}、Ni^{2+})、$P_2W_{18}O_{62}^{6-}$、$NaP_5W_{30}O_{110}^{14-}$、$P_2W_{17}O_{61}Mn(H_2O)^{6-}$等钨系多阴离子插层 LDHs 作为光催化剂,成功地应用于(HCH)的脱卤反应。发现它们对该反应具有很高的光催化活性,可

表 3-10　同多和杂多阴离子插层 LDHs 的催化氧化应用

催化剂	反应(液-固相体系)	活性
Zn(Mg)-Al(Cr)-POM (POM= $W_7O_{24}^{6-}$, $NaP_5W_{30}O_{110}^{14-}$, $SiW_{11}Mn^{6-}$ 等)	HCH 光氧化成 CO_2 和 HCl	HCH 转化率:30%～80%(室温光照 4 h)
Zn_2Al-$V_{10}O_{28}^{6-}$, Zn_2Al-$BVW_{11}O_{40}^{6-}$, Zn_2Al-$SiV_3W_9O_{40}^{7-}$, Zn_2Al-$H_2W_{12}O_{40}^{6-}$	异丙醇光氧化成丙酮	转换频率:4～10 Hz
Li_2Al-$V_2O_7^{4-}$	邻二甲苯选择性氧化成邻甲基苯甲醛	有一定的活性
Zn_2Al-$XW_{11}Z^{n-}$ (X=Si^{4+}, B^{3+}, Ge^{4+}; Z=Co^{2+}, Cu^{2+}, Ni^{2+}); Zn_2Al-$SiW_9Z_3^{10-}$ (Z=Co^{2+}, Cu^{2+})	过氧化氢氧化苯甲醛为苯甲酸	苯甲醛转化率:16%～80%,高于前驱体和 POM
CoAl-$XW_{11}Z^{n-}$, NiAl-$XW_{11}Z^{n-}$ (X=Si^{4+}, B^{3+}, Ge^{4+}; Z=Co^{2+}, Cu^{2+}, Ni^{2+})	过氧化氢氧化乙醛合成乙酸	乙酸生成速率:70～236 $mmol \cdot g^{-1} \cdot h^{-1}$
MgAl-$V_2O_7^{4-}$, MgAl-$V_{10}O_{28}^{6-}$	丙烷氧化脱氢制丙烯[a)]	丙烷转化率:23%～28%(530 ℃)
$Zn(Mg)_2Al$-$Mo_7O_{24}^{6-}$, Mg_2Al-$W_7O_{24}^{6-}$, Zn_2Al-$H_2W_{12}O_{40}^{6-}$	过氧化氢氧化环己烯	环氧化产物转化率为未担载 POM 的 4～6 倍
ZnAl-$NaP_5W_{30}O_{110}^{14-}$ 薄膜	过氧化氢氧化环己烯	转换频率:10～182 Hz
ZnAl-$XW_{11}Z^{n-}$ (X=P^{5+}, Si^{4+}; Z=Mn^{2+}, Fe^{3+}, Co^{2+}, Cu^{2+}, Ni^{2+})	氧气氧化环己烯	活性高于前驱体, Z 是活性中心
Zn(Mg)Al-$SiW_{12}O_{40}^{4-}$, ZnAl-$SiW_{11}O_{39}^{8-}$, NiAl-$SiW_{12}O_{40}^{4-}$	过氧化氢、氧气环氧化烯烃	转换频率:0.88～31 Hz

a)反应在气固相体系进行。

见近紫外光照射痕量 HCH 水溶液 4 h 后,30%～80%的 HCH 被降解矿化成 CO_2 和 HCl,通过控制反应条件可将 HCH 完全矿化,并且催化剂易于从反应体系中回收和反复使用。动力学研究结果表明,反应遵循 Langmuir-Hinshelwood 一级动力学方程,其速率方程表示为

$$\ln(c_0/c) = kKt \tag{3-2}$$

式中,k 为一级反应速度常数;K 为平衡常数;c_0 为 HCH 初始浓度;c 为 t 时刻的浓度。

Elizabeth 等[143]将 ZnAl-$NaP_5W_{30}O_{110}^{14-}$ 薄膜用于环己烯的过氧化氢氧化催化反应,发现转换频率为 10～182 Hz。Guo 等[144]以层间为 Keggin 阴离子的 ZnAl-$XW_{11}Z$ 作为催化剂,以分子态氧为催化剂,研究了在液相体系中环己烯的氧化反应,认为层间 $XW_{11}Z$ 中 Z 是活性中心。Watanabe 等[145]也报道了该类插层 LDHs

对烯烃分子的环氧化催化反应。

3.5.2　离子交换和吸附方面的应用

LDHs 由于具有较大的内表面积，容易接受客体阴离子，可被用来作为吸附剂。LDHs 的阴离子交换能力与其层间的阴离子种类有关，一般情况下，高价阴离子易于交换进入 LDHs 层间，而低价阴离子易于被交换出来。目前，在印染、造纸、电镀和核废水处理等方面已有使用 LDHs、LDO 作为离子交换剂或吸附剂的研究报道。如用 LDHs 通过离子交换法去除溶液中某些金属离子的配合阴离子，如 $Ni(CN)_4^{2-}$、CrO_4^{2-} 等[146]；用直链酸插层 LiAl-LDHs 作为疏水性化合物的吸附剂[147]；利用 LDHs 的选择性以及异构体不同的插入能力来分离异构体[148]；从废水中吸附三氯苯酚（TCP）、三硝基苯酚（TNP）等[149]。

LDHs 的离子交换性能与阴离子交换树脂相似，但与阴离子交换树脂相比其离子交换容量更大，且具有耐高温（300 ℃）、耐辐射、不老化、密度大、体积小等特点，尤其适合于核动力装置上放射性废水的处理[150]。例如，在核废水中放射性 I^- 的处理可以使用 LDHs。

LDO 同时具有碱性和催化氧化还原性能，可以作为催化氧化还原吸附剂来吸附 SO_x，在环保方面有较高的应用价值[151]。美国 INTERCAT 公司已生产出以 LDHs 为主要成分的吸附剂 SOXGETTER，用于 SO_x 的吸附。

有机物插层 LDHs 也可作为具有分离作用的新型薄膜材料。如十四烷酸或己酸插层 LiAl-LDHs 可将芘从多环芳香族化合物的甲醇水溶液中分离出来[152]。此外，有机物插层 LiAl-LDHs 由于具有分离作用，亦可用作气相色谱的固定相[153]。

氯离子是水中常见的腐蚀性离子，容易引起不锈钢的孔蚀。段雪等[154]的研究表明，500～600 ℃下焙烧得到的 MgAl-LDO 对氯离子的去除率达到 95%以上。进一步的研究表明，500～800 ℃焙烧得到的 LDO 能够重新吸收水和 CO_3^{2-}，部分恢复到原来的 LDHs 结构。在结构恢复过程中，氯离子被引入到 LDHs 的层间。

3.5.3　在功能高分子材料及其添加剂方面的应用

目前，高分子材料得到迅猛发展，已经广泛应用于交通运输、电子电器、日用家具等各个领域。高分子材料的高性能化要求使得人们更多地关注无机粉体对高分子材料的功能改性作用，而 LDHs 结构及性能的可设计和可调控性使其在高分子材料中的应用更具诱人之处。

3.5.3.1　红外吸收材料

农膜因具备良好的透光性和保温性，被广泛应用于现代农业生产和栽培中。白天太阳光照射到地面的能量有 98%集中在 0.3～3 μm 的波长范围，因此必须提高农膜在这一部分波长的透过性，这就要求分散在农膜中的无机粒子具有很小的尺寸（<0.4 μm）。而到夜间，地面吸收的能量又以长波红外线向外辐射传导出去，这部分能量的波长 98%集中在 7～14 μm 的范围，要使农膜具有较强的保温性质，需要分散在农膜中对这部分波长具有很好吸收能力的无机填料。为提高农膜的保温能力从而缩短农作物的生长期，各国科学工作者广泛采用加入具有红外吸收功能的无机填料的方法，以隔绝夜间地面和农作物释放的红外辐射，减少热能丧失，提高保温效果。以往采用的保温剂主要是滑石粉、高岭土、硅藻土等含硅的无机天然矿物质，因其红外吸收效果差，故需大量添加才能显现作用；而且由于受天然形成环境和条件的制约，天然无机保温材料的结构完整性及粒子尺寸难以控制，添加过量对农膜的透光性和物理机械性能会产生致命影响，且难以去除金属杂质，导致农膜降解。对于红外吸收材料而言，达到保温效果的最佳红外吸收范围为 1400～400 cm^{-1}。其中，1100 cm^{-1} 附近是散热红外最强的辐射区域，而 LDHs 在这一范围有很好的吸收效果。在 1000～400 cm^{-1} 范围的吸收是由层板上金属—氧键及层间阴离子所引起的，在 1370 cm^{-1} 处还可以观察到由层间碳酸根吸收导致的强特征吸收峰。而且，LDHs 的红外吸收范围可以通过调变组成加以改变：(1) 调变层间阴离子可以增加 LDHs 在最佳范围的红外吸收；(2) 调整镁铝比可以增加阴离子含量，同时还可以通过改变 Mg—O 和 Al—O 键的数量，增加 LDHs 的红外吸收范围；(3) 由于金属离子红外吸收能力的不同，改变骨架离子也可调整 LDHs 的红外吸收范围。

段雪等[155]的研究表明，聚乙烯（PE）/LDHs 膜的红外吸收性能明显优于 PE/滑石粉膜，而固体粉体在薄膜中的分散性能、薄膜可见光的透过性能、热稳定性及力学性能等均未受到影响（见表 3－11、3－12 和 3－13）。其优异的红外吸收效果主要因 LDHs 特殊的层状结构和化学组成所致。

表 3－11　PE/LDHs 膜与 PE/滑石粉膜的红外吸收性能

样　品	2.5～20 μm	4～20 μm	5～13 μm
PE/LDHs 膜	74.2%	70.5%	72.6%
PE/滑石粉膜	65.8%	66.8%	69.6%

表 3－12　PE/LDHs 膜与 PE/滑石粉膜的光学性能

样　品	光密度	积分光密度（$\times 10^6$）	透光率/%	雾度/%
PE/LDHs 膜	0.4025	0.4581	89.2	32.8
PE/滑石粉膜	0.4216	0.4799	87.7	52.3

表 3-13　PE/LDHs 膜与 PE/滑石粉膜的力学性能

样　品	方向	伸长率/%	屈服强度/MPa	断裂强度/MPa	撕裂强度/(kN/m)
PE/LDHs 膜	纵向	684	11.78	27.25	124.1
	横向	727	11.61	28.06	119.4
PE/滑石粉膜	纵向	707	11.78	28.39	113.5
	横向	732	11.64	28.98	120.7

3.5.3.2　阻燃剂

无机阻燃剂无卤、低烟,不产生腐蚀性气体,不产生二次污染,且具有阻燃、填料的双重功能,是一种很有前途的阻燃剂。经插层组装可使 LDHs 的层间具有丰富的阻燃性物种 CO_3^{2-} 和结构水,在受热燃烧时,释放阻燃性气体 CO_2 起到隔绝氧气和降低材料表面温度的作用;同时 LDHs 在表面形成凝聚相,阻止燃烧面扩展;LDHs 受热分解后,借助纳米尺寸在材料内部形成高分散的大比表面固体碱,对燃烧氧化产生的酸性气体具有极强的吸附作用,从而起到优异的抑烟作用。段雪等[33]的研究表明,LDHs 作为阻燃剂加入聚氯乙烯(PVC)中具有明显的阻燃和抑烟效果,较小的添加量就可在不降低材料氧指数(LOI)的同时,使抑烟效果显著提高。表 3-14 列出了 LDHs 的加入对 PVC 复合材料氧指数的影响结果,可看到 20～40 份 LDHs 与 PVC 复合可使氧指数达到 28.7、28.8。表中同时列出了常用无机阻燃剂氢氧化铝(ATH)和氢氧化镁(MDH)氧指数的文献值,通过对比可见,LDHs 的阻燃抑烟性能优于后两者。

表 3-14　不同阻燃剂/PVC 复合材料的氧指数测试结果

样　品	阻燃剂用量/份	氧指数 LOI/%
LDHs/软 PVC	20	28.7
	40	28.8
	60	28.4
ATH/软 PVC	45	26.0*
MDH/软 PVC	45	26.0*

* 摘自 Kirschbaum GS. Flame Retardants 98[C]. London: Interscience Communications, 1998. 151

表 3-15 列出了 LDHs/PVC 复合材料的烟密度实验测试结果,不论在无焰还是在有焰条件下,LDHs 在添加范围内对软 PVC 均有良好的抑烟效果。其中 40 份 LDHs/PVC 试样在无焰条件下综合抑烟性能最好;20 份的试样在有焰条件下综合抑烟性能最好。

表 3－15　LDHs/PVC 复合材料的烟密度测试结果

LDHs 添加量/份		0	20	40	60
无焰燃烧	产烟速率/%	67.4	63.9	38.7	43.8
	最大烟密度 D_{max}	479.9	455.0	275.6	312.2
	烟雾遮光指数 SOI/%	571	—	183	155
有焰燃烧	产烟速率/%	88.0	54.3	56.8	59.0
	最大烟密度 D_{max}	626.1	386.6	404.7	419.9
	烟雾遮光指数 SOI/%	2200	911	727	782

3.5.3.3　热稳定剂

PVC 作为世界五大通用型塑料之一，是国民经济各行各业发展和科学技术进步不可缺少的基础材料与重要物质，广泛应用于轻工、机械、电子、建筑、纺织及航空等领域。然而，它存在着一些难以克服的缺点，热稳定性差即是尤为突出的缺点之一。在 180 ℃ 左右加工时，聚合物中的缺陷部分受热活化形成自由基，引发脱 HCl 的反应，形成共轭双键多烯使之颜色变深，随之造成各种物理性能恶化。通常，为改善 PVC 的热稳定性，在加工过程中添加一定量的热稳定剂。目前常用的热稳定剂有盐基性铅盐、金属皂、有机锡等。这些热稳定剂具有各自不同的优缺点。有些虽然价格便宜、性能优良，但因所含的污染性元素而成为破坏环境及损害人体健康的又一源头；有些则价格昂贵，有毒；还有些缺乏润滑性，加工性能不良，从而使其应用受到限制。目前 PVC 的热稳定剂正在朝着低毒—无毒和复合型方向发展，LDHs 类材料以其无毒及多功能特性，逐渐成为国内外商家注目和开发的热点。

LDHs 作为热稳定剂的优异性能主要表现为：(1) LDHs 呈碱性，可有效吸收脱出的 HCl，阻止 PVC 因 HCl 的自催化而引起的进一步的分解反应；(2) 经表面及结构改性的 LDHs 具有与塑料良好的相容性，不损失材料的力学、电学及光学等性能；(3) LDHs 本身结构稳定，具有良好的光稳定性，不挥发，不升华，不迁移，不会被水、油及溶剂抽出；(4) 层状特性可有效抑制增塑剂及其他各种添加剂在 PVC 基体中向表面的迁移，防止其性能的恶化。

3.5.3.4　紫外阻隔材料

紫外线辐射带来的各种危害已经引起人们的广泛关注，各种抗紫外线材料的研制成为国内外的研究热点之一。段雪等[156]的研究表明，ZnAl-LDHs 焙烧产物 LDO 具有良好的紫外阻隔性能。由表 3－16 可知，在 250～365 nm 范围内，ZnAl-LDO 紫外透过率明显低于 MgAl-LDO，说明前者具有良好的紫外阻隔性能。随着

LDHs 前驱体 Zn/Al 摩尔比的提高，ZnAl-LDO 紫外透过率相应降低，表明 Zn/Al 摩尔比提高，ZnAl-LDO 紫外阻隔性能增强。

表 3-16　ZnAl-LDO 和 MgAl-LDO 在不同紫外波长下的透过率(%)

λ/nm		250	268	286	297	304	320	365
MgAl-LDO	Mg/Al=3	24.8	26.1	27.9	30.1	31.6	36.0	41.2
	Zn/Al=2.3	0.7	0.7	1.2	1.8	2.1	3.7	19.2
ZnAl-LDO	Zn/Al=3	0.0	0.0	0.0	0.0	0.0	0.1	0.8
	Zn/Al=4	0.0	0.0	0.0	0.0	0.0	0.0	0.5

最近，邢颖等[125]以 CO_3^{2-} 型 ZnAl-LDHs 为前驱体，以乙二醇为分散介质，用离子交换法组装得到了具有超分子结构的水杨酸根插层 LDHs。由图 3-12 可见，由于 ZnAl-LDHs 前驱体的小尺寸(d=88 nm)及其较好的分散性，使其在保持较好的可见光透过率的前提下具有一定的紫外屏蔽性，尤其对短波长的紫外光屏蔽较明显。而水杨酸根插层 LDHs 则在前驱体屏蔽性的基础上具有了水杨酸根的紫外吸收特性。水杨酸根插层 LDHs 的紫外吸收波长范围与水杨酸钠并不完全相同，在 320～350 nm 的紫外-可见范围也出现了吸收，使吸收范围宽化。

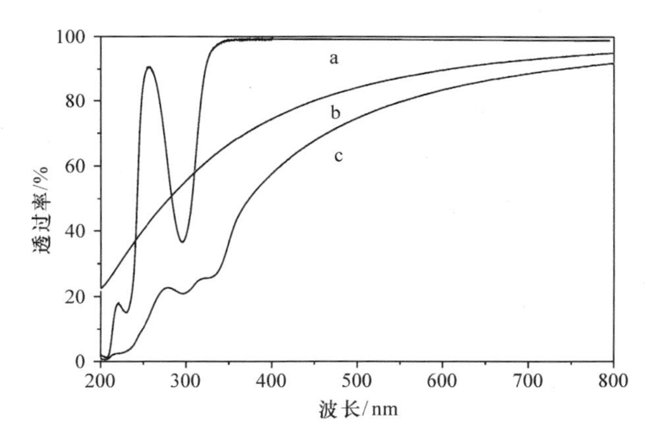

图 3-12　样品水分散液的紫外-可见透过率图

a. 水杨酸钠(质量分数为 0.019‰)；b. ZnAl-LDHs 前驱体(质量分数为 0.037‰)；c. 水杨酸根插层 LDHs(质量分数为 0.05‰)

对比表 3-17 中不同样品在各波长处的吸光度数据(A、B 的吸光度数据通过标准曲线计算)可以看出：在低波长处，水杨酸根插层 LDHs 的吸光度与等摩尔的水杨酸钠和 LDHs 前驱体吸光度之和相差不大；而在波长高于 296.3 nm 时，水杨酸根插层 LDHs 的吸光度却比等摩尔的水杨酸钠和 CO_3^{2-} 型 LDHs 吸光度之和有了明显增加。按照吸光度的加和性，含有几种彼此间不相互作用组分的溶液对某波长光的总吸光度应等于各组分吸光度之和。这种现象也进一步证明了水杨酸根与层板之间存在相互作用,所形成的超分子结构导致了吸光度的变化。

表 3-17 不同样品在不同波长处的吸光度对比

样 品	波长/nm					
	229.4	290.0	296.3	320.0	329.2	400.0
A(水杨酸钠,质量分数 0.01848‰)	0.915	0.383	0.416	0.061	0.016	0
B(ZnAl-CO_3LDHs,质量分数 0.03653‰)	0.425	0.281	0.271	0.238	0.227	0.159
A+B	1.340	0.664	0.687	0.299	0.243	0.159
C{ZnAl-[*o*-OH(C_6H_4)COO] LDHs,质量分数 0.04961‰}	1.514	0.671	0.681	0.594	0.588	0.239

3.5.3.5 新型杀菌材料

因 LDHs 特殊的化学组成,其对多种微生物和菌类的生长有显著的抑制作用,用于塑料、农膜可防止表面蛰生物的形成,用于建筑涂料可避免生成霉菌[157]。与 ZnO、Fe_2O_3 以及含银盐的杀菌材料相比,LDHs 具有如下优点:有效杀菌成分高度分散,杀菌效率高;在合成材料中分散性好,力学性能优异;耐光和耐候性好,不易脱色。戴冬坡[158]采用酸碱中和法制得$[Ag_2(S_2O_3)_3]^{4-}$插层 ZnAl-LDHs,然后在 600 ℃下焙烧得到银锌基防霉杀菌材料,该材料对于枯草芽孢杆菌黑色变种芽孢具有较高的杀菌率。

3.5.4 医药方面的应用

LDHs 可以作为治疗胃病如胃炎、胃溃疡、十二指肠溃疡等常见疾病的特效药,正在迅速取代第一代氢氧化铝类传统抗酸药[159]。研究证明,通过改进 LDHs 的阴离子组成,得到一些含磷酸盐阴离子的 LDHs,它们作为抗酸药,将继承传统抗酸药的优点,并且可以避免导致软骨病和缺磷综合症等副作用的发生。

最近的研究工作集中于利用 LDHs 的可插层性,将药物分子引入层间而形成药物分子或离子插层产物,此类产物既是新型的药物-无机分子复合材料,又是新型药物缓释剂。该剂型相对传统药物剂型减少了药物用量并降低了药剂使用后可能带来的毒害。心血管病及关节炎等病症的治疗药物尤其适用于此剂型。Khan 等[160]研究了布洛芬、萘普生等药物在 LDHs 中的可逆插层行为,证明该过程及插层组装产物可作为新型药物控制释放体系。Ambrogi 等[161]组装了布洛芬插层 MgAl-LDHs,并在磷酸缓冲液体系中初步验证了其缓释能力。

3.5.5 农药方面的应用

农药使用后,由于淋失、沥取、光降解、挥发或不正确使用易引起药效降低、造成水体及土壤污染，由此出现了 LDHs 与农药之间相互作用的研究。这种研究主要集中于吸附、脱附过程。LDHs 及 LDO 仅对极性或阴离子型农药具有较好的吸附能力，难于吸附疏水性杀虫剂，而有机物插层 LDHs 对于疏水性杀虫剂却具有良好的吸附能力[162～164]。其原因是有机物客体的引入可使有机物插层 LDHs 内表面性质由亲水性向疏水性转化，因而用有机物插层 LDHs 处理造成污染的疏水性农药或将其作为疏水性农药控制释放载体，可较大地填补 LDHs 或其他材料在此方面应用的不足。有机物插层 LDHs 对农药的吸附能力与主体交换量、表面亲水/疏水性、插层客体性质、空间位阻及层间排列等有关。常用插层客体为十二烷基磺酸、十二烷基苯磺酸等。

最近，孟锦宏等[165]针对化学型缓释农药母体种类少、农药有效含量低的欠缺及开发绿色农药的要求，直接将除草剂草甘膦组装至 MgAl-LDHs 层间，得到一种新型的超分子结构缓释农药。

3.5.6　固定化酶方面的应用

提高稳定性是固定化酶工业推广的关键问题，段雪等[32,120]对于 LDHs 固定化青霉素酰化酶(PGA)的插层组装进行了详细研究，实验中选择 MgAl-LDO 来固定化 PGA。首先，考察了焙烧温度对固定化酶活性的影响，固定化结果见表 3－18。可以看出，在 230～450 ℃之间，随焙烧温度升高，载体表面固定的 PGA 量增加；在 450～550 ℃之间，固定的酶量基本不变；焙烧温度超过 650 ℃，固定在载体表面的 PGA 量明显下降。上述实验结果与 LDO 比表面积随焙烧温度的变化相符合。

表 3－18　不同焙烧温度对固定化酶活性的影响

焙烧温度/℃	固定化酶/(IU/g)	酶吸附*		IME 鉴定#	
		酶活性/(IU/g)	吸附量/%	酶活性/(IU/g)	扩散/%
230	1624.2	1468.3	90.4	312.7	21.3
350	1623.5	1508.2	92.9	398.2	26.4
450	1625.6	1606.1	98.8	432.0	26.9
550	1624.7	1611.7	99.2	438.4	27.2
650	1626.3	1597.0	98.2	236.4	14.8
850	1624.8	616.3	37.9	235.0	38.1

* 根据固定化溶液的残余活性；# 根据固定化酶的活性。

表 3－19 显示，MgAl-LDO 能够比 ZnAl-LDO 固定更多的 PGA，这可能与 MgAl-LDO 的碱性较强有关。固定化后，酶的刚性结构改变较大，所以导致酶活性表达率降低。重复使用后，ZnAl-LDO 固定化酶的酶活性下降很大，而 MgAl-LDO 固定化酶的酶活性变化较小，这也可能是由于 MgAl-LDO 比 ZnAl-LDO 的碱强度

高，与 PGA 的作用力强，所以在重复使用过程中不会使酶脱落，所以酶活性降低较小。

表 3-19　不同层板元素种类对固定化酶活性的影响

样品	固定化酶/(IU/g)	酶吸附*		IME 鉴定#			
				第一循环		第二循环	
		酶活性/(IU/g)	吸附量/%	酶活性/(IU/g)	扩散/%	酶活性/(IU/g)	扩散/%
Zn/Al=2	1628.3	1097.5	67.4	497.2	45.3	259.0	23.6
Mg/Al=2	1627.4	1617.2	99.4	446.3	27.3	435.2	26.9

* 根据固定化溶液的残余活性；# 根据固定化酶的活性。

进一步研究表明，具有较大体积的 PGA 分子与 LDO 之间的结合需经历酶在 LDO 表面固定的过程和 LDO 由无序堆积层板向有序层状结构转化的过程，这两个过程互相竞争，最后达到平衡。一方面，酶分子以单层饱和负载量均匀分布在 LDO 表面，酶分子既与 LDO 以较强的作用力结合，同时又与相邻酶分子之间发生作用；另一方面，部分 LDO 恢复层间阴离子为 HPO_4^{2-} 的层状结构。LDO 和酶的相互作用主要包括酶分子向 LDO 堆积孔表面的扩散以及酶分子在 LDO 孔表面的固定化。其中扩散过程主要影响酶在 LDO 表面的固定化量和首次酶活性，固定化过程则直接影响酶活性的间歇操作稳定性，两者都受时间、酶液用量、pH 等多重因素的影响。整个体系存在两种作用力：酶分子与 LDO 表面较强的作用力和相邻酶分子之间较弱的作用力。

最近，段雪等[120]的研究工作通过构筑 LDHs“分子反应器”实现了 PGA 的固定化（见图 3-13）。在此“分子反应器”内，戊二醛不仅与谷氨酸氨基作用生成希

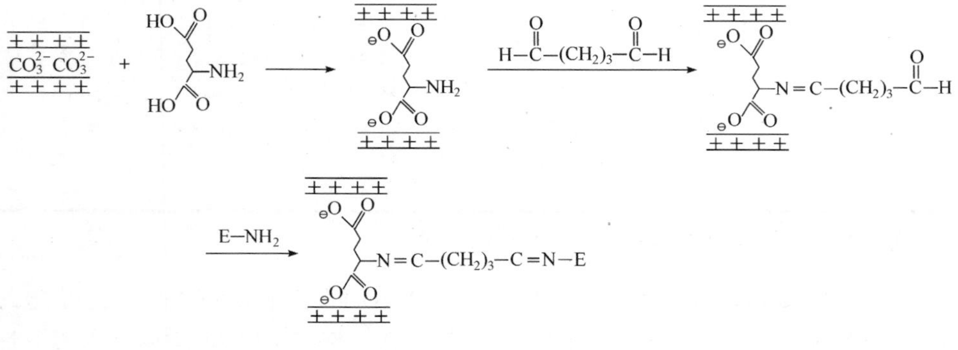

图 3-13　PGA 固定化过程设计

注：$E-NH_2$ 中的“E”为青霉素酰化酶

夫碱，也与酶分子作用生成希夫碱。谷氨酸插层 LDHs 超分子结构材料通过戊二醛交联固定化 PGA，得到的超分子结构酶插层材料的酶活性较高，热稳定性高。在间歇操作反应器中连续操作 10 次，固定化酶活性保持初始酶活性的 90%，在 430 IU/g 以上。

3.5.7　光学方面

利用 LDHs 独特的二维层板结构及其结构组成的可调变性和层间阴离子的可交换性，在层间或层板引入在红外探测窗口具有不同发射率的无机离子或有机基团，通过选择层间阴离子及控制层间阴离子密度，可使层状材料的红外辐射能力得以精准控制，得到红外辐射能力呈规律性变化或具有明显差异的材料，创制出超高、超低红外辐射率的 LDHs 材料。另外，LDHs 的层间区域还可为具有光活性分子的光化学反应提供一个新的环境，Ogawa 等人[166]介绍了 LDHs 的光物理和光化学性质。肉桂酸盐插层 MgAl-LDHs 层间的肉桂酸阴离子同时具有光二聚和光异构化作用。

3.5.8　磁学方面

铁氧体是一大类磁性材料，它无论在高频或低频领域都占有独特的地位，日益受到世界各国的重视。典型的铁氧体均是通过焙烧各种金属的氧化物、氢氧化物或其他沉淀混合物后得到的。焙烧原料的活性、混合均匀度和细度不高，因此生产工艺存在反应物活性较差和反应不易完全的缺陷，最终影响到铁氧体的磁性能。由于 LDHs 的化学组成和结构在微观上具有可调控性和整体均匀性，本身又是二维纳米材料，这种特殊结构和组成的材料是合成良好的磁特性铁氧体的前驱体材料，因此通过设计可以向其层板引入潜在的磁性物种，制备得到一定层板组成的 LDHs。然后，以其为前驱体经高温焙烧后得到尖晶石铁氧体。由于 LDHs 焙烧后能够得到在微观上组成和结构均匀的尖晶石铁氧体，从而使得此磁性产物中的磁畴结构单一，大大提高了其磁学性能。周彤等[169,170]对由 MgFe-LDHs 和 NiFe-LDHs 为前驱体制备磁性材料进行了成功的尝试。

由于尖晶石型铁氧体中二、三价离子的化学计量比为 1/2，远小于二元 LDHs 中二、三价离子的化学计量比，直接焙烧产物中会有非磁性的 M(Ⅱ)的氧化物生成，因而最终影响产物的磁学性能。因此，刘俊杰等[92]在最近的研究工作中提出先将 Fe^{2+}引入 LDHs 层板，制备得到 Mg-Fe(Ⅱ)-Fe(Ⅲ)LDHs，再利用 Fe^{2+}易被氧化的特点，通过高温焙烧最终降低焙烧产物中的 M^{2+}/M^{3+}摩尔比，实现由层状前驱体制备晶相单一的尖晶石铁氧体的构想。

图 3－14 为具有不同投料摩尔比的 Mg^{2+}-Fe^{2+}-Fe^{3+}-CO_3^{2-} LDHs 经高温焙烧后(1100 ℃)所得产物的 XRD 谱图。可以看出，当 $Mg^{2+}/Fe^{2+}/Fe^{3+}$ 投料摩尔比为

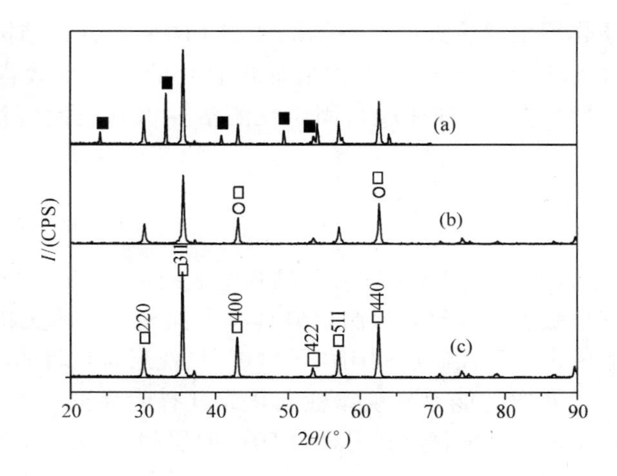

图 3-14　不同投料摩尔比 Mg^{2+}-Fe^{2+}-Fe^{3+}-CO_3^{2-} LDHs焙烧产物的 XRD 谱图

注：层状前驱体的 $Mg^{2+}/Fe^{2+}/Fe^{3+}$ 投料摩尔比依次为：(a) 1/2/1；(b) 4/5/3；(c) 2/1/1

1/2/1 时，所合成的层状前驱体的焙烧产物中除有尖晶石相外，还有一定量的 Fe_2O_3 生成；而当投料摩尔比为 4/5/3 时，所得的产物为尖晶石与 MgO 的混合物；当 $Mg^{2+}/Fe^{2+}/Fe^{3+}$ 投料摩尔比为 2/1/1 时，产物为晶相单一的尖晶石铁氧体。这表明层状前驱体中 $Mg^{2+}/(Fe^{2+}+Fe^{3+})$摩尔比接近于尖晶石的化学计量比 1/2。由等离子电感偶合光谱测得 $Mg^{2+}/(Fe^{2+}+Fe^{3+})$摩尔比＝0.505，非常接近于尖晶石的化学计量比。这样层状前驱体在焙烧后，完全转化为尖晶石型铁氧体。

其比饱和磁化强度 σ_s 为 34.63 emu/g，优于目前干法结果（σ_s＝26.4 emu/g）。这是由于在 Mg^{2+}-Fe^{2+}-Fe^{3+}-CO_3^{2-} LDHs 层状前驱体中，金属离子受到晶格能最低效应及晶格定位效应的影响，使其在层板上按一定方式排布。当高温焙烧后，能够得到成分和结构均匀的尖晶石铁氧体，正是由于其结构的均匀性，使得产物中所形成的磁畴结构单一，磁学性能得到了提高。$MgFe_2O_4$ 是一种中间型的铁氧体，即 Fe^{3+} 在其晶体结构中既可占据 A 位置（四面体位置），也可占据 B 位置（八面体位置）。

三种样品(a,b,c)的 Mössbauer 谱图中均出现了 $MgFe_2O_4$ 中 Fe^{3+} 的两组电四极劈裂峰 D_1 和 D_2，表明 Fe^{3+} 在样品中存在两种化学组态，即分别占据尖晶石晶体结构中的 A 位置和 B 位置，同时可以看出样品 a 中也出现了 Fe_2O_3 的电四极劈裂峰 W（见表 3-20）。穆斯堡尔谱线面积 S 与其参数 f（无反冲因子）和铁离子含量 N 的关系为：$S \propto f \cdot N$，而在室温条件下，$MgFe_2O_4$ 中 A 和 B 两个晶位的无反冲因子的关系为 $f_A/f_B=0.94$，因此由谱线面积可以估算出 $MgFe_2O_4$ 中 A 和 B 两个晶位上的 Fe^{3+} 比为 $N_A/N_B=S_Af_B/S_Bf_A$。因而，上述三种样品中 $MgFe_2O_4$ 的化学结构式可分别为：$(Mg_{0.14}Fe_{0.86})[Mg_{0.86}Fe_{1.14}]O_4$（样品 a）、$(Mg_{0.27}Fe_{0.73})[Mg_{0.73}$

$Fe_{1.27}]O_4$(样品 b)和($Mg_{0.24}Fe_{0.76}$)[$Mg_{0.76}Fe_{1.24}]O_4$(样品 c)。

表 3-20 样品 a、b 和 c 的 Mössbauer 谱超精细参数

	样品 a			样品 b			样品 c		
	同质异能移 /$mm\cdot s^{-1}$	四极劈裂 /$mm\cdot s^{-1}$	相对峰面积强度/%	同质异能移 /$mm\cdot s^{-1}$	四极劈裂 /$mm\cdot s^{-1}$	相对峰面积强度/%	同质异能移 /$mm\cdot s^{-1}$	四极劈裂 /$mm\cdot s^{-1}$	相对峰面积强度/%
D_1	0.023	0.120	34.84	0.033	0.121	34.87	0.035	0.129	36.79
D_2	0.102	0.003	48.54	0.120	−0.003	65.13	0.151	0.023	63.21
W	0.040	0.153	16.62	—	—	—	—	—	—

注:同质异能移测定标样为硝普钠。

众所周知,尖晶石铁氧体的磁性来源于 A 和 B 晶位中未被抵消的磁矩,在 $MgFe_2O_4$ 尖晶石结构中,Fe^{3+} 离子占据 B 晶位的数目越多,其磁性越强。所以,上述三种样品的磁性大小应为 b>c>a。但在样品 a 和 b 中含有非磁性物种 Fe_2O_3 和 MgO,它们高度分散于焙烧产物中,阻碍了产物的磁化取向,从而使其磁性降低(比饱和磁化强度分别为 $\sigma_s=18.71$ emu/g 和 $\sigma_s=21.83$ emu/g)。

3.6 其他几类层状插层组装体的研究概况

3.6.1 蒙脱土

3.6.1.1 蒙脱土晶体结构

蒙脱土是膨润土矿的主要成分,其理论结构式为$(1/2Ca,Na)_x(Al_{2-x}Mg_x)(Si_4O_{10})(OH)\cdot nH_2O$。它是一类 2∶1 型层状硅酸盐黏土,每个单位晶胞由两个硅氧四面体中间夹带一层铝氧八面体组成,四面体与八面体依靠共同氧原子连接[171],形成厚约 1 nm、长度为 100~1000 nm、高度有序的准二维晶片,晶胞平行叠置。蒙脱土中的同晶置换现象极为普遍,如 Al^{3+} 可以取代四面体中的 Si^{4+},而 Mg^{2+}、Fe^{2+}、Zn^{2+} 等可以取代八面体中的 Al^{3+}。晶格中的 Si^{4+}、Al^{3+} 被其他低价离子取代,单位晶层有较多负电荷,因而吸附等电量的阳离子来维持电荷平衡。蒙脱土晶格中,由于异价离子置换而产生的负电荷具有吸附阳离子和极性有机物的能力。晶层间可能存在的阳离子有 Na^+、Mg^{2+}、Ca^{2+}、K^+、H^+、Li^+ 等,这些阳离子在一定条件下可以相互取代。它们的交换规律一般是:蒙脱土悬浮液中,浓度高的阳离子可以交换浓度低的阳离子;在离子浓度相等的情况下,离子键强的阳离子可以取代离子键弱的阳离子,它们交换的顺序大致是:$Ba^{2+}>Sr^{2+}>Ca^{2+}>Mg^{2+}>K^+>Na^+>Li^+>H^+$。

蒙脱土的两个相邻晶层之间由氧原子和氧原子层相接,没有氢键,只有结合力较弱的范德瓦尔斯力;片层之间可以随机旋转、平移,但单一片层不能单独存在,而

是以多层聚集的晶体形式存在，其(001)晶面间距大约为 1.4 nm；单元晶层一般由约 10 个单元层组成，单元晶粒的厚度约为 8～10 nm。蒙脱土的单位晶层之间的结合力微弱，水和其他极性分子能够进入单位晶层之间，引起晶格沿 c 轴方向膨胀。当层间无结合水时，层间厚度为 0.96 nm；当层间存在结合水时，层间厚度最大可增至 2.14 nm；吸附有机分子时，层间距可增大到 4.8 nm。研究表明：蒙脱土层间的离子交换容量一般在 60～120 mEq/100g 的范围内[172]，这是一个比较合适的离子交换容量。层间较弱的范德瓦尔斯力和存在交换性阳离子，为蒙脱土的化学改性提供了必要前提。

蒙脱土的理化性能和工艺技术主要取决于它所含的交换性阳离子的种类和含量。最常见的为 Na⁻蒙脱土，其吸水速率慢，吸水率和膨胀倍数大，阳离子交换量高，在水介质中分散性好。Na⁻蒙脱土可以分离成单个晶胞，胶体悬浮液的触变性、黏度、润滑性好，pH 高，热稳定性好，在较高温度下仍能保持其膨胀性能和一定的阳离子交换量，有较高的可塑性和较强的黏接性等，所以 Na⁻蒙脱土的使用价值和经济价值比较高。

3.6.1.2　蒙脱土的有机化处理

蒙脱土层间有大量无机离子，对有机化合物呈疏性。利用蒙脱土层间金属离子的可交换性，以有机阳离子交换金属离子，使蒙脱土有机化。蒙脱土被有机阳离子处理后，与插层的有机聚合物或有机小分子化合物有了良好的亲和性，这样有机化合物可以较容易地插层到蒙脱土的层间[173]。

由于蒙脱土中的 Na^+ 更容易被有机阳离子所置换，将普通蒙脱土“钠化”，钠型蒙脱土与有机铵阳离子，如脂肪烃基三甲基氯化铵，在水溶液中可进行离子交换反应。交换反应可表示如下：

$$\text{-}O^-Na^+ + Cl^-N^+(CH_3)_3R \longrightarrow \text{-}O^-Na^+(CH_3)_3R + NaCl$$

上式中，R 为 $C_{12}H_{25}$、$C_{14}H_{29}$、$C_{16}H_{33}$、$C_{18}H_{37}$ 等脂肪烃类。将有机铵盐改性的蒙脱土在酸性介质中水解，水中质子很难将铵盐基置换下来，说明由离子键所形成的复合物是比较稳定的。事实上，在这种离子键形成的过程中，烷基与蒙脱土还产生了比较显著的物理吸附作用。烷基越大，其与蒙脱土之间的范德瓦尔斯力就越大，这种吸附作用越大。因此这种离子键不同于普通无机化合物中的离子键，具有不可逆性。正是由于这种强有力的结合力，才使得有机化处理的蒙脱土在插层工艺过程中能保持很好的稳定性。

Na⁻蒙脱土的有机化改性有如下三种方法：(1) 干法　是将蒙脱土与适量的季铵盐阳离子表面活性剂充分混合，在无水和高于季铵盐阳离子表面活性剂熔点的温度下进行反应而制得有机蒙脱土产品;(2) 湿法　以水为分散介质,将蒙脱土制成浆液,和季铵盐阳离子进行交换反应而得到有机蒙脱土;(3) 预凝胶法　与湿法类似,是将 Na^-蒙脱土加入到有机溶剂中(如矿物油),使有机组分插入蒙脱土层间,达到对 Na^-蒙脱土的有机化改性。

通过蒙脱土的有机化处理,主要达到以下三个目的:一是将蒙脱土层间的水化无机阳离子交换出来;二是扩大蒙脱土层间距离;三是能与高分子化合物基体有较强的分子链结合力。

3.6.1.3　蒙脱土纳米复合材料

纳米复合材料的概念最早是由 Roy 于 1984 年提出的,它是指分散相尺寸至少有 1 种小于 100 nm 的复合材料[174]。由于纳米粒子独特的表面效应、体积效应和量子效应,使纳米复合材料表现出独特的化学和物理性质,因此引起了人们的广泛关注。

聚合物/蒙脱土纳米复合材料是目前新兴的一种聚合物基无机纳米复合材料。将单体或聚合物插入蒙脱土的片层间,利用聚合反应放出的能量或者化学作用实现有机高分子与无机硅酸盐在纳米尺度上的复合。与常规复合材料相比,它具有以下特点[175]:只需很少的填料(质量分数<5%)即可使复合材料具有相当高的强度、弹性模量、韧性及阻隔性能;具有优良的热稳定性及尺寸稳定性;其力学性能优于纤维增强聚合物系。蒙脱土天然资源丰富,价格低廉,因此聚合物/蒙脱土纳米复合材料成为近年来新材料和功能材料领域中的研究热点之一。根据聚合物纳米复合材料的微观结构,可以将聚合物/蒙脱土纳米复合材料分为插层型纳米复合材料(图 3－15)和剥离型纳米复合材料(图 3－16)[176]。

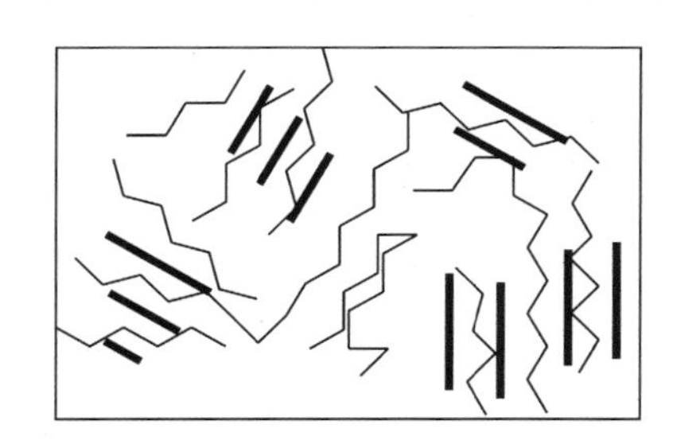

图 3－15　插层型纳米复合材料示意图

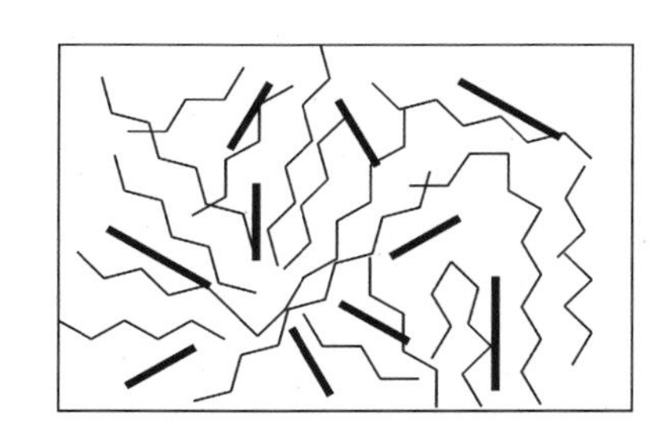

图 3－16　剥离型纳米复合材料示意图

在插层型复合物中,聚合物不仅进入蒙脱土颗粒,而且插层进入硅酸盐晶片层间,使蒙脱土的片层间距明显增大,但还保留原来的方向,片层仍然具有一定的有序性;在剥离型复合物中,蒙脱土的硅酸盐片层完全被打乱,无规则地分散在聚合物基体中,此时蒙脱土片层与聚合物可以混合均匀。在插层型纳米复合材料中,高分子链在层间受限空间与层外自由空间的运动有很大差异,因此此类复合材料可以作为各向异性的功能材料;而剥离型纳米复合材料具有很强的增强效应,是理想的韧性材料。Ishida 等认为,根据 XRD 的表征结果可以判断聚合物/蒙脱土纳米复合材料是插层型还是剥离型[177]。在 XRD 衍射图中,存在 $2\theta=5.5°$ 的峰表明是插层型复合材料的结构,而 $2\theta=5.5°$ 的峰消失或强度大幅度下降的则表明为剥离型纳米复合材料。在所有的蒙脱土复合材料的 XRD 图中,$2\theta\leqslant5.5°$ 的衍射峰为蒙脱土的峰,而其他峰为聚合物的峰。Kornmann 等认为除了可以用 XRD 来判断外,也可用 TEM 来判断聚合物/蒙脱土纳米复合材料是插层型还是剥离型,而且更加直观和准确[176]。

有机蒙脱土由于层间具有有机阳离子,层间距增大,同时因片层表面被有机阳离子覆盖,蒙脱土由亲水性变为亲油性。当有机蒙脱土与单体或聚合物混合时,由于蒙脱土的层状结构及其吸附性和膨胀性的特点,单体或聚合物分子向有机蒙脱土层间迁移并插入层间,使层间距进一步增大,得到插层复合材料。目前,纳米复合材料的制备采取两种方法[178,179]:(1) 单体溶液插层原位聚合法　即在溶液中将单体插入到有机蒙脱土中,然后原位聚合,利用聚合时释放出的大量热量,克服硅酸盐片层的静电引力使其剥离,形成纳米复合材料;(2) 聚合物大分子溶液插层法　将聚合物溶液与有机蒙脱土混合,利用化学或热力学作用使层状硅酸盐剥离并分散在聚合物基体中。

在聚合过程中,溶剂的作用相当重要,它通过对层间有机阳离子和单体或聚合物二者的溶剂化,使单体或聚合物插入到蒙脱土层间。在材料的加工工艺中,主要采用溶液插层法和熔融插层法。

溶液插层法是指在溶液状态下对蒙脱土进行插层制备纳米复合材料。依据溶液的构成,可分为单体溶液插层、聚合物水溶液插层、聚合物有机乳液插层、聚合物有机溶液插层等几种形式。

对大多数聚合物来说,溶液插层技术有其局限性,因为可能找不到合适的单体来插层或找不到合适的溶剂来同时溶解聚合物和分散蒙脱土。熔融插层是应用传统的聚合物加工工艺,在聚合物的熔点(结晶聚合物)或玻璃化温度(非晶聚合物)以上将聚合物与蒙脱土共混制备纳米复合材料。这种方法不需任何溶剂,操作简单。可熔融插层的有机聚合物包括聚烯烃、聚酰胺、聚酯、聚醚、含磷、氮等杂原子主链的聚合物和聚硅烷等。非极性聚合物对蒙脱土的熔融插层存在一定困难,而极性聚合物的熔融插层效果要好得多。

3.6.1.4　插层过程热力学分析

聚合物对有机蒙脱土的插层及其层间膨胀过程是否能进行,取决于该过程中自由能的变化(ΔG)是否小于零,即若 $\Delta G<0$,反应能自发进行。原位插层复合法

主要是利用 $\Delta H<0$ 来促使纳米复合材料的形成，插层于蒙脱土中的单体聚合释放出大量的热，超过了 ΔS 的影响而使蒙脱土层间距迅速增大；聚合物溶液插层法主要是利用 $\Delta S>0$ 来影响 ΔG 的大小，层间阳离子的溶剂化以及层间溶剂被置换使体系熵增加，从而使 $\Delta G<0$；而聚合物熔融插层法的构象熵的减少可以通过焓变来补偿，且高分子链与填料层间有机基团的作用会使 $\Delta H<0$，从而能够使体系的自由能减小，使得 $\Delta G<0$[180]。

3.6.1.5　聚合物/蒙脱土纳米复合材料的种类

1. 聚苯乙烯插层复合材料

王胜杰[181]的研究发现，聚苯乙烯分子链进入蒙脱土硅酸盐片层间的过程分成两个步骤：首先，聚苯乙烯分子链扩散进入蒙脱土的颗粒间；然后，再插层进入硅酸盐片层间。因为后一步反应速率快，因此第一步是反应速控步。聚苯乙烯插层复合材料是否形成剥离型复合材料，有研究表明与蒙脱土插层改性剂有关。经普通的长链烷基季铵盐、硬脂烷基季铵盐、芳香烃基季铵盐等改性的蒙脱土，在苯乙烯的本体聚合中只能形成插层型复合材料。而利用可聚合型插层改性剂处理蒙脱土，则可以形成剥离型纳米复合材料。如：乙烯苯基长链季铵盐插层形成的有机蒙脱土在苯乙烯单体中能够形成凝胶，通过苯乙烯的自由基聚合，凝胶转变为聚苯乙烯插层复合材料。XRD 和 TEM 都表明：功能性插层改性剂含量在 5%以上时，无论是 Na-蒙脱土还是 Ca-蒙脱土，其聚苯乙烯的插层复合材料都是剥离型的。王一中[182]等用长链季铵盐对蒙脱土进行了改性，采用本体聚合法制备了聚苯乙烯(PS)/蒙脱土嵌入混杂材料。通过 XRD、TEM、IR 等表征，发现在嵌入混杂材料中，PS 以双分子层嵌入蒙脱土层间，PS 的玻璃化转化温度高于纯聚苯乙烯，说明复合材料中的聚苯乙烯分子链的活动性低于纯聚苯乙烯。其原因是由于插层后，聚苯乙烯受到蒙脱土中所含有机基团的吸引，对其活动有束缚作用，使其链段运动的阻力增大，形成一个统一的整体，而不是一个分相体系。Fu 等[183]用氯化苄基二甲基十二烷基铵(VDAC)为表面活性剂处理蒙脱土制备聚苯乙烯/蒙脱土纳米复合材料，结果表明得到剥离型复合材料，其力学模量和降解温度都高于纯的聚合物。

2. 环氧树脂插层复合材料

影响环氧树脂插层的因素有：环氧树脂性质、环氧树脂固化剂、插层工艺、蒙脱土的阳离子交换容量等。Pinnavaia 等[184]对环氧树脂/黏土复合进行了比较全面的研究，他们认为使用胺固化剂时，黏土能否剥离与所采用的固化温度有关，黏土的剥离主要是由插入在层间的环氧齐聚物固化放热引起的，因此只有在适宜的固化温度下才能够剥离。吕建坤等[185]用插层原位聚合方法，以十八烷基的卤盐对蒙脱土进行有机化，制备了环氧树脂/蒙脱土纳米复合材料。用 XRD、DSC 等手段研究了有机蒙脱土在环氧树脂中的插层与剥离行为,证明环氧树脂容易插层到黏土片层间,形成稳定的插层复合物。当有机胺固化后,黏土被剥离而得到剥离型纳米复合材料,剥离程度与所采取的固化温度关系不大,而主要取决于固化程度。Ruiz-Hitzky等[186]将聚环氧乙烷嵌入到具有不同阳离子的蒙脱土中,制备了新的具有二维结构的有机-无机纳米复合材料。该层间化合物的导电性随温度变化的研究表明,其导电性随温度变化显著,在575K时导电性最好,大约是锂基蒙脱土的10倍。温度更高时,层间化合物随着聚环氧乙烷的释放逐渐分解,最终与锂基蒙脱土的导电性相近。

3. 聚酰胺/蒙脱土插层复合材料

聚酰胺是一种应用广泛的工程塑料,其分子结构和结晶作用使其具有优良的物理、机械性能。然而由于酰胺极性基团的存在,聚酰胺的吸水率高、热变形温度低、弹性模量和强度不够高,因而其应用受到限制。自1987年日本臼杵有龙首次采用原位插层聚合法制备尼龙6/黏土复合材料以来[187],尼龙6/蒙脱土纳米复合材料的研究得到了广泛的重视。日本丰田研究所和宇部研究所、中国科学院化学研究所等在尼龙6/黏土纳米复合材料的制备、表征、结构等方面取得了重要进展。漆宗能等[188]应用天然丰产的蒙脱土层状硅酸盐作为无机分散相,用插层法成功制备了尼龙6/黏土纳米复合材料。该材料与纯尼龙6相比,具有强度高、弹性模量高、耐热性好、阻隔性好、加工性能良好的特性。研究者用不同的方法制备了尼龙纳米复合材料,而由不同方法制备的复合材料,与尼龙6相比,其性能均有不同程度的改善。如用原位插层聚合法制备的尼龙6/蒙脱土纳米复合材料的拉伸强度和热变形温度有明显的提高[189];而用熔融插层法制备的复合材料的拉伸强度、弯曲强度、弯曲模量和热变形温度有明显的提高[190]。

4. 聚胺酯/蒙脱土插层复合材料

聚胺酯弹性模量介于橡胶和塑料之间,具有高强度、高弹性、高耐磨性、硬度可调及优异的低温、生物相容性等特点,是一类应用非常广泛的聚合物材料。聚胺酯弹性体能否发生微相分离、微相分离的程度以及硬链段在软相中分布的均匀性等都直接影响弹性体的力学性能。1998年Pinnavaia[191]首先利用插层聚合制备了聚胺酯/蒙脱土纳米复合材料,当有机蒙脱土的含量仅为10%时,该复合材料的拉伸强度、弹性模量及断裂伸长率同时提高一倍。之后,相继有基于聚胺酯的有机-无机纳米复合材料的报道。Xu等[192]制备的聚胺酯弹性体/蒙脱土纳米复合材料,不仅力学性能有很大提高,透气性也下降一半。有机蒙脱土的存在影响聚胺酯弹性体的氢键结合及微相分离,并最终影响弹性体的物理机械性能。Tien等[193]发现随着有机蒙脱土含量的增加,聚胺酯/蒙脱土纳米复合物硬段的氢键结合减小。由于均匀分散的纳米片层的增强效应及氢键结合减小效应共同作用的结果,使得聚胺酯/蒙脱土纳米复合材料的有机蒙脱土含量有一最佳值,在这一最佳点上,拉伸强度及伸长率同时达到最大。当有机蒙脱土的含量再增加时,伸长率将急速下降[194]。

5. 聚苯胺插层复合材料

用插层聚合的方法将聚苯胺分子链嵌入层状黏土的片层之间,从而得到一种高电导率的聚苯胺/蒙脱土插层纳米复合材料[195]。由于聚苯胺分子链在受限的纳米空间生成,聚苯胺以伸展的单分子链构象存在,故该构象在苯胺的常规聚合中不可能生成。由于聚苯胺具有较高的电导率,在诸如抗静电、电致变色、电极材料等方面有着优良的应用前景,因而近来关于这类导电聚苯胺插层型纳米复合材料的研究受到越来越多研究者的关注。一些导电聚合物已经成功地插层到无机层状物质的层间,如聚苯胺/MoO_3[196]、聚苯胺/V_2O_5[197]和聚苯胺插层到黏土中可形成电极纳米复合材料,这种纳米复合材料薄膜的导电性具有很高的各向异性特点,其膜平面内导电性为垂直膜方向的 103～105 倍[198]。

3.6.2 石墨

石墨是碳的同素异形体之一,是典型的层状化合物。石墨片层是共价键结合的正六边形片状结构单元,层间依靠类似金属键那样的离域 π 键和范德瓦尔斯力连接,层间距为 0.34 nm。由于层间结合力较小,层间空隙较大,所以石墨各层间可以相对滑移。由于离域 π 键电子在晶格中的自由流动性,可以被激发,所以石墨具有金属光泽且导电、导热。石墨的各向异性显著,片层的切线方向与垂直方向的导电性相差很大。碳层之间的结合薄弱,构成了范德瓦尔斯间隙,允许插层物顺利进入碳原子层间而不破坏碳原子层内的六角网状结构,作为插层主体能够赋予复合材料特殊的性质,因此石墨是制备插层化合物最好的主体材料。

石墨插层化合物(graphite intercalation compounds, GIC)的发现已有上百年的历史,其发展过程大致可分为三个阶段[199]。1841 年到 1974 年是第一阶段。Schafautl 最早将石墨浸入浓硫酸和浓硝酸的混合液中,发现沿垂直于解离方向上石墨的膨胀几乎达到原来的两倍,从此揭开了石墨插层化合物研究的序幕。20 世纪 30 年代初,Hoffmann 等用 X 射线技术确定插层阶次,第一次对插层化合物做了比较系统的研究。第一阶段的研究重点在于发现新物质和研究插层反应的基本过程。第二阶段为 1974 年至 1987 年,起始于日本发明用锂和石墨氟化物作为电极的高能电池,这为插层化合物开拓了商业应用前景。1975 年美国发现石墨-AsF_5 插层化合物具有很高的电导性,电导率甚至高于金属铜,于是世界各国掀起了研究 GIC 的高潮。现在是第三阶段,重点放在 GIC 的工程技术问题和工业应用前景的研究和开发上。

3.6.2.1 GIC 的结构性能

概括 GIC 的结构,主要有以下几个方面的特征:(1) 插入客体物质的阶梯结构。在垂直于碳层平面的方向上，插入物质以一定周期占据各个范德瓦尔斯间隙，形成阶梯结构。研究表明，阶梯结构的形成与插入物质的种类、组分、合成条件等有关。阶梯结构的差异对材料的性能有重要影响。(2) 插入客体物质的二维有序-无序相变。在同一范德瓦尔斯间隙中，插入客体原子或分子可以以不同的概率占据各间隙位置，形成二维有序结构。这种结构的形成既与插入物质的种类、组分有关，也与材料的温度有关。随温度的升高或组分的变化，可发生有序-无序相变。在完全无序情况下，插入物质原子或分子以相同的概率占据各间隙位置，其行为类似于二维液体。(3) 插入客体物质与主体碳层之间授受电子的过程。GIC 主要是用化学法制备的，从插入客体与主体石墨层之间的电子授受关系来说，主要分为两大类：一类是客体的电子向主体石墨层转移，称为施主型插层化合物，例如：碱金属、碱土金属、稀土金属等形成的插层化合物；另一类是石墨层的电子向客体转移，称为受主型插层化合物，例如 H_2SO_4、HNO_3、AsF_5、Br_2、HF 和金属卤化物等形成的插层化合物。除这两类外，近年来又发现一类插层化合物，在客体与主体石墨层之间几乎不存在电子授受行为，例如惰性气体氟化物 KrF_2 和卤素的氟化物 BrF_3、IF_5、IOF_3，它们以分子形式存在于插层化合物中。(4) 层间距较大。插入客体后主体的体积显著膨胀，这可被认为是碳层的层间距显著增大的结果。研究表明，插入大分子后层间距可增大数十倍[200,201]。

3.6.2.2 石墨插层化合物的应用

1. 高电导率材料

石墨材料作为一种半金属，沿碳层方向的电导率约为 2.5×10^6 S/m。对于离子型 GIC，客体的插入使其载流子的浓度随施主型 GIC 中传导电子或受主型 GIC 中空穴的增加而增大。因此，离子型 GIC 的电导率远远大于石墨，被称为"合成金属"。制约材料电导率的主要因素是石墨主体的结晶度、阶梯结构的周期、插入物质的种类和组分等。目前发现的高电导率 GIC 的插入物质主要有四类：五氟化物(AsF_5、SbF_5)、金属氯化物($CuCl_2$、$FeCl_3$)、氟(F_2)和掺铋的碱金属(K)。由五氟化物 AsF_5、SbF_5 制备的 GIC，其室温电导率比金属铜还高，数量级可达 10^8 S/m。然而，五氟化物的腐蚀性和毒性以及相应的 GIC 在空气中的不稳定性限制了这类 GIC 的实际应用。

由金属氯化物 $CuCl_2$、$FeCl_3$ 等合成的 GIC，其电导率并不很高，仅与铜相当，约为 10^7 S/m，但这种材料在空气和许多有机溶剂中具有相当高的稳定性。由于这类材料的密度低于铜，其在飞行材料方面的性能指数(电导率/密度)可与金属铜媲美。Inagaki 等[202]探讨了用各种氯化物融盐合成这类 GIC 的可能性。Nakajima 等[203]在有极微量金属氟化物 MgF_2、CuF_2 共存的条件下低温合成了离子型 GIC，其电导率可达 10^7 S/m，并且在空气中比较稳定。由碱金属和铋构成的三元

GIC 则具有很好的稳定性和较高的电导率，解决了施主型二元 GIC 在空气中极易分解导致的使用障碍。目前国际上对高电导率材料的研究与开发正朝着三元方向发展。

2. 电极材料

GIC 在合成或分解时具有能量转换功能，可作为电极材料。GIC 电极的共同特征是高电导率、石墨层间的电化学活性物质易于扩散。人们早就发现氟化石墨 $(CF)_n$ 在有机电解质中具有极好的电化学活性，并且具有很好的热稳定性和化学稳定性。在日本，以氟化石墨作为阳极材料的 Li 电池于 1974 年实现工业化生产。这种电池的特点是电压高而且平稳；能量密度大、自放电率低、便于长时间储存和低温下使用；体积小、重量轻。Buseart 等以 3 阶 TiF_4-GIC 为电极制成的锂电池，开路电压达 2.9 V，能量密度达 550 W·h/kg[203]。

GIC 在酸性溶液中通过电化学反应生成和其分解具有可逆性，可以作为二次电池的电极材料。GIC 作为二次电池电极材料的优点是其高电导率和电化学活性物质的易扩散性。用石墨表面化合物作为阳极材料的二次电池，其性能与石墨材料的结晶度关系密切。吸附性强、比表面高的高结晶度石墨是二次电池理想的电极材料。

3. 高效催化剂

GIC 材料不仅对许多有机化学反应具有催化作用，并且具有独特性能。GIC 能够促进有机化学反应的一个重要原因就是它的内表面积非常大，而且具有独特的选择性吸附作用。Podall 等发现在温度为 200 ℃、压强为 6.8 MPa 的条件下利用 KC_8 进行乙烯聚合反应，可达到很高的转化率。研究表明，碱金属 GIC 对乙烯、苯乙烯、二烯烃等有机物的聚合反应均有催化作用。GIC 在合成氨的化学反应中也表现出了很强的催化能力。Ichikawa 等利用 $FeCl_3$-K-GIC 作为催化剂，在 350 ℃和低压条件下合成氨，10 h 后转化率就达到 90%，比单独使用碱金属、石墨、金属氯化物作为催化剂高出几百倍[203]。

使用 GIC 材料作为催化剂有诸多优点，不仅可以提高效率、降低成本，而且能使反应在更加温和、可以控制的条件下进行。目前，GIC 材料作为各种有机化学反应的非金属催化剂的研究已引起人们的广泛关注。

4. 储氢材料

氢作为燃料具有高燃烧值、低污染的优点，是未来的理想能源。然而，氢的储存与运输始终是较难解决的问题。研究发现，碱金属 GIC 材料具有高的吸附氢的能力，可作为储氢的首选材料。研究表明，在不同条件下 K-GIC 与氢反应，可生成两种不同的化合物。在室温下，1 阶 KC_8 吸附氢生成 2 阶 $KC_8H_x(0\leqslant x\leqslant 2)$，而在此条件下 KC_{24} 对氢的吸附能力很低；在液氮温度(77 K)附近，KC_8 几乎不吸附氢，而 KC_{24} 则可以通过物理吸附过程吸收大量的氢(每 100 g 可吸氢 13.7 L)，生成以

$KC_{24}(H_2)_{1.9}$为主的物质。GIC 作为储氢材料具有以下优点:(1) 储氢密度高。由于 KC_{24}的插入层中钾原子排布比较稀疏,而氢分子直径较小,进入 GIC 后可占据钾原子的间隙,因而吸附氢后,KC_{24}材料的体积几乎不膨胀,而材料中氢原子的密度基本上与固态氢一样。(2) 对氢的吸附与脱附完全可逆,且反复吸附与脱附后材料不会分解。(3) 吸氢速度快。(4) 脱氢方法简单。可以通过加热或减压的方法来迅速地进行脱氢。(5) 材料的吸附能力具有高稳定性,不受杂质气体的影响[203]。

GIC 材料所呈现的独特的物理与化学性能预示着它在诸多领域具有极大的应用潜力,可成为极具应用价值的新型多功能材料。相信在不久的将来,GIC 将在许多领域发挥重要作用。

3.6.3 金属磷酸盐层状化合物

金属磷酸盐具有层状结构,可以与客体分子插层形成复合物。在层状磷酸盐中,最重要的是 α-磷酸锆(α-zirconium phosphate),分子式为 α-$Zr(HPO_4)_2 \cdot nH_2O$,简写为 α-ZrP,属于单斜晶系,*D3d* 点群[204]。它具有典型的层状结构,每层都由锆原子构成平面,磷酸基团以三个氧原子分别与三个锆原子连接,交错地位于平面上下,它的 OH 基团指向层内。每个锆原子与相邻的六个氧原子构成规则的八面体,锆原子位于八面体的中心,Zr—O 键键长为 0.21 nm,O—Zr—O 的键角约 90°,P 与邻近的四个氧原子构成四面体,P—O 键键长为 0.15 nm,O—P—O 键角约为 109°。水分子位于晶型结构的空腔中,以氢键与层板氧原子连接,层与层之间的距离为 0.76 nm,层板厚度为 0.63 nm[205]。其结构模型如图 3-17 所示。

3.6.3.1　α-ZrP 的插层性能

α-ZrP 层间的质子氢可以和其他金属离子直接或间接地进行离子交换。α-ZrP 可允许通过半径较小的阳离子如 Li^+、Na^+,对于半径较大的阳离子,如 Rb^+、Mg^{2+}、Cu^{2+},难以直接进行离子交换,可以先用 Na^+将层板撑开,再将 Na^+置换出来[205]。利用这一性质,可以将一些功能性离子引入 α-ZrP 的层间,实现分子设计。α-ZrP 对胺和醇等极性分子具有较强的可插层能力,插入胺和醇的 α-ZrP 可以作为其他功能性客体的插层前驱体。研究表明,胺分子(如乙胺、正丁胺、正葵胺等)的插层过程是一个与 α-ZrP 完全发生质子化反应的过程,插层产物的层间距随插入量的多少而改变。在胺过量的条件下(胺与 α-ZrP 的摩尔比>2),没有不被插层的 α-ZrP 的存在,胺分子与 α-ZrP 层板之间的夹角与胺的插入量有关[206]。

3.6.3.2　α-ZrP 插层化合物的应用

1. 离子交换和分离

由于磷酸盐离子交换剂具有良好的交换性能,加之它们耐高温、耐强氧化剂、

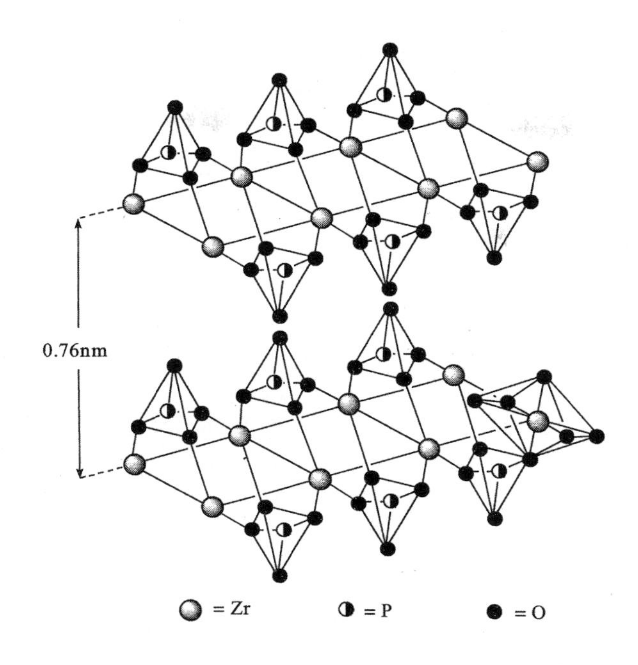

图 3-17　α-ZrP 的结构模型图

耐电离辐射，高达 100 Mrad 的辐射对其也没有影响，因此大量用于放射性同位素的分离和回收技术中。例如，可用于从核裂变产物中分离 ^{137}Cs，从铀裂变产物中分离 Pu^{2+}，以及锕系元素的分离，这在核工业中备受青睐。法国原子能委员会将含有磷酸锆和磷钨酸铵的物质作为混合床式交换剂用于核裂变产物的分离和回收过程。

利用 α-ZrP 能回收 Co、Ni、Cu 以及贵金属 Pd，因为 Pd(Ⅱ)能进入层状结构的 α-$Zr(HPO_4)_2 \cdot (bipy)_{0.25} \cdot 1.5H_2O$，α-$Zr(HPO_4)_2 \cdot (Phen)_{0.5} \cdot 2H_2O$，α-$Zr(HPO_4)_2 \cdot (dmphen)_{0.25} \cdot 2.5H_2O$ 中，在层间形成柱状钯胺配合物，有利于钯的富集和回收[207]。

2. 石油化工催化剂

磷酸锆等作为质子酸催化剂在化工生产中具有重要的意义。例如由丙酮合成甲基异丁酮，传统工业上采用三步法，近年来应用含有 0.5% Pd 的磷酸锆作催化剂可以一步法合成，其中磷酸锆使丙酮脱水为 $(CH_3)_2C{=}CHCOCH_3$，而钯作为加氢催化剂将其还原为甲基异丁酮。Perriam 等[208]将铑的配合物 $[RhCl(CO)(Ph_2PCH_2CH_2NHMe_2)_2]^{2+}[BF_4]^-$ 插入由 α-ZrP 制备的层状催化剂中，发现其对苯乙烯的醛化反应具有较高的催化活性，与相应的均相催化剂相比，催化活性没有降低，正构醛选择性提高，催化剂铑在反复使用过程中没有流失。其他如乙烯、环氧乙烷的聚合反应，烯烃的氢化反应，丁烷氧化成马来酸的反应等都可用磷酸锆作为催化剂。这种催化活性均与磷酸锆的结构和表面酸性有关。

3. 水软化剂

磷酸锆等磷酸盐离子交换剂对 Ca^{2+}、Mg^{2+} 有较强的亲和性，可以和水中 Ca^{2+}、Mg^{2+} 发生交换反应，因此能用于水的软化处理。在洗涤剂中掺入适量的磷酸锆等，能有效地除去洗涤水中的 Ca^{2+} 和 Mg^{2+}，防止它们的盐类沉积于织物上。

3.6.4 其他的层状化合物

3.6.4.1 层状金属化合物

常见的层状金属化合物有 V_2O_5、MoO_3 和 WO_3 等。这些氧化物往往具有特殊的功能性，如半导性、电致变色等性质。其中 $V_2O_5 \cdot nH_2O$($n=1.6 \sim 2.0$)干凝胶是一种很受关注的多功能性主体层状无机化合物，它集 V_2O_5 的强氧化性、插层碱金属原子的能力、n 型半导体、层间酸性以及形成稳定的胶体分散体系的能力于一身，层间距 1.16 nm，适合与一系列化合物如碱金属离子、烷基胺、醇、亚砜等形成插层型复合物。客体分子的不同，插层驱动力可以是阳离子交换、酸碱作用或氧化还原等。因此，这类金属氧化物广泛用于制备插层型纳米复合材料[209]。

3.6.4.2 过渡金属硫化物

包括层状过渡金属二硫化物、硫化复合物、硫代亚磷酸盐等，例如 VS_2、MoS_2、WS_2、$NaTiS_2$、$KCrS_2$、$MgPS_3$、$ZnPS_3$。这些层状化合物及其插层复合物具有有趣的电学性质，通过深入研究可望作为高能可逆电池的电极材料[210]。

3.7 结 束 语

层状插层组装体作为超分子结构功能材料已经在催化、离子交换与吸附、医药、功能高分子材料及添加剂等方面取得了很大进展。纵观超分子插层结构功能材料的历史沿革及从可持续发展的战略高度分析其发展，可以预测此领域将出现以超分子化学理论指导插层组装、实现插层结构功能材料创新的局面。未来的发展趋势将是通过系统和深入的基础研究，解决相关科学问题，提出和建立超分子插层组装理论，构建超分子插层结构功能材料的高水平科学平台，在理论指导下，实现此类材料的结构创新和制备技术创新，同时有针对性地开展应用研究。随着研究的深入，LDHs 的应用领域将会被大大地拓宽，LDHs 必将会成为一类极具研究潜力和使用价值的新材料。

参考文献

[1] Vaccari A. Clays and catalysis: a promising future. Appl. Clay Sci., 1999, 14(4): 161

[2] Cavani F, Trifiro F, Vaccari A. Hydrotalcite-type anionic clays: preparation, properties and applications. Catal. Today, 1991, 11(2): 173

[3] Brindley GW, Kikkawa S. Thermal behavior of hydrotalcite and of anion-exchanged forms of hydrotalcite. Clays and Clay Minerals, 1980, 28: 87

[4] Mascolo G, Marino O. Discrimination between synthetic Mg-Al double hydroxides and related carbonate phases. Thermochim. Acta., 1980, 35(1): 93

[5] Hussein MZB, Zainal Z, Choong EM. Structure and surface transformations of humic-adsorbed synthetic hydrotalcite-like materials. J. Porous Mater., 2001, 8(3): 219

[6] Kooli F, Jones W, Rives V, Ulibarri MA. An alternative route to polyoxometalate-exchanged layered double hydroxides: the use of ultrasound. J. Mater. Sci. Lett., 1997, 16(1): 27

[7] Kanezaki E. A thermally induced metastable solid phase of Mg/Al-layered double hydroxides by means of *in situ* high temperature powder X-ray diffraction. J. Mater. Sci. Lett., 1998, 17(5): 371

[8] Peterson CL, Perry DL, Masood H, White JL, Hem SL, Fritsch C, Haeusler F. Characterization of antacid compounds containing both aluminum and magnesium. Ⅰ: crystalline powders. Pharmaceutical Res., 1993, 10(7): 998

[9] Peterson CL, Perry DL, Masood H, White JL, Hem SL, Fritsch C, Haeusler F. Characterization of antacid compounds containing both aluminum and magnesium. Ⅱ: codried powders. Pharmaceutical Res., 1993, 10(7): 1005

[10] Barbosa CAS, Ferreira AMDC, Constantino VRL, Coelho ACV. Preparation and characterization of Cu(Ⅱ) phthalocyanine tetrasulfonate intercalated and supported on layered double hydroxides. J. Incl. Phenom. Macro. Chem., 2002, 42(1~2): 15

[11] Beres A, Palinko I, Fudala A, Kiricsi I, Kiyozumi Y, Mizukami F, Nagy JB. Behaviour of hydrotalcite and its $Fe(CN)_6^{4-}$ pillared derivative on heat treatment. J. Therm. Anal. Calorim., 1999, 56(1): 311

[12] Malherbe F, Besse JP, Wade SR, Smith WJ. Highly selective synthesis of 2-butoxy ethanol over Mg/Al/V mixed oxides catalysts derived from hydrotalcites. Catal. Lett., 2000, 67(2~4): 197

[13] Tsyganok AI, Suzuki K, Hamakawa S, Takehira K, Hayakawa T. Mg-Al layered double hydroxide intercalated with $[Ni(edta)]^{2-}$ chelate as a precursor for an efficient catalyst of methane reforming with carbon dioxide. Catal. Lett., 2001, 77(1~3): 75

[14] Prikhod'ko RV, Sychev MV, Astrelin IM, Erdmanm K, Mangel A, van Santen RA. Synthesis and structural trandformations of hydrotalcite-like materials Mg-Al and Zn-Al. Inorg. Synthesis and Industrial Inorg. Chem., 2001, 74(10): 1621

[15] Velu S, Swamy CS. Effect of substitution of Fe^{3+}/Cr^{3+} on the alkylation of phenol with methanol over magnesium-aluminium calcined hydrotalcite. Appl. Catal. A: General, 1997, 162(1~2): 81

[16] Stanimirova T, Vergilov I, Kirov G, Petrova N. Thermal decomposition products of hydrotalcite-like compounds: low-temperature metaphases. J. Mater. Sci., 1999, 34(17): 4153

[17] Ramirez JP, Overeijnder J, Kapteijn F, Moulijn JA. Structural promotion and stabilizing effect of Mg in the catalytic decomposition of nitrous oxide over calcined hydrotalcite-like compounds. Appl. Catal. B: Environ. 1999, 23(1): 59

[18] Aramendia M A, Borau V, Jimenez C, Marinas JM, Ruiz J R, Urbano FJ. Catalytic transfer hydrogenation of citral on calcined layered double hydroxides. Appl. Catal. A:General, 2001, 206(1): 95

[19] Kanada K, Yamaguchi K, Mori K, Mizugaki T, Ebitani K. Cayalyst design of hydrotalcite compounds for efficient oxidations. Catalysis Surveys from Japan, 2000, 4(1): 31

[20] Climent MJ, Corma A, Iborra S, Velty A. Synthesis of pseudoionones by acid and base solid catalysts. Catal. Lett., 2002, 79(1～4): 157

[21] Yu JI, Shiau SY, Ko AN. Cross aldolization between benzaldehyde and *n*-heptaldehyde to a-pentylcinnamaldehyde over calcined Mg/Al hydrotalcites. React. Kinet. Catal. Lett., 2001, 72(2): 365

[22] Whilton NT, Vickers PJ, Mann S, Bioinorganic clays: synthesis and characterization of amino-and polyamino acid intercalated layered double hydroxides. J. Mater. Chem., 1997, 7(8): 1623

[23] Das N, Tichit D, Durand R, Graffin P, Coq B. Influence of the metal function in the"one-pot"synthsis of 4-methyl-2-pentanone (methyl isobutyl kentone) from acetone over palladium supported on Mg(Al)O mixed oxides catalysts. Catal. Lett., 2001, 71(3～4): 181

[24] Zhao Y, Li F, Zhang R, Evans DG, Duan X. Preparation of layered double-hydroxide nanomaterials with a uniform crystallite size using a new method involving separate nucleation and aging steps. Chem. Mater., 2002, 14(10): 4286

[25] 谢晖，矫庆泽，段雪. 镁铝型水滑石水热合成. 应用化学，2001，18(1)：70

[26] 李蕾，张春英，矫庆泽，段雪. $MgAl-CO_3$ 与 $ZnAl-CO_3$ 水滑石热稳定性差异的研究. 无机化学学报，2001，17(1)：113

[27] 赵芸，矫庆泽，李峰，Evans DG，段雪. 非平衡晶化控制水滑石晶粒尺寸. 无机化学学报，2001，17(6)：830

[28] Zhao Y, Jiao QZ, Evans DG, Duan X. Mechanism of pore formation and structural characterization of mesoporous Mg-Al composite. Science in China(Series B), 2002, 45(1): 38

[29] 孙幼松，矫庆泽，赵芸，Evans DG，段雪. 已二酸柱撑水滑石的制备与表征. 无机化学学报，2001，17(3)：414

[30] 孙幼松，矫庆泽，赵芸，Evans DG，段雪. 对苯二甲酸柱撑水滑石的组装及其结构特征. 应用化学，2001，18(10)：781

[31] 罗青松，李蕾，王作新，段雪. 镁铝水滑石层板与层间阴离子相互作用的理论研究. 无机化学学报，2001，17(6)：835

[32] Ren LL, He J, Evans DG, Duan X, Ma R Y. Some factors affecting the immobilization of penicillin G acylase on calcined layered double hydroxides. J. Mol. Catal. B:Enzym., 2001, 16(2): 65

[33] 黄宝晟，李峰，张慧，矫庆泽，段雪，郝建薇. 纳米双羟基复合金属氧化物的阻燃性能. 应用化学，2002，19(1)：71

[34] Nijs H, De Bock M, Vansant EF. Comparative study of the synthesis and Properties of Polyoxometalate Pillared layered double hydroxides (POM-LDHs). J. Porous Mater., 1999, 6(2): 101

[35] Isupov VP, Chupakhina LE, Mitrofanova RP. Mechanochemical synthesis of double hydroxides. J. Mater. Synth. Proces., 2000, 8(3～4): 251

[36] Lukashin AV, Eliseev AA, Zhuravleva NG, Kalinin SV, Vergetel AA, Tret'yakov A Y D. Synthesis of Pb/S/S nanostructures through chemical modification of layered double hydroxides. Doklady Chem., 2002, 383(4～6): 93

[37] Choudary BM, Kavita B, Chowdari NS, Sreedhar B, Kantam ML. Layered double hydroxides containing

chiral organic guests: synthesis, characterization and application for asymmetric C-C bond-forming reactions. Catal. Lett., 2002, 78(1～4): 373

[38] Fetter G. Detrital $Mg(OH)_2$ and $Al(OH)_3$ in microwaved hydrotalcites. J. Porous Mater., 2001, 8(3): 227

[39] Fetter G. Microwave irradiation effect on hydrotalcite synthesis. J. Porous Mater., 1997, 4(1): 27

[40] Del Arco M, Gutierrez S, Martin C, Rives V, Rocha J. Effect of the Mg:Al ratio on borate(or silicate)/nitrate exchange in hydrotalcite. J. Solid State Chem., 2000, 151(2): 272

[41] Bochair JW, Braterman PS, Brister BD, Jiang J, Lou S, Wang Z, Yarberry F. Cyanide self-addition, controlled adsorption, and other processes at layered double hydroxides. Origins Life Evol. B., 2001, 31(1～2): 53

[42] Kanoh T, Shichi T, Takagi K. Mono-and bilayer equilibria of stearate self-assembly formed in hydrotalcite interlayers by changing the intercalation temperature. Chem. Lett., 1999, (2): 117

[43] Malherbe F, Besse JP. Investigating the effects of guest-host interactions on the properties of anion-exchanged Mg-Al hydrotalcites. J. Solid State Chem., 2000, 155(2): 332

[44] Vaccari A. Preparation and catalytic properties of cationic and anionic clays. Catal. Today, 1998, 41(1～3): 53

[45] Hibino T, Tsunashima A. Calcination and rehydration behavior of Mg-Fe-CO_3 hydrotalcite-like compounds. J. Mater. Sci. Lett., 2000, 19(16): 1403

[46] Mimura N, Takahara I, Saito M, Sasaki Y, Murata K. Dehydrogenation of ethylbenzene to styene in the presence of CO_2 over calcined hydrotalcite-like compounds as catalysts. Catal. Lett., 2002, 78(1～4): 125

[47] Raki L, Rancourt DG, Detellier C. Preparation, characterization, and Mössbauer spectroscopy of organic anion intercalated pyroaurite-layered double hydroxides. Chem. Mater., 1995, 7(1): 221

[48] Valente JS, Millet JM M, Figueras F, Fournes L. Mössbauer spectroscopic study of iron containing hydrotalcite catalysis for the reduction of aromatic nitro compounds. Hyperfine Interac., 2000, 131(1): 43

[49] Labajos F M, Sanchez-Montero M J, Holgado M J, Rives V. Thermal evolution of V(Ⅲ)-containing layered double hydroxides. Thermochim. Acta, 2001, 370(1～2): 99

[50] Das J, Parida K. Catalytic Kentonization of acetic acid on Zn/Al layered double hydroxides. React. Kinet. Catal. Lett., 2000, 69(2): 223

[51] Tu M, Shen J, Chen Y. Microcalorimetric studies of Zn-Al mixed oxides obtained from hydrotalcite-type precursors. J. Therm. Anal. Calorim., 1999, 58(2): 441

[52] Velu S, Ramkumar V, Narayanan A, Swamy CS. Effect of interlayer anions on the physicochemical properties of zinc-aluminium hydrotalcite-like compounds. J. Mater. Sci., 1997, 32(4): 957

[53] Prevot V, Forano C, Besse JP. Syntheses and thermal and chemical behaviors of tartarate and succinate intercalated Zn_3Al and Zn_2Cr layered double hydroxides. Inorg. Chem., 1998, 37(17): 4293

[54] Paulhiac JL, Clause O. Surface coprecipitation of Co(Ⅱ), Ni(Ⅱ), or Zn(Ⅱ) with Al(Ⅲ) ions during impregnation of γ-alumina at neutral pH. J. Am. Chem. Soc., 1993, 115(24): 11602

[55] Meyn M, Beneke K, Lagaly G. Anion-exchange reactions of layered double hydroxides. Inorg. Chem., 1990, 29(26): 5201

[56] Béres A, Pálinkó I, Kiricsi I, Mizukami F. Characterization and catalytic activity of Ni-Al and Zn-Cr mixed oxides obtained from layered double hydroxides. Solid State Ionics, 2001, 141～142: 259

[57] Boehm H P, Steinle J, Vieweger C. $[Zn_2Cr(OH)_6]X\cdot 2H_2O$, new layer compounds capable of anion ex-

change and intracrystalline swelling. Angew. Chem., Int. Ed. Engl., 1977, 16(4): 265

[58] Roussel H, Briois V, Elkaim E, De Roy A, Besse JP. Cationic order and structure of [Zn-Cr-Cl] and [Cu-Cr-Cl] layered double hydroxides: a XRD and EXAFS study. J. Phys. Chem. B, 2000, 104(25): 5915

[59] Liu B, Wang XY, Yuan HT, Zhang YS, Song DY, Zhou ZX. Physical and electrochemical characteristics of aluminium-substituted nickel hydroxide. J. Appl. Electrochem., 1999, 29(7): 853

[60] Jitianu MA, Balasoiu M, Zaharescu M, Jitianu A, Ivanov A. Comparative study of sol-gel and coprecipitated Ni-Al hydrotalcites. J. Sol-Gel Sci. Tech., 2000, 19(1~3): 453

[61] Velu S, Suzuki K, Osaki T. A comparative study of reactions of methanol over catalysts derived from NiAl- and CoAl-layered double hydroxides and their Sn-containing analogues. Catal. Lett., 2000, 69(1~2): 43

[62] Lebedeva O, Tichit D, Coq B. Influence of the compensating anions of Ni/Al and Ni/Mg/Al layered double hydroxides on their activation under oxidizing and reducing atmospheres. Appl. Catal. A: General, 1999, 183(1): 61

[63] Kruissink EC, Van Reijen LL. Coprecipitated nickel-alumina catalysts for methanetion at high temperature, Part Ⅰ. —Chemical composition and structure of the precipitates. J. Chem. Soc., Faraday Trans., Ⅰ, 1981, 77(3): 649

[64] Alejandre A, Medina F, Rodriguez X, Salagre P, Cesteros Y, Sueiras J E. Cu/Ni/Al layered double hydroxides as precursors of catalysts for the wet air oxidation of phenol aqueous solutions. Appl. Catal. B: Environ., 2001, 30(1~2): 195

[65] Leroux F, Besse JP. Polymer Interleaved Layered Double Hydroxide: A New Emerging Class of Nanocomposites. Chem. Mater., 2001, 13(10): 3507

[66] Rey S, Mérida-Robles J, Han K S, Guerlou-Demourgues L, Delmas C, Duguet E. Acrylate intercalation and *in situ* polymerization in iron substituted nickel hydroxides. Polym. Int., 1999, 48(4): 227

[67] Labajos FM, Sastre MD, Trujillano R, Rives V. New layered double hydroxides with the hydrotalcite structure containing Ni(Ⅱ) and V(Ⅲ). J. Mater. Chem., 1999, 9(4): 1033

[68] Lwin Y, Mohamad AB, Yaakob Z, Daud WRW. XRD and TPR studies of Cu-Al hydrotalcite derived highly dispersed mixed mental oxides. React. Kinet. Catal. Lett., 2000, 70(2): 303

[69] Velu S, Swamy C S. Selective C-alkylation of phenol with methanol over catalysts derived from copper-aluminium hydrotalcite-like compounds. Appl. Catal. A: General, 1996, 145(1): 141

[70] Prévot V, Forano C, Besse JP. Hybrid derivatives of layered double hydroxides. Appl. Clay Sci., 2001, 18(1~2): 3

[71] Prévot V, Casal B, Ruiz-Hitzky E. Intracrystalline alkylation of benzoate ions into layered double hydroxides. J. Mater. Chem., 2001, 11(2): 554

[72] Kannan S, Swamy CS. Effect of trivalent cation on the physicochemical properties of cobalt containing anionic clays. J. Mater. Sci., 1997, 32(6): 1623

[73] Flávio Maron Vichi, Oswaldo Luiz Alves Vivhi F M, Alves O L. Preparation of Cd/Al layered double hydroxides and their intercalation reactions with phosphonic acids. J. Mater. Chem., 1997, 7(8): 1631

[74] Millange F, Walton RI, Lei L, O'Hare D. Efficient separation of terephthalate and phthalate anions by selective ion-exchange intercalation in the layered double hydroxide $Ca_2Al(OH)_6 \cdot NO_3 \cdot 2H_2O$. Chem. Mater., 2000, 12(7): 1990

[75] Sissoko I, Iyagba ET, Sahai R, Biloen P. Anion intercalation and exchange in $Al(OH)_3$-derived compounds. J. Solid State Chem., 1985, 60(3): 283

[76] Chisem IC, Jones W. Ion-exchange properties of lithium aluminium layered double hydroxides. J. Mater. Chem., 1994, 4(11): 1737

[77] Fogg AM, O'Hare D. Study of the intercalation of lithium salt in gibbsite using time-resolved *in situ* X-ray diffraction. Chem. Mater., 1999, 11(7): 1771

[78] Hou XQ, Kirkpatrick RJ. Thermal evolution of the Cl^--$LiAl_2$ layered double hydroxide: a multinuclear MAS NMR and XRD perspective. Inorg. Chem., 2001, 40(25): 6397

[79] Lei LX, Vijayan RP, O'Hare D. Preferential anion exchange intercalation of pyridinecarboxylate and toluate isomers in the layered double hydroxide $[LiAl_2(OH)_6]Cl \cdot H_2O$. J. Mater. Chem., 2001, 11(12): 3276

[80] Fernández JM, Ulibarri MA, Labajos FM, Rives V. The effect of iron on the crystalline phases formed upon thermal decomposition of Mg-Al-Fe hydrotalcites. J. Mater. Chem., 1998, 8(11): 2507

[81] Basile F, Fornasari G, Gazano M, Vaccari A. Synthesis and thermal evolution of hydrotalcite-type compounds containing noble metals. Appl. Clay Science., 2000, 16(3～4): 185

[82] Basile F, Basini L, Fornasari G, Gazzano M, Trifiro F, Vaccari A. New hydrotalcite-type anionic clays containing noble metals. Chem. Commun., 1996, (21): 2436

[83] Velu S, Ramaswamy V, Sivasanker S. New hydrotalcite-like anionic containing Zr^{4+} in the layers. Chem. Commun., 1997, (21): 2107

[84] Shiozaki R, Hayakawa T, Liu YY, Ishii T, Kumagai M, Hamakawa S, Suzuki K, Itoh T, Shishido T, Takehira K. Methanol decomposition to synthesis gas over supported Pd catalysts prepared from synthetic anionic clays. Catal. Lett., 1999, 58(2～3): 131

[85] Velu S, Suzuki K, Osaki T, Ohashi F, Tomura S. Synthesis of new Sn incorporated layered double hydroxides and their evolution to mixed oxides. Mater. Res. Bull., 1999, 34(10～11): 1707

[86] Basile F, Basini L, Amore M D, Fornasari G, Guarinoni A, Matteuzzi D, Piero GD, Trifiro F, Vaccari A. Ni/Mg/Al anionic clay derived catalysts for the catalytic partial oxidation of methane. J. Catal., 1998, 173(2): 247

[87] Morioka H, Shimizu Y, Sukenobu M, Ito K, Tanabe E, Shishido T, Takehira K. Partial oxidation of methane to synthesis gas over supported Ni catalysts prepared from Ni-Ca/Al-layered double hydroxide. Appl. Catal. A: General, 2001, 215(1～2): 11

[88] Liu Y, Suzuki K, Hamakawa S, Hayakawa T, Murata K, Ishii T, Kumagai M. Highly active methanol decomposition catalyst derived from Pd-hydrotalcite dispersed on mesoporous silica. Catal. Lett., 2000, 66(4): 205

[89] Velu S, Suzuki K, Osaki T. Selective production of hydrogen by partial oxidation of methanol over catalysts derived from CuZnAl-layered double hydroxides. Catal. Lett., 1999, 62(2～4): 159

[90] Zeng HC, Xu ZP, Qian M. Synthesis of Non-Al-containing hydrotalcite-like compound $Mg_{0.3}Co^{II}_{0.6}Co^{III}_{0.2}(OH)_2(NO_3)_{0.2} \cdot H_2O$. Chem. Mater., 1998, 10(8): 2277

[91] Fernández JM, Barriga C, Ulibarri MA, Labajos FM, Rives V. Preparation and thermal stability of manganese-containing hydrotalcite, $[Mg_{0.75}Mn^{II}_{0.04}Mn^{III}_{0.21}(OH)_2](CO_3)_{0.11} \cdot nH_2O$. J. Mater. Chem., 1994, 4(7): 1117

[92] 刘俊杰，李峰，Evans DG，段雪. 由 Mg-Fe(Ⅱ)-Fe(Ⅲ)LDH 层状前体制备 $MgFe_2O_4$ 尖晶石的研究. 化学学报，61(1)：51

[93] Liu J J, Li F, Evans D G, Duan X. Stoichiometric synthesis of a pure ferrite from a tailored layered double hydroxide (hydrotalcite-like) precursor. Chem. Commun., 2003, 542

[94] Coq B, Tichit D, Ribet S. Co/Ni/Mg/Al layered double hydroxides as precursors of catalysts for the hydrogenation of nitriles: hydrogenation of acetonitrile. J. Catal., 2000, 189(1): 117

[95] 冯拥军，李殿卿，李春喜，王子镐，Evans D G，段雪. Cu-Ni-Mg-Al-CO_3 四元水滑石的合成及结构分析.化学学报，2003，61(1)：78

[96] Miyata S. Anion-exchange properties of hydrotalcite-like compounds. Clays and Clay Minerals, 1983, 31: 305

[97] Reichle WT, Kang SY, Everhardt DS. The nature of the thermal decomposition of a catalytically active anionic clay mineral. J. Catal., 1986, 101: 352

[98] Fornasari G, Gazzano M, Matteuzzi D, Trifirò F, Vaccari A. Structure and reactivity of high-surface-area Ni/Mg/Al mixed oxides. Appl. Clay Sci., 1995, 10(1～2):69

[99] Shen JY, Guang B, Tu M, Chen Y. Preparation and characterization of Fe/MgO catalysts obtained from hydrotalcite-like compounds. Catal. Today, 1996, 30(1～3): 77

[100] Clause O, Goncalves CC, Gazzano M, Matteuzzi D. Synthesis and thermal reactivity of nickel-containing anionic clays. Appl. Clay Sci., 1993, 8(2～3): 169

[101] Yun SK, Pinnavaia TJ. Water content and particle texture of synthetic hydrotalcite-like layered double hydroxides. Chem. Mater., 1995, 7(2): 348

[102] 段雪，矫庆泽. 全返混液膜反应器及其在制备超细阴离子层状材料中的应用. CN Patent, 00132145.5 (2000)

[103] Drezdzon MA. Synthesis of isopolymetalate-pillared hydrotalcite via organic anion pillared precursors. Inorg. Chem., 1988, 27(25): 4628

[104] Miyata S. Physico-chemical properties of synthetic hydrotalcites in relation to composition. Clays Clay Minerals, 1980, 28: 50

[105] Rocha J, Del Arco M, Rives V, Ulibarri MA. Reconstruction of layered double hydroxides from calcined precursors: a powder XRD and ^{27}Al MAS NMR study. J. Mater. Chem., 1999, 9(10): 2499

[106] Pausch I, Lohse HH, Schurmann K, Allmann R. Synthesis of disordered and Al-rich hydrotalcite-like compounds. Clays Clay Miner., 1986, 34: 507

[107] Oriakhi CO, Farr IV, Lerner MM. Incorporation of poly(acrylic acid), poly(vinylsulfonate), and poly(styrenesulfonate) within layered double hydroxides. J. Mater. Chem., 1996, 6(1): 103

[108] Morioka H, Tagaya H, Karasu M, Kadokawa J, Chiba K. Preparation of new useful materials by surface modification of inorganic layered compound. J. Solid State Chem., 1995, 117(2): 337

[109] Tagaya H, Ogata S, Morioka H, Kadokawa JI, Karasu M, Chiba K. New preparation method for surface-modified inorganic layered compounds. J. Mater. Chem., 1996, 6(7): 1235

[110] Tagaya H, Sato S, Kuwahara T. Photoisomerization of indolinespirobenzopyran in anionic clay materials. J. Mater. Chem., 1994, 4(12): 1907

[111] Carlino S, Hudson MJ. Thermal intercalation of layered double hydroxides: capric acid into an Mg-Al LDH. J. Mater. Chem., 1995, 5(9): 1433

[112] 杜以波，何静，李峰，Evans DG，段雪，王作新. 水滑石及柱撑水滑石的制备和表征. 北京化工大学学报，1997，24(3)：76

[113] 卫敏，何静，李峰，Evans DG，段雪. TPPTS 柱撑水滑石的制备及表征. 石油学报(石油加工)，1999，15(1)：71

[114] 华瑞年，瞿伦玉，龚剑，李宝利，郭军. 硅钨系列三元杂多阴离子柱撑阴离子的合成及表征. 无机化

学学报,1997, 13(1): 101

[115] FudalaÁ, Pálinkó I, Kiricsi I. Preparation and characterization of hybrid organic-inorganic composite materials using the amphoteric property of amino acids: amino acid intercalated layered double hydroxide and montmorillonite. Inorg. Chem., 1999, 38(21): 4653

[116] Oriakhi CO, Farr Ⅳ, Lerner MM. Thermal characterization of poly(styrene sulfonate)/layered double hydroxide nanocomposites. Clays Clay Minerals, 1997, 45: 194

[117] Carlino S, Hudson MJ, Husain SW, Knowles JA. The reaction of molten phenylphosphonic acid with a layered double hydroxide and its calcined oxide. Solid State Ionics, 1996, 84(1~2): 117

[118] Li L, Luo QS, Duan X. Clean route for the synthesis of hydrotalcites and their property of selective intercalation with benzenedicarboxylate anions. J. Mater. Sci. Let., 2002, 21(6): 439

[119] 任玲玲, 何静, 段雪. 阴离子型层柱材料的插层组装, 化学通报, 2001, 64(11): 686

[120] Ren L L, He J, zhang S C, Evans D G, Duan X, Ma R Y. Immobilization of penicillin G acylase in layered double hydroxides pillared by glutamate ions. J. Mol. Catal. B: Enzym., 2002, 18(1~3): 3

[121] 任玲玲. 超分子结构层柱型固定化青霉素酰化酶的插层组装[博士论文]. 北京: 北京化工大学, 2001

[122] Carlino S, Hudson M J. Reaction of molten sebacic acid with a layered (Mg/Al) double hydroxide. J. Mater. Chem., 1994, 4(1): 99

[123] Dimotakis E D, Pinnavaia TJ. Route to layered double hydroxides intercalated by organic anions: precursors to polyoxometalate-pillared derivatives. Inorg. Chem., 1990, 29(13): 2393

[124] 杜以波, 何静, 李峰, Evans DG, 段雪, 王作新. 微波技术在制备水滑石和拄撑水滑石中的应用. 应用科学学报, 1998, 16(3): 349

[125] 邢颖, 李殿卿, 任玲玲, Evans DG, 段雪. 超分子结构水杨酸根插层水滑石的组装及结构与性能研究. 化学学报, 2003, 61(2): 267

[126] 孙幼松. 有机阴离子柱撑水滑石的制备及结构和性能研究[硕士论文]. 北京: 北京化工大学, 2001

[127] 张蕊, 李殿卿, 张法智, Evans DG, 段雪. $MgO/\gamma\text{-}Al_2O_3$ 烷氧基化催化剂制备及结构与性能研究. 精细化工, 2003, 20(2): 74

[128] Fogg MA, Dunn JS, O'Hare D. Formation of second-stage intermediates in anion-exchange intercalation reactions of the layered double hydroxide $[LiAl_2(OH)_6]Cl\cdot H_2O$ as observed by time-resolved, *in situ* X-ray diffraction. Chem. Mater., 1998, 10(1): 356

[129] Chibwe K, Jones W. Intercalation of organic and inorganic anions into layered double hydroxides. J. Chem. Soc. Chem. Commun., 1989, (14): 926

[130] Newman SP, Williams SJ, Coveney PV, Janes W. Interlayer arrangement of hydrated MgAl layered double hydroxides containing guest terephthalate anions: comparison of simulation and measurement. J. Phys. Chem., B, 1998, 102(35): 6710

[131] Kooli F, Chisem IC, Vucelic M, Jones W. Synthesis and properties of terephthalate and benzoate intercalates of Mg-Al layered double hydroxides possessing varying layer charge. Chem. Mater., 1996, 8(8): 1969

[132] Vucelic M, Moggridge GD, Jones W. Thermal properties of terephthalate- and benzoate- intercalated LDH. J. Phys. Chem., 1995, 99(20): 8328

[133] Moggridge GD, Parent P, Tourillon G. An EXAFS study of the orientation of benzoate intercalated into a layer double hydroxide. Physica B, 1995, 209(1~4): 269

[134] Leroux F, Adachi-Pagano M, Intissar M, Chauviere S, Forano F, Besse JP. Delamination and restacking

of layered double hydroxides. J. Mater. Chem., 2001, 11(1): 105

[135] Kohjiyo S, Sato T, Nakayama T. Polymerization of propylene oxide by calcined synthetic hydrotalcite. Makromol Chem. Rapid Commun., 1981, 2: 231

[136] Reichle WT. Pulse microreactor examination of the vapor-phase aldol condensation of acetone. J. Catal., 1980, 63(2): 295

[137] 吕亮,吾国强,段雪,李峰,杜以波. 水滑石的制备、表征及其在酯交换反应中的应用. 精细石油化工, 2001, (1): 9

[138] 张亦勍,杜以波,义建军,Evans DG,段雪. 窄分布醇醚合成用催化剂的筛选与催化作用分析. 精细化工, 1999, 16(4): 35

[139] Gusi S. Catalysts for low-temperature methanol synthesis. J. Catal., 1985, 94: 120

[140] 胡长文,李丹峰,郭伊荇,王恩波. 超分子层柱双氢氧化物. 科学通报, 2001, 46(5): 359

[141] Guo YH. Wang YH, Hu CW, Wang YH, Wang EB, Zhou YC, Feng SH. Microporous polyoxometalates POMs/SiO_2: synthesis and photocatalytic degradation of aqueous organocholorine pesticides. Chem. Mater., 2000, 12(11): 3501

[142] Guo YH, Li DF, Hu CW, Wang YH, Wang EB, Zhou YC, Feng SH. Photocatalytic degredation of aqueous organocholorine pesticide on the layered double hydroxide pillared by paratungstate anion, [$Mg_2Al_6(OH)_{36}(W_7O_{24})\cdot 4H_2O$]. Appl. Catal., B, 2001, 30(3～4): 337

[143] Gardner EA, Yun SK, Kwon T, Pinnavaia TJ. Layered double hydroxides pillared by macropolyoxometalates. Appl. Clay Sci., 1998, 13(5～6): 479

[144] Guo J, Jiao QZ, Shen JP, Jiang DZ, Yang GH, Min EZ. Catalytic oxidation of cyclohexene with molecular oxygen by polyoxometalate-intercalated hydrotalcites. Catal. Lett., 1996, 40(1～2): 43

[145] Watanabe Y, Yamamoto K, Tatsumi T. Epoxidation of alkenes catalyzed by heteropolyoxometalate as pillars in layered double hydroxides. J. Mol. Catal., A, 1999, 145(1～2): 281

[146] Sood A. Process for removing heavy metal ions from solutions using adsorbents containing activated hydrotalcite. US Patent 4,752,397 (1988)

[147] Dutta PK, Puri M. Anion exchange in lithium aluminate hydroxides. J. Phys. Chem., 1989, 93(1): 376

[148] Ikeda T, Amoh H, Yasunaga T. Stereoselective exchange kinetics of L-and D-histidines for chloride ion in the interlayer of a hydrotalcite-like compound by the chemical relaxation method. J. Am. Chem. Soc., 1984, 106(20): 5772

[149] Ulibarri MA, Pavlovic I, Cornijo J, Hermosin MC. Hydrotalcite-like compounds as potential sorbents of phenols from water. Appl. Clay Sci., 1995, 10(1～2): 131

[150] Miyata S, Lijima N, Manabe T. Purifying agent and method for cooling water used in nuclear reactors. Eur. Patent 152, 010 (1985)

[151] Van Broekhoven HE. Eur. Patent 278, 535 (1988)

[152] Borja M, Dutta PK. Fatty acids in layered metal hydroxides: membrane-like structure and dynamics. J. Phys. Chem., 1992, 96(13): 5434

[153] Jakupca M, Dutta PK. Thermal and spectroscopic analysis of a fatty acid-layered double-metal hydroxide and its application as a chromatographic stationary phase. Chem. Mater., 1995, 7(5): 989

[154] 任志峰,何静,张春起,段雪. 焙烧水滑石去除氯离子性能研究. 精细化工, 2002, 19(6): 339

[155] 许国志,郭灿雄,段雪,姜传庚. PE膜中层状双羟基复合氢氧化物的红外吸收性能. 应用化学, 1999, 16(3): 45

[156] 许国志，李蕾，张春英，Evans DG，段雪．双金属复合氧化物的结构与紫外阻隔性能．应用化学，1999，16(5)：106

[157] Carr SW，Franklin KR，Nunn CC，Pasternak JJ，Scott I R．US Patent 5,474,762 (1995)

[158] 戴冬坡．银锌基防霉杀菌材料的制备和性能研究[学士论文]．北京：北京化工大学，2002

[159] Miyata S．Gastric antacid and method for controlling pH of gastric juice．US Patent 4,514,389 (1985)

[160] Khan A I，Lei L，Norquist A J，O'Hare D．Intercalation and controlled release of pharmaceutically active compounds from a layered double hydroxide．Chem. Commun.，2001，(22)：2342

[161] Ambrogi V，Fardella G，Grandolini G，Perioli L．Intercalation compounds of hydrotalcite-like anionic clays with anti-inflammatory agents—I. Intercalation and in vitro release of ibuprofen．Int. J. Pharm.，2001，220(1～2)：23

[162] Villa M V，Sánchez-Martín MJ，Sánchez-Camazano M．Hydrotalcites and organo-hydrotalcites as sorbents for removing pesticides from water．J. Environ. Science. Health. B，1999，34(3)：509

[163] Celis R，Koskinen WC，Cecchi AM，Bresnahan GA，Carrisoza MJ，Ulibarri MA，Pavlovic I，Hermosin MC．Sorption of the ionizable pesticide imazamox by organo-clays and organohydrotalcites．J. Environ. Sci. Health. B，1999，34(6)：929

[164] Celis R，Koskinen WC，Hermosín MC，Ulibarri MA，Cornejo J．Triadimefon interactions with organoclays and organohydrotalcites．Soil Sci. Soc. Am. J.，2000，64(1)：36

[165] 孟锦宏，张慧，Evans DG，段雪．超分子结构草甘膦插层水滑石的组装及结构表征．高等学校化学学报，2003，24(7)：26

[166] Ogawa M，Kuroda K．Photofunctions of intercalation compounds．Chem. Rev.，1995，95(2)：399

[167] Itaya K，Chang H C，Uchida I．Anion-exchanged hydrotalcite-like-clay-modified electrodes．Inorg. Chem.，1987，26(4)：624

[168] Mousty C，Therias S，Forano C，Besse JP．Anion-exchanging clay-modified electrodes：synthetic layered double hydroxides intercalated with electroactive organic anions．J. Electroanal. Chem.，1994，374(1～2)：63

[169] 周彤，李峰，战可涛，Evans DG，段雪，张密林．层状前体镍铁水滑石及磁性材料的制备及表征．化学学报，2002，60(6)：1078

[170] 周彤，战可涛，李峰，Evans DG，段雪，张密林．层状前体镁铁水滑石及磁性材料的制备及表征．无机化学学报，2002，18(8)：777

[171] Pinnavaia TJ．Intercalated clay catalysts．Science，1983，220(4995)：365

[172] Figueras F．Pillared clays as catalysts．Catal. Rev.-Sci. Eng.，1988，30(3)：457

[173] 林鸿福，林峰，袁慰顺．制备纳米复合材料的天然矿物——蒙脱土．化工新型材料，2001，29(4)：20

[174] Roy R．Ceramics by the solution-sol-gel route．Science，1987，238(4834)：1664

[175] 王新宇，漆宗能，王佛松．聚合物-层状硅酸盐纳米复合材料制备及应用．工程塑料应用，1999，27(2)：1

[176] Kornamann X，Berglund LA，Strerte T．Nanocomposites based on montmorillnite and unsaturated polylester．Polym. Eng. Sci.，1998，38(8)：1351

[177] Ishida H，Campbell S，Blackwell J．General approach to nanocomposite preparation．Chem. Mater.，2000，12(5)：1260

[178] Vaia RA，Vasudevan S，Krawiec W，Scanlon LG，Giannelis EP．New polymer electrolyte nanocomposites：melt intercalateion of poly(ethylene oxide) in mica-type silicates．Adv. Mater.，1995，7(2)：154

[179] 陈光明，李强，漆宗能．聚合物/层状硅酸盐纳米复合材料研究进展．高分子通报，1999，39(4)：1
[180] 王胜杰，李强，王新宇．聚苯乙烯/蒙脱土熔体插层复合的研究．高分子学报，1998，(4)：129
[181] 王胜杰，李强，漆宗能，硅橡胶/蒙脱土复合材料的制备、结构与性能，高分子学报，1998，(2)：149
[182] 王一中，武保华，余鼎声．聚苯乙烯/蒙脱土嵌入混杂材料的研究．合成树脂及塑料，2000，17(2)：22
[183] Fu X，Qutubuddin S. Polymer-clay nanocomposites：exfoliation of organophilic montmorillonite nanolayers in polystyrene. Polymer，2001，42(2)：807
[184] Lan T，Kaviratna PD，Pinnavaia TJ. Mechanism of clay tactoid exfoliation in epoxy-clay nanocomposites. Chem. Mater.，1995，7(11)：2144
[185] 吕建坤，漆宗能，益小苏．插层聚合物制备黏土/环氧树脂纳米复合材料过程中黏土剥离行为的研究．高分子学报，2000，(1)：85
[186] Ruiz-Hitzky E，Aranda P，Casal B，Galvan J C. Nanocomposite materials with controlled ion mobility. Adv. Mater.，1995，7(2)：180
[187] Okada A，Kawasumi M，Kurauchi T，Kamigaito O. Synthesis and characterization of a nylon 6-clay hybrid. Polym. Prep. Am. Chem. Soc.，1987，28(2)：447
[188] 乔放，李强，漆宗能，聚酰胺/黏土纳米复合材料的制备、结构表征及性能研究．高分子通报，1997，37(3)：135
[189] 赵竹第，李强，欧玉春．尼龙 6/蒙脱土纳米复合材料的制备、结构与力学性能的研究．高分子学报，1997，(5)：519
[190] 刘立敏，乔放，朱晓光．熔体插层制备尼龙 6/蒙脱土纳米复合材料的性能表征．高分子学报，1998，(3)：304
[191] Wang Z，Pinnavaia T. Nanolayer reinforcement of elastomeric polyurethane. Chem. Mater.，1998，10(12)：3769
[192] Xu R，Manias E，Snyder A J，Runt J. New Biomedical Poly(urethane urea)-layered silicate nanocomposites. Macromolecules，2001，34：337
[193] Tien YI，Wei K H. Hydrogen bonding and mechanical properties in segmented montmorillonite/polyurethane nanocomposites of different hard segment ratios. Polymer，2001，42(7)：3213
[194] Chen TK，Tien YI. Synthesis and characterization of novel segmented polyurethane/clay nanocomposite via poly(e-caprolactone)/clay. Polym. Sci.，Part A：Polym. Chem.，1999，13(37)：2225
[195] Wu Q，Xue Z，Qi Z，Wang F. Synthesis and characterization of PAn/clay nanocomposite with extended chain conformation of polyaniline. Polymer，2000，41(6)：2029
[196] Kerr TA，Wu H，Nazar LF. Concurrent polymerization and insertion of aniline in molybdenum trioxide：formation and properties of a $[Poly(aniline)]_{0.24}MoO_3$nanocomposite. Chem. Mater.，1996，8(8)：2005
[197] Kanatzidis MG，Wu C，Cai Z，Martin CR. Electronically conductive polymer fibers with mesoscopic diameters show enhanced electronic conductivities. J. Am. Chem. Soc.，1989，111：4139
[198] Mehrotra V，Giannelis EP. Metal-insulator molecular multilayers of electroactive polymers：intercalation of polyaniline in mica-layered silicates. Solid State Commun.，1991，77(2)：155
[199] Hooley. Preparation and crystal growth of materials with layered structures. Netherland：Reidel Pub.，1977. 1
[200] Suzuki M，Santodonato LJ，Suzuki IS，White BE，Cotts EJ. Structural phase transition of highstage $MoCl_5$ graphite intercalation compounds. Phy. Rev. B，1991，43(7)：5805

[201] Heiney PA, Huster ME, Cajipe VB. Structure of high stage potassium graphite. Synthetic Metals, 1985, 12: 21

[202] Inagaki M. Applications of graphite intercalation compounds. J. Mater. Res., 1989, 4(6): 1560

[203] Nakajima T. 一种新材料——氟化石墨. 新型碳材料,1991, (2): 6

[204] Alberti G. Syntheses, crystalline structure and ion-exchange properties of insoluble acid salts of tetravalent metals and their salt forms. Acc. Chem. Res., 1978, 11: 163

[205] Clearfield A, Smith GD. The crystallography and structure of α-zirconium bis(monohydrogen orthophosphate) monohydrate. Inorg. Chem., 1969, 8(3): 431

[206] Maclachlan JD, Morgan KR. ^{31}P solid-state NMR studies of the structure of amine-intercalated α-zirconium phosphate. 2. Titration of α-zirconium phosphate with *n*-propylamine and *n*-butylamine. J. Phys. Chem., 1992, 96: 3458

[207] Ferragina C, Massucci M, Patrono P. Pillar chemistry, part 4: palladium(II)-2,2′-bipyridyl-1,10-phenanthroline, and 2,9-dimethyl-1,10-phenanthrocine complex pillars in α-zirconium phosphate. J. Chem. Soc., Daltton Trans., 1988, 4: 851

[208] Bone JS, Evans DG, Perriam JJ, Slade RCT. Synthesis of new hybrid materials by intercalation of a bifunctional aminophosphane and its tungsten pentacarbonyl complex in α-zirconium phosphate. Angewandte Chemie, 1996, 35(16):1850

[209] Nakajima H, Matsubayashi G. Intercalation and polymerization of 4-anilinoaniline and 4-anilinoanilinium lodide in the $VOPO_4$ and V_2O_5 interlayer spaces. J. Mater. Chem., 1995, 5(1): 105

[210] Ruiz-Hitzky E. Conducting polymers intercalated in layered solids. Adv. Mater., 1993, 5(5): 334

第4章　纳米图案化表面

张　希

有机超薄膜表面上形成的微米至亚微米级的规则表面结构，在超分子科学、材料科学、微电子学和细胞生物学等方面均有重要的科学意义和应用价值[1]。表面图案化主要用于表面性质的调控。微观尺度的表面结构可以用来控制材料的黏附、摩擦及浸润等表面性质，这些性质与分子间相互作用和表面拓扑结构密切相关。选择性吸附和表面特异性识别更是要求控制表面的各向异性性质。在微电子领域，人们已经开始探讨图案化表面材料用作高密度磁性存储介质的可能性。量子点阵激光、量子级联激光和单电子二极管的出现也从根本上改变了传统器件的基本概念。在细胞生物学方面，表面图案化可用来控制附着细胞的空间分布、发展新型快速的诊断方法和构造神经网络等。表面图案化在纳米反应器、微型阵列器件、组合化学和药物筛选等方面都有着巨大的潜在应用。

表面图案化可用多种技术得以实现，光刻无疑是传统而又应用广泛的方法[2]。不论我们利用何种电磁波辐照，如紫外线、X射线，其操作原理都基本相同。先用电磁波辐照，诱发材料分子结构的化学变化而产生潜像，进而采用刻蚀的方法将潜像变成凹凸结构的光刻方法，由于衍射的原因而存在着分辨率极限。随着所用辐照源波长的变短，分辨率可以进一步提高，如使用电子束刻蚀可以较容易地获得分辨率达几十纳米的表面结构，但目前尚难在大面积上进行刻蚀操作。

Whitesides等[3~5]利用界面组装与光刻技术相结合，开创并发展了微接触印刷术。在刻蚀有特定图案的硅表面浇铸聚甲基硅氧烷橡胶，通过加热固化后将其剥离，硅片上的特定图案结构就可以转移到橡胶的表面上，从而形成具有高分子弹性的“印膜”。将橡胶印膜浸入到适当的分子“墨水”中，如含巯基的长链烷烃溶液等，再将其印到镀金的表面上，由于巯基分子与金基底可以反应形成自组装单层膜，镀金的表面上就可印上与橡胶母膜相应的图案。在此基础上又派生出了复制成型术、微转移成型术、毛细管力微成型术和溶剂援助成型术等多种柔性刻蚀技术。柔性刻蚀技术适于制备大于100 nm的图案化单层膜。

本章重点介绍由界面分子组装获得表面纳米图案化的进展，包括两亲性分子的界面组装、树枝状分子的自组装单层膜、有机单层吸附膜和图案化的交替层状结构等，并讨论以图案化的表面为模板，利用其表面物理化学性质的差异来实现可控组装。由界面分子组装获得表面纳米图案化的研究尚处于发展之中，但它已引起了从事超分子科学和材料科学领域的科学家的重视。这是因为，一方面，分子组装体的尺寸通常在1～100 nm的范围之内，如能利用界面分子组装获得图案化的表面结构，就可以突破光刻极限的限制；另一方面，研究分子于液/固界面和气/液界面上二维受限状态下的组装规律，发展图案化表面化学的方法，提供图案化有机高分子材料，对发展界面超分子化学和表面分子工程学有重要意义[6,7]。

4.1　两亲性分子的界面组装

表面活性剂分子在溶液中可自组织形成球状、柱状和层状等不同的胶束状超分子结构，这些不同的聚集行为既与两亲性分子自身的化学结构有关，又取决于外部的环境条件，如溶液浓度、离子强度以及pH等。水溶液中的胶束吸附于液/固界面而形成表面胶束。早在1995年Manne等[8]利用非接触模式随位原子力显微镜(non-contact mode in fluid AFM)研究了阳离子表面活性剂十四烷基三甲基溴化铵(C_{14}TAB)在液/固界面的聚集形态，从而首次给出了表面胶束存在的直接证据。非接触模式随位原子力显微镜的测量是在液体池中的液/固界面上进行，它既可以排除溶剂挥发等外界因素对分子自组织的影响，又可避免摩擦力对样品的破坏。Manne等发现C_{14}TAB两亲性分子在浓度为7 mmol/L（临界胶束浓度的2倍)时，这种阳离子表面活性剂的聚集体在云母片上形成(5.3±0.2) nm宽的弯曲的柱状胶束；在高取向石墨表面上形成半圆柱状胶束；而在相同条件下，它在无定形二氧化硅表面则形成无规则岛状结构。这说明表面胶束的形态结构与基底密切相关。Ducker等[9～11]也详细研究了一系列离子型和非离子型的表面活性剂在液/固界面的聚集行为，及其外界条件如电解质浓度对聚集行为的影响。然而，这种表面胶束在液/固界面不能长时间稳定存在，如在云母表面上形成的柱状表面胶束随着吸附时间的延长，会逐渐演化成平整的二维吸附膜。当把吸附有柱状表面胶束的云母从溶液中取出，干燥后在室温下再用离位原子力显微镜(tapping in air)观察，这种柱状表面胶束由于稳定性较差而崩溃形成无规岛状结构。

张希等[12～16]设计合成了含有偶氮苯和联苯等介晶基团的两亲性分子，期望通过引入介晶基团和长的间隔基来增强分子间相互作用，从而获得稳定的表面胶束。稳定的表面胶束一方面可以允许人们用各种表征方法深入研究其超分子结构，另一方面也为模板合成和组装提供了新的模板。几种含有刚性介晶基团的两亲性分子的化学结构如图4－1所示。

随位原子力显微镜(tapping in fluid)证实$C_{12}AzoC_6N^+$分子由于疏水效应在云母/水溶液界面形成了无规球状密堆积的表面胶束，如图4－2(a)所示。干燥后，我们利用离位原子力显微镜发现它在云母表面呈现枝化的形态结构[图4－2(b)]。这说明对于$C_{12}AzoC_6N^+$，介晶基团的引入只能在一定程度上改善这类表面胶束的稳定性[13]。

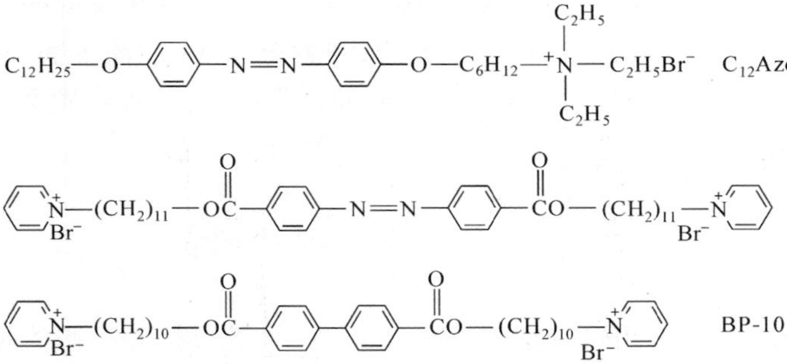

$C_{12}H_{25}-O-C_6H_4-N=N-C_6H_4-O-C_6H_{12}-N^+(C_2H_5)_2-C_2H_5Br^-$　　$C_{12}AzoC_6N^+$

$C_5H_5N^+(Br^-)-(CH_2)_{11}-OC(=O)-C_6H_4-N=N-C_6H_4-C(=O)O-(CH_2)_{11}-N^+C_5H_5(Br^-)$　　Azo-11

$C_5H_5N^+(Br^-)-(CH_2)_{10}-OC(=O)-C_6H_4-C_6H_4-C(=O)O-(CH_2)_{10}-N^+C_5H_5(Br^-)$　　BP-10

图 4-1　几种含有刚性介晶基团的两亲性分子的化学结构

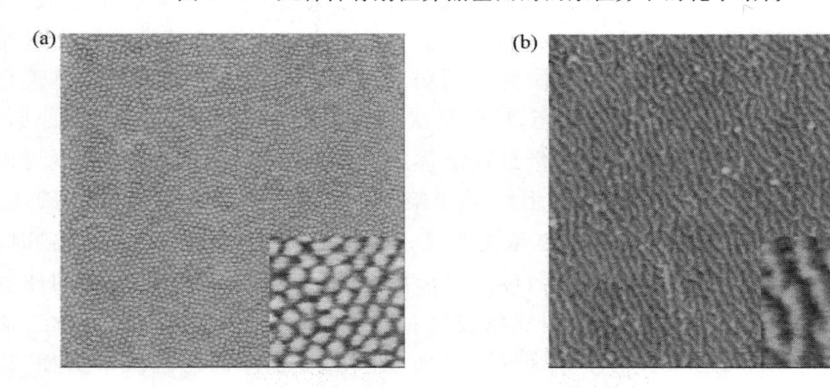

图 4-2　(a)$C_{12}AzoC_6N^+$ 分子在云母/水溶液界面上形成界面胶束随位 AFM 图像(球型胶束的直径约为 14 nm);(b)$C_{12}AzoC_6N^+$ 分子在云母表面形成聚集体的离位 AFM 图像(枝化条带的宽度约为 16 nm)

注:两图的尺寸均为 1.3 μm×1.3 μm

对于含有偶氮苯介晶基团的双头双亲分子 Azo-11,当体相浓度高于临界胶束浓度时,随位原子力显微镜观察到其在云母/水界面上形成约 10 nm 宽的纳米条带结构,参见图 4-3(a);我们用离位原子力显微镜发现这种纳米条带结构在干燥状态下仍然能稳定存在,参见图 4-3(b)。这种纳米条带结构的形成受多种因素的影响,如浓度、离子强度、间隔基长度和紫外辐照等。随着向溶液中加入高氯酸盐,这种有序条带结构可逐渐发生弯曲,直至完全消失。当加入适当浓度的水杨酸钠时,其有序区域会扩大,且条带的宽度增大到16 nm 左右。为了证实这种纳米条带的择优取向是否与基底有关,我们选用了含有菱形孔的云母基片,发现双头双亲分子只在无孔地方有界面聚集,所形成的条带结构均平行于云母上菱形孔的一边。这说明长程有序结构的形成的确与基底诱导密切相关[14,15]。

对于含有联苯介晶基团的双头双亲分子 BP-10,我们发现其在云母表面上可

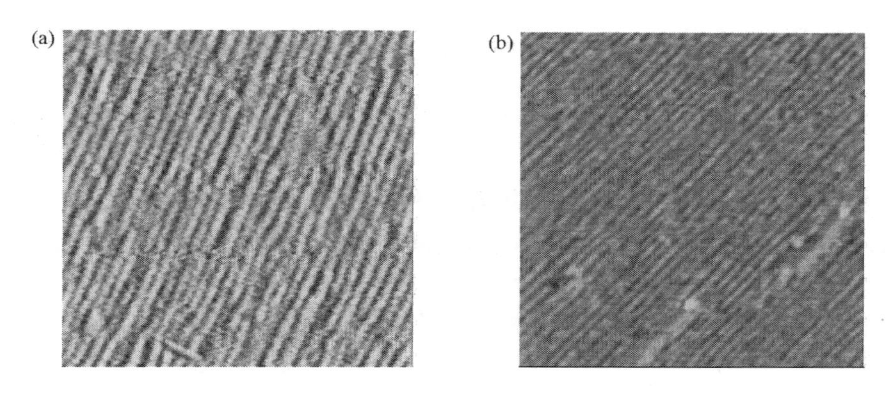

图 4－3　(a) Azo-11 分子在云母/水溶液界面上形成表面胶束的随位 AFM 图像(条带宽度约为 10 nm)；(b)Azo-11 分子在云母表面形成表面胶束的离位 AFM 图像(条带宽度亦为 10 nm)

注：两图的尺寸均为 370 nm×370 nm

以形成稳定的面条状表面胶束，参见图 4－4。这种胶束结构非常均匀，平均宽度为 40 nm，其长度可达几个微米。这种基于分子间相互作用形成的胶束，看上去像是一种超分子高分子。有趣的是，我们同时观察到了一些闭合的胶束状结构，这可能是由于闭合的胶束在热力学上是一种更稳定的超分子聚集体。当 BP-10 的浓度远低于临界胶束浓度时，我们发现它不会形成面条状的表面胶束；当其浓度大于临界胶束浓度时，它会形成面条状的表面胶束，而且随着浓度的增加，面条状表面胶束的密度会相应增大[16]。

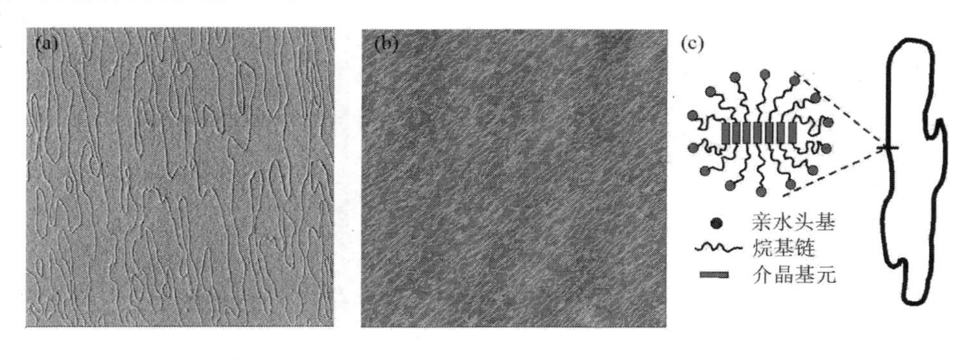

图 4－4　(a) BP-10 分子在云母/水溶液界面上形成表面胶束的随位 AFM 图像(条带宽度约为 40 nm)；(b) BP-10 分子在云母表面形成表面胶束的离位 AFM 图像(条带宽度亦为 40 nm)；(c)BP-10 分子在云母表面形成表面胶束的结构示意图

注：(a)、(b) 两图尺寸均为 5 μm×5 μm

由此可见，通过设计合成不同化学结构的含有介晶基团的两亲性分子，我们可以获得在干燥条件下稳定的表面胶束，并同时实现对其形态的调控，它有可能为进一步的模板合成和组装提供新基质。

4.2 树枝状分子的自组装单层膜

树枝状分子是一类超支化分子,其大小、形状、拓扑结构、表面化学、内部空腔以及分子柔曲性等参数都可在分子水平上精确调控,是超分子界面组装的理想构筑基元。树枝状分子单层膜具有几个方面的特殊性质。如,与基于线性烷基分子的自组装单层膜相比,较高代数的树枝状分子的功能基团密度较大,因此使其自组装单层膜具有准三维表面的特征;树枝状分子的表面官能团可进一步功能化,从而进一步拓展了其多功能性;其复合单层膜的性质不再仅仅是单个成分的简单组合。

为实现树枝状分子的单层膜组装,张希、薄志山等[17,18]合作设计合成了一系列于中心位含有巯基的聚醚分子,见图 4-5(a)。这类聚醚分子,其焦锥部位含有的巯基,可与镀金的基底发生化学吸附,这是自组装膜形成的主要推动力;其骨架结构是刚柔相间的聚醚单元,从而有利于其自组装形成二维有序的表面结构。将镀金片浸入此类聚醚溶液的四氢呋喃溶液中 12 h,将样品取出,用四氢呋喃冲洗基底数次,用氮气吹干。X 射线光电子能谱和表面增强拉曼光谱证实含有巯基的聚醚分子化学吸附于镀金基底上。用扫描隧道显微镜(STM)观察第 2 代聚醚分子于金(Ⅲ)表面形成的自组装单层膜时,发现它形成了局域的有序条带结构。将样

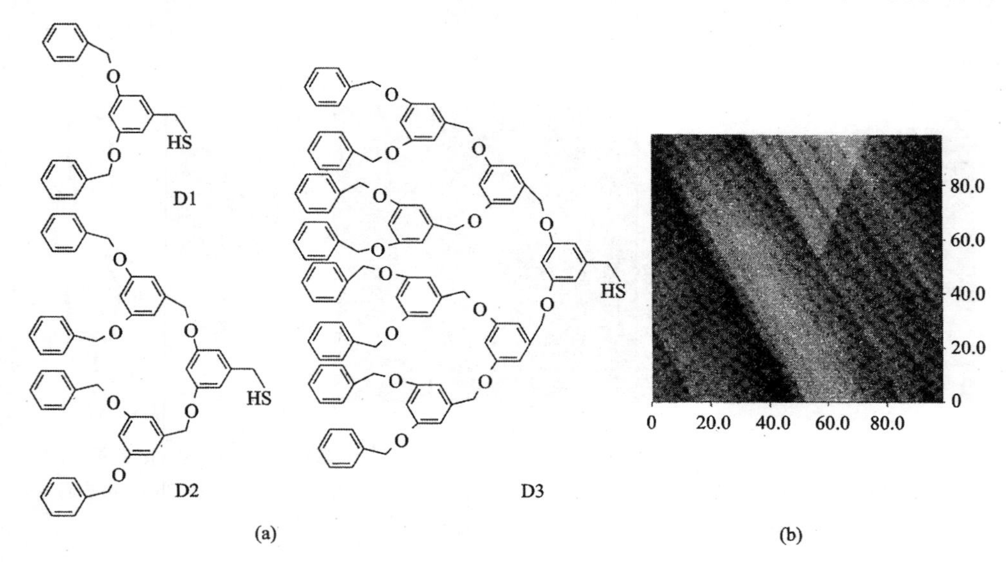

图 4-5 (a)焦锥部位含有巯基的聚醚树枝状分子(D1 为第 1 代分子,D2 为第 2 代分子,D3 为第 3 代分子);(b) 第 2 代分子吸附在金基底上,形成的自组装单层膜的 STM 图像(条带宽度约为 3.1 nm)

品于 70 ℃热处理 4 h 后，有序区域扩大，呈现某种长程的大面积条带结构，见图 4－5(b)。当扫描隧道显微镜施加较大偏压时，会诱导产生许多缺陷，这从一个侧面证实有序条带结构不是由于镀金基底的重构等因素产生的，而的确是由于树枝状分子在基底的化学吸附所致。有序条带结构与树枝状分子的大小密切相关，如第 1 代聚醚分子诱导产生的条带结构宽度为 2.3 nm、第 2 代为 3.1 nm、第 3 代为 4.0 nm。由此可见，控制树枝状分子的大小可很容易实现纳米级的表面结构，其长程有序结构可能与界面化学吸附、基底诱导和分子间 π-π 堆积的综合协同作用有关。他们进一步设计合成了一系列具有不对称结构的含有巯基的聚醚树枝状分子，发现它们的自组装膜均表现不规则孔洞结构，这说明树枝状分子的对称结构对形成二维有序的表面结构是至关重要的[19]。

基于同样的聚醚骨架结构，张丽等[20]设计合成了周边含有亲水、疏水及亲/疏

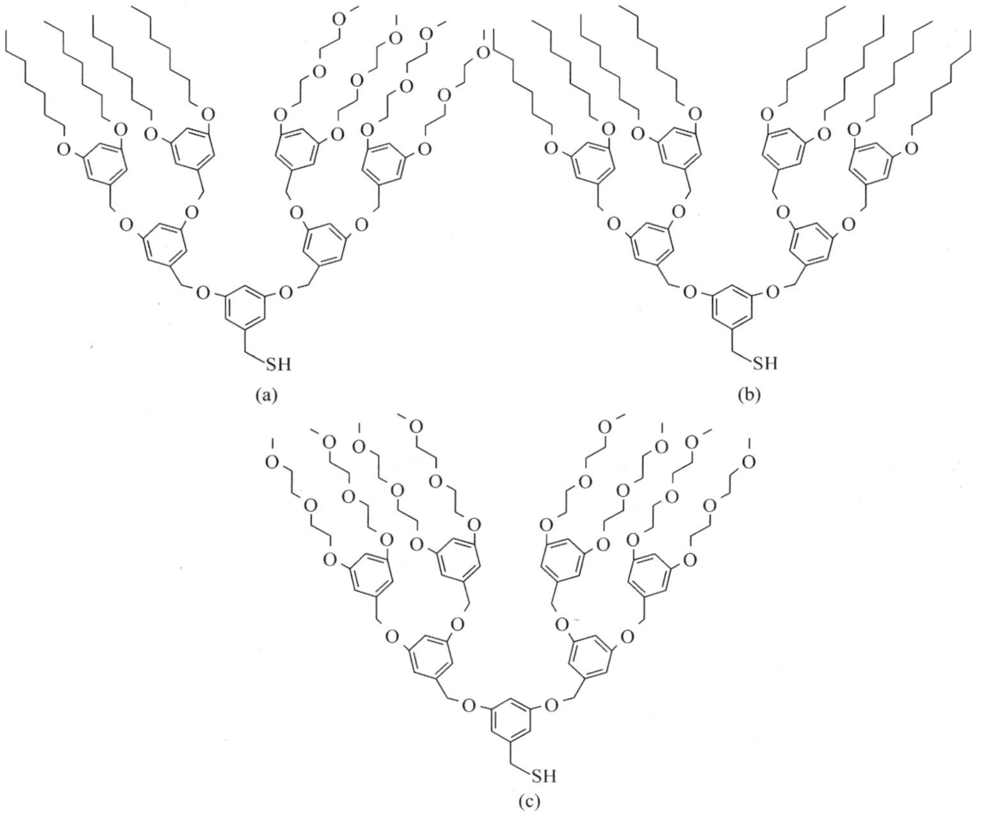

SH

(a)

SH

(b)

SH

(c)

图 4－6　G2REO(a)、G2R(b)及 G2EO(c)的结构式

(a)周边基团一半为疏水基团(庚烷基)，一半为亲水基团(齐聚氧乙烯)的二代树枝状分子 G2REO；(b)周边基团为疏水基团——庚烷基的二代树枝状分子 G2R；(c)周边基团为亲水基团——齐聚氧乙烯的二代树枝状分子 G2EO

水基团，焦锥部位含有巯基的树枝状分子，参见图 4－6。我们发现，对同时含亲/疏水链的树枝状硫醇分子 G2REO[参见图 4－6(a)]于金表面上形成的自组装单层膜，呈现很有序的六方排列的孔状结构，孔的直径大约在 5.0 nm 左右，参见图 4－7(a)。以含全疏水链的树枝状分子 G2R[图 4－6(b)]为构筑基元，我们发现它仍然可以在金表面通过化学吸附形成条带状图案的单层膜，条带的宽度大约为 4.0 nm，参见图 4－7(b)。疏水链的引入增强了分子间的范德瓦尔斯相互作用力，因此它也可以形成纳米条带结构；而带有疏水取代基的第 2 代树枝状硫醇的分子尺寸同不带取代基的相比较大，因此它可以形成更宽的条带结构。当把构筑基元换为全亲水链的 G2EO[图 4－6(c)]时，由于齐聚氧乙烯链的伸展构象，从而减弱了树枝状分子间的相互作用，使其在金表面仅形成无规的自组装单层膜。其自组装膜有一些缺陷，这种缺陷不呈现任何高级有序排列，见图 4－7(c)。作为对照实验，我们也研究了 G2R 和 G2EO 的混合自组装单层膜。我们设定混合物中 G2R 和 G2EO 的摩尔比为 1∶1，其中烷基链与齐聚氧乙烯的比例与 G2REO 分子中烷基链与齐聚氧乙烯的比例相一致，结果发现共混物的自组装单层膜为无规孔洞结构。因此对 G2REO 而言，我们推测其周边精确控制的局域含亲水链和疏水链的化学结构，导致了其自组装单层膜在界面上发生受限的纳米相分离，最终形成能量上最稳定的蜂窝状结构。考虑到树枝状分子的结构多变性，可以预言它有可能成为一类有前景的纳米级图案化材料。

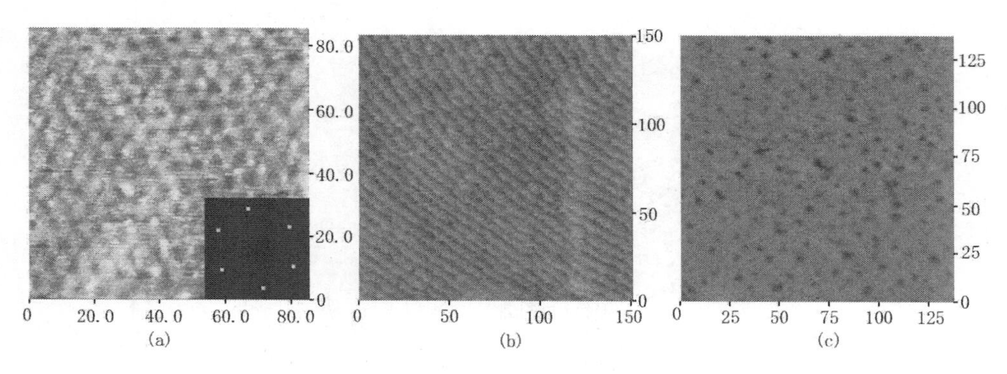

图 4－7 (a)G2REO 分子吸附在金基底，呈现很有序的六方排列的孔状结构，孔的直径大约在 5.0 nm 左右。(b)G2R 分子吸附在金基底，呈有序条带结构，条带宽度为 4.0 nm；(c) G2EO 分子吸附在金基底，仅形成有缺陷的自组装单层膜，这种缺陷不呈现任何高级有序排列

4.3 有机单层吸附膜

有机分子在固体表面吸附能自组装形成二维有序的单分子层，它为表面分子工

程学提供了一种新途径。Rabe 等[21]最早将溶解于辛苯的二十七烷滴加在新解离的高取向石墨表面,利用 STM 研究该分子在石墨表面的物理吸附,获得了高度有序的二维垂直密排的陇状结构。由于六角形的石墨晶格中心的距离为 0.246 nm,而碳氢化合物骨架上相间隔的两个亚甲基基团之间的距离为 0.251 nm,这种尺寸上的匹配使得这一类分子可以在石墨表面上形成规则的排列,参见图4-8。Flynn 等[22]利用 STM 研究了一系列长链烷烃衍生物,如醇、羧酸、卤代烷烃、硫醇和不饱和长链碳氢化合物等有机化合物在石墨表面的吸附层结构,发现不同官能团的衍生物形成不同的排列,其结构取决于官能团的大小、作用强弱和基底作用等。

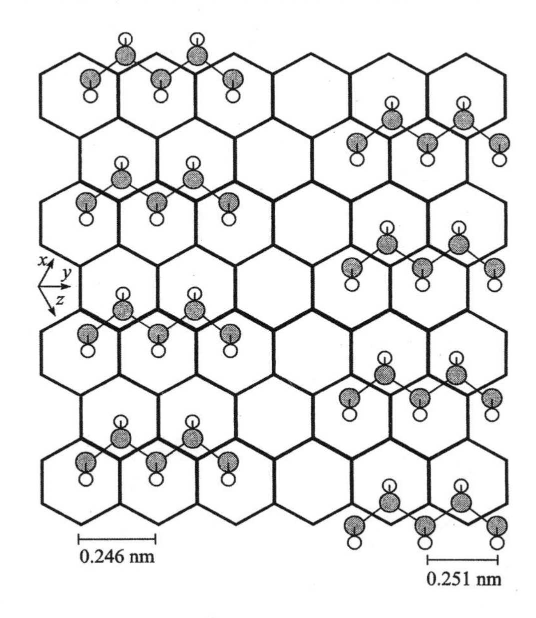

图 4-8 长烷基链碳氢化合物吸附在石墨表面的模型

白春礼等[23~25]将长烷基链引入卟啉和酞菁铜分子中,设计合成了八(辛基)取代酞菁铜($CuPcOC_8$)和四(十四烷基)取代卟啉(TTPP)。他们利用 STM 在大气和溶液条件下研究了这类具有特殊共轭平面结构的分子在石墨表面的吸附组装行为,发现由于 $CuPcOC_8$ 分子与基底的不同对称性而形成了四方和六方两种典型对称性的分子排列;而 TTPP 分子在石墨基底上只形成四方排列。他们还发现对于 $CuPcOC_8$ 分子,当偏压为 -582 mV 时,可以观察到分子处于最高占有轨道(HOMO)时的高分辨 STM 图像;当偏压为 724 mV 时,可以观察到分子处于最低空轨道(LUMO)时的高分辨 STM 图像。这些结果表明,选定合适的烷烃链,可以稳定平面有机分子在表面的吸附,从而对研究表面物理化学现象和组装分子器件提供了一条新的途径。

喹吖啶酮是一种常用的染料分子，其衍生物具有很高的发光效率，因此常被用作组装电致发光器件的掺杂剂。张希和万立骏等[26]合作研究了不同烷基链长的 N,N'-二烷基取代的喹吖啶酮衍生物（QA-C_n，参见图 4－9）物理吸附在石墨表面的高分辨 STM 图像。

$n=6,22$

图 4－9　不同烷基链长的 N,N'-二烷基取代的喹吖啶酮衍生物（QA-C_n，n 为取代烷基链上碳原子的数目）

QA-C_6 分子在石墨表面自发地形成米粒状的图案，参见图 4－10(a)。从图 4－10(a)中，我们观察不到烷基链排列的精细结构，这是由于 6 个碳的烷基链太短，在石墨表面具有很高的流动性而采取非理想化的分子排列。对于较长取代基的 QA-C_{22}分子，喹吖啶酮部分在石墨表面形成长程有序的条带，而相邻的烷基链形成了相互交错的结构，参见图 4－10(b)。这些喹吖啶酮衍生物容易形成二维有序的超分子排列，这可能是其具有良好电子传输性质的原因。

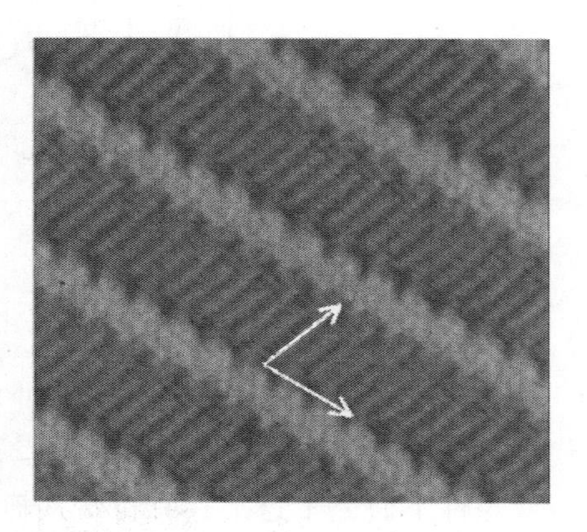

图 4－10　(a)QA-C_6 吸附于石墨表面形成的单分子膜的 STM 图像(尺寸为 45 nm×45 nm)；(b)QA-C_{22}吸附于石墨表面形成的单分子膜的 STM 图像(尺寸为 13.5 nm×13.5 nm)

4.4　图案化的交替层状结构

基于分子间弱相互作用的交替层状组装技术(LBL)是构筑纳米层状结构的一

种有效方法[27,28]。图案化的交替层状结构则可以将交替层状组装技术和表面图案化的优点结合起来,利用交替层状组装技术在纵向上实现其组成和结构的调节,从而精确地调控图案化表面的物理化学性质,为界面选择性吸附提供了一种有序的二维模板。

P. T. Hammond 等[29]提出了一种将微接触印刷术与 LBL 技术相结合制备图案表面化的方法。他们首先利用微接触印刷术在金表面上制备了分别由羧基和齐聚氧乙烯修饰的图案化的表面。他们发现基于这一图案化的表面在不同条件下可以进行选择性的氢键和静电的组装。对强电解质,如 PDDA 和磺化聚苯,基于静电作用它们选择性地交替沉积到羧基的表面上;而对弱电解质,如聚丙烯胺和钌配合物的磺酸盐,在 pH 为 4.8 时它们选择性地交替沉积到齐聚氧乙烯修饰的表面上。由于磺化聚苯为蓝光材料,而钌配合物的磺酸盐为红光材料,这样他们就获得了可以同时发红光和蓝光的阵列性器件。类似的思路还可以用于纳米微粒等的选择性组装[30]。

基于光敏性重氮树脂与带羧基或带磺酸基的高分子在紫外光的照射下可以发生光交联的特性,张希等[31]提出了一种先进行交替层状组装再经紫外光刻蚀制备图案化的方法。他们利用带正电荷的重氮树脂(DAR)与带负电荷的聚丙烯酸(PAA)进行交替沉积,组装聚电解质多层膜,然后进行覆膜紫外光照。由于被光照的部分发生交联而被稳定下来,未被光照的部分则可以在十二烷基硫酸钠的饱和溶液中进行超声洗脱,这样即可得到图案化的交替层状结构,如图 4-11 所示。在制备重氮树脂与磺化聚苯胺多层膜的图案化表面时,他们发现对有较强相互作用的这两种强电解质而言,利用上面相同的条件不能将未反应的多层膜彻底洗脱。为解决此问题,他们在进行重氮树脂与磺化聚苯胺多层膜的组装之前,先引入1~2个重氮树脂和聚丙烯酸的双层作为缓冲层,则可以利用同样的条件将未反应的多

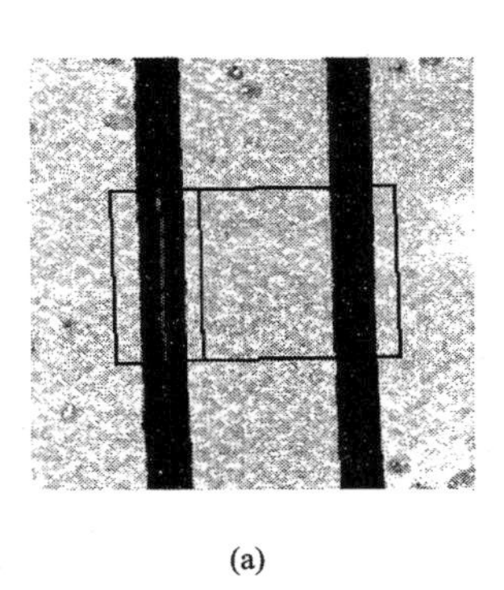

(a)

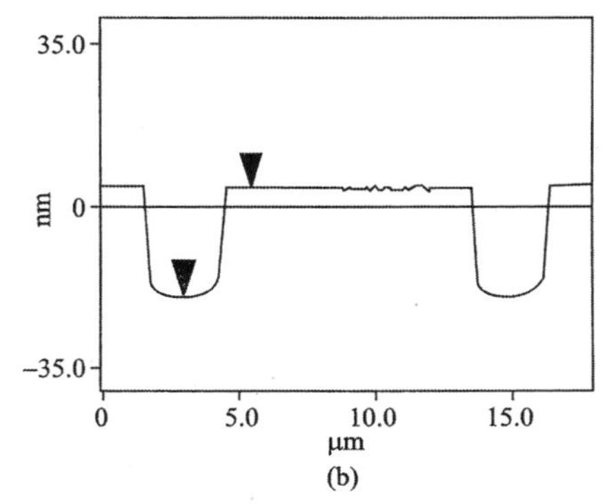

(b)

图 4-11 (a)10 个双层的 DAR/PAA 多层膜在光照、刻蚀后所得图案的 AFM 图像;(b)(a)图的 AFM 截面分析图

层膜彻底洗脱,从而获得含有共轭高分子的图案化表面。这种图案化的交替层状结构可以作为选择性吸附的模板,如图 4－12 所示。图 4－12(a)为发生光交联之后 DAR/PAA 多层膜的紫外吸收曲线。当将其浸入小分子染料——亚甲基蓝的溶液中时,它会在 674 nm 和 623 nm 出现吸收峰,说明亚甲基蓝被吸附到光交联之后的 DAR/PAA 多层膜的表面。作为对照实验,如图 4－12(c)所示,为光交联之前的 DAR/PAA 多层膜经十二烷基硫酸钠饱和溶液彻底洗脱后的紫外吸收曲线,此时将其浸入亚甲基蓝的溶液中,只有少量的亚甲基蓝会吸附到表面上,参见图 4－12(d)。此实验说明这种图案化表面可用作亚甲基蓝的选择性吸附的模板。

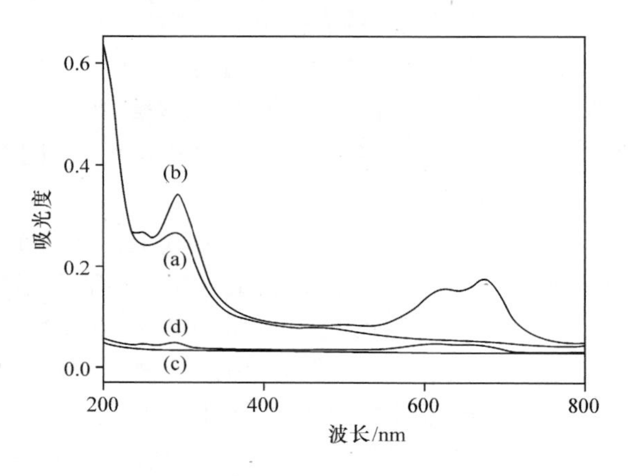

图 4－12　各种情况下 DAR/PAA 多层膜的紫外吸收曲线

(a)发生光交联之后 10 个双层的 DAR/PAA 多层膜的紫外吸收曲线;(b)(a)在亚甲基蓝溶液中浸泡后的紫外吸收曲线;(c)光交联之前的 DAR/PAA 多层膜经十二烷基硫酸钠饱和溶液彻底洗脱后的紫外吸收曲线;(d)(c)在亚甲基蓝溶液中浸泡后的紫外吸收曲线

4.5　结　束　语

界面分子组装与表面图案化是超分子科学与技术领域的一个新课题,尚有许多科学问题亟待解决。由于分子的界面聚集性质与分子结构密切相关,所以这一领域的发展将依赖于设计合成一系列具有自组织能力的新材料。由于分子界面聚集受环境条件因素影响很大,人们期望通过改变环境条件来实现表面形态形貌的控制。结合理论计算与计算机模拟,弄清影响表面形貌结构的一些基本规律,进而指导材料的设计合成,这无疑是人们追求的又一目标。从应用角度看,人们还需重视如何通过分子设计及基底载片修饰,增强有序结构与基底间相互作用,以获得稳定的图案化表面。从功能方面考虑,我们应重视如何在有序表面上引进特定基团,以实现特定功能微区甚至图案的可逆转换。总之,由界面分子组装来构筑有序化图案表面尚处于起步阶段,无疑这是化学家可以充分发挥想象力的一个新领域。

参考文献

[1] Xia Y, Rogers J A, Paul KE, Whitesides GM. Unconventional methods for fabricating and patterning nanostructures. Chem. Rev., 1999, 99: 1823

[2] Ito H, Reichmanis E, Nalamasu O, Ueno T. Micro-and Nanopatterning Polymers. ACS Symposium Series 706, ACS, Washington D. C., 1998

[3] Xia Y, Whitesides GM. Soft lithography. Annu. Rev. Mater. Sci., 1998, 28: 153

[4] Xia Y, Whitesides GM. Soft lithography. Angew. Chem. Int. Ed., 1998, 37: 550

[5] 潘力佳,何平笙.纳米器件制备的新方法——微接触印刷术. 化学通报, 2000, 12: 12

[6] Nguyen ST, Gin DL, Hupp JT, Zhang X. Supramolecular chemistry: functional structures on the mesoscale. Prog. Natl. Acad. Sci. USA(PNAS), 2001, 98: 11849

[7] 邹博, 张丽, 吴立新, 迟力峰, 张希.界面分子组装与表面图案化. 科学通报, 2001, 46: 441

[8] Manne S, Gaub HE. Molecular organization of surfactants at solid-liquid interface. Science, 1995, 207: 1480

[9] Lamont RE, Ducker WA. Surface-induced transformations for surfactant aggregates. J. Am. Chem. Soc., 1998, 120: 7602

[10] Liu JF, Ducker WA. Surface-induced phase behavior of alkyltrimethylammonium bromide surfactants adsorbed to mica, silica, and graphite. J. Phys. Chem. B, 1999,103: 8558

[11] Ducker WA, Wanless EJ. Adsorption of hexadecyltrimethylammonium bromide to mica: nanometer-scale study of binding-site competition effects. Langmuir, 1999, 15, 160

[12] Gao S, Zou B, Chi L, Fuchs H, Sun J, Zhang X, Shen J. Nano-size stripes of self-assembled bolaform amphiphiles. Chem. Commun., 2000, 1273

[13] Zou B, Qiu D, Hou X, Wu L, Zhang X, Chi L, Fuchs H. Surface micelles of single chain amphiphiles bearing azobenzene. Langmuir, 2002, 18: 8006

[14] Zou B, Wang L, Wu T, Zhao X, Wu L, Zhang X, Gao S, Gleiche M, Chi L, Fuchs H. Ex situ SFM study of 2-D aggregate geometry of azo-benzene containing bolaform amphiphiles after adsorption at the mica/aqueous solution interface. Langmuir, 2001, 17: 3682

[15] Zou B, Wang MF, Qiu DL, Zhang X, Chi L, Fuchs H. Confined supramolecular nanostructures of mesogen-bearing amphiphiles. Chem. Commun., 2002, 1008

[16] Wang M F, Qiu DL, Zou B, Wu T, Zhang X. Stabilizing bolaform amphiphile interfacial self-assemblies by introducing mesogenic groups. Chem. Eur. J., 2003, 9: 1876

[17] Bo Z, Zhang L, Zhao B, Zhang X, Shen J, Hoeppener S, Chi L, Fuchs H. Self-assembled monolayers of dendron-thiol on solid substrate. Chem. Lett., 1998, 1197

[18] Zhang L, Huo FW, Wang ZQ, Wu L, Zhang X, Hoeppener S, Chi L, Fuchs H, Zhao J, Nu L, Dong S. Investigation into self-assembled monolayer of dendron-thiols: chemisorption, kinetics and patterning surface. Langmuir, 2000, 16: 3813

[19] Dong B, Huo F, Zhang L, Yang X, Wang Z, Zhang X, Dong S, Li J. Self-assembled monolayer of novel surface-bound dendrons: peripheral structure determines surface organization. Chem. Eur. J., 2003, in press

[20] Zhang L, Zou B, Dong B, Huo F, Zhang X, Chi L, Jiang L. Self-assembled monolayers of new dendron-thiols: manipulation of patterned surface and wetting property. Chem. Commun., 2001, 1906

[21] Rabe JP, Buchholz S. Commensurability and mobility in two-dimensional molecular patterns on graphite. Science, 1991, 253: 424

[22] Cyr DM, Venkataraman B, Flynn GW. STM investigations of organic molecules physisorbed at the liquid-solid interface. Chem. Mater., 1996, 8, 1600

[23] Qiu X, Wang C, Zeng Q, Xu B, Yin S, Wang H, Xu S, Bai C. Alkane-assisted adsorption and assembly of phthalocyanines and porphyrins. J. Am. Chem. Soc., 2000, 122: 5550

[24] Qiu X, Wang C, Yin S, Zeng Q, Xu B, Bai C. Self-assembly and immobilization of metallophthalocyanines by alkyl substituents observed with scanning tunneling microscopy. J. Phys. Chem. B, 2000, 104: 3570

[25] Xu B, Yin S, Wang C, Qiu X, Zeng Q, Bai C. Stabilization effect of alkane buffer layer on formation of nanometer-sized metal phthalocyanine domains. J. Phys. Chem. B, 2000, 104: 10502

[26] Qiu DL, Ye KQ, Wang Y, Zou B, Zhang X, Lei SB, Wan L. In situ scanning tunneling microscopic investigation of the two-dimensional ordering of different alkyl chain-substituted quinacridone derivatives at highly oriented pyrolytic graphite/solution interface. Langmuir, 2003, 19: 678

[27] Decher G. Fuzzy nanoassemblies: toward layered polymeric multicomposites. Science, 1997, 277: 1232～1237

[28] 吴涛，张希. 自组装超薄膜:从纳米层状构筑到功能组装. 高等学校化学学报，2001，105：6251

[29] Jiang XP, Clark SL, Hammond PT. Side-by-side directed multiplayer patterning using surface templates. Adv. Mater., 2001, 13: 1669

[30] Zheng H P, Lee I, Rubner MF, Hammond PT. Two component particle arrays on patterned polyelectrolyte multiplayer templates. Adv. Mater., 2002, 14: 569

[31] Shi F, Dong B, Qiu DL, Sun JQ, Wu T, Zhang X. Layer-by-layer self-assembly of reactive polyelectrolytes for robust multiplayer patterning. Adv. Mater., 2002, 14: 805

第 5 章　微米尺寸的界面组装

杨　柏　陆　广

5.1 引　　言

微米和纳米尺度上表面结构和性质的微加工或图案化已逐渐成为当代科学和技术的中心。许多现代技术发展的机会都来源于新型微观结构的成功构造或现有结构的小型化。飞速发展的微电子行业就是一个最典型的例子。虽然微电子行业的需求曾经是,并且将来也是表面图案化发展的推动力,但是表面图案化技术在其他领域中的应用正在迅速地增长。例如,化学和生物物质微分析[1]、生物芯片[2]、微体积反应器[3]、组合合成[4]、微光学元件[5]、微机电系统[6]和微液流系统[7]等。同时,表面图案化技术也为小尺寸范围中所发生的物理、化学和生物现象的研究提供了机会。例如在纳米结构中的量子限域[8]、图案化表面上晶体[9]和细胞[10]的生长以及图案化表面上的润湿和去湿现象[11]等。

这些表面图案化技术当前和潜在的应用同时也推动着图案化技术本身不断的发展。近年来各种物理、化学、生物的新表面图案化技术不断涌现,利用这些技术,人们已经可以在微米和纳米尺度上实现对表面的结构和物理、化学及生物等性质的控制。就由上至下(top-down)的微加工策略而言,光刻技术是目前为止最成功、最可靠和最基本的技术[12]。"光刻"一词最初指的是在具有疏水性图案的亲水性表面上使用非极性油墨的印刷过程。现在,它已成为一系列将原始模板图案复制到固体基底上技术的总称。所有光刻技术的工作原理都大致相同,即利用某些特殊的材料(例如光敏性的光刻胶)在电磁辐射照射下发生的物理或化学性质的变化(例如材料溶解性的增加或降低)。按电磁辐射源的种类来分,光刻技术可分为以光子为辐射源(紫外光 UV、深紫外光 DUV、极紫外光 EUV、X 射线)的光刻技术和高能粒子为辐射源(电子和离子)的光刻技术。按图案产生的方式来分,又可分为扫描直写型光刻和使用光掩板的复制型光刻。通常,以光子为辐射源的光刻技术只能利用光掩板进行图案的复制,而原子力显微镜(AFM)、扫描隧道显微镜(STM)及扫描近场光学显微镜(SNOM)光刻技术和以高能粒子为辐射源的光刻技术只能通过扫描探针或聚焦粒子束在固体基底表面上扫描直接产生需要的图案。由于复制型光刻技术的加工尺寸精度主要是受光波衍射的限制($R=k\cdot\lambda/\mathrm{NA}$,其中 R 为加工精度,λ 为辐射源波长,k 为与光刻胶材料有关的常数,NA 为光刻设备中透镜的数值口径),因此目前面临的主要问题是如何设计和制造可商业化的以极紫外光(λ≈0.2～100 nm)和X射线(λ≈0.2～40 nm)为辐射源的光刻设备来满足目前微电子行业发展的需求(小于100 nm)。而直写型光刻技术虽然具有很高的加工精度(～10 nm),但由于它们是一个连续书写的过程,因此操作速度较慢。尽管同时使用粒子束或扫描探针点阵可在一定程度上提高工作速度,但它们目前主要用于制作复制型光刻技术所需的光掩板。

由于复制型光刻技术受到光波衍射的限制和缺乏用来制造可商业化的高能辐射源(EDU和X射线)光刻设备中透镜的材料,因此对小于100 nm的图案化微结构的复制将不得不依赖于其他非光刻图案复制技术的开发。其中最具有应用前景的是使用表面具有微观图案的硬模具来在其他固体表面上进行图案复制的模塑(molding)、模压浮印(embossing)[12]及冷焊(cold-welding)[13]等物理接触图案化技术。通过这些技术,人们可以将与模具图案相反的结构复制到固体基底表面。这些技术的加工精度(最小可达几个纳米)不受光学衍射的限制,而主要取决于范德瓦尔斯相互作用、润湿行为、模具表面毛细管的填充等动力学因素以及材料的性质(例如温度和压力变化、磨损及相转变)对材料尺寸的影响。

软光刻技术是1993年由美国Harvard大学的Whitesides研究小组首先发展的,涉及传统光刻、有机分子(例如硫醇和硅氧烷等)自组装、电化学、聚合物科学等领域的一类综合性技术的统称[14]。主要包括微接触印刷(microcontact printing, μCP)、复制模塑(replica molding, REM)、微转移模塑(microtransfer molding, μTM)、毛细管内微模塑(micromolding in capillaries, MIMIC)和溶剂协助微模塑(solvent assisted micromolding, SAMIM)。这类技术一个最主要的特征是它们都采用了由聚二甲基硅氧烷(polydimethylsiloxane, PDMS)制成的表面具有微观图案的印章(stamp)或模具(mold)来进行微观结构的复制。与物理接触的表面图案化技术相比,PDMS模具的制备比较容易,而且成本低,因此软光刻技术目前在许多领域,尤其是化学和生物学领域正得到越来越广泛的应用。PDMS的弹性和低表面能使得印章或模具与复制的微观结构容易分离,而且不损坏微观结构。同时利用弹性PDMS印章或模具在外力作用下产生的压缩、弯曲和拉伸等机械变形,不但可以在固体表面复制出比模具原始结构小很多的图案化结构,而且可以在非平面或曲面上进行微结构的制备。另外,相对于光刻和物理接触图案化技术,软光刻技术可以适用于更广泛的材料。例如,结合聚合反应、热软化或溶剂软化工艺可以在固体表面上制备图案化的高分子聚合物微结构,结合溶胶-凝胶技术可制备图案化的无机材料的微结构,与自组装的方法相结合可用来制备图案化的自组装单层膜和单分散微球的胶体晶体等。然而,目前的软光刻技术也存在着一些急需解决的问题,例如如何控制操作过程中PDMS模具的弹性变形以保证图案复制的精度和重复性来满足微电子行业的要求等。

毫无疑问,光刻、物理接触技术及软光刻等将现有体相材料结构小型化的图案化技术将无可争议地是目前制造各种微器件最基本和最可靠的手段。然而除了这些由上至下(top-down)的技术外,基于材料自组装(self-assembly)或自组织(self-organization)行为的表面图案化技术也越来越受到人们关注。所谓自组装是指分子或物体通过非共价键作用力,自发地组织形成稳定有序的高级结构。在过去的十几年中,通过使用预先设计的分子的自组装,化学家们已经成功地构筑了许多种类的分子组装体,例如分子识别诱导的自组装[15]、表面活性剂分子的双层膜[16]、Langmuir-Blodgett 膜[17]、自组装单层膜[18]以及交替沉积的聚电解质多层膜[19]等。尽管自组装的概念是由分子发展而来,而且分子自组装过程也是目前人们了解得最多和发展得最好的自组装体系,但是任何尺寸的构筑单元(即从分子到星系)在允许的环境中都能自组装[20],而且目前纳米尺度(1～100 nm 胶体、纳米线、纳米球以及相关的结构)和介观到宏观(100 nm～1 cm,尺寸介于微米和厘米间的物体)[21]尺寸范围内构筑单元的自组装显得越来越重要。这不仅是由于这些新型的自组装聚集体在微电子学[22]、光子学[23]、近场光学[24]和新兴的纳米科学[25]领域中具有巨大的应用潜力,而且也是因为分子尺度以上的自组装体系为人们了解自组装的本质提供了方便的实验体系[21]。同时,以具有不同尺寸的自组装构筑单元(例如小分子表面活性剂、嵌段聚合物及分散的聚合物或二氧化硅胶体微球等)为模板与溶胶-凝胶技术相结合已发展为有序介孔、微孔和大孔材料最主要的合成策略[26～28]。然而,当使用这些模板来制备新材料时,往往需要在材料合成的后期通过溶解或高温分解的步骤将它们从材料中除去,而这些激烈的过程往往会导致材料结构在不同程度上的破坏或改变。因此,以通过溶解或自然挥发就能除去的自组装的液体微结构为模板的材料合成策略也正在逐渐发展起来[29～32]。通常,这些被称为液体胶体液滴的液体微结构是通过表面活性剂稳定并悬浮在另一种不相容的溶剂中[29],然而最近无表面活性剂稳定的水蒸气液滴模板也正在被发现[31,32]。在自然的溶液体系中,由于液体表面能的最小化,通过这些方法得到的基本上都是球形的液体微结构。尽管这些自组装的液体模板方法可以很容易实现通过光刻等技术难以获得的三维有序微结构,然而它们却很难对材料有序微结构的形状及分布进行有效的调控,从而极大地限制了液体模板策略在材料微结构加工方面的应用。而当在不相容的两相流体体系中引入一固体表面时,流体的微结构不但取决于两种流体同种分子间的相互作用和两种流体间不同分子的相互作用(主要以表面能的形式表现出来),而且也决定于两种流体与固体表面之间的相互作用——亲疏水作用。因此,可以通过控制固体表面对这些流体的亲疏水性质(即润湿行为)来对液体微观结构的形状和分布进行控制[11]。

液体在固体表面上的润湿和去湿是两个在自然界生命活动、人类生活、涂装、润滑、抗腐蚀、半导体等行业中常见的现象。由于它们是固体表面结构与性质、液体表面性质及固液两相分子相互作用等微观特性的宏观表现,所以这两个宏观现象与这些微观特性有着紧密的联系，其中又以与固体表面结构和性质的关系最为密切。尽管科学家很早就认识到固体表面的微观结构和性质对液体在固体表面上润湿和去湿的热力学与动力学行为具有很大的影响，但是由于当时人们对固体表面结构和性质认识的局限性，所以在以往很长一段时期的研究中，固体表面通常被认为是化学性质均一和无限平坦的理想表面。这极大地限制了人们对液体在实际表面上润湿和去湿现象本质的认识和控制。随着近几十年来科学技术的发展，人们现在不但可以借助扫描电子显微镜（SEM）和原子力显微镜（AFM）等先进仪器在微米和纳米尺度上对固体表面的结构和性质进行表征，而且还可以通过各种物理、化学、甚至生物的表面图案化技术对固体表面上的微观结构和性质进行控制。这些结构和性质图案化的表面不但为科学家们定性和定量地研究润湿和去湿现象提供了理想的模型表面，而且也为科学家们有效地控制润湿和去湿现象提供了手段，实现了其他方法难以或不可能实现的液体材料微结构的有序化，从而为发展新型的微液流系统、微反应器、微分析系统以及液体芯片和开发高级的功能材料和器件奠定了基础[11]。在本章中，我们将介绍以溶液中自组织的液体微结构为模板来构造具有有序微观结构的材料、固体表面润湿性的图案化技术、如何利用这些图案化的固体表面来控制润湿和去湿现象使液体自组织形成有序的微观结构以及我们以这些有序的液体微观结构（液体图案）为模板在聚合物有序微观结构和器件构造方面的近期工作。

5.2　以自组织的液体结构为模板来构造大孔新材料

Pine 等人[29]报道了以表面活性剂稳定的、单分散的液体胶体液滴为模板来制备有序大孔陶瓷的方法。他们通过机械法在水相中产生以表面活性剂稳定的油相胶体液滴，并通过一个分馏的过程得到了单分散的油相胶体液滴。油相液滴的尺寸可在 50 nm 到 10 μm 的范围内进行调控。当将乳液浓缩至油相液滴在乳液中所占的体积分数高于 50％时，单分散的油相液滴会自发地组装形成一种密堆积结构。然后向乳液中加入无机陶瓷的前驱体，通过调节乳液的 pH 进行前驱体的凝胶化。最后通过自然挥发或用一适当的溶剂洗涤，将油相液体模板从无机材料中除去，干燥后即得具有均一孔径的大孔无机陶瓷材料[如图 5－1 (a)]。最近，我们报道了一种通过有机硅表面活性剂诱导溶液聚合过程中自发微相分离来制备具有微孔结构的异质聚合物薄膜的方法[30]。在以 N,N－二甲基甲酰胺为溶剂、4,4－二羟基二苯砜和 γ－环氧丙氧基丙基三甲氧基硅烷为主要组分及少量有机硅表面活性剂存在的体系中，随着温度的上升，溶剂的逐渐蒸发，有机硅表面活性剂在溶液相中的浓度相对增大。有机硅表面活性剂将包裹残余溶剂形成类似胶束的液滴结构，与体相发生微相分离。这些溶剂液滴将在随后体相物质的交联反应中作为膜板直至反应完全形成高分子骨架，然后液滴膜板以气体形式释放出来，从而获得具有微观多孔结构的聚合物表面。在溶剂液滴膜板挥发后，由于具有高表面自由能的基团仍然存留在所形成孔的内壁，所以得到的多孔聚合物薄膜具有孔内亲水而孔外疏水的微观异质结构[如图 5-1 (b)和(c)]。这种多孔的微观异质聚合物表面具有既疏水又疏油的特异性质。通过调节溶液中有机硅表面活性剂的浓度，可以获得孔径从亚微米到微米尺寸的多孔聚合物薄膜，而聚合物薄膜表面的润湿性质也会发生明显的变化。

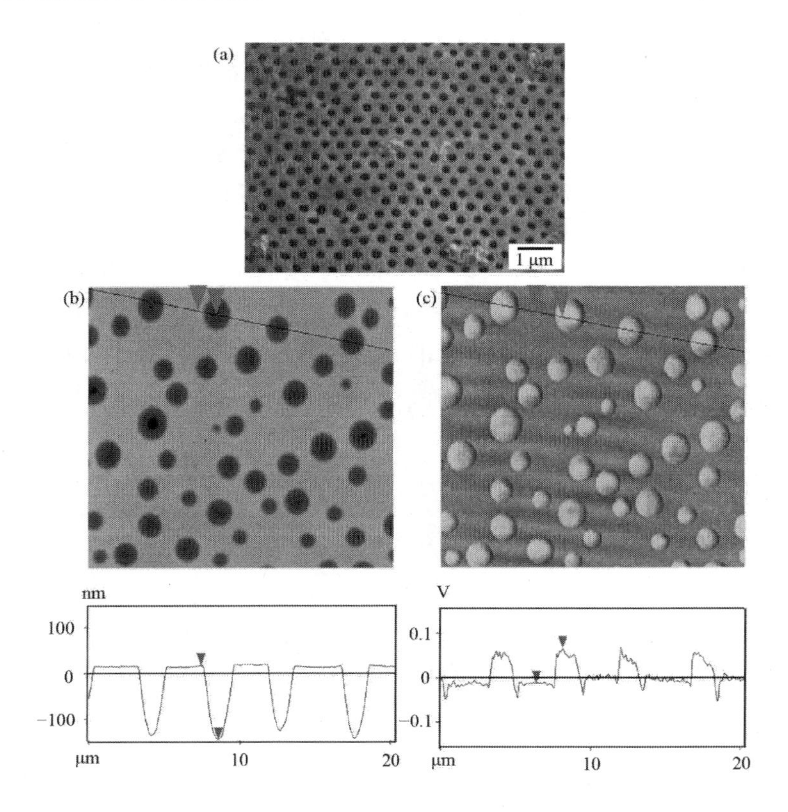

图 5-1　(a)孔径均一的多孔二氧化钛样品的扫描电子显微镜图像(Reprinted with permission from ref. [29]. Copyright ©1998 WILEY-VCH Verlag GmbH)；微孔异质聚合物薄膜表面的原子力显微镜(b)高度模式和(c)摩擦力模式图像(Reprinted with permission from ref. [30]. Copyright ©2003 American Chemical Society)

注：(c)中较亮的为亲水区域，较暗的为疏水区域

近年来，Shimomura 和 Srinivasarao 等[31,32]还报道了以无表面活性剂稳定的单分散的水蒸气液滴为模板制备具有蜂巢状有序大孔结构聚合物膜的技术。在高湿度的氛围中，简单地将一与水不相容的聚合物有机溶液浇铸在一固体基底表面

或水面上，由于聚合物溶液中低沸点有机溶液的挥发会使聚合物溶液表面附近的温度下降，从而导致空气中的水蒸气将在聚合物溶液表面冷凝形成单分散的水蒸气液滴。同时，聚合物溶液中有机溶剂挥发导致的液体对流会驱动单分散的水蒸气液滴自组装形成高度有序的六方密堆积结构。这些有序堆积的水蒸气液滴将在有机溶剂挥发的过程中作为模板直至有机溶剂挥发完。最后，当水蒸气液滴模板挥发后，聚合物膜便留下了蜂巢状的大孔有序结构[如图 5-2(a)]。两个可能的因素会使得水蒸气液滴能够独立地稳定存在而不发生合并[32]：一是热毛细对流将会引起两相邻液滴之间以及它们内部液体的对流运动，这种运动同时将伴随着在两相邻液滴间形成空气的润滑膜，从而会有效地抑制液滴间的合并；二是由于挥发的有机溶剂将会在两相邻水蒸气液滴间形成一隔离膜，使得水蒸气液滴能够保持独立和使它们之间存在一种弹性的相互作用。聚合物膜中孔的尺寸(0.2～20 μm)可以通过聚合物溶液浓度、环境的温度和湿度等条件来进行控制。通过使用具有不同密度的有机溶剂，还可以分别实现二维(有机溶剂密度大于水的密度，如氯仿和二硫化碳等)和三维(有机溶剂密度小于水的密度，如苯和甲苯等)有序的大孔结构[32]。这种方法不但适用于许多聚合物，而且还可以适用于非聚合物体系。例如，最近我们将季铵盐包覆的 CdTe 无机纳米微粒的氯仿溶液在高湿度氛围下浇铸时，也得到具有蜂巢状大孔有序结构的 CdTe 无机纳米微粒膜[如图 5-2(b)][33]。

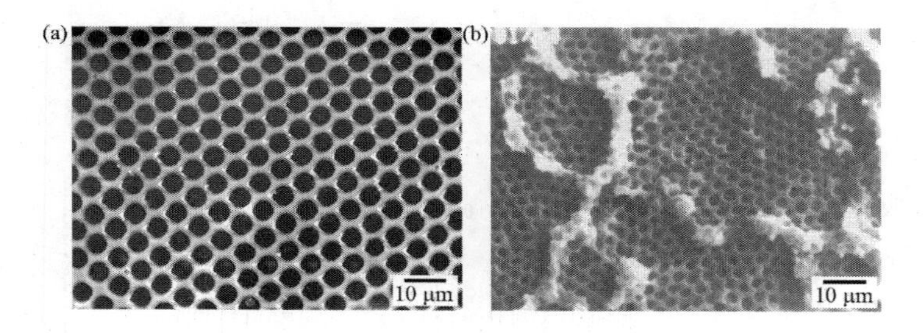

图 5-2 蜂巢状的(a)磺化聚苯乙烯与二(十八烷基)二甲基溴化铵复合物多孔膜和(b)季铵盐包覆的 CdTe 无机纳米微粒多孔膜的扫描电子显微镜图像

5.3 固体表面润湿性的图案化

越来越多的技术应用和基础研究不仅需要对固体表面的微观结构进行控制，而且也需要在微米或纳米尺度上对材料表面的物理、化学及生物等各种性质进行控制。其中，利用气相沉积[34]、传统光刻[35]、微接触印刷[14]等技术，可以在许多固体表面上形成微米尺度的二维亲疏水性图案。

5.3.1　气相沉积技术

气相沉积(vapor deposition)技术比较容易理解,即将亲水性(例如 MgF_2[34])的材料气化后再通过一图案化的模板沉积到疏水性的固体表面(例如硅橡胶表面),使固体表面上的不同区域具有不同的亲疏水性质。但这种技术中使用的模板不易制备,而且模板图案尺寸越小,其微结构越容易被沉积物堵塞。

5.3.2　LB 单分子膜层图案化技术

LB(Langmuir-Blodgett)膜法是将具有脂肪疏水端和亲水基团的双亲分子溶于挥发性的有机溶剂中,铺展在平静的气-水界面上,待溶剂挥发后沿水面横向施加一定的表面压,这样溶剂分子便在水面上形成紧密排列的有序单分子膜。然后,将单分子膜转移到固体基底表面,得到 LB 膜。在一般情况下,通过标准的 LB 技术在固体基底表面得到的是致密连续的单分子膜。然而最近迟力峰等[36]在将二棕榈酸磷脂酰胆碱 (DPPC)单分子膜从液面转移到云母(mica)片表面的过程中发现,在膜压较低和温度恒定的条件下,如果提高云母基底从液体中提拉的速度(1000 μm/s),单分子膜在固体基底上的吸附行为将变得不稳定而导致膜层的周期性破裂,最终在固体基底表面形成规则排列的宽为 800 nm、间隔为 200 nm 的条带状单分子膜(如图 5-3 所示),从而在云母基底表面形成有序的疏水区域(有单分子膜层吸附)和亲水区域(无单分子膜层吸附)。

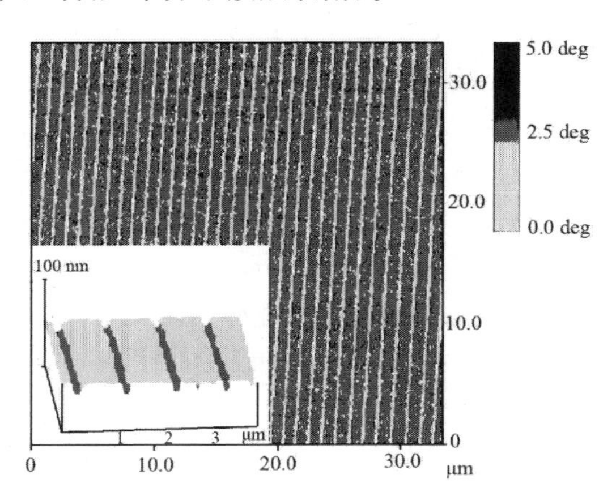

图 5-3　云母基底上二棕榈酸磷脂酰胆碱(DPPC)单分子层表面的动态扫描力显微镜相模式图像(插图为高度模式图像)(Reprinted with permission from ref. [36]. Copyright © 2000 MacMillan Publishers Ltd.)

注:单分子层条带的宽度大约为 800 nm、间隔大约为 200 nm

5.3.3 自组装单层膜图案化技术

自组装单层膜 SAMs(self-assembled monolayers)是指某些含有特定活性基团的分子(例如巯基化合物)在某些固体基底(例如金基底)表面上发生化学吸附而得到的二维规则排列的单分子膜[18]。能形成自组装膜层的体系很多,例如脂肪酸单分子膜、有机硅衍生物单分子膜和有机硫化合物单分子膜等。其中,人们研究得最多的是硫醇分子在 Au 基底上形成的自组装单层膜。与 LB 单分子膜层相比,自组装单层膜具有制备简单、有序程度更高、常温下膜层对溶剂的稳定性好等优点。而且通过改变组装分子的结构(例如烷基链的长度和端基等),还可以很方便地对膜层的有序程度、厚度(可精确到 0.1 nm)及化学、物理和生物等性质进行控制[37]。近年来,自组装单层膜图案化技术发展得很快,其中主要的包括基于单层膜分子光氧化和交联反应的光刻技术[38,39]、微接触印刷(μCP)技术[14]和使用原子力显微镜针尖直接书写的“浸笔(dip-pen)”技术[40]等。其中 μCP 是软光刻技术中的一种。它的操作过程非常简单,是通过表面具有微观结构图案的 PDMS 印章与基底表面的物理接触,将硫醇小分子的“墨水(ink)”从印章表面转移到金基底表面与印章微结构相接触的区域,并通过化学吸附在这些区域上形成自组装单层膜。当印刷完成后,还可以将金基底浸泡在另一种硫醇分子溶液中,使基底上没有印上单层膜的区域形成另一种硫醇分子的自组装单层膜。在普通的实验室条件下,使用 μCP 技术可以很方便、快速和大批量地实现尺寸从 1～100 μm 间自组装单层膜的图案化,如果需要的尺寸小于 1 μm 时,则需进行某些特殊的改进。目前,其最高精度可达到 35 nm。利用 PDMS 的弹性,μCP 技术还可以在非平表面上形成图案化的自组装单层膜。该技术之所以能成功地在金基底表面形成图案化的自组装单层膜,主要取决于硫醇分子在金基底表面快速的化学吸附和自组装单层膜的“自憎性(autophobicity)”[41]。通过使用带有不同端基的硫醇分子,用 μCP 技术可在基底表面上形成各种性质的图案。例如,使用带有亲水基团(—COOH)的 16-巯基十六羧酸(MHA)和带有疏水基团(—CH_3)的十六硫醇(HDT),可以在 Au 基底的表面形成亲疏水性图案。图 5-4 为我们在金基底上制备的图案化的(MHA+HDT)自组装单层膜的 AFM 图像。由于 MHA 和 HDT 分子都是具有十六个碳的直链型硫醇分子,它们在金基底上形成的自组装单层膜具有几乎相同的厚度,因此在 AFM 高度模式(height mode)图像中[如图 5-4 (a)],我们没有观察到任何有序的图案。但由于 HDT 带有疏水的端基(—CH_3),而 MHA 带有亲水的端基(—COOH),因而在 AFM 摩擦力模式(friction mode)图像中,我们可以清楚地观察到它们在金基底上形成的自组装单层膜的亲疏水性图案[42]。其中,图 5-4 (b)为正相金基底上图案化的(MHA+HDT)自组装单层膜的摩擦力模式 AFM 图像,而图 5-4 (c)为反相金基底上图案化的自组装单层膜的摩擦力模式 AFM 图像。在这两幅图像中,

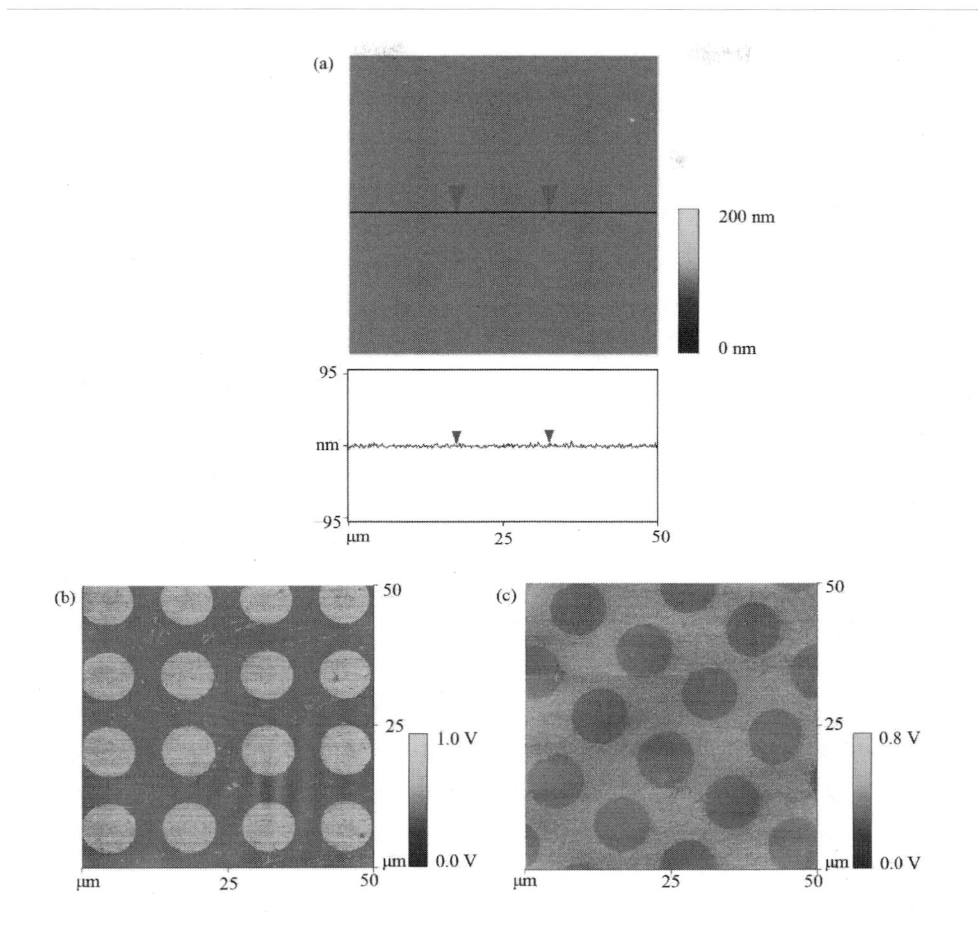

图 5-4　(a)使用 μCP 技术在金基底表面上形成的图案化硫醇分子自组装单层膜的原子力显微镜高度模式图像；(b)金基底表面上有序排列、较亮的圆形亲水 MHA 自组装单层膜区域的原子力显微镜摩擦力模式图像，较暗的区域为疏水的 HDT 自组装单层膜；(c)金基底表面上有序排列、较暗的圆形疏水 HDT 自组装单层膜区域的原子力显微镜摩擦力模式图像，较亮的区域为亲水 MHA 自组装单层膜

较亮的区域为亲水的 COOH—SAM，而较暗的区域为疏水的 CH_3—SAM。图中圆的直径为 10 μm，间隔为 4 μm。除了 AFM 外，图案化的自组装单层膜还可以通过扫描电子显微镜[43]、表面增强拉曼显微镜[44]等仪器和表面冷凝图案分析[45]等技术来表征。

5.4　表面诱导的自组织的液体图案

具有润湿性图案的表面不但为润湿和去湿现象的研究提供了理想的模型表

面,而且也为科学家们通过利用冷凝、润湿和去湿等与固体表面亲疏水性有关的现象来控制固体表面上液体的微观结构提供了奇特的手段。

Whitesides 和 Herminghaus 等[34,46]发现,当水蒸气在亲疏水性图案化表面上发生冷凝时,小液滴会优先在图案化表面的亲水区域上成核和生长,如果对温度、湿度以及冷凝时间等条件进行适当的控制,则可以将固体表面上二维的亲疏水性图案复制到水的微结构中,从而形成有序的水蒸气冷凝图[如图 5-5 (a)][8]。这些二维有序的液体微观结构可用作流体芯片和微反应器[34]。最近 Braun 和我们还分别以这些有序的冷凝图案为模板,结合聚合物溶液的去湿现象在图案化的自组装单层膜上分别构造出二维有序多孔聚合物膜[47]和二维有序排列、具有亚微米特征尺寸的聚合物环[48]。

当液体在亲疏水性图案化表面上发生去湿时,液体在表面能最小化的驱动下将会选择性去湿固体表面疏水的区域而润湿亲水的区域。因此利用这种液体在亲疏水性图案化表面上发生的选择性去湿现象,人们使用不同的液体材料,结合高分子聚合反应、结晶、溶胶-凝胶反应或自组装技术来获得通过其他方法难以或不可能获得的功能性材料或器件,例如聚合物光波导[如图 5-5 (b)][49]、二维有序排列的无机晶体点阵[50]、具有分级结构的无机传感器[51]和图案化的胶体晶体膜[52]等。

当亲疏水性图案化表面通过非水溶性的有机溶剂与水溶液的界面浸入水溶液中时,由于液体表面能的最小化,有机溶剂将在固体表面的疏水区域形成自组织的有序微结构而不润湿固体表面亲水的区域。这种不相容两相液体体系的自组织现象可用于金属选择性刻蚀、聚合物微透镜二维点阵的构造[如图 5-5 (c)][53]、微机电系统的组装[54]和在胶体晶体膜-固体基底体系内部构造有序空缺结构[55]等。

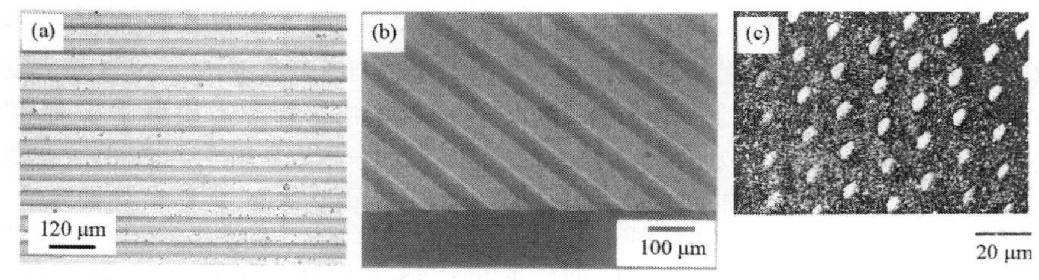

图 5-5　(a)水蒸气在具有有序排列的亲水 MgF_2 条带的疏水表面上冷凝形成的水微渠道的光学显微镜图像(Reprinted with permission from ref. [34]. Copyright © 1999 American Association for the Advancement of Science);(b)由液态预聚体在具有有序条带状排列的亲疏水性自组装单层膜的金基底上自组装,然后再通过聚合得到的聚合物光波导的扫描电子显微镜图像(Reprinted with permission from ref.[49]. Copyright © 1996 WILEY-VCH Verlag GmbH);(c)由聚亚氨酯液体预聚体在水中于图案化的自组装单层膜上疏水区域自组织,然后通过聚合得到的有序聚合物微结构的扫描电子显微镜图像(Reprinted with permission from ref.[53]. Copyright © 1994 American Chemical Society)

5.5　以自组织的液体图案为模板构造有序微观结构

5.5.1　以水蒸气冷凝图案为模板构造二维有序排列的聚合物环

聚合物材料有序微结构的构造在光学器件[56]、微电子器件[57]、微机电系统[58]、微传感器[59]及全聚合物电路板[60]的制造中具有重要的地位。通常的图案化技术，例如传统光刻、深度紫外光刻、软光刻[14]、模压浮印[61]和冷焊[13]等，都是应用金属、半导体或聚合物的模板或模具将微结构图案转移到聚合物材料中。而最近一些基于相分离[62]或去湿现象的图案化技术却为聚合物[63,11]或其他材料[51]有序微结构的构造提供了新途径。

一般而言，去湿是均匀聚合物薄膜层制备和热处理过程中应该尽量避免发生的现象。因为去湿现象常常会导致聚合物膜层发生破裂，并在固体表面形成诸如孔、双连续结构、多边形及无序排列的小液滴等多种微结构[64]。但最近的一些研究成果表明，液体在固体表面上的去湿现象却可以被巧妙地用于聚合物有序微结构的构造[11,49,63]。例如，利用传统光刻、微接触印刷、气相沉积等技术，可以在许多固体表面上形成微米尺度的二维亲疏水性图案。当液体薄膜在这些图案化固体表面上沉积时，液体在表面能最小化的驱动下会选择性去湿固体表面的某些特定区域，而润湿剩余的区域，从而将固体表面二维的亲疏水图案复制到液体的微观结构中[11]。结合聚合反应，这种液体在亲疏水性图案化固体表面上的选择性去湿现象可用来制造聚合物光波导[49]。最近，这种亲疏水性图案化表面还被用于构造有序的水蒸气冷凝图案[34,46]，然后利用非水溶性聚合物溶液在这种带有冷凝图案的表面上发生的去湿现象还可以构造出二维有序的多孔聚合物膜[47]。虽然很多实验表明，溶液浓度在去湿结构尺寸的控制中具有很重要的作用[47,50]，然而很少有文献提到溶液浓度对去湿结构形状的影响。最近，我们结合微接触印刷技术和表面诱导冷凝技术，研究了聚合物溶液浓度对去湿结构的影响，并发展了在图案化的自组装单层膜上构造二维有序排列的直径为微米级，却具有亚微米级的高度和宽度的聚合物环的技术[48]。

二维有序排列的聚合物环的构造过程如图 5-6 所示。使用 μCP 技术用表面具有微观有序结构图案的 PDMS 印章在金基底表面上印上亲水的 16-巯基十六羧酸（MHA）自组装单层膜，然后将印好的金基底放入十六硫醇（HDT）的 2 mmol/L乙醇溶液中浸泡 15 min，使金基底上没有印上 MHA 自组装单层膜的区域生成疏水的 HDT 自组装单层膜。取出，用大量无水乙醇冲洗，然后用氮气吹干，备用。当然，也可以先用 PDMS 印章在金基底上印制 HDT 自组装单层膜，然后再将印好的金基底放入 MHA 乙醇溶液中浸泡，使金基底上没有印上 HDT 自组装单层膜的区域生成 MHA 自组装单层膜。为了方便起见，我们将前者得到的具

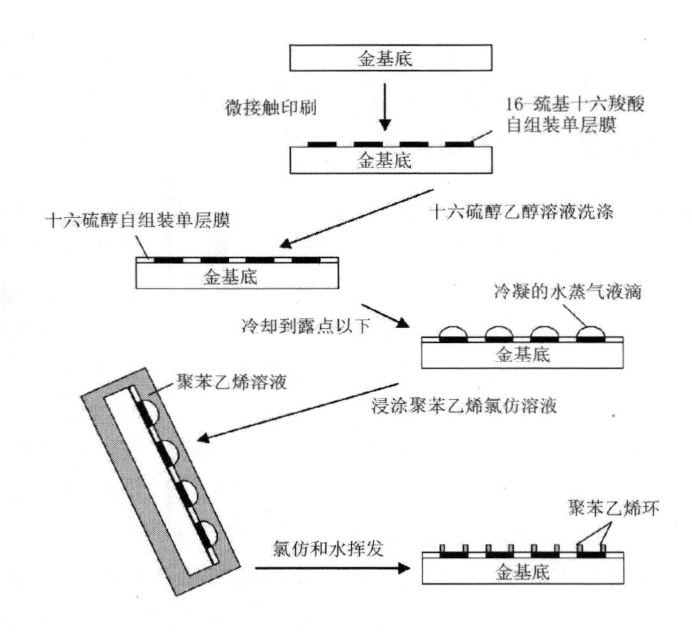

图 5－6　在金基底表面上构造二维有序排列的聚合物环的实验过程示意图

有图案化(MHA＋HDT)自组装单层膜的金基底称为正相金基底，而将后者得到的具有图案化(HDT＋MHA)自组装单层膜的金基底称为反相金基底。将表面带有图案化自组装单层膜的金基底冷却到水的露点以下后置于相对湿度大于40％的氛围中，空气中的水蒸气将在金基底表面冷凝。由于水蒸气液滴在金基底上亲水区域的优先成核和生长，因此会在金基底表面上生成有序的冷凝图案[46,34]。图5－7(a)为水蒸气在正相金基底[如图5－4(b)所示]上冷凝得到的有序冷凝图案。由图中可以看到，所得水蒸气冷凝液滴很规则地分布在分散的亲水区域上，而且液滴大小也很均一。图5－7(b)为水蒸气在反相金基底[如图5－4(c)所示]上冷凝得到的有序冷凝图案。图中许多不连续的菱形小液滴是由于液体表面能最小化导致液膜在连续的亲水区域上破裂造成的。由于这些高度有序的水蒸气冷凝图案可

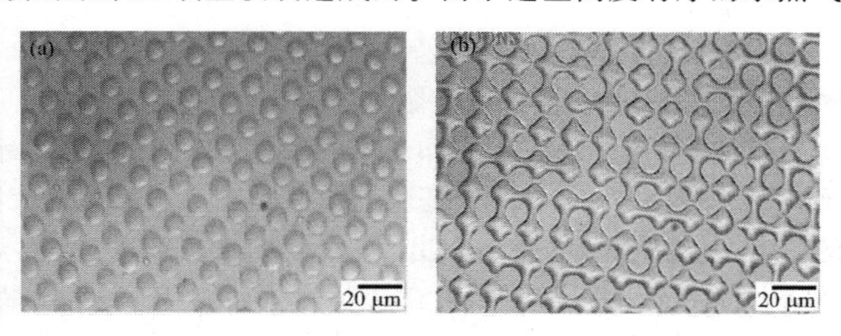

图 5－7　水蒸气在(a)正相金基底和(b)反相金基底上冷凝形成的有序的冷凝图案

以真实地反映金基底表面上二维的亲疏水性图案，所以，能否形成高度有序的水蒸气冷凝图案也是一种简单、非破坏性表征图案化自组装单层膜的方法[45]。将表面带有有序冷凝图案的正相金基底浸入聚苯乙烯氯仿溶液中，然后立即从氯仿溶液中拉出（拉出速度为 1～3 cm/s），当氯仿和水在室温下全部挥发后，在金基底上便形成了二维有序排列的聚苯乙烯环。

图 5－8 (a)是用浓度为 0.4 mg/mL 的聚苯乙烯氯仿溶液得到的二维有序排列的聚苯乙烯环的电镜图像。这幅图展示了应用这种方法所能得到的聚合物有序结构的尺寸、面积及均一性和有序性的程度。图像中插图显示聚苯乙烯环的宽度约为 500 nm。在仔细观察电镜图像后可以发现，在聚苯乙烯环的排列中，存在少量尺寸较小或变形的环，这可能是由于所用的 PDMS 印章本身图案存在的缺陷造成的。

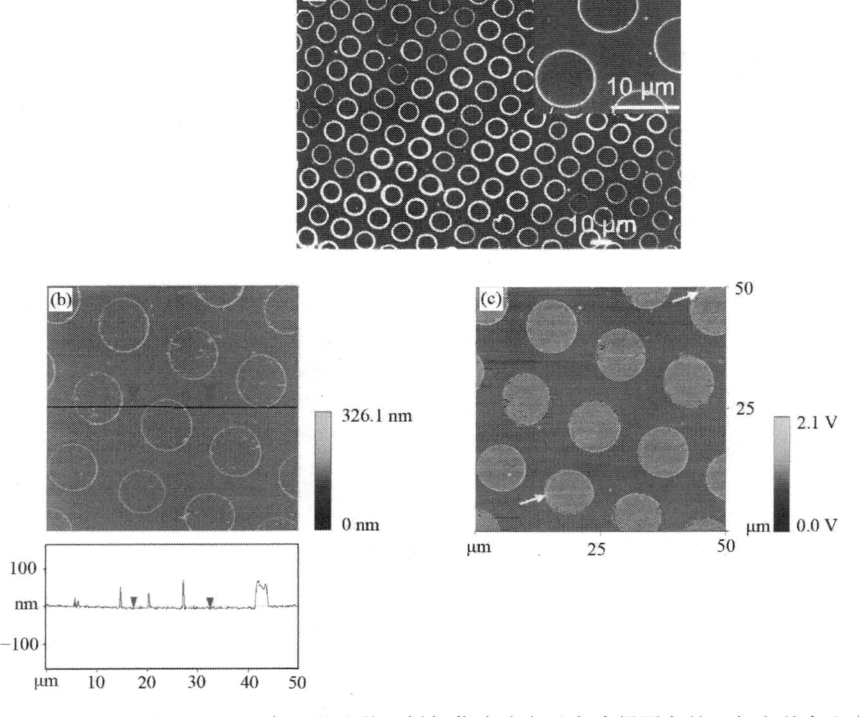

图 5－8　(a)使用浓度为 0.4 mg/mL 的聚苯乙烯氯仿溶液在具有冷凝图案的正相金基底上去湿得到的二维有序排列的聚苯乙烯环的扫描电子显微镜图像；(b)使用浓度为 0.02 mg/mL 的聚苯乙烯氯仿溶液在具有冷凝图案的正相金基底上去湿得到的二维有序排列的聚苯乙烯环的原子力显微镜高度模式图像；(c)使用浓度为 0.02 mg/mL 的聚苯乙烯氯仿溶液在具有冷凝图案的正相金基底上去湿得到的二维有序排列的聚苯乙烯环的原子力显微镜摩擦力模式图像

通过在 1～0.02 mg/mL 范围内调整聚苯乙烯溶液的浓度，环的宽度可以由 1000 nm 变化到 200 nm，而环的高度则可由 350 nm 逐渐变化到 65 nm。图 5-8 (b)是使用浓度为 0.02 mg/mL 的聚苯乙烯氯仿溶液得到的二维有序排列的聚苯乙烯环的高度模式 AFM 图像。我们从图中可以看出，聚苯乙烯环的直径为 10 μm、高度为 25～65 nm、宽度为 200～350 nm。造成这些环高度和宽度不均匀的原因可能有两个：第一，最初(通过浸涂)沉积在金基底上的聚苯乙烯溶液液膜在不同区域具有不同的厚度；第二，成环过程中物质分布不均匀。图5-8 (c)为与图 5-8 (b)相对应的聚苯乙烯环二维有序排列的摩擦力模式 AFM 图像。从图像上，可以清楚地看到规整排列的聚合物环和有序排列的比较亮的圆，前者与高度模式 AFM 图像中所表现的高度形貌相吻合。而在高度模式 AFM 图像中没有观察到的比较亮的圆是金基底上具有亲水性 MHA-SAM 的区域，而较暗的区域为金基底上具有疏水性 HDT-SAM 的区域。因此由摩擦力模式 AFM 图像可以证明环以外的区域并没有聚苯乙烯薄膜的存在。在图 5-8 (c)中，我们还可以发现，有些聚合物环并没有和亲疏水区域边界完全重合[如图 5-8 (c) 中箭头所示]，这说明聚合物环并不是直接以自组装单层膜的图案为模板，而是以在亲水区域冷凝的水滴为模板形成的。

图 5-9 为将表面带有有序冷凝图案的反相金基底浸入 0.4 mg/mL 聚苯乙烯氯仿溶液中，然后立即从氯仿溶液中拉出后在金基底上形成的聚苯乙烯环的光学显微镜图像。与图 5-7 (b)中冷凝图案相应，许多聚合物环呈菱形。这也进一步证明了聚合物环的确是以在亲水区域冷凝的水滴为模板形成的。

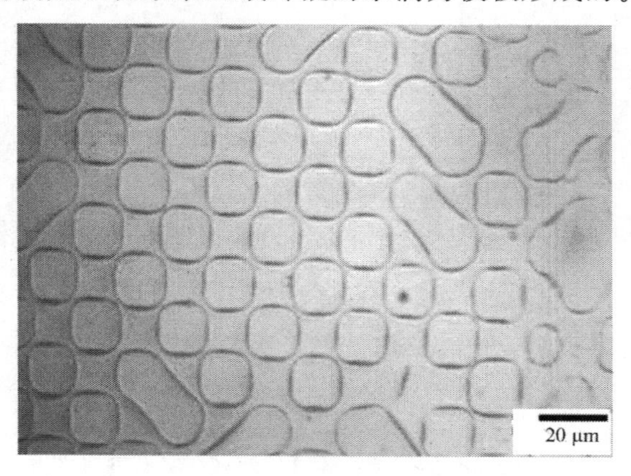

图 5-9 使用浓度为 0.4 mg/mL 的聚苯乙烯氯仿溶液在具有冷凝图案的反相金基底上去湿得到的聚苯乙烯结构的光学显微镜图像

聚合物浓度的大小不但影响聚合物环的尺寸，而且也会影响聚合物环的形成。前面，我们介绍了当聚苯乙烯氯仿溶液的浓度处于 1～0.02 mg/mL 范围内时，得到的是聚合物环状结构，而且环的宽度和高度随浓度的降低而逐渐减小。在这里，我们进一步调大聚合物浓度，并用原子力显微镜对所得聚合物结构进行表征。图5－10是聚苯乙烯氯仿溶液浓度分别为2 mg/mL和20 mg/mL时得到的聚合物结构的高度模式AFM图像。由图5－10(a)可以看出，当聚苯乙烯氯仿溶液浓度为2 mg/mL时，所形成的结构不是有序排列的环，而是二维有序的多孔膜，但是孔间膜层的某些区域发生了破裂，从这些破裂处我们测得孔间聚合物膜的厚度约为20 nm。当浓度继续增加到20 mg/mL时[如图5－10(b)所示]，得到的是较厚的二维多孔膜。聚合物膜层的厚度随位置的变化而变化，在孔边缘的膜比较厚，约为1000 nm，而远离孔的膜则较薄，约为170 nm。

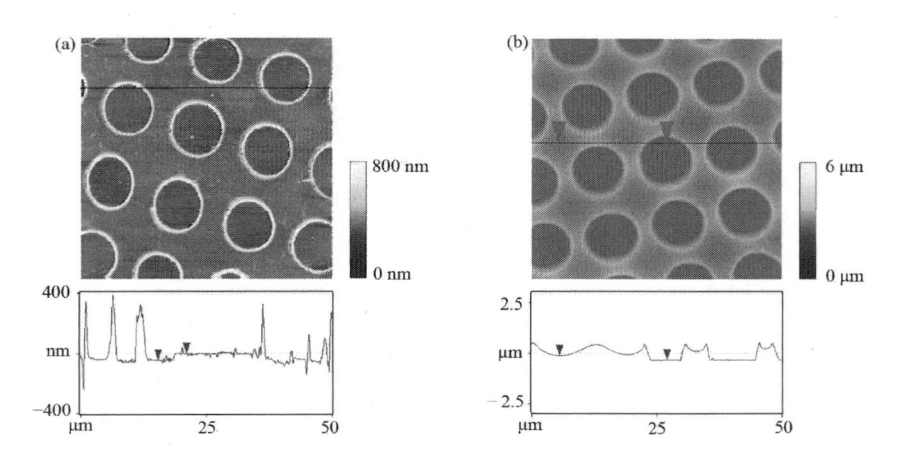

图5－10　使用不同浓度的聚苯乙烯氯仿溶液在具有冷凝图案的正相金基底上去湿得到的具有二维有序孔排列的聚苯乙烯膜的原子力显微镜高度模式图像(Reprinted with permission from ref. [48]. Copyright ©2002 WILEY-VCH Verlag GmbH)

(a)浓度为2 mg/mL；(b)浓度为20 mg/mL

为了证明及研究冷凝图案在这种二维有序排列的聚合物环结构形成过程中所起的作用，我们去掉冷凝过程而直接将正相金基底浸入聚苯乙烯的氯仿溶液中，然后拉出。当溶剂完全挥发后，聚苯乙烯在正相金基底上形成了如图5－11所示的二维有序排列的点状结构。其中，图5－11(a)和(b)分别为使用0.1 mg/mL聚合物氯仿溶液时得到的聚合物点的二维有序排列的高度模式和摩擦力模式AFM图像。而图5－11(c)和(d)分别为使用20 mg/mL聚合物氯仿溶液时得到的聚合物点的二维有序排列的高度模式和摩擦力模式AFM图像。从图5－11(b)和(d)中我们可以看出，聚合物点完全分布在正相金基底上分散的亲水区域。同时还可以看出，在没有冷凝图案模板时，聚合物溶液的浓度并不影响所得的聚合物结构的形状，但聚合物点的尺寸会随聚合物溶液浓度的升高而增大。例如，当聚合物溶液浓度为 0.1 mg/mL 时，在金基底亲水区域上形成的聚合物点的高度约为 140 nm，基部的直径约为 2.7 μm［如图 5－11 (a)所示］。而当聚合物溶液浓度为 20 mg/mL 时，在金基底亲水区域上形成的聚合物点的高度约为 390 nm，基部的直径约为 8 μm［如图 5－11 (c) 所示］。

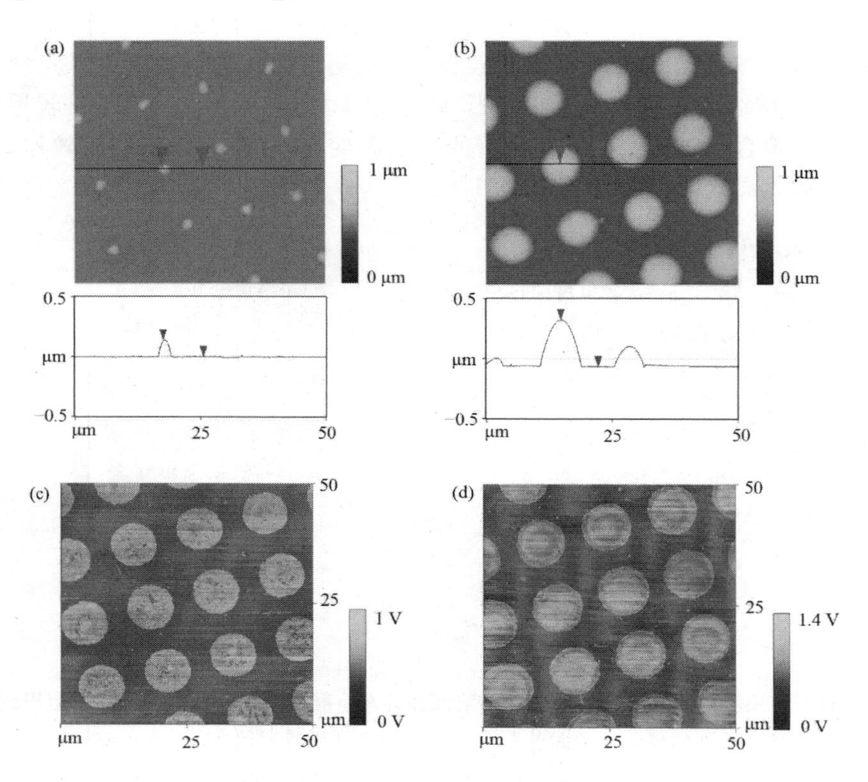

图 5－11　使用浓度为 0.1 mg/mL 的聚苯乙烯氯仿溶液在正相金基底上去湿得到的二维有序排列的聚苯乙烯聚集体的(a)原子力显微镜高度模式图像和(b)摩擦力模式图像；使用浓度为 20 mg/mL 的聚苯乙烯氯仿溶液在正相金基底上去湿得到的二维有序排列的聚苯乙烯聚集体的(c)原子力显微镜高度模式图像和(d)摩擦力模式图像

由于聚合物环是以金基底上的冷凝图案为模板形成的，因此聚合物环的结构将会受到冷凝过程和浸涂过程的强烈影响。一方面，在冷凝过程中，过度的冷凝会导致水蒸气液滴在亲水区域外生长，从而会使形成的环的直径增大，甚至会由于两相邻水滴的合并而形成如图 5－12 (a)中所示的花生状聚合物圈形结构。另一方面，在将具有冷凝图案的金基底浸入聚苯乙烯氯仿溶液后，水蒸气液滴的稳定性将取决于水的挥发速度，而水的挥发速度取决于气相中水和氯仿的平衡。虽然一些研究[47]表明在浸涂过程中，水在有机相中具有一定的稳定性，但浸涂过程中水的挥发一定会造成液滴尺寸的减小。图 5－12 (b)是延长了具有冷凝图案的金基底在聚合物氯仿溶液(0.4 mg/mL)中浸泡的时间(约为 8 s)所得到的聚合物环的扫描电镜图像。与图 5.8(a)中的环相比,环的直径已由 10 μm 缩小至 5 μm。由于在金基底的疏水区域上存在着一些(亲水性的)缺陷,而在冷凝过程中小水滴也将会在这些缺陷处冷凝,因此除有序排列的环外,有时我们还能在金基底上发现一些不规则分布的小环[如图 5－12 (b)]。上面的实验结果说明,环的形状和尺寸主要取决于冷凝过程和浸涂过程,所以通过简单地改变这些实验条件,我们仅使用一种图案的模板(图案化的自组装单层膜)就可获得具有不同微观形貌和尺寸聚合物的有序微结构。

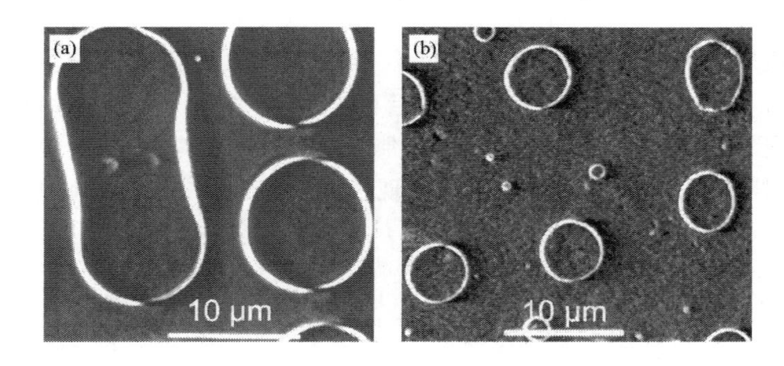

图 5－12　(a)过度冷凝造成两相邻水滴合并而导致的花生形聚苯乙烯圈的扫描电子显微镜图像;(b)冷凝图案在 0.4 mg/mL 聚苯乙烯溶液中滞留时间过长而导致的直径较小的二维有序排列的聚苯乙烯环的扫描电子显微镜图像(Reprinted with permission from ref. [48]. Copyright ©2002 WILEY-VCH Verlag GmbH)

基于上面的实验结果,我们认为成环机理是:在浸涂过程完成后,具有冷凝图案的金基底上将沉积上一层聚合物氯仿溶液的液膜。而随后溶液中氯仿的挥发将使液膜变薄,这时液膜也将变得越来越不稳定。根据异相成核去湿机理[65],氯仿溶液将在有水蒸气液滴的区域上最先发生去湿现象。聚合物液膜将在液滴处开始破裂,使得这些有序排列的液滴图案逐渐暴露在空气中,并在液滴周围形成较厚的聚合物溶液环形脊。随着氯仿的继续挥发,当环形脊间的聚合物溶液液膜的厚度小于某一临界厚度时,分子间长程作用力对聚合物溶液液膜厚度的热力学振动的放大(旋节分解机理)[64],或聚合物溶液和自组装单层膜上存在的缺陷(异相成核机理)[65]将驱动液膜在环形脊间较薄的区域再次发生去湿现象。聚合物溶液液膜破裂后,将向水蒸气冷凝液滴周围聚集,最后当氯仿和水完全挥发后,便形成了聚合物的环状结构。如果不发生第二次去湿现象,则当氯仿完全挥发后,在环形脊间形成的是一层聚苯乙烯的固体薄膜,因此我们在金基底上得到的是二维有序的多孔聚合物膜。而第二次去湿现象只有在环形脊间的液膜厚度小于某一临界厚度时才会发生,因为液体薄膜在氯仿完全挥发前能达到的厚度取决于氯仿溶液中聚苯乙烯的浓度,所以能否发生第二次去湿现象实际上也决定于溶液的浓度。当自组装单层膜图案化的金基底上无冷凝图案时,聚合物溶液将在其上选择性地去湿能量较低的疏水区域,而润湿能量较高的亲水区域,因此会在正相金基底分散的亲水区域上形成有序排列的聚合物溶液液滴。最后当溶剂挥发完后,在亲水区域上就形成了有序排列的聚合物点状结构。由此可见,二维有序排列的聚合物环的形成过程本质上是一个表面诱导(金基底上有序排列的水蒸气冷凝液滴)及聚合物溶液浓度控制的去润湿过程。

这些有序的聚合物微结构的一个直接应用就是将它们作为金基底刻蚀的保护层,把图案转移到下面的金基底表面[66]。图 5-13 为表面具有聚合物多孔膜和聚合物环的金基底在氩离子刻蚀前后的三维拓扑形貌 AFM 图像。其中图 5-13 (c)为图 5-13 (a)中表面具有二维有序多孔聚合物膜的金基底经过刻蚀后的表面拓扑形貌 AFM 图像。我们发现,聚合物薄膜在离子刻蚀过程中起到

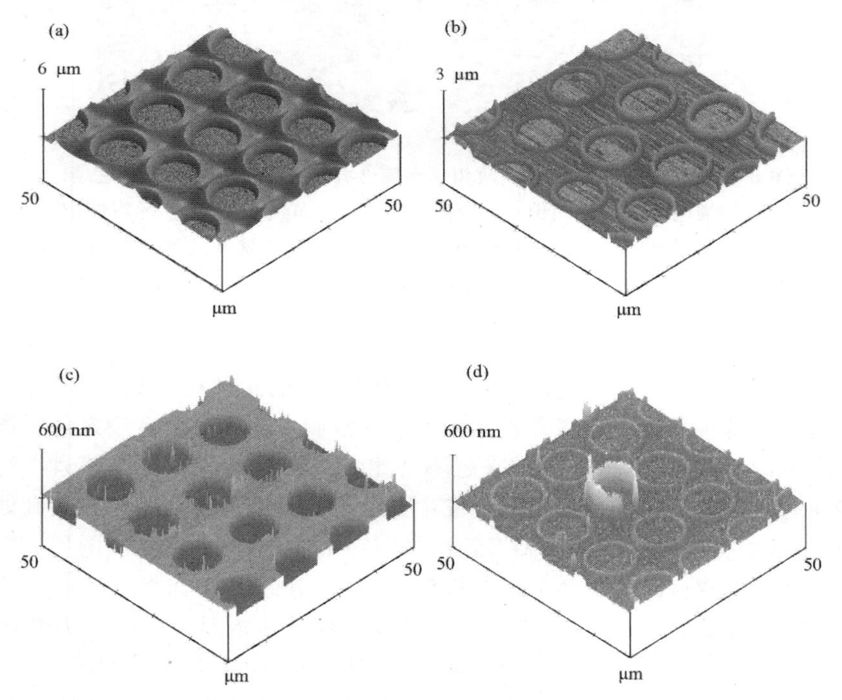

图 5-13　(a)正相金基底上具有二维有序排列孔的聚苯乙烯膜的原子力显微镜图像;(b)正相金基底上二维有序排列的聚苯乙烯环的原子力显微镜图像;(c)具有有序排列孔的金基底的原子力显微镜图像;(d)具有有序排列环的金基底的原子力显微镜图像(Reprinted with permission from ref. [66])

了保护层的作用,其上的图案已被成功地复制到了金基底表面。经过100 s的刻蚀,在金基底表面最初没有聚合物薄膜保护的区域形成了130 nm深的孔。孔的底部非常平整,而且孔壁具有很好的陡峭度。而在有聚合物薄膜保护的区域没有被刻蚀的迹象。图5-13(d)为以聚合物环[如图5-13(b)所示]为保护层,经过60 s刻蚀后的金基底表面拓扑形貌的AFM图像。聚合物环的结构同样被成功地复制到了金基底表面。环的高度约为80 nm。环的内外壁都具有较好的陡峭度,而且上表面比较平坦。由于有部分聚合物未被溶掉,因此在图中的一个金环上发现部分聚合物。

由图5-8(c)聚合物环的摩擦力模式AFM图像可知,当正相金基底上形成聚合物环后,其表面上的亲疏水性图案并未遭到破坏,即聚合物环内的区域为亲水性的,而环外的区域为疏水性的。当将此具有聚合物环的金基底浸入无机盐的水溶液并立即拉出时,无机盐水溶液将会选择性地去湿金基底表面聚合物环外的疏水区域而润湿环内的亲水区域,从而在环内的亲水区域形成有序排列的无机盐水溶液小液滴。最后当水完全挥发后,便在正相金基底表面聚合物环内的亲水区域形成二维有序排列的无机盐微粒。图5-14为我们通过这种方法在聚合物环内得到的硫酸铜微粒的光学显微镜和扫描电子显微镜图像。从图中可以看到,在每个聚合物环内都生成了一个硫酸铜微粒,而且无机微粒的尺寸还可以通过水溶液中无机盐的浓度来控制[50]。这种方法为表面有机/无机杂化结构或器件的构造提供了一种新方法。

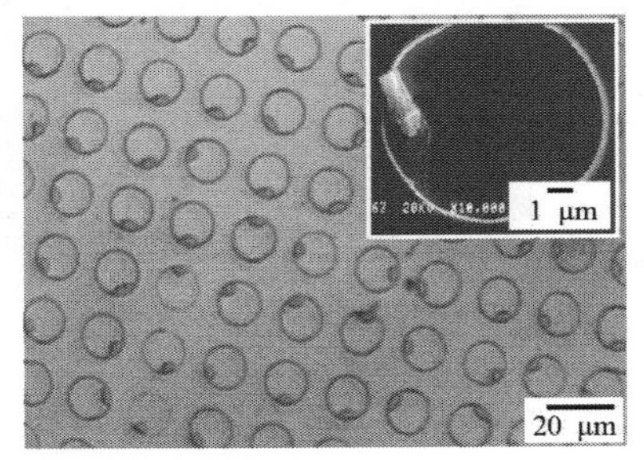

图5-14 通过$CuSO_4$溶液的选择性去湿在聚苯乙烯环内形成的$CuSO_4$微粒的光学显微镜图像

注:插图为扫描电子显微镜图像

除了聚苯乙烯外,这种方法还可以适用于其他可溶于与水不相溶、易挥发有机溶剂(如氯仿、二氯甲烷、苯等)的聚合物,甚至表面活性剂包覆的油溶性纳米微粒。图5-15(a)、(b)和(c)分别为我们通过这种方法在正相金基底上构造的二维有序排列的发光聚合物PPV[poly(phenylene vinylene)]、PF(polyfluorene)和PVK[poly(N-carbazole)]环的荧光显微镜图像。所用聚合物溶液的浓度皆为0.4 mg/mL。图5-15(d)显示了与均匀聚合物膜层的发光相比,这些发光聚合物环的发光峰位(PPV为571 nm,PF为426 nm,PVK为410 nm)并没有发生变化。这说明环状结构对聚合物的发光性质没有影响。图5-16为我们使用0.2 mg/mL的二(十八烷基)二甲基溴化铵(DODAB)包覆的油溶性CdTe纳米微粒[67]的氯仿溶液在正相金基底上构造的有序排列的纳米微粒环的扫描电镜图像。这些有序排列的功能性聚合物和无机半导体纳米微粒环将在发光器件的基础研究中具有潜在的应用价值。

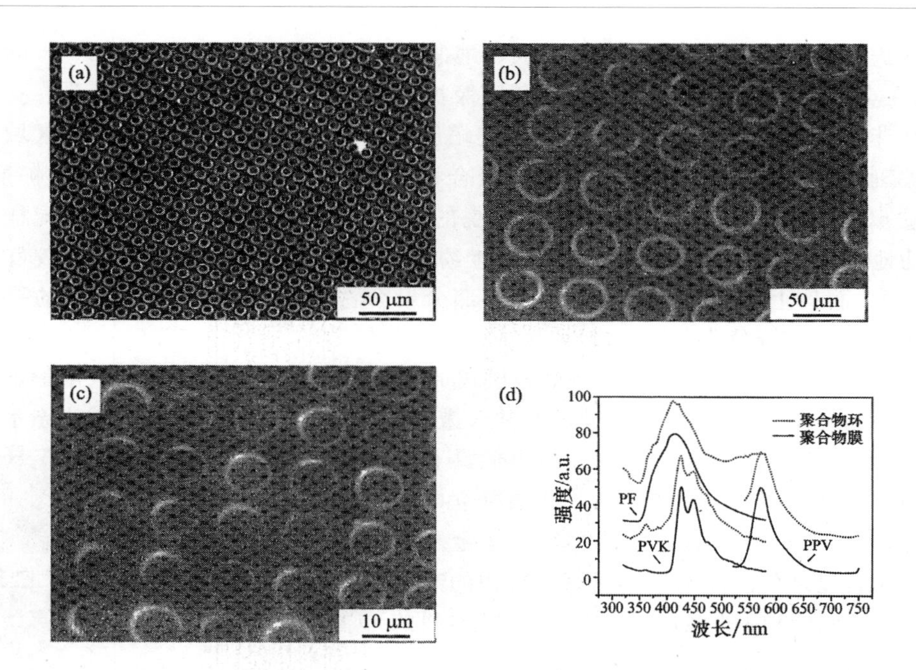

图 5-15　二维有序排列的(a) PPV、(b) PF 和(c) PVK 环的荧光显微镜图像；(d) 二维有序排列的 PPV、PF、PVK 环与膜的发光光谱

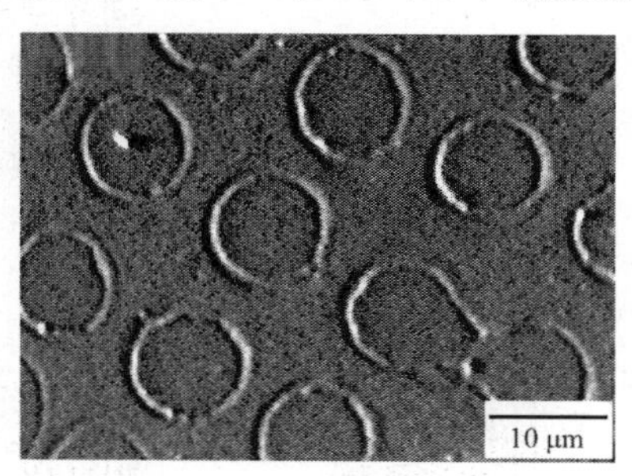

图 5-16　二维有序排列的 CdTe 纳米微粒环的扫描电子显微镜图像

5.5.2　以自组织的有机液体图案为模板，构造具有有序空缺结构的胶体晶体膜-金基底体系

亚微米级单分散的胶体微球在重力[68]、静电力[69]或毛细力[70]的作用下可以通过静态自组装形成二维或三维有序排列。这些有序排列的微球聚集体通常被称为胶体晶体(colloidal crystals)或合成蛋白石(synthetic opals)。胶体晶体是一类在许多领域都非常有用的高级材料，例如可作为构造有序大孔材料的模板[28]和高强

度陶瓷的前驱体[71]。同时，由于胶体晶体具有奇特的光学衍射和光子带隙（photonic bandgap）[72]性质，因此也被认为是制造新一代光波导和光转化器[73]、生物和化学传感器[74]以及光子芯片（photonic chips）[75]的基础材料。虽然通过液流池（flow cell）[76]或垂直沉积（vertical deposition）[77]等技术可以得到大块单一晶形的胶体晶膜，但要实现上述器件的实际应用还必须在固体基底上的胶体晶体膜内构造各种不同的有序微结构。为此，人们在胶体晶体制备过程中引入了各种模板技术。例如，Nagayama、Velev 和 Yang 等以乳液液滴为模板制备了不同形状（如球形、椭球形、圆突形及空球形等）的微球聚集体[78～80]；Wiltzius、Yodh、Whitesides、Ozin 和 Xia 等以固体基底表面的有序微结构为模板，实现了对胶体晶体晶向、形状和尺寸的控制[81～84]；Hammond、Braun、Aksay、Shraiman 和 Sato 等还利用静电作用[85,86]、外电场[87,88]及亲疏水作用[52]来控制胶体微球在固体基底表面上的选择性沉积。这些方法通常只能在固体基底表面形成实心的胶体微球聚集体，然而在光子器件中还常常需要可作为光空穴（optical cavities）和光波导（waveguides）的人为缺陷或空缺结构来捕获（trap）和引导（guide）光[89]。最近，我们利用金基底表面上的亲疏水性图案化来诱导有机液体在胶体微球水溶液中自组织形成有序的有机液体图案，然后再以这些有机液体自组织图案为模板，并结合垂直沉积技术构造了具有有序微观空缺结构的胶体晶体膜-固体基底体系[55]。

实验操作过程如图 5-17 所示，将印有 HDT 自组装单层膜的金基底在 MPA

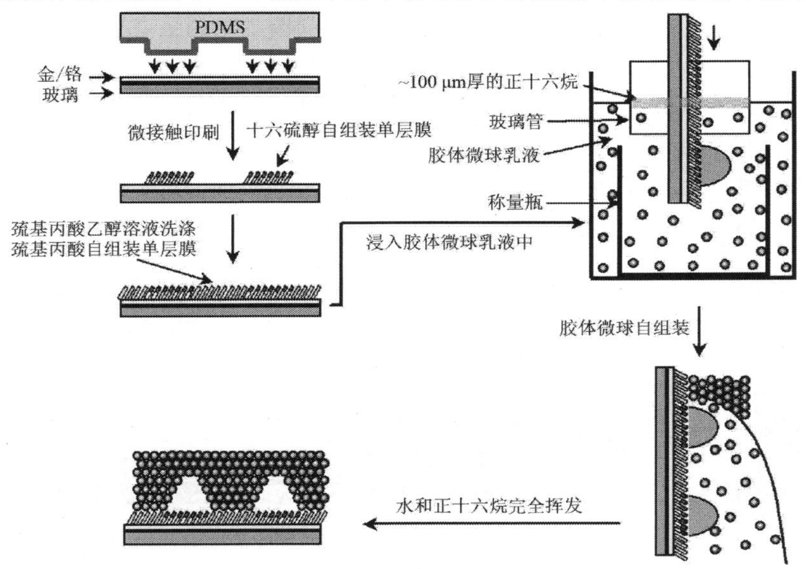

图 5-17　以有机液体为模板在胶体晶体膜-金基底体系中构造有序空缺结构的实验过程示意图

的溶液中浸泡 15 min,使没有印上 HDT 自组装单层膜的区域生成 MPA 的自组装单层膜,然后用大量无水乙醇冲洗,并用氮气吹干,备用。在装有 50 mL PS 微球乳液的 100 mL 烧杯中放入一 10 mL 的称量瓶,将一直径为 2 cm 和长度为 4 cm 的玻璃管插入到乳液液面下约 2 cm,悬于称量瓶的上方。然后向玻璃管内加入 200 μL 的正十六烷,正十六烷在乳液液面上形成一与水不相溶的有机液膜。把表面印有图案化(HDT＋MPA)自组装单层膜的金基底通过正十六烷的有机液膜插入微球乳液中(插入的速度约为 1～3 cm/s),并放置在称量瓶中。接下来将装有金基底和乳液的称量瓶从玻璃管下移开,然后从烧杯中取出。用镊子小心地将金基底垂直于称量瓶底放置,然后用 1000 mL 的烧杯倒扣在称量瓶上以避免空气的流动和灰尘污染。最后让称量瓶中的液体在 60 ℃下挥发。

表面具有图案化(MPA＋HDT)自组装单层膜的金基底通过一有机液膜进入水相时,由于有机液体润湿疏水的 HDT-SAM 区域所需的能量要小于水润湿这些疏水区域所需的能量,因此液体表面自由能的最小化将驱动有机液体在金基底上疏水的 HDT-SAM 区域上自组织形成小液滴,而不润湿亲水的 MPA-SAM 区域,从而在金基底上形成有序的有机液体自组织图案[53]。这些有机液体图案也反映了金基底上二维的亲疏水性图案。有机液滴的尺寸主要取决于金基底上疏水区域的形状和面积,以及水中有机液体在 HDT-SAM 上的后退接触角的大小,并且还可以通过有限元分析法来进行理论计算[90]。

图 5－18 为水中有机溶剂 HD 在自组装单层膜图案化的金基底上所形成的有机液体图案的光学显微镜图像。从图中可以看出,HD 液滴十分规则地分布于金基底上疏水的 HDT-SAM 区域。通过具有不同亲疏水性图案的金基底,我们很容易地得到了各种不同形状的有机液体图案,例如图 5－18 (a)和图 5－18(b)中的具有不同直径的圆和图 5－18 (c)中条带的有序排列。由于 HD 具有较高的沸点(287 ℃),因此这些水相中的有机液体图案甚至在 60 ℃下也能稳定地存在很长时间。

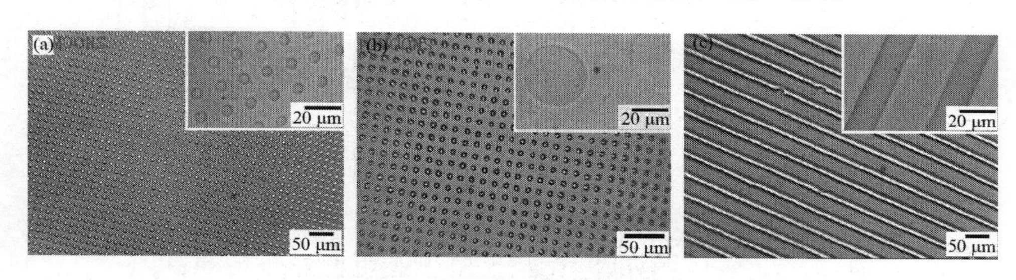

图 5－18 正十六烷在水中于具有不同亲疏水性图案的金基底上自组织形成的有序的有机液体图案的光学显微镜图像(Reprinted with permission from ref. [55]. Copyright ©2002 WILEY-VCH Verlag GmbH)

如图 5－17 所示，如果将这种水相中表面具有图案化自组装单层膜的金基底上的有序的有机液体自组织图案作为模板，结合垂直沉积技术就可构造出具有有序微观空缺结构的胶体晶体膜——固体基底体系。在微球沉积的过程中，金基底与乳液间弯月面上强烈的毛细力将驱使微球在金基底表面有机液滴的周围自组装形成三维有序的排列。当微球结晶完成后，有机液滴将通过微球间的空隙挥发出去，最后在胶体晶体膜和金基底之间形成相应的有序空心结构。

图 5－19 (a)为在图 5－18 (a)中 HD－图案化的金基底表面上使用质量分数为 2.8 %的 224 nm PS 微球乳液制备而成的胶体晶体膜的上表面的反射模式光学显微镜图像。这张图显示胶体晶体膜的上表面很平，而且没有任何微米级的图案。图中平均间隔大于 100 μm 的裂纹主要是由胶体晶体膜形成过程中干燥产生的应力引起的[91]。同时，我们也发现胶体晶体膜由于光学衍射现象呈均匀的青绿色。均匀的光学衍射现象也意味着微球排列存在着长程有序结构[86]。我们还通过电子显微镜进一步证实了这一点。如图 5－19 (b)中胶体晶体膜的扫描电子显微镜图像所示，在与金基底表面平行的胶体晶体膜表面[对应于 fcc 晶格的(111)晶面]上，微球呈六方有序排列。而在与金基底表面垂直的胶体晶体膜断面[对应于 fcc 晶格的(100)晶面]上，却可观察到微球呈四方有序排列[如图 5－19 (b)中插图所示]。

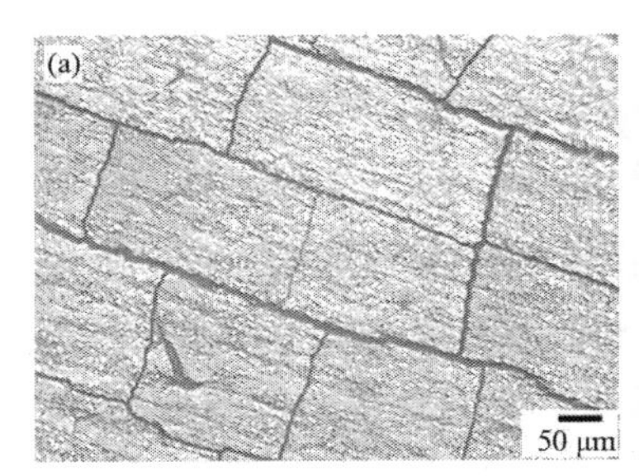

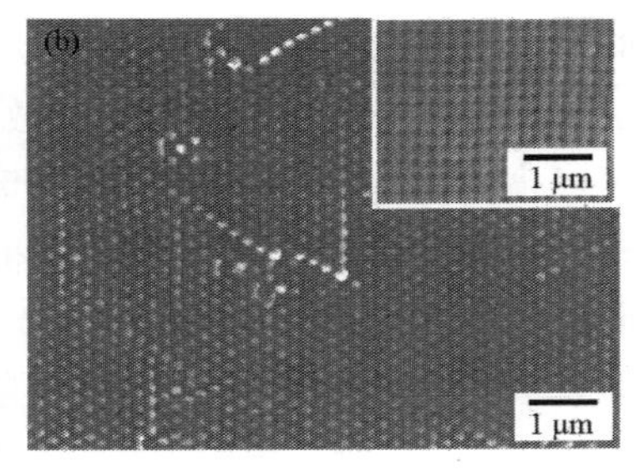

图 5－19　224 nm 的聚苯乙烯微球在具有有机液体图案的金基底上结晶得到的胶体晶体膜上表面的(a)光学显微镜和(b)扫描电子显微镜图像(Reprinted with permission from ref. [55]. Copyright ©2002 WILEY－VCH Verlag GmbH)

为了研究胶体晶体－金基底体系中的有序空缺结构，我们用双面胶将胶体晶体膜从金基底的表面上小心地揭下来，并用光学显微镜、SEM 和 AFM 对这些空缺结构进行了表征。

图 5－20 为从不同金基底表面揭下来的胶体晶体膜的揭开面的光学显微镜照片图。图中 (a)、(b)和(c)分别为以图 5－18 中的(a)、(b)和(c)有机液体图案为模板，通过垂直沉积技术制备而成的样品。所有样品用的都是质量分数为 2.8%的 224 nm PS 微球乳液。尽管胶体晶体膜在与金基底分离过程中受到了外力的作用，但在图中我们依然可以看到较大面积完整的胶体晶体膜(大于 150 μm ×

150 μm)，这说明 PS 微球间具有很强的相互作用力。在胶体晶体被揭开的表面上都具有有序排列的坑状[如图 5－20 (a)和(b)]或凹槽[如图 5－20 (c)]微结构，这些有序的微结构可以分别与图 5－18 中的有机液体图案完全对应上，这说明了这些有机液体图案在 PS 微球的组装过程中的确起到了模板的作用。而且，这些被揭开的胶体晶体表面依然保持着均匀的衍射颜色，这意味着胶体晶体膜的下表面和上表面一样，都具有长程有序性，所以整个胶体晶体膜层内的微球排列应该都具有长程有序性。

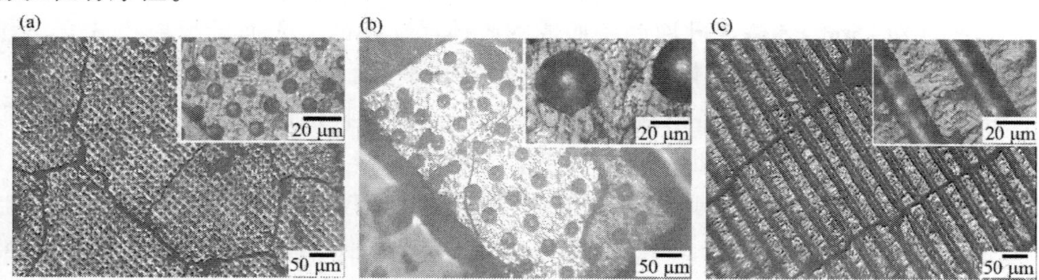

图 5－20　224 nm 的聚苯乙烯微球在具有不同有机液体图案的金基底上结晶得到的胶体晶体膜下表面的光学显微镜图像

注：(a)、(b)和(c)分别为以图 5－18 中的(a)、(b)和(c)有机液体图案为模板制备而成的样品

通过图 5－21 中的 SEM 图像，可以观察到被揭开的胶体晶体表面上具有两个不同尺度的有序结构，即在微米尺度上以有机液体图案为模板而得到的有序空缺结构和由 PS 微球通过自组装形成的亚微米级的有序紧密堆积排列。空缺结构外面的微球呈高度有序的六方排列[如图 5－21 (a)及图 5－21 (b)和(c)中左半区域]，而空缺结构中微球的排列反映了有机液体图案微结构的形貌，但它们不如空缺结构外面的微球排列有序，这说明在微球的自组装过程中，有机液体图案凹凸不平的表面形貌会对它们附近微球排列的有序性造成影响。

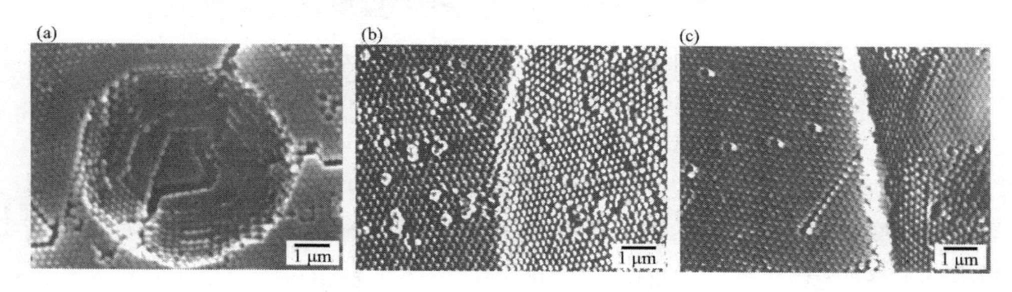

图 5－21　224 nm 聚苯乙烯微球在具有不同有机液体图案的金基底上结晶得到的胶体晶体膜下表面的扫描电子显微镜图像(Reprinted with permission from ref. [55]. Copyright © 2002 WILEY-VCH Verlag GmbH)

注：(a)、(b)和(c)分别为以图 5－18 中的(a)、(b)和(c)有机液体图案为模板制备而成的样品

我们还通过 AFM 对胶体晶体膜层中的这些有序空缺的拓扑形貌进行了测试。其中图 5－22 (a)为以图 5－18 (a)中的有机液体图案为模板得到的胶体晶体膜被揭开表面的三维拓扑形貌的 AFM 图像。经测量，坑的直径为 6 μm，深度为 1.1 μm。图 5－22 (b)中凹槽的宽度为 15 μm，深度为 3 μm，而对于以图 5－18 (b)中直径为 25 μm 的有机液滴为模板在胶体晶体膜层中形成的空缺深度已超过 AFM 的测量极限(5.8 μm)。这些由 AFM 测得的胶体晶体膜层中有序空缺的三维尺寸也同时反映了 HD 液滴在 PS 微球自组装时的三维尺寸。

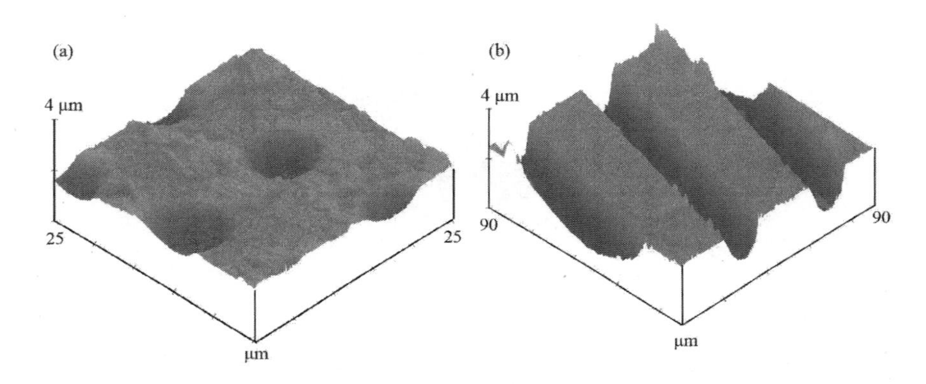

图 5－22　224 nm 的聚苯乙烯微球在具有不同有机液体图案的金基底上结晶得到的胶体晶体膜下表面的三维拓扑形貌的原子力显微镜图像(Reprinted with permission from ref. [55]. Copyright ©2002 WILEY-VCH Verlag GmbH)

注：(a)三维拓扑形貌 AFM 图像；(b)凹槽的尺寸

通过调节乳液中胶体微球的浓度，不但可以控制金基底上胶体晶体膜的厚度，而且也可以控制胶体晶体膜层中所形成的微结构。如图 5－23 所示，当乳液质量分数为 2.8%和 0.416%时，以有机液体为模板得到的是具有封闭空缺结构的胶体晶体膜-金基底体系，胶体晶体膜层的厚度随乳液浓度的降低而减小，胶体晶体膜的光学衍射颜色也由原来的青绿色变为土黄色，同时膜层中裂纹的间距也在减小(例如在图 5－23 (a)中，当乳液质量分数为 2.8%时，得到的胶体晶体膜中裂纹的间距大于 100 μm；而在图 5－23 (b)中，当乳液质量分数为 0.416%时，胶体晶体膜中裂纹的间距已小于 80 μm)。而且，当胶体晶体膜层比较薄时，由于光线可透过空缺上的晶体膜，从而不揭开胶体晶体膜也可以清晰地观察到胶体晶体膜-金基底体系中的有序空缺结构[如图 5－23 (b)]。当乳液浓度进一步降低时，由于在胶体晶体膜层形成过程中没有足量的 PS 微球在整个 HD 液滴模板周围组装，因此 PS 微球只能在 HD 液滴模板的基部组装形成具有开口结构的胶体晶体膜。例如当质量分数为 0.14% 的 224 nm PS 微球乳液在图 5－18 (a)中的 HD-图案化的金基底上沉积时，只能在金基底表面上得到如图 5－23 (c)所示的具有二维有序孔排列的胶体晶体膜。高倍 SEM 图像显示，所得到的多孔胶体晶体膜在孔外的区域比较平，而且 PS 微球的排列也非常有序。

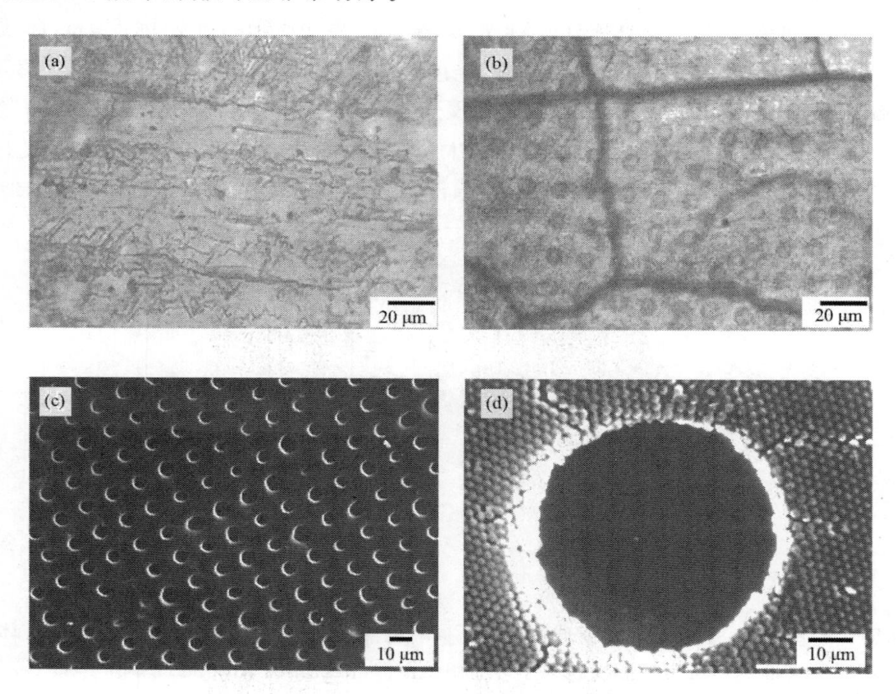

图 5－23　用质量分数为(a) 2.8%和(b)0.416%的微球乳液在具有有机液体图案的金基底上沉积得到的胶体晶体膜上表面的光学显微镜图像；(c)和(d)为用质量分数为 0.14%的微球乳液在具有有机液体图案的金基底上沉积得到的胶体晶体膜的扫描电子显微镜图像

5.6　胶体微球的动态自组装与耗散结构

直径为亚微米的二氧化硅或聚合物的胶体微球在乳液溶剂挥发的过程中还可以通过动态的自组装行为形成微米级的耗散结构(dissipative structures)[92,93]。例如，最近陈鑫等[94]发现表面修饰有氨基、多分散的聚苯乙烯胶体微球的乳液在普通基底(如玻璃和硅基底等)上干燥的过程中，能形成非常有序的微米级的条带状结构[如图 5－24 (a)]，而微球在条带结构中则呈无序的排列。通过垂直沉降技术还可以控制条带的方向，从而得到定向、均匀的平行条带结构[如图 5－24 (b)]。这种高度有序的耗散结构的形成与胶体微球表面修饰的基团和胶体微球乳液浓度等因素有着密切的联系，然而由于动态自组装是偏离热力学平衡态的，而且只有当体系耗散能量时才表现出有序状态，因此对于动态自组装的了解和控制是非常困

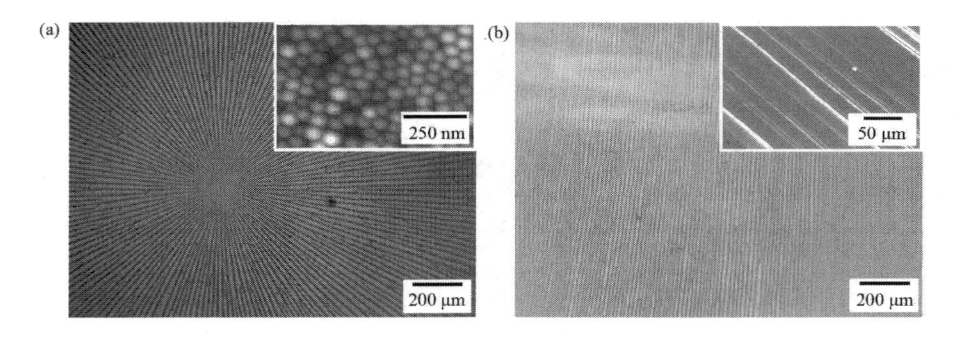

图 5-24　(a)表面修饰氨基的聚苯乙烯胶体微球通过动态自组装在溶剂挥发后形成的有序的条带状耗散结构的光学显微镜图像；(b)通过垂直沉积技术得到的定向、均匀的平行条带结构的光学显微镜图像

注：(a)中插图为耗散结构中胶体微球无序排列的原子力显微镜图像；(b)中插图为扫描电子显微镜图像

难的，也是目前科学家们所面临的一个巨大挑战。由于实际上自然界中许多重要的自组装体系(例如细胞生命活动中的自组装)都是动态的[95～97]，所以对于动态自组装的研究是非常必要的，而胶体微球的动态自组装行为恰好可以为这些研究提供一个方便的模型体系[98]。

5.7　结　束　语

随着现代科学和技术的迅速发展，自组装已成为与光刻等由上而下微加工技术同样重要的构筑微米和纳米尺度有序结构的新策略。同时自组装的对象也不仅仅局限于分子尺度，纳米和微米，甚至厘米尺度上的物体在适当的条件下都能通过自组装形成更高级的聚集体。其中，自组装微米尺度的结构和微米尺度物体的自组装体系的研究和开发对微电子、光学、微电子、微机械系统、传感器、微化学反应器、组合排列、微分析系统、生物芯片等领域具有重要的意义和应用前景。由于特殊的性质和应用，液体自组装体系以及以自组装的液体微结构为模板的材料合成策略正在受到人们越来越多的重视。由于液体的组装行为不但与不相容流体体系中的各种相互作用有关，而且也会受到外加固体界面结构和性质的影响，因此，可以通过对外加固体界面结构和性质的控制来有效地控制液体自组装形成的结构，这也使自组装技术与光刻和软光刻等表面微加工技术可以巧妙地结合起来。随着表面图案化技术不断地发展和逐渐地走进普通的化学实验室，化学家们不但可以利用各种图案化的模型表面对聚合物溶液和熔体在固体表面上的润湿和去湿现象进行更深入的定性和定量研究，而且还可以利用图案化固体表面微观结构和性质对液体润湿和去湿现象热力学和动力学过程的影响来操纵和控制液体在固体表面上的自组装微结构，并结合聚合物材料的聚合和自组装等特殊性质来实现其他方法难以或不可能实现的聚合物微观结构的有序化，这将为人们发展新型聚合物器件和开发高级功能聚合物材料奠定基础。

参考文献

[1] Clark R A, Hietpas PB, Ewing AG. Electrochemical analysis in picoliter microvials. Anal. Chem., 1997, 69: 259

[2] Pirrung MC. How to make a DNA chip. Angew. Chem. Int. Ed., 2002, 41: 1276

[3] Song MI, Iwata K, Yamada M, Yokoyama K, Takeuchi T, Tamiya E, Karube I. Multisample analysis using an array of microreactors for an alternating-current field-enhanced latex immunoassay. Anal. Chem., 1994, 66: 778

[4] Briceno G, Change HY, Sun XD, Schultz PG, Xiang XD. A class of cobalt oxide magnetoresistance materials discovered with combinatorial synthesis. Science, 1995, 270: 273

[5] Lee SS, Lin LY, Wu MC. Surface-micromachined free-space micro-optical systems containing three-dimensional microgratings. Appl. Phys. Lett., 1995, 67: 2135

[6] Johnson T, Ross D, Gaitan M, Locascio L. Laser modification of preformed polymer microchannels: application to reduce band broadening around turns subject to electrokinetic flow. Anal. Chem., 2001, 73: 3656

[7] Thorsen T, Maerkl SJ, Quake SR. Microfluidic large-scale integration. Science, 2002, 298: 580

[8] Heitmann D, Kotthaus JP. The spectroscopy of quantum dot arrays. Physics Today, 1993, 46: 56

[9] Aizenberg J, Black AJ, Whitesides GM. Control of crystal nucleation by patterned self-assembled monolayers. Nature, 1999, 398: 495

[10] Chen CS, Mrksich M, Huang S, Whitesides GM, Ingber DE. Geometric control of cell life and death. Science, 1997, 276: 1425

[11] Xia YN, Qin D, Yin Y. Surface patterning and its application in wetting/dewetting studies. Current Opinion in Colloid & Interface Science, 2001, 6: 54

[12] Xia YN, Rogers JA, Paul KE, Whitesides GM. Unconventional methods for fabricating and patterning nanostructures. Chem. Rev., 1999, 99: 1823

[13] Kim C, Burrows PE, Forrest SR. Micropatterning of organic electronic devices by cold-welding. Science, 2000, 288: 831

[14] Xia YN, Whitesides GM. Soft lithography. Angew. Chem. Int. Ed., 1998, 37: 550

[15] Lehn JM. Perspectives in supramolecular chemistry from molecular recognition towards molecular information processing and self-organization. Angew. Chem. Int. Ed., 1990, 29: 1304

[16] Kunitake T. Synthetic bilayer membranes: molecular design, self-organization and application. Angew. Chem. Int. Ed., 1992, 31: 709

[17] Ringsdorf H, Schlarb B, Venzmer J. Molecular architecture and function of polymeric oriented systems: models for the study of organization, surface recognition, and dynamics of biomembranes. Angew. Chem. Int. Ed., 1988, 27: 113

[18] Ulman A. Formation and structure of self-assembled monolayers. Chem. Rev., 1996, 96: 1533

[19] Decher G. Fuzzy nanoassemblies: toward layered polymeric multicomposites. Science, 1995, 277: 1232

[20] Whitesides GM, Grzybowski B. Self-assembly at all scales. Science, 2002, 295: 2418

[21] Whitesides GM, Boncheva M. Beyond molecules: self-assembly of mesoscopic and macroscopic components.

PNAS, 2002, 99: 4769

[22] Sirringhaus H, Kawase T, Friend RH, Shimoda T, Inbasekaran M, Wu W, Woo EP. High-resolution inkjet printing of all-polymer transistor circuits. Science, 2000, 290: 2123

[23] Jenekhe SA, Chen LX. Self-assembly of ordered microporous materials from rod-coil block copolymers. Science, 1999, 283: 372

[24] Wu MH, Whitesides GM. Fabrication of arrays of two-dimensional micropatterns using microspheres as lenses for projection photolithography. Appl. Phys. Lett., 2001, 78: 2273

[25] Sun SH, Murray CB, Weller D, Folks L, Moser A. Monodisperse FePt nanoparticles and ferromagnetic FePt nanocrystal superlattices. Science, 2000, 287: 1989

[26] Kresge CT, Leonowic ME, Roth WJ, Vartuli JC, Beck JS. Ordered mesoporous molecular sieves synthesized by a liquid-crystal template mechanism. Nature, 1992, 359: 710

[27] Zhao D, Feng J, Huo Q, Melosh N, Fredrickson GH, Chmelka BF, Stucky GD. Triblock copolymer syntheses of mesoporous silica with periodic 50 to 300 angstrom pores. Science, 1998, 279: 548

[28] Velev OD, Jede TA, Lobo RF, Lenhoff AM. Porous silica via colloidal crystallization. Nature, 1997, 389: 447

[29] Imhof A, Pine DJ. Uniform macroporous ceramics and plastics by emusion templating. Adv. Mater., 1998, 10: 679

[30] Zhang G, Fu N, Zhang H, Wang J, Hou X, Yang B, Shen J, Li Y, Jiang L. Controlling pore size and wettability of a unique micro-heterogeneous copolymer film with porous structure. Langmuir, 2003, 19: 2434

[31] Karthaus O, Maruyama N, Cieren X, Shimomura M, Hasegawa H, Hashimoto T. Water-assisted formation of micrometer-size honeycomb patterns of polymers. Langmuir, 2000, 16: 6071

[32] Srinivasarao M, Collings D, Philips A, Patel S. Three-dimensionally ordered array of air bubbles in a polymer film. Science, 2001, 292: 79

[33] Lu G, Zhang H, Li W, Yao J, Zhang G, Yang B, Shen J. Private communication, 2003

[34] Gau H, Herminghaus S, Lenz P, Lipowsky R. Liquid morphologies on structured surfaces: from microchannels to microchips. Science, 1999, 283: 46

[35] Tadanaga K, Morinaga J, Matsuda A, Minami T. Superhydrophobic-superhydrophilic micropatterning on flowerlike alumina coating film by the sol-gel method. Chem. Mater., 2000, 12: 590

[36] Gleiche M, Chi LF, Fuchs H. Nanoscopic channel lattices with controlled anisotropic wetting. Nature, 2000, 403: 173

[37] Delamarche E, Michel B, Biebuyck HA, Gerber C. Golden interfaces: the surface of self-assembled monolayers. Adv. Mater., 1996, 8: 719

[38] Huang J, Hemminger JC. Photooxidation of thiols in self-assembled monolayers on gold. J. Am. Chem. Soc., 1993, 115: 3342

[39] Chan KC, Kim T, Schoer JK, Crooks RM. Polymeric self-assembled monolayers. 3. pattern transfer by use of photolithography, electrochemical methods, and an ultrathin, self-assembled diacetylenic resist. J. Am. Chem. Soc., 1995, 117: 5875

[40] Piner RD, Zhu J, Xu F, Hong S, Mirkin CA. Dip-pen nanolithography. Science, 1999, 283: 661

[41] Biebuyck HA, Whitesides GM. Autophobic pinning of drops of alkanethiols on gold. Langmuir, 1994, 10: 4581

[42] Wilbur JL, Biebuyck HA, MacDonald JC, Whitesides GM. Scanning force microscopies can image patterned

self-assembled monolayers. Langmuir, 1995, 11: 825
[43] López GP, Biebuyck HA, Whitesides GM. Scanning electron microscopy can form images of patterns in self-assembled monolayers. Langmuir, 1993, 9: 1513
[44] Yang XM, Tryk AA, Hasimoto K, Fujishima A. Surface enhanced Raman imaging of a patterned self-assembled monolayer formed by microcontact printing on a silver film. Appl. Phys. Lett., 1996, 69: 4020
[45] López GP, Biebuyck HA, Frisbie CD, Whitesides GM. Imaging of features on surfaces by condensation figures. Science, 1993, 260: 647
[46] Kumar A, Whitesides GM. Patterned condensation figures as optical diffraction gratings. Science, 1994, 263: 60
[47] Braun HG, Meyer E. Thin microstructured polymer films by surface-directed film formation. Thin Solid Films, 1999, 345: 222
[48] Lu G, Li W, Yao J, Zhang G, Yang B, Shen J. Fabricating ordered two-dimensional arrays of polymer rings with submicrometer-sized features on patterned self-assembled monolayers by dewetting. Adv. Mater., 2002, 14: 1049
[49] Kim E, Whitesides GM, Lee LK, Smith SP, Prentiss M. Fabrication of arrays of channel waveguides by self-assembly using patterned organic monolayers as templates. Adv. Mater., 1996, 8: 139
[50] Qin D, Xia YN, Xu B, Yang H, Zhu C, Whitesides GM. Fabrication of ordered two-dimensional arrays of micro-and nanoparticles using patterned self-assembled monolayers as templates. Adv. Mater., 1999, 11: 1433
[51] Fan H, Lu Y, Stump A, Reed ST, Baer T, Schunk R, Perez-Luna V, Lopez GP, Brinker CF. Rapid prototyping of patterned functional nanostructures. Nature, 2000, 405: 56
[52] Gu ZZ, Fujishima A, Sato O. Patterning of a colloidal crystal film on a modified hydrophilic and hydrophobic surface. Angew. Chem. Int. Ed., 2002, 41: 2068
[53] Bieguyck HA, Whitesides GM. Self-organization of organic liquids on patterned self-assembled monolayers of alkanethiolates on gold. Langmuir, 1994, 10: 2790
[54] Srinivasan U, Liepmann D, Howe RT. Microstructure to substrate self-assembly using capillary forces. J. Microelectromech. Syst., 2001, 10: 17
[55] Lu G, Chen X, Yao J, Li W, Zhang G, Zhao D, Yang B, Shen J. Fabricating ordered voids in a colloidal crystal film-substrate system by using organic liquid patterns as templates. Adv. Mater., 2002, 14: 1799
[56] Xia YN, Kim E, Zhao XM, Rogers JA, Prentiss M, Whitesides GM. Complex optical surfaces formed by replica molding against elastomeric masters. Science, 1996, 273: 347
[57] Dittinhhsud H, Tessler N, Friend RH. Integrated optoelectronic devices based on conjugated polymers. Science, 1998, 280: 1741
[58] Jager EWH, Smela E, Inganäs O. Microfabricating conjugated polymer actuators. Science, 2000, 290: 1540
[59] Hagleitner C, Hierlemann A, Lange D, Kummer A, Kerness N, Brand O, Baltes H. Smart single-chip gas sensor microsystem. Nature, 2001, 414: 293
[60] Service RF. Patterning electronics on the cheap. Science, 1997, 278: 383
[61] Chou SY, Krauss PR, Renstrom PJ. Imprint lithography with 25-nanometer resolution. Science, 1996, 272: 85
[62] Böltau M, Walheim S, Mlynek J, Krausch G, Steiner U. Surface-induced structure formation of polymer

blends on patterned substrates. Nature, 1998, 391: 877

[63] Higgins AM, Jones RAL. Anisotropic spinodal dewetting as a route to self-assembly of patterned surfaces. Nature, 2000, 404: 476

[64] Herminghaus S, Jacobs K, Mecke K, Bischof J, Fery A, Ibn-Elhaj M, Schlagowski S. Spinodal dewetting in liquid crystal and liquid metal films. Science, 1998, 282: 916

[65] Thiele U, Mertig M, Pompe W. Dewetting of an evaporating thin liquid film: heterogeneous nucleation and surface instability. Phys. Rev. Lett., 1998, 80: 2869

[66] Lu G, Cao Z, Lu Z, Li W, Yao J, Zhang G, Yang B, Shen J. Fabrication of patterned polymer resists for ion etching by using dewetting. Chem. J. Chinese Universities, 2002, 23: 2390

[67] Zhang H, Yang B. X-ray photoelectron spectroscopy studies of the surface composition of highly luminescent CdTe nanoparticles in multilayer films. Thin Solid Films, 2002, 418: 169

[68] Mayoral R, Requena J, Moya JS, López C, Cintas A, Miguez H, Meseguer F, Vázquez L, Holgado M, Blanco A. 3D long-range ordering in an SiO_2 submicrometer-sphere sintered superstructure. Adv. Mater., 1997, 9: 257

[69] Larsen AE, Grier DG. Like-charge attractions in metastable colloidal crystallites. Nature, 1997, 385: 230

[70] Denkov ND, Velev OD, Kralchevsky PA, Ivanov IB, Yoshimura H, Nagayama K. Mechanism of formation of two-dimensional crystals from latex particles on substrates. Langmuir, 1992, 8: 3183

[71] Calvert P. A spongy way to new ceramics. Nature, 1985, 317: 201

[72] Yablonovitch E. Inhibited spontaneous emission in solid-state physics and electronics. Phys. Rev. Lett., 1987, 58: 2059

[73] Park SH, Xia YN. Assembly of mesoscale particles over large areas and its application in fabricating tunable optical filters. Langmuir, 1999, 15: 266

[74] Holtz JH, Asher SA. Polymerized colloidal crystal hydrogel films as intelligent chemical sensing materials. Nature, 1997, 389: 829

[75] Yang SM, Mguez H, Ozin GA. Opal circuits of light-planarized microphotonic crystal chips. Adv. Funct. Mater., 2002, 12: 425

[76] Park SH, Qin D, Xia YN. Crystallization of mesoscale particles over large areas. Adv. Mater., 1998, 10: 1028

[77] Jiang P, Bertone JF, Hwang KS, Colvin VL. Single-crystal colloidal multilayers of controlled thickness. Chem. Mater., 1999, 11: 2132

[78] Velev OD, Furusawa K, Nagayama K. Assembly of latex particles by using emulsion droplets as templates. 1. microstructured hollow spheres. Langmuir, 1996, 12: 2374

[79] Velev OD, Lenhoff AM, Kaler EW. A class of microstructured particles through colloidal crystallization. Science, 2000, 287: 2240

[80] Yi GR, Moon JH, Yang SM. Macrocrystalline colloidal assemblies in an electric field. Adv. Mater., 2001, 13: 1185

[81] van Blaaderen A, Ruel R, Wiltzius P. Template-directed colloidal crystallization. Nature, 1997, 385: 321

[82] Kim E, Xia Y, Whitesides GM. Two-and three-dimensional crystallization of polymeric microspheres by micromolding in capillaries. Adv. Mater., 1996, 8: 245

[83] Yang SM, Ozin GA. Opal chips: vectorial growth of colloidal crystal patterns inside silicon wafers. Chem. Commun., 2000, 2507

[84] Yin Y, Lu Y, Gates B, Xia YN. Template-assisted self-assembly: a practical route to complex aggregates of monodispersed colloids with well-defined sizes, shapes, and structures. J. Am. Chem. Soc., 2001, 123: 8718
[85] Chen KM, Jiang X, Kimerling LC, Hammond PT. Selective self-organization of colloids on patterned polyelectrolyte templates. Langmuir, 2000, 16: 7825
[86] Aizenberg J, Braun PV, Wiltzius P. Patterned colloidal deposition controlled by electrostatic and capillary forces. Phys. Rev. Lett., 2000, 84: 2997
[87] Hayward RC, Saville DA, Aksay IA. Electrophoretic assembly of colloidal crystals with optically tunable micropatterns. Nature, 2000, 404: 56
[88] Yeh SR, Seul M, Shraiman BI. Assembly of ordered colloidal aggregates by electric-field-induced fluid flow. Nature, 1997, 386: 57
[89] Joannopoulos JD. Photonics: self-assembly lights up. Nature, 2001, 414: 257
[90] Abbott NL, Whitesides GM, Racz LM, Szekely J. Using finite element analysis to calculate the shapes of geometrically confined drops of liquid on patterned, self-assembled monolayers: a new method to estimate excess interfacial free energies γ_{sv}-γ_{sl}. J. Am. Chem. Soc., 1994, 116: 290
[91] Skjeltorp AT, Meakin P. Fracture in microsphere monolayers studied by experiment and computer simulation. Nature, 1988, 335: 424
[92] Okubo T, Okuda S, Kimura H. Dissipative structures formed in the course of drying the colloidal crystals of silica spheres on a cover glass. Colloid Polym. Sci., 2002, 280 454
[93] Okubo T, Kimura K, Kimura H. Dissipative structures formed in the course of drying the colloidal crystals of monodispersed polystyrene spheres on a cover glass. Colloid Polym. Sci., 2002, 280: 1001
[94] Chen X, Chen Z, Yang B, Zhang G, Shen J. Regular patterns generated by self-organization of ammonium-modified polymer nanospheres. J. Colloid Interface Sci., 2003, in press
[95] Shapiro JA. Thinking about bacterial populations as multicellular organisms. Annu. Rev. Microbiol., 1998, 52: 81
[96] Berg H, Budrene EO. Dynamics of formation of symmetrical patterns by chemotactic bacteria. Nature, 1995, 376: 49
[97] Engelborghs Y. Microtubules-dissipative structures formed by self-assembly. Biosens. Bioelectron., 1994, 9: 685
[98] Sommer AP, Franke RP. Biomimicry patterning with nanosphere suspensions. Nano Lett., 2003, 3: 573

第 6 章　生物相容性的界面

计　剑　沈家骢

6.1　绪　　论

以医用诊断和治疗为目的的生物医用材料的广泛使用，极大地丰富了现代医疗的手段，提高了人类生命和生活的质量。对生物材料的使用，最早可追溯到2000多年前古代中国人和罗马人采用黄金在齿科修复中的应用。到20世纪，现代化学工业，尤其是合成塑料工业的飞速发展，大量新材料的涌现进一步推动了生物材料的发展。在生物材料的早期发展中，材料的使用是由医生根据手术需要从通用材料中任意选择的，例如诞生于1958年的第一个人工动脉假体是由心血管外科医生从布店中选择的涤纶布制做的。一种新材料的诞生，提供给临床医生一个新的选择，通过动物和临床实验检验其有效性，这种“试误法”为现代医学遴选出了首批生物医用材料。从补牙的陶瓷材料到胸部美容的硅橡胶，从固定断骨的不锈钢钉到血管修复的聚酯管，这些材料为实现新的医疗手段提供了良好的物质基础，成为现代生物医学工程中重要的一部分。但是，这些材料在实现其基本的临床功能的同时，也带来了一系列不良的生物反应，例如术后的感染、炎症反应、血栓、组织增生、细胞毒性等等。这些不良反应均来源于合成材料和生命环境的非生物相容性反应。

当合成材料和生命体接触时，首先发生的是材料表面和体液或血液中两百多种蛋白质的非特异性吸附。每一种蛋白质相互竞争形成多种蛋白质共同占据蛋白质层，而每一种蛋白质可以有各种不同的非特异性变性结构，并进一步诱导细胞和其他生物分子的行为。与此相反，生命体系是一个通过自然选择形成的高特异性、高选择性系统，蛋白质、多糖和其他生物分子间通过特异性和识别作用形成的精确组装结构是正常生理功能的物质基础。材料-生物界面的非特异性作用和生命体特异性作用的矛盾是材料非生物相容性反应的本质[1]。

由于现有的医用装置具有实现临床效果的物理机械性能和合理的价格，其非生物相容性反应通常通过对材料或装置的表面设计和表面修饰进行改良。人们已经采用包括表面化学接枝、光接枝、等离子体接枝、表面涂层和表面偶合等技术对经典的生物材料的宏观表面性质进行了表面修饰，不同程度地改良了材料的生物相容性[2~4]。然而，随着人们对材料-生物界面的非特异性作用和生命体特异性作用矛盾的不断认识，生物材料工作者认识到在更微观的尺度实现对生物材料的表面特异性生物活性作用的精确控制是从根本上解决生物材料生物相容性的关键问题，也是现代生物材料发展的巨大挑战。

超分子组装过程是生物体系中形成复合、功能结构的最重要手段，它提供了一种通过设计分子和超分子实体，利用形体互补原则获得预期结构的纳米设计和制备手段。正如美国哈佛大学的 G. M. Whitesides 所指出的，在实现对材料微观尺度的结构组成的精确控制中，分子组装技术具有许多突出的优点，可以实现许多纳米加工中最复杂的过程，包括对分子水平结构的精确修饰；可以将不同的生物结构直接复合成具有生物功能的最终形式；由于自组装要求组装体系的目标结构是热力学稳定的，因此分子自组装产生的结构缺陷相对较低，并具有自修复功能[5]。这些优点都为实现对生物材料的表面特异性生物活性作用的精确控制提供了巨大的潜力。超分子组装技术，包括两亲分子组装技术、自组装单分子技术、层层组装技术和其他纳米组装技术，已成功地应用于生物材料的表面设计中[6～8]。和传统的表面修饰不同，超分子表面组装修饰技术不是简单地通过对化学组分的共价键合进行修饰，而是在组成修饰的基础上，通过对基于非共价键作用的控制，实现对表面二维，甚至三维微观结构的设计，实现对生物材料表面更精确的表面修饰。

6.2 生物医用材料的界面修饰

生物分子在材料界面的行为是材料生物相容性的关键，对通用材料采用“试误法”遴选获得的生物医用材料多数不具有对生物材料的表面特异性生物活性作用的控制能力。采用各种手段对这些材料界面进行表面修饰，通过调节材料界面性质或负载生物功能基，诱导生物分子的界面组装，获得材料-功能基-生物分子的复合表面结构，是改善材料生物相容性的主要手段。与此同时，对材料表面的修饰还可以进一步调节材料的表面形貌、表面亲疏水性和表面电荷，为进一步采用 LB 组装、表面单分子组装和层层组装体系精确控制材料和生命体的作用提供基础。

表面化学修饰是生物医用材料界面修饰中广泛使用的方式之一，是采用化学、光、等离子体等多种手段将化学功能基直接共价键合在材料表面上。冯新德等[9]曾采用四价铈盐在聚氨酯表面接枝了多种可聚合单体，有效改善了材料的亲水性。Martins 和封麟先等[10]采用类似方法将甲基丙烯酸羟乙酯接枝到医用聚氨酯表面，获得高密度的羟基表面，并有效结合白蛋白配体分子 Cibacron Blue F3G-A，通过 Cibacron Blue F3G-A 和白蛋白的选择性作用诱导白蛋白在界面的原位组装。

高长有、马祖伟、管建均和沈家骢[11～25]等采用光氧化接枝技术在聚氨酯和聚乳酸等多种可降解聚合物表面接枝了甲基丙烯酸羟乙酯和甲基丙烯酸等多种单体，有效改善了材料的亲水性；并通过对表面羟基或氨基的活化，固定了明胶、胶原等生物分子，有效改善了材料对内皮细胞、软骨细胞的亲和性(图 6-1)。

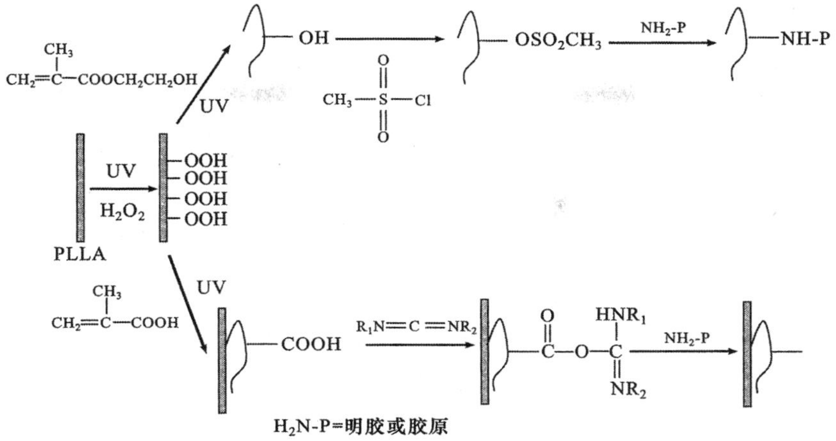

H_2N-P=明胶或胶原

图 6－1　光氧化接枝与生物活性因子固定化表面修饰技术

竺亚斌、高长有、沈家骢等[26,27]采用己二胺对多种可降解聚酯材料直接氨解，获得了表面富含氨基的界面。通过偶合反应，将明胶、壳聚糖、胶原等多种生物大分子进一步负载到聚酯材料表面(图 6－2)。通过氨质子化的正电荷表面，进一步层层组装了壳聚糖和磺化聚苯乙烯多层膜。经如此修饰的聚合物材料显著促进了内皮细胞的相容性。采用氨气等离子技术，谭庆刚、计剑、沈家骢等在聚氯乙烯表面获得了富含氨基的表面，通过质子化获得正电表面，在非降解合成材料表面实现了层层组装肝素/白蛋白。

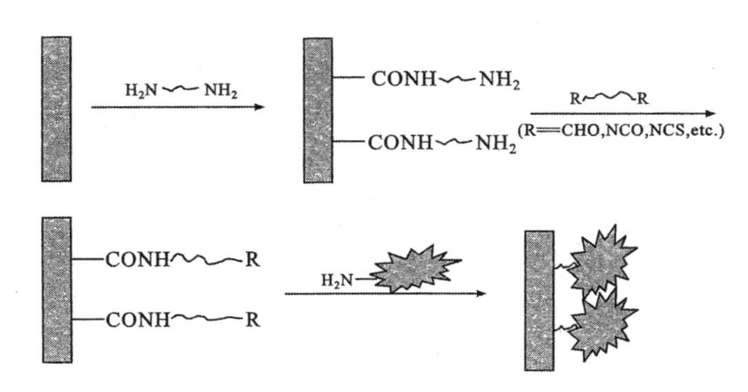

图 6－2　表面氨解与生物活性因子的固定化表面修饰技术

表面物理吸附、共混也是构建功能基界面修饰的有效手段之一。截留(entrapment)作为一种表面改性方法，它的机理是把用作表面改性的材料溶解在一种由基体材料的良溶剂和不良溶剂组成的混合溶剂里，然后将基体材料浸泡在这种混合溶液中。在基体材料表面溶胀后，迅速将基体材料浸泡到材料的不良溶剂中，使基体材料表面分子迅速收缩后将改性材料截留在基体材料表面。朱惠光、计剑、沈家骢等[28～30]首次将聚多糖-氨基酸通过该方法固定在聚乳酸材料表面上(图6-3)。利用荧光标记壳聚糖,激光共聚焦显微镜观察的技术首次直接验证了表面截留区域的存在,该稳定的涂层可有效促进软骨和成骨细胞的生长。

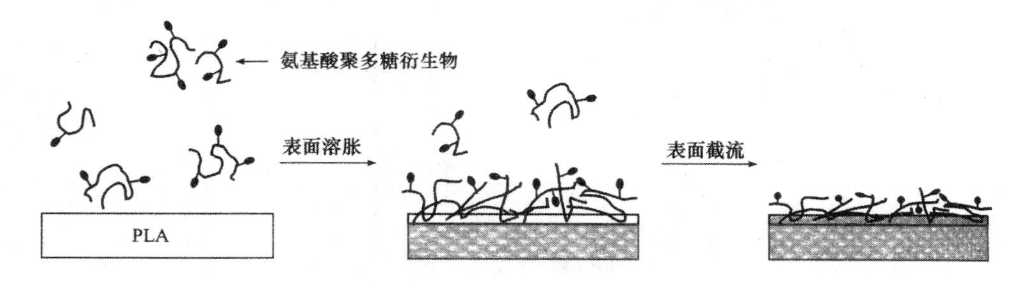

图 6-3　表面截留法制备聚多糖-氨基酸"类细胞外基质界面"

两亲嵌段、接枝共聚物可通过疏水链段和聚合物材料的疏水作用力有效地将两亲聚合物"铆定"在聚合物表面,通过亲水性链段有效地阻抗非特异性作用。细胞生物学研究表明,细胞表面由糖脂和糖蛋白组成的细胞"糖质衣"结构是介导细胞-细胞间特异性相互作用的重要结构。其紧密排列的高亲水性糖链可通过熵排斥作用有效阻抗细胞表面的非特异性作用,而细胞表面糖蛋白给受体间则通过基于特定三维结构的静电吸引力抵消熵排斥作用,达到特异性识别和黏附。阻抗非特异性吸附和特异性协同作用是在人体体液这一复杂系统中实现特异性作用的关键。受这一生物学现象的启示,计剑、封麟先等[31～41]采用大分子单体技术合成了一系列聚氧乙烯两亲共聚物接枝,采用梳状聚氧乙烯(PEO)聚合物构建了一系列模拟细胞糖质衣功能的表面,在聚氧乙烯模拟高亲水性糖链实现对非特异性作用阻抗的同时,通过 PEO 末端桥联生物功能基实现特异性诱导组装(图 6-4),制备了类肝素、原位诱导白蛋白吸附和促进内皮细胞生长的特异性生物医用功能材料。

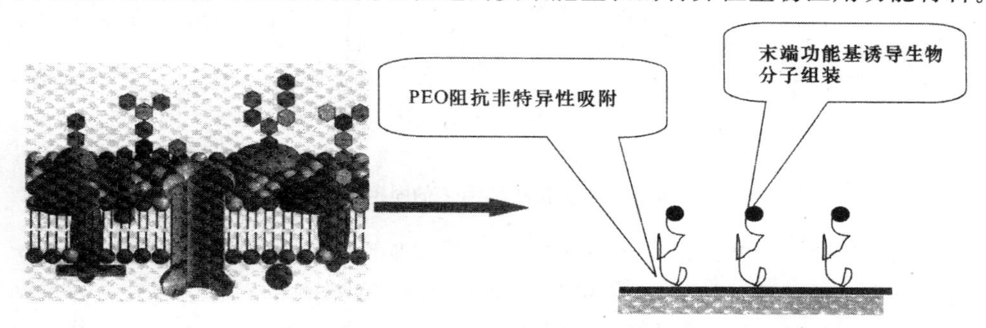

图 6-4　聚氧乙烯梳状聚合物涂层修饰和细胞膜糖质衣仿生生物材料

计剑、王东安、封麟先等[42～49]通过对医用聚氨酯硬段物理交联点的羰-氨氢键构造的剖析与模拟，设计了一系列“X～PEO-MDI-PEO～X”型共混表面改性剂；通过改性剂氨基甲酸酯硬段与聚氨酯氨基甲酸酯硬段间的“氢键接枝”，以简便的物理共混与涂层方法将在 PEO 桥联支撑下的白蛋白识别因子（十八烷基、warfarin、cibacron blue）引入医用聚氨酯材料表面（图 6-5），形成了一种面向介入医用装置的、新型的表面修饰技术。采用 I^{125} 放射示踪技术、ATR-FT-IR 体外蛋白质吸附试验显示，采用该技术修饰的医用聚氨酯表面具有显著的白蛋白原位组装吸附功能；体外（*in vitro*）、动态半体外（*ex vivo*）实验证明该白蛋白原位复合表面可显著提高医用聚氨酯材料的血液相容性。研究中同时还将氢键稳定的溶液互穿技术和 PEO 功能尾形链结构应用到内皮细胞组织工程化设计中，采用一系列功能表面改性剂“X～PEO-MDI-PEO～X”（X 为氨基酸、多肽）构建诱导内皮细胞生长的功能化表面；对内皮细胞的体外培养数据显示，采用 PEO 和 RGD 多肽、碱性氨基酸复合修饰的表面可显著促进内皮细胞的黏附和生长，为内皮细胞化医用材料和医用装置的发展提供了有效的途径。

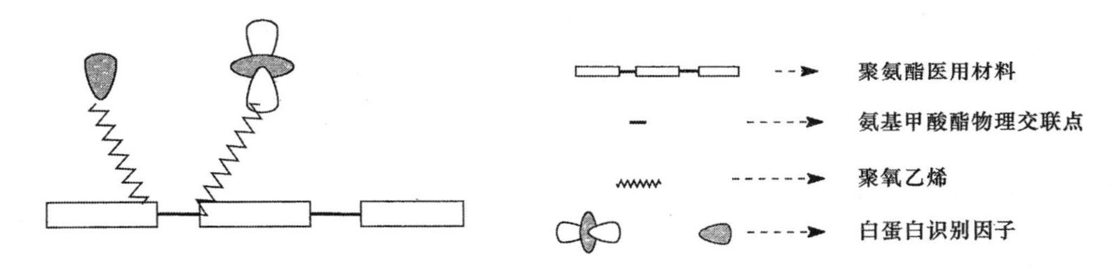

图 6-5　氢键稳定的溶液互穿技术和 PEO 桥联功能基表面

6.3　生物医用材料界面的 LB 组装体系

自组装超薄膜技术中研究最早的 Langmuir-Blodgett（LB）膜技术提供了一种通过对两亲分子设计，完成分子在空间次序上组合的技术手段。

在人体血管系统中，和血液直接接触，担负调节凝血和抗凝血平衡功能的是人体内皮细胞。对于血的生化研究表明：在内皮细胞表面存在糖复合物镶嵌在磷脂双分子层上的“糖质衣结构”，该结构可有效地阻抗各类蛋白质、细胞和细菌微生物的黏附生长，是“真正的”血液相容性表面。为获得一种模拟该结构的血液相容性模型表面，Byun 等[50]采用二棕榈基卵磷脂（dipalmitoyl-phosphatidylcholine，DPPC）和二棕榈基磷脂酰乙醇胺聚氧乙烯（dipalmitoyl-phosphatidylethanolamine-polyethylene glycol），利用 LB 膜技术制备了复合单分子超薄膜。该结构通过二棕榈基卵磷脂单分子膜模拟内皮细胞外磷脂双分子层的外层结构，并采用二棕榈基磷脂酰乙醇胺聚氧乙烯复合单分子膜获得在磷脂单分子膜上镶嵌聚氧乙烯的复合结构。利用高亲水性聚氧乙烯链对蛋白质的空间阻抗效应,模拟内皮细胞膜中糖复合物,获得了模拟内皮细胞"糖质衣结构"的磷脂分子和聚氧乙烯复合结构。对该模型表面的表面性质研究显示,当复合单分子超薄膜中聚氧乙烯摩尔含量超过1%时,在水界面,聚氧乙烯可有效覆盖DPPC表面;而当聚氧乙烯摩尔含量超过3%时,在干态和水界面,聚氧乙烯均可覆盖DPPC表面,在该条件下伸展的聚氧乙烯链可有效阻抗血小板的黏附。该研究成果对于在真实材料表面设计细胞膜仿生材料(cytomimetic biomaterials)具有很好的指导作用。

在生物体内,细胞膜表面细胞黏附分子和细胞外基质分子的特异性作用是介导细胞生物行为的关键。细胞外介质黏附层和其细胞表面的不同受体特异性结合,通过这些跨膜蛋白将信息传递到细胞内,通过辅肌动蛋白等一系列蛋白质的链式传递反应,影响细胞的基因表达和细胞骨架,决定细胞的存活、形态、功能、代谢、增殖、分化、迁移等基本生命活动。目前发现的细胞黏附分子,主要可分为整合素、钙黏素、选择素和免疫球蛋白家族,而与之对应的细胞外基质包括胶原蛋白、弹性蛋白、纤黏连蛋白、层黏连蛋白以及氨基聚糖和蛋白聚糖。通过分子设计合成细胞外基质中具有生物活性的短肽序列,并复合在材料表面,是构建生物相容性材料表面的有效方式。通过材料表面的生物活性的短肽序列,可有效诱导细胞膜表面细胞黏附分子的特异性识别行为,控制细胞在生物材料表面的行为。由于蛋白质的空间构象是其生物活性的源泉,因此研究多肽序列在材料表面的构象和分布对于生物材料表面相容性设计具有重要的意义[51]。

Tirrell等[52]通过剪切细胞外基质分子中整合素配体分子的RGD短肽序列,分别合成了RGD氨基键合疏水长链(A)、RGD羧基键合疏水长链(B)和RGD双端键合疏水长链的三种两亲短肽分子。采用LB膜技术获得了两种尾形多肽结构(A、B)和一种环形多肽结构(C)的自组装单分子层。对模型表面的黑色素细胞培养结果显示,黑色素细胞在氨基键合尾形多肽表面不铺展,在羧基键合尾形多肽表面呈非选择性铺展,而在双端键合的环形多肽表面呈依赖于表面多肽浓度的理想铺展。双端键合的环形多肽表面可有效促进黑色素细胞和内皮细胞的黏附、铺展和分化。而在培养体系中加入整合素抗体后,可有效阻抗环形多肽表面对细胞的黏附。这些结果均显示环形的RGD表面具有和细胞表面整合素特异性作用诱导细胞生长的功能,整合素配体分子在表面的空间构型和密度对其生物活性都有重要的作用。

Tirrell等[53～55]还合成了模拟Ⅳ型胶原蛋白的一个十五肽序列,在该多肽上接枝一个或两个长链烷基后,该两亲多肽可组装形成具有"类胶原"结构的三螺旋结构。采用LB膜技术[56],该三螺旋两亲多肽可规则地排列在固体基质材料表面。此外,采用该两亲多肽和PEG两亲分子复合,该课题组还获得了多肽镶嵌在

PEO 中的类细胞膜单分子超薄膜。细胞培养数据显示，在 100% 的两亲多肽或 PEG 两亲分子单分子组装表面，细胞均不能良好地生长，而在混合单分子表面可以良好地生长，这揭示适当的空间结构和空间柔顺性对该“类胶原”多肽的生物活性十分重要。同时采用混合单分子层技术，还可以通过对两亲分子比例的调节，获得不黏附细胞、黏附细胞不促进细胞生长和黏附细胞且促进细胞生长的三类表面。

由于 LB 膜的稳定性问题，采用 LB 膜在生物材料或生物装置表面的应用研究受到了限制。采用双酚 A 和聚氧乙烯的多嵌段聚合物，可形成 LB 膜并转移到疏水化玻璃上，该修饰方式对血小板黏附没有显著影响，但可以降低肝细胞的黏附[57]。Ahlumalia 采用 LB 膜技术在聚氨酯材料表面负载了抗体，并采用戊二醛交联形成稳定的二维抗体网络，可促进内皮细胞的生长[58]。采用聚谷氨酸苯酯-聚氧乙烯嵌段共聚物，利用 LB 膜技术和旋涂技术修饰材料表面时，采用 LB 膜技术修饰表面具有更高的细胞黏附特性[59]。

6.4　生物医用材料界面的自组装单分子层体系

6.4.1　生物医用材料的 SAM 组装体系

SAM 膜是通过有机分子在固体表面吸附而形成的有序分子膜。它是将合适的基底浸入到待组装分子的溶液或气氛中后，分子自发地通过化学键牢固地吸附在固体表面而形成的一种有序分子组合体。其中的分子排列有序，缺陷少，呈“结晶态”，易于用近代物理和化学的表征技术进行研究，以便调控膜结构和性能的关系，是研究表面和界面各种复杂现象（如腐蚀、摩擦、湿润、磨损、黏接、生物发酵）和表面电荷分布、电子转移理论的理想模型体系。

长链烷基硫醇在金基材表面、烷基硅烷在羟基化表面自组装形成的单分子超薄膜具有规则的表面，可以从分子水平控制材料界面结构。和 LB 膜相比，这种基于化学吸附和规则分子间作用力形成的自组装单分子层具有更高的稳定性，且制备方法简单，并可以通过对末端功能基的设计将各种功能基、多肽、蛋白质和生物分子精确地固定在材料表面。

混合自组装单分子层提供了通过组成调节功能基或生物配体密度的方法。含寡氧化乙烯和配体功能基的混合自组装单分子表面，则可有效抑制材料在多蛋白质复杂体系中的非特异性作用，使研究复杂体系中配体功能基和相应受体的特异性作用成为可能。

采用 SAM 技术和软石印术技术结合则进一步可以实现配体功能基的非均相图案化设计，研究在 X-Y 平面方向上功能基的特殊分布对细胞和生物分子的影响。

基于以上特点，自组装单分子超薄膜成为研究材料表面生物矿化、蛋白质吸附、细胞黏附等各种生物过程和材料表面性质内在联系的理想模型体系。

6.4.2 SAM 和材料的生物矿化过程

利用自组装单分子层技术，Matsuda 等[60]采用以 CH_3，PO_4H_2，COOH，$CONH_2$，OH，NH_2 为末端基的长链烷基硫醇构建了自组装单分子层，研究了功能基团在人体模拟溶液(simulated body fluid，SBF)中的生物矿化行为。研究显示，羟基磷灰石在以阴离子为功能基的 PO_4H_2、COOH 自组装单分子层表面的沉积能力远大于其他表面，这被认为是由于阴离子功能基可以利用静电作用力诱导钙离子沉积，并进一步连锁诱导钙离子和磷酸根离子的交替自组装沉积形成磷灰石结构。同时，Koumoto 等[61]利用末端为 NH_2 的烷基硅烷在 Si/SiO(2)基材表面的自组装单分子膜，研究了利用正电荷的质子化 NH_2 诱导羟基磷灰石沉积的过程。研究发现在 1.0 倍的 SBF 中，NH_2 功能基和磷酸根离子的作用不足以诱导羟基磷灰石的沉积，但在钙离子和磷酸根离子过饱和的 1.5 倍 SBF 溶液中，高密度的 NH_2 功能基自组装单分子层同样可以诱导磷酸根离子形成活性中心，并进一步诱导羟基磷灰石的沉积。

6.4.3 SAM 和蛋白质的非特异性吸附

利用自组装单分子层技术可以获得结构完善的单种功能基团与蛋白质作用的表面，排除了其他因素的影响，并且通过改变疏水基团与亲水基团的比例，可在分子水平上控制表面的疏水性，因此自组装单分子层是研究表面功能基团、亲疏水性与蛋白质吸附关系的理想模型。Sigal 等[62]研究了蛋白质吸附到含有烷基、酰胺基、酯基、氰基官能团表面的情况。研究表明，蛋白质吸附到不带电的表面与表面的润湿性及蛋白质的尺寸有关：比较小的蛋白质如核糖酸酶 A 和溶菌酶仅吸附在润湿性最差的表面；大的蛋白质如丙酮酸激酶和血纤维蛋白原几乎所有测试表面都有一定的吸附，但吸附量随润湿性降低而增大。

蛋白质和带电的表面相互作用已被广泛研究[63~68]，但静电吸附的机理不能简单地描述为两种相反电荷的相互作用，因为蛋白质的构象和化学特性对吸附过程也有很大影响[69]。表面和蛋白质的电荷密度及缓冲溶液的离子强度很大程度上决定了吸附是否发生。Roth 和 Lenhoff 等[70]发现溶菌酶和胰凝乳蛋白酶原 A (都带有正电荷)吸附到负电荷表面的平衡常数随离子强度增大而降低，蛋白质和表面的相互吸引被高离子强度溶液屏蔽而减弱。吸附过程中，蛋白质的构象变化同样会影响蛋白质和带电表面相互作用的强度，蛋白质的三级结构展开，可能导致带电荷的官能团密度的变化从而引起其与表面相互作用的变化。在过去对电荷表面与蛋白质相互作用的实验中，由于基材含有优先与蛋白质发生非特异性作用的疏水基团从而被复杂化，这种体系很难分别出这两种作用对吸附的贡献[71]。混合的自组装单分子层在表面上能控制电荷的分布而消除了疏水性的影响。Hallock

等[72]用 SPR 检测了带电的聚合物吸附到由—$S(CH_2)_{10}CH_3$ 和—$S(CH_2)_{10}COOH$ 混合自组装单分子层的情况，他们发现吸附到单分子层的聚合物量随着—$S(CH_2)_{10}COOH$摩尔分数的增加而发生突然的增加。Hallock 等提出该现象可能是由于表面羧酸基的摩尔分数的增加引起表面负电荷之间距离与聚合物上正电荷距离相当，从而引起吸附量的突然增加。

蛋白质，尤其是细胞外基质蛋白，在各种功能基 SAM 表面的吸附还被作为研究生物材料表面由细胞外基质介导的细胞黏附、生长和分化行为。Grainger 等[73]研究了纤维黏连蛋白在以羧酸基和甲基为末端基的长链烷基硫醇 SAM 表面的吸附行为及其对 3T3 成纤维细胞黏附和生长的影响。研究发现材料的表面性质、纤维黏连蛋白的吸附和构象、3T3 成纤维细胞黏附和生长间存在显著的内在联系。在纤维黏连蛋白预吸附的材料表面，亲水性的羧酸基功能表面可引起高含量的纤维黏连蛋白黏附，并由此导致成纤维细胞良好的黏附和铺展。与此相反，甲基功能基表面只有较低的纤维黏连蛋白黏附和成纤维细胞的黏附。有趣的是，在引入白蛋白竞争吸附后，吸附在甲基 SAM 表面的纤维黏连蛋白呈现出更有利于细胞黏附的蛋白质构象，但同时进一步降低了纤维黏连蛋白的含量，白蛋白竞争吸附引起的利于细胞整合素识别的纤维黏连蛋白构象无法弥补低纤维黏连蛋白引起的低细胞黏附性。在高纤维黏连蛋白吸附的羧酸 SAM 表面，白蛋白竞争吸附同样有利于纤维黏连蛋白呈现有利于细胞整合素识别的吸附构象，提供一种利于细胞培养的基质。

由于有较高的稳定性，SAM 功能表面也被用在生物材料体内评价上。Kalltorp 等[74]采用以羟基和甲基为末端基的长链烷基硫醇 SAM 表面为模型表面，通过老鼠皮下实验，研究了功能基对蛋白质吸附和炎症细胞反应的影响，发现功能基在 24h 后会对炎症细胞的行为产生显著的影响。而采用在模拟人体动态环境下，研究 SAM 功能表面的动态蛋白质吸附和细胞黏附[75,76]，则可提供不同的流动环境、不同剪切应力对细胞生长行为的影响，这对于组织工程中设计组织体外培养的生物反应器具有重要的意义。

6.4.4　SAM 和蛋白质的特异性吸附

蛋白质特异吸附到含有配体的界面上对细胞培养[77]、生物传感器[78]和生物相容性表面的[79]研究非常重要。材料表面上蛋白质分子水平的识别研究要求一种满足如下条件的实验体系：

(1)能在分子水平控制配体的密度及周围的环境；

(2)能抵制非特异吸附的“惰性表面”；

(3)能方便地测量蛋白质吸附量的分析技术。

利用含寡氧化乙烯桥联生物配体的烷基硫醇吸附到金表面形成的单分子层及表面等离子体共振技术(surface plasma resonance，SPR)相结合，可以构建一个研究蛋白质在表面识别的理想平台。Mrksich 等[80]用固定在单分子层上的苯磺酰胺基和牛磺酸酐酶相互作用，证明了此模型体系可以研究蛋白质识别。与传统技术(如凝胶层法)相比，用自组装单分子层的惰性表面偶合蛋白质或其他生物配体构建的平台有如下优点：自组装单分子层能控制固定的配体密度；能把不同的蛋白质固定到单分子层表面；通过改变连接剂和表面分子可以调整配体的环境；单分子层没有凝胶层法中蛋白质穿过膜的问题。

6.4.5 SAM 固定生物分子在生物传感器和生物芯片中的应用

许多具有巯基官能团的生物分子被固定在金上，这种方法对研究生物传感器和生物芯片非常有用。直接用生物分子与基材的反应性来附着生物分子，不能控制我们感兴趣分子的表面密度和周围环境，检测具有周围环境非特异性作用引起的信号噪音，无法得到定量结果。

自组装单分子层可以在分子水平上控制表面性能；混合自组装单分子技术可以通过调节以生物配体为末端基组装分子的含量，调节生物配体密度；含寡氧化乙烯和配体功能基的混合自组装单分子技术可有效消除非特异性作用引起的检测噪音，因此通过自组装单分子层在检测基材上制备的测试芯片，可很好地与表面等离子共振技术(surface plasmon resonance, SPR)、椭圆光度仪(ellipsometry)、石英晶体微量天平(quartz crystal microbalance, QCM)、表面声波(surface acoustic wave, SAW)、电化学阻抗波谱(impendence spectroscopy)和扫描探针显微镜(scan probe microscopy)结合，获得生物配体和相应受体特异性结合的信息，也可由此制备应用于各种生物检测、医疗诊断的生物传感器[81]。

采用 SAM 技术和软石印术技术结合可实现在一块基片上多种配体功能基的图案化设计，将依据生物催化、生物亲和、跨膜感应和细胞感应的多种生物检测作用整合在一块芯片上，制备具有多检测功能的生物芯片。

Patel 等[82]用 NHS/EDC 把过氧化氢酶固定到由 3-巯基丙酸和 11-巯基十一酸混合形成的单分子层上，由于表面带电荷不能完全阻止非特异吸附，得到的蛋白质取向不能被详细说明。Biebuyck 等[83,84]用 PDMS 印模上的沟槽来散布引导抗体附着到自组装单分子层上来研制免疫传感器。他们把 PDMS 印模放在含有活性酯的自组装单分子层上，溶液中的抗体放到沟槽中很快与表面活性酯反应而被固定。Corn 等[85,86]在含有羧酸基的自组装单分子层上吸附聚 L-赖氨酸，然后用异双官能团的连接剂功能化，可以用来共价固定 DNA 探针，用 SPR 检测 DNA 在表面的杂化。Herne 等[87]用巯基六醇(MCH)和用巯基改性的 DNA 形成混合单分子层，MCH 能把非特异吸附的蛋白质除去，从而提高了杂化效率。

Ratner 等[88]采用微加工技术制备了 Ta_2O_5 和金表面层状相间的基材，通过含生物素末端基的长链烷基硫醇单分子自组装获得了 Ta_2O_5 和生物素层状相间的测试芯片,采用 SPR 技术可使用一束光激发 Ta_2O_5 和生物素层状表面,同时获得生物素吸附蛋白质的检测信号和 Ta_2O_5 层产生的内参比信号,大大降低了外参比引起的信号噪音。由于生物素可进一步结合其他生物分子,因此该研究成果被开发成提高 SPR 检测准确度的重要技术。

6.4.6　图案化 SAM 对细胞行为的影响

大多数哺乳动物活细胞生存于由环境细胞组成的生物环境中,细胞和生存环境的接触刺激是细胞维持长期稳定的新陈代谢所必须的。许多类哺乳动物细胞如果不与促进它们黏附的表面接触就会很快凋亡。多数细胞的增殖是通过黏附在细胞外基质上进行的,这种增殖的发生需要细胞在一定的环境中有一定的密度,周围细胞的信号传导对诱导细胞的生长具有重要作用,而当细胞过度增殖到互相拥挤时又通过接触抑制而停止生长。这一些细胞和细胞间,细胞和环境间物质和信息传递的过程构成了细胞社会学的主要内容。目前还不清楚细胞是如何感知周围的环境及如何把这些信息转化为调整新陈代谢和增殖的信号。因此,有一种能在体外研究细胞与表面相互作用的体系是非常有用的,这种体系既能有助于我们理解细胞感知环境的机理又能有助于设计生物材料和装置。

利用微印刷技术制备的图案化表面可以控制表面的化学性质,诱导细胞外基质的吸附,进一步控制细胞的定向生长。由于细胞外基质通常倾向于吸附在疏水表面,因此这种设计可通过两种方式完成:

(1)在亲水基材表面印制疏水 SAM,诱导细胞外基质黏附。

(2)在疏水基材表面印制亲水 SAM,尤其是含寡聚氧乙烯的 SAM 阻抗细胞外基质,让细胞外基质吸附在基材表面。

用微印刷技术来制造具有不同图案的疏水性表面可用来研究细胞外基质(ECM)吸附岛的尺寸、形状及距离对细胞生长的影响。Whitisides[89]等用微印刷技术制造了具有规则圆环状和四方形的疏水岛,并在疏水区域吸附了 ECM 蛋白质。在观察细胞生长和凋亡时,发现细胞生长不是被细胞的黏附面积,而是被细胞的铺展面积所控制。细胞凋亡指数(定义为开始凋亡的细胞数目除以所有的黏附细胞数目)随着四方形岛尺寸由 5 μm 增加到 50 μm 而降低,而细胞生长的指标——DNA 的合成量则随之升高。这些结果与以下假设一致:

(1)细胞的生长随其黏附接触面积增加而增大;

(2)细胞的生长依赖于其铺展程度而不是黏附接触面积。

以上假设可以通过在图案化 SAM 基材上的培养细胞进行验证。为此,Whitesides 等[89]制备了距离分别为 40,10,6 μm,直径分别为 20,5,3 μm 的岛形图案化 SAM 基材。通过控制岛形区域的总面积相同以控制表面含有相同量的细胞外基质,同时,也保证了各表面具有相同的细胞黏附面积。细胞培养显示,在间距为 40 μm 的 20 μm

的岛形图案化表面,细胞吸附在岛形区域内,很少在岛形区域间铺展,其细胞生长几乎完全被抑制;而在距离为 6 μm 的 3 μm 的岛形图案化表面,细胞在岛形区域间充分铺展,具有最佳的生长和最低的凋亡指数;印制在间隔为 10 μm 的 5 μm 岛形图案化表面,细胞具有一定的铺展,也相应具有中等的生长和凋亡指数。这些结果表明,细胞增殖主要由细胞铺展程度和聚集面积(包括黏附和未附着面积)决定。

利用微印刷技术制备图案化表面也可应用于对材料和装置的设计。有代表性的应用是在表面图案上存有复杂的配体用来引导细胞黏附到表面上,这种定向诱导对于某些需要细胞定向生长的组织重建,如断裂神经组织的连接和传导功能恢复是十分关键的。而基于神经细胞的信号传导和信号执行功能,将定向生长神经细胞和信号执行和信号检测系统联系,实现生物电、生物信号的输入和输出,则可为生物电子学的发展提供有效的平台[81]。虽然目前该方面的研究还十分稚嫩,但作为生物技术和信息技术的交叉点,该技术具有广阔的前景。

细胞在印有图案的材料表面黏附和生长还有许多其他的应用,如活细胞可用作传感器检测毒素。这种基于细胞的分析器已知有好几年了,但在实际应用之前还需很多的改进;基于细胞材料的包装、长期储存及信号的读出是未被解决的最重要的问题。如果能把细胞印在综合的微分析装置中,每个细胞被互相分隔并能被单独地进行分析处理,那么这种分析就会更快并需更少的物质。

6.4.7 SAM 和生物特异性相互作用

采用吸附或负载细胞外基质分子诱导细胞行为只是促进细胞黏附生长的有效手段。由于存在多细胞外基质分子的无规竞争,且很难控制材料表面细胞外基质的种类、构象和取向,因此这种诱导作用和天然生命体中细胞和细胞外基质的特异性相互作用依然存在显著的差异。设计能模拟或部分模拟生命体细胞和细胞外基质特异性相互作用的表面不仅对认识生命现象的本质,而且对设计真正生物相容性的表面均有十分重要的意义。在这些研究中,最有代表性的就是细胞和细胞整合素配体——精氨酸-甘氨酸-天冬氨酸(RGD)三肽功能表面相互作用的研究。在 20 世纪 80 年代,Pierschbacher 和 Ruoslahti 等[90,91]首先发现许多细胞外基质蛋白中的 RGD 三肽序列和细胞表面跨膜蛋白-整合素的特异性相互作用是诱导细胞生长的特异性功能片段。这一发现启示人们采用各种手段在材料表面负载 RGD 三肽,诱导各类细胞的生长。Brandley 和 Schnaar 等[92~94]在聚丙烯酰胺凝胶表面负载 RGD,有效促进了细胞的生长。但和其他许多表面接枝方式一样,该技术得到的是一个 RGD 和聚丙烯酰胺凝胶的非均相表面,无法得到多肽密度和细胞生长的关系。Massia 和 Hubbell 等[95]采用长链烷基硅烷自组装单分子层制备了负载 RGD 的均相表面,获得了多肽密度和细胞生长的关系。这类表面依然存在表面非 RGD 部分对其他细胞外基质的非特异性作用,即使采用非血清培养,细胞生长过程中自身分泌的细胞外基质分子依然会吸附在基材表面，使表面随细胞培养发生所谓的“重塑”(remodeling)。因此，这些体系不能严格地用于研究细胞和配体的相互作用对细胞行为的影响。

Roberts 和 Whitesides 等[96]用含有寡氧乙烯桥联 RGD(EG_6OGRGD)基和寡氧乙烯(EG_3OH)的烷基硫醇构建了负载 RGD 三肽的 SAM 表面，其中 EG_3OH 基 SAM 膜可有效抵制细胞分泌的蛋白质吸附，使表面通过 RGD 和细胞整合素的特异性作用促进细胞的黏附。这些表面支持了细胞的黏附和生存，并可以在 24 h 内防止表面的重塑。在该特异性作用表面，单分子层内 EG_6GRGD 摩尔分数低至 0.00001也可以促进细胞的黏附；当摩尔分数大于 0.001 时细胞铺展速度最大。将培养了 4 h 或 24 h 的细胞放在含有 RGD 肽的可溶性配体中时，细胞从表面释放，很明显细胞吸附在含有 GRGD 及 EG3OH 的自组装单分子层上，抵制了蛋白质的吸附，因而不沉降在功能化的基质表面上。而在培养液中添加了可溶性 RGD 的配体后，溶液中配体与表面上的 RGD 竞争可以置换出表面吸附细胞，细胞确实是通过和 RGD 的特异性作用黏附在功能表面上的。

6.5　生物医用材料界面的层层组装体系

层层组装技术是基于聚电解质正负电荷作用的超分子组装技术，其组装过程可如图 6－6 简单表示。它在生物材料的生物相容性表面设计和修饰中具有独特

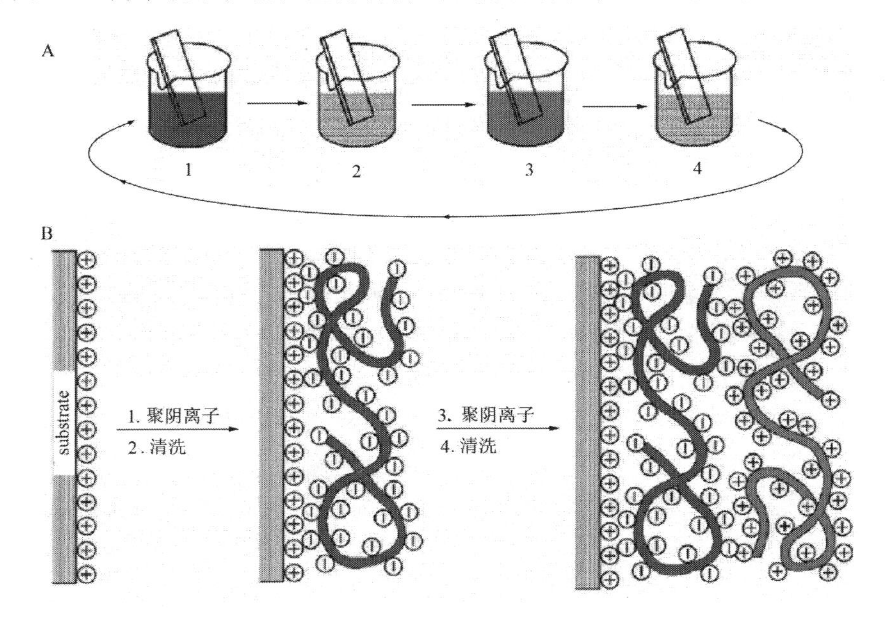

图 6－6　层层组装过程示意图

的优点,主要表现在以下几方面:

(1)组装分子的选择范围广,可以为合成型聚电解质,也可以是蛋白质、多糖、DNA 等荷电生物活性大分子;

(2)制备方法温和,可在温和的水溶液环境下进行;相对于共价键合较弱的静电作用,可保证生物分子具有维持生物活性的天然构象;

(3)工艺简单,可通过简单的交替浸涂技术,在材料表面实现组装分子在纳米、亚微米尺寸的有规结构设计;

(4)适用的基体材料种类多,对基体材料体型结构的适应性强,并可在具有复杂体型结构的装置和材料上实现;是一种理想的、可最终实现工业化的生物大分子自组织表面设计手段。

6.5.1 层层组装的生物惰性表面设计

生命体系是一个富含多种蛋白质和生物分子的复杂体系,可有效阻抗所有蛋白质和生物分子非特异性作用的惰性表面,可有效降低材料的非生物相容性作用,也是形成高生物特异性表面的前提条件。

白蛋白是血液中含量最高的蛋白质,Muro 等[97]的研究表明聚合物材料表面吸附的白蛋白层可进一步抑制其他生物分子的吸附和变性,能有效地抗感染和抗凝血,具有良好的生物惰性。然而,尽管白蛋白是血液中含量最高的蛋白质,但白蛋白吸附受到血液中多种高吸附活性蛋白质的竞争,导致白蛋白吸附的低选择性。计剑、沈家骢等[98]采用白蛋白和聚阳离子可在医用不锈钢和医用聚氯乙烯表面形成层层组装的 PEI/白蛋白超薄膜涂层,该涂层在模拟体液的缓冲溶液中 40 天内白蛋白的脱落率小于 10%,具有良好的稳定性。

J.A.Hubbell 等[99]在模拟人体组织的细胞外基质涂层表面,采用阴离子性海藻酸钠和阳离子性聚赖氨酸交替涂敷,在人体 pH 条件下构建了层层组装涂层。该涂层具有聚阳离子和聚阴离子缔合的水凝胶结构,当最外层为聚阴离子性的海藻酸钠时,高度亲水的类水凝胶涂层可通过体积和静电排斥作用有效地阻抗蛋白质的吸附和变性,该层层组装涂层不仅是生物惰性的,而且可有效隔离细胞外基质涂层和细胞的相互作用,可应用于外科手术后的组织黏连和愈合。

M.F.Rubner 等[100]采用聚烯丙基胺(PAH)和聚丙烯酸(PAA)的层层组装的类水凝胶涂层,同样显示可有效阻抗成纤维细胞的黏附。进一步采用聚烯丙基胺和其他聚阳离子的层层组装的研究表明,涂层和细胞的相互作用和聚阴离子的选择密切相关。采用强聚电解质的聚阴离子和 PAH 组装的表面,可黏附成纤维细胞,而采用弱电解质的聚阴离子和 PAH 组装的涂层,由于在生理条件下高度溶胀形成高含水量的水凝胶表面,可有效阻抗成纤维细胞的黏附。

6.5.2　层层组装的药物缓释涂层设计

生物医用装置,特别是医用植入体和介入医疗装置的表面药物控释涂层可以形成长效、靶向的药物传递体系,局部的高浓度药物可以提高治疗的有效性,降低系统毒性。层层组装涂层表面规整的层状水凝胶结构同时也为药物控释涂层的设计提供了良好的手段。

M.F.Rubner 等[101]采用甲基蓝染料为指示剂和模型药物,研究了 PAH 和 PAA 层层组装涂层的载药和释放能力。研究表明,在 pH=2.5 的条件下,组装的 PAH/PAA 多层膜可有效负载甲基蓝染料,其组装含量随多层膜层数的增加而增加,且采用甲基蓝染料缓冲溶液组装时,由于盐离子可加强多层膜的溶胀,甲基蓝染料的负载量和负载速度均会增加。对它的缓释速率研究显示,低的 pH 和缓冲溶液中高离子强度均会增加释放速率。在 pH=2.5 的条件下组装的 PAH/PAA 多层膜的上部,组装几层 pH=6.5 的条件下组装的 PAH/PAA 多层膜,将有利于控制释放的速率。

A.J.Pal 等[102]针对小分子染料组装过程脱落的问题,将带负电的小分子物质和聚阳离子在溶液中缔合后,再进行聚电解质缔合物的组装,获得了良好的效果。

K.Kataoka 等[103]采用反应性层层组装技术,将一种具有聚乳酸“核”、聚氧乙烯“壳”、末端为醛基的反应性胶束通过醛基和 PAH 上氨基的反应,层层组装在聚乳酸材料表面(如图 6-7)。这种包含可降解聚乳酸核的特殊层状结构可应用于

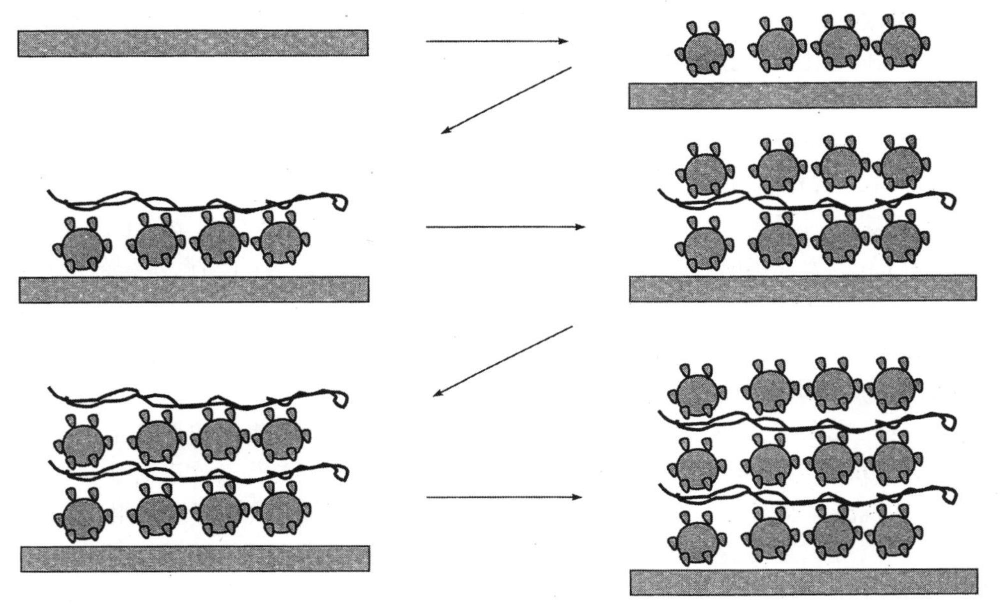

图 6-7　反应性胶束层层组装涂层示意图

负载疏水性药物，将可降解两亲胶束药物微粒的设计成功应用到药物缓释涂层的设计中。

6.5.3 负载生物活性物质的层层组装表面设计

材料-生物界面的非特异性作用和生命体特异性作用的矛盾是材料非生物相容性反应的本质，在微观尺寸构建高生物活性的生物材料表面，始终是生物材料研究的巨大挑战。层层组装温和的分子间作用力和组装条件，对生物分子和基材的广泛适应性及在纳米和亚微米尺寸设计的可调性为负载生物活性物质表面设计提供了良好的选择。针对生物材料的应用特性，人们采用各类多糖、蛋白质和DNA分子对生物材料进行了表面设计。

6.5.3.1 天然多糖层层组装表面设计

肝素是一种含磺酸基、磺氨基、羧酸基的天然阴离子多糖，可以通过催化血液中凝血因子和抗凝血因子的复合有效地阻抗凝血过程，是临床中使用最广泛的抗凝血药物。

M.W.Urban 等[104]采用 PEI 和磺化葡聚糖、醛基活化肝素组装获得了在聚氯乙烯表面抗凝血涂层，ATR-FT-IR 的研究表面采用浸涂时，醛基活化肝素通过醛基和 PEI 的氨基反应获得层层组装涂层，而采用旋涂时通过肝素上磺酸根负离子和 PEI 活化氨阳离子层层组装。

谭庆刚、计剑、沈家骢[105]等采用 PEI 和肝素在医用不锈钢表面直接组装，XPS、IRAS、电化学和接触角研究表明 PEI 和肝素可通过静电层层组装获得稳定的抗凝血涂层。

结合白蛋白的生物惰性和肝素的抗凝血活性，M.Houska 等[106,107]通过改变组装的 pH，在 pH＝3 的条件下使白蛋白呈正电性，获得了白蛋白和肝素的交替层层组装涂层。通过戊二醛的交联，该层层组装涂层可保持在人体液 pH 下的稳定。当采用白蛋白为外层时，涂层可有效减低血纤维蛋白原、球蛋白和血小板的黏附；而采用肝素为外层时可显著增加抗凝血因子Ⅲ的黏附。

通过选择抗凝血的肝素类似物磺化葡聚糖作为聚阴离子，凝血性的壳聚糖为聚阳离子，M.Akashi 等[108,109]研究了在不同浓度盐溶液中采用层层组装方法在 Z 方向上构建凝血-抗凝血交替变化的表面，研究结果表明，组装膜的厚度随组装溶液中 NaCl 的浓度升高而升高。只有在盐溶液浓度高于一临界点浓度时才可能获得凝血和抗凝血交替变化的表面。在 0.5 mol/L 的 NaCl 溶液中进行磺化葡聚糖和壳聚糖层层组装时，在 5 层后，表面呈现出磺化葡聚糖抗凝血和壳聚糖凝血的交替变化特征。通过甲基蓝染料对磺化葡聚糖中阴离子密度的测试研究表明，层层组装中磺化葡聚糖阴离子密度随 NaCl 浓度的升高而升高。磺化葡聚糖中磺酸根离子浓度必须在高于一临界值时才呈现抗凝血活性。而相同条件下壳聚糖和肝素的层层组装表面则呈现不同的生物活性,即使在壳聚糖为最外层表面时,表面依然呈现高抗凝血活性。聚电解质的种类、结构和组装条件均是影响形成交替生物活性的层层组装膜的关键因素。

6.5.3.2　细胞外基质分子的层层组装表面设计

现代组织工程是采用聚合物支架作为模板诱导细胞行为,进行组织修复和重建的科学,理想的组织工程支架材料要求材料提供利于细胞生长的微环境。在自然界,细胞外基质是支持细胞生长的支架。细胞通过特殊的细胞表面受体与自身的细胞外基质及其他细胞分泌的细胞外基质发生特异性作用,不同的细胞功能就依赖于细胞外基质的组分与结构,因此形成类细胞外基质的组织工程材料是生物材料研究的新课题。

透明质酸是一种很重要的糖胺多糖(GAG),在生理环境下,它具有高黏度和极低的抗压缩性能,它的刚性结构既提供细胞以支撑作用,又构成了细胞之间的通道,使细胞得以迁移,透明质酸同时还是包括软骨细胞在内的多种细胞表面受体的配体,是构成细胞外基质(ECM)的重要物质之一。C.Picart 等[110]通过透明质酸和多聚赖氨酸交替组装修饰表面的研究,发现该多层结构是通过两个阶段形成的,首先聚电解质组装形成孤立的“岛”,然后聚集生长形成规整的层状结构。采用激光共聚焦显微镜观察荧光染色的多层膜,发现多聚赖氨酸可以在层间交换生长,而透明质酸则始终保持了固定的层状结构。

壳聚糖是一种直链多糖,它由一个 β(1—4)乙醛糖苷单元连接组成,这些糖苷单元上还随机地带有 *N*-乙酰基结构,因此它具有 GAG 和透明质酸的部分特性,具有促进细胞生长和组织愈合的功能,而明胶蛋白具有类细胞外基质蛋白的特点。

朱惠光、计剑、沈家骢等[111]通过 PEI 在聚乳酸(PLA)表面进行大分子胺解,在 PLA 基材表面引入正电荷,采用 PEI/明胶、壳聚糖/海藻酸钠以及 PEI/海藻酸钠等不同的聚阴阳离子对,在活化的 PLA 基材表面交替组装,构建了一系列类细胞外基质的表面。对 PEI/明胶交替组装涂层的接触角、紫外光谱技术和 ^{125}I 放射标记技术显示,聚电解质和类细胞外基质分子可以层层组装在氨解的聚乳酸组织工程材料表面,在 2 个双层后,类细胞外基质分子含量和层层组装层数呈正比[111,112](图 6-8)。在生理环境下,该层层组装表面修饰层在长达 30 天内具有良好的稳定性,并显著促进软骨细胞和骨细胞的生长(图 6-9)。

除了天然细胞外基质或细胞外基质类似物分子外,通过剪切细胞信号分子片段诱导细胞行为也是改进材料细胞相容性的有效手段。Chluba 等[113]通过将一种激素多肽——α-黑色素(α-melanocortin)键合到聚赖氨酸分子上制备了 α-黑色素-聚赖氨酸,并通过 α-黑色素-聚赖氨酸和聚谷氨酸交替组装获得了 α-黑色素

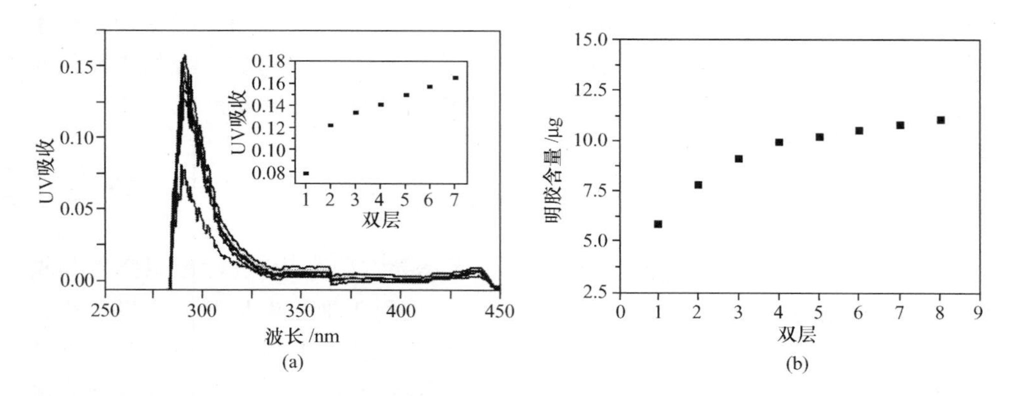

图 6-8 PEI/明胶蛋白质在大分子氨解聚乳酸膜的层层组装表面修饰
(a)紫外吸收和组装层数的关系图,内插图为吸收峰值随组装层数变化的关系图;
(b)放射示踪法定量的表面明胶含量和组装层数的关系

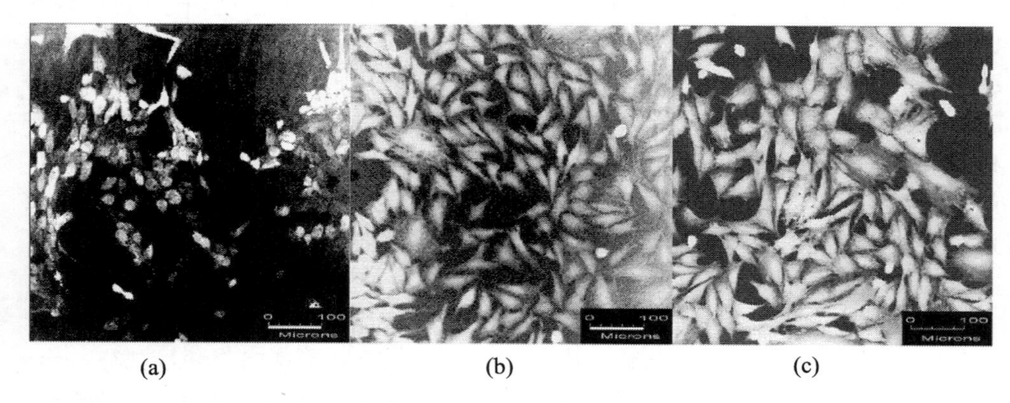

图 6-9 软骨细胞在不同表面的激光共聚焦显微镜图
(a)聚乳酸;(b)PEI/ 明胶层层组装修饰的聚乳酸;(c) 组织培养聚氧乙烯

浓度随组装层数线性增长的多层膜。通过对鼠黑色瘤细胞培养的结果显示,表面吸附的 α-黑色素-聚赖氨酸具有与自由多肽相同的生物活性;而层内组装的 α-黑色素-聚赖氨酸具有与自由多肽相同的长效生物活性,其短期生物活性可以通过控制组装层数的空间结构进行控制;更为独特的是,该 α-黑色素-聚赖氨酸层层组装多层膜可在空气干燥和紫外光处理后一个月内维持相同的生物活性,这一独特的耐干燥储存和耐紫外杀菌性能对生物医用装置的临床应用是至关重要的,在作为医用植入体和组织工程材料涂层的应用中具有十分重要的现实意义。

6.5.3.3 活性蛋白质的层层组装设计

相对于天然多糖,活性蛋白质的表面负载对负载条件、负载方式和负载后蛋白质的空间构象具有更高的要求。层层组装的组装条件温和,可直接在水溶液体系中进行,相对较弱的分子间作用力和可调的层间结构都为形成高活性的蛋白质负载表面形成了良好的条件。

将静电组装技术和酶的固定化相结合,沈家骢、张希等在国际上率先获得了基于静电组装技术的生物酶超薄膜,并在酶的固定化与酶微反应器的研究方面做出了许多开创性的工作[114](详见第1章)。Lvov 等[115]采用静电层层组装的方法构建了含谷氨酰胺酶和葡萄糖氧化酶的表面,该多层组装结构不仅可有效保护蛋白质的二级结构,并可有效保持酶的活性。Caruso 等[116]也发现免疫球蛋白抗体层层组装在聚电解质多层结构中依然可保持对相应抗原的生物识别和表达。这些积极的研究结果激发了人们采用层层组装方式进行生物材料表面活性蛋白质表面设计的理论和实践研究。

Caruso 等[117]采用原子力显微镜、扫描电镜和傅里叶变换红外反射-吸收光谱对免疫球蛋白抗体在 PAH 和 PSS 交替组装表面的进一步研究显示,当免疫球蛋白抗体层被一层聚电解质分离时,蛋白质发生显著的聚集并呈一个无规的结构;而当免疫球蛋白抗体层被5层聚电解质分离时,蛋白质层呈一个规则层状结构。这两种结构对生物传感器的应用均有极大潜力:前者可有效提高表面对抗原的结合能力,而后者提供了一个供信号检测的规整的功能蛋白质聚电解质表面。

Schaaf 等[118]研究了纤维蛋白原在 PAH 和 PSS 多层膜的膜间组装和膜表面吸附行为。研究表面无论在膜间嵌入还是在膜表面吸附,聚电解质均可保护纤维蛋白原的二级结构。聚电解质和蛋白质的相互作用,尤其是层间嵌入的组装结构,可防止蛋白质分子间的相互作用及蛋白质的聚集。聚电解质和蛋白质的相互作用还可同时延缓蛋白质分子的热致构象变化。对于纤维蛋白原而言,层层组装保护的层间纤维蛋白原形成分子间β-薄层构象的热转变温度比溶液蛋白高5～10℃。不同聚电解质对延缓热致构象变化的程度不同,延缓程度随组装层中 PSS 含量的升高而升高,对于 PSS-纤维蛋白原-PSS 的层层组装负载表面,纤维蛋白原的二级结构在温度达到90℃时也只有微小的变化,这被认为是由于聚电解质和纤维蛋白原形成了"胶囊"式的保护结构。进一步研究[119]表明,这种层层组装结构对蛋白质二级结构及热稳定性的保护可普遍适用于包括白蛋白和鸡蛋清溶解酶等多种蛋白质系统,并可保持负载蛋白质在干态下的活性。这些研究成果为在生物材料表面形成一种稳定的、可工业实现的负载高活性蛋白质生物分子的方法提供了广泛的前景。

Schaaf 等[120]进一步采用荧光漂白和恢复实验对蛋白质在 PAH 和 PSS 多层膜的膜间组装和膜表面吸附的运动性研究表明,和简单的生物固定方式不同,层层组装蛋白质在表面和组装层中可以发生横向的移动,且层内蛋白质的迁移系数和表面吸附蛋白相当。细胞生物学研究显示,细胞表面受体的配体沿吸附表面的运动性是细胞黏附、迁移、生长和分化的关键因素。因此层层组装蛋白质的横向迁移能力在设计诱导细胞生长的生物活性表面上将具有独特的潜力。

Hu 等[121]采用 PDDA 和血红蛋白的交替组装获得了负载血红蛋白的层层组装超薄膜,蛋白质的红外光谱显示蛋白质在多层组装薄膜上具有类似天然状态的蛋白质二级结构。该层层组装薄膜获得的血红蛋白上铁离子和电极进行的电子转移信息,对于研究和设计生命系统中生物电子行为具有积极的意义。

6.5.3.4　其他生物活性分子的层层组装设计

随着基因技术和基因疗法的飞速发展,采用 DNA 分子和聚阳离子在溶液中缔合形成非病毒基因载体已成为基因药物研究的热点之一[122]。同时,DNA 分子和聚阳离子层层组装的研究也开始备受关注[123～125]。Yang 等[126]采用实时表面等离子体共振、紫外光谱和电化学方法对 PDDA 和 DNA 交替涂层表面的研究表明,PDDA 和 DNA 可通过静电组装形成规则的层层组装表面。这类负载具有生物活性的 DNA 分子表面在基因传感、基因芯片和基因计算机的研究中具有十分广阔的前景。

除了静电作用力以外,氢键作用力、疏水作用力和生物分子间的特异性生物作用力也可作为形成层层组装膜的驱动力。这些广义层层组装体系的建立,可以突破相反电荷交替组装的界限,使没有电荷,甚至带相同电荷的分子通过其他作用力组装形成功能膜。对于生物材料而言,基于特异性生物作用力的层层组装体系无疑是同样吸引人的。Ringsdorf 等[127]采用生物素(biotin)标记的一系列生物分子,包括生物素标记的磷脂、蛋白质和核酸,构建了一系列基于抗生蛋白链菌素(streptavidin)和生物素特异性作用力的层层组装多层膜;Anzai 等[128]则采用抗生素蛋白(avidin)和生物素标记生物分子构建了层层组装多层膜。利用抗生素蛋白的正电荷特性,还可以和不同的聚阴离子构建不同空间结构的层层组装膜。例如,抗生素蛋白和 DS 层层组装可获得具有层间单层抗生素蛋白的多层膜,而抗生素蛋白和 PSS 层层组装则可获得更大量的抗生素蛋白固定化膜。这些通过静电组装的抗生素蛋白固定化膜保留了抗生素蛋白和生物素分子特异性作用的位点,可更有效地进一步和生物素标记的生物大分子作用,为负载生物活性物质的生物材料设计提供了有效的平台。

6.5.4　表面图案化生物材料的层层组装设计

采用层层组装技术和表面图案化技术结合,可以实现生物材料在 X-Y 方向和 Z 方向的设计。

Langer 等[129]通过在不同基材表面形成反应性的涂层,采用微接触印刷技术将氨基生物素通过氨基和涂层表面反应形成生物素图案化表面,并在其他区域采

用 α-氨基-ω-羟基乙二醇醚钝化表面，以该生物素图案化表面为模板，利用抗生蛋白链菌素(streptavidin)和生物素标记 α_5-整合素抗体的层层组装获得了外层固定化 α_5-整合素抗体的图案化表面，实现了材料表面 Z 方向的 α_5-整合素抗体固定和 X-Y 方向上的图案化设计。细胞培养的结果显示，该 α_5-整合素抗体可有效诱导内皮细胞的空间定向生长。

6.6　磷脂分子自组装超薄膜和细胞膜仿生生物材料

天然细胞膜结构是一个典型的自组装系统，由磷脂分子自组装形成的镶嵌蛋白质和多糖的磷脂双分子层是实现细胞特异性作用的物质基础。利用磷脂分子自组装特性在材料表面构建基材支持的磷脂或磷脂功能基自组装层已成为细胞膜仿生生物材料研究的重要手段[130～135]。利用磷脂囊泡涂敷[136]、LB 膜[137]和稀溶液分子自组装技术[138]，可获得以下三种类型基材支撑的磷脂自组装超薄膜[139]：

(1) 在亲水基材上通过囊泡涂敷或 LB 膜技术制备的磷脂双分子膜；

(2) 通过采用磷脂分子衍生物的 SAM 组装获得共价键合的磷脂自组装超薄膜；

(3) 非对称或复合的双分子磷脂超薄膜，即含有一个 SAM 的内层结构和磷脂分子外层结构的复合超薄膜。

磷脂分子自组装超薄膜同时可通过混合自组装和表面功能化负载具有各种生物活性的配体，形成模拟细胞膜镶嵌结构的功能表面。磷脂分子自组装超薄膜功能表面不仅可提供一种高取向、温和地负载蛋白质的方式，而且可在阻抗非特异性作用的磷脂分子基底表面负载各种生物配体。另外，通过设计还可以获得模拟细胞膜磷脂分子流动性的表面，这种设计包括将磷脂双分子层通过一层“软物质过渡层”自组装吸附在基底材料表面，这种过渡层可以是水[140]、蛋白质[141]或具有水溶胀性能的亲水性聚合物或聚电解质[130, 134, 142]，Smith[143]等采用聚电解质为过渡层，采用多种方式制备了磷脂分子自组装超薄膜。中子反射实验的结果显示，通过对过渡层结构的调整，可以获得预期的流动性表面。

磷脂分子自组装超薄膜这种流动的、高规则、抗非特异性作用的表面提供了一个人工模拟细胞表面环境的平台，在磷脂分子自组织超薄膜表面负载各种生物配体的表面，不仅可以有效研究生物配体和细胞间的相互作用，而且可以设计各种功能基材。该组装表面和各种分析技术结合，在各种生物传感器的设计应用中显示了巨大的潜力。

结合软石印刷术，磷脂分子自组织超薄膜同样可以用于研究图案化细胞外基质结构对细胞行为的作用。Baxer 等[144]就是采用软石印刷术先在玻璃表面印制含纤维黏连蛋白的图案，然后采用磷脂分子自组装超薄膜钝化表面，获得了图案化诱导细胞生长的功能表面。

通常的磷脂分子自组装超薄膜的稳定性并不能满足需要在动态环境中使用的医用生物装置的要求。Chaikof 等[145]采用含双键的可聚合磷脂分子衍生物，在疏水[145,146]、亲水[147]和层层自组装预修饰的细胞表面[148]自组装吸附，然后原位聚合，形成了稳定的仿细胞膜表面。

采用含磷酸胆碱功能基的高分子聚合物组装，同样可以获得高稳定性的仿细胞膜涂层。徐建平、计剑、沈家骢等[149]合成了可交联的磷酸胆碱四元共聚物，该聚合物可在水相环境中发生自迁移，形成磷酸胆碱富集的表面，在医用不锈钢、医用聚酯上获得了仿细胞膜涂层，可有效提高多种材料的血液相容性。

6.7 生物医用材料界面的嵌段和接枝聚合物组装体系

具有规则结构嵌段和接枝聚合物的组装行为也被用来进行生物材料的表面设计，这样的组装表面结构不仅可用于认识材料表面性质和生物分子间的相互作用，而且可直接对生物材料和生物医学装置进行修饰。

梳状的聚氧乙烯结构由于其特殊的亲水和高运动性，被认为是阻抗蛋白质和细胞吸附最有效的结构，而聚氧乙烯末端固定生物配体的两亲嵌段或接枝聚合物可在有效阻抗非特异性吸附的基础上，通过末端生物配体诱导受体分子的特异性行为，具有和含寡氧化乙烯烷基硫醇和生物配体的烷基硫醇混合单分子类似的作用。其结构虽不如 SAM 规则，但更容易直接在真实材料表面修饰，因此聚氧乙烯末端固定生物配体的两亲嵌段或接枝聚合物在生物材料表面的自组装吸附被广泛应用在生物医用装置表面设计的应用研究[150～153]中。

计剑、沈家骢等[154]通过对十八烷基聚氧乙烯接枝聚合物(图 6-10)在聚合物界面组装行为的研究，发现十八烷基聚氧乙烯会在聚合物表面高度富集，形成稳定的十八烷基相。通过热处理破坏稳定的十八烷基相后，十八烷基聚氧乙烯会向水中充分伸展形成高运动性的疏水表面。在聚合物/水界面，虽然疏水的十八烷基向

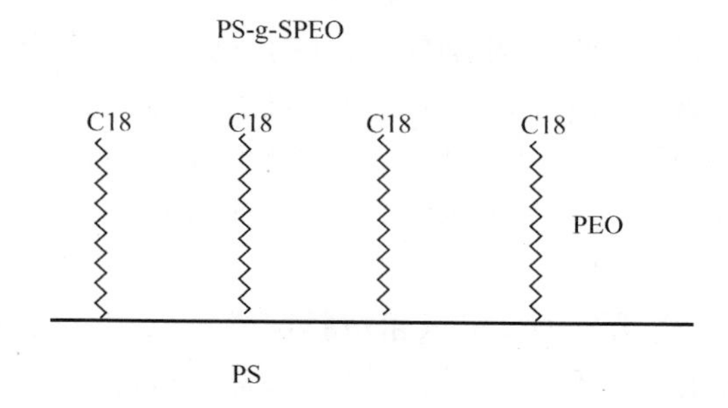

图 6-10 聚苯乙烯-接枝-十八烷基聚氧乙烯的结构示意图

聚合物界面运动形成环形的 PEO 链是一个热焓有利的过程。然而，这种双端固定环形 PEO 的形成会降低 PEO 链的热力学熵，同时从尾形伸展到环行的过程将使 PEO 链互穿，影响 PEO 分子表面结合水的形成，是一个热力学熵不利的过程。表面热力学焓和熵竞争的过程决定了 SPEO 链的水界面结构（图 6－11）。在聚氧乙烯链相对分子质量为 1800 的 PS-g-SPEO 表面，为获得更大的熵有利性，SPEO 更倾向于以尾形链的方式存在，在表面形成疏水基材－聚氧乙烯－十八烷基的三明治结构。该结构同样具有在阻抗蛋白质非特异性作用基础上，通过十八烷基和白蛋白“袋状”位点特异性吸附的特点，从而获得了具有原位诱导白蛋白吸附的抗凝血涂层材料[154～156]。利用十八烷基在聚合物界面的自组织行为，该研究还开发了一种在聚合物膜制备过程中原位自修饰的白蛋白自修饰聚氯乙烯医用材料[31]。

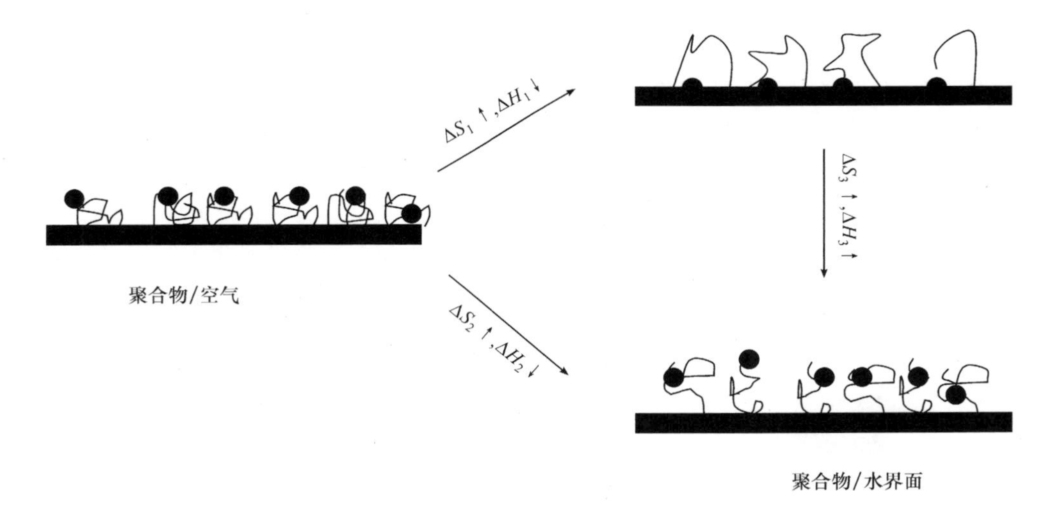

图 6－11　PS-g-SPEO 在聚合物/水界面的“尾形”和“环形”SPEO 结构的热力学分析

Marchant 等[157]合成了侧基偶合寡糖和不同长度烷基的接枝聚合物，该聚合物在高温裂解石墨表面的原子力显微镜显示，不同长度的烷基链可吸附在石墨的六边形晶格中。这种高取向度的组装结构，模拟了细胞表面的糖质衣结构，被用来研究细胞和各种功能基的作用[158]。

基于胆固醇的液晶组装行为，Stupp 等[159]合成了胆固醇－聚乳酸嵌段聚合物。该聚合物会在材料表面组装形成六边形的图案化结构，并诱导细胞在该结构中定向生长，这一研究为通过简单的加工技术，利用聚合物组装制备具有图案化表面甚至体型结构的生物材料提供了可能。

6.8　医用支架的层状活性组装设计

由于现有的医用装置具有实现临床效果的物理机械性能和合理的价格，因此理想的表面修饰手段要求依据生物相容性的表面设计原理，获得面对具有复杂体型装置的、可工业实现的表面修饰技术。在依据模型表面的表面组装体系研究成果的基础上，人们对这种面对复杂体型结构装置的表面组装技术进行了探索。

介入性治疗是一种新兴的临床治疗技术，通常是在 X 射线监视下，利用穿刺插管技术，将特制的导管、球囊、支架等沿血管或体内其他管腔输送到病灶处就地治疗，具有微创、省时、康复快等优点，在治疗心血管和非血管系统疾病中均取得良好效果，并已发展为与内科、外科相并列的第三临床治疗学科——“介入治疗学”。作为该技术的核心之一的支架植入术，在治疗冠心病、急性心肌梗死、先天性心脏病等方面均显示出独特的优势，其中仅医治冠心病的经皮穿刺冠脉成形术（PTCA）一项，相关器械产业年销售额就达 25 亿美元。然而目前支架在植入后仍会发生高达 13%～20%的再狭窄，因而不得不采取搭桥手术进行治疗，给患者造成二次痛苦和沉重的经济负担。在具有精细结构的支架表面（如图 6-12）构建高生物相容性的活性涂层是解决再狭窄问题的关键。

利用层层组装技术，计剑、沈家骢等成功地在具有复杂形状的介入医用冠脉支架表面通过白蛋白和 PEI 的层层自组装涂敷，有效降低了血小板的黏附，提高了介入医用冠脉支架的血液相容性（图 6-12）。

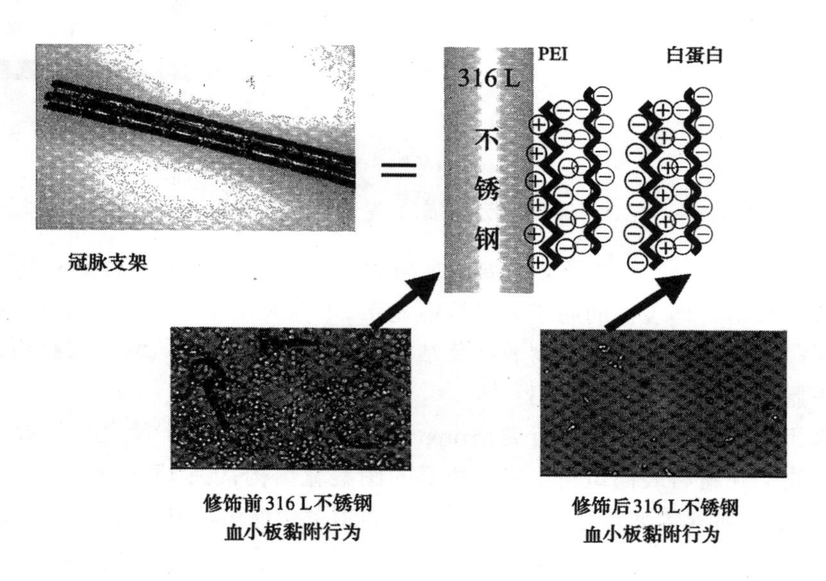

图 6-12　PEI/白蛋白层层组装修饰 316L 不锈钢冠脉支架

谭庆刚、计剑、沈家骢等[160]采用 PEI 和海藻酸钠体系研究了不同负载方式的负载 Cibacron Blue（F3G-A）能力，结果表明采用 PEI/海藻酸钠层层组装多层膜吸附负载 F3G-A 的能力是采用聚电解质和 F3G-A 直接混合组装负载量的 10 倍以上，这为进一步采用药物抑制平滑肌细胞生长导致的再狭窄提供了依据。

利用可交联的磷酸胆碱四元聚合物在血液中原位诱导血磷脂组装复合的特点，计剑、沈家骢等[161]在冠脉支架表面有效抑制了血小板的黏附（图 6-13），并可以通过对交联度的控制有效调节药物在支架表面的释放，抑制再狭窄的发生。

裸支架

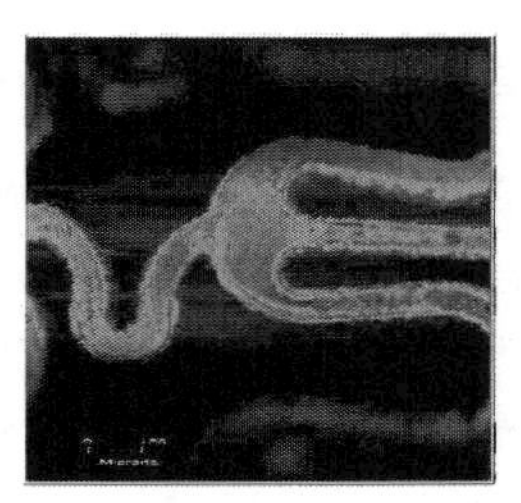

荧光标记的磷酸胆碱涂层支架

无磷酸胆碱修饰表面血小板吸附

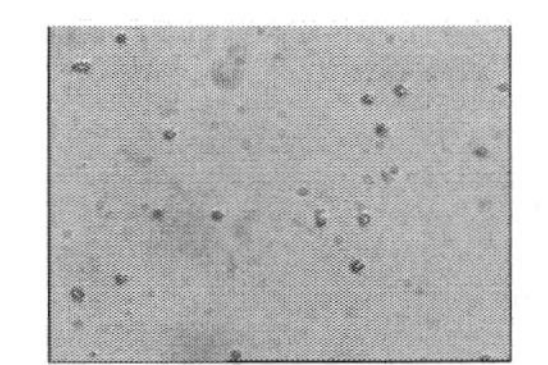

磷酸胆碱涂层修饰表面血小板吸附

图 6-13　磷酸胆碱原位诱导血磷脂复合修饰冠脉支架

由于在修复、重组和再造动物组织上的巨大应用前景，组织工程的研究已成为现代生物医用工程技术中最为活跃的研究之一。分子生物学、细胞生物学、材料科学，特别是高分子科学的发展，为采用聚合物支架材料和细胞杂化系统在体外或体内诱导活细胞的生长分化，构建动物组织提供了十分有效的途径。具有良好细胞相容性的多孔支架材料是组织构建的基础，在高聚物生物材料表面固定具有生命活性的键合体如多肽、多糖等成为提高生物材料对细胞黏附性的有效手段。然而，如何在具有复杂体形结构的支架内部形成均匀的修饰表面，是组织工程材料表面设计所面临的关键问题之一。

利用层层组装涂层技术，朱惠光、计剑、沈家骢等在聚乳酸组织工程多孔材料表面构建了 PEI 和明胶蛋白的均匀层状修饰结构[162,163]。明胶放射示踪实验显示，明胶蛋白含量和层层组装层数呈线性关系（图 6-14）。

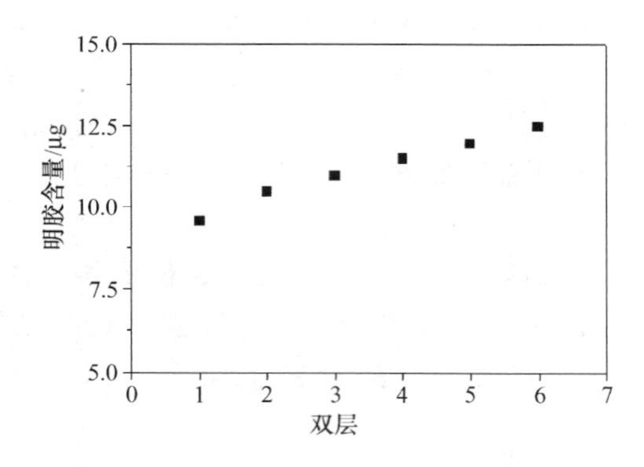

图 6-14 放射示踪法对 PLA 支架上明胶组装的定量分析

采用激光共聚焦的双通道法同时对罗丹明 (RITC)标记的 PEI 和荧光素异硫氰酸酯(FITC)标记的明胶层层组装改性 PLA 支架材料的研究显示(图 6-15),罗丹明标记的 PEI 与荧光素标记的明胶显色部分十分相似。PEI/明胶层层组装改性不会对 PLA 支架的结构产生明显的影响,同时可以达到对支架材料内部均一改性的效果;层层组装改性后的 PLA 支架材料的水亲和力尤其是吸水能力有了明显的提高,可有效促进软骨(图 6-16)和成骨细胞在三维多孔支架的黏附和生长。

竺亚斌、高长有和沈家骢等[26,27,164]在首次建立了聚酯类材料表面氨解技术基础上,进一步将生物大分子共价偶联或 LBL 组装到氨解的聚合物组织工程材料表面。偶联了胶原、壳聚糖或明胶的 PLLA 或 PCL 表现出更强的促内皮细胞生长

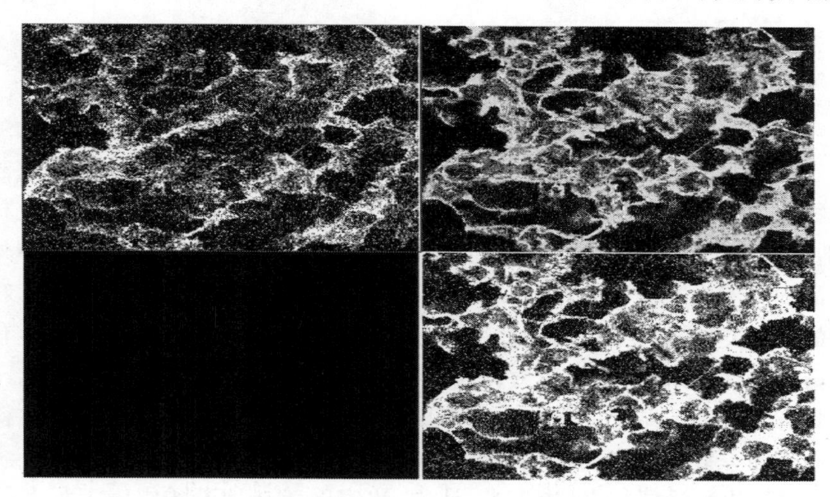

图 6-15 PEI/明胶层层组装改性 PLA 支架的双通道激光共聚焦显微观察

(左上：荧光素标记的明胶；右上：罗丹明标记的 PEI；右下：重叠图)

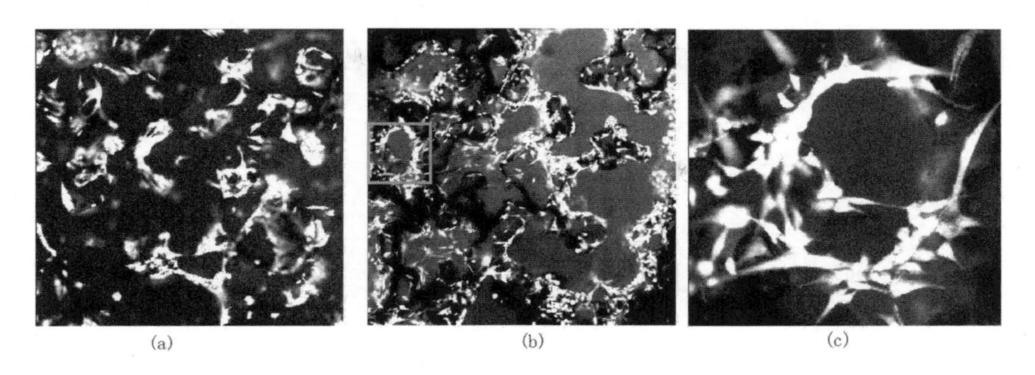

图6-16 软骨细胞在不同PLA支架上的CLSM图像
(a)未改性PLA支架;(b),(c)PEI/明胶层层组装改性的PLA支架(软骨细胞培养7天后,FDA染色)

能力,细胞的增殖速率更快,血管性血友病因子(vWF因子)的释放数量更多。相比之下,胶原与明胶的效果比壳聚糖更为明显。在体外培养的情况下,偶联了明胶的聚氨酯人工血管在短时间内就形成融合的内皮细胞层(图6-17)[164],而未经任何处理的聚氨酯人工血管则不能促进内皮细胞的铺展与生长。

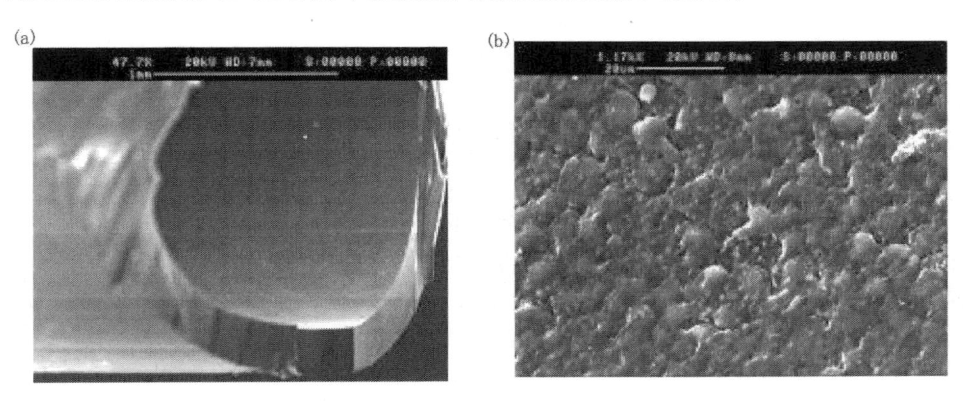

图6-17 SEM图像表明氨解及明胶固定化对聚氨酯人工血管内皮化的促进作用
(a)内皮化聚氨酯人工血管的宏观轮廓;(b)内表面形成的融合内皮细胞层

将氨解的聚酯类聚合物作为基底,采用层层(LBL)自组装技术也可将上述生物大分子组装到聚合物表面,从而制备出杂化的细胞相容性材料[27]。例如,以聚苯乙烯磺酸钠(PSS)为聚阴离子、壳聚糖为聚阳离子,将二者层层组装到氨解PLLA表面,并保持壳聚糖为最外一层。图6-18的结果说明,表面组装了PSS/Chi的PLLA的内皮细胞相容性显著提高,尤其是表面组装了3或5个双层的PLLA,内皮细胞的黏附率、增殖率、细胞活性(MTT法,即3-(4,5-二甲基噻唑)-

2,5-二苯基四氮唑溴盐,噻唑蓝)和 vWF 因子的分泌能力都显著提高。组装层数较少时,不能将聚合物基底完全覆盖,可能是细胞相容性相对较差的主要原因。

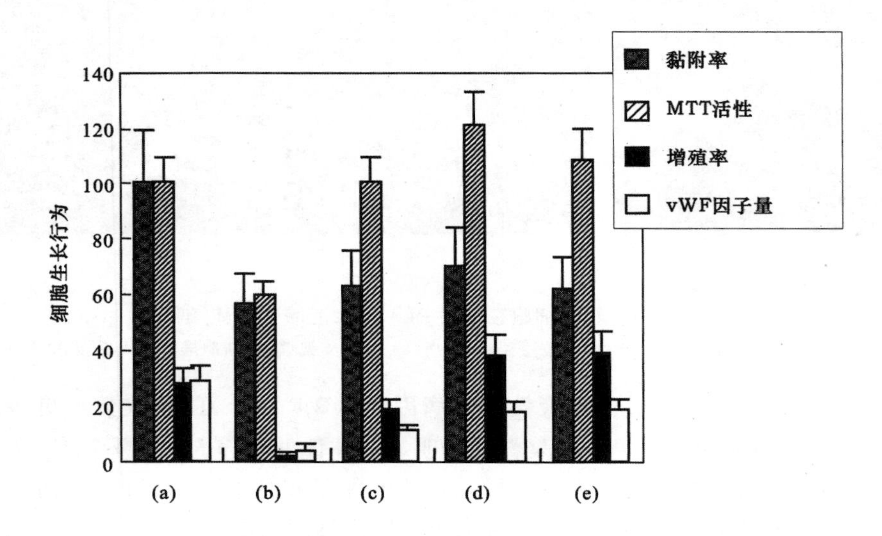

图 6-18 人脐静脉内皮细胞在 PSS/壳聚糖自组装改性 PLLA 表面的黏附率(相对于 TCPS,12 h)、增殖率和细胞活性(4 天)及 3 天后 vWF 释放量(ng/10000 个细胞)

(a)TCPS;(b)PLLA;(c)、(d)、(e)为分别沉积了 1、3、5 双层(PSS/壳聚糖)后的 PLLA。种植密度 12×10^4 个/cm^2

这些积极的研究结果均显示,生物医用材料的表面组装体系不仅在研究模型表面和蛋白质、细胞相互作用本质,而且在生物医用材料和生物医用装置的表面修饰中均具有巨大的潜力和广阔的应用前景。表面组装,从表面科学到表面技术,将为生物医用材料的发展提供崭新的途径。

参考文献

[1] Ratner BD. The engineering of biomaterials exhibiting recognition and specificity. Journal of Molecular Recognition, 1996, 9: 617

[2] Elbert DL, Hubbell JA. Surface treatments of polymers for biocompatibility. Annu. Rev. Mater. Sci. 1996, 26: 365

[3] Klee D, Hoecker H. Polymers for biomedical applications: improvement of the interface compatibility. Adv. Polym. Sci., 1999, 149: 1

[4] Peppas NA, Langer R. New challenges in biomaterials. Science, 1994, 263: 1715

[5] Whitesides GM, Mathias JP, Seto CT. Molecular self-assembly and nanochemistry: A chemical strategy for the synthesis of nanostructures. Science, 1991, 254: 1312

[6] Uchida M, Tanizaki T, Oda T, Kajiyama T. Control of surface chemical-structure and functional property of

langmuir-blodgett-lm composed of new polymerizable amphiphile with a sodium-sulfonate. Macromolecules, 1991, 24: 3238

[7] Ostuni E, Yan L, Whitesides GM. Colloids and Surface B: Biointerfaces,1999,15: 3～30

[8] Salditt T, Schubert US. Layer-by-layer self-assembly of supramolecular and biomolecular films. Reviews in Molecular Biotechnology, 2002, 90: 55

[9] Feng XD, Sun YH, Qiu KY. Reactive site and mechanism of graft copolymerisation onto poly(ether urethane) with ceric ion as initiator. Macromolecules, 1985,18:2105

[10] Martins MC, Wang D, Ji J, Feng L, Barbosa MA. Albumin and fibrinogen adsorption on PU-PHEMA surfaces. Biomaterials, 2003, 24(12):2067～2076

[11] Guan JJ, Gao CY, Feng LX, Shen JC. Functionalizing of polyurethane surfaces by photografting with hydrophilic monomers. Journal of Applied Polymer Science, 2000, 77: 2505

[12] Guan JJ, Gao CY, Feng LX, Shen JC. Surface photo-grafting of polyurethane with 2-hydroxyethyl acrylate for promotion of human endothelia cell adhesion and growth. Journal of Biomaterials Science, Polymer Edition, 2000, 11 (5): 523

[13] Guan JJ, Gao CY, Feng LX, Shen JC. Preparation of functional poly(ether-urethane) for immobilization of human living cells. 1. surface graft polymerization of poly (ether-urethane) with 2-(dimethylamino) ethyl methacrylate and quaternization of grafted membranes. European Polymer Journal, 2000, 36: 2707

[14] Guan JJ, Gao CY, Feng LX, Shen JC. Surface modification of polyurethane for promotion of cell adhesion and growth 1: surface photo-grafting with *N*, *N*-dimethylaminoethyl methacrylate and cytocompatibility of the modified surface. Journal of Materials Science: Materials in Medicine, 2001, 12: 447

[15] 管建均,高长有,沈家骢. 细胞相容性聚氨酯的合成及其细胞相容性研究. 高等学校化学学报,2001, 22 (2): 317

[16] Gao CY, Guan JJ, Shen JC. Grafting of hydrophilic monomers onto polyurethane membranes by solution or pre-absorbing methods for acceleration of cell compatibility. Chinese Journal of Polymer Science, 2001, 19 (5): 493

[17] Gao CY, Li A, Yi XS, Shen JC. Construction of cell-compatible layer and culture of human umbilical vascular endothelial cells on porous polystyrene membranes. Journal of Applied Polymer Science, 2001, 81: 3523

[18] 高长有,袁骏,管建均,沈家骢. 明胶在聚氨酯表面的固定化及其对内皮细胞生长的促进作用. 高等学校化学学报,2002,23(6): 1210

[19] 竺亚斌,高长有,计剑,沈家骢. 聚己内酯的表面光化学接枝改性以及细胞相容性. 材料研究学报,2002, 16(3): 233 (EI)

[20] Ma ZW, Gao CY, Yuan J, Ji J, Gong YH, Shen JC. Surface modification of poly-L-lactide by photografting of hydrophilic polymers towards improving its hydrophilicity. Journal of Applied Polymer Science, 2002, 85 (10): 2163

[21] Zhu YB, Gao CY, Shen JC. Surface modification of polycaprolactone with poly(methacrylic acid) and gelatin covalent immobilization for promoting its cytocompatibility. Biomaterials, 2002, 23(24): 4889

[22] Ma ZW, Gao CY, Ji J, Shen JC. Protein immobilization on the surface of poly-L-lactic acid films for improvement of cellular interactions. European Polymer Journal, 2002, 38 (11): 2279

[23] Ma ZW, Gao CY, Gong YH, Ji J, Shen JC. Immobilization of natural macromolecules on poly-L-lactic acid membrane surface in order to improve its cytocompatibility. Journal of Biomedical Materials Research Part B, Applied Biomaterials, 2002, 63 (6): 838

[24] Ma ZW, Gao CY, Shen JC. Surface modification of poly-L-lactic acid (PLLA) membrane by grafting acrylamide: an effective way to improve cytocompatibility for chondrocyte. Journal of Biomaterials Science, Polymer Edition, 2003, 14(1): 13

[25] Gao CY, Guan JJ, Zhu YB, Shen JC. Surface immobilization of bioactive molecules on polyurethane surface for promotion of cytocompatibility with human endothelial cells. Macromolecular Bioscience, 2003, 3: 157

[26] Zhu YB, Gao CY, Liu XY, Shen JC. Surface modification of polycaprolactone membrane via aminolysis and biomacromolecule immobilization for promoting cytocompatibility of human endothelial cells. Biomacromolecules, 2002, 3: 1312

[27] Zhu YB, Gao CY, He T, Liu XY, Shen JC. Layer-by-layer assembly to modify poly(L-lactic acid) surface towards improving its cytocompatibility to human endothelial cells. Biomacromolecules, 2003, 4: 446

[28] Zhu HU, Ji J, Lin RG, et al. Surface engineering of poly(DL-lactic acid) by entrapment of chitosan-based derivatives for the promotion of chondrogenesis. J Biomed. Mater. Res. 2002, 62 (4): 532

[29] Zhu H, Ji J, Lin R, Gao C, Feng L, Shen JC. Surface engineering of poly(DL-lactic acid) by entrapment of alginate-amino acid derivatives for promotion of chondrogenesis. Biomaterials. 2002, 23 (15): 3141

[30] Zhu H, Ji J, Shen JC. Surface engineering of poly(DL-lactic acid) by entrapment of biomacromolecules. Macromol. Rapid Communication, 2002, 23: 819

[31] Ji J, Feng L, Shen JC, Barbosa MA. Preparation of albumin preferential surfaces on poly(vinyl chloride) membranes via surface self-segregation. J.Biomed. Mater. Res., 2002, 61(2): 252

[32] Ji J, Feng LX, Barbosa MA. Stearyl poly(ethylene oxide) grafted surfaces as albumin preferential materials. Biomaterials, 2001 Nov; 22(22): 3015～3023

[33] Ji J, Feng LX, Qiu YX, Yu YJ, Barbosa MA. Self-assembly and surface structure of amphiphilic copolymer, poly(styrene)-graft-[ω-stearyl-poly(ethylene oxide)]. J. Colloid & Interface Sci., 2000, 224 (2): 255

[34] Ji J, Feng LX, Qiu YX, Yu YJ. Stearyl poly(ethylene oxide) grafted surface as an albumin preferential materials: 2. The effect of the molecule mobility onto protein adsorption. Polymer, 2000, 41: 3713

[35] 计剑，季任天，邱永兴，封麟先，陈宝林．聚氧乙烯功能基复合修饰聚氨酯的合成及其血液相容性研究 1．聚氨酯-接枝-十八烷基聚氧乙烯．高等学校化学学报，1999，20(5)，814

[36] 计剑，季任天，邱永兴，封麟先．聚氧乙烯功能基复合修饰聚氨酯的合成及其血液相容性研究 2．聚氨酯-接枝-聚氧乙烯氨基酸衍生物．高等学校化学学报，1999，20(6)，974

[37] 陈宝林，计 剑，季任天，封麟先．聚氨酯-接枝-磺化聚氧乙烯的合成及其血液相容性研究．高分子学报，1999，Iss 4，449

[38] 计剑，孙永红，仝凤琴，邱永兴，封麟先．聚苯乙烯-接枝-十八烷基聚氧乙烯两亲聚合物阻抗血小板黏附的研究．高等学校化学学报，1997，18(11)：1899

[39] Ji J, Feng LX, Qiu YX, Yu YJ. Immobilization of potentially bioactive moieties onto polyether with poly(ethylene glycol)-sulfonate spacer. Journal of Chinese Polymer Science, 1997, 15: 180

[40] Qiu YX, Yong H, Jian J, Feng LX. Synthesis and in vitro antithrombogenicity assessment of poly(dimethyl siloxane)-graft-poly(ethylene oxide)-heparin. Acta Polymeric Sinica, 1997, 3: 263

[41] Ji J, Feng LX, Qiu YX, Yu YJ. ESR spectroscopy as a probe of the molecular mobility of poly(ethylene oxide) amphiphilic graft copolymer. Macromolecular rapid communication, 1998, 19: 473

[42] Ji J, Barbosa MA, Feng L, Shen JC. A novel urethane containing copolymer as a surface modification additive for blood contact materials. Journal of Materials Science: Materials in Medicine, 2002, 13: 677

[43] Wang DA, Ji J, Sun YH, Shen JC. In situ immobilization of proteins and RGD peptide on polyurethane surfaces via poly(ethylene oxide) coupling polymers for human endo thelial cell growth. Biomacromolecules, 2002, 3: 1286

[44] Wang DA, Ji J., Sun YH, Yu GH, Feng LX, Blends of stearyl poly (ethylene oxide) coupling-polymer in chitosan as coating materials for polyurethane intravascular catheters. J. Biomed. Mater. Res. 2001, 58 (4): 372.

[45] Wang DA, Ji J, Gao CY, Yu GH, Feng LX. Surface coating of stearyl poly (ethylene oxide) coupling-polymer on polyurethane guiding catheters with poly(ether urethane) film building additive for biomedical applications. Biomaterials, 2001,22(12): 1549

[46] Wang DA, Ji J, Feng LX. Surface analysis of poly(ether urethane) blending stearyl poly(ethylene oxide) coupling-polymer. Macromolecules, 2000,33: 8472

[47] Wang DA, Ji J, Feng LX. Various-sized stearyl poly (ethylene oxide) coupling-polymer blending poly(ether urethane) material for surface study and biomedical applications. Macromol. Chem. Phys., 2000, 14: 1574

[48] Wang DA, Chen BL, Ji J, Feng LX. Selective adsorption of serum albumin on biomedical polyurethanes modified by a poly(ethylene oxide) coupling-polymer with cibacron blue (F3G-A) endgroups. Bioconjug. Chem., 2002,13(4):792

[49] Wang DA, Ji J, Feng LX. Selective binding of albumin on stearyl poly(ethylene oxide) coupling polymer-modified poly(ether urethane) surfaces. J. Biomater. Sci. Polym. Ed., 2001,12(10):1123

[50] Kim K, Kim C, Byun Y. Preparation of a PEG-grafted phospholipid Langmuir-Blodgett monolayer for blood-compatible material. J.Biomed.Mater.Res., 2000, 52(4):836

[51] Tirtell M. The role of surface science in bioengineered materials. Surface Science,2000, 500: 61

[52] Pakalns T, Haverstick KL, Fields GB, McCarthy JB, Mooradian DL, Tirrell M. Cellular recognition of synthetic peptide amphiphiles in self-assembled monolayer films. Biomaterials,1999, 20: 2265

[53] Yu YC, Berndt P, Tirrell M, Fields G. Self-assembling amphiphiles for construction of protein molecular architecture. J. Am. Chem. Soc., 1996, 118: 12515

[54] Yu YC, Pakalns T, Dori Y, McCarthy JB, Tirrell M, Fields GB. Construction of biologically active protein molecular architectureusing self-assembling peptide-amphiphiles. Methods Enzymol,1997,289:571

[55] Fields GB, Lauer JL, Dori Y, Forns P, Yu YC, Tirrell M. Proteinlike molecular architecture: biomaterial applications for inducing cellular receptor binding and signal transduction. Biopolymers, 1998, 47:143

[56] Dori Y, Bianco-Peled H, Satija SK, Fields GB, McCarthy JB, Tirrell M. Ligand accessibility as means to control cell response to bioactive bilayer membranes. J.Biomed.Mater.Res., 2000, 50(1):75

[57] Cho CS, Kotaka K, Akaike T. Cell-adhesion onto block copolymer Langmuir-Blodgett films. J. Biomed. Mater. Res, 1993, 27: 199.

[58] Ahluwalia A, Basta G, Ricci D, Francesconi R, Domenici C, Grattarola M, Palchetti L, Preininger C, De Rossi D. Langmuir-Blodgett films of antibodies as mediators of endothelial cell adhesion on polyurethanes. J. Biomater.Sci.Polym.Ed., 1999,10(3):295

[59] Cho CS, Kobayashi A, Goto M, Park KH, Akaike T. Difference in adhesion and proliferation of fibroblast between Langmuir-Blodgett films and cast surfaces of poly (gamma-benzyl L-glutamate)/poly(ethylene oxide) diblock copolymer. J.Biomed.Mater.Res., 1996, 32(3): 425

[60] Tanahashi M, Matsuda T. Surface functional group dependence on apatite formation on self-assembled monolayers in a simulated body fluid. J.Biomed.Mater.Res., 1997, 34(3): 305

[61] Zhu PX, Ishikawa M, Seo WS, Hozumi A, Yokogawa Y, Koumoto K. Nucleation and growth of hydroxyapatite on an amino organosilane overlayer. J. Biomed. Mater. Res., 2002, 59(2): 294

[62] Sigal GB, Mrksich M, Whitesides GM. Effect of surface wettability on the adsorption of protein and detergents. J. Am. Chem. Soc., 1998, 120: 3464

[63] Arai T, Norde W. Behavior of some model proteins at solid-liquid interfaces. 1. Adsorption from single protein solutions. Colloids Surf., 1990, 53: 1[64] Asthagiri D, Lenhoff AM. Influence of structural details in modeling electrostatically driven protein adsorption. Langmuir,1997, 13: 6761

[65] Roth CM, Lenhoff AM. Electrostatic and van der Waals contributions to protein adsorption: computation of equilibrium constants. Langmuir, 1993, 9: 962

[66] Stuart MAC, Fleer GJ, Lyklema J, Norde W, Scheutjens GMH. Adsorption of ions, polyelectrolytes and proteins. Adv. Colloid Interface Sci., 1991, 34: 477

[67] Gao J, Mammen M, Whitesides GM. Evaluating electrostatic contributions to binding with the use of protein charge ladders. Science, 1996, 272: 535

[68] Mammen M, Colton IJ, Carbeck J, Bradley R, Whitesides GM. Representing primary electrophoretic data in the 1/time domain: comparison to representations in the time domain. Anal. Chem., 1997, 69: 2165

[69] Robeson JL, Tilton RD. Spontaneous reconfiguration of adsorbed lysozyme layers observed by total internal reflection fluorescence with a pH-sensitive fluorophore. Langmuir, 1996, 12: 6104

[70] Wahlgren M, Arnebrandt R. Removal of T4 lysozyme from silicon oxide surfaces by sodium dodecyl sulfate: a comparison between wild type protein and a mutant with lower thermal stability. Langmuir, 1997, 13: 8

[71] Yaminsky V, Jones C,Yaminsky F, Ninhan BW. Onset of hydrophobic attraction at low surfactant concentrations. Langmuir, 1996, 12:3531

[72] Osteuni E, Yan L, Whitesides GM. The interaction of proteins and cells with self-assembled monolayers of alkanethiolates on gold and silver. Colloids and Surface B: Biointerfaces, 1999,15:3

[73] McClary KB, Ugarova T, Grainger DW. Modulating fibroblast adhesion, spreading, and proliferation using self-assembled monolayer films of alkylthiolates on gold. J.Biomed.Mater.Res., 2000, 50(3): 428

[74] Kalltorp M, Oblogina S, Jacobsson S, Karlsson A, Tengvall P, Thomsen P. In vivo cell recruitment, cytokine release and chemiluminescence response at gold and thiol functionalized surfaces. Biomaterials, 1999, 20(22): 2123

[75] Cox JD, Curry MS, Skirboll SK, Gourley PL, Sasaki DY. Surface passivation of a microfluidic device to glial cell adhesion: a comparison of hydrophobic and hydrophilic SAM coatings.Biomaterials, 2002,23(3): 929

[76] Kapur R, Rudolph AS. Cellular and cytoskeleton morphology and strength of adhesion of cells on self-assembled monolayers of organosilanes. Exp Cell Res, 1998,244(1):275

[77] Schakenraad JM, Busscher H. Cell-polymer interactions: the influence of protein adsorption. J.Colloid.Surf, 1989, 42: 331

[78] Leech D. Affinity biosensors. Chem.Soc.Rev.,1994,23:205

[79] Andrade JD, HladyV. Protein adsorption and materials biomcompatibility: a tutorial review and suggested hypotheses. Adv.Polym.Sci., 1987,79:1

[80] Mrksich M, Grunwell JR, Whitesides GM. Biospecific adsorption of carbonic anhydrase to self-assembled monolayers of alkanethiolates that present benzenesulfonamide groups on gold.J. Am. Chem. Soc., 1995, 117:12009

[81] Kasemo B. Biological surface science. Surface Science, 2002, 500: 656

[82] Patel N, Davies MC, Harshorne M, Heaton RJ, Roberts CJ, Tendler SJB, Williams PM. Immobilization of protein molecules onto homogeneous and mixed carboxylate-terminated self-assembled monolayers. Langmuir, 1997,13: 6485

[83] Delamarche E., Bernard A, Schmid H, Michel B, Biebuyck H, Patterned delivery of immunoglobulins to surfaces using microfluidic networks. Science, 1997,276: 779

[84] Delamarche E., Bernard A, Schmid H, Bietsch A, Michel B, Biebuyck H. Microfluidic networks for chemical patterning of substrate: design and application to bioassays. J. Am. Chem. Soc., 1998, 120: 500.

[85] Jordan CE, Frutos AG, Thiel AJ, Corn RM. Surface plasmon resonance imaging measurements of DNA hybridization adsorption and streptavidin/DNA multilayer formation at chemically modified gold surfaces. Anal. Chem., 1997, 69: 4939

[86] Thiel AJ, Frutos AG, Jordan CE, Corn RM, Smith LM. In situ surface plasmon resonance imaging detection of DNA hybridization to oligonucleotide arrays on gold surfaces. Anal. Chem., 1997,69: 4948

[87] Herne TM, Tarlov MJ. Characterization of DNA probes immobilized on gold surfaces. J. Am. Chem. Soc., 1997, 119: 8916

[88] Mar MN., Ratner BD, Yee SS. An intrinsically protein-resistant surface plasmon resonance biosensor based upon a RF-plasma-deposited thin film. Sensor and Actuators B, 1999,54:125

[89] Chen CS, Mrksich M, Huang S, Whitesides GM, Ingber DE. Geometric control of cell life and death. Science, 1997, 276: 1425

[90] Pierschbacher MD, Ruoslahti E. Cell attachment activity of fibronectin can be duplicated by small synthetic fragments of the molecule. Nature, 1984, 309: 30

[91] Ruoslahti E, Pierschbacher MD. New perspectives in cell adhesion: RGD and integrins. Science, 1987, 238: 491

[92] Tamkun JW, DeSimone DW, Fonda D, Patel RS, Horwitz AF, Hynes RO. Structure of integrin, a glycoprotein involved in the transmembrane linkage between fibronectin and actin. Cell, 1986, 46: 271

[93] Hynes RO. Integrins: versatility, modulation, and signaling in cell adhesion. Cell, 1992, 69: 11

[94] Clark EA, Brugge JS. Integrins and signal transduction pathways: the road taken. Science, 1995, 233: 2368

[95] Massia SP, Hubbell JA. An RGD spacing of 440 nm is sufficient for integrin alpha V beta 3-mediated fibroblast spreading and 140 nm for focal contact and stress fiber formation. J. Cell Biol., 1991, 114: 1089

[96] Roberts C, Chen CS, Mrksich M, Martichonok V, Ingber DE, Whitesides GM. Using mixed self-assembled monolayers presenting RGD and (EG)(3)OH groups to characterize long-term attachment of bovine capillary endothelial cells to surfaces. J. Am. Chem. Soc., 1998, 120: 6548

[97] Munro MS, Quattrone AJ, Ellsworth SR, Kulkarni P, Eberhart RC. Alkyl substituted polymers with enhanced albumin affinity. Trans.Am.Soc.Artif.Intern.Organs, 1981,27:499

[98] Ji J, Tan Q, Shen JC. Fabrication of alternating polycation and albumin multilayer coating onto stainless steel by electrostatic layer-by-layer adsorption. Coilliod and Interface Science, Part B, Biointerface, 2003, in press

[99] Elbert DL, Herbert CB, Hubbell JA. Thin polymer layers formed by polyelectrolyte multilayer techniques on biological surfaces. Langmuir, 1999, 15: 5355

[100] Mendelsohn JD, Yang SY, Hiller J, Hochbaum AI, Rubner MF. Rational design of cytophilic and cytophobic polyelectrolyte multilayer thin films. Biomacromolecules, 2003, 4: 96

[101] Chung AJ, Rubner MF. Methods of loading and releasing low molecular weight cationic molecules in weak

polyelectrolyte multilayer films. Langmuir,2002, 18: 1176

[102] Das S, Pal AJ. Layer-by-layer self-assembling of a low molecular weight organic material by different electrostatic adsorption processes. Langmuir,2002, 18:458

[103] Emoto K, Nagasaki Y, Kataoka K. A core-shell structured hydrogel thin layer on surfaces by lamination of a poly(ethylene glycol)-b-poly(D,L-lactide) micelle and polyallylamine. Langmuir, 2000, 16: 5738

[104] Kim H, Urban MW. Reactions of thrombresistant multilayered thin films on poly(vinyl chloride) (PVC) surfaces: a spectroscopic study. Langmuir,1998, 14: 7235

[105] Tang QG,Ji J,Barbosa MA,Fonseca C,Shen JC. Construction thromboresistant surface on biomedical stainless steel via layer-by-layer deposition anticoagulant. Biomaterial,2003,24:4699~4705

[106] Houska M, Bryna E. Interactions of proteins with polyelectrolytes at solid/liquid interfaces: Sequential adsorption of albumin and heparin. J. Colloid. & Interface Sci., 1997,188:243

[107] Bryna E, Houska M, Jirouskova M, Dyr JE. Albumin and heparin multilayer coatings for blood-contacting medical devices. J. Biomed. Mater. Res.,2000,51:249

[108] Serizawa T, Yamaguchi M, Matsuyama T, Akashi M. Alternating bioactivity of polymeric layer-by-layer assemblies: anti- *vs* procoagulation of human blood on chitosan and dextran sulfate layers. Biomacromolecules, 2000, 1: 306

[109] Serizawa T, Yamaguchi M, Akashi M. Alternating bioactivity of polymeric layer-by-layer assemblies: anticoagulation *vs* procoagulation of human blood. Biomacromolecules, 2002, 3: 724

[110] Picart C, Mutterer J, Richert L, Luo Y, Prestwich GD, Schaaf P, Voegel JC, Lavalle P. Molecular basis for the explanation of the exponential growth of polyelectrolyte multilayers. PNAS, 2002, 99(20):12531

[111] Zhu H, Ji J, Tan Q, Barbosa MA, Shen JC. Surface engineering of poly(DL-lactide) via electrostatic self-assembly of extracellular matrix-like molecules. Biomacromolecules, 2003, 4, 378

[112] Zhu H, Ji J, Shen JC. Construction of multilayer coating onto poly (DL-lactic acid) to promote cytocompatibility. 2003, submitted to Biomaterials

[113] Chluba J, Voegel JC, Decher G, Erbacher P, Schaaf P, Ogier J. Peptide hormone covalently bound to polyelectrolytes and embedded into multilayer architectures conserving full biological activity. Biomacromolecules, 2001, 2, 800

[114] Zhang X, Sun YP, Shen JC. editor Y. Lovo, H. Möhwald. Protein architecture: interfacing molecular assemblies and immobilization biotechnology. Enzyme multiplayer films: a way for assembly of microreactors and biosensors. New York: Marcel Deker Inc., 2000

[115] Lvov Y, Decher G, Sukhorukov G, Assembly of thin films by means of successive deposition of alternate layers of DNA and poly(allylamine). Macromolecules, 1993, 26:5396.

[116] Caruso F, Niikura KDN, Ariga OY. Assembly of alternating polyelectrolyte and protein multilayer films for immunosensing. Langmuir, 1997, 13: 3427

[117] Caruso F, Furlong DN, Ariga K, Ichinose I, Kunitake T. Characterization of polyelectrolyte-protein multilayer films by atomic force microscopy, scanning electron microscopy, and Fourier transform infrared reflection-absorption spectroscopy. Langmuir, 1998, 14: 4559.

[118] Schwinte P, Voegel JC, Picart C, Haikel Y, Schaaf P, Szalontai B. Stabilizing effects of various polyelectrolyte multilayer films on the structure of adsorbed/embedded fibrinogen molecules: an ATR-FTIR study. J. Phys. Chem. B, 2001,105:11906—11916

[119] Schwinte P, Ball V, Szalontai B, Haikel Y, Voegel JC, Schaaf P. Secondary structure of proteins adsorbed

onto or embedded in polyelectrolyte multilayers. Biomacromolecules, 2002, 3: 1135

[120] Szyk L, Schaaf P, Gergely C, Voegel JC, Tinland B. Lateral mobility of proteins adsorbed on or embedded in polyelectrolyte multilayers. Langmuir, 2001, 17: 6248

[121] He PL, Hu NF, Zhou G. Assembly of electroactive layer-by-layer films of hemoglobin and polycationic poly (diallyldimethylammonium). Biomacromolecules, 2002, 3: 139

[122] Ganachaud F, Elaissari A, Laagoun A, Cros P. Adsorption of single-stranded DNA fragments onto cationic aminated latex particles. Langmuir, 1997, 13: 701

[123] Lvov Y, Decher G, Sukhorukov G. Assembly of thin films by means of successive deposition of alternate layers of DNA and poly(allylamine). Macromolecules, 1993, 26, 5396

[124] Sukhorukov GB, Mohwald H, Decher G, Lvov YM. Assembly of polyelectrolyte multilayer films by consecutively alternating adsorption of polynucleotides and polycations. Thin Solid Films, 1996, 284/285: 220

[125] Sukhorukov GB, Montrel MM, Petrov AI, Shabarchina LI, Sukhorukov BI. Multilayer films containing immobilized nucleic acids: their structure and possibilities in biosensor applications. Biosens. Bioelectron., 1996, 9: 913

[126] Pei RJ, Cui X, Yang X, Wang E. Assembly of alternating polycation and DNA multilayer films by electrostatic layer-by-layer adsorption. Biomacromolecules, 2001, 2: 463

[127] (a) Ebato H, Herron JN, Muller W, Okahata Y, Ringsdorf H, Suci PA. Long flexible hydrophilic spacer. Angew. Chem. Int. Ed. Engl., 1992, 31:1087 (b) Herron N, Muller W, Paudler M, Riegler H, Ringsdorf H, Suci PA. Specific recognition-induced self-assembly of a biotin lipid/streptavidin/fab fragment triple layer at the air/water interface: ellipsometric and fluorescence microscopy investigations. Langmuir, 1992, 8: 1413 (c) Fujita K, Kimura S, Imanishi Y, Rump E, van Esch J, Ringsdorf, H. Bilayer formation of streptavidin bridged by bis(biotinyl) peptide at the air/water interface. J. Am. Chem. Soc., 1994, 116:5479 (d) Ijiro K, Ringsdorf H, Birch-Hirschfeld E, Hoffmann S, Schilken U, Strube M. Protein-DNA double and triple layers: Interaction of biotinylated DNA fragments with solid supported streptavidin layers. Langmuir, 1998, 14, 2796

[128] Anzai J, Kobayashi Y, Nakamura N, Nishimura M, Hoshi T. Layer-by-layer construction of multilayer thin films composed of avidin and biotin-labeled poly(amine)s. Langmuir, 1999, 15: 221

[129] Lahann J, Balcells M, Rodon T, Lee J, Choi IS, Jensen KF, Langer R. Reactive polymer coatings: a platform for patterning proteins and mammalian cells onto a broad range of materials. Langmuir, 2002, 18: 3632

[130] Sackmann E. Supported membranes: scientific and practical applications. Science, 1996,271: 43

[131] Steinem CA, Jansho A, Ulrich WP, Sieber M, Galla HJ. Impedance analysis of supported lipid bilayer membranes: a scrutiny of different preparation techniques. Biochim. Biophys. Acta-Biomembr., 1996, 1279: 169

[132] Puu G, Gustafson I. Planar lipid bilayers on solid supports from liposomes: factors of importance for kinetics and stability. Biochim. Biophys. Acta, 1997,1327: 149

[133] Plant AL. Supported hybrid bilayer membranes as rugged cell membrane mimics. Langmuir, 1999, 15: 5128

[134] Sackmann E, Tanaka M. Supported membranes on soft polymer cushions: fabrication, characterization and applications. Trends Biotechnol., 2000,18: 58

[135] Boxer SG. Molecular transport and organization in supported lipid membranes. Curr. Opin. Chem. Biol.,

2000,4:704

[136] Horn RG. Direct measurement of the force between two lipid bilayers and the observation of their fusion. Biochim. Biophys. Acta, 1984,778: 224

[137] Tamm LK, McConnell HM. Supported phospholipid bilayers. Biophys. J., 1986, 47:105

[138] Duschl C, Liley M, Lang H, Ghandi A, Zakeeruddin SM, Stahlberg H, Nemetz A, Knoll W, Vogel H. Sulphur-bearing lipids for the covalent attachment of supported lipid bilayers to gold surfaces: a detailed characterization and analysis. Mater. Sci. Eng. C, 1996, 4: 7

[139] Parikh AN, Beers JD, Shreve AP, Swanson BI. Infrared spectroscopic characterization of lipid-alkylsiloxane hybrid bilayer membranes at oxide substrates. Langmuir, 1999, 15: 5369

[140] Evans EA, Sackmann E. Translational and rotational drag coefficients for a disk moving in a liquid membrane associated with a rigid substrate. J. Fluid. Mech., 1988, 194: 553

[141] Gyorvary E, Wetzer B, Sleytr UB, Sinner A, Knoll W. Lateral diffusion of lipids in silane-, dextran-, and S-layer-supported mono- and bilayers. Langmuir, 1999,15: 1337

[142] Majewski, Wong JY, Park CK, Seitz M, Israelachvili JM, Smith GS. Structural studies of polymercushioned lipid bilayers. Biophys. J., 1998,76: 2363

[143] Wong Y, Majewski J, Seitz M, Park CK, Israelachvili JN, Smith GS. Polymer-cushioned bilayers. I. A structural study of various preparation methods using neutron reflectometry. Biophys. J., 1999, 77:1445

[144] Marra KG, Kidani DDA, Chaikof EL. Cytomimetic biomaterials. 2. In-situ polymerization of phospholipids on a polymer surface. Langmuir, 1997, 13:5697

[145] Marra KG, Winger TM, Hanson SR, Chaikof EL. Cytomimetic biomaterials.1. In-situ polymerization of phospholipids on an alkylated surface. Macromolecules, 1997, 30: 6483

[146] Orban JM, Faucher KM, Dluhy RA, Chaikof EL. Cytomimetic biomaterials. 4. In-situ photopolymerization of phospholipids on an alkylated surface. Macromolecules, 2000, 33: 4205

[147] Chon JH, Marra KG, Chaikof EL. Cytomimetic biomaterials. 3. Preparation and transport studies of an alginate amphiphilic copolymer polymerized phospholipid film. J. Biomat. Sci. Polymer. Ed., 1999, 10: 95

[148] Liu H, Faucher KM, Sun X, Feng J, Johnson TL, Orban JM, Apkarian RP, Dluhy RA, Chaikof EL. A membrane-mimetic barrier for cell encapsulation. Langmuir, 2002, 18: 1332

[149] Xu JP, Ji J, Chen WD, Fan DZ, Sun YF, Shen JC. A novel crosslinkable phospholipid polymer as drug-loaded coating for biomedical device. Polymer, in press

[150] Mayes AM, Irvine DJ, Griffith LG. In Regulating Cell Function and Tissue. Thomson RC, Mooney DJ, Healy KE, Ikada Y, Mikos AG. Eds. MRS, San Francisco, 1998, 530: 73

[151] Jo S, Shin H, Mikos AG. Modification of oligo(poly(ethylene glycol) fumarate) macromer with a GRGD peptide for the preparation of functionalized polymer networks. Biomacromolecules, 2001, 2(1): 255

[152] Veronese FM. Peptide and protein PEGylation: a review of problems and solutions. Biomaterials, 2001, 22 (5): 405

[153] Otsuka H, Nagasaki Y, Kataoka K. Surface characterization of functionalized polylactide through the coating with heterobifunctional poly(ethylene glycol)/polylactide block copolymers. Biomacromolecules, 2000, 1(1): 39

[154] Ji J, Feng LX, Shen JC. "Loop" or "tail"? self-assembly and surface architecture of polystyrene-graft-ω-stearyl-poly(ethylene oxide). Langmuir, 2003, 19, 2643

[155] 计剑,封麟先,沈家骢. 白蛋白原位复合的生物医用功能材料的研究——材料的合成和表面结构研究

(Ⅰ). 高等学校化学学报, 2002,23(11):2196
[156] 计剑,封麟先,沈家骢. 白蛋白原位复合的生物医用功能材料的研究——白蛋白的选择性吸附和血液相容性研究. 高等学校化学学报,2002,23(12):2369
[157] Holland NB, Qiu Y, Ruegsegger M, Marchant RE. Biomimetic engineering of non-adhesive glycocalyx-like surfaces using oligosaccharide surfactant polymers. Nature,1998, 392:799
[158] Ruegsegger MA, Marchant RE. Reduced protein adsorption and platelet adhesion by controlled variation of oligomaltose surfactant polymer coatings. J. Biomed. Mater Res,2001, 56:159
[159] Hwang J, Iyer SN, Li L, Claussen R, Harrington DA, Stupp SI. Self-assembling biomaterials: liquid crystal phases of cholesteryl oligo(L-lactic acid) and their interactions with cells. PNAS, 2002, 99(15) 9663
[160] Ji J, Tan Q, Shen JC. 2003, submitted to Bioconjugate Chemistry
[161] 计剑,徐建平,陈伟东,沈家骢,范德增,孙福玉. 国家专利《一种改善生物医用装置生物相容性的医用涂层材料组成》.申请号:02136138
[162] Zhu H, Ji J, Shen JC. 2003, submitted to Advanced Materials
[163] 朱惠光. 聚乳酸组织工程材料的细胞相容性表面设计研究[博士论文].杭州:浙江大学,2003.
[164] Zhu YB, Gao CY, Shen JC. Endothelium regeneration on luminal surface of polyurethane vascular scaffold modified with diamine and covalently grafted with gelatin. Biomaterials, in press

第 7 章　树枝状分子的组装体

薄志山　付亚琴

7.1　树枝状分子简介

1978 年德国波恩大学 Vögtle 教授报道了用迭代方法合成穴状配体 **1**，这被认为是合成树枝状分子的首次报道（图 7－1）[1]。随后，在 20 世纪 80 年代初，美国 Dow化学公司的 Tomalia 博士以及南佛罗里达大学的 Newkome 教授发展了Vögtle教授提出的迭代合成法，制备了代数较高的树枝状分子 **1**，并把这种方法称为发散合成法（图 7－2a）[2]。发散法合成树枝状分子是从树枝状分子的中心（核心）开始，将保护的支化单体通过非常高效的化学反应连接到核上，经过分离就得到了第一代的树枝状分子。将树枝状分子外围的保护基去掉，重复前一步反应，将支化单体接到第一代树枝状分子的外围，经分离得到第二代树枝状分子，重复前述反应可以得到高达 7 代的树枝状分子。发散法的特点是随着树枝状分子代数的增加，参加反应的官能团数目呈几何级数增加。用发散法合成的高代数的树枝状分子通常都存在缺陷，结构不够完美，而且要求用于发散法的化学反应必须转化率非常高，否则得到的树枝状分子缺陷太多。如每步反应的转化率都为 99％，经过 10 步反应制得的第五代树枝状分子，其结构完美的分子只占 90％左右。因此对发散法合

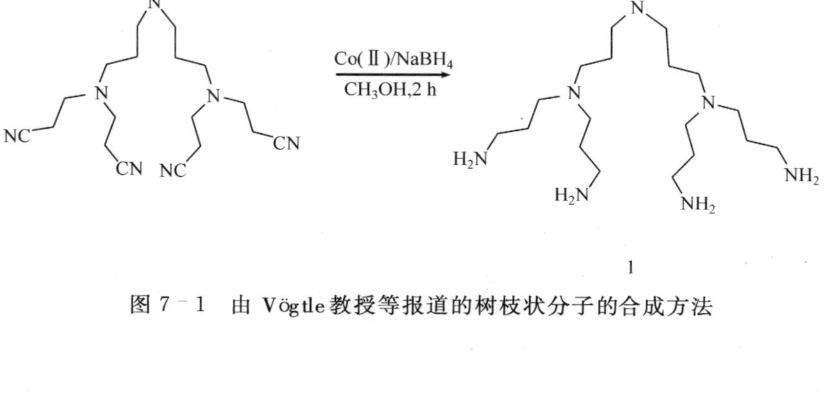

图 7－1　由 Vögtle 教授等报道的树枝状分子的合成方法

成的树枝状分子来说,单分散概念仅仅是尺寸大小的单分散。

在 20 世纪 90 年代初,Hawker 和 Fréchet 提出了收敛法合成树枝状分子(图 7－2b)[3]。与发散法不同,收敛法是从树枝状分子的外围开始由外向内合成。通常每步反应只涉及 2～3 个官能团,产物比较单一,一般可用柱层析的方法提纯。

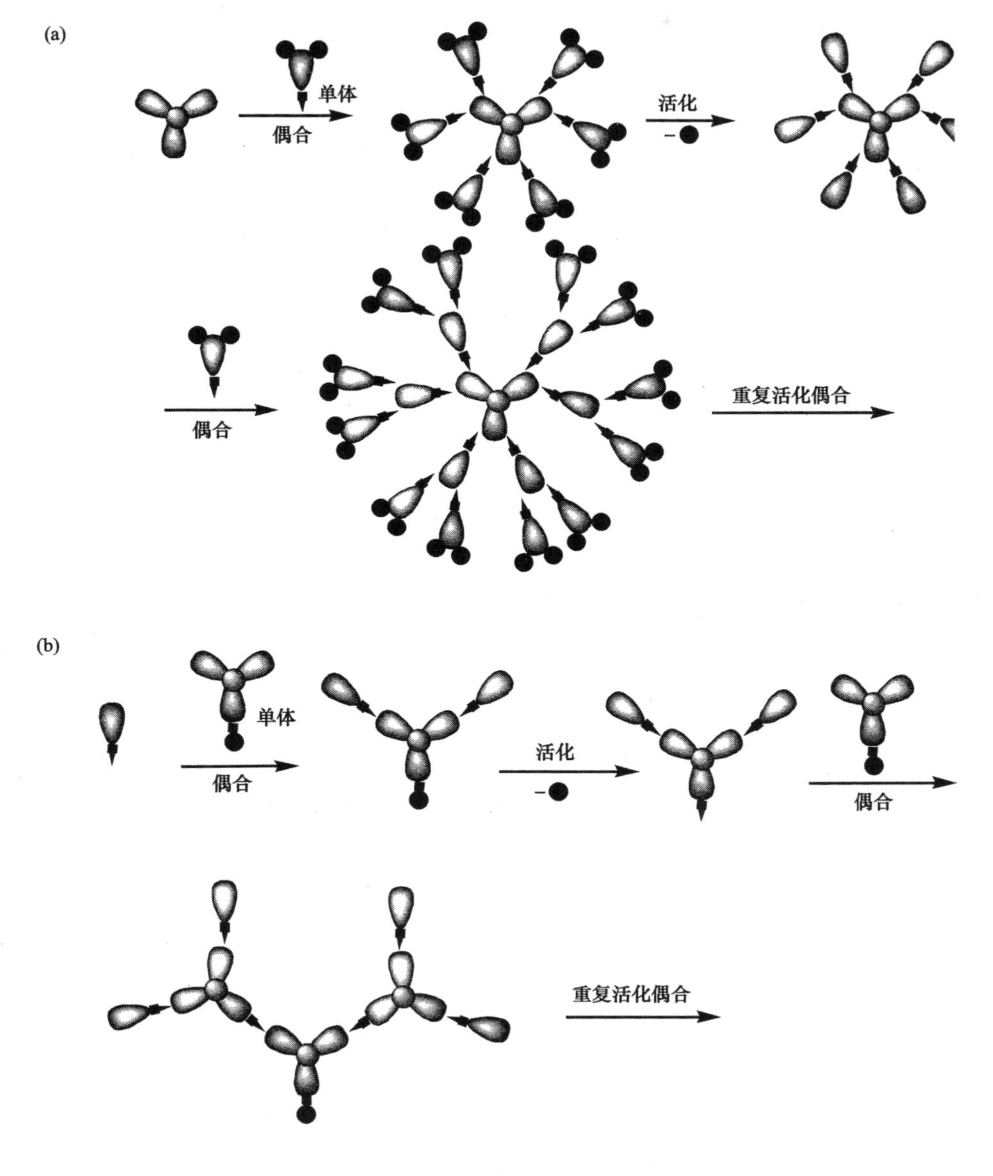

图 7－2　树枝状分子的合成方法
(a) 发散法;(b) 收敛法

收敛法首先得到的是树枝状分子的一个树枝，最后将树枝连接到核上才得到树枝状分子。因此收敛法适合于合成结构比较完美、缺陷较少的树枝状分子。另外，用收敛法可控制树枝状分子的表面官能团结构。

与传统的线型高分子相比，树枝状分子有如下重要的特征：(1)单分散；(2)呈球形三维结构；(3)化学结构可控；(4)具有大量的末端基；(5)可在特定位置引入官能团[4]。由于树枝状分子的这些结构特征，使得它成为构筑超分子体系或其他高级结构的理想的纳米结构单元。吉林大学超分子结构与谱学实验室在合成和组装树枝状分子方面已经进行了近十年的研究工作，在合成与界面组装方面做了一些有特色的工作[5]。这 10 年间，在国际上树枝状分子的研究也取得了突飞猛进的发展。到目前为止，仅在美国化学会的期刊中发表的涉及树枝状分子的文章就有 1932 篇。研究内容涉及化学学科的各个领域，如有机化学、无机化学、分析化学、物理化学、材料化学、药物化学以及生物化学。限于篇幅，本章仅围绕我们的研究工作，从设计合成到以树枝状分子作为纳米结构单元进行超分子和高级结构的组装，对树枝状分子做些介绍。

7.2 树枝状分子的快速合成方法及外围的功能化

树枝状分子的合成是比较繁琐的，需要进行反复的偶联-活化-偶联-活化反应，并且每一步都需要进行分离纯化，因此如何有效缩短反应步骤，对合成高代数树枝状分子显得尤为重要。树枝状分子的合成常采用的是 AB_2 型的支化单体，如 Fréchet 等用 2,2,2-三氯乙醇来保护羧基，用收敛法合成了聚酯树枝状分子 **2**，合成路线如图 7-3[6]所示。

在这里，3,5-二羟基苯甲酸 2,2,2-三氯乙酯被用作支化单元，DCC(二环己基碳二酰亚胺)为脱水剂，DPTS(*N*, *N*-二甲基氨基吡啶的对甲苯磺酸盐)为催化剂，在二氯甲烷中与焦点为羧基的树枝状分子缩合进行代数的增长。在乙酸和四氢呋喃的混合溶剂中，用锌粉处理可去掉保护基，得到可用于下一步增长反应的、焦点为羧基的树枝状分子。这种聚酯树枝状分子的外围是苄氧基，在钯碳催化下可以去掉苄基得到端基为酚羟基的树枝状分子。为提高合成树枝状分子的效率，缩短反应步骤，薄志山等设计了一种 AB_4 型的支化单体 **3**。这种 AB_4 型的单体外围有 4 个酚羟基，焦点为用甲基保护的羧基。此单体可用来快速合成聚酯树枝状分子，其合成路线如图 7-4[7]所示。

此 AB_4 型支化单体 **3** 可直接与第一代的树枝缩合，一步得到第三代的、焦点为甲酯基的树枝，与第二代的树枝缩合可得到第四代的树枝。所得到的第三代树枝与 $AlCl_3$/NaI 在乙腈中回流可选择性地去掉焦点的甲基保护基，这种方法非常有效，其他大量的芳香酯键不受任何影响。将焦点为羧基的树枝在以 DCC 为脱水剂、DPTS 为催化剂的条件下，连接到均苯三酚上可得到第三代的聚酯树枝状分子 **4**(如图 7－5)。

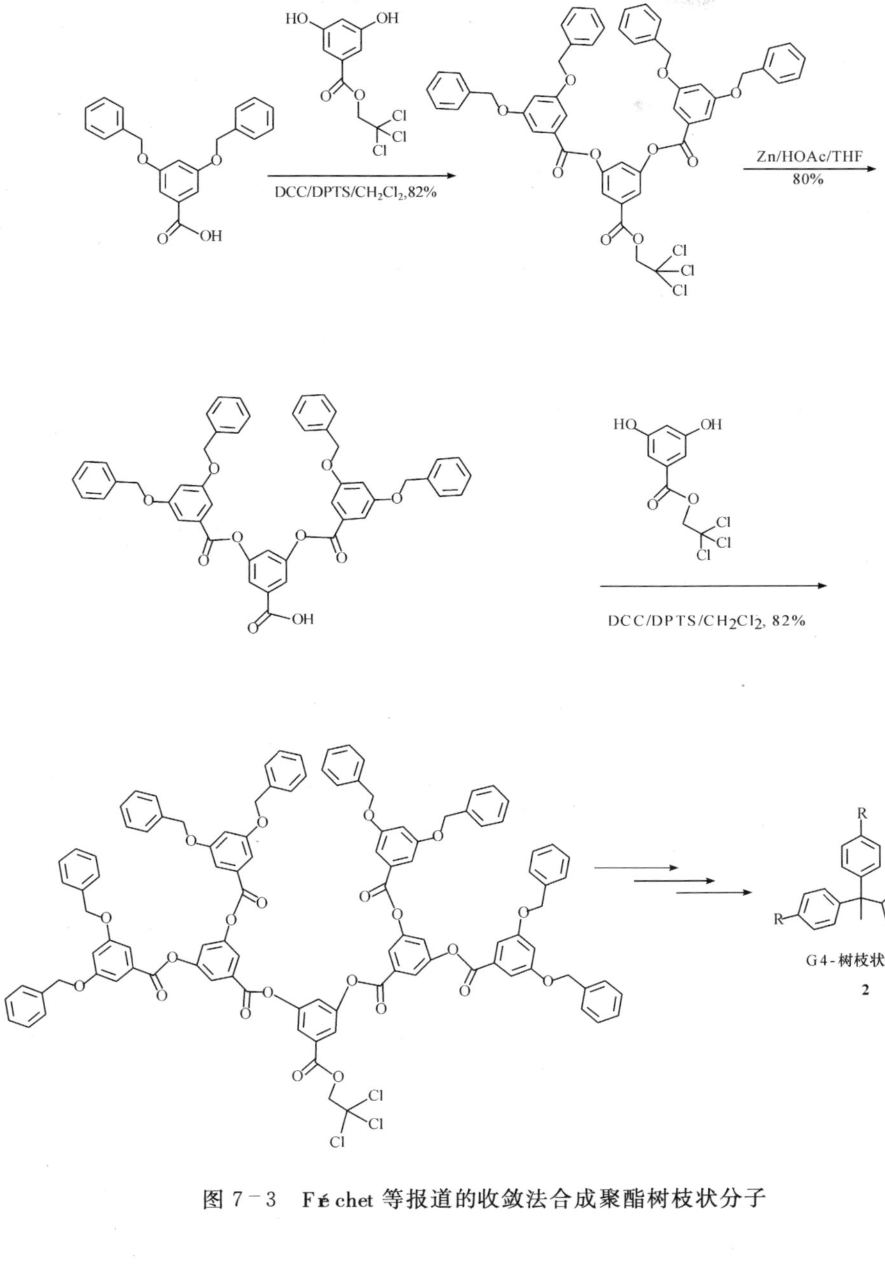

图 7－3　Fréchet 等报道的收敛法合成聚酯树枝状分子

R =

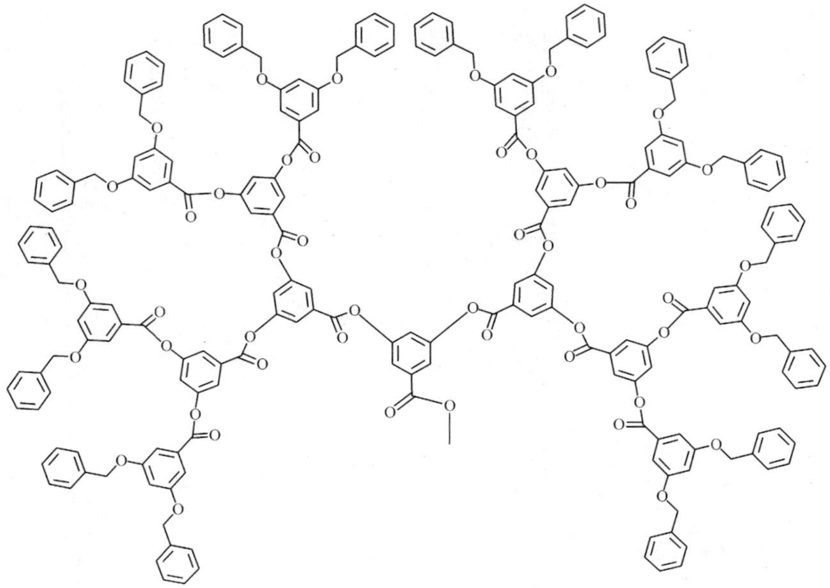

O O O O O O O O O O O O O O O O O O O O O O O O O O O O O O O O O O O O O O O O O O O O O O

图 7-3(续)

HO OH

O OH

苄基氯
$NaHCO_3$/DMF,N_2

1. KOH/H_2O
2. H_3^+O

O O

O OH

HO OH

O O

DCC/DPTS/CH_2Cl_2

O O O O O O O O O O

Pd/C,H_2
THF

HO OH HO OH

O O O O O O

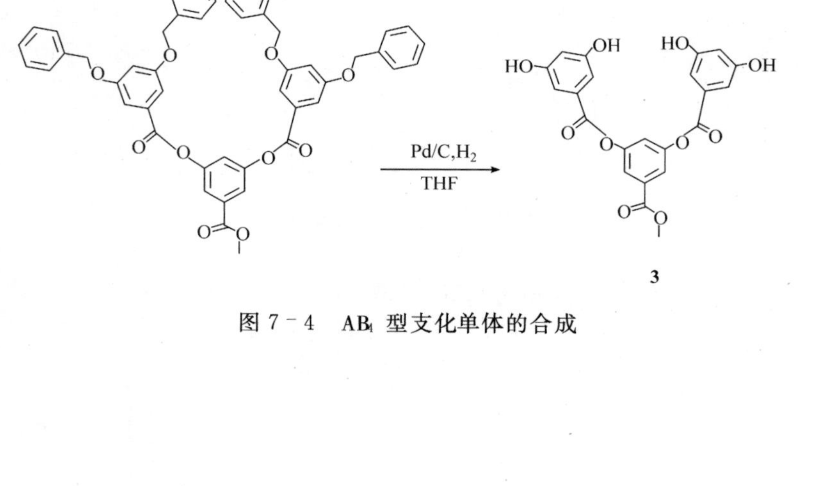

3

图 7-4　AB_4 型支化单体的合成

此外,DCC/DPTS 活化的偶联反应和钯催化的氢化反应还可用于发散法合成聚酯树枝状分子。以均苯三酚为核心、3,5 -二苄氧基苯甲酸为支化单体,用发散法合成了外围官能团为酚羟基的树枝状聚酯分子。这些外围的酚羟基可通过化学反应进一步修饰和改性,得到外围为咔唑的功能化树枝状分子[8]。

由于经典的树枝状分子的合成方法都比较繁琐,因此从 20 世纪 90 年代初起人们开始寻找有效的快速合成方法。最早的快速合成法是由 Fréchet 教授报道的(图 7-6)[9]:采用 3,5 -二异氰酸酯基苄基氯和 3,5 -二羟基苯甲醇两种单体作为树枝状分子代数增长所需的支化单体,首先将焦点为羟基的 G1 树枝与 3,5 -二异氰酸酯基苄基氯反应,得到焦点为苄基氯的 G2 树枝。接下来不需进行分离和官能团活化,此 G2 树枝可直接与 3,5 -二羟基苯甲醇反应得到 G3 树枝 **5**。虽然这条路线设计得非常巧妙,但是由于G2树枝中的氨基甲酸酯单元在下一步的醚化反

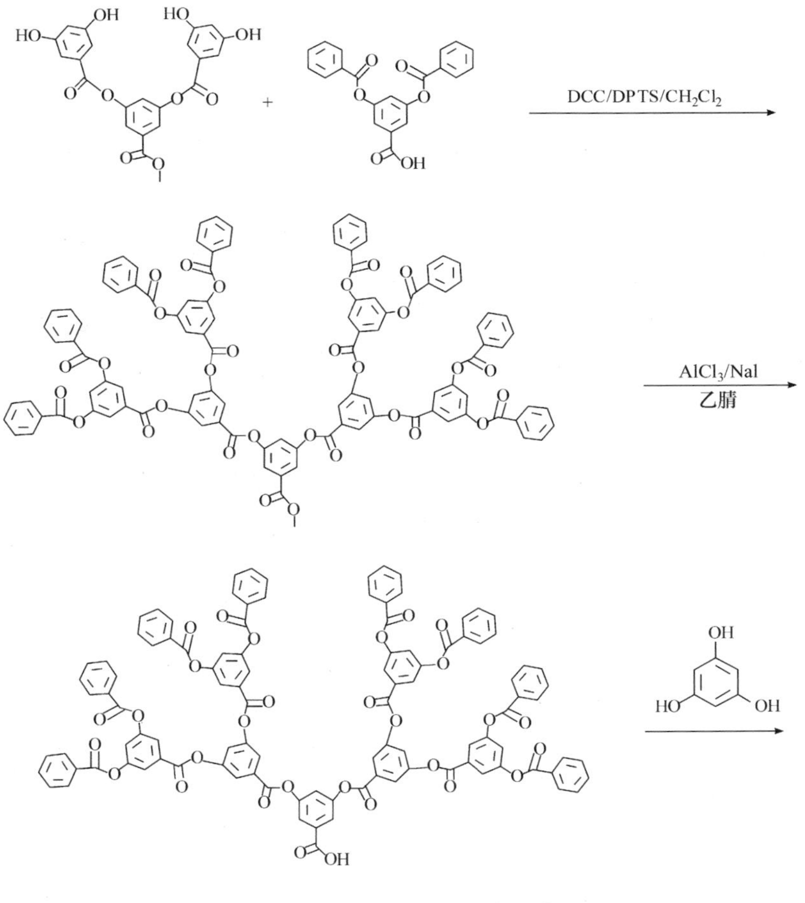

DCC/DPTS/CH_2Cl_2

$AlCl_3$/NaI
乙腈

图 7-5　树枝状分子的快速合成

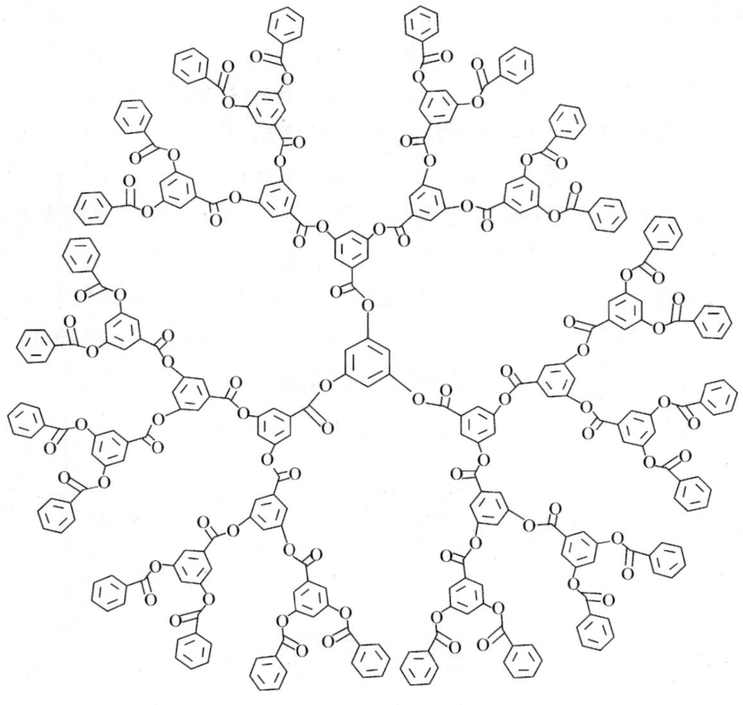

4

图 7－5(续)

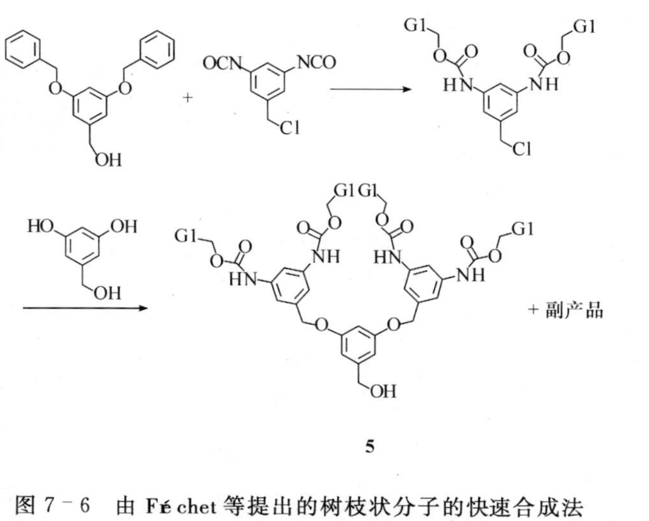

+ 副产品

5

图 7－6　由 Fréchet 等提出的树枝状分子的快速合成法

应条件下不够稳定，且有副反应存在，因此这条合成路线并不是非常成功。1999 年，Fréchet 教授的研究小组成功地开发了另外一条正交的合成路线(图 7－7)[10]：

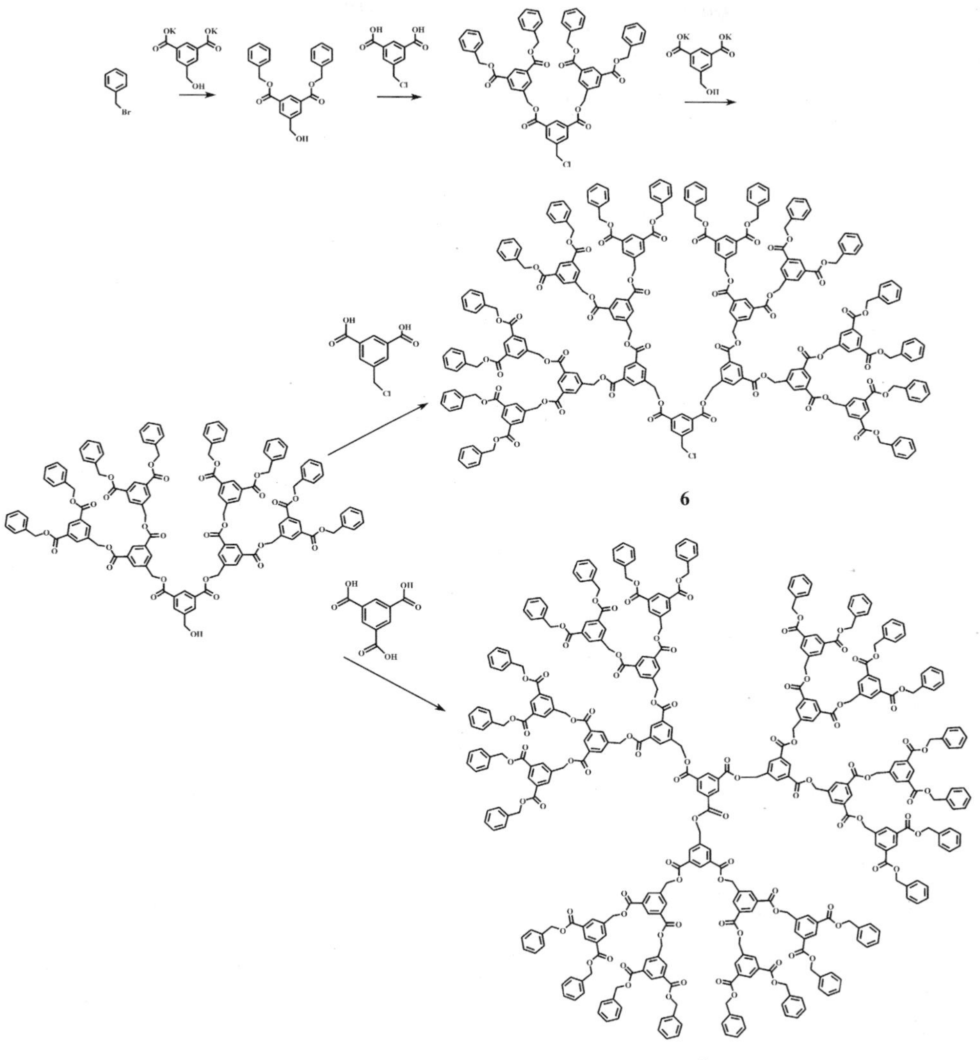

图 7－7 正交法合成树枝状分子

苄基溴与 5－羟甲基间苯二甲酸反应，得到焦点为苄醇的 G1 树枝，此 G1 苄醇接下来与 5－氯甲基间苯二甲酸在 DCC 存在下缩合得到焦点为氯甲基的 G2 树枝。不需活化，此 G2 树枝与 5－羟甲基间苯二甲酸再反应，以 89%的收率得到焦点为苄醇的 G3 树枝。G3 树枝可与 5－氯甲基间苯二甲酸缩合得到焦点为氯甲基的 G4

树枝 **6**,也可与均苯三甲酸缩合得到 G3 的树枝状分子 **7**。

Zeng 和 Zimmerman 也开发了一种正交的快速合成法。用这种方法合成时,可以用较少的反应步骤制备较高代数的树枝状分子(图 7－8)[11]:5－碘间苯二甲酸与 2－(4－特丁基苯氧)乙醇缩合得到焦点为碘官能团的 G1 树枝,然后再与 3,5－双乙炔基苯甲醇用 Sonogashira 反应偶联得到焦点为苄醇的 G2 树枝,G2 树枝再与 5－碘间苯二甲酸缩合转化为焦点为碘官能团的 G3 树枝,接下来再重复与 3,5－双乙炔基苯甲醇的偶联反应,就可制得焦点为苄醇的 G4 树枝 **8**。使用正交法合成的成功例子,还有

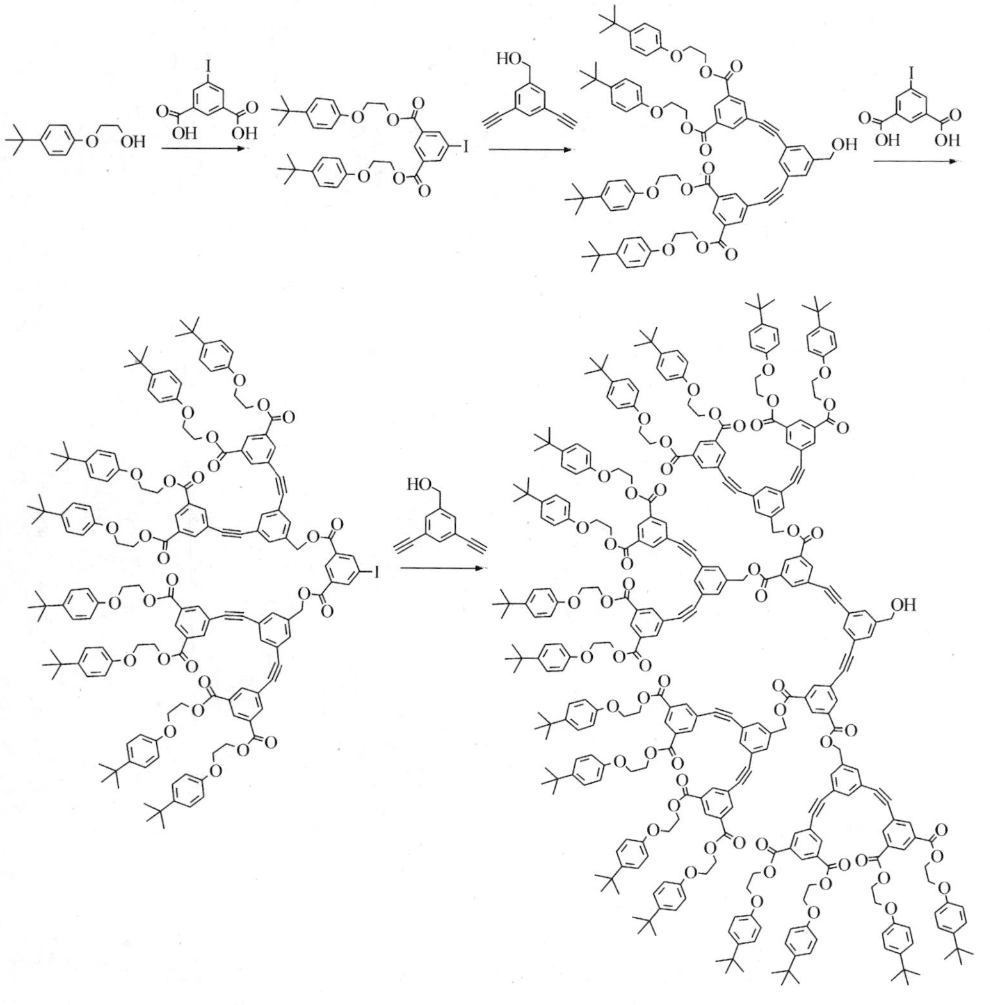

8

图 7－8　Zeng 和 Zimmerman 采用的正交法快速合成树枝状分子

Yu 等采用的 Wittig 反应制备共轭的聚苯撑乙烯树枝状分子[12]。

Fréchet、Zimmerman 和 Yu 采用的正交合成法从合成设计来说非常巧妙和精彩，但是正交合成法要求支化单体所带有的官能团在两个系列的反应中互不影响，因此符合这个要求的体系非常少，能够用正交法制备的树枝状分子的种类非常有限。目前，绝大部分的树枝状分子是用经典的方法合成的。

7.3 两亲性树枝状分子的合成及组装

采用收敛法或者发散法都可以合成结构可控的、纳米尺寸大小的两亲性树枝状分子。Saville 等最早用 LB 方法研究了 Fréchet 组用收敛法合成的、焦点为羟基的 Fréchet 型聚醚树枝状分子[13]。他们的研究结果表明，这种树枝状分子在低代数时可以形成稳定的单层膜，但膜的崩溃压很低，通常只有几个 mN/m；在代数较高时，其在水面上的铺展行为类似于端基为亲水官能团的疏水聚合物。上述的结果表明：树枝状分子在低代数时，其两亲性特征较为显著，因此可以在水面上形成稳定的单层膜；在代数较高时，由于亲水官能团被包埋在树枝状分子中，分子的亲水性太弱，因此不能形成稳定的单层膜。这种表面活性剂与非表面活性剂的转变发生在第四代与第五代之间。为了研究树枝状分子在气-液界面的结构形态，他们用中子衍射法进行了研究。研究结果表明，树枝状分子在水面上形成的双层膜中，上层的树枝状分子呈球形形态且含水很少；下层的树枝状分子呈椭球形的形态，且其中含有大约 25%的水。这些焦点为羟基的树枝状分子形成的单层膜具有较低的崩溃压，而具有长烷基链的两亲性分子通常可以形成崩溃压较高的单层膜。为此用收敛法合成了外围带有八条烷基链、焦点分别为羟基和羧基的聚醚树枝状分子 **9** 和 **10**(图 7-9)[14]。这些外围带有烷基链的两亲性树枝状分子可以通过烷基

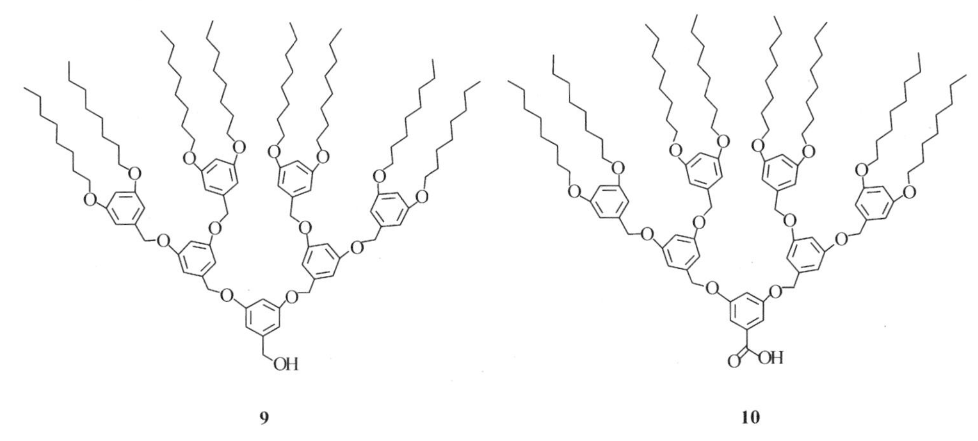

图 7-9 带有 8 条烷基链的两亲性聚醚树枝状分子

链的有序排列，在水面上形成稳定的单层膜，其中焦点为羧基的聚醚树枝状分子单层膜的崩溃压较焦点为羟基的聚醚树枝状分子的崩溃压略高。这两种树枝状分子在水面上都具有非常好的流动性，在水面上可以重复压缩和铺展。与不带有烷基链的 Fréchet 型树枝状分子相比，其单分子膜的崩溃压略高。用这种方法可以测定树枝状分子在水面上的单分子截面积的大小，得到分子在水面上排列的一些非常有用的信息。

Hawker 等合成了第四代的(G4)、焦点带有三缩四乙二醇的 Fréchet 型树枝状分子 **11**(图 7-10)，并研究了其在气-液界面的铺展行为[15]。与焦点为苄醇的 Fréchet 型 G4 树枝相比，带有较长亲水链的 G4 树枝具有明显的两亲性特征，能够在水面上形成稳定的单层膜，其膜的崩溃压可达 20 mN/m，位于焦点处较强的亲水性取代基导致单层膜的崩溃压增加，而无亲水链的 G4 树枝不具有典型的两亲性特征，在水面上形成双层膜。通过改变亲水链的长度，可以改变分子与水面作用力的大小，而对疏水的树枝状分子的形态几乎没有任何影响。这种通过对分子结构的控制，从而控制分子与表面作用力大小的方法，对其在界面的应用是非常有用的。

与沈、Hawker 的分子设计相反，科学院化学所李于飞和陈永明等合成了外围为亲水的羧基、焦点为长烷基链的 Fréchet 型第一到第三代树枝状分子 **12**[16]。他们研究发现，这类两亲性的树枝状分子可以在气-液界面形成稳定的单层膜，第一代树枝状分子(G1)膜的崩溃压在 40 mN/m 以上；第二代(G2)的为 30 mN/m；第三代(G3)的接近 40 mN/m。第一和第二代的单层膜具有非常好的流动性，而第三代的单层膜在重复压缩过程中，其 $\pi-A$ 等温曲线表现出滞后性。G1 和 G2 单层膜转移到固体基片上形成 LB 膜，可用原子力显微镜观察到周期为 0.5 nm 和 0.7 nm 的带状隆起结构(图 7-11)。

Meijer 等将疏水的取代基连接在亲水的 Meijer 型树枝状分子的外围，得到了外围疏水、内部亲水的两亲性树枝状分子 **13**(图 7-12)[17]。这种两亲性树枝状分子在溶液中呈反胶束结构，可以用作高效的萃取剂。如果亲水树枝状分子的外围接的是长烷基链，由于这种 Meijer 型树枝状分子的亲水核非常柔软，这种两亲性的树枝状分子可以在气-液界面通过自组装形成非常稳定的单层膜(图 7-13)，其分子的结构特点类似于沈家骢等在 20 世纪 90 年代初报道的倒浮萍结构[5,18]。这种带有长烷基链的两亲性树枝状分子在水面上呈圆柱形结构。

如果这种亲水核的外围接的是体积较大的疏水基团如金刚烷，其分子结构将类似于 Meijer 等以前报道的树枝状盒子[19]。即外围比较刚性，其分子很难由溶液中的单分子反胶束结构反转为适合形成单层膜的上层疏水、下层亲水的两亲性结构。另外，这种带有金刚烷的两亲性树枝状分子也很难形成紧密排列的单层膜结构，这可以从它们的 $\pi-A$ 等温曲线上清楚地看出(图 7-14)。

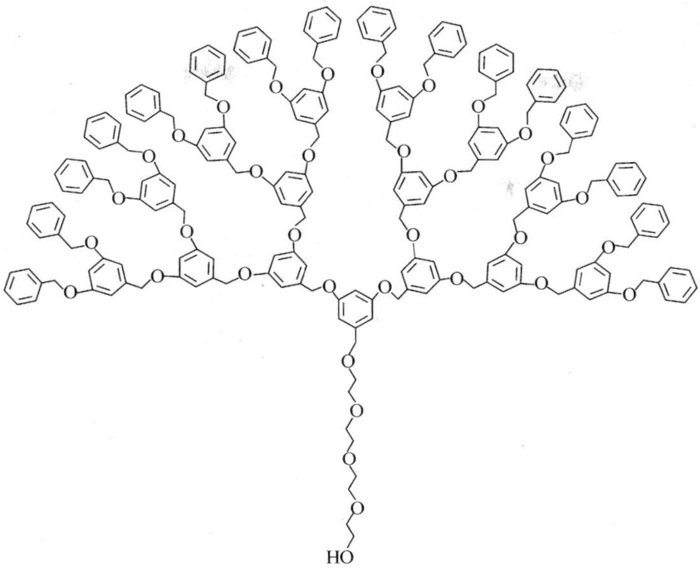

HO

11

COOH
HOOC
COOH
HOOC
COOH
COOH
HOOC
COOH

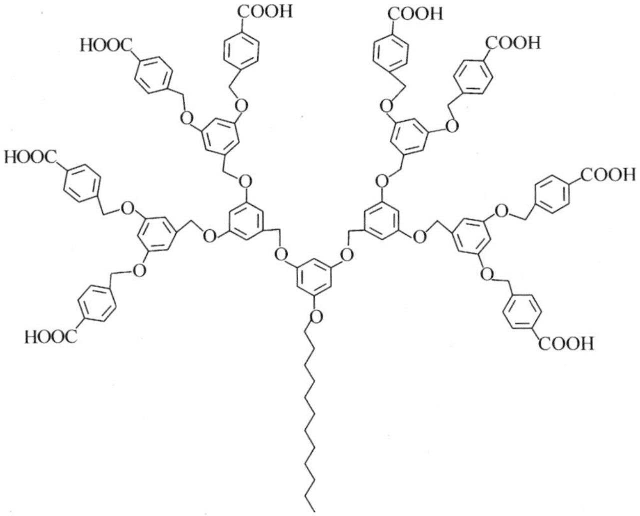

12

图 7-10　焦点带有亲水链的两亲性 Fréchet 型第四代树枝状分子 11 和外围带有多个亲水羧基、焦点带有长烷基链的 Fréchet 型第三代树枝状分子 12

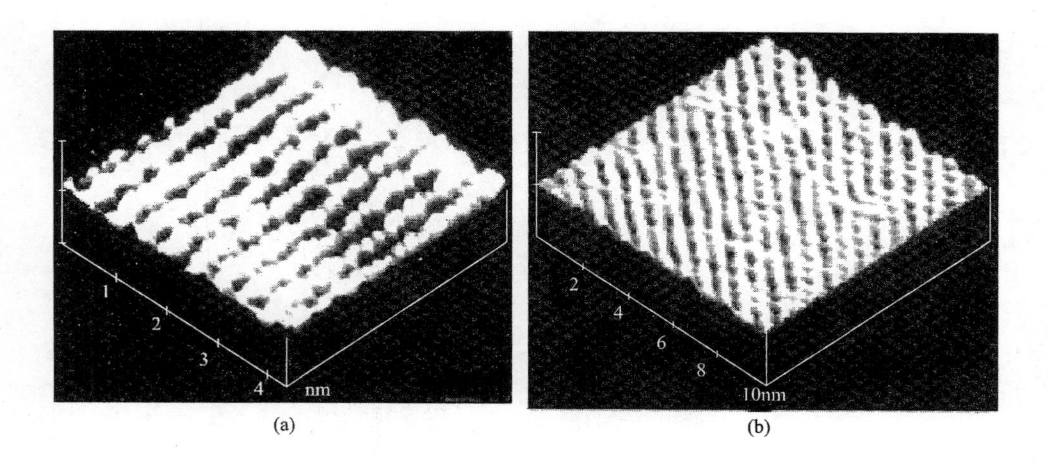

图 7-11　经过数学处理的 LB 膜的 AFM 图像

(a)G1;(b)G2

如果将这种外围带有长烷基链以及偶氮苯的、两亲性树枝状分子(结构如图 7-12所示)溶在酸性水溶液中,其亲水的树枝状分子核上的叔胺可以被质子化为季铵盐。由于库仑力的排斥作用使得亲水核成为更加伸展的结构,而疏水的烷基链则聚集在一起,从而形成双层的囊泡结构(图 7-15)。Meijer 等还将苯撑乙烯的齐聚物连接在 Meijer 型树枝状分子的外围,得到了内层亲水、外层疏水的两亲性结构。这种两亲性分子可以在气-液界面形成均匀的单层膜。这种两亲性的树枝状分子还可以非常容易地将阴离子型的染料分子萃取到非极性溶剂中,形成如图

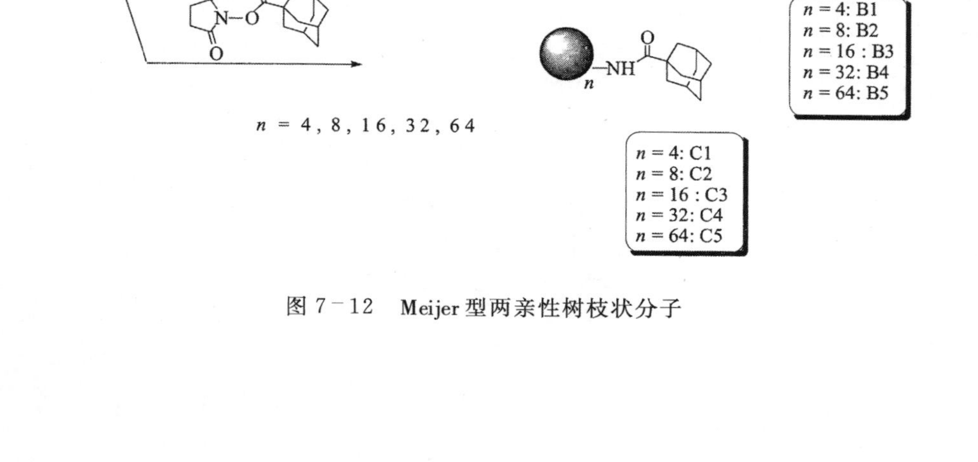

O
Cl　$C_{15}H_{31}$
F_5
O
$C_{10}H_{20}O$
N
N
OC_6H_{13}
O
N–O
O
O
O
–NH_2
n
O
–NH　$C_{15}H_{31}$
n
O
–HN　$C_{10}H_{20}O$
N
N
OC_6H_{13}
n
O
–NH
n

n = 4, 8, 16, 32, 64

n = 4: B1
n = 8: B2
n = 16: B3
n = 32: B4
n = 64: B5

n = 4: C1
n = 8: C2
n = 16: C3
n = 32: C4
n = 64: C5

图 7-12　Meijer 型两亲性树枝状分子

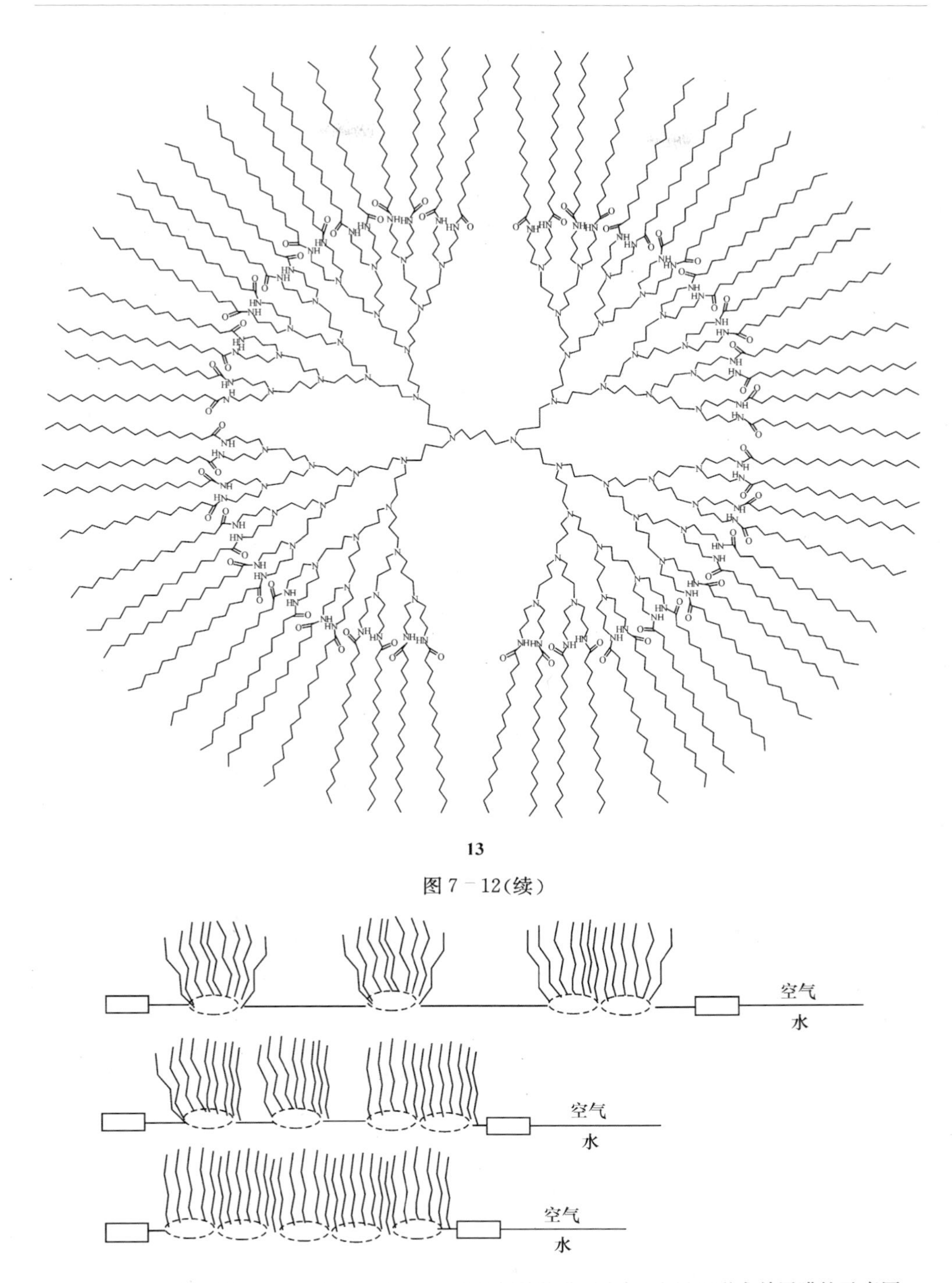

13

图 7－12(续)

图 7－13　外围带有长烷基链的 Meijer 型两亲性树枝状分子在气-液界面形成单层膜的示意图

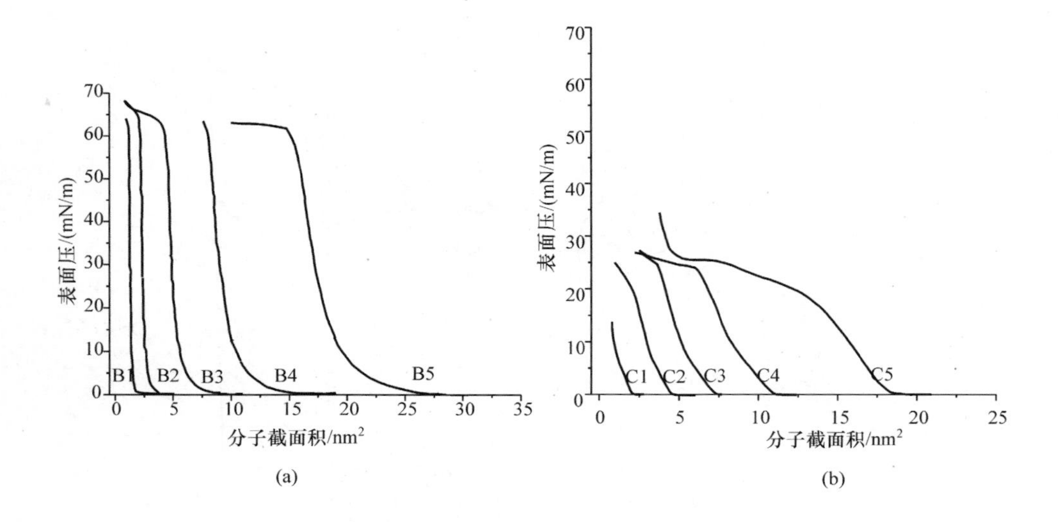

图 7－14　外围带有取代基的 Meijer 型两亲性树枝状分子在气－液界面的 π－A 等温曲线

(a)取代基为长烷基链(B1～B5)；(b)取代基为金刚烷(C1～C5)

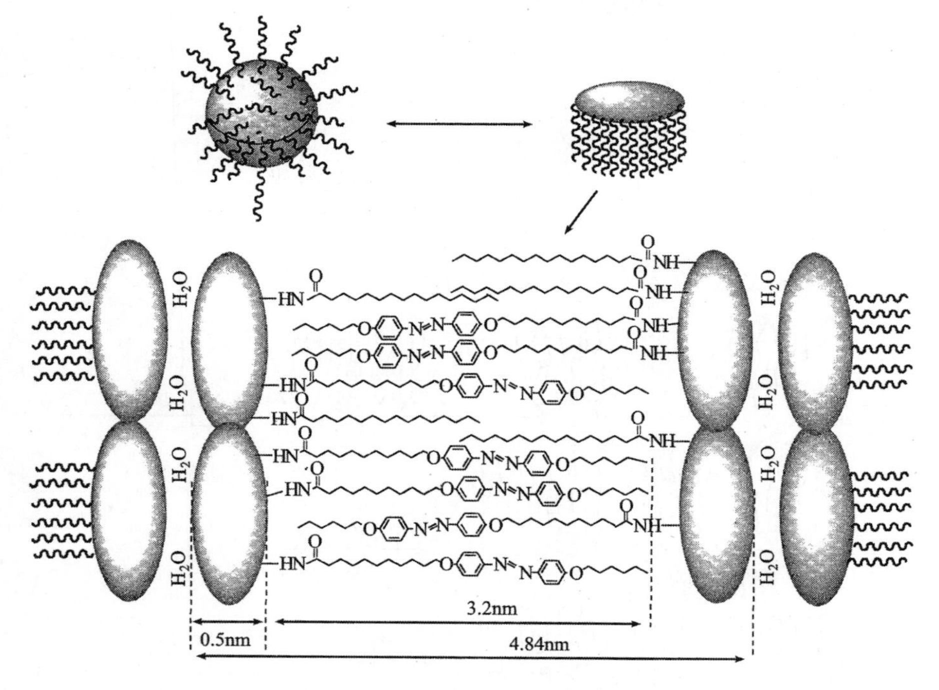

图 7－15　Meijer 型、带有长烷基链或者偶氮苯的两亲性树枝状分子在酸性溶液中形成的双层膜结构

7-16所示的主客体结构 **14**。这种超分子型结构形成的膜是一种非常有效的能量转移体系。外围的苯撑乙烯齐聚物可以将能量非常有效地传递给内部的客体染料分子。改变内部的客体染料分子,可以改变体系的发光光谱,用这种体系可望制成超分子结构的发光二级管[20]。

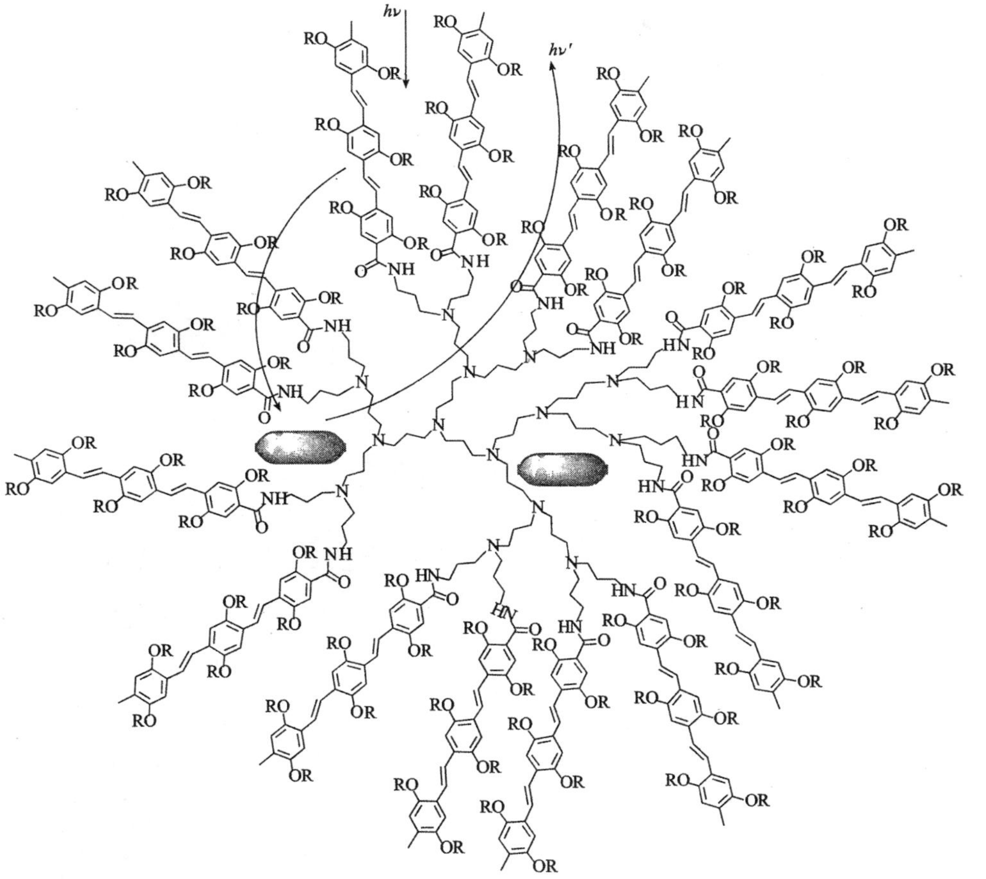

14

图 7-16　超分子结构的能量转移体系

Ariga 等合成了以小分子三肽为支化单元的、从零代到三代的两亲性树枝状分子 **15**。这种树枝状分子的每个重复单元上都带有两条长烷基链,外围带有 Boc 保护基,这种分子结构的特点是每个重复单元都具有两亲性的结构[21]。图 7-17 为这种两亲性树枝状分子的化学结构和分子结构模型示意图。Ariga 等认为这种分子构型有利于紧密的分子排列,形成规整的二维结构。图 7-18 为这类两亲性树枝状分子在气-液界面的 $\pi-A$ 等温曲线，这类分子从零代到三代都在表面压30～40 mN/m处有相转变，然后排列成紧密的二维结构。实验得出的分子截面积大小与计算结果基本一致。从结果上看，在较低表面压时，这类分子中疏水烷基链的有序排列要比 Meijer 型的差。

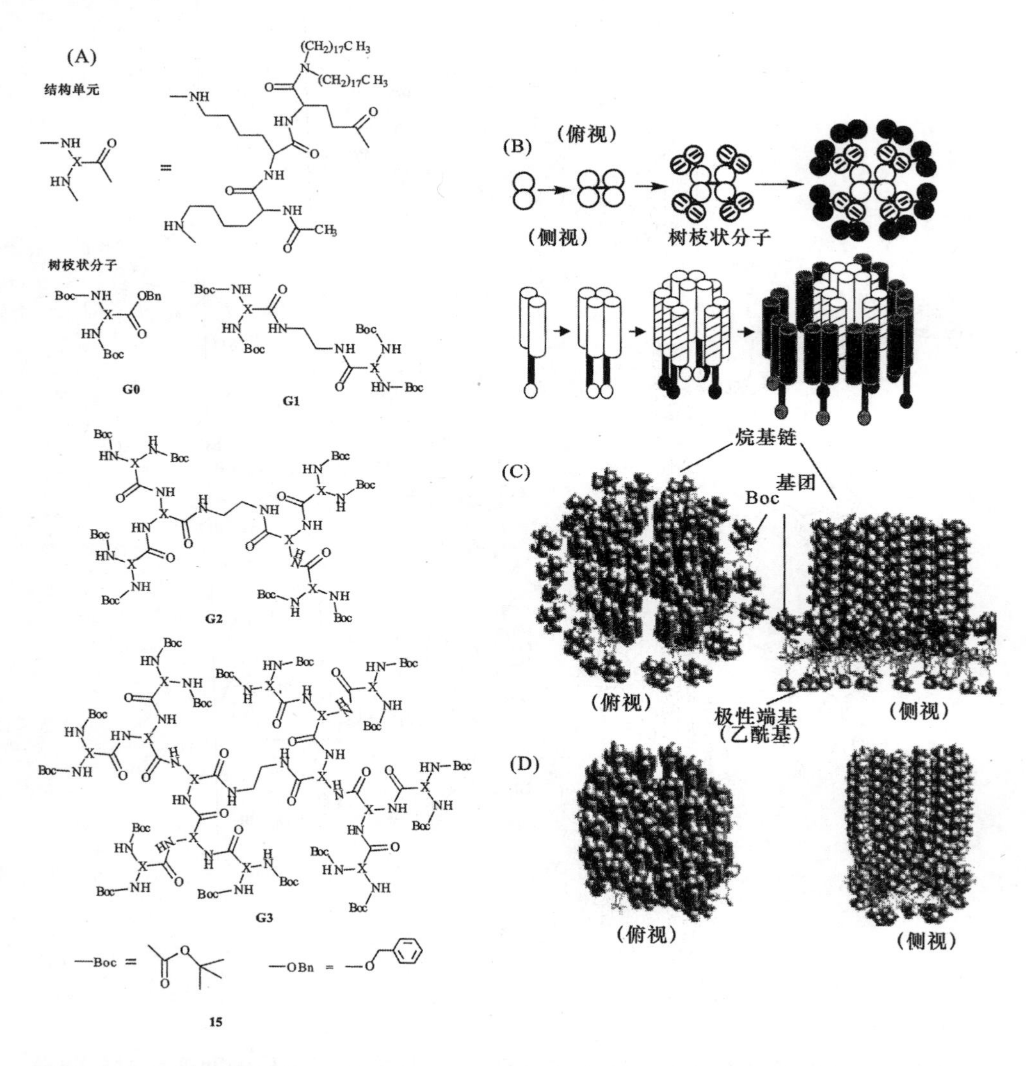

图 7-17　两亲性树枝状分子的化学结构式(左) 和气-液界面的分子排列模型示意图(右)

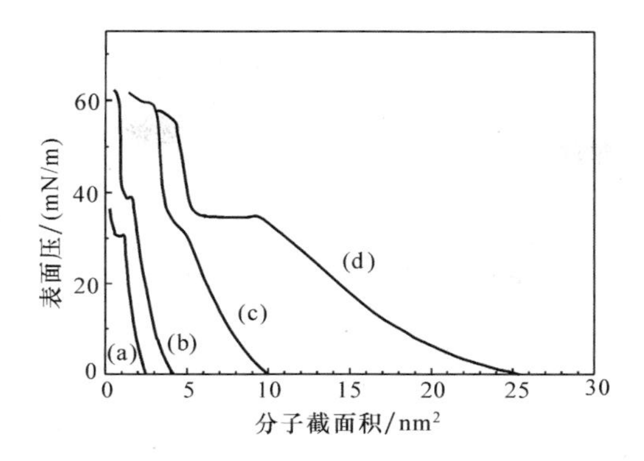

图 7-18　每个重复单元都具有两亲性结构的树枝状分子在气-液界面的 $\pi-A$ 等温曲线

(a)G0; (b)G1; (c)G2; (d)G3

Leibau 等利用 Meijer 型树枝状分子为基本结构单元,在其外围引入长烷基链硫醚并在焦点引入具有电化学活性的二茂铁单元,合成了一系列的、从第一代到第三代的、两亲性的树枝状分子 **16** 和 **17**[22],其结构如图 7-19 所示。

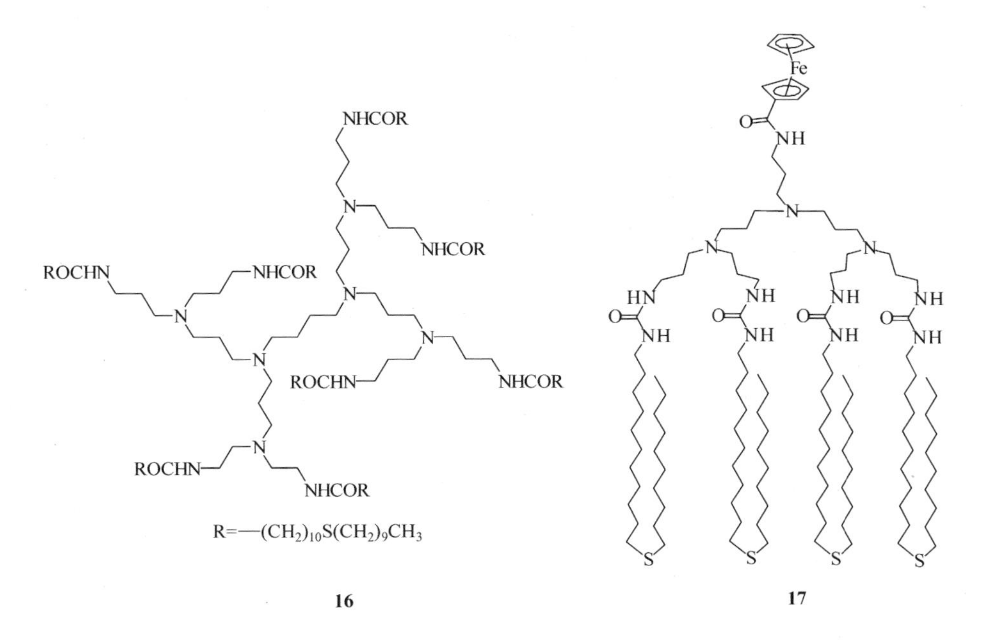

图 7-19　外围带有长烷基链的硫醚以及在焦点带有二茂铁的、第二代两亲性树枝状分子

所有代数的、带有长烷基链硫醚的两亲性树枝状分子都可以在气-液界面形成稳定的单层膜。从其 $\pi-A$ 等温曲线可以看出在崩溃压以下,随着树枝状分子的

单分子截面积逐渐减小，其单层膜的崩溃压迅速增加。不同代数的树枝状分子的崩溃压都在 30 mN/m 以上。这类分子在气-液界面形成的单层膜中分子的排列类似于外围带有长烷基链的 Meijer 型分子。由于树枝状分子的外围带有硫醚基团，因此这类树枝状分子还可以在金片上形成自组装膜。

由于 C60 分子形成的单层膜可以用作微传感器、光电转化装置，并具有二阶非线性等独特的物理性能，因此 C60 单层膜的制备一直是一个热门的研究课题[23]。但是，由于 C60 不具有两亲性，因此在气-液界面非常容易聚集，从而很难形成均匀的单层膜，为此 Diederich 等合成了 C60 与树枝状糖的共轭体 **18**（图 7-20）[24]。这种结构可以有效地防止 C60 分子间的聚集。他们的研究结果证明：这种两亲性的 C60-树枝状分子共轭体在气-液界面能够形成稳定的单层膜，在零表面压下不会形成聚集结构，在重复压缩-铺展过程中 π-*A* 等温曲线没有滞后现象。

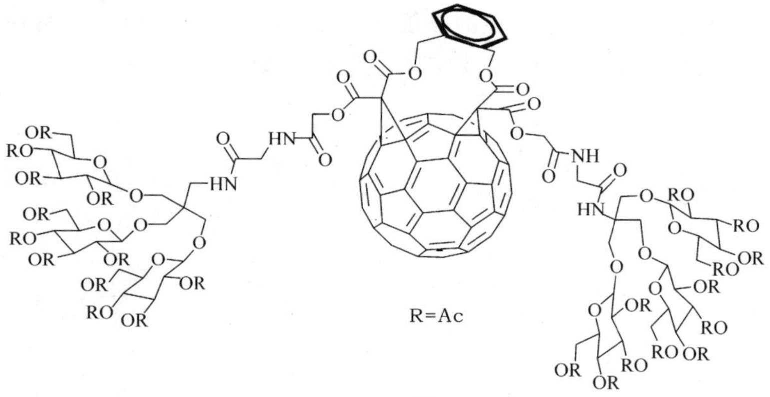

R=Ac

18

图 7-20　两亲性的 C60-树枝状分子共轭体

Bayerl 等合成了结构如图 7-21 所示的含有 C60 和树枝状分子的两亲性衍生物 **19**[25]。这种两亲性分子可以在气-液界面形成稳定的单层膜，其在气-液界面的 π-*A* 等温曲线随液相的 pH 不同而发生显著变化。在较低的 pH 时，有利于分子的紧密排列，因此分子的截面积较小；在较高的 pH 时，亲水树枝状分子外围的 18 个羧基形成羧酸根离子，由于阴离子之间的静电排斥作用使得分子的截面积增加。与 Diederich 等合成的两亲性共轭体相比，这种两亲性分子的亲水性更强，它还可以形成稳定的双层膜结构。这种膜的表面带有很多亲水的阴离子，因此结合一些生物蛋白分子，在仿生方面将会具有很好的应用前景。

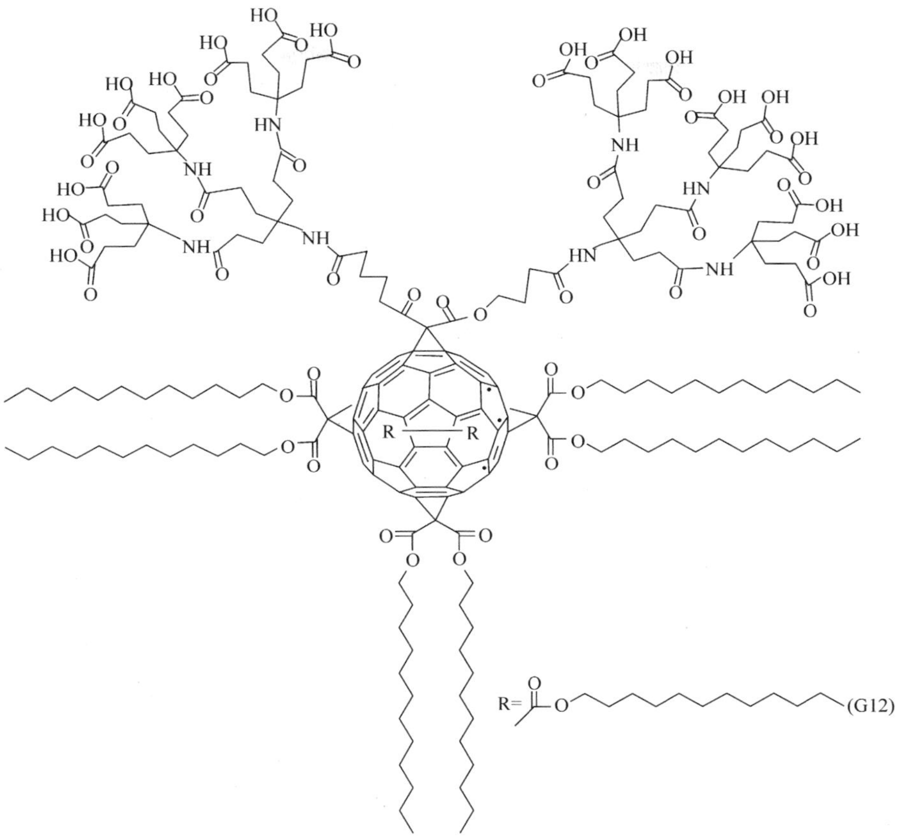

19

图 7-21　可以形成单层膜和双层膜的、带有 C60 和树枝状分子的两亲性分子

Nierengarten 等合成了外层键合有 1～4 个 C60 的、G1 到 G3 的两亲性树枝状分子 **20**,**21** 和 **22**(图 7-22),并研究了它们在气-液界面的铺展行为[26]。结果发现,从 G1～G3 都可以形成稳定的单层膜;单层膜具有很好的流动性,在崩溃压以下可重复铺展-压缩,π-A 等温曲线没有滞后现象。图 7-23 为 G1～G3 在气-液界面的 π-A 等温曲线,从曲线可看出它们具有较高的崩溃压。用布鲁斯特角显微镜对单层膜进行原位研究,发现 G1～G3 都可以形成均匀的、高质量的单层膜。这种单层膜不能被转移到亲水的基片上,但是可以有效地转移到用十二烷基三氯硅烷处理过的固体基片(如硅片、玻璃片)上形成多层 LB 膜,转移比在 0.7～1.0 之间。紫外吸收光谱证明,膜的层数与吸收强度成正比增长。掠角 X 射线衍射测出多层膜每层的平均厚度为 2.1 nm。

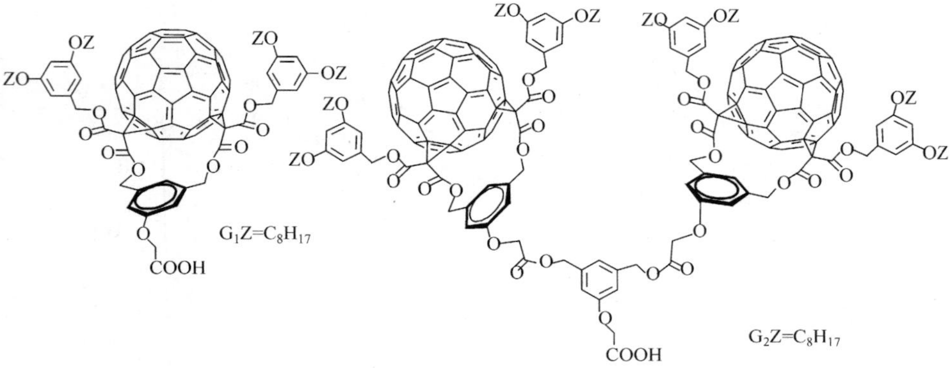

G$_1$Z=C$_8$H$_{17}$
G$_2$Z=C$_8$H$_{17}$

20　　21

G$_3$Z=C$_8$H$_{17}$

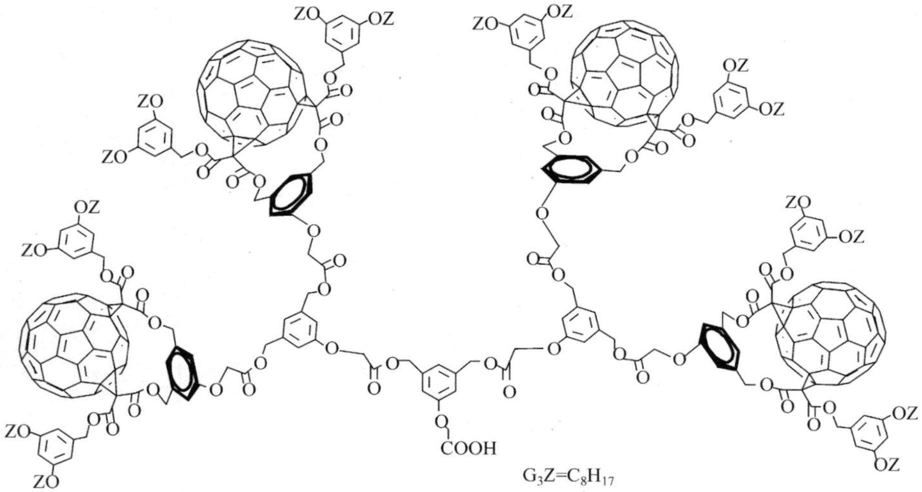

22

图 7-22　外层带有 C60 的两亲性树枝

表压面/(mN/m)
分子截面积/nm^2
20
21
22

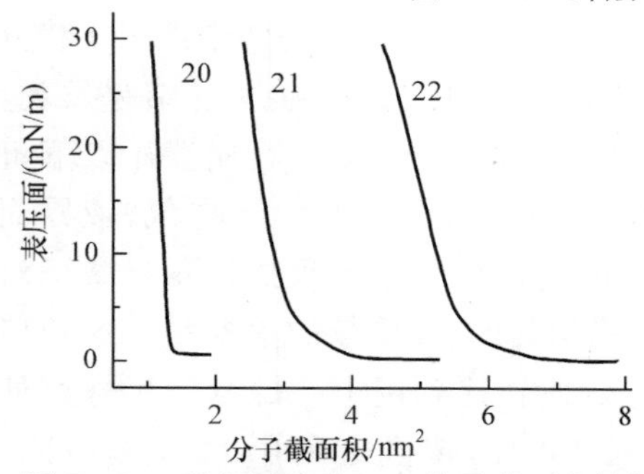

图 7-23　外层键合有 C60 分子的两亲性树枝状分子在气-液界面的 π-A 等温曲线

由分子结构模拟可看出，上述焦点为羧基的两亲性树枝状分子的立体结构呈近似于锥体的构型。这种构型不利于紧密的分子排列形成稳定的单层膜及多层 LB 膜。

为了进一步提高这种含 C60 的两亲性树枝状分子成膜的稳定性和 LB 多层膜质量，Nierengarten 等对上述分子结构进行了进一步的改进，合成了结构如图7-24所示

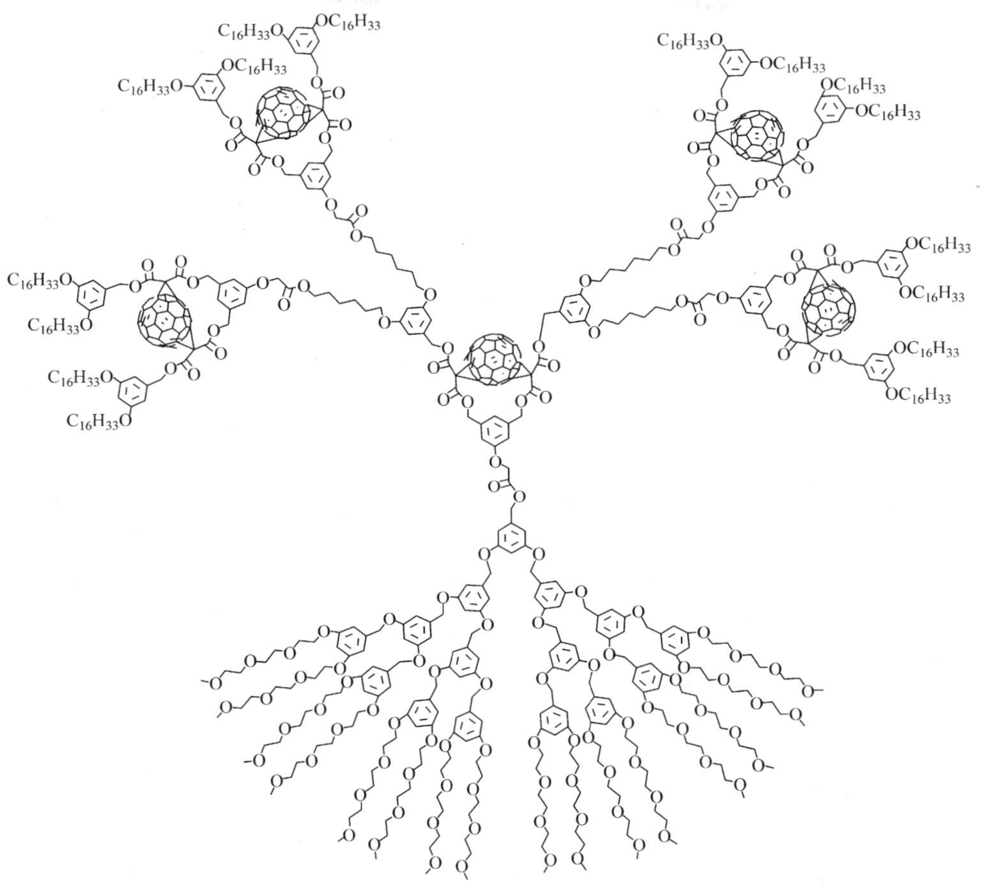

23

图 7-24　疏水树枝的内层带有 C60 的两亲性树枝状分子

的两亲性树枝状分子 **23**[27]。这种两亲性树枝状分子的结构与焦点为羧基的两亲性树枝状分子相比，亲水性更强，在气-液界面形成的单层膜更加稳定，并且具有非常好的流动性，可重复铺展和压缩，π-A 等温曲线没有出现滞后现象。用布鲁斯特角显微镜观察，发现形成的单层膜非常均匀，没有缺陷存在，且单层膜可以有效地转移到亲水的基片上，转移比为 1±0.05。这种带有 16 条亲水链的两亲性树枝状分子的构型有利于它的紧密排列，可以制备高质量的 LB 多层膜，这反映在其 LB 多层膜的掠角 X 射线衍射在小角度出现 Kiessig 边缘特征。其单层膜的掠角 X 射线衍射的实验结果与理论模拟基本吻合，单层膜的厚度大约为 3.6 nm。其多层膜的紫外吸收强度与其层数呈线性关系。

Hirsch 等合成了以 C60 为核心、Newkome 型树枝为亲水部分、带有长烷基链的丙二酸酯为疏水部分的两亲性分子**24**(图 7－25)[28]。这种两亲性分子可以溶解

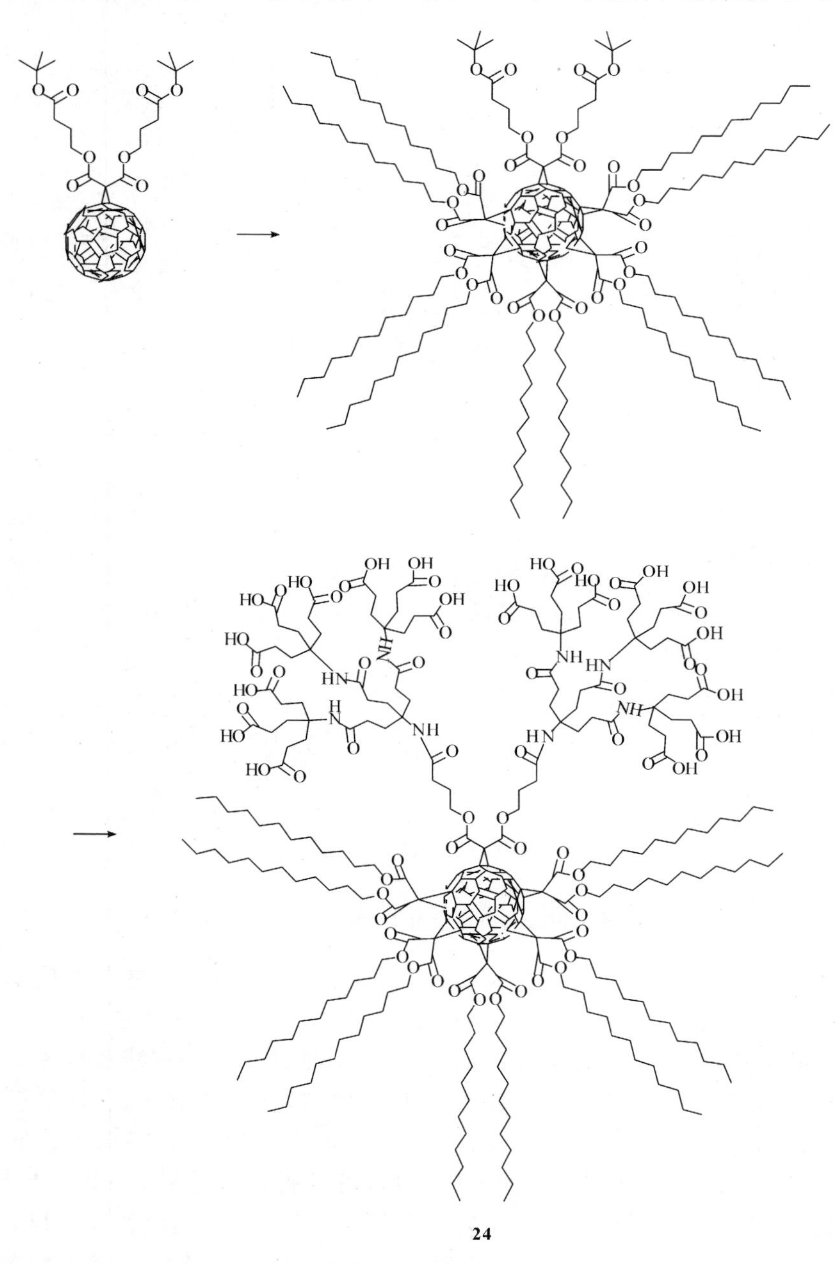

图 7－25　C60 为核心的两亲性树枝状分子

在水中，形成直径介于100～400 nm的、单层的囊泡，并且其临界胶束浓度(CMC)非常低。这种两亲性分子还可在气-液界面形成稳定的单层膜。

Leblanc等合成并研究了一种用端基为羟基的长烷基链改性的PAMAM树枝状分子**25**(图7-26)[29]。这种分子的结构特点是：其最内层为一个亲水的树枝状分子核、中间层为疏水的烷基链、最外层为亲水的羟基。这种结构可以被看作是一种微型的囊泡，这种囊泡结构是完全基于共价键连接的，在药物传输方面具有潜在的应用前景。Leblanc等的研究表明，这种呈盘状结构的两亲性树枝状分子能够在

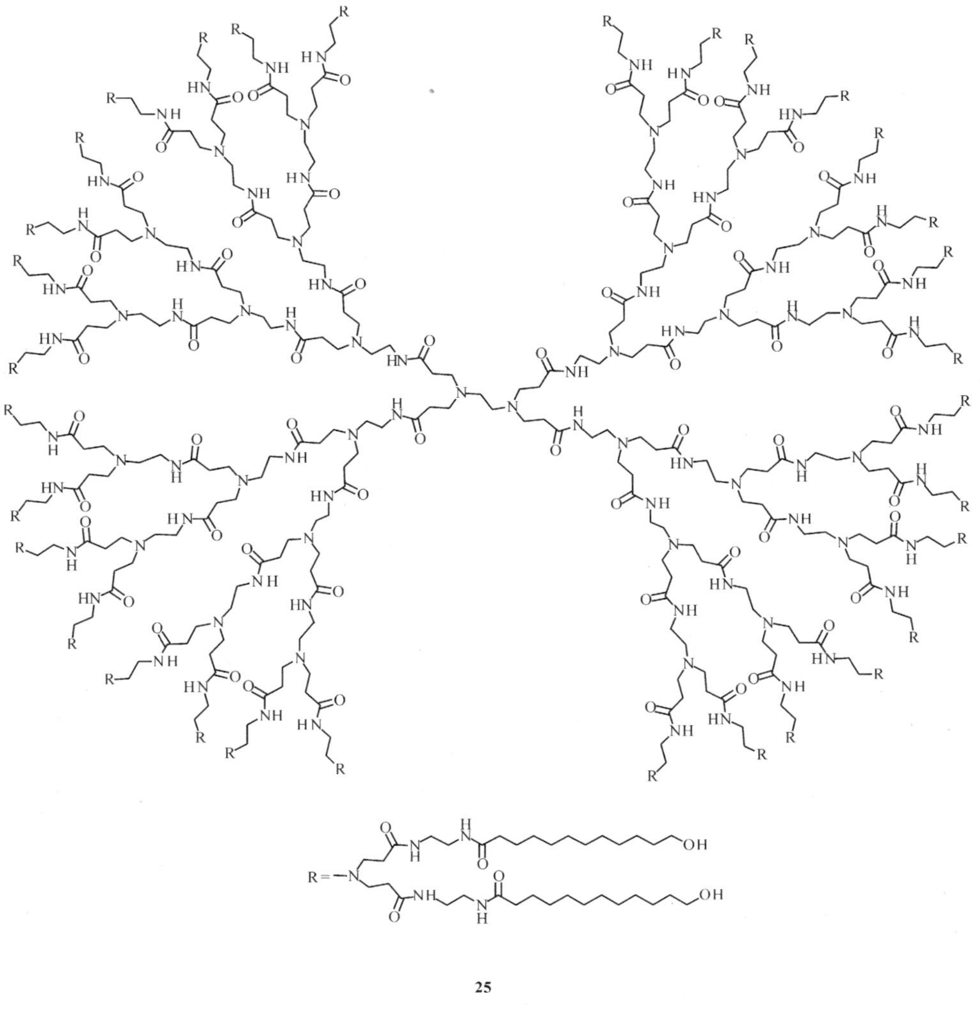

25

图7-26　Lablanc等合成的类似于囊泡结构的两亲性分子

气-液界面形成稳定的单层膜。与小分子两亲体相比,这种具有支化结构的两亲性树枝状分子为制备具有新功能的超薄膜提供了可能性。他们还用布鲁斯特角显微镜研究了单层膜在水面上的表面形态,发现在增加表面压时,膜的结构更加均匀,形成的带状结构也越来越清晰。

Zhu 等合成了结构如图 7-27 所示的两亲性树枝状分子-线性聚合物的共轭体 **26**[30,31]。这种两亲性大分子的疏水部分为第三代的 Fréchet 型树枝,亲水部分为丙烯酸聚合物。这种两亲性聚合物在很稀的溶液中可以形成类似于胶束结构的超分子聚集体。此外,聚合物中的丙烯酸根阴离子还可与铽阳离子结合形成超分子发光体。他们在研究中发现,当树枝状分子的代数增加时,铽离子的荧光强度也随之增加。其荧光增强可能是由于树枝状分子对能量吸收和传递的天线效应以及丙烯酸根阴离子取代铽离子周围的配位水分子共同作用的结果。

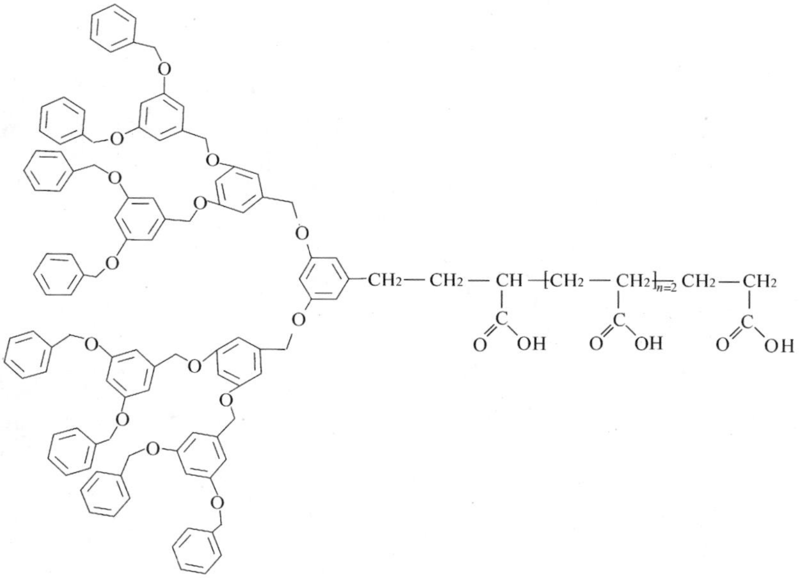

$CH_2—CH_2—CH—[CH_2—CH_2]_{n=2}CH_2—CH_2$

26

图 7-27 树枝状分子与聚丙烯酸的两亲性共轭体

Tsukruk 等合成了结构如图 7-28 所示的、含有在紫外光照射下可发生顺-反异构变化的偶氮基团的两亲性树枝状分子 **27**[32]。其亲水端为冠醚基团、疏水部分为外围带有长烷基链的树枝。这种两亲性树枝状分子在水面上能够形成单层膜,并可以在 25 mN/m 的表面压下转移到亲水的硅片上。Tsukruk 等用紫外光谱研究了单层膜在基片上的聚集态结构,发现顺-反异构变化可以在单层膜中进行。用 AFM 观察,发现转移到基片上的单层膜具有 100～150 nm 长的条状结构。经过紫外光照射后，原先的条状结构被完全破坏成不超过 20 nm 长的不规则片段。这种膜内的、由顺-反异构引起的分子结构重组对膜的厚度没有影响，但对膜的表面性质有显著影响。单层膜的表面变得更加疏水，接触角由照射前的 56°增加到照射后的 79°；表面摩擦力系数的范围由 0.05～0.1 降低到 0.03～0.05。

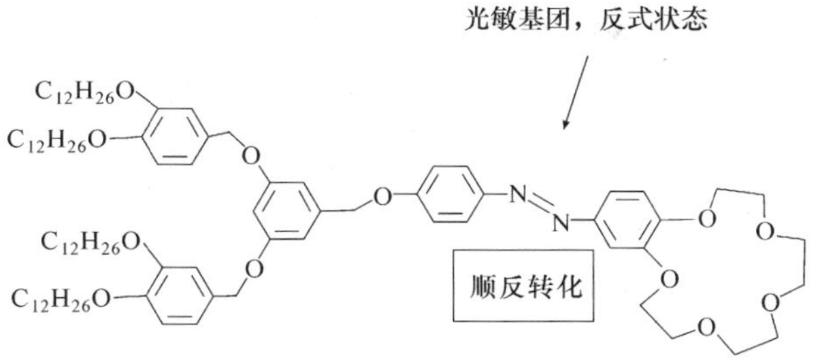

光敏基团，反式状态

顺反转化

27

图 7-28　含有偶氮基团的两亲性树枝状分子

Tsukruk 等还制备了一系列的外围带有长烷基链、焦点带有偶氮冠醚的树枝状分子 **28**(图 7-29)[33]。所有这些树枝状分子都可以在水面上铺展形成稳定的单层膜。图 7-30 为这些两亲性树枝状分子在气-液界面的 π-A 等温曲线，由图可以看出这些分子都具有较高的崩溃压。对于单根烷基链的硬脂酸分子，其单分子截面积大约为 0.2 nm^2，有 3 根烷基链的 **28**-AH 分子的单分子截面积为 0.6 nm^2，而有 16 根烷基链的 **28**-AD3 的单分子截面积为 4.0 nm^2。这说明在高代数的树枝状分子中烷基链不能紧密排列，有些烷基链会倾斜而占有较大的面积。硬脂酸单层膜的弹性模量为 1000 mN/m，而 **28**-AH 的弹性模量仅为硬脂酸单层膜的 40%。这可能是由于在 **28**-AH 中烷基链较短以及偶氮部分的松散排列造成。树枝状分子单层膜的弹性模量要比这些模型化合物更低。模量的降低是由高代数树枝状分子中烷基链的松散排列导致的。

由于两亲性树枝状分子中含有偶氮官能团，因此单层膜在紫外光照射时可以发生顺反异构变化。图 7-31 为恒定表面压时，单分子截面积对时间的曲线，从图中可以看出顺反异构变化对单分子截面积的影响。

Sheiko 等研究了外围为疏水端基和亲水端基的含硅树枝状分子 **29** 和 **30**(图 7-32)在气-液界面的铺展行为[34]。

图 7-33 为疏水端基(**29**)和亲水端基(**30**)含硅树枝状分子在气-液界面的 π-A 等温曲线。外围疏水和亲水的树枝状分子都具有可重复的压缩和铺展等温线，疏水树枝状分子的 π-A 等温曲线有很小的滞后现象。在表面压发生明显变化

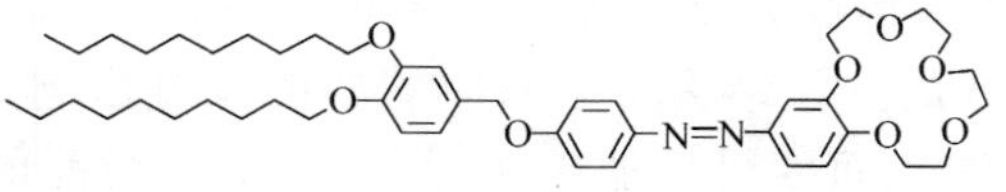

28-AD0

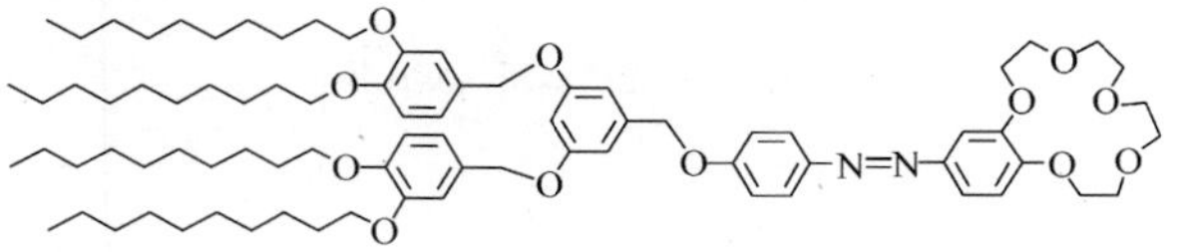

28-AD1

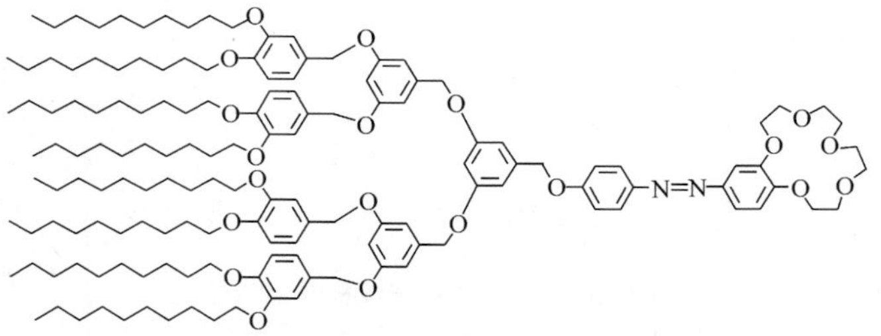

28-AD2

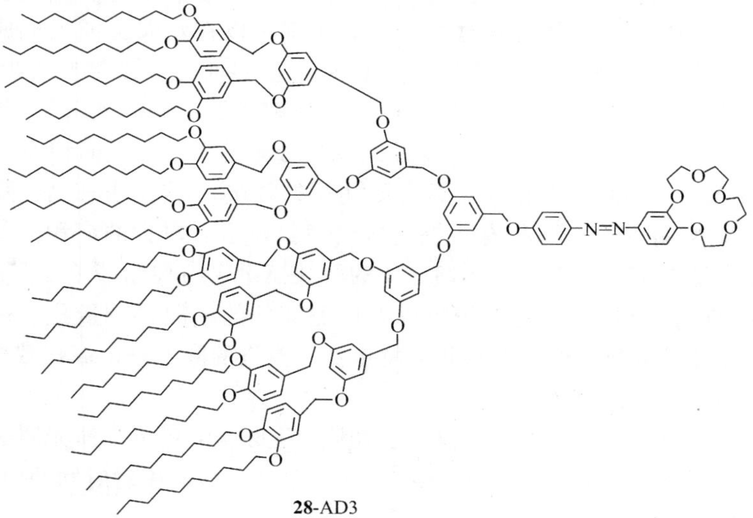

28-AD3

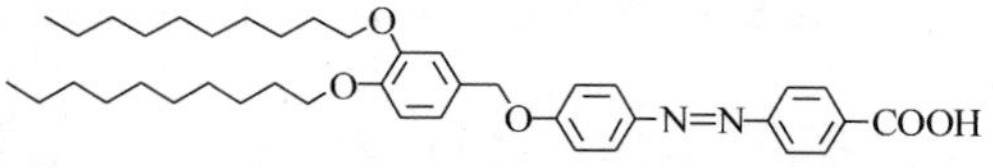

28-AH

28

图 7-29　焦点带有偶氮冠醚的、不同代数的两亲性聚醚树枝状分子

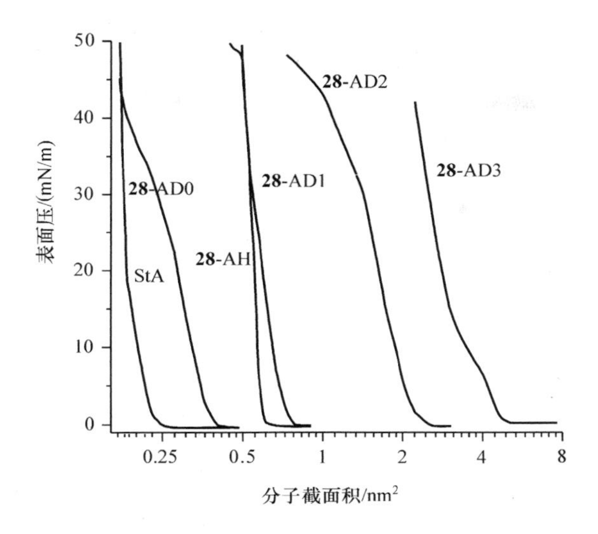

图 7－30　两亲性树枝状分子在气－液界面的 π-A 等温曲线

注:StA 为硬脂酸

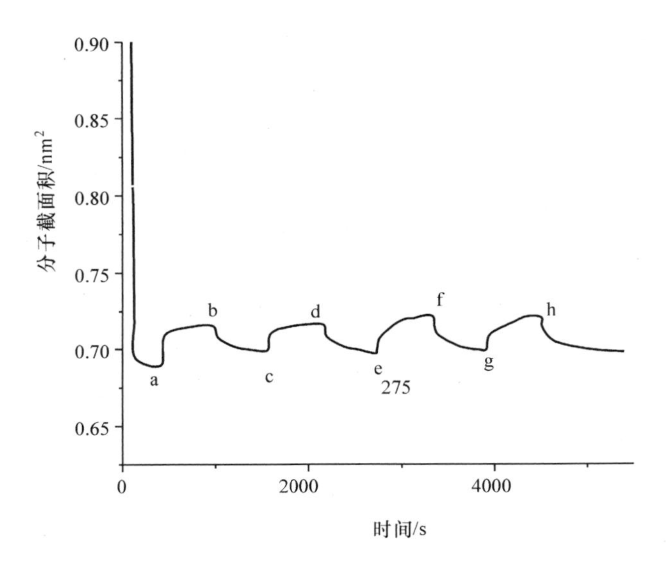

图 7－31　含偶氮两亲性树枝状分子的单分子截面积对光照的响应曲线

a，c，e，g 点为开始照射;b，d，f，h 点为终止照射

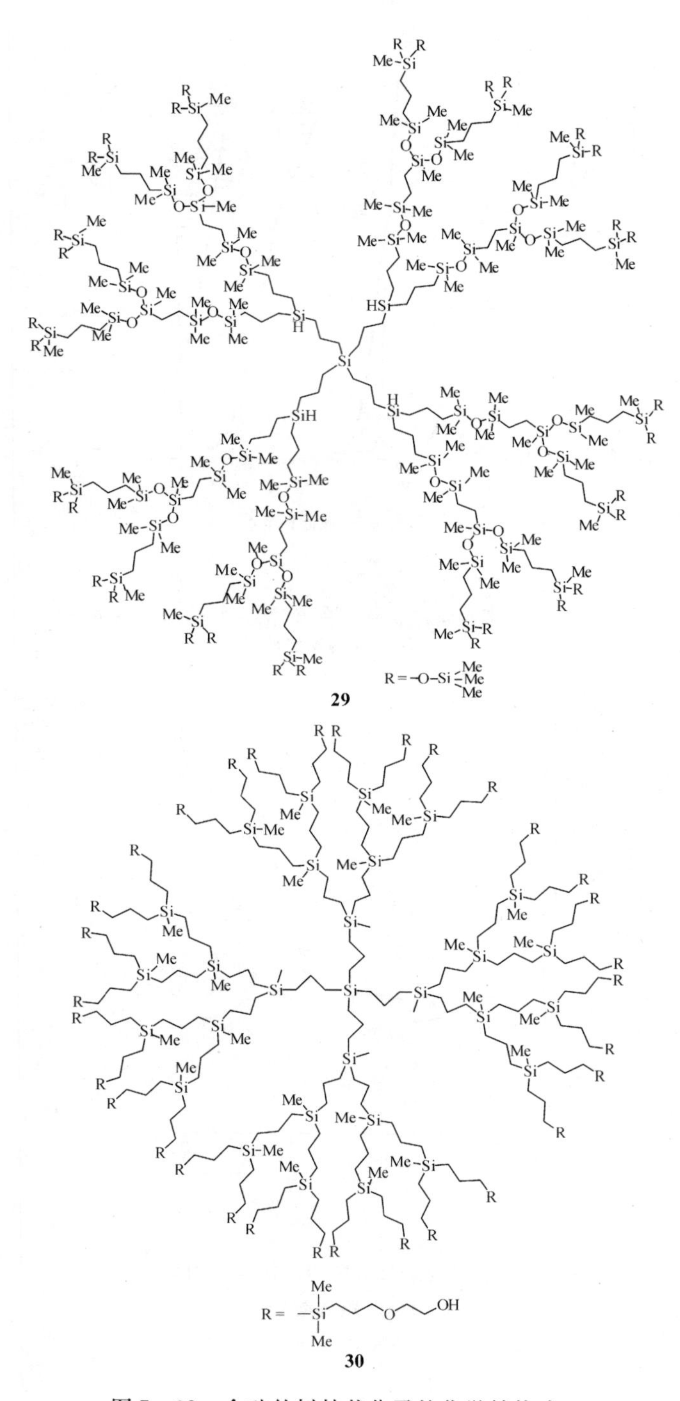

图 7－32　含硅的树枝状分子的化学结构式

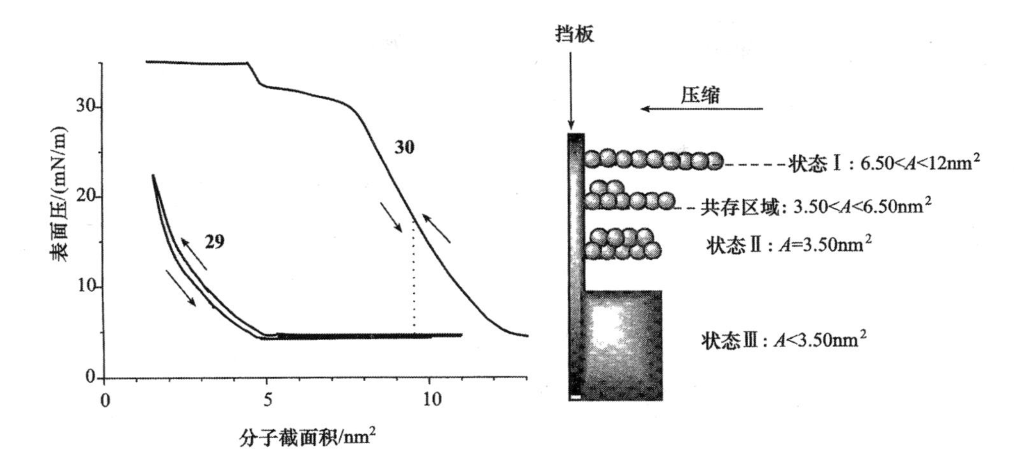

图 7－33　疏水端基(**29**)和亲水端基(**30**)树枝状分子在气-液界面的 π-A 等温曲线(左);树枝状分子 **30** 在气-液界面不同表面压下的相变过程示意图(右)

时,疏水树枝状分子的单分子截面积为 3.80 nm^2,这要比理论计算的 7.59 nm^2 小很多。可见,疏水树枝状分子在气-液界面形成比较厚的多层膜而不是稳定的单层膜。而外围带有羟基的亲水树枝状分子在表面压发生变化时的单分子截面积大约为 12 nm^2,比理论计算的六角形紧密排列时的 8.22 nm^2 还大。压缩过程中表面压在很宽区域内逐渐增加,到 27.5 mN/m 时,单分子截面积为 6.50 nm^2,随后,曲线变得平缓。可见,亲水树枝状分子在此转变以前可以在气-液界面形成稳定的单层膜。继续压缩到单分子截面积为 3.50 nm^2 时,π-A 等温曲线又出现一个转变。由 6.50 nm^2 变为 3.50 nm^2,截面积几乎减小一半,说明在这个范围内树枝状分子在气-液界面的单层膜转变为双层膜结构。在截面积减小到 3.50 nm^2 以下时,由双层膜结构转变为多层膜结构。

Shimomura 等合成了具有光致色变功能核的树枝状分子 **31**(图 7－34),并在气-液界面研究了其铺展行为[35]。他们发现树枝状分子在气-液界面的 π-A 等温曲线与铺展的量有关(参见图 7－35)。在较小的铺展量下(60～90 μL),G3 树枝状

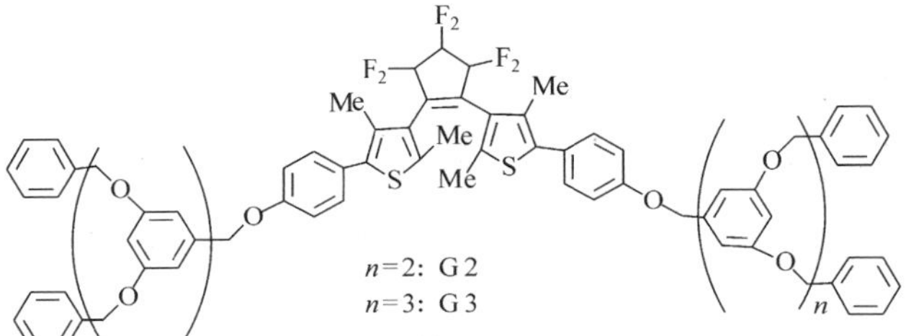

n=2: G2
n=3: G3
31

图 7－34　含二芳基乙烯的树枝状分子的化学结构式

分子的 π-A 等温曲线与铺展的量无关，说明在较小的铺展量下，这种树枝状分子在水面上形成了均匀的单层膜而不是三维的聚集体。计算得出的 G3 树枝状分子的截面积为 1.24 nm^2，这与实验结果符合得非常好。G2 和 G3 树枝状分子都可以转移到云母基片上，其转移比接近 1。图 7－36 为非接触原子力显微镜技术（NC AFM）得到的图像。

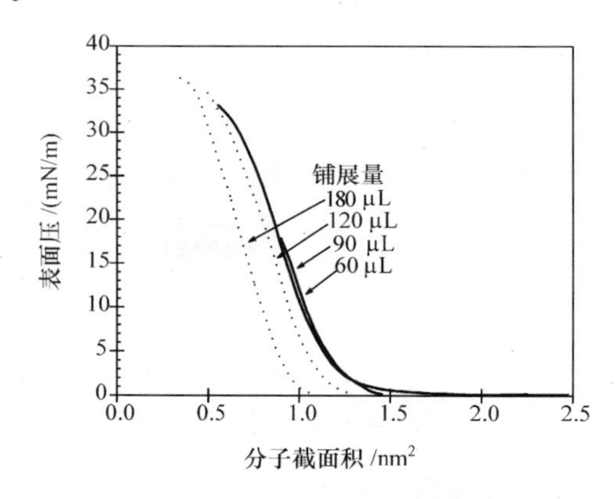

图 7－35　树枝状分子 **31** 在气液界面的 π-A 等温曲线

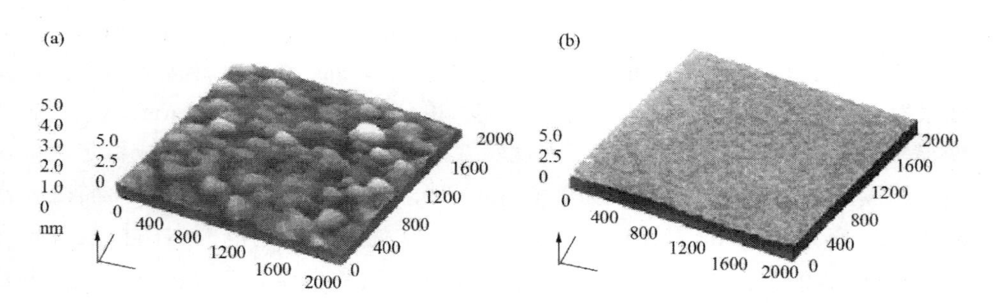

图 7－36　转移到云母表面的树枝状分子 **31** 的 AFM 图像

(a)G2；(b)G3

从图像中可以看出，G2 树枝状分子转移的膜中有较大的聚集结构存在；而 G3 树枝状分子转移的膜则非常均匀，表面的粗糙度在 0.5 nm 以内。这些结果进一步证明了 G2 树枝状分子不能形成稳定的单层膜而 G3 树枝状分子则可以。为了证明云母表面确实存在均匀的 G3 树枝状分子单层膜，他们进行了如下的实验证明（图 7－36）。把 G3 树枝状分子转移到云母上形成单层膜以后，用胶带覆盖一半的云母片，然后揭去。这样被胶带覆盖的样品和若干层云母就可以被剥离而露出未覆盖样品的云母表面。从图像中（图 7－36）可以看出，覆盖样品的云母表面较纯云母表面要粗糙。将云母表面用苯清洗后再进行测量，发现台阶的高度降低

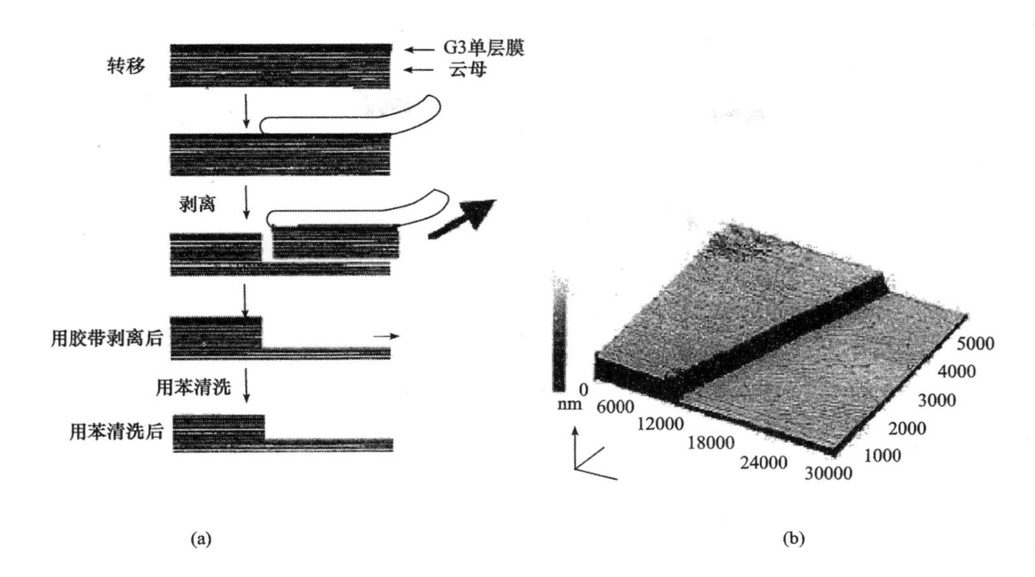

图 7－37　(a)测量单层膜厚度的示意图；(b)一半覆盖有 G3 树枝状分子的云母表面的 AFM 图像

5 nm。这个高度正好与 G3 树枝状分子的高度一致，说明 G3 树枝状分子确实在云母表面形成非常均匀的单层膜。

到目前为止，几乎所有合成的两亲性树枝状分子都是呈准球形结构的，薄志山等在此基础上设计、合成出了一种呈圆柱形结构的两亲性树枝化聚合物[36]。这种树枝化聚合物沿主链方向表面性质截然不同，一半呈亲水性、另一半呈疏水性。这种结构类似于自然界中形成离子通道的两亲性的肽螺旋结构，为构筑类似于自然界中离子通道那样的更高级的有序结构提供了可能性。图 7－38 为这种柱状两亲性大分子的卡通示意图。

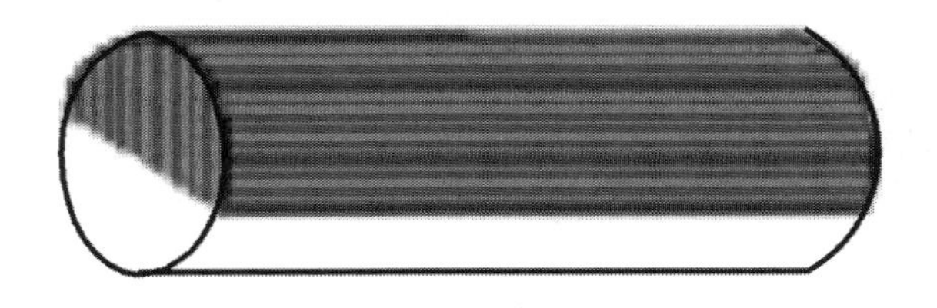

图 7－38　两亲性树枝化聚合物的卡通示意图

这种两亲性树枝化聚合物单体的合成分为三个部分：(1) 亲水树枝的合成；(2) 可聚合单元的合成；(3) 将疏水树枝和亲水树枝分别连接在可聚合单元上形成两亲性大分子单体。

疏水部分采用的是 Fréchet 型第二代树枝，亲水部分 **32** 是按图 7－39 所示的合成路线得到的。

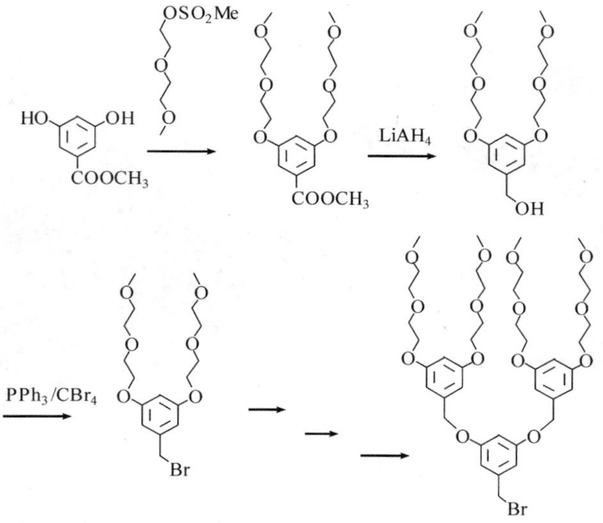

HO OH COOCH$_3$ OSO$_2$Me COOCH$_3$ LiAH$_4$ OH

PPh$_3$/CBr$_4$ Br Br

32

图 7-39 亲水树枝的合成路线

可聚合单元是以 2,5-二溴对二甲苯为起始原料，经过硝酸的不对称氧化，得到 2,5-二溴-4-甲基苯甲酸，然后进行甲酯化、苄基溴代，最后与对苯二酚反应得到一个带有两个溴的中间体 **33**（图 7-40）。

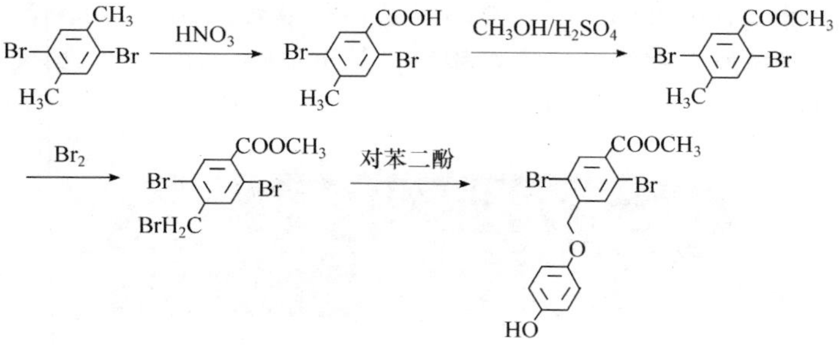

CH$_3$ Br Br H$_3$C HNO$_3$ COOH Br Br H$_3$C CH$_3$OH/H$_2$SO$_4$ COOCH$_3$ Br Br H$_3$C

Br$_2$ COOCH$_3$ Br Br BrH$_2$C 对苯二酚 COOCH$_3$ Br Br HO

33

图 7-40 可聚合单元的合成路线

将焦点为苄基溴的、Fréchet 型的二代树枝连接到带有两个溴的中间体上，然后用 $LiBH_4$ 还原得到苄醇，用 CBr_4/PPh_3 体系溴代为苄基溴，再与对苯二酚反应得到可与亲水树枝进行反应的、带有酚羟基的中间体 **34**，最后与亲水树枝偶联得到两亲性的大分子单体 **35**（见图 7-41）。

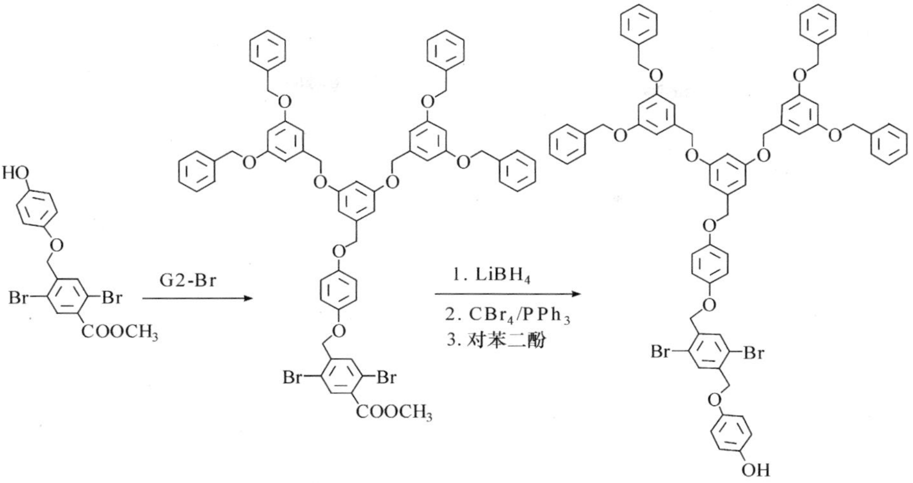

HO Br Br COOCH₃ G2-Br Br Br COOCH₃ 1. $LiBH_4$ 2. CBr_4/PPh_3 3. 对苯二酚 Br Br OH

34

Br Br Br

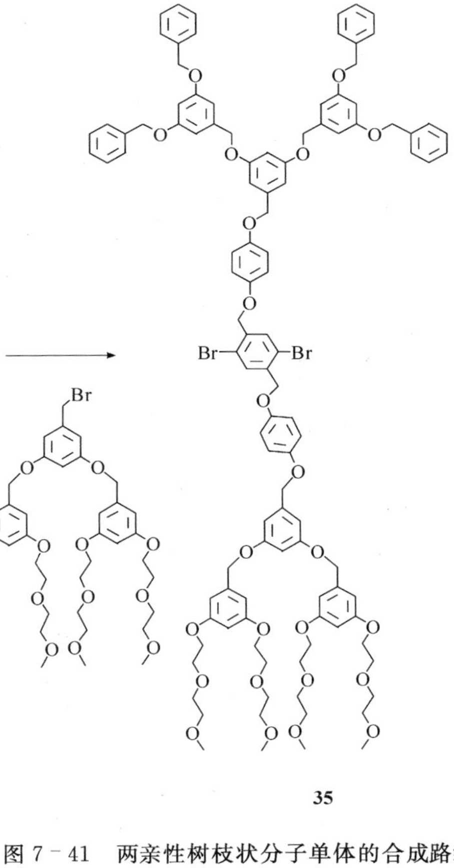

35

图 7-41　两亲性树枝状分子单体的合成路线

这种带有两个溴官能团的两亲性大分子单体 **35** 可以用 Suzuki 反应与双硼酸酯或双硼酸进行聚合,得到主链为聚苯的、外围包有两亲性树枝的树枝化聚合物 **36**(见图 7－42)。

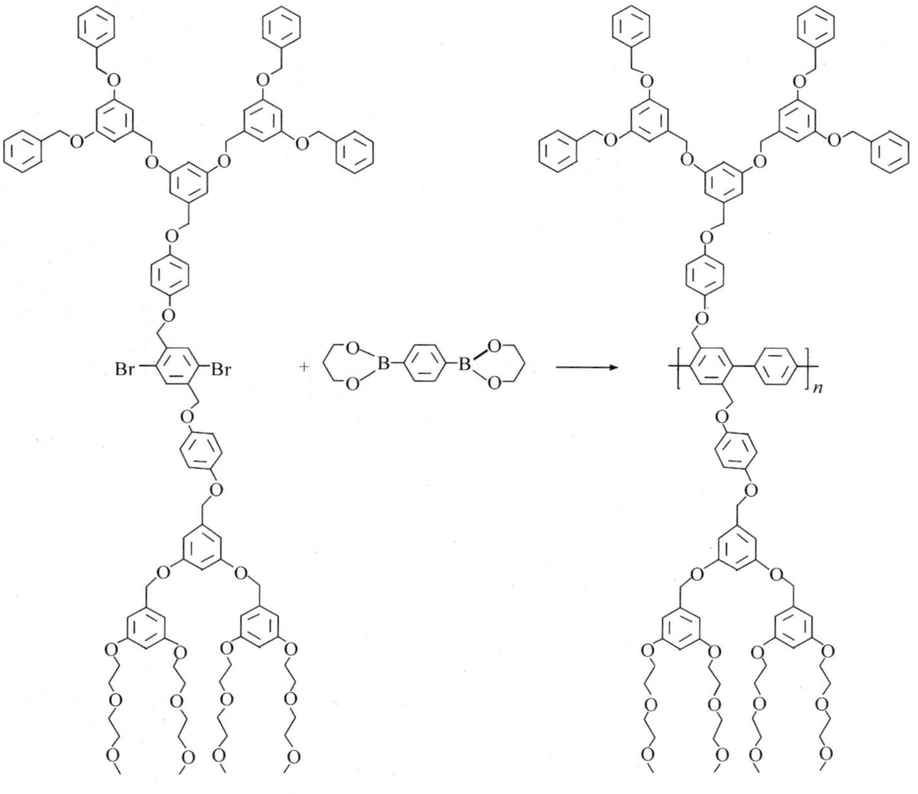

36

图 7－42 Suzuki 反应合成两亲性树枝化聚合物

以聚苯乙烯为标样、用 GPC 方法测定的这种两亲性树枝化聚合物 **36** 的数均相对分子质量为38000,重均相对分子质量达 85000。这种两亲性树枝化聚合物在气-液界面形成稳定的单层膜,而结构非常类似的、非两亲性树枝化聚合物 **37**(图 7－43)不能形成稳定的单层膜。从两亲性树枝化聚合物与其单体分子在气-液界面的 π-A 等温曲线上(图 7－44),可以得到聚合物的重复单元截面积(0.82 nm^2/RU)与单体分子的截面积(0.73 nm^2/分子),两者非常接近,聚合物重复单元的截面积要比单体的大 10%左右。这样的结果说明了两亲性树枝化聚合物分子是沿着聚合物主链平躺在水面上,其亲水部分与水面接触、疏水部分指向空中。这样,

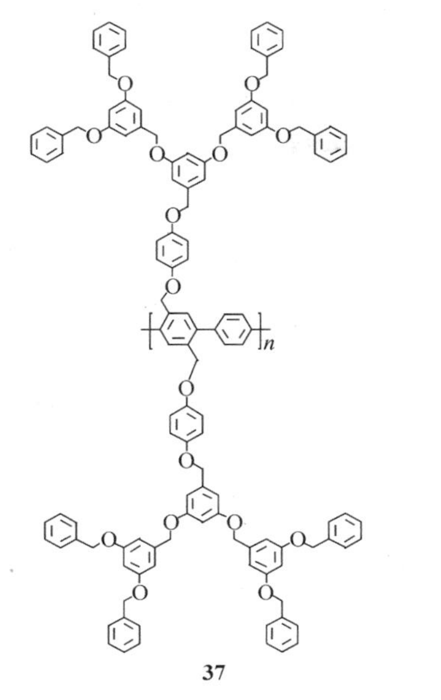

图 7－43　疏水树枝化聚合物

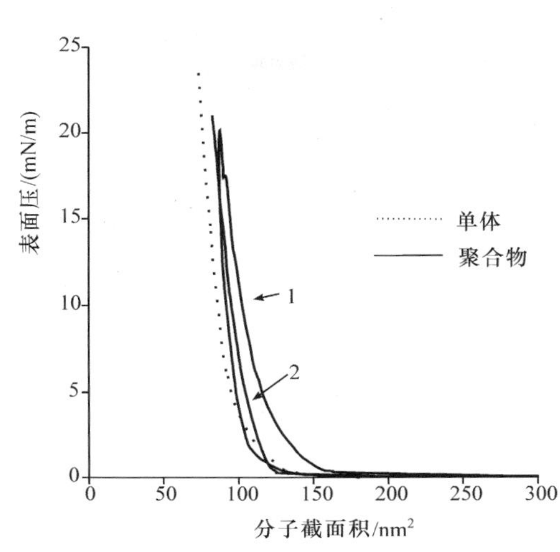

图 7－44　两亲性树枝化聚合物与单体在气-液界面的 π－A 等温曲线
1：第一次压缩；2：第二次压缩

两亲性树枝化聚合物分子在水面上就通过自组装形成了上面疏水、下面亲水的柱状结构。这种两亲性树枝化聚合物在水面上形成的单层膜还可以有效地转移到固体基片上。但是，用 SFM 的方法通常不能得到分子水平上分辨的图像。

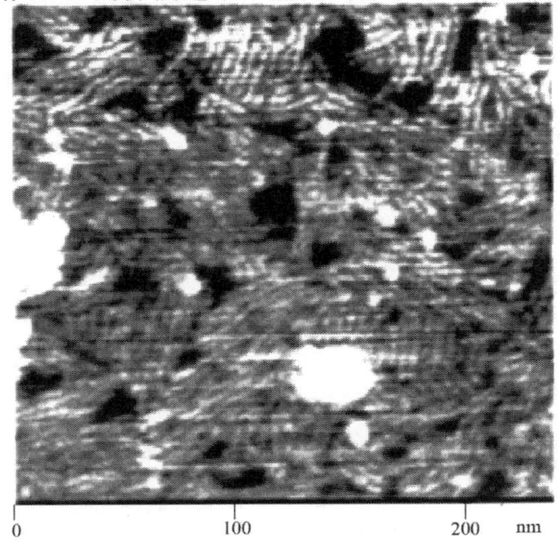

图 7－45　甩膜法制备的两亲性树枝化聚合物分子在高取向石墨表面形成的单层膜的分子水平上分辨的原子力显微镜图像

用甩膜(spin-coating)的方法也可以制备两亲性树枝化聚合物的超薄膜。图7－45显示的是用甩膜的方法制备的、两亲性树枝化聚合物的SFM图像。图中的棒状线条是沿着基片石墨的取向方向排列的。在实验误差范围内,柱状线条的长度分布与GPC测出的聚合物的相对分子质量的分布是一致的。但是,柱状线条之间的距离(4.5 nm)要比聚合物分子紧密排列预期的要大。合理的解释可能是:两亲性柱状分子通过自组装聚集成超分子的柱状结构,其内部为亲水部分,外围疏水部分与疏水基片和周围环境接触。

类似于Curtis-Hawker两亲体的可聚合大分子单体也可以用类似的方法合成,用Suzuki反应与双硼酸酯聚合也可以得到柱状的两亲体**38**。与前面所不同的是,其疏水部分要大于其亲水部分[37](图7－46)。

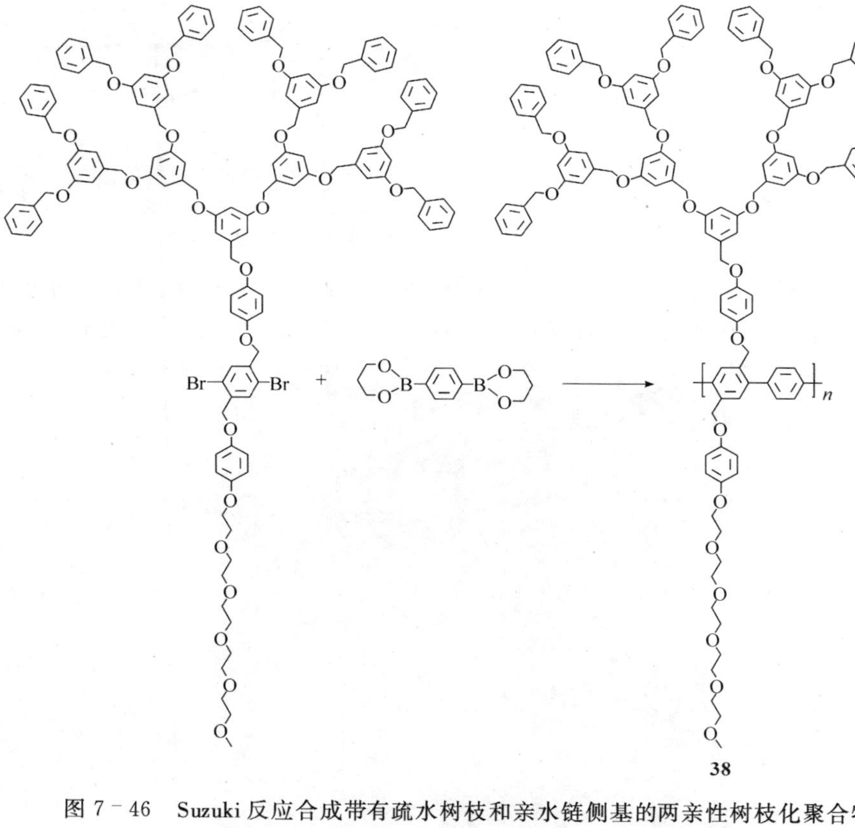

Br　Br　+　O B O　B O　→　n

38

图7－46　Suzuki反应合成带有疏水树枝和亲水链侧基的两亲性树枝化聚合物

单体在气-液界面上可以形成稳定的单层膜,其崩溃压可达15 mN/m以上。在15 mN/m的表面压下,其分子截面积为1.0 nm^2/分子,聚合物不能形成稳定的单层膜,其 π-A 等温曲线不能重复。单体的单层膜可以转移到云母基片上,转移比大于 0.95。新转移的单体单层膜比较均匀，上面有一些直径大约为 50 nm 的孔洞，孔洞间的距离大约为 1 μm。在室温放置 1 天后，孔洞扩大，形成聚集(图 7－47)。

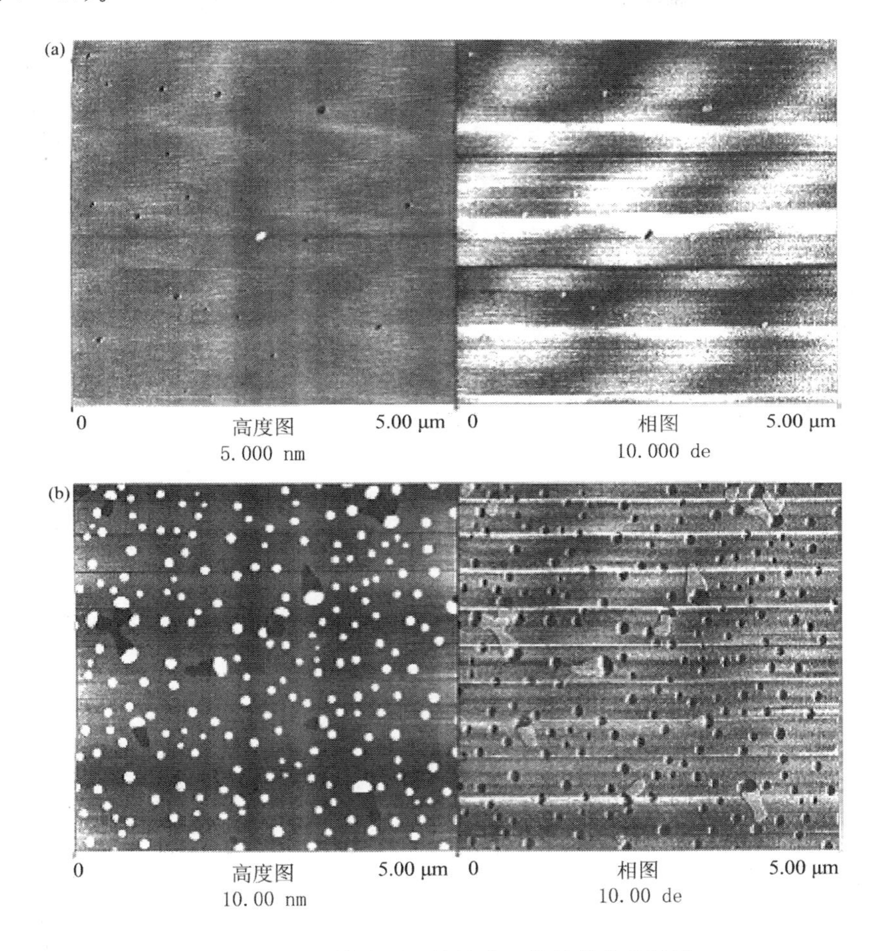

图 7－47　转移到云母基片上的单体的单层膜

(a) 新鲜制备的；(b) 制备后一天的。高度范围从白色到黑色为 10 nm，白色的在上面

与上面的例子相反的情况是合成由亲水的树枝和疏水的烷基链构成的两亲性柱状聚合物分子 **39**。树枝的外围带有四条亲水链，疏水部分为烷基链，其结构如图 7－48 所示。单体可以形成稳定的单层膜，其崩溃压可达 20 mN/m 以上。与前面的结构相比，聚合物的亲水性增加，可以形成不太稳定的单层膜(在 20 min 内，其面积变化超过 5%)。

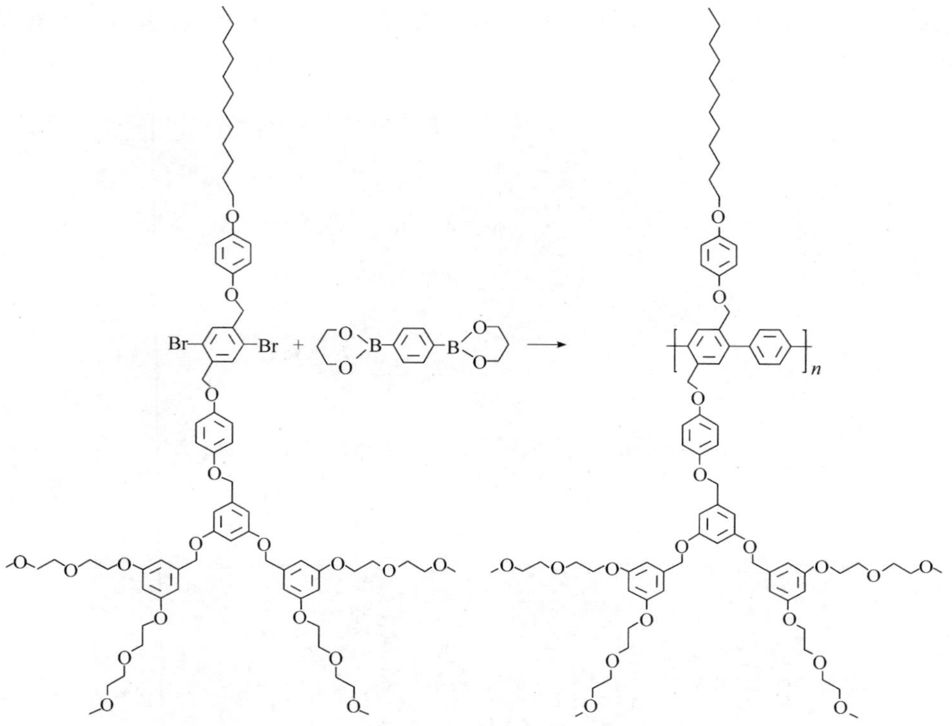

39

图 7-48 带有亲水树枝和疏水烷基链的两亲性树枝化聚合物的合成

7.4 树枝状分子在固体表面的组装——表面的纳米图案化

树枝状分子的合成具有结构可控的优点,其分子结构可以通过在分子水平上的设计、合成来得到精确的控制。通过设计、合成可以将官能团引入到树枝状分子中的特定位置,如核心、表面以及内部的任意指定位置。由于树枝状分子的外围和内部可以引入不同数目的官能团,因此通过功能化树枝状分子在固体表面的自组装可望得到表面具有大量官能团的功能化单分子膜。用这种方法可以对功能化的树枝状分子进行二维的有序组装,得到二维的有序单分子膜,甚至二维的纳米图案。有关焦点为巯基的树枝状分子在金表面自组装的工作,在第 4 章中已经介绍,这里就不再重复。

固体表面的树枝状分子单层膜可以通过在固体表面的树枝状增长的方法来制备[38]。将石英或硅片表面用 Piranah(30%的 H_2O_2 和浓硫酸 1∶4 的混合溶液)、3-氨基丙基-三乙氧基硅烷处理,使基片表面氨基化,然后按图 7-49 的反应顺序进行树枝状增长。

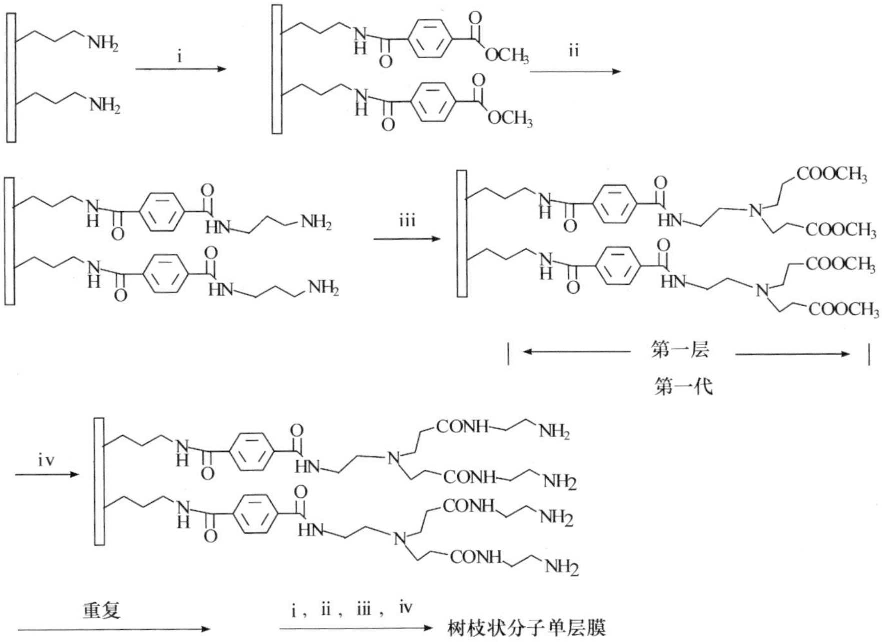

图 7-49　化学反应制备树枝状分子单层膜的过程

用紫外吸收光谱、掠角红外光谱、X 射线电子能谱对增长过程进行了跟踪。在紫外吸收光谱中,只有苯环结构具有紫外吸收功能。树枝状分子单层膜的紫外吸收随着其代数的增加而增加,但由第三代到第四代增加比较小,这说明由于表面官能团的拥挤增长反应进行得不完全。在理论上,用这种方法可以得到致密的单层膜,因为表面的缺陷可以被随后的增长反应修复。

Reinhoudt 等合成了一类在树枝状分子的焦点带有长烷基链的硫醚分子 **40**,**41** 和 **42**[39~42],其结构如图 7-50 所示。

这类树枝状分子可以与长烷基链的硫醇分子在金片上形成复合自组装膜。具体方法如下:首先,用十一烷基硫醇在金片上组装表面疏水的单层膜。然后将此自组装膜浸入到树枝状分子的硝基甲烷/二氯甲烷(2∶1)溶液中,经过30 min~20 h 的吸附、置换,将树枝状分子吸附到金片上。组合上树枝状分子的单层膜的特征是其接触角(前进和后退)的显著减小(从105°/95°到70°/18°)。前进接触角的减小

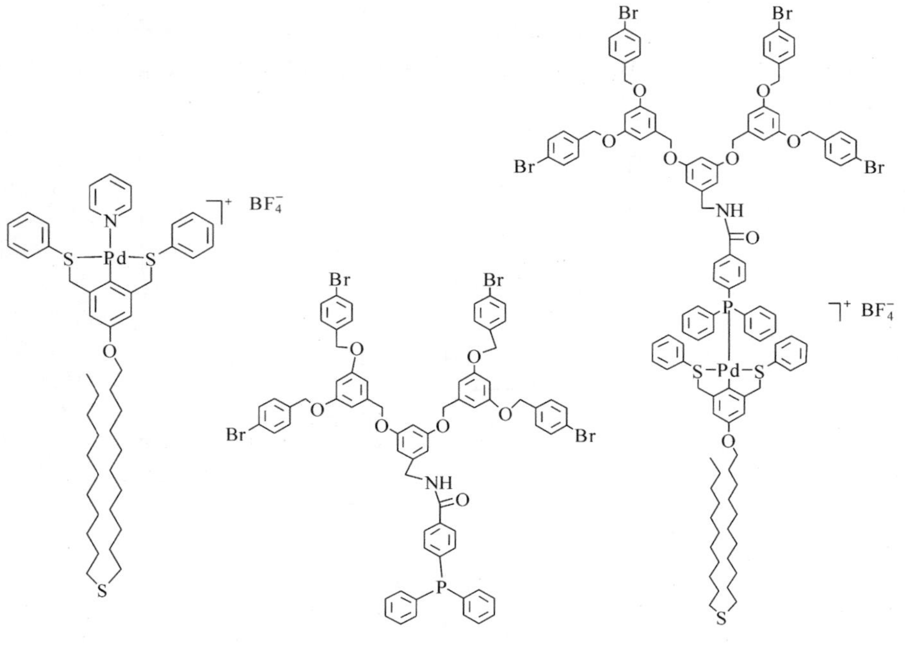

图 7－50　用于金片表面自组装的树枝状分子的化学结构式

表明单层膜表面的亲水性增加，而后退接触角的减小表明单层膜表面的粗糙度增加。通过 AFM 的研究发现树枝状分子可以以独立的粒子插入到硫醇分子形成的单层膜中。其过程可能为硫醇分子从金片上解离下来，使膜上形成缺陷，然后带有硫醚的树枝状分子再吸附到这些有缺陷的地方。单层膜中含有树枝状分子的数目与吸附时间有关，吸附 20 h 后 200 nm×200 nm 的表面大约吸附 55 个树枝状分子，覆盖率约为 1%。用这种方法可以在膜的表面组装隔离的、纳米级的分子。图 7－51 为这种组装过程的示意图。

由十一烷基硫醇和含钯分子 **40** 在金片上形成的复合自组装膜，由于钯衍生物端基相对较小，因此用 AFM 不能得到其单层膜的结构特征。将此单层膜浸入树枝状分子 **41** 的二氯甲烷溶液中 60 min 后取出，用二氯甲烷冲洗干净后，用 AFM 可以观察到孤立的粒子（图 7－52）。这是由于树枝状分子 **41** 作为配体在单层膜的表面与 **40** 生成配合物 **42** 的结果。这些粒子的高度大约为（4.3±0.2）nm，与理论结果基本一致。

Reinhoudt 等还用外围带有可配位的吡啶官能团的树枝状分子与长烷基链硫醇分子在金片上组装了单层膜，其中树枝状分子在分子水平上分布在单层膜中。

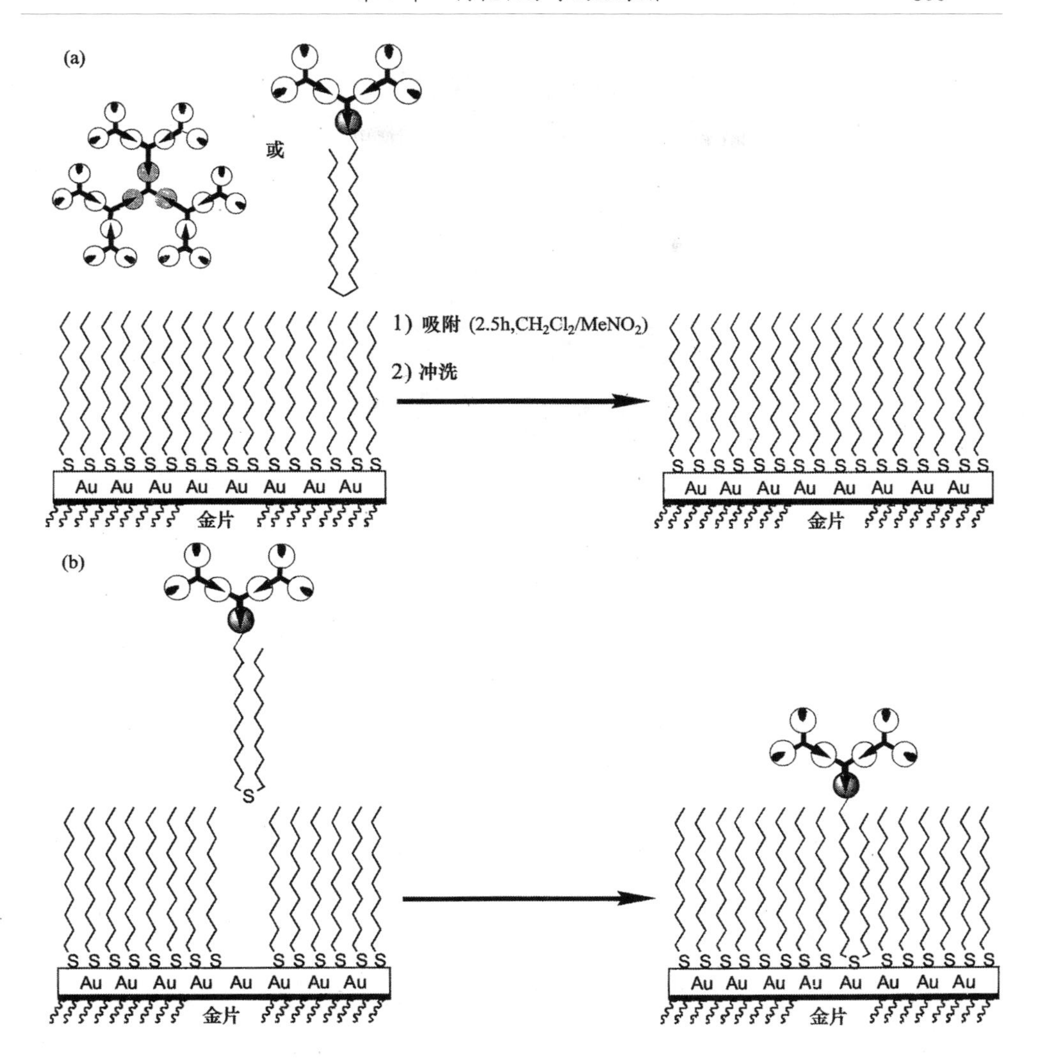

图 7－51　树枝状分子与在金片上的自组装单层膜的作用示意图
(a) 对比实验：采用不带硫醚官能团的树枝状分子；
(b) 带有长烷基链硫醚的树枝状分子结合在金片表面单层膜的缺陷点上

树枝状分子外围的吡啶官能团可作为配体与焦点为钯配合物的树枝状分子通过非共价键连接形成更大的超分子树枝状分子，其过程如图 7－53 所示。

将表面覆盖着单层膜、其中零星分布有树枝状分子的金片浸入到焦点为钯配合物的树枝状分子的 CH_2Cl_2 溶液（3×10^{-4} mol/L）中 10 min，取出后用纯溶剂洗净。用 TM AFM（tapping mode AFM）研究发现，单层膜表面树枝状分子的高度在配位前为(3.3 ± 0.5) nm，而配位后高度范围则在 3.1～7.5 nm。显然配位后树枝状分子的高度分布变得很宽，这说明配位反应进行得不够完全。从理论上来考虑，

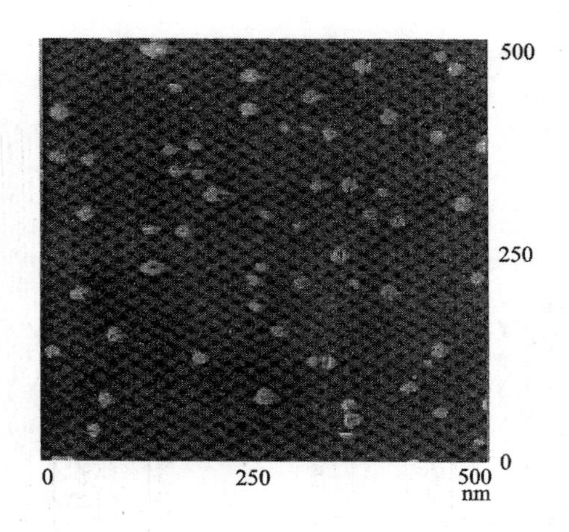

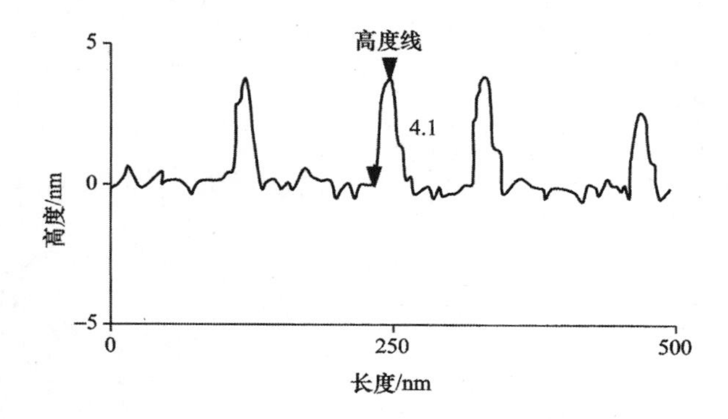

图 7-52　复合单层膜的 TM AFM 高度图像(左);图像中线条位置的高度线(右)

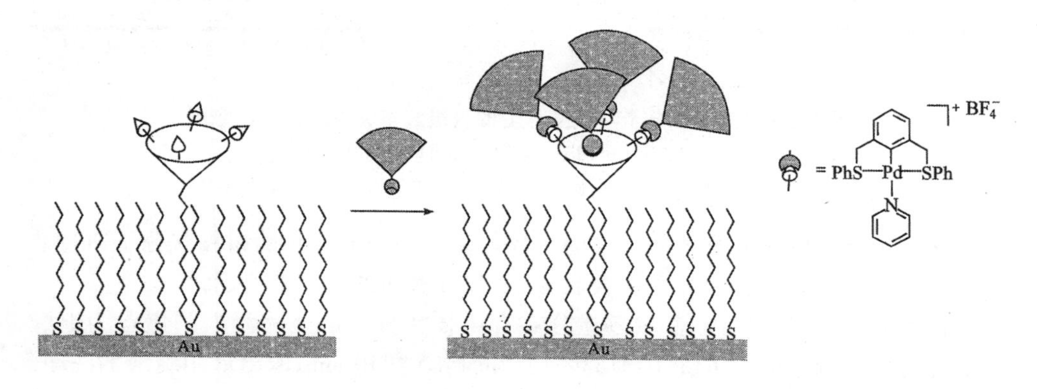

图 7-53　被限制在单层膜表面的树枝状分子上的配位化学

配位四个树枝状分子是可行的，配位不完全的原因或许是立体障碍方面的、或许是动力学方面的。

Crooks 等将 PAMAM 树枝状分子的外围接上不同数目的巯基官能团，用来在金片上和纳米金球表面进行自组装研究[43]。外围带有 100%巯基的 G4 树枝状分子(G4-SH-100%)只有在氮气保护下，才可以在碱性介质中溶解和稳定存在。在乙醇/氯仿的混合溶剂中，G4-SH-100%也可以溶解，但不够稳定。这种现象也不难理解，我们认为这种外围带有大量巯基的树枝状分子很容易被氧化生成双硫化合物，因而导致树枝状分子交联而从溶液中沉淀出来。树枝状分子外围的巯基数目只有减少到其总端基数目的 20%和 10%时，树枝状分子才能很容易地溶解在水中并可被用来改性金表面。以金片为基底的 G4-SH-100%自组装单层膜是用其 0.1 mol/L NaOH 溶液来制备的(G4-SH-100%的浓度为 16 μmol/L)。膜在金片上的覆盖率比较低，这可能是由于树枝状分子形成的阴离子之间的相互排斥作用所致。由 G4-SH-10%、G4-SH-20%以及 G4-SH-100%的乙醇/氯仿溶液制备的自组装单层膜的覆盖率比较高，相当于树枝状分子的紧密排列。用 XPS 的研究显示在 G4-SH-100%制备的单层膜中大部分(约 70%)的巯基未与金片成键、以自由巯基的形式存在，而在 G4-SH-20%制备的单层膜中，几乎所有的巯基都连接到了金片上。G4-SH-10%和 G4-SH-20%可以用来制备金超微粒的纳米复合体。在 G4-SH-10%存在下将 $HAuCl_4$ 溶液用 $NaBH_4$ 还原可得到树枝状分子-金纳米微粒的复合体，其金原子与树枝状分子的数目比可达 120:1。TEM 显示金纳米微粒的分布较宽，这可能与树枝状分子的外围巯基数目的分布较宽有关。

Regen 等最早报道了用库仑静电沉积的方法制备树枝状分子多层膜[44]。首先，将表面为氨基的、商品化的 Tomalia 型树枝状分子沉积到带有 Pt^{2+} 的基片表面，然后再用 K_2PtCl_4 对表面进行活化，重复这个过程可以制得树枝状分子的多层膜(图 7-54)。膜的厚度和沉积次数呈线性关系，大约需要至少 30 min 才能达到膜厚度的最大增长值(8 nm)，这与理论估算的结果基本一致。这个结果也说明了树枝状分子在每层都形成了均匀的单层膜。用 AFM 对 5 层膜的研究也显示，树枝状分子的覆盖很充分和平整。

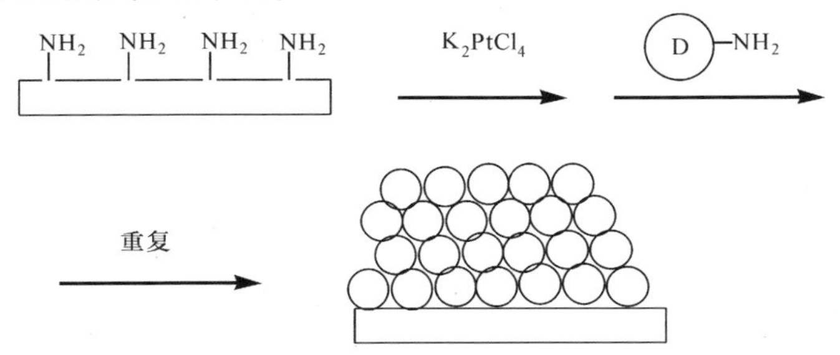

图 7-54　基于库仑静电作用组装树枝状分子多层膜

Tsukruk 等采用外围带有相反电荷的树枝状分子，通过静电相互作用在硅片上组装了树枝状分子的单层膜和多层膜[45]。他们采用了商品化的 Tomalia 型树枝状分子，G3.5、G5.5、G9.5 的表面官能团为羧酸根（COONa），G4、G6、G10 的表面官能团为氨基（NH_2）。组装多层膜的过程如图 7－55 所示。

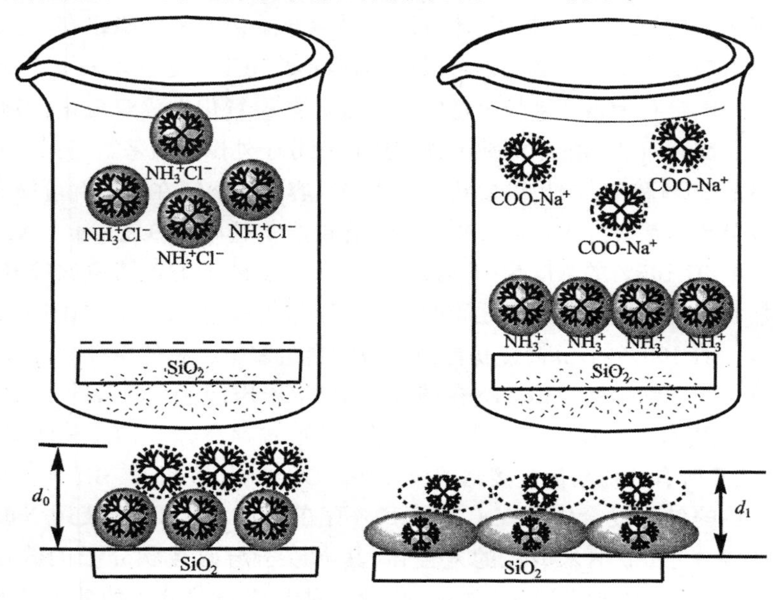

图 7－55 层层沉积的方法制备树枝状分子多层膜

先将表面带负电荷的硅片浸入 1%的树枝状分子的水溶液中，取出，用水冲洗后再用氮气吹干，用来重复沉积树枝状分子。沉积时间超过 20 min 时，可以得到重复性较好的结果。调节溶液的 pH 可以控制树枝状分子表面官能团的解离度。对于表面官能团为羧酸根的奇数代树枝状分子，pH 控制在 5.2～9.3 的范围内；对于表面官能团为氨基的偶数代树枝状分子，pH 控制在 2～4 的范围内。最好的结果（表面覆盖度、单层膜、多层膜的稳定性）为偶数代 pH＜3，奇数代 pH＞6。用 SPM（scanning probe microscopy）和 X 射线反射（X-ray reflectivity）对树枝状分子沉积膜的表面和厚度进行了研究，发现偶数代的树枝状分子在硅片上形成的单层膜的表面非常平滑和均匀，起伏在（0.4±0.1）nm 的范围内，而用 XR 测得的表面的起伏在 0.7～1.8 nm 的范围。用 SPM 测得的单层膜的厚度分别为 G4［（1.4±0.3）nm］、G6［（1.9±0.5）nm］、G10［（5.3±0.6）nm］；由 XR 得到的单层膜的平均厚度为 G4［（1.8±0.4）nm］、G6［（2.8±0.5）nm］、G10［（5.6±0.7）nm］。所有的实验都表明，树枝状分子单层膜的厚度要比树枝状分子理想球形模型的直径要小得多，同时也比树枝状分子在溶液中由色谱测得的尺寸小许多，这说明在单层膜中树枝状分子呈塌陷的圆盘状构型。其径向比分别为 G4（1∶3）、G6（1∶3）、

G10(1∶6)。对于树枝状分子多层沉积膜,用 XD 可测出膜的总厚度随着沉积次数增加而增加,但不能测出每层膜的厚度。这是由于层与层之间对比度相差太小,不能形成布拉格反射的缘故。

Crooks 等用 TM AFM 研究了树枝状分子 G4、G8(PAMAM)在金基片上的吸附成膜过程[46,47]。将金片浸入到 10^{-7} mol/L 的 PAMAM 树枝状分子的乙醇溶液中,通过 PAMAM 树枝状分子中的氨基与金原子之间的相互作用,PAMAM 可吸附在金片上形成均匀的单层膜。若浸入到 10^{-9} mol/L 的 PAMAM 树枝状分子的乙醇溶液中,在金片上可得到孤立的树枝状分子单层膜。单个的 G8 PAMAM 树枝状分子在金片表面的高度大约为 3.5～4.0 nm,而在其理想的球形状态下的直径为 9.7 nm。这说明树枝状分子变形为较为扁平的结构平躺在金表面。将吸附有树枝状分子单层膜的金片浸入到十六烷基硫醇溶液中 4 h,树枝状分子在金片表面的密度降低,一些树枝状分子完全被十六烷基硫醇取代。留在金表面的树枝状分子的高度从 3.5～4.0 nm 增加到 5.0～6.5 nm,如果考虑到十六烷基硫醇链的长度为近 2 nm,那么树枝状分子的实际高度应为 7.0～8.5 nm。若将覆盖树枝状分子单层膜的金片在十六烷基硫醇溶液中浸泡 48 h,则树枝状分子让出位置给硫醇分子,而树枝状分子本身则聚集成高度为 15～18 nm 的聚集体。在金片表面不能再观察到孤立的树枝状分子。再延长浸泡时间,树枝状分子的聚集体会变得更大(图7－56)。其变化过程的模型示意图如图 7－57 所示。

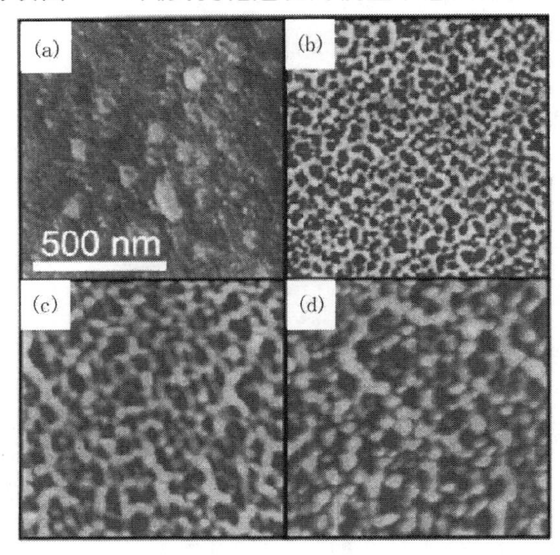

图 7－56　在十六烷基硫醇溶液中浸泡不同时间的 G8-NH_2 单层膜的 TM AFM 图像(1 μm×1 μm)

(a)1 min; (b) 1 h; (c) 24 h; (d) 96 h。白色区域为树枝状分子聚集体,深色区域为硫醇分子形成的单层膜

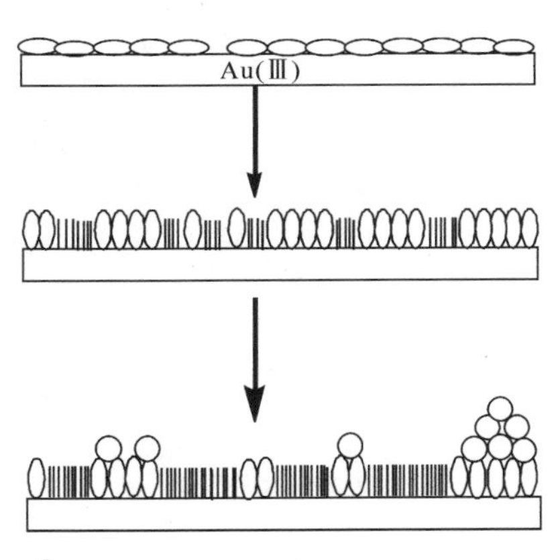

图 7－57　树枝状分子单层膜在硫醇溶液中浸泡发生聚集的模型图

Crooks 等的研究还发现,采用二茂铁修饰的聚苯撑亚胺树枝状分子和长链硫醇分子制备的混合单层膜具有电化学整流作用[48]。在这种单层膜中电子只能单向传导。白春礼和王琛等用 STM 技术研究了低代数扇形树枝状分子在高取向石墨表面的单层膜中分子的排列[49]。外围为长烷基链、焦点为羧基的第一代(**43**)和第二代(**44**)树枝状分子(图 7－58)在高取向石墨表面都可以形成有序的排列结构。

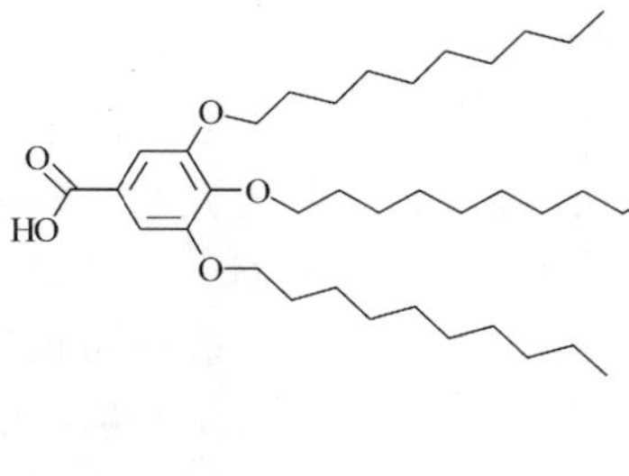

43 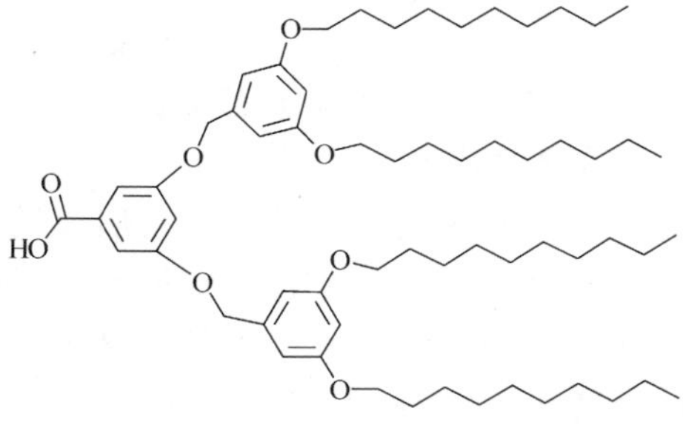　　**44**

图 7－58　用于高取向石墨表面组装的树枝状分子

在第一代树枝状分子单层膜的 STM 高分辨图像中,白色的盘状结构是由树枝状分子通过氢键形成的四聚体;而在第二代树枝状分子形成的单层膜中,白色的盘状结构是树枝状分子通过氢键形成的三聚体(图 7－59)。

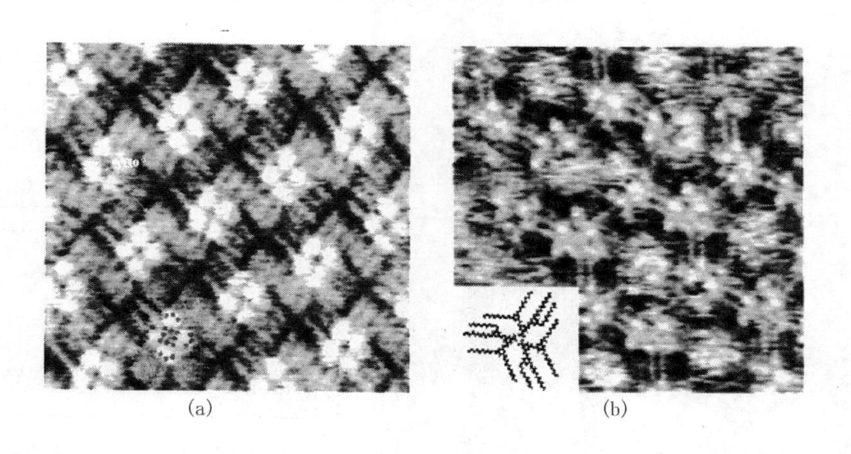

(a)　　(b)

图 7－59　树枝状分子在高取向石墨表面形成单层膜的 STM 图像

(a)**43**;(b)**44**

Loi 等用 TM AFM 研究了外围带有烷基链的 Muellen 型树枝状分子在高取向石墨(HOPG)表面吸附所形成的单层膜的结构[50,51]。形成单层膜的原因可能是由于外围的烷基链以较强作用力吸附在石墨表面,单个亚甲基在石墨表面的吸附能为 7 kJ/mol,而单个苯撑结构单元与石墨表面紧密接触的吸附能大约为 15 kJ/mol。在溶液中,**45** 的分子构型为正四面体,而 **46** 的分子构型接近盘状结构(图 7－60)。

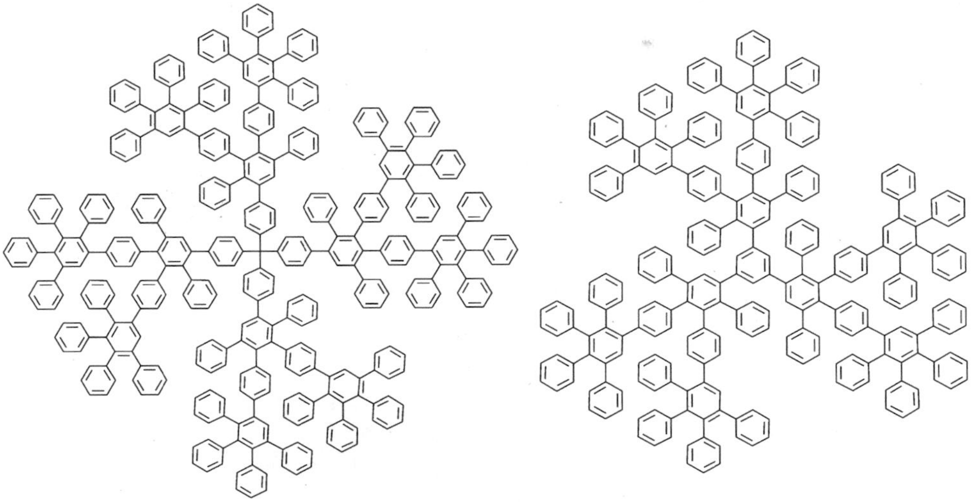

45　　**46**

图 7－60　Muellen 型树枝状分子的化学结构式

Muellen 型树枝状分子的结构特征是苯环与苯环之间直接连接,整个分子刚性较大。树枝状分子 **45** 在高取向石墨表面形成的单层膜中有棒状结构存在,图 7－61(a)为其 AFM 图片。

从图中可以看出,不同棒状结构之间相互平行或成 60°、120°夹角,这说明石墨的取向决定树枝状分子形成的棒状结构的取向。树枝状分子 **46** 在高取向石墨表面形成的自组装单层膜呈二维的结晶结构[图 7－61(b)]。其晶胞参数 $a=(10.2\pm0.3)$ nm, $b=(7.4\pm0.4)$ nm,夹角为 122.8°±2°。这些晶格之间的取向互相平行或成 60°、120°夹角,这说明晶格的取向是由下面石墨的取向决定的。由每个晶胞的面积 63 nm^2 可知其至少含有两个树枝状分子。由树枝状分子的结构可估算出每个分子的截面积大约为 31 nm^2。这种二维结晶相当稳定,可以用 AFM 针尖扫描多次。

De Schryver 等用非接触原子力显微镜技术(NC AFM)研究了 G4 Muellen 型树枝状分子在云母表面用甩膜的方法制备的样品[52～55],参见图 7－62。

G4 Mullen 型树枝状分子大致为一个正四面体构型。由此模型可以计算出 G4 树枝状分子的高度大约为 4.9 nm。图 7－63 为 G4 树枝状分子的 CH_2Cl_2 溶液在云母

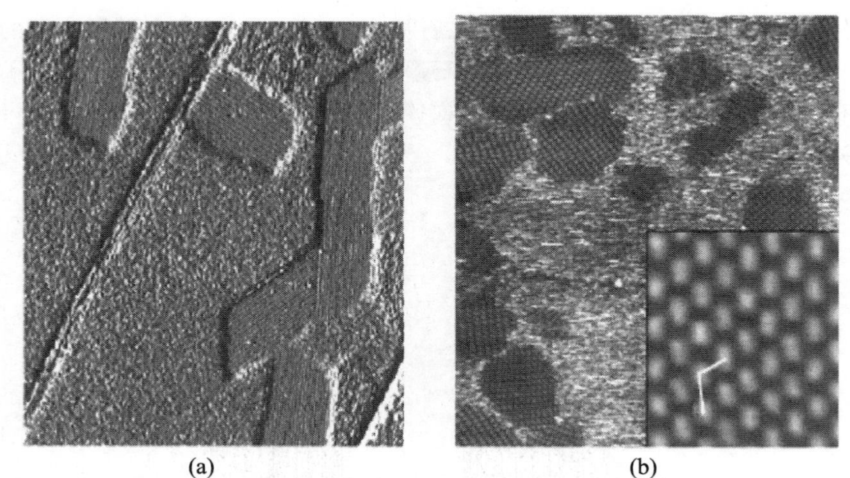

图 7-61　树枝状分子在高取向石墨表面的自组装单层膜的 TM AFM 图像

(a)**45**;(b)**46**

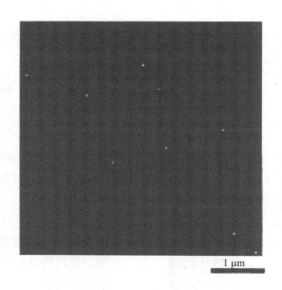

图 7-62　树枝状分子在云母表面的 NC AFM 图像

注:分子水平分散无聚集

片上用甩膜法制备的样品的 AFM 图像[1.5×10^{-8} mol/L (a) 和 7.4×10^{-7} mol/L (b)]。在图 7-62 中,由 AFM 实验测定的每个点的高度大约为(4.9±0.3) nm,这与理论计算值 4.9 nm 吻合得非常好。由实验测得的点的宽度为(75±4) nm,要比实际值大许多倍。这是由于 AFM 针尖与树枝状分子的相互作用(tip/sample convolution effect)造成的。由此可以得出,图 7-62 中的树枝状分子是以单个分子形式分散的。

图7-63(a)中树枝状分子呈球形聚集,其高度范围在7.6～13 nm。图7-63(b)中树枝状分子以超分子的方式形成链状的聚集体,其高度范围在5.5～16 nm。De Schryver等还用脉冲力模式原子力显微镜技术(pulsed force mode AFM,PFM AFM)研究了外围带有亲水羧基的Muellen型树枝状分子和外围疏水的树枝状分子在云母表面的组装体。用这种脉冲力模式原子力显微镜技术可以得到被测样品本身的一些信息,如硬度和黏附力。这种方法对测试比较软的样品很有用。先用外围为羧基的亲水树枝状分子(3.2×10^{-8} mol/L)的THF溶液在云母上用甩膜法制备亲水样品,然后在同一片云母上用外围为苯环的疏水树枝状分子(7.4×10^{-7} mol/L)的CH_2Cl_2溶液制备疏水样品。图7-64(a)和7-64(b)分别为用PFM AFM技术得到的混合样品的形态图像和黏附力图像。从形态图像中无法区分亲水树枝状分子聚集体和疏水树枝状分子聚集体,但是从黏附力图像中亲水树枝状分子的聚集体和疏水树枝状分子的聚集体具有较大的对比度。在图中有两种不同黏附力的信号出现,标识为A和B,其中A比B具有更大的黏附力。如果考虑到样品树枝状分子与硅制的AFM针尖之间的相互作用力,很容易得出A为亲水树枝状分子的聚集体、B为疏水树枝状分子的聚集体。另外,De Schryver等还发现通过控制溶液的蒸发速度,以联苯为核的聚苯树枝状分子在疏水的高取向石墨表面可以形成纳米级的纤维结构,而在亲水的云母表面容易形成球形的聚集结构。

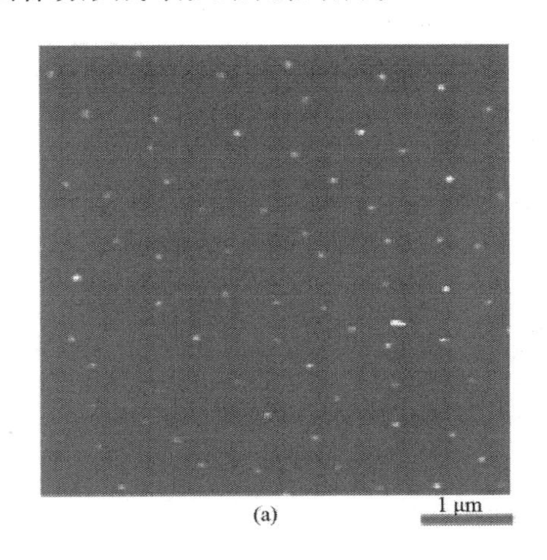

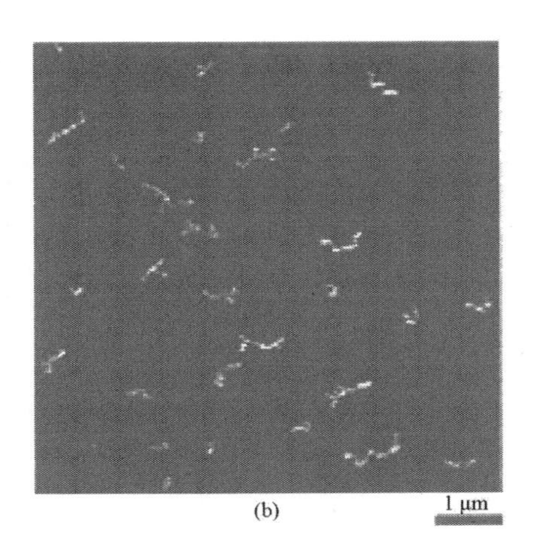

图7-63 树枝状分子在云母表面的NC AFM图像

(a)球形聚集体;(b)链状聚集体

De Schryver等利用Cu^{2+}作为桥梁将外围为羧基的Muellen型树枝状分子组装到位于金片上、表面为羧基的自组装单层膜上(图7-65)。采用的方法是:首先用HS-C10-COOH在金片上组装一层表面官能团为羧基的自组装单层膜,再将此单层膜浸入2.2×10^{-2} mol/L的KOH水溶液中,使单层膜表面的羧基转化为羧酸根离子。然

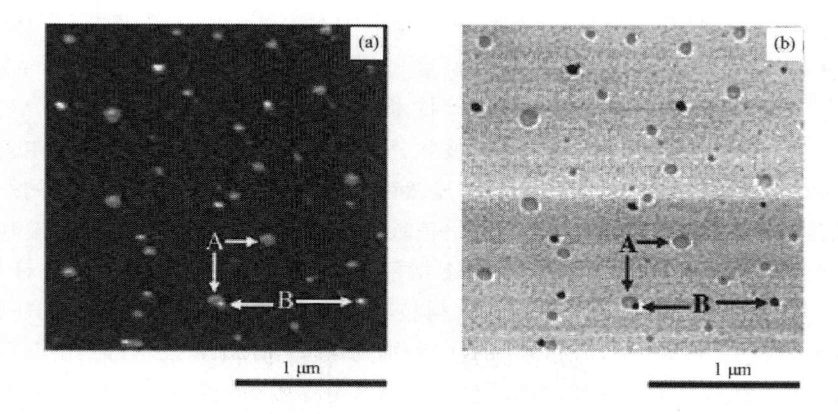

图 7-64　亲水和疏水树枝状分子聚集体的混合物在云母表面的 PFM AFM 图像

(a) 表面形态图像;(b) 黏附力图像

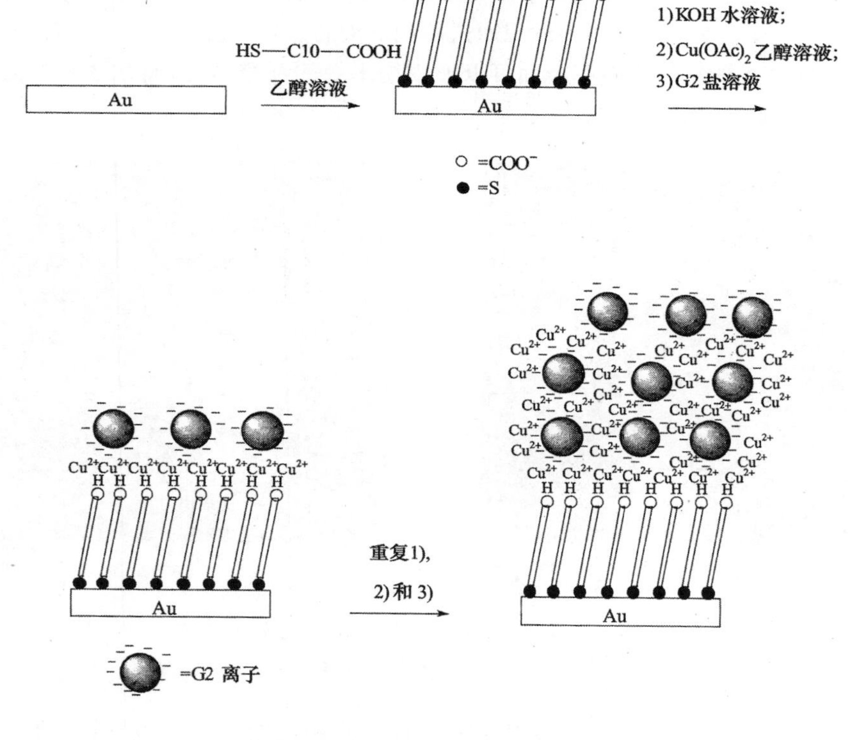

图 7-65　在位于金片上的离子化单层膜表面制备单独的、通过 Cu^{2+} 交联的、阴离子化的树枝状分子多层膜

后,将此单层膜浸入 $Cu(OAc)_2$ 溶液中,使 Cu^{2+} 结合在单层膜表面的羧酸根离子上。最后,再将此膜浸入到外围为羧基的 Muellen 型树枝状分子的 THF 溶液和 2.2×10^{-2} mol/L 的 KOH 水溶液的混合溶液中,吸附不同的时间。重复后两步,可以得到树枝状分子/Cu^{2+} 多层膜。NC AFM 研究了这种自组装膜的结构。图 7－66 为样品在树枝状分子的 THF 溶液和 2.2×10^{-2} mol/L 的 KOH 水溶液的混合溶液中吸附 1s 的 NC AFM 图像。测得的白色亮点的高度为(1.0±0.4) nm,而树枝状分子理论计算的高度应为 3.1 nm 左右。造成实测值与理论计算值有较大差别的原因可能有两个方面:其一,由于相邻白色亮点之间的距离小于 30 nm,这可能造成 AFM 测量低估粒子的高度,因为其针尖可能无法达到粒子之间的谷底;其二,底层的自组装膜的变形也可能造成低估树枝状分子粒子的高度。由此可知,图 7－66 中的白点为单个的树枝状分子阴离子。在多层膜中单个的树枝状分子已经不能被观测到,说明在多层膜中树枝状分子是聚集的。

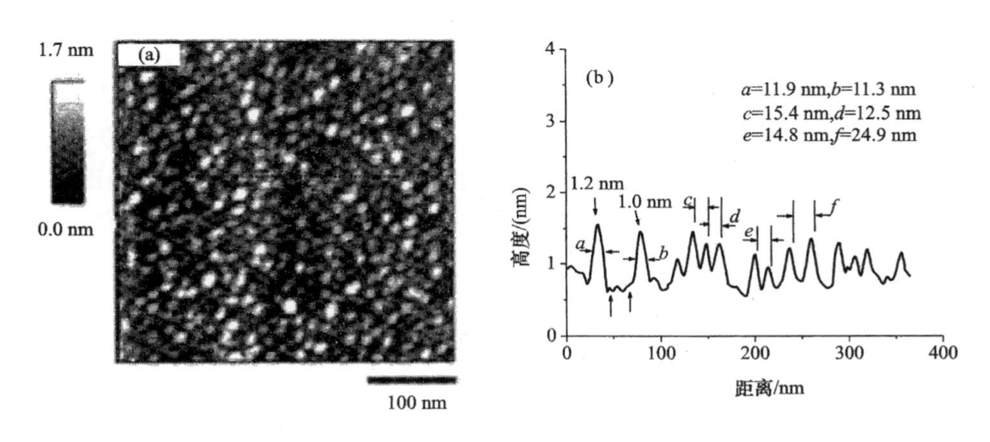

图 7－66 (a)吸附于 CuOOC 自组装单层膜表面的 G2 树枝状分子阴离子的 NC AFM 图像;(b) 沿图(a) 中点线测量的表面形态曲线

注:其中字母 $a\sim f$ 为树枝状分子的大小和单个树枝状分子之间的距离

Bar 等利用表面为氨基的树枝状分子(图 7－67)对基片的表面进行改性,并在改性的表面上组装贵金属纳米粒子[56]。首先,将基片浸入树枝状分子溶液中,使树枝状分子吸附到基片表面。然后,将此表面改性的基片浸入到纳米粒子的溶胶中来沉积纳米粒子(Au, Ag)。用这种方法制备的薄膜能够稳定存在至少几个星期,SEM 和 AFM 研究发现,贵金属纳米粒子在树枝状分子层的上面是孤立地分散在单层膜内,在表面未发现聚集现象。决定组装膜的物理和化学性质的纳米粒子的大小和粒子间的距离可以通过改变超微粒溶胶的浓度和浸泡时间来控制。可用的基片有玻璃片、石英片、硅片等。

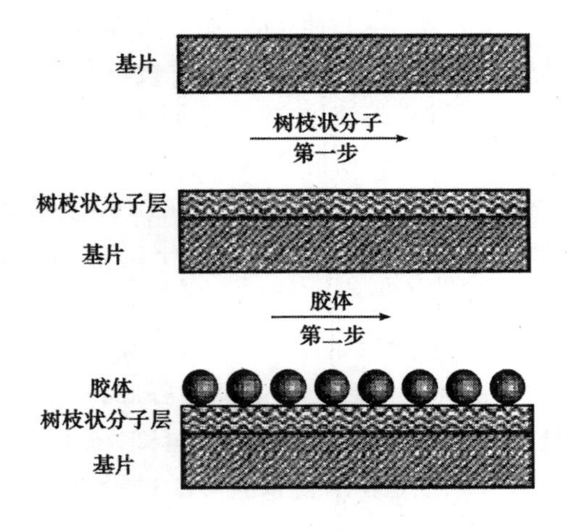

图 7-67 在树枝状分子薄膜表面制备胶体粒子单层膜

Huck 等最先将 PAMAM 树枝状分子用作墨水(ink),采用微接触印刷术(microcontact printing,μCP)在硅片上通过印刷实现图案化[57]。微接触印刷的方法如图 7-68所示,主要包括三个方面:(1) 首先将原版的纳米图案复制到弹性的图章上;(2) 将纳米图章蘸上墨水;(3) 将图章与固体基片保角接触,将墨水从弹性图章上面转移到基片上形成纳米图案。

Huck 等采用的具体方法为:将弹性的图章,蘸到 1%的第四代 PAMAM 树枝状分子的乙醇溶液中 2 min 来润湿图章的表面。然后用去离子水冲洗干净、氮气吹干。将吹干的弹性图章放到清洁的硅片表面,使它们之间保角接触大约 5 s。图 7-69(a),(b)为在硅片表面印刷的 PAMAM 树枝状分子纳米图案的 AFM 图像。他们检测了 1 cm^2 范围内的几个不同的区域,发现所有的地方都形成了完美的纳米图案。在硅片表面的树枝状分子条状的宽度大约为 140 nm,带与带之间的距离为 70 nm,这与 SEM 测量弹性图章得到的结果是一致的。从图 7-69(c)中的高度线可以看出,树枝状分子层的厚度不超过 1 nm,这说明在印刷过程中只有树枝状分子单层膜印刷到了硅片上。能形成非常好的单层膜的原因可能是树枝状分子外围的氨基与硅片表面的羟基之间存在着相互作用。图 7-69(b) 为 1 μm 范围的 AFM 图像,从中可以看出树枝状分子单层膜的边缘非常整齐,这说明树枝状分子在硅片上的扩散很小。而小分子墨水的缺点就是容易扩散,使图案的边缘模糊。从图 7-69(b) 中还可以看到独立的、大小约为 20 nm 的白点,这说明树枝状分子形成了比较疏散的单层膜。此后不久,Street 等用同样的方法和同样的树枝状分子也得到了同样的结果[58]。

Fréchet 等将树枝状分子的自组装膜用作扫描探针印刷(scanning probe lithogra-

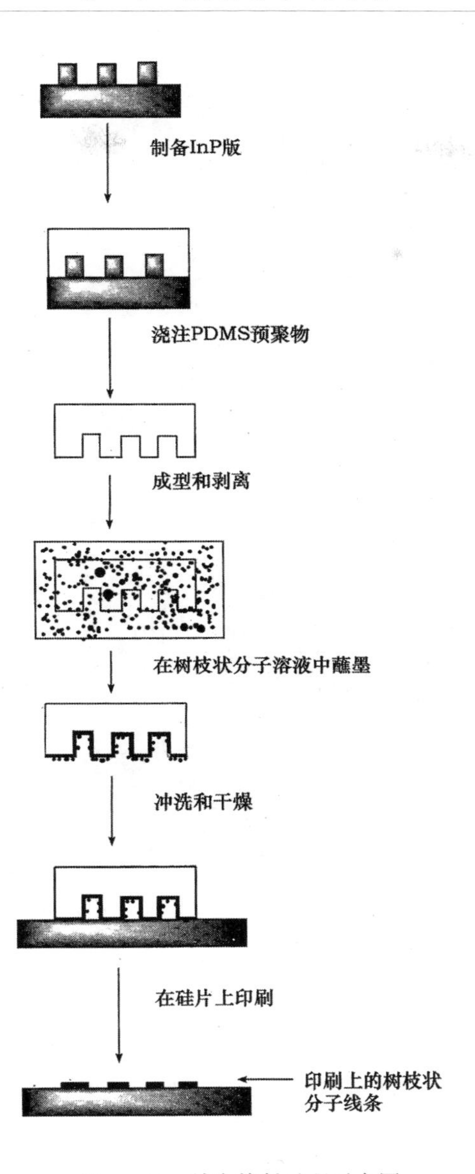

图 7－68　纳米接触过程示意图

phy, SPL）的材料[59]。用于在硅片上形成自组装膜、焦点为氯硅烷的树枝状分子 **47** 可由图 7－70 所示的方法合成。

将硅片用 Piranah(30％的 H_2O_2 和浓硫酸 1∶4 的混合溶液)在 120 ℃处理 30 min，表面变得非常亲水，接触角＜15°。然后将硅片浸入到焦点为氯硅烷的树枝状分子的甲苯溶液中 48 h，将会形成自组装膜。在硅片上自组装膜的形成可以从其接触角的变化得到证明。形成自组装膜以后，硅片表面的接触角增加到 90°±5°，这说明形成

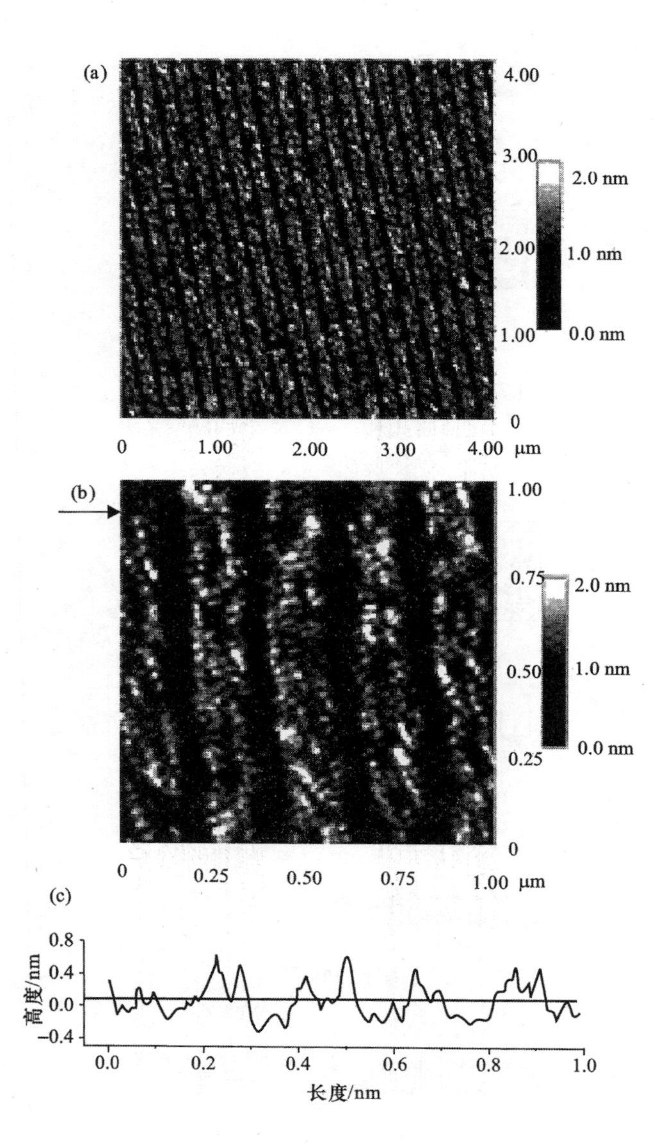

图 7-69 (a)和(b) 印刷在硅片表面的树枝状分子线条的 AFM 图像;(c) 沿(b)中箭头所指方向的高度线

自组装膜后硅片表面由亲水性变为疏水性。树枝状分子单层膜的图案化是用 AFM 技术完成的:给 AFM 针尖上施加一定的电压,使针尖和样品之间有电流形成,通过程序可控制针尖扫描的途径、速度以及发射电流,从而可完成树枝状分子单层膜的图案化。用这种方法将树枝状分子单层膜图案化后,接着用 AMF 接触模式来检测这种图案。由于图案化是在空气中进行的,针尖上施加高电压时(大约 8 V),有机单层

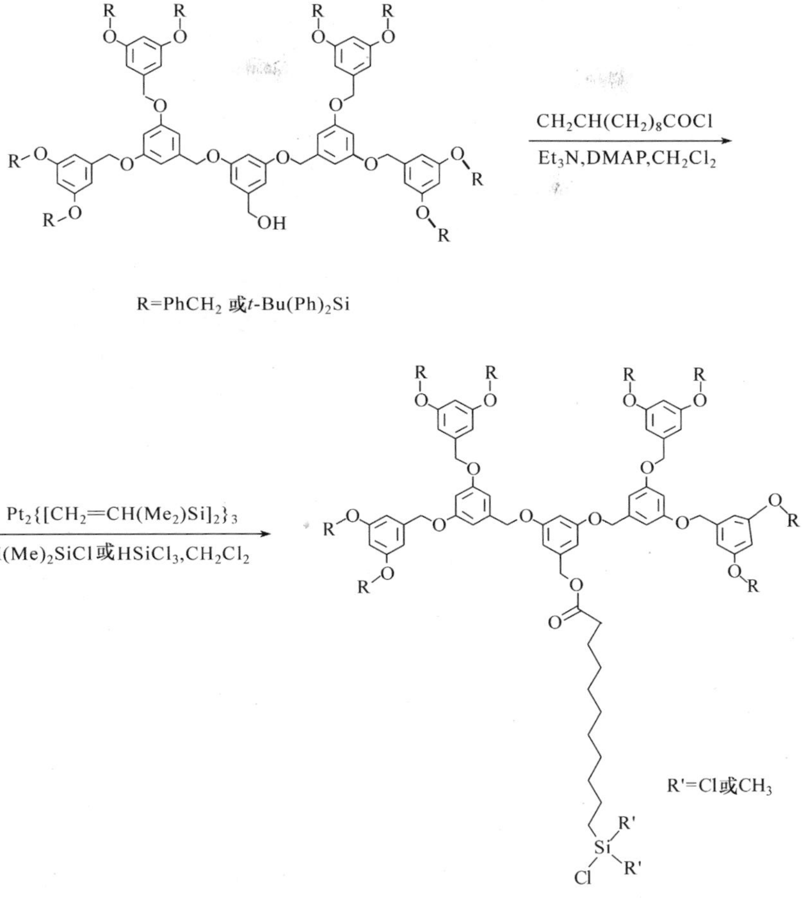

$CH_2CH(CH_2)_8COCl$

$Et_3N, DMAP, CH_2Cl_2$

R=$PhCH_2$ 或 t-$Bu(Ph)_2Si$

$Pt_2\{[CH_2{=}CH(Me_2)Si]_2\}_3$

$H(Me)_2SiCl$ 或 $HSiCl_3$, CH_2Cl_2

R'=Cl或 CH_3

47

图 7－70　焦点为氯硅烷的树枝状分子的合成路线

膜可发生氧化降解，同时单晶硅也可被氧化产生体积膨胀，从而形成类似浮雕的结构。图案的特征(线条的宽度和高度)决定于施加的电压和写入速度。在一定电压下，较快的写入速度可得到较窄的线条。树枝状分子单层膜可用于氢氟酸的抗蚀层，从而可以将硅氧化产生的浮雕图案除掉。图7－71显示了这个反转过程。在图中的格子图案呈凸起的特征，白色线条的宽度大约为 60 nm，凸起大约 2 nm。将硅片浸入 1 mol/L 的 HF 溶液中刻蚀 60 s，所有由于硅的氧化而产生的凸起部分都被刻蚀掉了，线条在硅片上的深度大约为 2 nm。刻蚀后未发现图案的线条变宽，以及在膜上产生蚀斑。

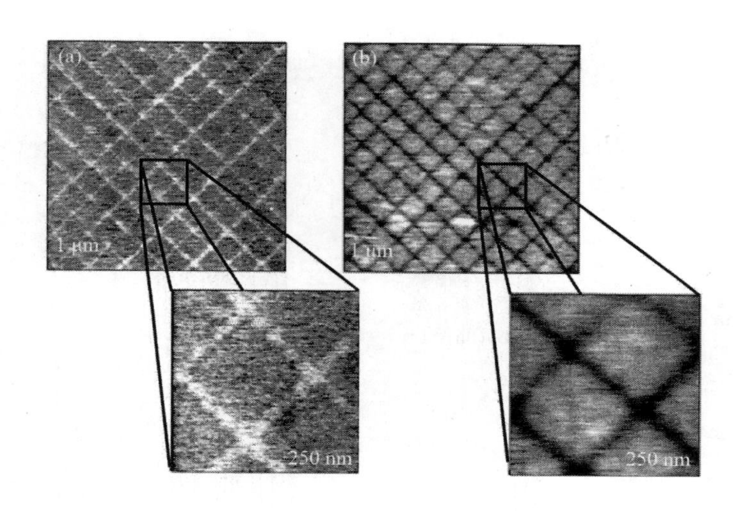

图 7-71　图案化的树枝状分子 **47** 制备的单层膜的 AFM 图像(线条间距为 500 nm)

(a)氧化物浮雕特征的 AFM 图像(大约 60 nm 宽,高出表面 2 nm 的白线)

(b) 单层膜纳米图案经 1 mol/L HF 刻蚀后的 AFM 图像

(黑色线条在硅表面的深度大约为 2 nm)

Fréchet 等还采用静电相互作用来制备树枝状分子在硅片上的自组装单层膜[60]。首先,他们合成了焦点为单个羧基的两种树枝状分子 **48**(A 和 B),其结构如图7-72所示。

然后,按如下过程在硅片上组装树枝状分子单层膜:先用(3-氨基丙基)-三乙氧基硅烷处理硅片,使硅片表面氨基化,再将表面氨基化的硅片浸入 0.5 mmol/L 的树枝状分子 **48** 的 2-丙醇/正己烷溶液中浸泡几小时,这个过程使树枝状分子通过形成铵盐的方式组装到硅片上。形成树枝状分子自组装膜后,水在硅片表面上的接触角由 47°±3°变为 90°±3°,说明硅片表面由亲水的氨基变为疏水的树枝状分子。覆盖树枝状分子自组装膜的硅片能够耐 1 mol/L 氢氟酸(50∶1)的刻蚀(3 min)。尝试着用前述的 SPL 写入方法使覆盖树枝状分子 **48** 的硅片表面图案化,但即使施加+20 V 的写入电压,也不能形成类似于浮雕的线条图案,而仅仅在自组装膜上形成一些深度为 4.5 nm 的孔洞(图 7-73)。这种意外的结果可能是由于基片表面存在着电荷的缘故。外围带有 8 个羧基的两亲性树枝状分子 **49** 也可以在覆盖氨基的硅片上通过静电相互作用来组装单层膜。用 AFM 技术对此单层膜写入时,得到了类似于基于共价键的树枝状分子单层膜的结果,可以实现自组装单层膜的图案化。

Xiao 等提出了用树枝状分子制备功能单层膜的概念,用这种方法可以控制单层膜中官能团之间的距离[61]。这个概念可以用图 7-74 来说明。

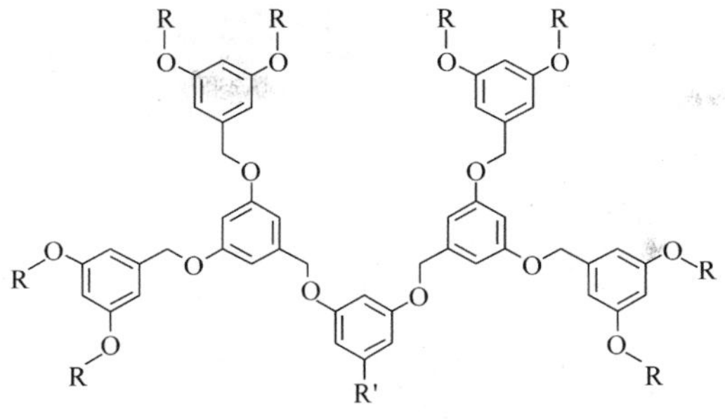

树枝状分子 A: R= 苄基， R'= —COOH

树枝状分子 B: R=$Ph_2[(CH_3)_3C]Si$, R'= —$CH_2OCOCH_2CH_2COOH$

48

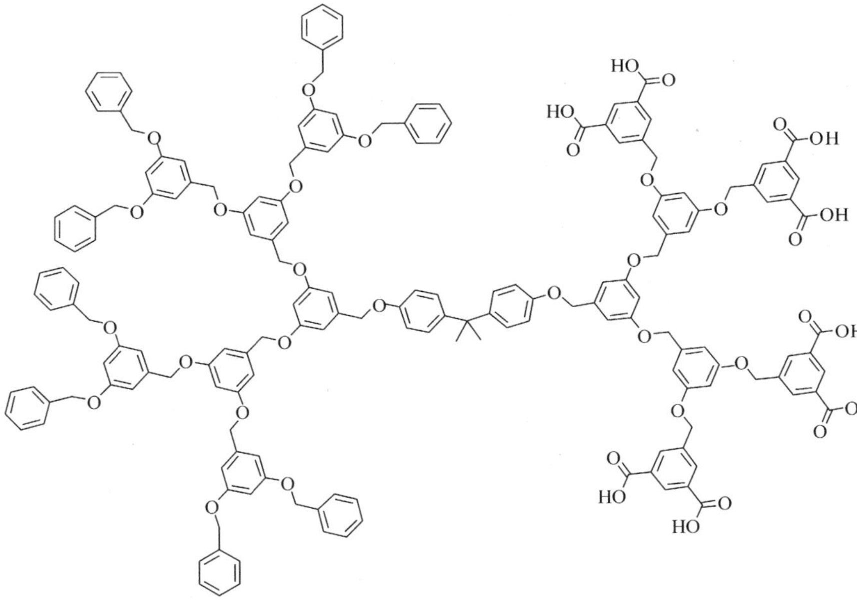

49

图 7-72　带有单个(**48**) 和多个(**49**) 羧基的树枝状分子的化学结构式

他们采用外围为三氯硅烷官能团、焦点为苯环的含硅树枝状分子作为成膜材料，外围的三氯硅烷基可以被基片上的水分子水解为 $Si(OH)_3$，从而吸附在基片上。此外，他们还用 **AFM** 研究了树枝状分子的浓度对成膜的表面形态的一些影响。

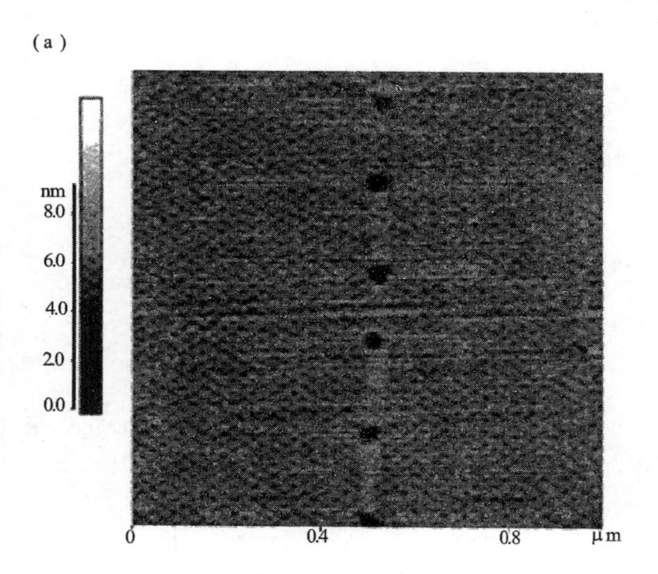

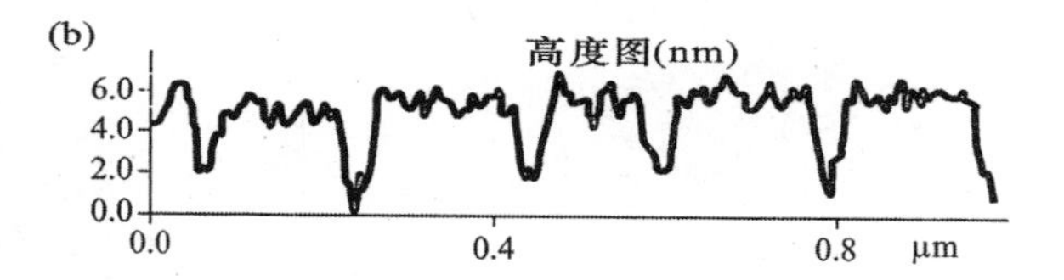

图 7－73 (a)图案化(写入电压＋20 V,写入速度 0.5 μm/s)的树枝状分子 **48** 制备的单层膜的 AFM 图像;(b)(a)图中沿线条方向的高度线

注:(a)图中孔洞的平均直径为 35nm,深度为 4.5nm

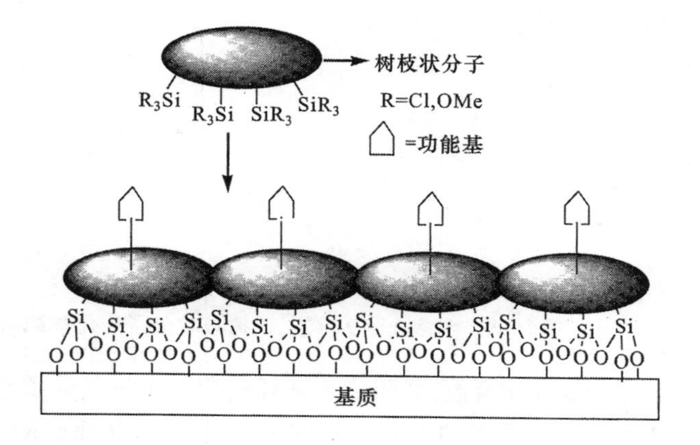

图 7－74 制备官能团距离可控的树枝状分子单层膜

7.5　树枝状分子在溶液中的超分子组装

树枝状分子具有结构可控、单分散、大小在纳米尺寸范围等重要的结构特征，因此可以被用作理想的纳米级结构单元来组装更高级的、复杂的超分子体系。这方面一个非常成功的例子是 Zimmerman 等利用氢键作用组装的超分子树枝状分子(图 7-75)[62]。他们设计合成了焦点为双间苯二甲酸的 Fréchet 型树枝状分子。间苯二甲酸通过氢键作用形成聚集结构的方式有两种：环状的六聚体或者是锯齿型的线性聚集体。由于在溶液中，间苯二甲酸形成的氢键比较弱而不能形成聚集体，因此设计合成了通过刚性单元连接起来的双间苯二甲酸结构。这种结构形成的氢键数量比原来可增加一倍，有助于在溶液中通过氢键形成聚集结构。Zimmerman 等分别用体积排斥色谱(SEC)、激光光散射(LLS)和蒸气相渗透计(VPO)法对不同代数的树枝状单体的组装行为进行了测定，发现在非极性溶剂中除第一代树枝状分子外，其余代数的树枝状分子在 SEC 流出曲线上都是对称的单峰。由聚苯乙烯标样测定的相对分子质量推测，这些聚集体应为环状六聚体的结构。如果用极性的 THF 作为流动相来测定它们的相对分子质量，其相对分子质量大小接近单体的相对分子质量。用 NMR 同样可证明，在极性溶剂中聚集体解离为单体。由于这种圆盘状六聚体的结构与聚苯乙烯的结构相差较大，用聚苯乙烯标样测定其相对分子质量的偏差也较大。因此它们合成了与盘状六聚体结构类似的、共价键连接的树枝状分子，以此作为标样用 SEC 测定超分子树枝状分子的相对分子质量，结果也支持形成了盘状六聚体的结论。进一步的研究表明，盘状六聚体的稳定性与树枝状分子的代数有关，高代数的树枝状分子有助于形成稳定的盘状六聚体；而低代数的或者与双间苯二甲酸之间具有较大间隔的树枝状单体，都可能形成锯齿型的线性聚集体。

基于间苯二甲酸氢键作用组装的超分子树枝状分子的结构不够稳定，在极性溶剂（如 THF）中，六聚体可解离为单体。为此 Zimmerman 等设计合成了基于鸟嘌呤(guanine)和胞嘧啶（cytosine）的 DDA·AAD（D：donor，A：acceptor）氢键相互作用的树枝状分子体系[63]。这种体系的氢键作用比较强，其结合常数通常为苯甲酸二聚体或 DAD·ADA 体系的 100 倍以上。SEC 结果表明，不同代数的树枝状分子单体都可以通过氢键作用形成盘状的六聚体。在 THF 中，第一代的树枝状分子单体形成的盘状六聚体比较稳定，在 SEC 流出曲线上是一个单峰，只有在极稀的浓度下才出现单体峰；而第三代的树枝状分子在 THF 中是以单体峰的形式流出的，形成的盘状六聚体不够稳定；第二代的情况介于两者之间。形成盘状六聚体是一个动态的过程，存在着聚集和解离的平衡。在浓度较高时有利于盘状六聚体的形成，而浓度较低有利于解离为单体；在非极性溶剂中

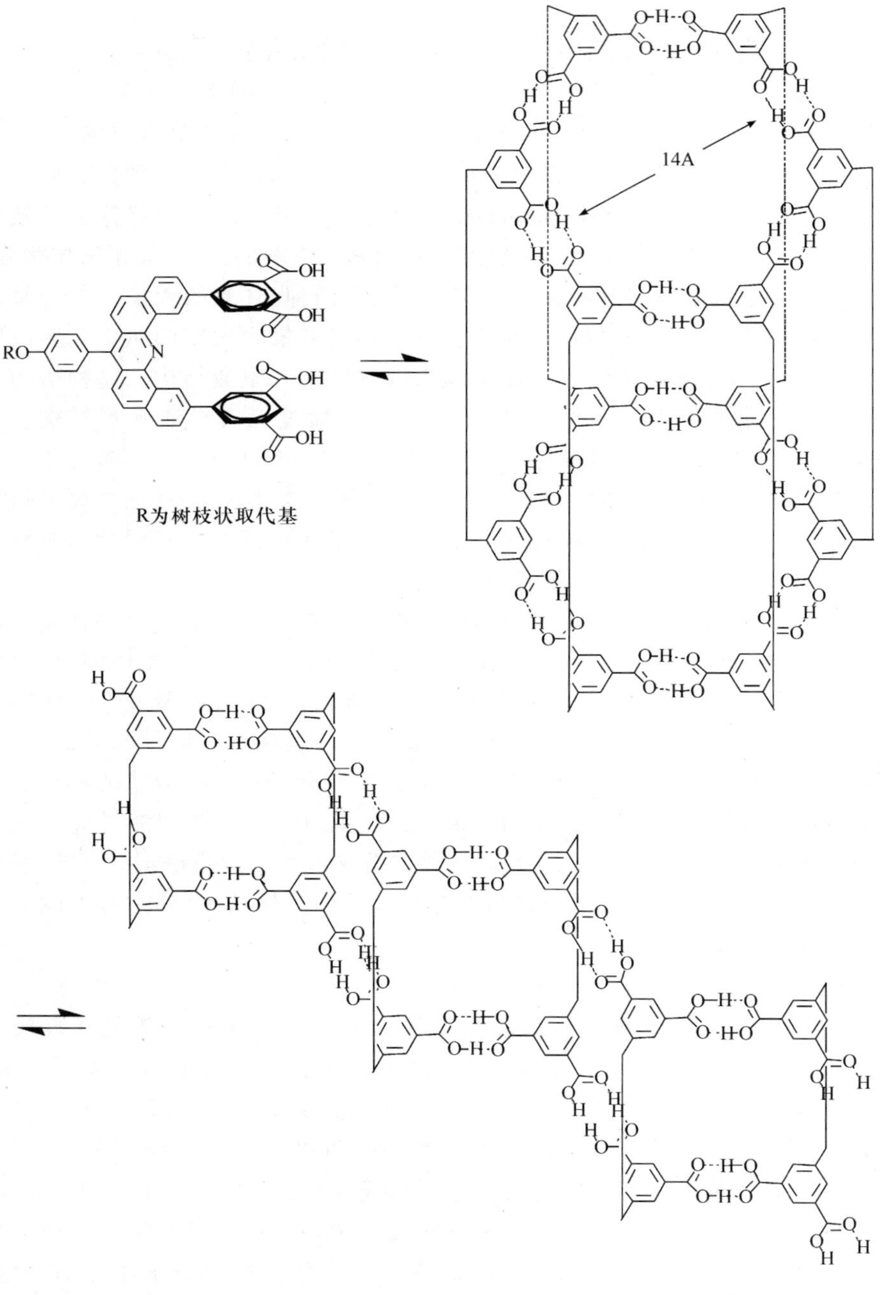

R为树枝状取代基

14A

图 7－75　基于氢键作用组装的树枝状分子

有利于六聚体的形成，加入极性溶剂或升高温度有利于解离为单体。^{1}H NMR 结果也进一步证实了上述的结论。以甲苯为流动相，SEC 测得 G1 和 G3 盘状六聚体的保留时间分别为 15.1 和 14.2 min。如果将等摩尔的 G1 和 G3 盘状六聚体混合，经过 18 min 后其 SEC 流出曲线为一个对称的单峰，其分布（PD）为 1.02。用 SEC 跟踪这个过程，可发现 G1 和 G3 盘状六聚体混合后的重组是一个动态的过程，可能经过 9 种可能的中间态，最后形成结构最稳定的、如图 7－76 所示的基于氢键的超分子树枝状分子 **50**。这种结果说明，树枝状分子外围的空间阻碍决定最终形成的组装体的结构。

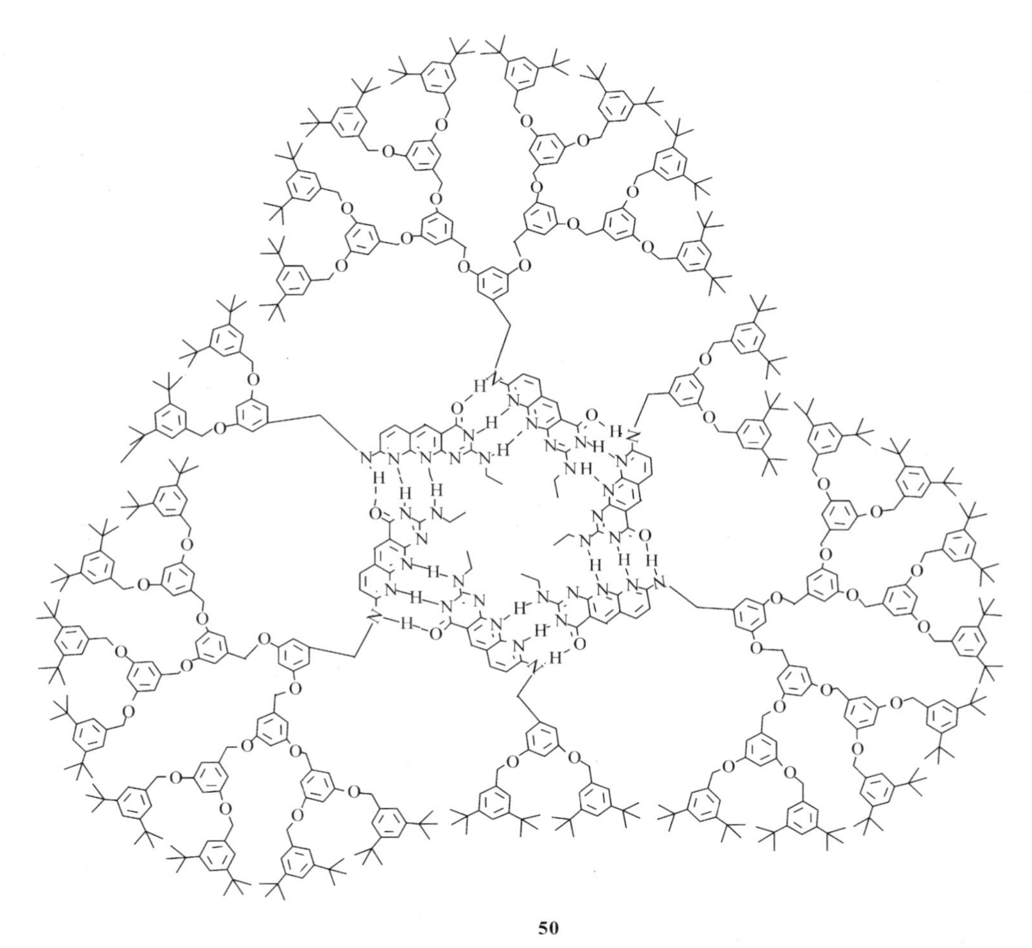

50

图 7－76　基于鸟嘌呤和胞嘧啶的 DDA·AAD 氢键相互作用组装的超分子树枝状分子

薄志山等最早利用阴阳离子之间的静电相互作用来组装超分子结构的树枝状分子 **51**（图 7－77）[64,65]。将焦点为苄基溴的 G2 和 G3 树枝状分子分别与三乙胺

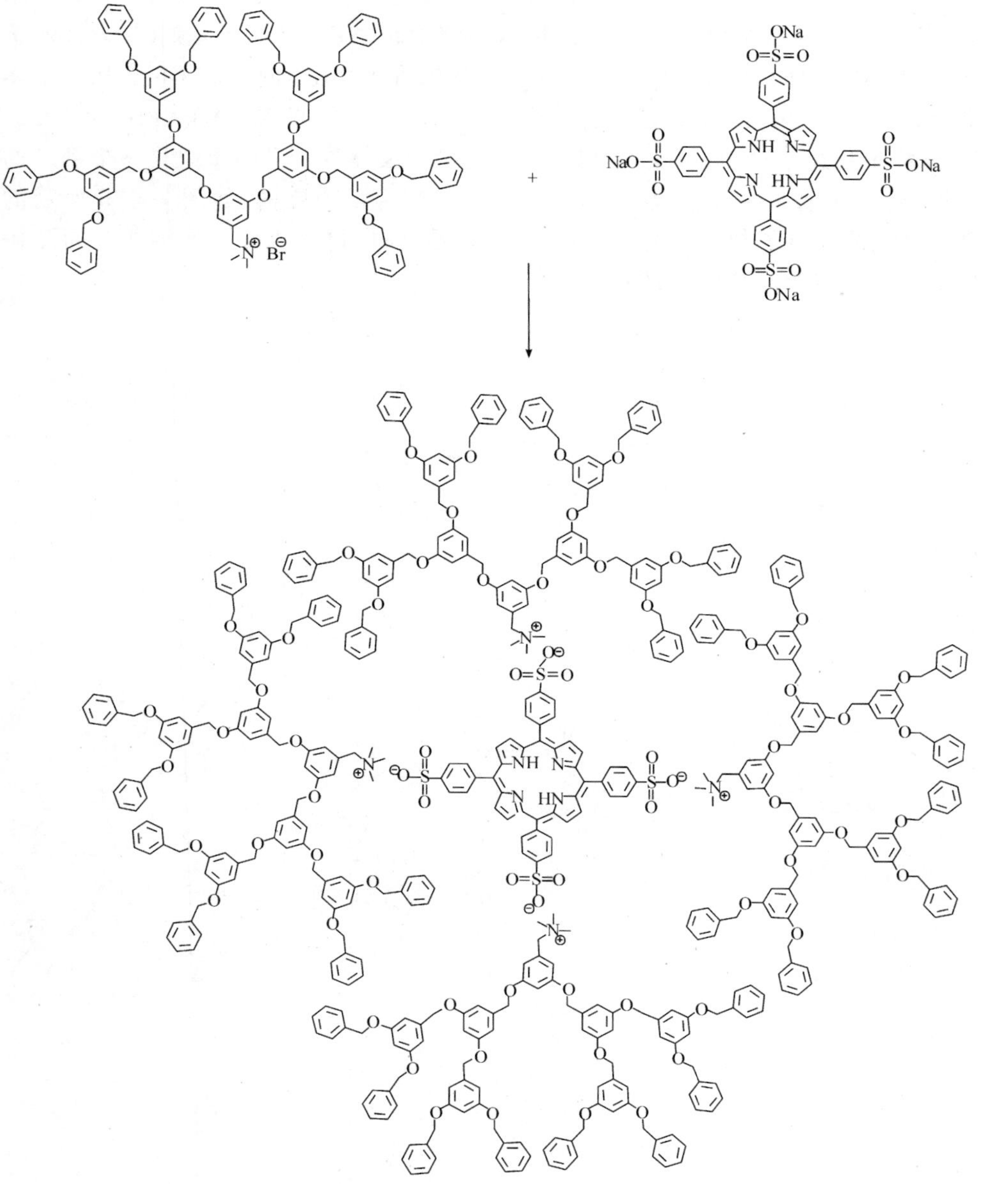

51

图 7-77　基于静电作用组装的以卟啉为核的超分子树枝状分子

反应,可得到焦点为季铵盐的树枝状分子。这种树枝状季铵盐(G2 和 G3)在水中溶解性较小,但却可以溶解于二氯甲烷中。多阴离子采用的是四磺酸基苯基卟啉的钠盐,它在二氯甲烷中不溶,但却可以溶解于水中形成红色透明溶液。形成以卟啉为核的超分子树枝状分子的过程比较简单,将摩尔比为 1∶4 的卟啉磺酸钠水溶液与树枝状季铵盐的二氯甲烷溶液混合,充分搅拌后,红色的卟啉阴离子就被萃取到有机相中形成超分子树枝状分子。NMR 和元素分析结果表明,卟啉与树枝状季铵盐之间形成了摩尔比为 1∶4 的超分子结构的树枝状分子。用 SEC 和 MALDI-TOF 未能得到预期的结果,可能是由于形成的超分子树枝状分子中静电作用比较弱。溶致色变研究结果表明,形成配合物后卟啉的 Soret 带吸收发生了移动,这说明卟啉周围的微环境发生了变化。如果将 G2 配合物与 G3 树枝状阳离子溶液混合,G3 树枝状阳离子可以取代配合物中的 G2 树枝状阳离子而生成 G3 配合物。这说明配合物的生成与解离是一个动态过程,G3 配合物要比 G2 配合物更稳定。

van Koten 等利用带有季铵盐阳离子的树枝状分子与带有长烷基链阴离子的钯催化剂通过非共价键的静电相互作用组装了超分子树枝状分子催化剂 **52**(图 7-78)[66]。组装是在两相体系(CH_2Cl_2/H_2O)中进行的,过量的阴离子可以通过透析除去。NMR 和电子溅射离解质谱表明,主体树枝状分子与客体阴离子之间形成了摩尔比为 1∶8 的超分子树枝状分子。这种超分子树枝状分子催化剂可以催化缩合反应。Xu 等也采用焦点带有磺酸根阴离子的 Fréchet 型树枝状分子与银离子的簇合物笼通过阴阳离子间的静电作用组装了超分子结构的树枝状分子[67],并且培养出了适合进行 X 射线结构分析的 G1 超分子树枝状分子单晶。

Fréchet 等组装了以镧系金属离子为核的树枝状分子配合物[68]。镧系金属离子具有独特的发光性质,如毫秒量级的发光寿命和很窄的半峰宽。铒离子常用于光纤中光信号的放大,但是由于铒离子容易聚集导致自身的荧光猝灭,因而会使效率降低。Fréchet 教授提出的树枝状分子位置隔离的概念[69],成功地解决了这个问题。将焦点为羧基的 Fréchet 型树枝状分子与 $Tb(OAc)_3$ 在氯苯中进行反应,可以制得铽的树枝状分子复合物 **53**(图 7-79)。该复合物在常见的有机溶剂中具有较好的溶解度。用常规的手段对这种树枝状分子复合物进行充分的结构表征比较困难,如在核磁共振谱中由于金属离子的顺磁效应,使得谱线非常宽,MALDI-TOF 和 SEC 都表明这种复合物容易分解。红外和元素分析的结果与设想的一致,激光光散射结果只能表明复合物的相对分子质量要比原来单体的大。这种树枝状复合物在溶液和本体中的发光强度随着外围树枝状分子的代数增加而增强,这可能是由于树枝状分子的天线效应和位置隔离效应的结果。

Meijer 等利用离子间的静电吸引和氢键的协同作用在 Meijer 型树枝状分子的外围组装了客体分子[70,71]。客体分子中的羧基与主体树枝状分子中的叔胺进行

52

图 7-78 基于静电相互作用组装的超分子树枝状分子催化剂

质子转移形成离子键，主体的酰胺与客体的脲之间可以形成多重氢键。结构式如图 7-80 所示。

客体分子在氯仿中溶解性较小，将其与树枝状分子的氯仿溶液混合后，大部分客体分子都溶解在氯仿中，用柱层析分离后可得到纯的超分子树枝状分子。用 ^{1}H NMR和 IR 对其结构进行了表征，发现有 64 个金刚烷端基的树枝状分子可配位32个客体分子。核磁共振实验研究了配位客体分子后对树枝状分子外围环境的

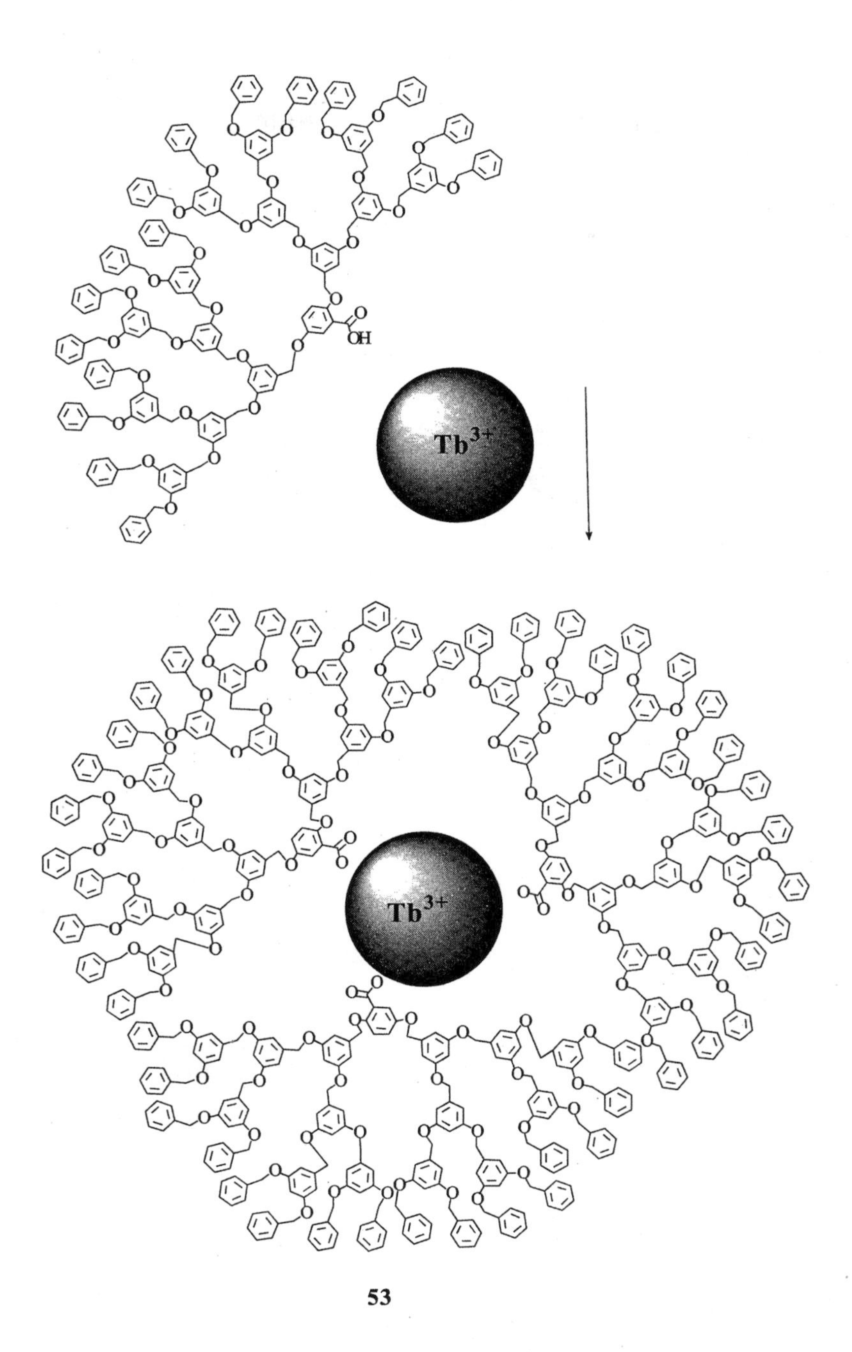

图 7-79　树枝状分子与铽离子通过离子键形成超分子配合物

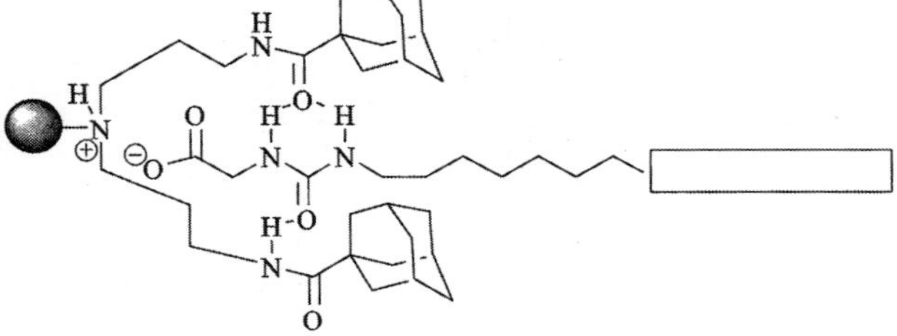

图 7-80　在树枝状分子外围通过氢键和离子静电作用组装客体分子的示意图

改变，发现自旋晶格弛豫时间（T_1）随着树枝状分子外围配位的客体分子的数目增加而变短，说明其外围变得更加拥挤、刚性增加；树枝状分子的表面变得类似于固体状态。Meijer 等还将具有催化活性的客体分子配位到树枝状分子的外围，从而实现了树枝状分子通过超分子相互作用来固载催化剂[72]（图 7-81）。研究表明，通过超分子相互作用固载的催化剂的催化活性没有下降，而固载在不溶载体上的催化剂的活性通常都下降。与传统的方法相比，用组装的方法来实现催化剂的超分子固载具有非常明显的优势，因为将催化剂通过共价键连接到树枝状分子的外围通常需要苛刻的反应条件和复杂的分离过程，而这种组装的方法则显得非常简便易行。

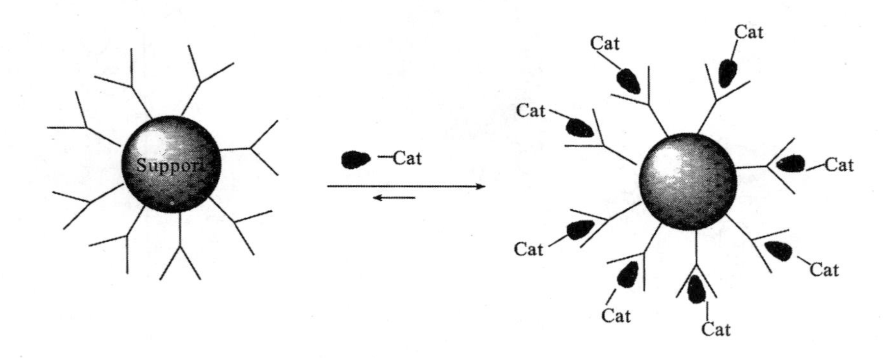

图 7-81　在可溶载体上通过超分子结合的方法固载催化剂的示意图

Meijer 等合成了两亲性的树枝状分子与聚苯乙烯的杂化体 **54**[73~75]。首先，他们采用阴离子聚合的方法制备了具有末端单官能团的、分布非常窄的聚苯乙烯齐聚物（Mw/Mn = 1.05），然后将此齐聚物作为核来制备两亲性树枝状分子。图 7-82 为这种两亲性树枝状分子 **54** 的结构式。

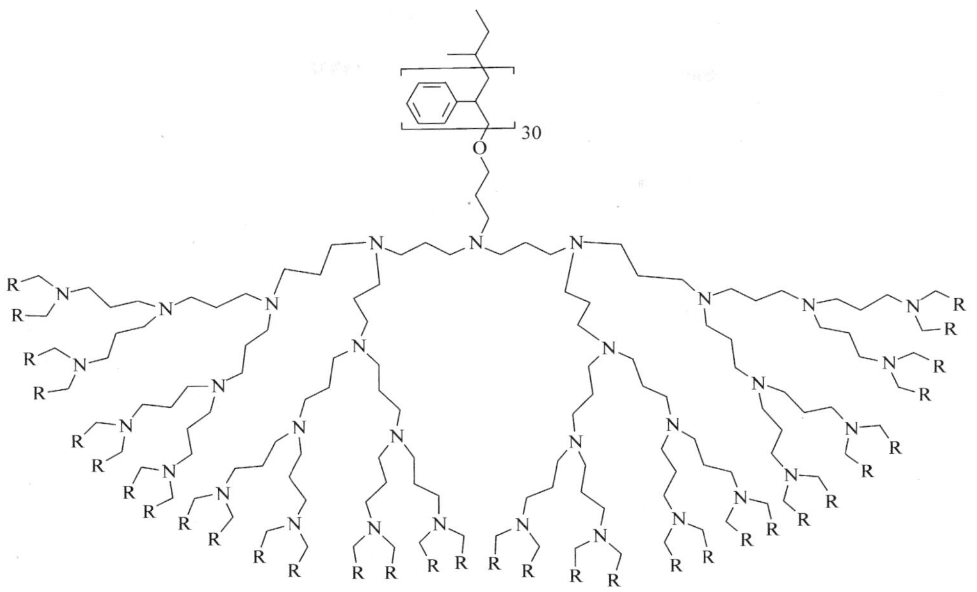

54

图 7－82　亲水树枝状分子-聚苯乙烯两亲性杂化体的化学结构式

这种树枝状分子杂化体的两亲特征可以通过其在水/甲苯体系中的电导性、动态光散射、透射电镜来表征。将两亲树枝状分子的甲苯溶液(3×10^{-4} mol/L)滴加到每升含有 3×10^{-4} mol 的两亲性树枝状分子的 0.01 mol/L 的 KCl 溶液中,并测量其电导性随甲苯/水溶液比例的变化。测量发现,所有低代数两亲性树枝状分子都有稳定甲苯成为连续相的作用。对于 PS-dendr-$(NH_2)_2$ 体系,体积分数为 2%的甲苯就可导致相反转,而 PS-dendr-$(NH_2)_{16}$体系中甲苯的体积分数为 50%时才能发生相的反转。动态光散射研究发现,PS-dendr-$(NH_2)_4$ 在甲苯溶液中形成直径 3.4 nm 的反胶束结构,而 PS-dendr-$(NH_2)_{16}$ 在水溶液中形成复杂的、流体力学半径为 120 nm 的线状结构。TEM 研究发现,不同代数的树枝状分子 PS-dendr-$(NH_2)_n$(n=8,16,32) 在水溶液中形成不同的聚集结构:PS-dendr-$(NH_2)_8$ 形成囊泡结构、PS-dendr-$(NH_2)_{16}$形成棒状胶束、PS-dendr-$(NH_2)_{32}$形成球形胶束。不同于传统两亲体的是:将两亲树枝状分子 PS-dendr-$(NH_2)_{16}$形成的棒状胶束稀释,没有发现向球形胶束的过渡。这些结果表明,极性树枝状分子端基的两亲性共聚物具有依赖于树枝状分子代数的聚集行为。Meijer 等还发现外围为羧基的树枝状分子-聚苯乙烯两亲体具有依赖于 pH 的聚集行为。

7.6 展　望

树枝状分子是一类规则支化的大分子，具有一些独特的结构特征，如化学结构可控、分子量分布的单分散、分子的大小在纳米尺寸范围内。从原理上讲，用叠代合成的方法可以制备具有功能化的核、内层或者外围的枝枝状分子，因此树枝状分子可以被用作理想的纳米结构单元，来构筑更高级的结构或体系。目前以树枝状分子为纳米结构单元进行超分子组装已经有大量的文献报道，这些工作涉及到两个方面：一方面为界面组装，主要包括：(1)使用 LB 膜技术在气-液界面组装单层膜；(2)通过巯基和金的特殊相互作用，在金表面组装具有纳米图案的单层膜；(3)通过化学键在玻璃或者硅片表面制备单层膜。另一方面为溶液中的组装，主要是通过氢键、配位键以及阴阳离子间的静电相互作用来组装超分子结构的树枝状分子。虽然树枝状分子的超分子组装已经取得了很大的进展，但仍有大量的科学问题需要进行深入研究。树枝状分子的超分子组装未来可能在下面几个方面有所发展：(1)由外围带有大量末端官能团的树枝状分子，制备表面官能团密度非常高的单层膜。这种单层膜在表面催化、高密度存储等方面可能具有潜在的应用前景。(2)由焦点带有官能团的树枝状分子制备单层膜。由于外围树枝的位置隔离作用，可以将官能团均匀地分隔，在二维表面形成有序的阵列结构。这种结构可能在未来的微电子器件方面具有潜在的用途。(3)由组装来制备超分子树枝状分子。制备大小为几十到上百纳米、单分散有机纳米粒子是非常重要的，如在这种纳米粒子上负载催化剂，其催化活性类似于小分子催化剂，但可以用膜过滤的方法回收，反复使用。这种纳米粒子通过传统化学合成的方法来制备是非常繁琐和困难的，而采用组装的方法可能很容易实现。另外，通过自组装构筑的超分子树枝状分子还可能在药物传输和基因转移等方面具有广阔的应用前景。

与线型高分子和交联高分子的出现相类似，树枝状分子的出现也必将会带动整个化学学科的巨大发展。随着树枝状分子及其组装体的发展和完善，树枝状高分子将会在更广泛的领域得到应用。

参考文献

[1] Buhleier E, Wehner W, Vögtle F. “Cascade” and “nonskid-chain-like” syntheses of molecular cavity topologies. Synthesis, 1978:155

[2] (a) Tomalia DA, Baker H, Dewald J, Hall M, Kallos G, Martin S, Roeck J, Ryder J, Smith P. A new class of polymers: starburst-dendritic macromolecules. Polym. J., 1985, 17:117;(b) Newkome GR, Yao ZQ, Baker GR, Gupta VK, Micelles. Part 1. Cascade molecules: a new approach to micelles. A [27]-arborol. J. Org. Chem., 1985, 50:2003

[3] (a) Hawker CJ, Fréchet JMJ. Preparation of polymers with controlled molecular architecture. A new conver-

gent approach to dendritic macromolecules. J. Am. Chem. Soc., 1990, 112: 7638;(b) Grayson SM, Fréchet JMJ. Convergent dendrons and dendrimers: from synthesis to applications. Chem. Rev., 2001, 101: 3819

[4] Bo ZS, Schaefer A, Franke P, Schlueter AD. A facile synthetic route to a third-generation dendrimer with generation-specific functional aryl bromides. Org. Lett., 2000, 2: 1645

[5] Zhang L, Wang LY, Wang ZQ, Zhang X. Interfacial assembly of starburst dendrimers. Curr. Top. Coll. Inter. Sci., 2001, 4: 195

[6] Hawker CJ, Fréchet JMJ. Monodispersed dendritic polyesters with removable chain ends: a versatile approach to globular macromolecules with chemically reversible polarities. J. Chem. Soc. Perkin Trans. 1, 1992, 2459

[7] Bo ZS, Zhang X, Zhang CM, Wang ZQ, Yang ML, Shen JC, Ji YP. Rapid synthesis of polyester dendrimers. J. Chem. Soc. Perkin Trans. 1, 1997, 2931

[8] Bo ZS, Zhang WK, Zhang X, Zhang CM, Shen JC. Synthesis and properties of polyester dendrimers bearing carbazole groups in their periphery. Macromol. Chem. Phys., 1998, 199: 1323

[9] Spindler R, Fréchet JMJ. Two-step approach towards the accelerated synthesis of dendritic Macromolecules. J. Chem. Soc. Perkin Trans. 1, 1993, 913

[10] Freeman AW, Fréchet JMJ. A rapid, orthogonal synthesis of poly(benzyl ester) dendrimers via an "activated" monomer approach. Org. Lett., 1999, 1: 685

[11] Zeng FW, Zimmerman SC. Rapid synthesis of dendrimers by an orthogonal coupling strategy. J. Am. Chem. Soc., 1996, 118: 5326

[12] Deb SK, Maddux TM, Yu LP. A simple orthogonal approach to poly(phenylenevinylene) dendrimers. J. Am. Chem. Soc., 1997, 119: 9079

[13] (a) Saville PM, White JW, Hawker CJ, Wooley KL, Fréchet JMJ. Dendrimer and polystyrene surfactant structure at the air-water interface. J. Phys. Chem., 1993, 97: 293;(b) Saville PM, Reynolds PA, White JW, Hawker CJ, Fréchet JMJ. Wooley KL, Penfold J, Webster JRP. Neutron reflectivity and structure of polyether dendrimers as langmuir films. J. Phys. Chem., 1995, 99: 8283

[14] Bo ZS, Zhang X, Yi XB, Yang ML, Shen JC, Ren YZ, Xi SQ. The synthesis of dendrimers bearing alkyl chains and their behavior at air-water interface. Polym. Bull., 1997, 38: 257

[15] Kampf JP, Frank CW, Malmstrom EE, Hawker CJ. Stability and molecular conformation of poly(benzyl ether) monodendrons with oligo(ethylene glycol) tails at the air-water interface. Langmuir, 1999, 15: 227

[16] Cui GL, Xu Y, Liu MZ, Fang F, Ji T, Chen YM, Li YF. Highly ordered assemblies of dendritic molecules bearing multi-hydrophilic head groups. Macromol. Rapid Commun., 1999, 20: 71

[17] Schenning APHJ, Elissen-Roman C, Weener JW, Baars MWPL, van der Gaast SJ, Meijer EW. Amphiphilic dendrimers as building blocks in supramolecular assemblies. J. Am. Chem. Soc., 1998, 120: 8199

[18] Zhang X, Zhang RF, Shen JC, Zou GT. A new polymeric Langmuir-Blodgett film of fullerene. Makromol. Rapid Commun., 1994, 15: 373

[19] Jansen JFGA, de Brabander-van den Berg EMM, Meijer EW. Encapsulation of guest molecules into a dendritic box. Science, 1994, 265: 1226

[20] Schenning APHJ, Peeters E, Meijer EW. Energy transfer in supramolecular assemblies of oligo(*p*-phenylenevinylene)s terminated poly(propylene imine) dendrimers. J. Am. Chem. Soc., 2000, 122: 4489

[21] Ariga K, Urakawa T, Michiue A, Sasaki Y, Kikuchi J. Dendritic amphiphiles: dendrimers having an amphiphile structure in each unit. Langmuir, 2000, 16: 9147

[22] Liebau M, Janssen HM, Inoue K, Shinkai S, Huskens J, Sijbesma RP, Meijer EW, Reinhoudt DN. Preparation of dendritic multisulfides and their assembly on air/water interfaces and gold surfaces. Langmuir, 2002, 18: 674

[23] Jonas U, Cardullo F, Belik P, Diederich F, Guegel A, Harth E, Herrmann A, Isaacs L, Muellen K, Ringsdorf H, Thilgen C, Uhlmann P, Vasella A, Waldraff CAA, Walter M. Synthesis of fullerene[60] cryptate and systematic Langmuir-Blodgett and thin-film investigations of amphiphilic fullerene derivatives. Chem. Eur. J., 1995, 1: 243

[24] Cardullo F, Diederich F, Echegoyen L, Habicher T, Jayaraman N, Leblanc RM, Stoddart JF, Wang S. Stable langmuir and langmuir-blodgett films of fullerene-glycodendron conjugates. Langmuir, 1998, 14: 1955

[25] Maierhofer AP, Brettreich M, Burghardt S, Vostrowsky O, Hirsch A, Langridge S, Bayerl TM. Structure and electrostatic interaction properties of monolayers of amphiphilic molecules derived from C_{60}-fullerenes: a film balance, neutron-, and infrared reflection study. Langmuir, 2000, 16: 8884

[26] Felder D, Gallani JL, Gillon D, Heinrich B, Nicoud JF. Nierengarten JF, Investigations of thin films with amphiphilic dendrimers bearing peripheral fullerene subunits. Angew. Chem., 2000, 112: 207

[27] Nierengarten JF, Eckert JF, Rio Y, del Pilar Carreon M, Gallani JL, Guillon D. Amphiphilic diblock dendrimers: synthesis and incorporation in langmuir and langmuir-blodgett films. J. Am. Chem. Soc., 2001, 123: 9743

[28] Brettreich M, Burghardt S, Böttcher C, Bayerl S, Bayerl T, Hirsch A. Globular amphiphiles: membrane-forming hexaadducts of C_{60}. Angew. Chem. Int. Ed., 2000, 39: 1845

[29] Sui GD, Micic M, Huo Q, Leblanc RM. Synthesis and surface chemistry study of a new amphiphilic pamam dendrimer. Langmuir, 2000, 16: 7847

[30] Zhu LY, Tong XF, Li MZ, Wang EJ. Synthesis and solution properties of anionic linear-dendritic block amphiphiles. J. Polym. Sci., Part A, 2000, 38: 4282

[31] Zhu LY, Tong XF, Li MZ, Wang EJ. Luminescence enhancement of Tb^{3+} ion in assemblies of amphiphilic linear-dendritic block copolymers: antenna and microenviro nment effects. J. Phys. Chem. B, 2001, 105: 2461

[32] Tsukruk VV, Luzinov I, Larson K, Li S, McGrath DV. Intralayer reorganization of photochromic molecular films, J. Mater. Sci. Lett., 2001, 20: 873

[33] Sidorenko A, Houphouet-Boigny C, Villavicencio O, Hashemzadeh M, McGrath DM, Tsukruk VV. Photoresponsive langmuir monolayers from azobenzene-containing dendrons. Langmuir, 2000, 16: 10569

[34] Sheiko SS, Buzin AI, Muzafarov AM, Rebrov EA, Getmanova EV. Spreading of carbosilane dendrimers at the air/water interface. Langmuir, 1998, 14: 7468

[35] Ijiro O, Shimomura M, Hellmann J, Irie M. Monomolecular layers of diarylethene-containing dendrimers. Langmuir, 1996, 12: 6714

[36] Bo ZS, Rabe JP, Schlueter AD. A poly(para-phenylene) with hydrophobic and hydrophilic dendrons: prototype of an amphiphilic cylinder with the potential to segregate lengthwise. Angew. Chem. Int. Ed., 1999, 38: 2370

[37] Bo ZS, Zhang CM, Severin N, Rabe JP, Schlueter AD. Synthesis of amphiphilic poly(*p*-phenylene)s with pendant dendrons and linear chains. Macromolecules, 2000, 33: 2688

[38] Zhang L, Bo ZS, Zhao B, Wu YQ, Zhang X, Shen JC. Dendritic growth strategies for construction of ultra-

thin organic films on solid substrate. Thin Solid Films, 1998, 327～329: 221

[39] Huisman BH, Schoeherr H, Huck WTS, Friggeri A, van Manen HJ, Menozzi E, Vancso GJ, van Veggel FCJM, Reinhoudt DN. Surface-confined metallodendrimers: isolated nanosize molecules. Angew. Chem. Int. Ed., 1999, 38: 2248

[40] Friggeri A, Schoeherr H, van Manen HJ, Huisman BH, Vancso GJ, Huskens J, van Veggel FCJM, Reinhoudt DN. Insertion of individual dendrimer molecules into self-assembled monolayers on gold: a mechanistic study. Langmuir, 2000, 16: 7757

[41] Friggeri A, van Manen HJ, Auletta T, Li XM, Zapotoczny S, Schoeherr H, Vancso G J, Huskens J, van Veggel FCJM, Reinhoudt DN. Chemistry on surface-confined molecules: an approach to anchor isolated functional units to surfaces. J. Am. Chem. Soc., 2001, 123: 6388

[42] Van Manen HJ, Tommaso A, Barbara D, Schönherr H, Vancso GJ, van Veggel FCJM, Reinhoudt DN. Non-covalent chemistry on surface-confined, isolated dendrimers. Adv. Funct. Mater., 2002, 12: 811

[43] Chechik V, Crooks RM. Monolayers of thiol-terminated dendrimers on the surface of planar and colloidal gold. Langmuir, 1999, 15: 6364

[44] Watanabe S, Regen SL. Dendrimers as building blocks for multilayer construction. J. Am. Chem. Soc., 1994, 116: 8855

[45] Tsukruk VV, Rinderspacher F, Bliznyuk VN. Self-assembled multilayer films from dendrimers. Langmuir, 1997, 13: 2171

[46] Hierlemann A, Campbell JK, Baker LA, Crooks RM, Ricco AJ. Structural distortion of dendrimers on gold surfaces: a tapping-mode AFM investigation. J. Am. Chem. Soc., 1998, 120: 5323

[47] Lackowski WM, Campbell JK, Edwards G, Chechik V, Crooks RM. Time-dependent phase segregation of dendrimer/ *n*-alkylthiol mixed-monolayers on Au(Ⅲ): an atomic force microscopy study. Langmuir, 1999, 15: 7632

[48] Oh SK, Baker LA, Crooks RM. Electrochemical rectification using mixed monolayers of redox-active ferrocenyl dendrimers and *n*-alkanethiols. Langmuir, 2002, 18: 6981

[49] Wu P, Fan QH, Deng GJ, Zeng QD, Wang C, Bai CL. Real space visualization of the disklike assembly structure of dendritic molecules on graphite. Langmuir, 2002, 18: 4342

[50] Loi S, Wiesler UM, Butt HJ, Muellen K. Formation of nanorods by self-assembly of alkyl-substituted polyphenylene dendrimers on graphite. Chem. Commun., 2000, 1169

[51] Loi S, Butt HJ, Hampel C, Bauer R, Wiesler UM, Muellen K. Two-dimensional structure of self-assembled alkyl-substituted polyphenylene dendrimers on graphite. Langmuir, 2002, 18: 2398

[52] Zhang H, Grim PCM, Foubert P, Vosch T, Vanoppen P, Wiesler UM, Berresheim AJ, Muellen K, De Schryver FC. Properties of single dendrimer molecules studied by atomic force microscopy. Langmuir, 2000, 16: 9009

[53] Zhang H, Grim PCM, Vosch T, Wiesler UM, Berresheim AJ, Muellen K, De Schryver FC. Discrimination of dendrimer aggregates on mica based on adhesion force: a pulsed force mode atomic force microscopy study. Langmuir, 2000, 16: 9294

[54] Liu D, Zhang H, Grim PCM, De Feyter S, Wiesler UM, Berresheim AJ, Muellen K, De Schryver FC. Self-assembly of polyphenylene dendrimers into micrometer long nanofibers: an atomic force microscopy study. Langmuir, 2002, 18: 2385

[55] Zhang H, Grim PCM, Liu D, Vosch T, De Feyter S, Wiesler UM, Berresheim AJ, Muellen K, Van Hae-

sendonck C, Vandamme N, De Schryver FC. Probing carboxylic acid groups in replaced and mixed self-assembled monolayers by individual ionized dendrimer molecules: an atomic force microscopy study. Langmuir, 2002, 18: 1801

[56] Bar G, Rubin S, Cutts RW, Taylor TN, Zawodzinski TA Jr. Dendrimer-modified silicon oxide surfaces as platforms for the deposition of gold and silver colloid monolayers: preparation method, characterization, and correlation between microstructure and optical properties. Langmuir, 1996, 12: 1172

[57] Li H, Kang DJ, Blamire MG, Huck WTS. High-resolution contact printing with dendrimers. Nano Lett., 2002, 2: 347

[58] Arrington D, Curry M, Street S C. Patterned thin films of polyamidoamine dendrimers formed using microcontact Printing. Langmuir, 2002, 18: 7788

[59] Tully DC, Wilder K, Fréchet JMJ, Trimble AR, Quate CF. Dendrimer-based self-assembled monolayers as resists for scanning probe lithography. Adv. Mater., 1999, 11: 314

[60] Tully DC, Trimble AR, Fréchet JMJ, Wilder K, Quate CF. Synthesis and preparation of ionically bound dendrimer monolayers and application toward scanning probe lithography. Chem. Mater., 1999, 11: 2892

[61] Xiao ZD, Cai CZ, Mayeux A. Milenkovic A, The first organosiloxane thin films derived from $SiCl_3$-terminated dendrons. Thickness-dependent nano-and mesoscopic structures of the films deposited on mica by spin-coating, Langmuir, 2002, 18: 7728

[62] Zimmerman SC, Zeng F, Reichert DEC, Kolotuchin SV. Self-assembling dendrimers. Science, 1996, 271: 1095

[63] Ma YG, Kolotuchin SV, Zimmerman SC. Supramolecular polymer chemistry: self-assembling dendrimers using the DDA·AAD (GC-like) hydrogen bonding motif. J. Am. Chem. Soc., 2002, 124: 13757

[64] 薄志山,张希,杨梅林,沈家骢.基于静电作用的自组装超分子配合物. 高等学校化学学报,1997,2: 326

[65] Bo ZS, Zhang L, Wang ZQ, Zhang X, Shen JC. Investigation of self-assembled dendrimer complexes. Materials Science and Engineering C, 1999, 10: 165

[66] Van der Coevering R, Kuil M, Gebbink RJMK, van Koten G. A polycationic dendrimer as noncovalent support for anionic organometallic complexes. Chem. Commun., 2002, 1636

[67] Xu XL, Maclean EJ, Teat SJ, Nieuwenhuyzen M, Chambers M, James SL. Labile coodination dendrimers. Chem. Commun., 2002, 78

[68] Kawa M, Fréchet JMJ. Self-assembled lanthanide-cored dendrimer complexes: enhancement of the luminescence properties of lanthanide ions through site-isolation and antenna effects. Chem. Mater. 1998, 10: 286

[69] Hecht S, Fréchet JMJ. Dendritic encapsulation of function: Applying nature's site isolation principle from biomimetics to materials science. Angew. Chem. Int. Ed., 2001, 40: 74

[70] Baars MWPL, Karlsson AJ, Sorokin V, de Waal BFW, Meijer EW. Supramolecular modification of the periphery of dendrimers resulting in rigidity and functionality. Angew. Chem.,2000, 112: 4432

[71] Boas U, Karlsson AJ, De Waal BFM, Meijer EW. Synthesis and properties of new thiourea-functionalized poly(propylene imine) dendrimers and their role as hosts for urea functionalized guests. J. Org. Chem., 2001, 66: 2136

[72] De Groot D, De Waal BFM, Reek JNH, Schenning APHJ, Kamer PCJ, Meijer EW, Van Leeuwen PWNM. Noncovalently functionalized dendrimers as recyclable catalysts. J. Am. Chem. Soc., 2001, 123: 8453

[73] Van Hest JCM, Delnoye DAP, Baars MWPL, van Genderen MHP, Meijer EW. Polystyrene-dendrimer am-

phiphilic block copolymers with a generation-dependent aggregation. Science, 1995, 268: 1592

[74] Van Hest JCM, Delnoye DAP, Baars MWPL, Elissen-Roman C, van Genderen MHP, Meijer EW. Polystyrene-poly(propylene imine) dendrimers: synthesis, characterization, and association behavior of a new class of amphiphiles. Chem. Eur. J., 1996, 2: 1616

[75] Van Hest JCM, Baars MWPL, Elissen-Roman C, van Genderen MHP, Meijer EW. Acid-functionalized amphiphiles, derived from polystyrene-poly(propylene imine) dendrimers, with a pH-dependent aggregation. Macromolecules, 1995, 28: 6689

第 8 章　无机/有机纳米复合体薄膜

高明远

自从 20 世纪 90 年代初德国人 G.Decher 发明了基于静电相互作用的层状自组装方法以来,层状自组装膜的研究一直沿着两个大的方向发展:(1) 层状自组装膜的制备与结构研究。自组装膜的制备研究包括不同组装方法的建立及成膜材料和基底材料的筛选等,自组装膜的结构研究包括膜的内部结构、纵向结构及平面图案结构的研究等。(2) 层状自组装膜的特殊性质及应用。

由于表面效应、量子尺寸效应以及其他各种与尺寸相关的物理效应的存在,无机纳米微粒展示出许多相应的体相材料所不具备的特殊性质。将层状自组装方法应用于无机纳米微粒材料,一方面为利用纳米微粒的特殊性质提供了一个非常好的形成固体微粒薄膜的方法;另一方面将无机纳米微粒引入层状自组装膜中也丰富了层状自组装体系的物理性质,为层状自组装方法在实际中的应用提供了巨大的潜力。

自从高明远等于 1994 年首先在国际上报道了 PbI_2 纳米微粒的层状静电自组装膜的研究结果以来,无机纳米微粒材料的层状自组装不论是在基础研究领域还是应用研究领域都引起了人们的极大兴趣[1]。到现在为止,可用于层状自组装的无机纳米微粒已经由半导体纳米微粒扩展到金属纳米微粒、金属氧化物纳米微粒、复合型纳米微粒、搀杂型纳米微粒以及黏土纳米颗粒材料等。无机纳米微粒在光、电、声、磁、热等方面非常独特的性质,使其层状自组装膜分别在电致发光器件、光电转换器件、传感器及功能涂层等领域展示出巨大的应用前景。

本章将结合我们已经开展的相关领域的研究工作和取得的实验结果,讨论无机纳米微粒的层状自组装体系及其应用。8.1 节将介绍纳米微粒层状自组装膜的三种主要的组装方法;8.2 节将讨论纳米微粒层状自组装体系的组成、自组装膜的生长和膜的内部结构;8.3 节介绍 CdSe 和 CdTe 纳米微粒自组装膜的制备及其应用,特别是在电致发光方面的应用;8.4 节介绍一种新的组装技术——EFDLA 组装技术和利用该技术在导电基底上构筑的分别含有不同尺寸 CdTe 纳米微粒层状组装膜的二维多重图案化结构,并讨论该平面图案结构在电致发光显示器件中的应用;8.5 节将简单介绍纳米微粒层状自组装膜在其他方面的应用。

8.1　纳米微粒的层状自组装方法

前面已经提到将无机纳米微粒组装到分子超薄膜中，一方面可以研究和利用纳米微粒的特殊性质，另一方面利用薄膜组装技术还可以将无机微粒同其他材料相结合，实现任何一种单一材料所不具备的特殊性质，从而设计出具有新功能的超薄膜材料。早在 20 世纪 80 年代，J. H. Fendler 等便开展了利用 LB(Langmuir Blodgett)技术组装纳米微粒的研究工作[2~4]。而 20 世纪 90 年代初，由 G. Decher 首先建立的层状静电自组装方法则很快被证明是 LB 技术的重要补充[5~10]，尤其是在应用领域。这是因为层状静电自组装过程是一个自发过程，所形成的分子膜是热力学稳定体系，因此，层状静电自组装膜具有非常重要的应用价值。

由于纳米微粒表面可以有非常多的结合位点，与带有两个以上相反电荷的物质相结合，通过交替沉积的方式便可以在固体基片表面形成纳米微粒的超薄膜。除了被广泛采用的静电相互作用以外，氢键相互作用、共价配位作用也都可以应用于层状自组装过程中，本节将着重讨论基于上述三种不同作用力的纳米微粒的层状自组装。

8.1.1　纳米微粒的层状静电自组装

基于静电相互作用的纳米微粒层状自组装(ionic layer-by-layer self-assembly)方法是目前最为普遍采用的一种层状自组装方法。采用层状静电自组装方法，可以容易地实现对膜的内部结构、表面结构的控制及膜厚度的调节，所以它是最有效地设计组装体性质的一种方法。采用静电相互作用作为成膜驱动力，几乎可以把所有聚离子材料组装到薄膜中，这为纳米微粒同其他材料的结合提供了巨大的可能性。迄今为止，利用层状静电自组装法已成功地将不同种类的无机纳米微粒和纳米簇(nano-cluster)，如 PbI_2、CdS、CdSe、CdTe、HgTe、CdS-TiO_2(复合微粒)、FeO、Fe_2O_3、Fe_3O_4@SiO_2(壳-核微粒)、SiO_2、Au、Ag、Ag@SiO_2、MoO(纳米簇)，以及非球形纳米材料，如石墨氧化物、黏土板等组装到超薄膜中。利用层状静电自组装方法组装无机纳米微粒的前提条件是：纳米微粒表面必须带有电荷。使微粒表面带有电荷的主要方法有以下四种：(1) 通过调节体系的 pH，使纳米微粒表面原子发生质子化或去质子化，使微粒带上电荷；(2) 控制形成微粒的阴、阳离子的化学计量比偏离 1∶1，这种方法适用于沉淀溶度积较大的沉淀体系；(3) 通过吸附带有电荷的小分子使微粒表面带有电荷；(4) 使用双官能团分子修饰微粒表面，其中一个官能团与纳米微粒表面结合，为微粒提供稳定性，而另一个指向周围介质的官能团为微粒提供表面电荷。通常，利用第一种方法，可以使 FeO、Fe_2O_3、Fe_3O_4@SiO_2、Ag@SiO_2、MoO(纳米簇)、石墨氧化物、黏土板等带有表面电荷。表面带有

负电荷的水溶性 PbI_2 纳米微粒的制备采用第二种方法。利用第三种方法可以使 Au、Ag、CdS 等纳米微粒表面带电荷。通过最后一种方法可使 CdS、CdSe、CdTe、HgTe 等纳米微粒表面修饰上电荷。

8.1.1.1　表面带有电荷的无机纳米微粒的组装

高明远等较早地报道了无机纳米微粒层状静电自组装膜的研究工作[11,12]，最早采用的微粒体系为 PbI_2 纳米微粒。通过在 PbI_2 纳米微粒合成过程中使用微过量的 I^- 离子得到表面带有负电荷的 PbI_2 纳米微粒[13]，将其与带有两个正电荷的有机小分子相结合，通过交替沉积得到了基于静电相互作用而形成的 PbI_2 纳米微粒单层或多层组装膜。

自组装过程需要一个带有电荷的固体材料作为基底，对于光学玻璃和石英等材料，通过采用不同的清洁及处理方法，可以得到带有电荷或有着强亲水性的表面，而对于一般疏水或亲水基底，结合 LB 技术，通过在基片表面形成一个单层或双层 LB 膜的方法，也可以容易地使不带有电荷的基片表面修饰上电荷，用于自组装过程。

1994 年，高明远等人首先报道了在亲水基片表面结合 LB 技术和层状静电自组装方法组装 PbI_2 纳米微粒层状组装膜的实验结果（组装膜的结构见图 8－1[11]）。首先，在亲水的固体基片表面形成两层 Y 型硬脂酸 LB 膜，LB 膜的形成使基片表面带有负电荷。然后将表面修饰有硬脂酸 LB 膜的基片浸入两端带有吡

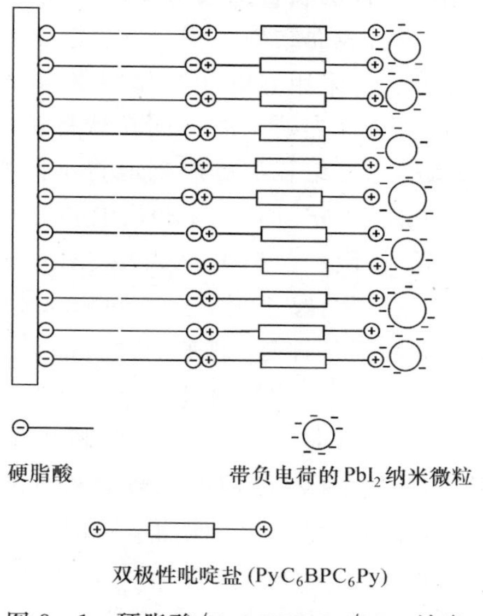

图 8－1　硬脂酸/PyC_6BPC_6Py/PbI_2 纳米微粒层状组装膜的结构示意图

啶盐基团的 PyC_6BPC_6Py（见分子式 1）溶液中，经过静电吸附得到一层

$$\text{Py}^{+}\text{N}-(H_2C)_6-O-C_6H_4-C_6H_4-O-(CH_2)_6-{}^{+}\text{N}\,\text{Py} \quad Br^- \quad Br^-$$

分子式 1

PyC_6BPC_6Py 膜，PyC_6BPC_6Py 膜的形成使基片表面的电荷发生反转。再将基片浸入表面带有负电荷的 PbI_2 溶液中，PbI_2 纳米微粒会吸附到 PyC_6BPC_6Py 膜的表面，从而形成 PbI_2 纳米微粒单层膜。详细的实验结果还进一步表明，PbI_2 纳米微粒与带相反电荷的 PyC_6BPC_6Py 之间的强静电作用有效地阻止了被组装的微粒因团聚而造成的进一步生长，从而保证了 PbI_2 纳米微粒单层膜的形成。进一步实验结果证明，PyC_6BPC_6Py 与 PbI_2 微粒之间的强静电作用使它们通过交替沉积的方式可以形成多层膜结构[12]。

多层膜的制备过程中，采用石英片或硅片作为基片。制备步骤如下：先将基片在二甲苯溶液的蒸气中与 3-丙胺基三乙氧基硅烷进行反应，使基片表面修饰上一层 3-丙胺基硅烷[14]，再将基片浸入盐酸溶液中使其表面修饰的胺基完全质子化，得到表面带有正电荷的石英基片。然后，将石英基片浸入 PbI_2 微粒的水溶液中(pH 5～6)吸附 30 min，可以在基片上得到一层 PbI_2 纳米微粒。取出后，用超纯水清洗基片以除去多余的微粒，用氮气吹干后，再将基片浸入 PyC_6BPC_6Py 溶液中(pH 5～6)，经过吸附得到一层 PyC_6BPC_6Py。重复以上的沉积步骤，经过多次交替地沉积 PbI_2 纳米微粒和 PyC_6BPC_6Py，即可得到多层 PbI_2 纳米微粒的自组装

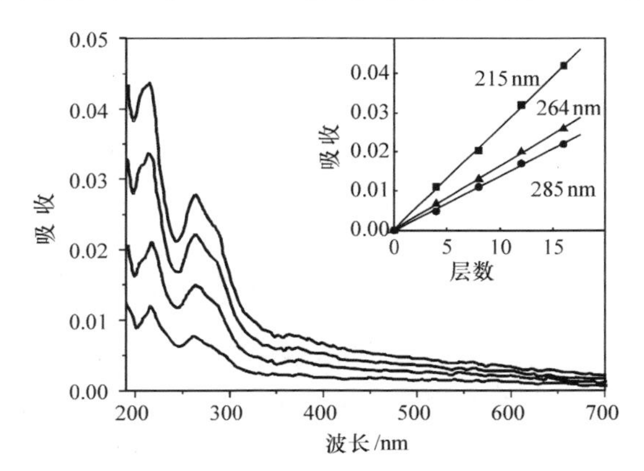

图 8-2　4、6、8、12(由下至上)层的 PbI_2 纳米微粒/PyC_6BPC_6Py 交替沉积膜的紫外-可见吸收光谱

插图：组装膜分别在 215 nm、264 nm、285 nm 处的吸收与组装膜层数的关系图

膜。实验过程中,采用紫外-可见(UV-Vis)吸收光谱对成膜过程进行了跟踪(见图 8-2)。结果表明,PbI_2 纳米微粒与 PyC_6BPC_6Py 经过交替沉积形成了多层组装膜,且自组装膜的生长是一个逐步并均匀的过程。XRD 的结果也证明了多层膜层状结构的存在(见图 8-3),其数据分析结果表明,组装膜的平均层间距约为 6.7 nm。TEM 测试得到 PbI_2 纳米微粒平均尺寸为 3.8 nm,而一个 PyC_6BPC_6Py 分子的长度约为 3 nm,也就是说在结构规整的多层膜中,一层 PyC_6BPC_6Py/PbI_2 的平均厚度为 6.8 nm,与 XRD 所得到的结果基本一致。这说明在多层膜沉积过程中,微粒在膜纵向方向上没有发生团聚,从而保证了单分子层沉积过程。

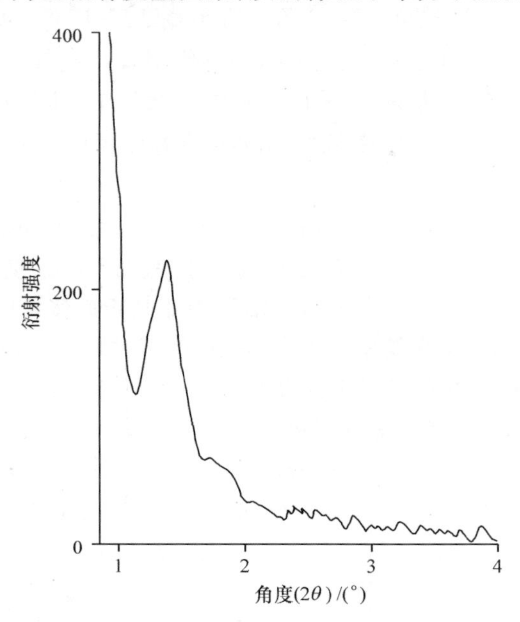

图 8-3 20 层 PbI_2 纳米微粒/PyC_6BPC_6Py 层状组装膜的 X 射线衍射谱

8.1.1.2 经过有机分子修饰带有电荷的纳米微粒的组装

对于 CdS、CdSe 和 CdTe 等材料,其溶解度要比 PbI_2 小得多,在没有稳定剂或表面修饰剂存在的情况下,在水溶液中非常难得到稳定存在的纳米微粒。因而在水中合成 CdS、CdSe 和 CdTe 等纳米微粒时,通常要采用稳定剂。带有巯基的水溶性化合物是一类重要的金属硫属化物纳米微粒的稳定剂,这是因为巯基化合物易与纳米微粒表面的金属离子形成共价键,共价键的形成除了能有效地通过阻止微粒的生长和团聚来提高纳米微粒的稳定性以外,对于某些体系还能有效地减少微粒的表面缺陷,提高微粒的荧光效率[15,16]。此外,用巯基化合物修饰微粒表面还可以为微粒表面提供功能化。例如，分别用巯基羧酸和巯基胺稳定的 CdS、CdSe 或 CdTe 纳米微粒，在适当的 pH 范围内，微粒表面可以分别带上负电荷或正电荷，得到可用层状静电自组装方法进行组装的纳米微粒。高明远等成功制备了巯基乙酸修饰的 CdS 纳米微粒，并进一步利用层状静电自组装方法得到了 CdS 纳米微粒和聚电解质(I-6-Me-BF_4，见分子式 2)的多层组装膜[17]。下面主要介绍水溶性 CdS 纳米微粒的制备及其多层膜的组装。

1) CdS 纳米微粒的制备

首先配制 50 mL 1×10^{-3} mol/L 的 $CdCl_2$ 溶液，然后加入 50 mL 2×10^{-3} mol/L 巯基乙酸作为稳定剂，最后将 6 mL 1×10^{-3} mol/L Na_2S 溶液在快速搅拌下加入巯基乙酸与 $CdCl_2$ 的混合溶液中。硫离子与镉离子反应使得溶液迅速由无色变为淡黄色，反应结束后得到澄清的黄色溶液，经过 24 h 的透析，得到表面修饰有巯基乙酸的 CdS 纳米微粒。

$$\left[-\overset{+}{N}(CH_2)(CH_2)-(CH_2)_6- \right]_n \quad BF_4$$

分子式 2

巯基乙酸在红外光谱中 2567 cm^{-1} 处有一个 S—H 的伸缩振动吸收峰，而当巯基乙酸修饰到 CdS 纳米微粒表面之后，此伸缩振动吸收峰完全消失，同时巯基乙酸在 1717 cm^{-1} 处的 C═O 伸缩振动吸收峰移向 1572 cm^{-1}。以上结果说明了巯基乙酸已修饰到 CdS 纳米微粒的表面，同时 COOH 基以 COO^- 状态存在，因此纳米微粒表面带有负电荷，可以在静电自组装过程中充当聚阴离子。通过 TEM 测试得到巯基乙酸修饰的 CdS 纳米微粒的平均尺寸为 5.8 nm，电子衍射结果表明，CdS 纳米微粒的结晶结构为立方型。

2) CdS 纳米微粒多层膜的制备

首先，将表面带有正电荷的基片在 CdS 纳米微粒溶液中浸泡 30 min，得到一层 CdS 纳米微粒，用去离子水清洗以除去基片表面过量吸附的微粒，再将表面吸附有 CdS 纳米微粒的基片在紫罗烯(I-6-Me-BF_4)溶液中浸泡 30 min，得到一层聚阳离子，经去离子水清洗后，便得到了一个沉积双层。重复上述过程，通过多次交替地沉积 CdS 纳米微粒和 I-6-Me-BF_4，即得到 CdS 纳米微粒/聚阳离子多层膜。多层膜结构见图 8-4。

图 8-5 为 CdS 纳米微粒的紫外-可见吸收光谱。与体相 CdS 半导体的吸收光谱相比，CdS 纳米微粒的吸收带边有明显的蓝移，这是由于量子尺寸效应造成的。而这种变化反过来也说明通过上述反应得到了尺寸接近或小于 CdS 激子尺寸的纳米微粒。图 8-6 中 CdS/聚电解质多层膜的紫外-可见吸收光谱与图 8-5 中的吸收谱基本一致，说明 CdS 纳米微粒已被成功地组装到多层膜中。由图 8-6 的插图可看出，多层膜的沉积过程是一个逐步且均匀的过程，而且每次沉积 CdS 纳米微粒所造成的吸收变化与多层膜层数呈非常好的线性关系，线性关系的延长线几乎经过坐标原点，这表明 CdS 纳米微粒在每一步沉积过程中几乎都是被等量

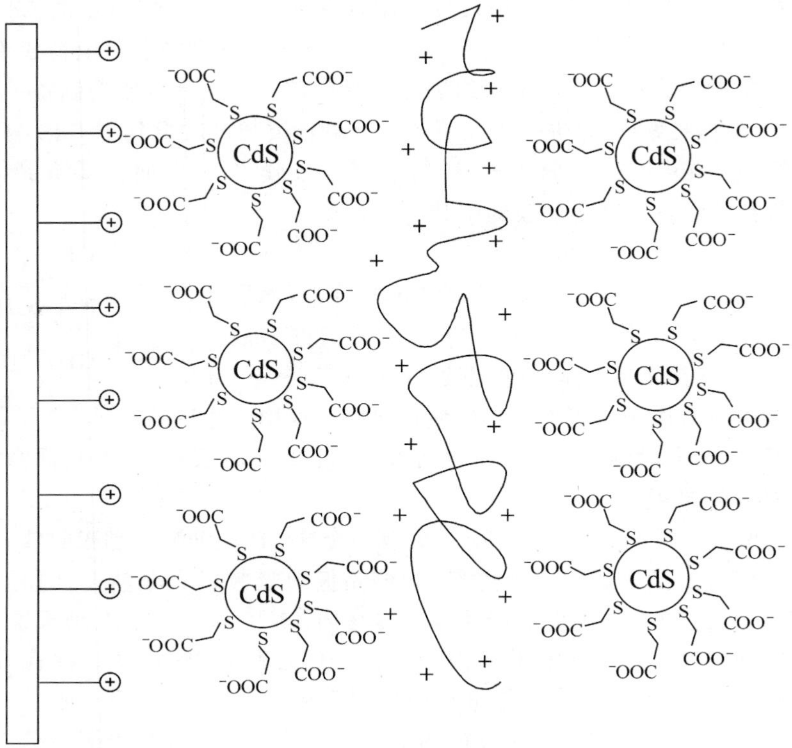

图 8-4 CdS 纳米微粒/I-6-Me-BF_4 层状组装膜的结构示意图

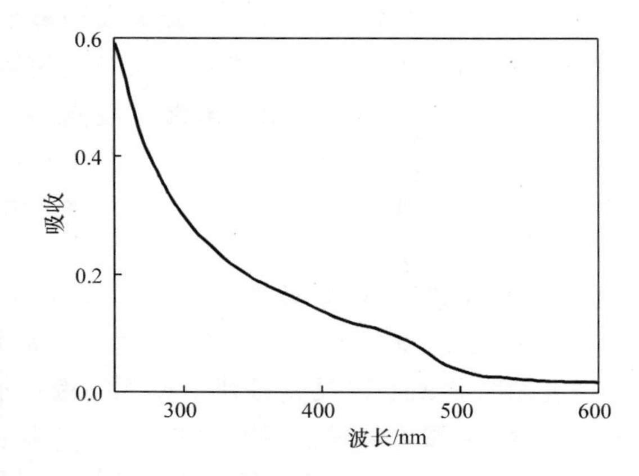

图 8-5 CdS 纳米微粒水溶液的紫外-可见吸收光谱

吸附的。根据朗伯-比尔定律 $A = \varepsilon lc$，可以计算出单层纳米微粒的表面覆盖率

$d_{surf} = A\varepsilon^{-l}$[18]。式中，$A$ 为吸收值，ε、l、c 分别为消光系数、吸收池的厚度和 CdS 溶液的浓度。由图 8－6 计算得到在不同波长的消光系数分别为 176 $(mol/L)^{-1} \cdot cm^{-1}$（$\lambda$=461 nm），281 $(mol/L)^{-1} \cdot cm^{-1}$（$\lambda$=400 nm），424 $(mol/L)^{-1} \cdot cm^{-1}$（$\lambda$=340nm）。进而得到 CdS 纳米微粒的平均表面密度为 0.9641×10^{-8} mol/cm^2，由此计算出多层膜中每层 CdS 纳米微粒的表面覆盖率为 38.7%。

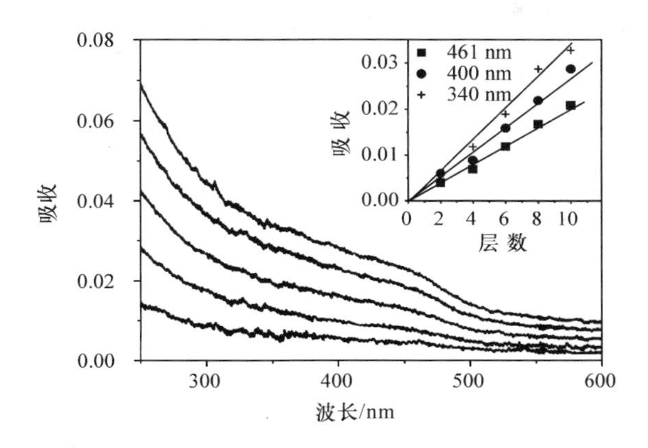

图 8－6　2、4、6、8 和 10 层的 CdS/I-6-Me-MF_4
层状组装膜的紫外-可见吸收光谱
插图：组装膜分别在 340 nm、400 nm 和 461 nm 处的吸收与膜层数关系图

石英微天平方法也可被用来跟踪上述沉积过程，通过监测组装过程中石英电极振动频率的变化来实现对沉积过程的跟踪。实验过程中采用了 6 MHz 的银石英电极，电极在经过表面处理后，被用作 CdS 纳米微粒和紫罗烯交替组装膜的基片。电极因表面吸附所导致的石英电极振荡频率的变化同吸附质量的定量关系为

$$\Delta F = -[2F_0^2/(A\sqrt{\rho_q \mu_q})]\Delta m$$

式中，ΔF 为由于吸附所引起的频率改变值（Hz）；F_0 为 QCM 电极的原始频率（6×10^6 Hz）；Δm 为吸附物质质量的改变值（g）；A 为电极面积（单面的面积为 0.196 cm^2）；ρ_q 为石英的密度（2.65 g/cm^3）；μ_q 为剪切模量（2.95×10^6 N/cm^2）。

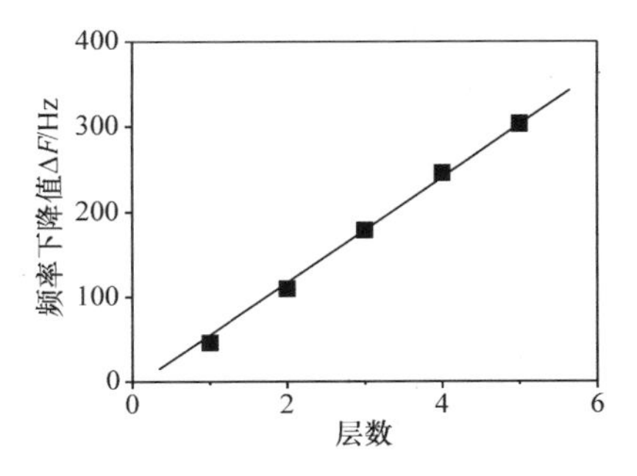

图 8－7　用石英微天平（QCM）记录的石英振荡频率变化与在石英电极表面形成的 CdS/I-6-Me-MF_4 组装膜层数的关系图

在组装过程中，石英振荡频率的变化与组装膜层数的关系见图 8－7，两者间的线性关系说明多层膜的生长是一个均匀的过程。其中平均每次吸附 CdS 纳米微粒所导致的平均频率变化为 62 Hz，由上述公式可计算出平

均每层吸附的 CdS 纳米微粒的质量为140 ng。由此推算出每层纳米微粒在电极表面的覆盖率为 39.9%，比 UV-Vis 光谱法得到的覆盖率稍大，这个差别是由于在可见光谱区内检测不到对质量有贡献的、存在于纳米微粒表面的巯基乙酸所造成的。

以上介绍的巯基乙酸稳定的 CdS 纳米微粒的合成及多层膜的组装，代表了通过有机修饰来得到用于层状静电自组装过程的纳米微粒的典型方法，而微粒的表面覆盖率的两种测试方法，也为研究纳米微粒层状静电自组装膜的结构提供了较为简便的手段。

8.1.1.3　复合纳米微粒的组装

无机半导体纳米微粒材料的一个巨大魅力是其能级结构对微粒尺寸的依赖性，尤其是对直带系半导体微粒，通过对微粒尺寸的调节，便可得到具有不同能级结构的纳米微粒材料。而将不同种类的半导体纳米微粒相结合，又可进一步地丰富所得到的复合纳米微粒的物理性质。

复合半导体纳米微粒可按结构分为以下三种类型：(1) 核壳型(coated type or core/shell type)；(2) 偶合型(coupled type or sandwiched type)；(3) 掺杂型(doped type)。下面主要介绍偶合型和掺杂型复合纳米微粒的层状自组装。

1. 偶合型纳米微粒的组装

1) TiO_2/PbS 偶合型纳米微粒的组装

A. Henglein 等的研究结果已经证明了将不同种类的纳米微粒通过偶合来形成复合纳米微粒的意义[19]。例如：体相 PbS 并不能对 TiO_2 起到敏化作用，然而，当 PbS 颗粒的尺寸小于 PbS 半导体激子尺寸的时候，由于量子尺寸效应的存在，进一步减小 PbS 微粒的尺寸将使 PbS 微粒的导带升高。当 PbS 纳米微粒的导带高于 TiO_2 的导带时，便可以敏化 TiO_2，也就是说 PbS 纳米微粒通过吸收光子所产生的激发态电子可以迁移到 TiO_2 的导带中，从而产生有效的电荷分离。长期而有效的电荷分离在光催化及光电池等方面有着重要的应用。

在 1996 年[20,21]，郝恩才等通过在 TiO_2 微粒表面原位合成 PbS 纳米微粒的方法成功地制备了 TiO_2/PbS 偶合型微粒。随后，孙铁鹏和郝恩才等利用层状静电自组装方法将上述偶合型纳米微粒制成超薄膜，同时对超薄膜的光电性质进行了研究。

TiO_2/PbS 偶合型微粒的具体制备过程如下：在搅拌下将新蒸过的 $TiCl_4$ 缓慢滴入 3℃的去离子水中，透析后保持其 pH＜4；然后将巯基乙酸加入到稀释后的 TiO_2 胶体溶液中，随后按 Ti^{4+} ∶ Pb^{2-} ＝10∶1 的摩尔比在氮气保护下加入 $Pb(NO_3)_2$溶液，搅拌 20 min；最后在快速搅拌下加入 Na_2S，得到棕色透明的 TiO_2/PbS 偶合微粒溶液(pH～3.0)。透射电镜的结果证明，通过上述过程制备的复合纳米微粒具有偶合型结构，偶合型结构形成的主要原因是 PbS 和 TiO_2 的晶格相差很大，后一步反应生成的 PbS 纳米微粒只能占据 TiO_2 的部分表面，而不能形成核壳型结构。上述复合纳米微粒的制备方法有以下几个优点：(1) 复合微粒的形成过程可以被准确控制和跟踪；(2) 两种微粒的相对含量容易得到控制；(3) 由于巯基乙酸的偶联作用，使 TiO_2 纳米微粒对反应生成的 PbS 微粒起到了很好的稳定作用。例如在 pH = 3 的溶液中，如果没有 TiO_2 纳米微粒的存在，上述反应生成的 PbS 纳米微粒的稳定性会非常差。

在 TiO_2/PbS 偶合微粒的合成中，Ti^{4+} 与 Pb^{2-} 的摩尔比为 10∶1。当 pH＜4 时，TiO_2 表面带有正电荷，因此，TiO_2/PbS 复合微粒可以被视为聚阳离子。利用层状静电自组装方法，通过与聚阴离子交替沉积可以将 TiO_2/PbS 复合纳米微粒组装成超薄膜[20,21]。微粒组装膜的具体制备过程如下：首先将处理干净的基片（石英片、单晶硅、铂电极等）放入体积分数为 0.5%的聚乙烯亚胺(PEI)溶液中浸泡 20min，得到表面修饰有正电荷的基片；随后将基片用超纯水冲洗后放入聚苯乙烯磺酸盐(PSS)的水溶液(pH=4)中，通过吸附 PSS 使基片表面电荷反转，得到带有负电荷的表面；再将基片放入 TiO_2/PbS 溶液中，吸附得到 TiO_2/PbS 复合纳米微粒的单层膜；最后通过重复地将基片浸入 PSS 和 TiO_2/PbS 溶液中，经过交替沉积得到 TiO_2/PbS 复合纳米微粒的多层膜。

原子力显微镜(AFM)的研究结果表明 TiO_2/PbS 纳米微粒很好地分散成单层膜，微粒的平均尺寸在 15～25 nm 之间，见图 8-8。虽然 AFM 图像可以提供单层

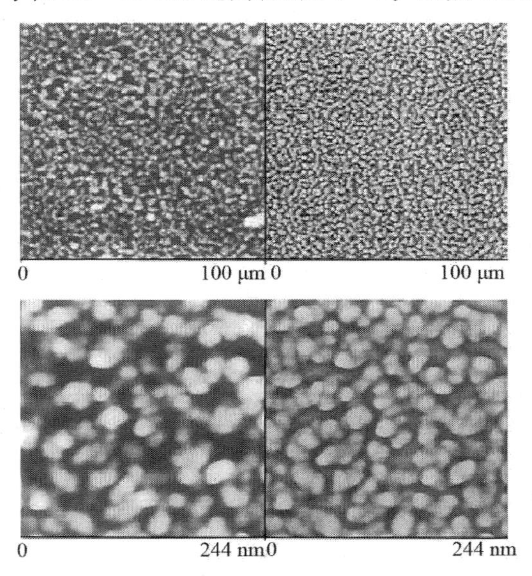

图 8-8　TiO_2/PbS 偶合型纳米微粒单层膜在两种不同放大倍数下的 AFM 图像

注：左侧为高度图；右侧为相图

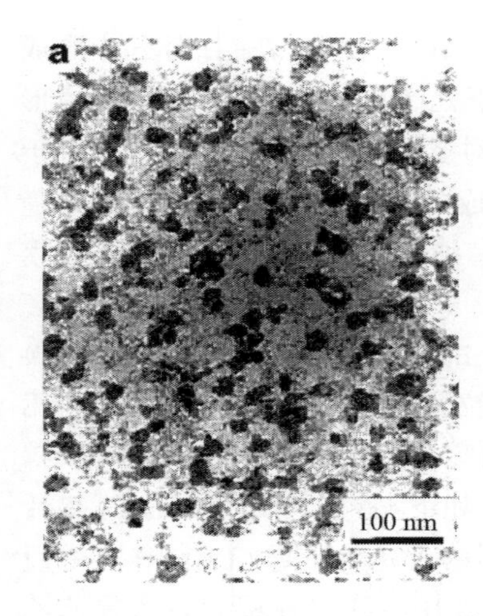

图 8-9 TiO_2/PbS 偶合型纳米微粒单层膜的透射电镜图像

膜的直观形态，但不能区分 TiO_2 和 PbS 两种微粒。进一步的透射电镜研究结果表明，TiO_2/PbS 单层膜中存在着两种不同尺寸的微粒，大微粒的平均尺寸为 20 nm，可以认为是 TiO_2，较均匀地分散在大微粒周围的小微粒的平均尺寸为 3 nm，可以认为是 PbS，这两种微粒基本上都呈球形，见图 8-9。能量分散 X 射线能谱（energy dispersive X-ray spectroscopy）的结果证实了 TiO_2 和 PbS 纳米微粒共同存在的事实。

在 TiO_2/PbS 复合纳米微粒组装膜中，TiO_2 和 PbS 被组装在同一层中，两种微粒紧密接触形成异质结构。异质结构的存在将有利于电荷分离，从而导致光电信号的增强。图 8-10 分别为沉积在 Pt 电极表面的 10 层 TiO_2/PSS 和 10 层 TiO_2/PbS 复合纳米微粒/PSS 自组装膜的光电响应曲线。从图中可以明显地看出，PbS 纳米微粒的存在可以使 TiO_2 纳米微粒组装膜的光电响应信号增强 1 倍，从而证明 PbS 与 TiO_2 的复合可以更有效地促使光诱导产生的电荷分离[21]。

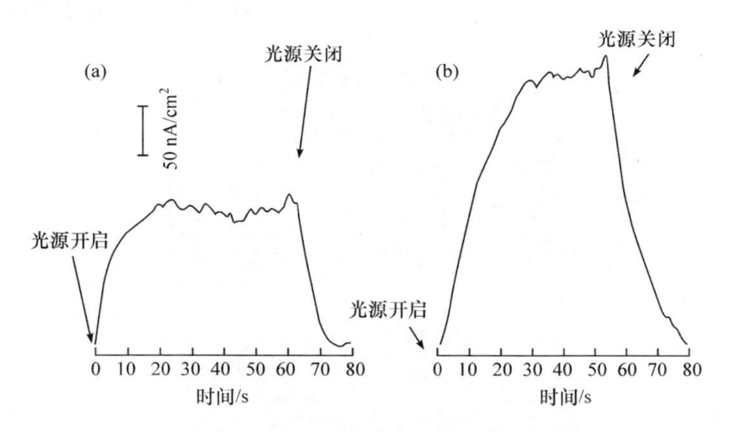

图 8-10 修饰在 Pt 电极上的多层纳米微粒组装膜的光电响应曲线
(a) 10 层 TiO_2/PSS；(b) 10 层（TiO_2/PbS）/PSS

2）TiO_2 与 CdS 纳米微粒的交替组装

前面介绍了 PbS 与 TiO_2 半导体纳米微粒的偶合，可以有效地促进光诱导产生的电荷分离。在偶合型半导体体系中，人们对 TiO_2/CdS 光电性能研究得最为深入。由于 CdS 的导带位于 TiO_2 导带的上方，光激发产生的激发态电子由 CdS 向 TiO_2 的跃迁在能量上是允许的，这为 CdS 敏化 TiO_2 材料提供了条件。同时，

偶合的结果将扩展 TiO_2 纳米微粒的光电响应范围。1998 年郝恩才等成功地制备了 TiO_2 与 CdS 纳米微粒的交替沉积膜，并对其光电响应进行了研究[23～25]。

在前面提到的 TiO_2/PbS 复合微粒的自组装膜中，两层微粒之间存在惰性聚电解质 PSS，这就相当于在相邻的 TiO_2/PbS 复合微粒层间引入一个能量势垒，阻碍了光生载流子向电极表面的迁移。而利用表面带有巯基乙酸的 CdS 纳米微粒来直接交替沉积 TiO_2 纳米微粒，则避免了聚电解质的使用，因而有望提高组装膜的光电转换效率。

同样，采取低温强制水解 $TiCl_4$ 的方法，可制备 TiO_2 纳米微粒。由于 TiO_2 的等电点在 pH＝5～7，所以在 pH＜4 时，TiO_2 微粒表面带有正电荷。表面修饰有巯基乙酸的 CdS 纳米微粒按照文献[23]的方法制备，CdS 溶液的 pH 用盐酸调到 2.8～3.1。由于 CdS 表面修饰的羧基与 TiO_2 之间具有很强的相互作用，因此 CdS 和 TiO_2 纳米微粒可以直接地进行交替沉积，组装成超薄膜。组装膜的具体制备过程见图 8－11。首先，将洁净的基片依次浸入 PEI、PSS 水溶液中，使其表面带负电荷；再将此基片浸入 TiO_2 微粒的溶液中，吸附一层 TiO_2；取出清洗后，浸入 CdS 溶液中，吸附一层 CdS 微粒；随后，将基片交替地浸入 TiO_2 和 CdS 微粒溶液中并浸泡一定时间，即可得到 TiO_2/CdS 纳米微粒交替沉积膜。

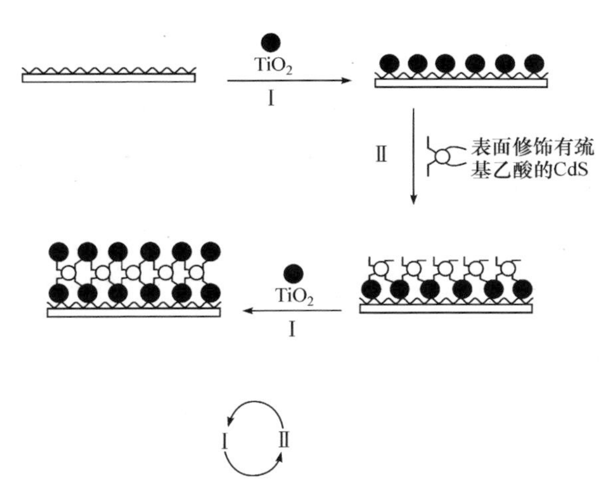

图 8－11　TiO_2 纳米微粒与 CdS 纳米微粒经交替沉积形成自组装膜的过程

注：过程 Ⅰ 和 Ⅱ 分别是 TiO_2 和 CdS 纳米微粒的吸附过程

UV-Vis 吸收光谱用于跟踪检测 TiO_2/CdS 纳米微粒交替组装膜的沉积过程。吸收光谱（见图 8－12）中，450 nm 和 350 nm 以下的吸收分别源于 CdS 和 TiO_2。随着组装膜层数的增加，420 nm、360 nm 和 250 nm 处的吸收逐渐增大，且同微粒的沉积次数呈线性关系（见图 8－12 的插图），这说明这两种微粒在每次沉积过程

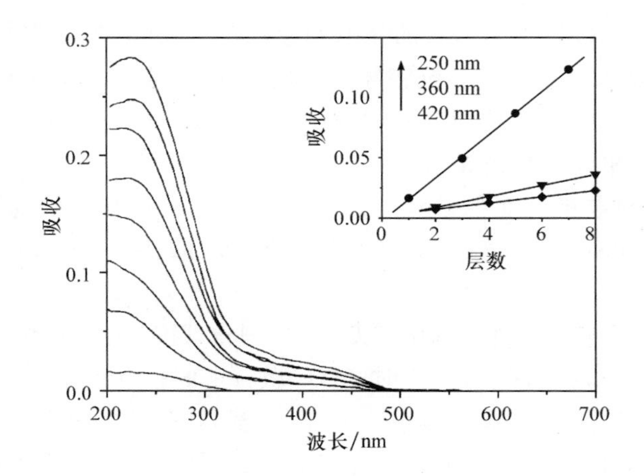

图 8-12　在制备四个双层的 TiO_2 纳米微粒和 CdS 纳米微粒交替组装膜过程中，不同层数组装膜的紫外-可见吸收光谱

注：插图为组装膜分别在 420 nm、360 nm 和 250 nm 处的吸收与组装膜中纳米微粒的层数间的关系图

中可以被等量地吸附到基片上，从而保证了均匀的沉积过程。图 8-13 中(a)和(b)分别为以 ITO 导电玻璃(表面有导电的铟锡氧化物涂层的玻璃)作为基片得到的 15 层 PSS/TiO_2 组装膜和 15 层 CdS/TiO_2 组装膜的光电响应曲线。光电测试中采用 300W 氙灯作为光源，其光强为 83 mW/cm^2，工作介质采用 0.4 mol/L Na_2S 和 0.1 mol/L的 Na_2SO_3 混合溶液，工作偏压为 0.6 V(相对于 Ag/AgCl 标准电极)。由于 CdS 在光照下产生的激发态电子将迁移到 TiO_2 的导带，使空穴留在 CdS 上，因此，在工作介质中有氧化还原对(如 S^{2-}/SO_3^{2-})存在的情况下，空穴将与电解质发生反应，导致不可逆的电子一空穴分离，从而在外电场作用下产生了较大的光电响应。

表面光电压实验结果进一步证明了 CdS 纳米微粒对 TiO_2 的敏化作用，见图 8-14。TiO_2 与 CdS 交替沉积膜的最大光电压响应信号出现在 450 nm 左右，与 CdS 纳米微粒的吸收特征相吻合，说明 CdS 因吸收光子而产生的光电子有效地迁移到 TiO_2 中，从而导致了组装体系光电性能的提高。

郝恩才等关于 CdS/TiO_2 纳米微粒层状组装工作的重要创新之处在于，组装体系中所采用的聚阴离子和聚阳离子全部是无机纳米微粒。与有机聚电解质材料相比，无机纳米微粒具有更丰富的光电活性，因此 CdS 与 TiO_2 纳米微粒的交替组装为设计新型的光电材料或器件提供了重要的新思维。

2. 掺杂型纳米微粒的组装

自从 R. N. Bhargava 等报道了 Mn 掺杂 ZnS 微粒具有高荧光发光效率以来[26]，对掺杂型纳米微粒，如 ZnS∶Mn、ZnS∶Cu、ZnS∶Ag 等的研究引起了人们极大的兴趣[26～28]。对于掺杂型纳米微粒，主体纳米微粒体现强的量子限域效应，杂质

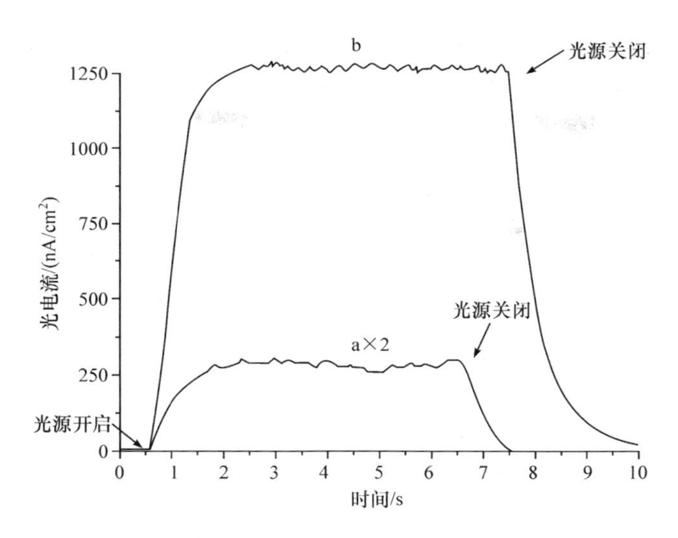

图 8－13　修饰在 ITO 玻璃表面的纳米微粒多层组装膜的光电响应曲线
(a) 15 层 TiO_2/PSS；(b) 15 层 TiO_2/CdS

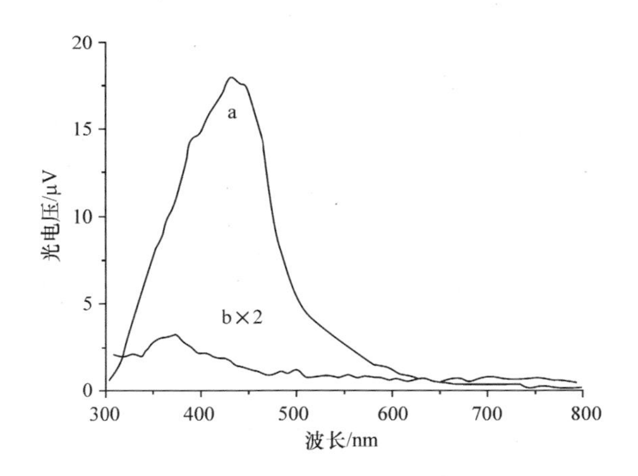

图 8－14　修饰在 ITO 玻璃表面的纳米微粒组装膜的表面光电压曲线
(a) 8 层 TiO_2/CdS；(b) 8 层 TiO_2/PSS

能级与半导体微粒能级发生杂化，使得主体纳米微粒与杂质能级之间存在快速的能量转移，从而使杂质能级参与的辐射跃迁在与纳米微粒的非辐射跃迁的竞争中占有优势，结果显著地减弱了微粒表面态参与的非辐射跃迁的概率，导致了强杂质诱导荧光。因此，与非掺杂型纳米微粒相比，掺杂型纳米微粒特殊的物理性质为纳米微粒的研究与应用提供了新的机会。

沈家骢等对掺杂型纳米微粒的制备及组装做了较为深入的研究。1997 年，黄金满等通过离子交换方法在聚合物网络中合成了 ZnS∶Cu 掺杂型纳米微粒[29]；1998 年，张希等利用静电自组装方法制备了 ZnS∶Ag 掺杂型纳米微粒的多层组装膜[30]；2001 年，郝恩才等报道了 ZnSe∶Cu(I)掺杂型纳米微粒的制备及其层状静电自组装[31]。

1) ZnSe∶Cu(Ⅰ)掺杂型纳米微粒的光学性质

ZnSe∶Cu(Ⅰ)掺杂型纳米微粒的制备过程可简述如下：在巯基丙酸存在下，向用 N_2 饱和的 pH＝9.0 的 $Zn(NO_3)_2$ 和 $CuSO_4$ 混合溶液中加入新制备的 NaHSe 溶液，反应原料的摩尔投料比为 Zn^{2+} ∶ HSe^- ∶ MPA＝1∶0.5∶2.4，将反应得到的混合溶液进行回流，得到 ZnSe∶Cu(Ⅰ)掺杂型纳米微粒。由此制备的 Cu 掺杂的 ZnSe 纳米微粒的光学性质与非掺杂型的 ZnSe 纳米微粒相似[31]。然而，回流过程却可以更大地提高 Cu 掺杂的 ZnSe 纳米微粒的荧光发光强度，与经过相同回流过程的非掺杂型 ZnSe 纳米微粒相比，回流过程可以使 Cu 掺杂的 ZnSe 的荧光强度提高一个数量级。这是因为回流能使 Cu^{2+} 阳离子更有效地嵌入 ZnSe 纳米微粒的晶格中，同时促使了 Cu^{2+} 向 Cu^+ 的转变。而 Cu^+ 作为杂质，其能级与 ZnSe 的杂化产生了新的辐射跃迁通道，从而大大地提高了 ZnSe∶Cu(Ⅰ)的荧光效率，其机理同以前报道的 ZnS∶Cu 掺杂型纳米微粒相似[29]。详细的实验结果还表明，随着掺杂的 Cu 离子浓度的增加，微粒的荧光强度也略有增加。当 Cu 的掺杂含量低于 0.5％时，除了有 450 nm 处的荧光发射外，在 380 nm 处还有一个荧光肩峰(见图 8－15)。当 Cu 离子浓度含量达到 2％时，380 nm 附近的肩峰完全消失，而 450 nm 处的荧光得到进一步增强。这一结果说明，当杂质浓度达到某一临界值时，杂质态参与的辐射跃迁便占有绝对优势。

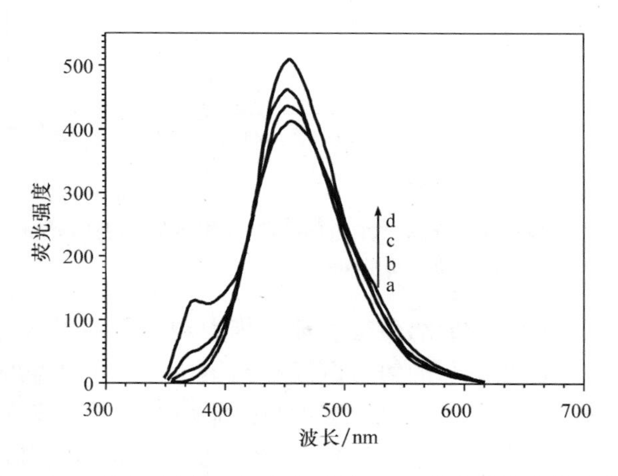

图 8－15　具有不同 Cu 掺杂含量的 ZnSe 纳米微粒的荧光光谱

(a) 0.5％；(b) 1％；(c) 1.5％；(d)2％。激发波长为 322 nm

2) ZnSe∶Cu(Ⅰ)掺杂型纳米微粒的组装

在制备ZnSe∶Cu(Ⅰ)掺杂型纳米微粒的过程中所使用的巯基丙酸，不仅起到稳定剂的作用，同时也为ZnSe∶Cu(Ⅰ)掺杂型纳米微粒的表面提供了负电荷，使其可以与带有正电荷的聚电解质通过交替沉积的方式组装成膜。实验结果表明，采用聚二甲基二烯丙基氯化铵(PDDA)与ZnSe∶Cu(Ⅰ)掺杂型纳米微粒组装形成的多层膜与ZnSe∶Cu(Ⅰ)溶液具有基本一致的光谱特征。在组装过程中，不仅观察到组装膜的紫外吸收与沉积层数间的线性关系，同时也观察到荧光强度与组装膜层数的线性关系，从而得到了光学性质可以控制的薄膜荧光材料，这种薄膜材料在电致发光器件(LED)中有潜在的应用前景。

图8-16为在单晶Si基片上沉积的ZnSe∶Cu(Ⅰ)/PDDA多层自组装膜的X射线光电子能谱(XPS)，1021.5 eV为Zn $2p_{3/2}$的特征峰；163.5 eV为S 2p的特征峰；159 eV为Se 3p的特征峰；53.4 eV为Se 3d的特征峰。上述特征峰的出现证明了Zn、Se、S元素在组装膜中的存在。由图8-16(c)得到Se与S的原子数比为1∶1.39。在ZnSe∶Cu微粒中，Cu离子的氧化态强烈影响微粒的电子能级结构及电

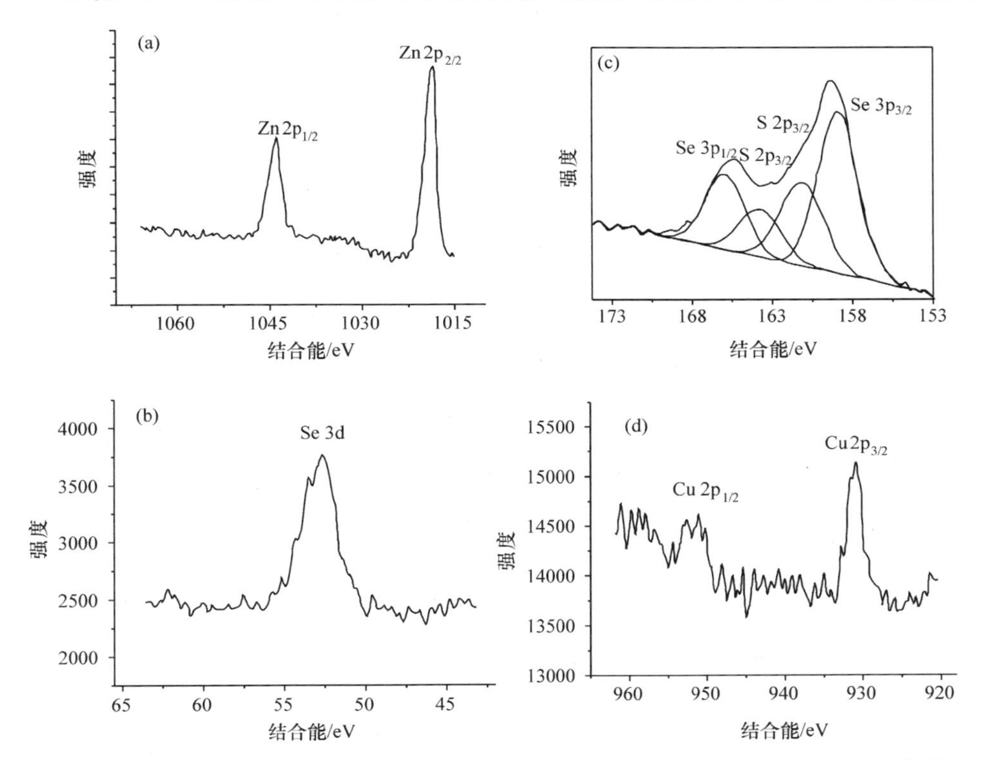

图8-16 在单晶Si基片表面沉积的4层ZnSe∶Cu/PDDA组装膜的X射线光电子能谱

(a)Zn 2p谱；(b)Se 3d谱；(c)S 2p和Se 3p谱；(d)Cu 2p谱

子跃迁过程。XPS 研究进一步提供了 Cu 氧化态的信息。图 8-16(d)中 951.7 eV 和 931.9 eV 处的峰分别对应于 Cu $2p_{1/2}$和 Cu $2p_{3/2}$,这一结果说明了掺杂的 Cu 主要以 Cu(Ⅰ)的形式存在[32]。这证明了在回流过程中,大多数 Cu^{2+}离子被还原为 Cu^{+},支持了前面提到的在回流过程中 Cu^{2+}向 Cu^{+}转变的推论。

8.1.2　纳米微粒的层状共价配位自组装

共价配位作用是继静电相互作用之后可以被用来组装纳米微粒的成膜驱动力之一。1998 年,张希等成功地制备了以配位相互作用为基础的 Cu_2S 纳米微粒/聚合物层状自组装膜[33]。其具体制法如下:首先用离子交换方法制备 $PSS(Cu)_{1/2}$,接着利用 Cu^{2+}和吡啶基团间的共价配位作用来交替组装 $PSS(Cu)_{1/2}$和 PVP(聚 4-乙烯基吡啶),最后通过 H_2S 气体与多层膜中固载的 Cu^{2+}的反应在组装膜中原位地形成 Cu_2S 纳米微粒。这种方法不仅发展了层状自组装膜的制备技术,同时也提供了一种形成纳米微粒层状组装膜的新方法。

(1) $PSS(Cu)_{1/2}$的制备:将聚苯乙烯磺酸钠与乙酸铜混溶于超纯水中,Cu^{2+}与聚苯乙烯磺酸钠盐中的 Na^{+}发生交换反应,经过 24 h 后,将溶液透析 48 h,即得到 $PSS(Cu)_{1/2}$。

(2) PSS-Cu_2S 纳米微粒/PVP 多层交替膜的制备:同样采用 PEI 作为组装膜的首层以得到带有正电荷的基片,将其放入 $PSS(Cu)_{1/2}$溶液(pH=6)中浸泡 30 min,用超纯水清洗后,转移到 PVP 的 DMF 溶液中浸泡 30 min。经过上述过程,即得到一个 $PSS(Cu)_{1/2}$/PVP 双层膜。重复上述过程,将基片分别在 $PSS(Cu)_{1/2}$和 PVP 溶液中进行交替沉积,得到 $PSS(Cu)_{1/2}$/PVP 多层膜。在室温下,将 $PSS(Cu)_{1/2}$/PVP 多层膜于 H_2S 气氛中静置 20 min,即得到 PSS-Cu_2S 纳米微粒/PVP 多层组装膜。

用 UV-Vis 吸收光谱跟踪检测 $PSS(Cu)_{1/2}$/PVP 多层膜的沉积过程(见图 8-17),可见 225 nm 和 256 nm 处的吸收峰分别对应于 $PSS(Cu)_{1/2}$和 PVP 的吸收。从 UV-Vis 吸收光谱可看出 $PSS(Cu)_{1/2}$和 PVP 都被组装到多层膜中。多层膜的 XPS 结果表明,膜中的 Cu 与 S 的原子比约为 1∶15。

红外光谱证明了 $PSS(Cu)_{1/2}$/PVP 多层组装膜的成膜驱动力为配位相互作用。由图 8-18 可看出,$PSS(Cu)_{1/2}$/PVP 多层膜的 IR 光谱在 1637 cm^{-1}处出现一个吸收峰,而这个吸收带在构成组装膜的 $PSS(Cu)_{1/2}$和 PVP 的 IR 光谱中均不存在。由含有吡啶的高分子化合物与过渡金属元素形成的配合物的红外光谱研究结果可推知,1637 cm^{-1}处的振动吸收峰源于与 Cu 配位后吡啶上 C—N 的伸缩振动[34～36]。实验中还发现,若把 PSS-Cu 替换成 PSS-Na 与 PVP 进行组装,则不能形成交替沉积膜,这是因为非过渡金属(如 Na)与吡啶基之间不存在配位相互作

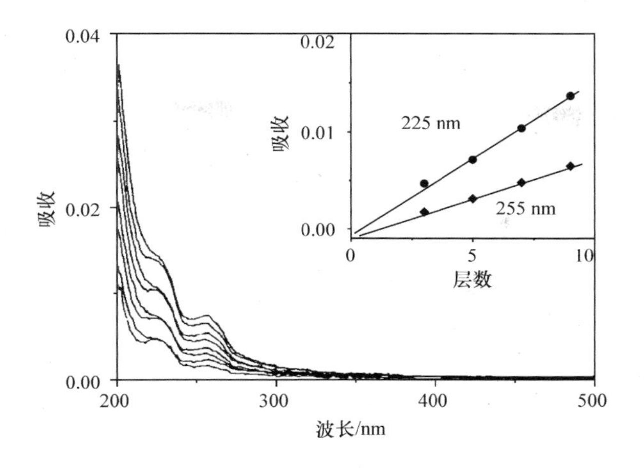

图 8-17　3～10 层的 $PSS(Cu)_{1/2}$/PVP 自组装膜的紫外-可见吸收光谱

注:插图为组装膜在 225nm 和 255nm 处的吸收与膜层数的关系

用。由此,可以推断出吡啶基团与 Cu 的配位作用是 $PSS(Cu)_{1/2}$/PVP 组装膜的成膜驱动力。

XPS 测试结果表明,H_2S 气体与 Cu^{2+} 反应使 Cu^{2+} 被还原成 Cu^{+},同时在 $PSS(Cu)_{1/2}$/PVP 膜中原位地生成了 Cu_2S 纳米微粒,得到了含有 Cu_2S 纳米微粒的多层膜。比较 $PSS(Cu)_{1/2}$/PVP多层膜与 H_2S 气体反应前后的 UV-Vis 吸收光谱(图 8-19),可以看出,反应后在组装膜的吸收谱中除了有磺酸基与吡啶基的特征吸收外,在 370 nm 附近出现了一个新的 Cu_2S 的吸收峰,与体相的 Cu_2S 相比,其吸收有明显的蓝移,这种蓝移是由于量子尺寸效应造成的。TEM 的结果证明,反应形成的 Cu_2S 纳米微粒的平均尺寸为 2.1 nm。

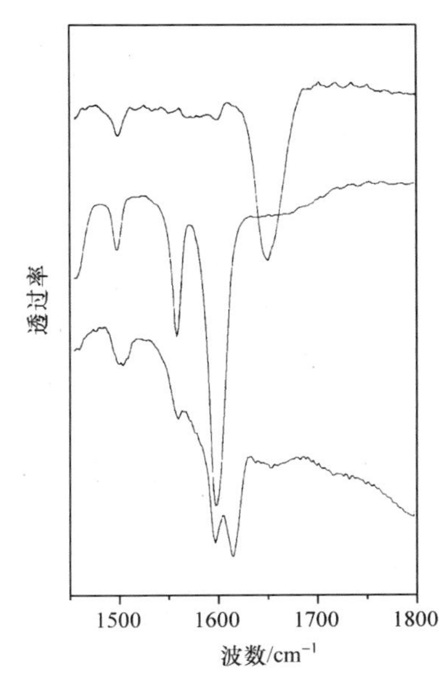

图 8-18　$PSS(Cu)_{1/2}$、PVP 和 $PSS(Cu)_{1/2}$/PVP 多层膜(由上至下)的红外光谱

同样是采用共价配位作用,1999 年,郝恩才等报道了 PVP 和 CdS 纳米微粒(表面富含 Cd)的多层层状自组装膜的制备[37]。

CdS 纳米微粒的制备详见参考文献[38,39]。该制备过程可简述如下:将化学计量比稍少于 Cd^{2+} 的 H_2S 气体,在强搅拌下通入 Cd 盐的 DMF 溶液中,利用 DMF 的氧原子对 CdS 表面 Cd 原子的溶剂化作用,得到稳定的 CdS 纳米微粒胶体溶液[38,39]。

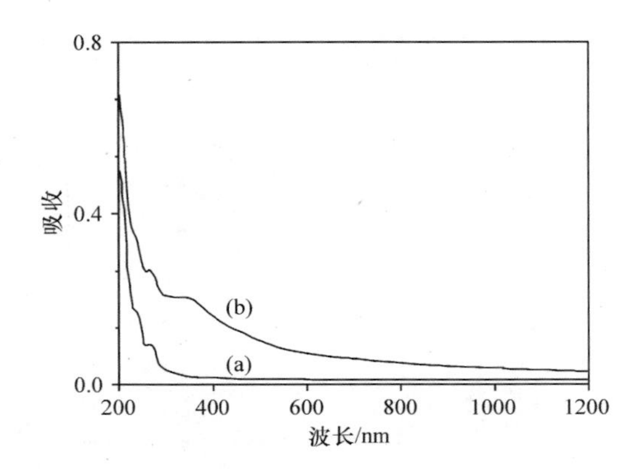

图 8-19 8层 $PSS(Cu)_{1/2}$/PVP 多层膜与 H_2S 气体反应前和反应后的紫外可见光谱

(a) 反应前；(b) 反应后

CdS/PVP 多层膜的制备过程见图 8-20。首先，在修饰有吡啶基团的基片[40]表面沉积 CdS 微粒，用 DMF 和甲醇清洗后，再沉积 PVP，经甲醇清洗后便得到一个 CdS/PVP 双层膜，重复上述过程数次，便可得到多层 CdS/PVP 自组装膜。

组装膜的红外光谱结果表明，PVP 在与 CdS 成膜之后，在 1610 cm^{-1}左右出现

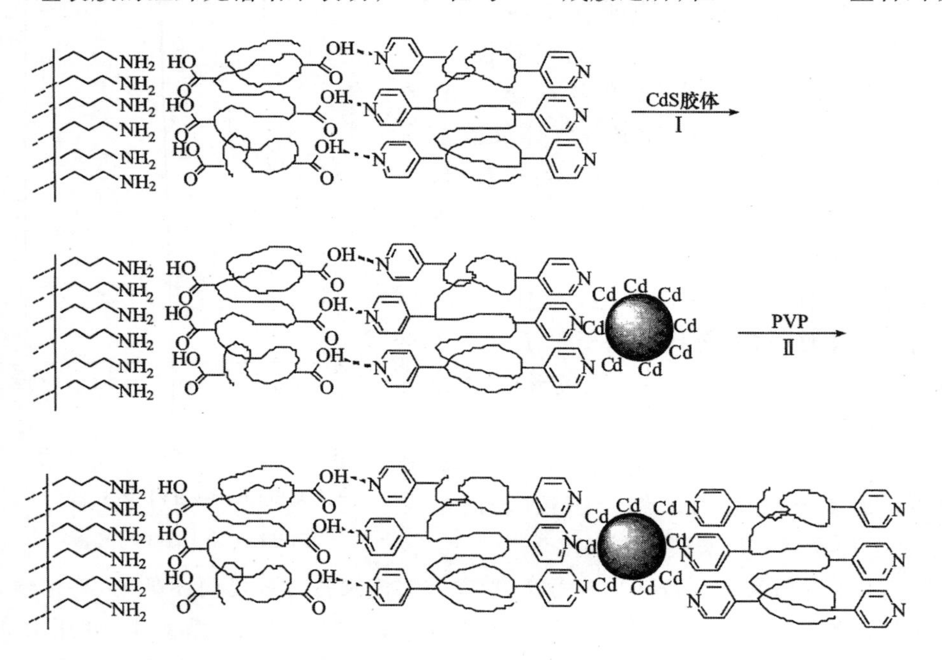

图 8-20 CdS/PVP 多层膜组装过程示意图

了一个新的振动吸收峰(见图8-21)。这说明CdS纳米微粒表面的Cd原子与PVP中的吡啶基团之间形成了配位键,从而证明共价配位作用是CdS/PVP自组装膜的成膜驱动力。试验中还发现,如果在制备CdS过程中使用过量的H_2S,则所得到的CdS纳米微粒不能利用上述方法组装成膜,这进一步说明CdS纳米微粒表面的Cd与吡啶基团之间的相互作用是CdS/PVP层状组装膜的成膜关键。

以上介绍的利用基团之间的共价配位作用组装无机纳米微粒的两个例子为纳米微粒的层状自组装提供了一种新的途径。

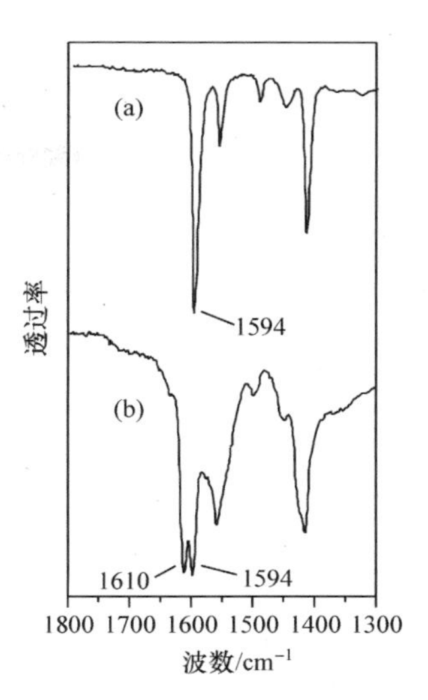

图8-21　纯PVP和PVP/CdS多层膜的红外光谱

(a) 纯PVP;(b) PVP/CdS多层膜

8.1.3　纳米微粒的层状氢键自组装

除了前面谈到的静电相互作用和共价配位作用外,氢键相互作用也同样可以被用作层状自组装膜的成膜驱动力。1997年,张希和M. F. Rubner等几乎同时在不同杂志上报道了利用吡啶基团与羰基间的氢键相互作用作为驱动力组装多层膜的实验结果[40,41]。2000年,郝恩才等报道了利用氢键组装Au和CdSe无机纳米微粒的研究工作[42,43]。下面将以Au纳米微粒作为例子介绍基于氢键相互作用的纳米微粒的层状自组装。

8.1.3.1　Au纳米微粒的制备

(1) 表面修饰有巯基苯甲酸的Au纳米微粒(4-MBA-Au)按参考文献[44]中的方法制备。首先,将$HAuCl_4$与4-巯基苯甲酸按1∶3的比例溶于甲醇和乙酸(6∶1)的混合溶剂中,得到黄色溶液;在搅拌下,将$NaBH_4$的甲醇溶液快速加入到上述溶液中,$NaBH_4$与$HAuCl_4$反应使溶液立即变为黑色;加热回流后,将溶液温度降至室温,经减压蒸馏得到表面修饰有巯基苯甲酸的黑色Au纳米微粒粉末样品,记为4-MBA-Au。利用这种方法得到的Au微粒粉末,可以重新溶于水和甲醇等极性溶剂。

(2) 表面修饰有吡啶基团的Au纳米微粒(Py-Au)的制备:将$HAuCl_4$的甲醇溶液在快速搅拌下与PVP的甲醇溶液混合,其中金属盐与吡啶基团的摩尔比为1∶2。10 min后,快速向混合溶液中加入$NaBH_4$的甲醇溶液,混合溶液的颜色立即由黄色变为粉红色,说明溶液中有Au纳米微粒形成。

8.1.3.2　Au纳米微粒的性质

在4-MBA-Au纳米微粒甲醇溶液的紫外-可见吸收光谱中,只有一个很弱的表面等离子体共振吸收带出现(见图 8-22),这与其他烷烃基类硫醇修饰的 Au 纳米微粒的吸收性质相类似[45~48]。TEM 测试结果表明,Au 纳米微粒为球形,平均直径为(2.6±0.9) nm。

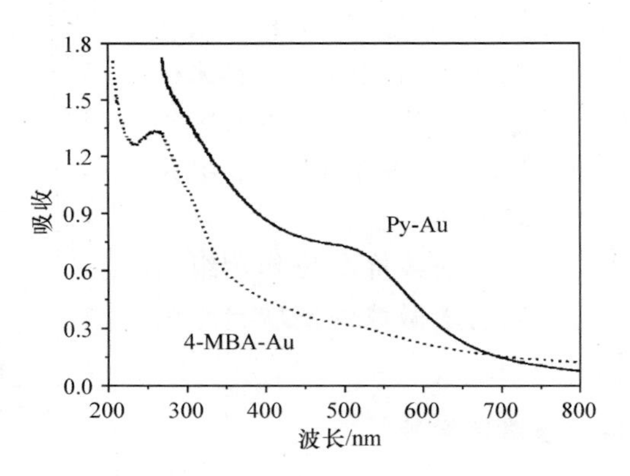

图 8-22 4-MBA-Au 纳米微粒和 Py-Au 纳米微粒甲醇溶液的紫外-可见吸收光谱

与 4-MBA-Au 纳米微粒不同的是,Py-Au 在 530 nm 处出现了表面等离子体共振吸收带,说明 Py-Au 的粒度要大于 4-MBA-Au 的粒度。PVP 与巯基苯甲酸的区别在于 PVP 是一个很强的金属螯合剂[49,50],与 $HAuCl_4$ 的配位作用使 PVP 对最终得到的 Au 纳米微粒起到了稳定作用。$HAuCl_4$ 与 PVP 中的吡啶基团的成键情

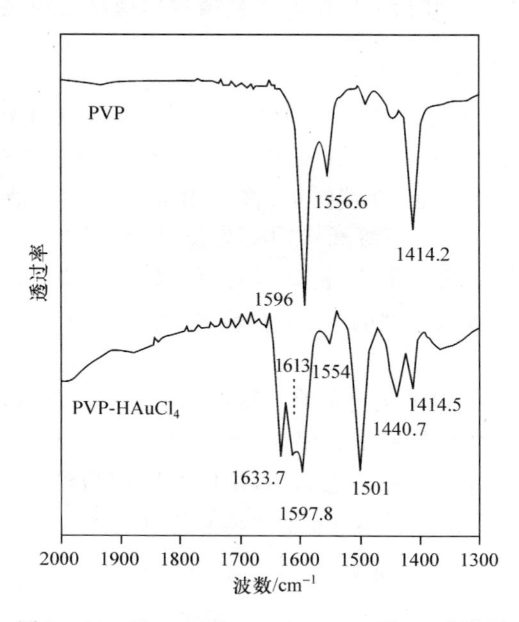

图 8-23 纯 PVP 和 PVP-$HAuCl_4$ 的 IR 光谱图

况可以用傅里叶变换红外光谱(FTIR)来进行研究,通过比较含有 $HAuCl_4$ 的 PVP($HAuCl_4$∶吡啶基＝1∶2)和纯 PVP 的 FTIR 光谱(图 8－23)可以看出,$HAuCl_4$ 与 PVP 的结合使 PVP 在 1557 cm^{-1} 和 1414 cm^{-1} 处的特征吸收强度降低,同时新的振动吸收峰分别在 1634cm^{-1}、1613 cm^{-1} 和 1501 cm^{-1} 出现[51],这说明了吡啶基团的质子化。

8.1.3.3　聚合物/Au 纳米微粒多层膜

由于吡啶基团可以与羧酸基团形成氢键,下面主要介绍如何利用这种氢键作用制备 Au 纳米微粒的层状自组装膜,具体内容包括 PVP 与表面带有羧基的 4-MBA-Au以及聚丙烯酸(PAA)与表面修饰有 PVP 的 Py-Au 的层状自组装。

(1) PVP/(4-MBA-Au)多层自组装膜的制备:首先,将表面修饰有 PEI 的基片浸入 PAA 的甲醇溶液中,通过氢键作用,基片表面将被修饰上一层 PAA,经过清洗再将基片放入 PVP 的甲醇溶液中,PAA 与 PVP 间的氢键作用使基片表面又被覆盖一层 PVP。然后,通过将基片交替地浸泡在 4-MBA-Au 的甲醇-乙酸(10∶1)混合溶液和 PVP 的甲醇溶液中,便可得到 PVP/(4-MBA-Au)纳米微粒的多层膜,

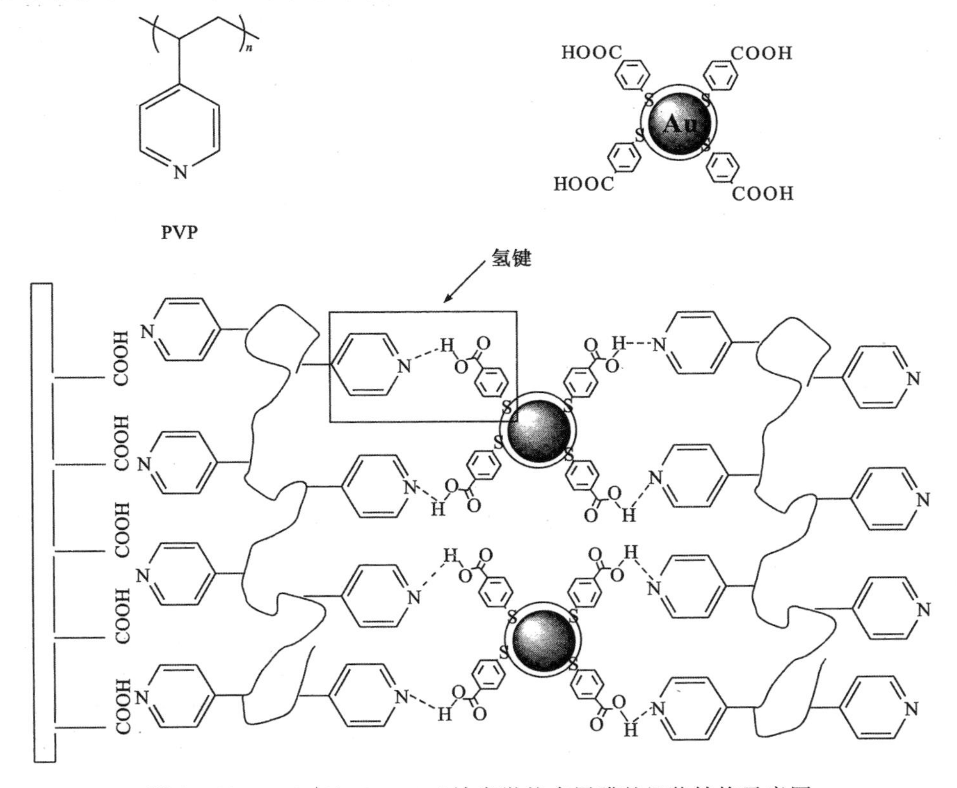

图 8－24　PVP/(4-MBA-Au)纳米微粒多层膜的组装结构示意图

见图 8－24。

(2) PAA/(Py-Au)多层自组装膜的制备：同样，先采用 PEI 来修饰基片得到有胺基的表面，然后将基片先后浸泡在 PAA 的甲醇溶液和 Py-Au 的甲醇溶液中，经过交替沉积便得到 Py-Au 纳米微粒的多层膜，见图 8－25。

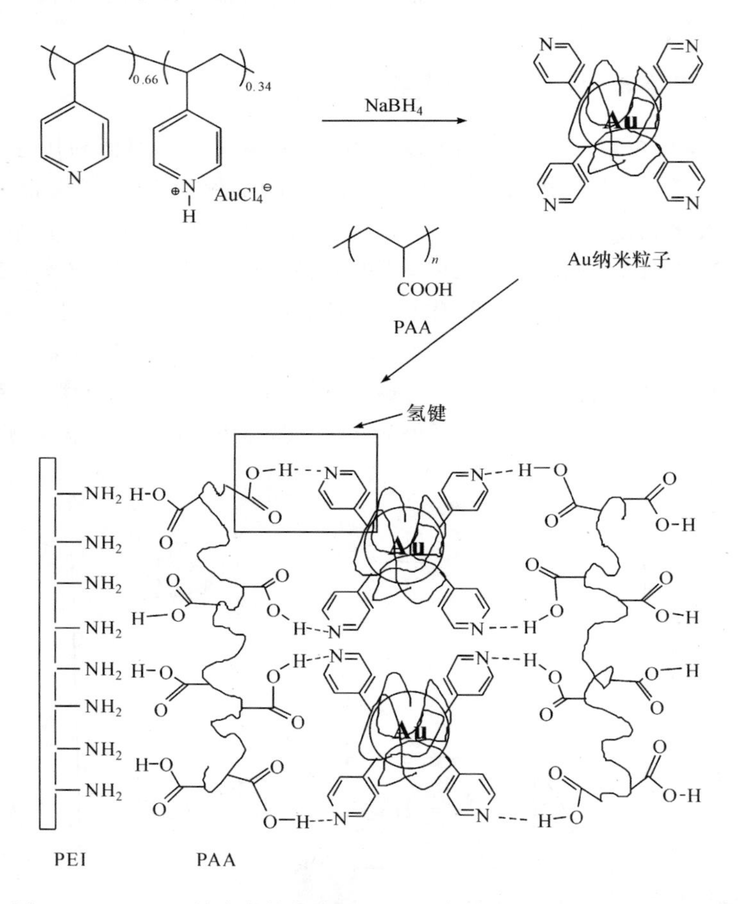

图 8－25 Py-Au 纳米微粒的合成及 PAA/(Py-Au)组装膜的结构示意图

UV-Vis 吸收光谱被用来跟踪监测上述 Au 纳米微粒的成膜过程(见图 8－26 和图 8－27)。图 8－26 和图 8－27 中的结果表明，不论是 PVP/(4-MBA-Au)体系还是 PAA/(Py-Au)体系，组装过程都是一个均匀的沉积过程。

小角 X 射线衍射(SAXD)是对薄膜进行结构表征的重要手段。图 8－28 为沉积在石英基片表面的 12 层 PVP/(4-MBA-Au)组装膜的 SAXD 曲线，曲线中有序的 Kiessig 峰表明 PVP/(4-MBA-Au)多层膜是均匀的平面膜，根据曲线的振荡周期估算出组装膜的总厚度约为 39.6 nm，由此可以推算出一个 PVP/(4-MBA-Au)

双层膜的厚度为 3.3 nm。

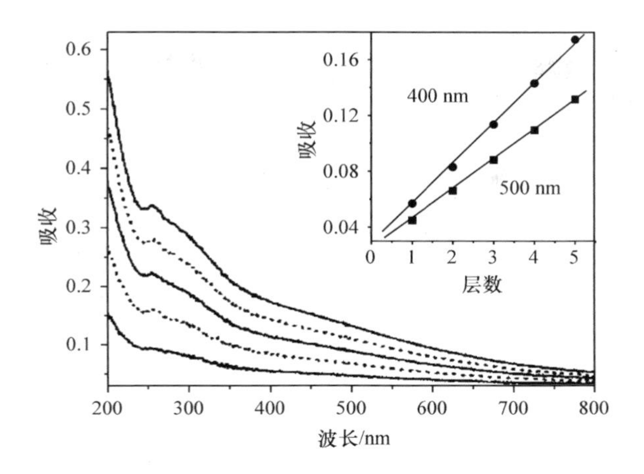

图 8-26 不同层数的 PVP/(4-MBA-Au)纳米微粒多层膜的紫外-可见吸收光谱

注:曲线由下至上分别对应的是层数为 1～5 的 PVP/(4-MBA-Au)组装膜。

插图为组装膜分别在 400nm 和 500nm 处的吸收与 PVP/(4-MBA-Au)组装膜层数的关系

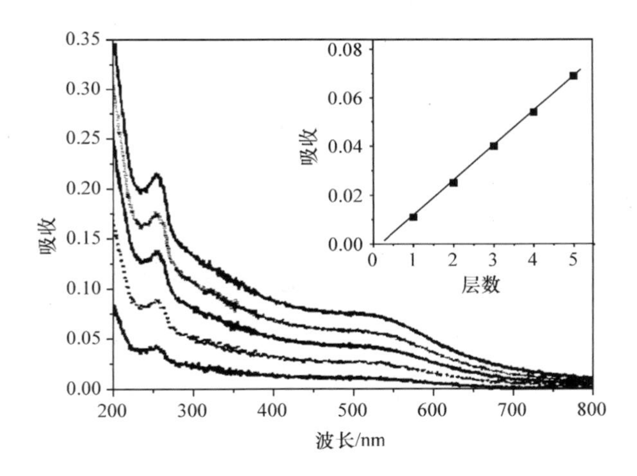

图 8-27 不同层数的 PAA/(Py-Au)纳米微粒多层膜的紫外-可见吸收光谱

注:曲线由下至上分别对应于层数为 1～5 的 PAA/(Py-Au)组装膜。

插图为组装膜在 530nm 处的吸收与组装膜层数的关系

郝恩才等采用 FTIR 对上述自组装膜的成膜作用力进行了研究。图 8-29 给出了 4-MBA-Au 纳米微粒、PVP 浇铸膜及 10 层 PVP/(4-MBA-Au)自组装膜的 FTIR 光谱。其中,4-MBA-Au 纳米微粒的光谱在 1678 cm^{-1} 处有一个明显的 C=O振动吸收峰,这个振动吸收峰和处于 3450 cm^{-1} 处的宽 O—H 振动吸收峰说

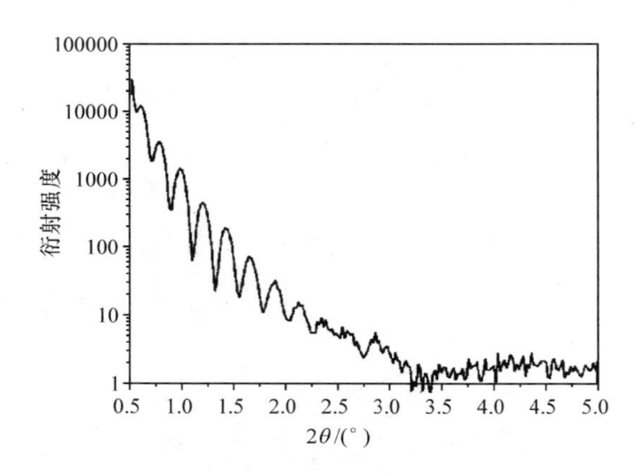

图 8-28　沉积在石英基片表面的 12 层 PVP/(4-MBA-Au)组装膜的小角 X 射线衍射曲线

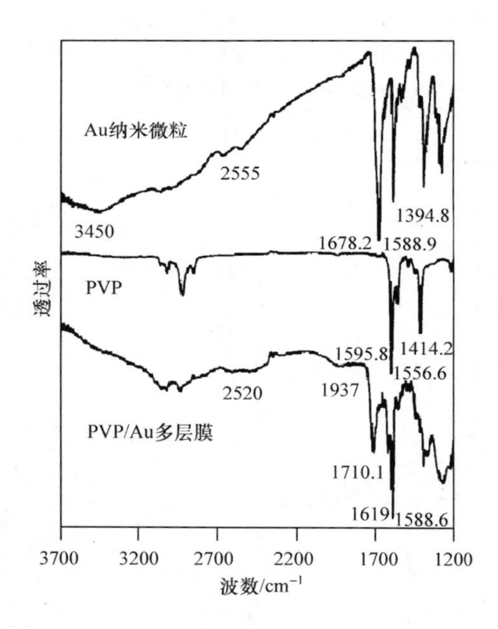

图 8-29　PVP 浇铸膜、4-MBA-Au 纳米微粒浇铸膜及 10 层 PVP/(4-MBA-Au)自组装膜的红外光谱

明，源于不同金纳米微粒表面的 4-MBA 间形成了氢键[46,51,52]。在(4-MBA-Au)/PVP组装膜中，4-MBA 的 C═O 伸缩振动吸收峰移向 1710 cm^{-1}，表明在羰基和吡啶基之间形成了氢键。另外一个重要的变化是在 1937 cm^{-1}和 2520 cm^{-1}处出现了新的振动吸收峰，这两个振动吸收峰源于形成了氢键的 OH 的振动吸收[53～55]。以上结果说明，PVP/(4-MBA-Au)多层膜中金微粒表面的羰基与 PVP 的吡啶基团之间形成的氢键是组装膜的成膜驱动力。

同样，通过比较 PAA 浇铸膜与 10 层 PAA/(Py-Au)自组装膜的 FTIR 光谱(图 8-30)，可以发现在纯 PAA 中对应于 C═O的伸缩振动吸收峰在 1709 cm^{-1}处，而当 PAA 与 Py-Au 结合后，这一吸收峰移动至 1723 cm^{-1}，同时在 2530 cm^{-1}和 1943 cm^{-1}处出现了形成氢键后的 O—H 伸缩振动吸收峰。这些红外光谱的结果充分表明，PAA 的羰基和金纳米微粒表面的吡啶基团之间形成了氢键，同样也证明了氢键作用是 PAA/(Py-Au)层状自组装膜的成膜驱动力。

郝恩才等的上述工作证明了利用吡啶基团与羧基间的氢键作用组装纳米微粒

多层膜的可行性。郝恩才等在此工作基础上,稍后又发表了利用氢键组装 CdSe 纳米微粒多层膜的研究工作[43]。总之,氢键相互作用作为一种可利用的驱动力,丰富了纳米微粒层状自组装膜的成膜方法。

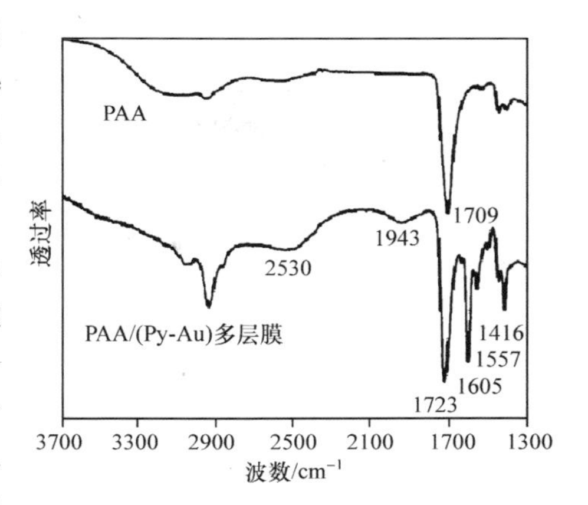

图 8-30　PAA 浇铸膜与 10 层 PAA/(Py-Au)自组装膜的红外光谱

除了前面谈到的成膜驱动力之外,共价键也可以被用作成膜作用力来制备超薄分子膜。T. Kunitake 等在利用表面溶胶-凝胶方法制备无机超薄膜方面做出了具有开创性的工作[56,57]。1999 年,T. Kunitake 等还报道了利用表面凝胶-溶胶过程通过层状组装方法制备金纳米微粒和 TiO_2 纳米复合物超薄膜的研究工作。实验结果表明,表面修饰有 $HO(CH_2)_{11}S$—的金纳米微粒与[$Ti(O(n\text{-}C_4H_9))_4$]通过表面凝胶过程以交替的方式可以形成致密的 Au 纳米微粒沉积膜[58]。此外,P. Alivisatos 等也报道过利用带有双巯基的小分子与无机纳米微粒通过巯基与纳米微粒表面金属原子间形成共价键的方法来实现纳米微粒的层状组装[59]。上述研究工作无疑为层状组装提供了新的成膜方式,但由于篇幅限制本章将不对基于共价键的组装做重点介绍。

8.2　纳米微粒层状自组装膜的结构

8.2.1　纳米微粒层状自组装膜的组成

纳米微粒层状自组装是通过分子间的相互作用,如静电相互作用、氢键相互作用或配位相互作用等在固/液界面上形成热力学稳定的分子超薄膜的过程。层状自组装膜的主要特征是:热力学稳定、原位自发形成、高堆积密度、低缺陷以及组装膜的形成不受基片形状的限制等。此外,层状自组装方法还可以用来实现组装膜在基片纵向上的长程有序结构。层状自组装膜的上述特征为通过对组装膜的组成和结构的调控来设计组装体系特殊的物理和化学性质提供了巨大的优势。

前一节已经介绍了可用于形成层状自组装膜的纳米微粒的结构特征。其中 PbI_2、CdS、TiO_2/PbS 复合纳米微粒以及后面将要介绍的 CdSe 和 CdTe 等纳米微粒的组装都是以静电相互作用为基础的,而含有某些过渡金属的无机纳米微粒也可以通过配位键形成层状组装膜,如 8.1.2 节中介绍的 CdS 纳米微粒的组装。此外,利用聚合物与微粒表面修饰基团之间的氢键相互作用,也同样可以驱动纳米微粒自组装膜的形成,如 8.1.3 节中介绍的 4-MBA-Au 及 Py-Au 纳米微粒的组装。

与基于共价配位作用和氢键相互作用的层状自组装方法相比,层状静电自组装方法是目前最为广泛采用的一种组装纳米微粒的方法。本节将主要探讨纳米微粒层状静电自组装膜的组成及结构研究。

基片的修饰是层状静电自组装过程的起点,针对不同的基片可以采用不同的修饰方法使基片表面带有电荷。聚乙烯亚胺(PEI)由于能够吸附在多种不同基片材料的表面,如玻璃、石英、单晶硅和 ITO 玻璃等形成单层膜,常被用作组装膜的起始层。此外,利用带有氨基或羧基的硅烷化试剂来修饰羟基丰富的表面(如 SiO_2)也是非常通用的在基片表面引入电荷的方法。巯基由于能与金、银等金属形成稳定的共价键,因此采用末端带有羧基或氨基的巯基化合物修饰金和银等金属基片,能得到可用于层状静电自组装过程的金属基底。对于金属,如铝基片,则可以利用羧基与铝的反应,使基片表面带有不同的官能团,实现基片表面的修饰。如表面修饰有羧基的纳米微粒可以直接在铝基片表面进行组装,而对于有一定亲水或疏水性的表面也可以采用 LB 技术,通过利用两亲性分子在基片表面形成 LB 膜的方法,使基片表面带有电荷。

在微粒组装膜的形成过程中,通常需要采用带有至少两个电荷的小分子或多个电荷的聚合物同纳米微粒进行交替组装,表 8-1 给出了不同的纳米微粒与带有相反电荷材料间的各种组装情况。

表 8-1 不同种类的无机纳米微粒层状静电自组装体系

	小分子	聚电解质	导电聚合物	纳米微粒
自身带有表面电荷的微粒	PbI_2[11~12]	TiO_2[69], Ag@TiO_2[70], 黏土[62,63], Ag-GO[73], Fe_3O_4@SiO_2[78], TiO_2/PbS[20~21], SiO_2[81]		TiO_2/CdS[23,25]
表面吸附小分子带有电荷的微粒		TiO_2[71], Au[60,61], Fe_3O_4[77]		
表面经过化学修饰带有电荷的微粒	Au[64], Ag[66]	PbS[67], TiO_2[67], CdTe[72,75,80,82], ZnSe:Cu(I)[31], HgTe[68], CdSe[76,79], ZnS:Ag[30], CdS[17,67]	Pre-PPV/CdSe[60,83,84]	
通过原位反应在膜内生成的微粒	Ag[65], PbS[65]	Fe_xO_y[74], Cu_2S[33]		

与带有电荷的小分子相比,聚电解质被采用得更为广泛,这主要是由于聚电解质上有非常多的结合位点,可以在一定程度上修复微粒组装膜的缺陷,从而有效地提高了纳米微粒组装膜的质量。常被采用的阳离子型聚电解质有:聚乙烯亚胺(PEI)、聚丙烯胺盐酸盐(PAH)、聚二甲基二烯丙基氯化铵(PDDA)以及可以通过加热转变成导电高分子聚对苯撑乙烯(PPV)的前体化合物(Pre-PPV)等,带负电

荷的聚电解质有聚苯乙烯磺酸盐(PSS)、聚丙烯酸(PAA)、聚甲基丙烯酸(PMAA)及聚乙烯磺酸盐(PVS)等。上述聚电解质的分子结构见图 8－31。

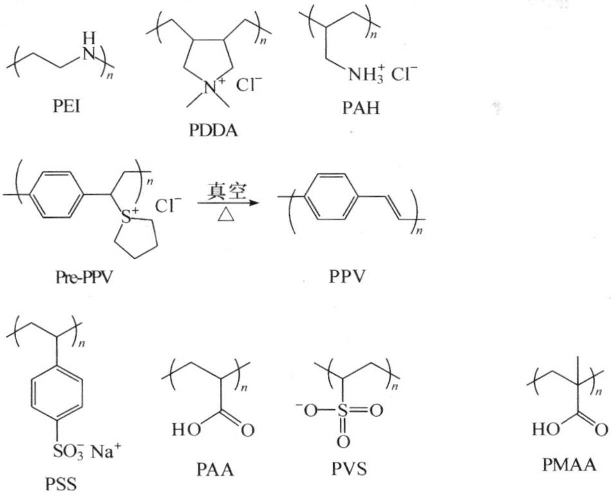

图 8－31　常用聚电解质的分子结构式

8.2.2　无机纳米微粒层状静电自组装膜的生长

层状静电自组装的成膜驱动力主要是静电力，尽管最近也有利用范德瓦尔斯力进行组装的报道[85,86]，但由于范德瓦尔斯力相对于库仑力非常弱，在层状静电组装过程中一般可以忽略不计。在纳米微粒的组装过程中，最常见的用于监测沉积过程的手段是 UV-Vis 吸收光谱法和石英微天平方法(QCM)。UV-Vis 吸收光谱方法是通过检测被沉积物质的特征吸收随沉积次数的变化来跟踪沉积过程的，而 QCM 方法则是通过记录石英电极表面沉积物质质量的变化来跟踪组装膜形成过程的。利用 UV-Vis 吸收光谱方法所测得的纳米微粒特征吸收或用 QCM 方法得到的石英振荡频率变化与组装膜层数间的线性关系通常被作为纳米微粒组装膜的成膜判据，但这是不十分严格的。因为上述线性关系只能说明微粒在每次沉积过程中可以实现等量吸附，这是纳米微粒形成多层膜的必要条件，但不是充分条件。最近，N. Kotov 等的研究发现，微粒层状组装膜的生长有两种不同的方式：(1) 在致密微粒吸附层上的持续吸附方式(垂直生长方式)；(2) 在分散的微粒聚集区域周围的面内生长方式(横向生长方式)[87]。实验结果表明，这两种生长方式都会导致光学密度和沉积层数间呈现良好的线性关系。然而，两种沉积方式所导致的组装膜结构却截然不同。与垂直生长方式相比，通过横向生长方式占优势的组装过程所得到的组装膜，其表面粗糙度大、缺陷多，有时甚至不能形成完整的薄膜结构。因此,通过增加纳米微粒间的静电排斥力来避免微粒在组装过程中的横向生长,即避免纳米微粒在组装膜面内发生团聚是获得高质量的微粒层状组装膜的必要条件。

8.2.3 无机纳米微粒层状自组装膜的内部结构

纳米微粒层状自组装膜结构研究的另一个误区,是组装膜内部有片层有序结构的存在。通常,纳米微粒和聚电解质是以交替的方式沉积到基片上的,但交替沉积过程并不总是可以导致每个纳米微粒/聚电解质层形成完整的片层结构。例如,CdSe 纳米微粒与 PAH 的多层交替沉积膜的结构研究表明,CdSe/PAH 多层组装膜内部并没有片层结构的存在[84]。在 CdSe/PAH 的沉积过程中可以看到微粒组装膜的吸收与膜层数有非常好的线性关系,如图 8-32 所示。图 8-33 为 12 层 CdSe/PAH 组装膜［被记为(CdSe/PAH) * 12］的 X 射线反射曲线。其中,空心方块点为实验值,实线是根据箱子(box)模型用 Fresnel 方程计算所得到的最佳拟合曲线,插图显示了组装膜在膜纵向上的最佳电子密度拟合曲线。可以看出,在(CdSe/PAH) * n 组装膜内部没有有序结构或片层结构的存在。通过上

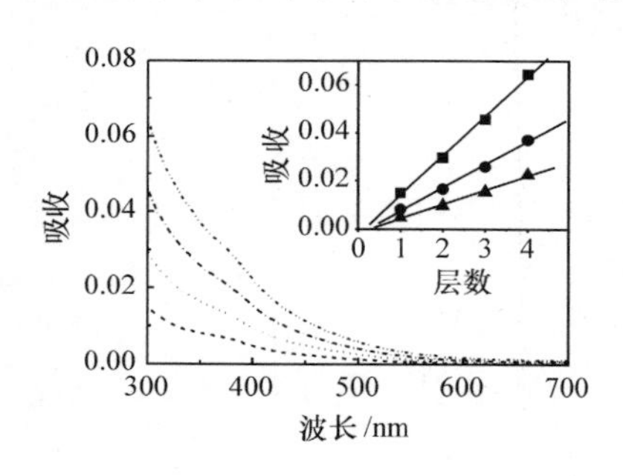

图 8-32　层数为 1～4 双层的 CdSe/PAH 自组装膜的紫外-可见吸收光谱

注:插图为组装膜分别在 300nm、350nm 和 400nm 处的吸收与层数的关系图

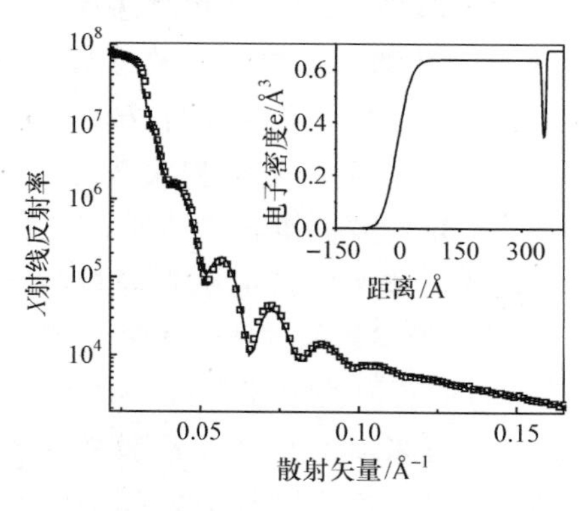

图 8-33　沉积在硅基片表面 12 层 CdSe/PAH 组装膜的 X 射线反射曲线(空心方块)及理论拟合曲线(实心线)

注:插图为组装膜纵向上的电子密度曲线,曲线中的三个不同的电子密度区域分别对应于 PAH/CdSe 组装膜层、PEI 层和硅衬底。其中,组装膜的厚度为 34.9 nm,电子密度为 0.64 e/Å^3;PEI 的厚度为 1.0 nm,电子密度为 0.35 e/Å^3。PAH/CdSe 组装膜与空气界面、组装膜与 PEI 界面以及 PEI 与硅衬底界面的粗糙度分别为 2.7、0.2 和 0.2 nm

述拟合得到的(CdSe/PAH) * 12 组装膜的厚度为 34.9 nm,电镜结果表明被组装的 CdSe 微粒的平均尺寸为 4.9 nm,也就是说两层 CdSe/PAH 的平均厚度(5.8 nm)略大于 CdSe 微粒的尺寸。这在一定程度上说明通过两个沉积周期才能形成一个致密的 CdSe 纳米微粒层,这一结果进一步表明,在 CdSe/PAH 多层组装膜内部没有层状或片层结构的存在。

由前一节介绍的 Au 纳米微粒组装膜的 X 射线研究结果也可以得到类似的结论。例如,用 PVP 交替组装尺寸为(2.6±0.9) nm 的 4-MBA-Au 纳米微粒所得到的 PVP/(4-MBA-Au)层的平均厚度为 3.3 nm,略大于 Au 微粒的平均尺寸,这说明微粒在层内有较为致密的排列。尽管如此,从 12 层 PVP/(4-MBA-Au)组装膜的 X 射线衍射谱中仍观察不到 Bragg 衍射峰的出现(见图 8-28),说明 PVP/(4-MBA-Au)组装膜内部也没有层状有序结构的存在[42]。纳米微粒组装膜的这种结构特征主要是由以下几方面原因造成的:(1) 聚电解质具有非常好的柔顺性,在先后组装的微粒层间不易形成很好的片层结构;(2) 微粒的球形结构使微粒组装膜较一般的聚电解质组装膜有更高的表面粗糙度[84];(3) 在采用静电相互作用组装纳米微粒的过程中,微粒间的静电排斥作用使微粒在同一层内不易形成致密的排列。但情况也并不总是这样的,比如在纳米微粒层间沉积一定层数的聚电解质组装膜作为间隔层是可以得到具有一维超晶格结构的纳米微粒组装膜的。这是因为聚电解质组装膜有更小的表面粗糙度,因此,利用聚电解质形成的组装膜来覆盖微粒层可以给下一层微粒的组装提供一个非常光滑的表面,使组装的微粒能被更好地固定在膜纵向的特定位置上,这样通过周期地重复聚电解质/纳米微粒和聚电解质/聚电解质的组装,最终可以形成内部具有片层结构的组装膜。G. Decher有关 Au 纳米微粒组装的实验结果为此提供了有力的证据[88]。组装膜 PEI[(PSS/PAH)$_m$ Au/PAH]$_n$的结构见图 8-34,X 射线反射结果表明,当组装膜 PEI[(PSS/PAH)$_m$ Au/PAH]$_4$中的 $m \geqslant 3$ 时,反射曲线中有多级 Bragg 衍射峰出现(见图 8-35),这说明组装膜内部有片层结构的存在。

8.2.4　无机纳米微粒组装膜的表面结构

从图 8-33 的拟合结果,得到(CdSe/PAH) * 12 组装膜的表面粗糙度为 2.7 nm,采用相同的参数拟合 6 层 CdSe/PAH 组装膜,得到的膜表面粗糙度为 2.4 nm[84]。这一结果说明,在相同基片上形成的同种组装膜的表面粗糙度相对地独立于组装膜的厚度。较小的表面粗糙度说明,CdSe/PAH 组装膜的生长主要是由第一种生长方式控制的。这一点很容易理解,因为在适当的 pH 值范围内,巯基羧酸修饰的 CdTe 或 CdSe 纳米微粒之间存在着非常强的静电排斥作用,这种微粒间的排斥作用为 CdSe 和 CdTe 纳米微粒溶液提供了非常高的稳定性。此外,小的表面粗糙度为在纳米微粒组装膜表面组装其他材料,最终形成内部具有片层结构

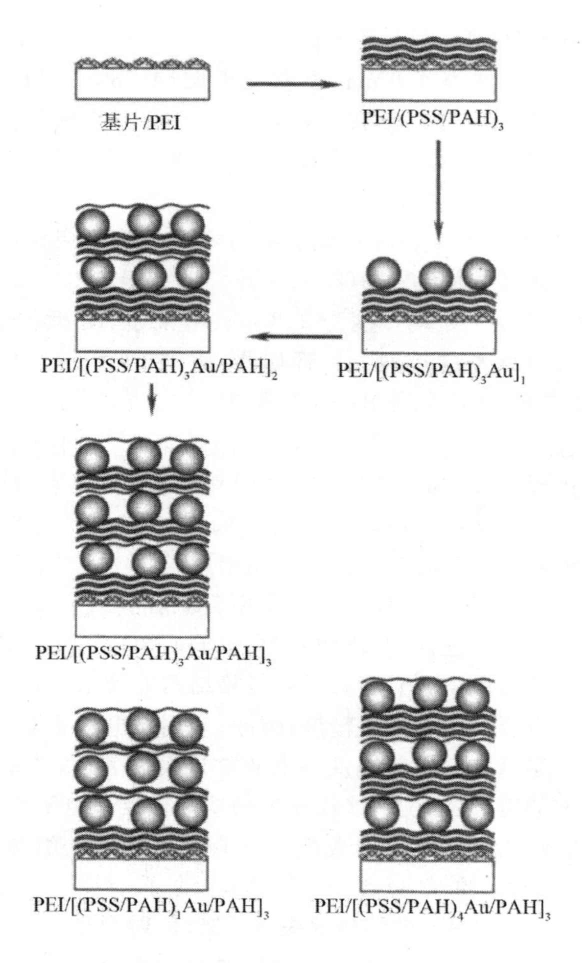

图 8-34　组装膜 PEI[(PSS/PAH)$_m$Au/PAH]$_n$ 的结构示意图

的组装膜提供了必要的前提条件。在这种内部具有片层结构的组装膜中每层是由不同材料构成的,在本章今后的叙述中,片层结构中的层将被记为“层”,以区别于一个沉积循环形成的所谓层或双层,而在本章中更多地提到的双层及层数,主要用来描述组装膜制备过程中完成的沉积循环次数。

CdTe/PDDA 自组装膜的 AFM 和 SEM 研究结果还表明,基片的表面粗糙度可以在非常大的程度上影响纳米微粒层状组装膜的表面粗糙度。图 8-36(b)为沉积在金基片上的(CdTe/PDDA)*6 组装膜典型的 AFM 图像。金基片是通过剥离蒸镀在单晶硅(100)晶面上的金薄膜制得的,图 8-36(a)是金基片的 AFM 图像。由图 8-36(b)可以看到,6 层 CdTe/PDDA 组装膜具有非常均匀的表面。定

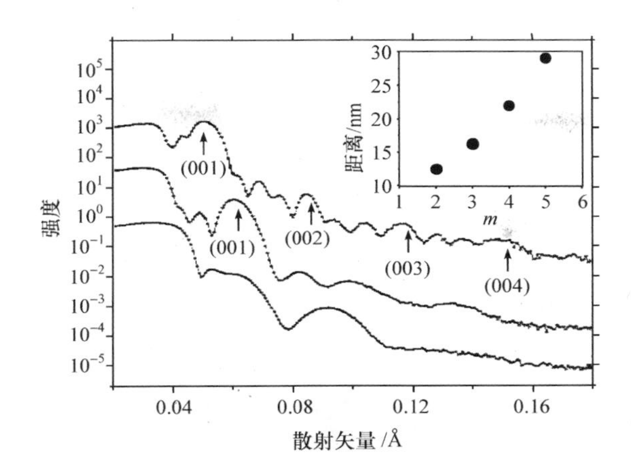

图 8-35　沉积在硅片表面 PEI[$(PSS/PAH)_m Au/PAH]_4$ 组装膜的 X 射线反射曲线

注：曲线从上至下分别对应于 $m=1$，$m=2$，$m=3$ 的组装膜；括号中给出的是不同衍射级的 Bragg 峰；插图为多层膜中片层结构间的距离同 m 的关系

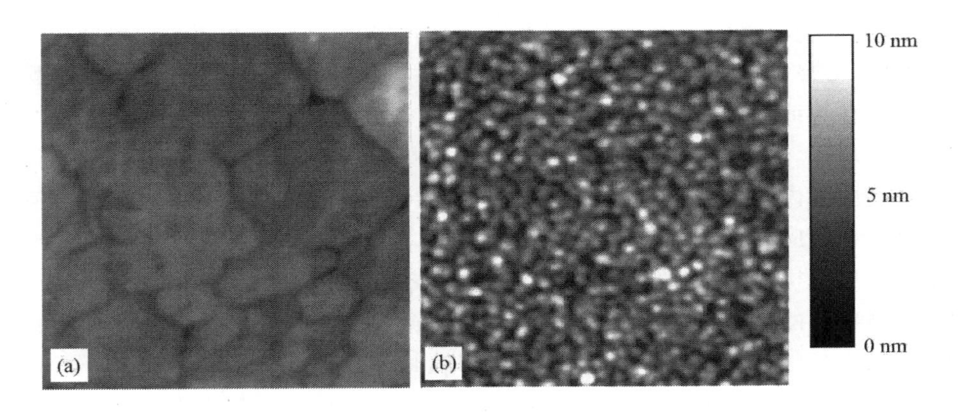

图 8-36　Au 基片及沉积在其表面组装膜的 AFM 图像

(a) Au 基片；(b) 沉积在金基片表面的(CdTe/PDDA) * 6 组装膜

义膜的表面粗糙度为膜表面在纵向上起伏的均方根，则 CdTe 组装膜和空白基片的表面粗糙度分别约为 1.2 nm 和 0.7nm[89]。图 8-37 是沉积在 ITO 玻璃上的(CdTe/PDDA) * 40 组装膜的截面扫描电镜(SEM)图像。可以看到，整个组装膜的厚度是非常均匀的，在膜中观察不到明显的缺陷，如龟裂或大的团聚结构等。图像中椭圆型区域给出了 ITO 基片的粗糙结构对膜表面粗糙度的影响，可以看出 ITO 表面的起伏对膜的外表面结构有着巨大的影响。这实际上并不奇怪，正是由于在大尺寸范围内组装膜的表面起伏情况强烈地依赖于基底的表面情况，才使得

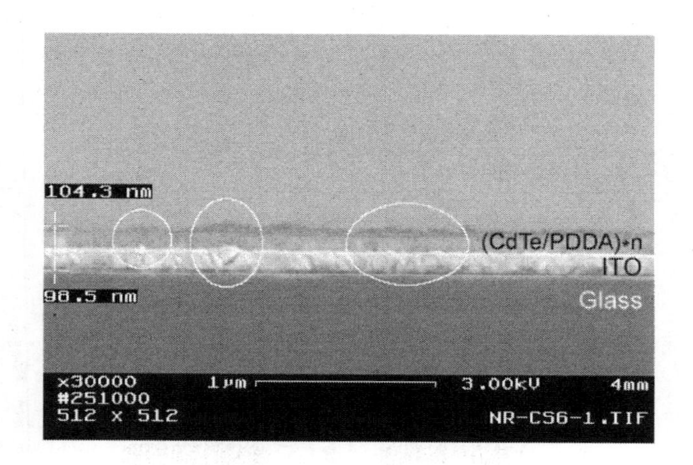

图 8－37 沉积在 ITO 玻璃表面的 40 层 CdTe/PDDA 组装膜的截面扫描电镜图像，在由白线标出的区域可以看到基片的表面起伏对组装膜表面形貌的影响

纳米微粒通过层状组装在曲面上可以形成厚度均匀的组装膜。纳米微粒在胶体球表面形成厚度均匀的组装膜，是纳米微粒组装膜上述特点的最好例证[90]。这反过来也说明，即便在粗糙的基片表面，纳米微粒的层状组装仍然可以导致厚度均匀的组装膜，这为自组装薄膜在实际中应用提供了巨大的优势，同时也解释了组装膜缺陷少于旋涂膜或浇铸膜的原因。

综上所述，通过将纳米微粒同聚电解质交替沉积来制备层状静电自组装膜并不总能在膜的内部形成有序的层状结构或片层结构，但这却为纳米微粒组装膜在光电器件中的应用提供了机会。因为，如果所采用的聚电解质可以将微粒分割成有序的片层结构，那意味着聚电解质将在微粒之间形成大的能量势垒，这不利于载流子在微粒间的传递。从微观结构上看，纳米微粒与聚电解质通过交替沉积的方式形成的组装膜，其内部结构更像一个均匀的混合体系。而从整体结构上看，层状组装过程可以形成无缺陷的、同时厚度均匀并具有小的表面粗糙度的组装膜。纳米微粒层状静电自组装膜的上述特征，为在垂直于基片的方向上将纳米微粒的组装膜与其他材料的组装膜相结合形成具有多个片层结构的组装体系提供了机会。

8.3 CdSe 和 CdTe 纳米微粒层状静电自组装膜的制备及应用

8.3.1 CdSe 和 CdTe 纳米微粒层状静电自组装

本节将主要介绍如何利用带有羧基的巯基化合物作为稳定剂在水中制备荧光发光的 CdSe 和 CdTe 纳米微粒、纳米微粒的荧光性质研究及微粒荧光在电致发光器件(LED)中的应用。

8.3.1.1　水溶性 CdSe 和 CdTe 纳米微粒的制备

虽然镉的硫族化合物纳米微粒可以通过许多不同的路线来制备,但利用水溶性的巯基化合物(HSR)作为微粒的表面修饰剂来合成Ⅱ～Ⅵ族水溶性半导体纳米微粒,是可以有效地控制纳米微粒的尺寸及其尺寸分布的最成功的合成方法之一。在不同种类的水溶性巯基化合物存在的条件下,通过镉离子与能够提供硫族元素离子(E)的化合物(如 H_2E 气体、NaHE 或 Na_2E 水溶液)进行反应,可以分别得到水溶性的 CdS、CdSe 或 CdTe 等纳米微粒[15,17,84]。镉离子与上述化合物的反应速率非常快,反应结果使混合溶液的颜色由无色转变为黄色或橙红色。由于 Cd^{2+} 和巯基之间可以形成共价键,HSR 将包覆在反应形成的纳米微粒表面,从而有效地阻止了纳米微粒的进一步生长及微粒间的团聚。因此,采用上述方法制备的Ⅱ～Ⅵ族半导体纳米微粒具有非常好的稳定性,所得到的 CdS、CdSe 及 CdTe 纳米微粒溶液在低温(5℃)和避光条件下可保存几个月甚至几年。在纳米微粒的制备过程中,当 Cd^{2+} 和硫族离子在水溶液中的反应结束后,通常需要一个回流过程和一个尺寸选择性沉积过程。回流能够增加纳米微粒的尺寸,同时提高纳米微粒的结晶度,而微粒的尺寸选择性沉积则使生成的纳米微粒的尺寸分布变得更窄[91]。

图 8－38 为合成 CdSe 和 CdTe 纳米微粒的示意图。其中,CdTe 的合成过程如下:首先在高纯氮气的保护下,向 NaOH 溶液中通入 H_2Te,经反应制得 NaHTe 的水溶液;然后按照 Cd^{2+}:Te^{2-}:RSH＝1:0.47:2.43 的摩尔投料比,将一定体积的 NaHTe 水溶液在无氧的情况下通入 $Cd(ClO_4)_2·6H_2O$ 水溶液中,经反应得到 CdTe 纳米微粒溶液。反应中采用巯基乙酸(TGA)或巯基乳酸(TLA)作为微粒的表面修饰剂。选用巯基羧酸作为表面修饰剂,除了可以为微粒提供稳定作用以外,

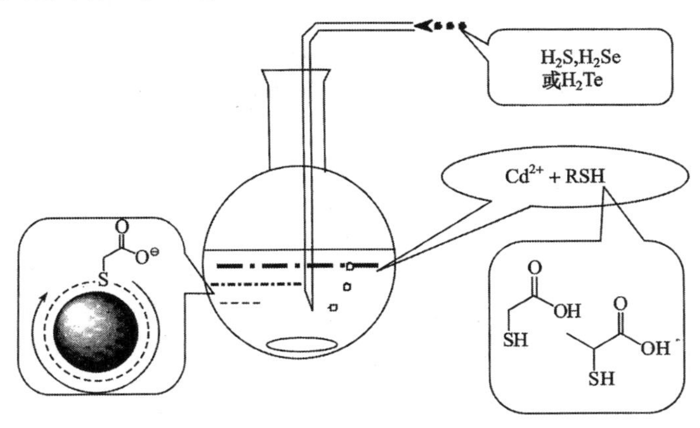

图 8－38　CdSe 和 CdTe 纳米微粒的合成示意图

还可以为纳米微粒表面提供负电荷。在反应过程中，微粒溶液的 pH 控制在 9～11.5 之间。在最终得到的 CdTe 纳米微粒溶液中，Cd^{2+} 的浓度约为 10^{-2} mol/L。当 Cd^{2+} 和 NaHTe 的反应结束后，得到的黄色溶液没有荧光，而随后的回流过程使溶液的颜色由黄变为橙红色，最后变为暗红色，伴随着溶液颜色的变化，CdTe 纳米微粒开始发光。在回流的最初阶段，荧光的颜色为绿色，随着回流时间的延长，荧光发生明显的红移，最终荧光的颜色变为红色。上述光学性质的变化可归结于回流过程中纳米微粒尺寸的增长及结晶度的提高[15,92]。

采用相同方法制备的表面修饰有 TLA 的 CdSe 纳米微粒，在微粒形成的开始便可以观察到荧光，其发射峰非常宽，因此简单地通过改变 CdSe 的尺寸，不能改变微粒荧光的颜色。这是因为 CdSe 纳米微粒的荧光主要是由表面缺陷态控制的，后面在纳米微粒的光学性质部分还将继续讨论 CdSe 的荧光性质。

在微粒的制备过程中，通过采用尺寸选择沉积方法，可以得到窄粒度分布的 CdTe 和 CdSe 纳米微粒。尺寸选择沉积的原理是根据不同尺寸的纳米微粒在含有一定比例的良溶剂和不良溶剂的混合溶剂中溶解度不同，通过控制向微粒水溶液中加入不良溶剂的量，有选择地沉淀出不同尺寸的纳米微粒，实现按尺寸分离纳米微粒的目的。异丙醇是采用上述方法制备 CdSe 和 CdTe 纳米微粒的不良溶剂，向纳米微粒溶液中滴加异丙醇，可以使某一尺寸的 CdTe 或 CdSe 纳米微粒先沉淀出来，而其他尺寸的微粒仍然分散在溶液中。通过离心分离可以将先沉淀的纳米微粒分离出来，然后继续向离心分离得到的清液中加入异丙醇，重复上述尺寸选择沉淀过程，最终得到若干个含有不同尺寸纳米微粒的级份。将所有级份分别溶解或分散到水中，最终得到具有窄粒度分布的纳米微粒。

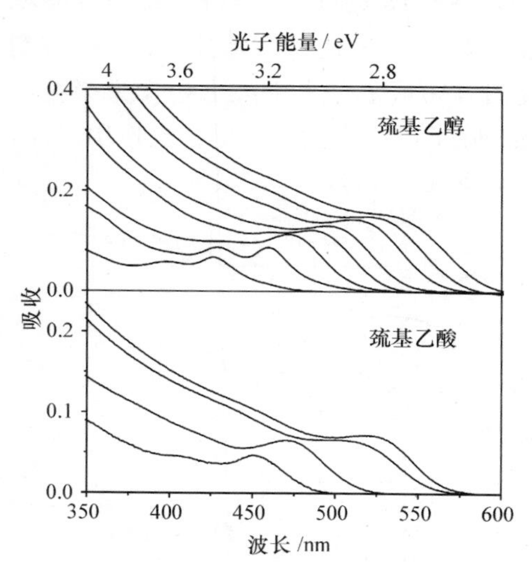

图 8－39 由巯基乙醇和巯基乙酸修饰的不同尺寸的 CdSe 纳米微粒的吸收光谱

制备表面带负电荷的 CdTe 和 CdSe 纳米微粒，巯基羧酸是非常理想的表面修饰剂。因为羧酸基团在很大的 pH 范围内都可以电离，这为利用层状静电自组装方法组装纳米微粒提供了可能[72,75,79,83,84]。此外，巯基醇（2－巯基乙醇和 1－巯基甘油）也是镉的硫族化合物纳米微粒理想的表面修饰剂[93]。图 8－39为表面分别修饰有巯基乙醇和巯基乙酸的 CdSe 纳米微粒的吸收光谱。尺寸选择性沉积使上述两种 CdSe 纳米微粒的粒度分布变窄，从而使 1s—1s 的电子跃迁吸收峰的分辨率大大提高。对于直带隙半导体纳米微粒,由于量子尺寸效应,微粒尺寸的减小直接导致了第一个电子跃迁吸收能量的提高,这种变化清楚地体现在图 8－39 的吸收光谱中[94]。

X 射线衍射(XRD)实验证实了 CdSe 纳米微粒的晶体结构[94],图 8－40 为不同尺寸的 CdSe 纳米微粒的 XRD 图案。结果表明,CdSe 纳米微粒具有立方闪锌矿型结晶结构,与通过高温金属有机合成方法(TOP/TOPO 方法)得到的 CdSe 纳米微粒的结晶结构明显不同,后者是六方晶型纳米晶体。图 8－40 还表明,随着微粒尺寸的降低,CdSe 纳米微粒的衍射峰变宽。根据 Scherrer 公式,利用闪锌矿结构(111)面衍射峰的半峰宽可以估算出纳米微粒的平均尺寸,具体的尺寸已标在图中。对于个别样品,在小角度区域出现了一个尖峰,这个衍射峰的出现说明纳米微粒形成了超晶格结构,进一步证明了纳米微粒具有非常窄的尺寸分布这一结果。根据超晶格结构所产生的衍射峰的位置,利用 Bragg 方程,可计算出粉末样品中相邻的纳米微粒中心点之间的距离,而这个距离直接对应的是纳米微粒的尺寸,与利

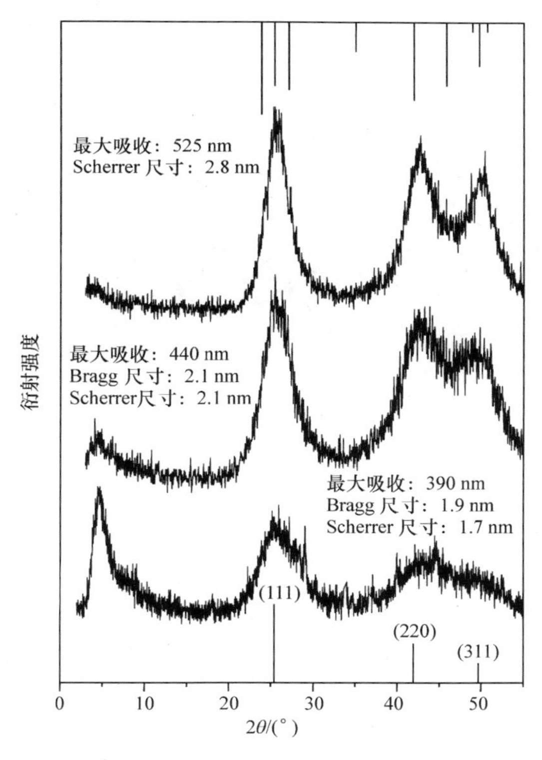

图 8－40　经过尺寸选择沉积得到的不同尺寸 CdSe 纳米微粒的粉末 X 射线衍射曲线

注:微粒的尺寸按衍射曲线由上至下的顺序逐渐减小,图中给出的微粒尺寸分别是利用 Bragg 和 Scherrer 公式计算得到的。图中上方的线谱是六方 CdSe 晶体的标准 X 射线衍射谱,下方的线谱是立方闪锌矿晶型 CdSe 晶体的标准 X 射线衍射谱

用 Scherrer 方程得到的微粒尺寸非常吻合。

图 8-41 为巯基乙酸稳定的 CdSe 纳米微粒(最大吸收在 375nm 处)的高分辨透射电镜(HRTEM)图像和一个典型的 CdSe 单晶纳米微粒图像及其相应的快速傅里叶变换(FFT)图像。从 HRTEM 图像中可以清楚看到 CdSe 晶体结构的存在,说明用上述方法制备的 CdSe 纳米微粒从结构上来说是纳米晶体。

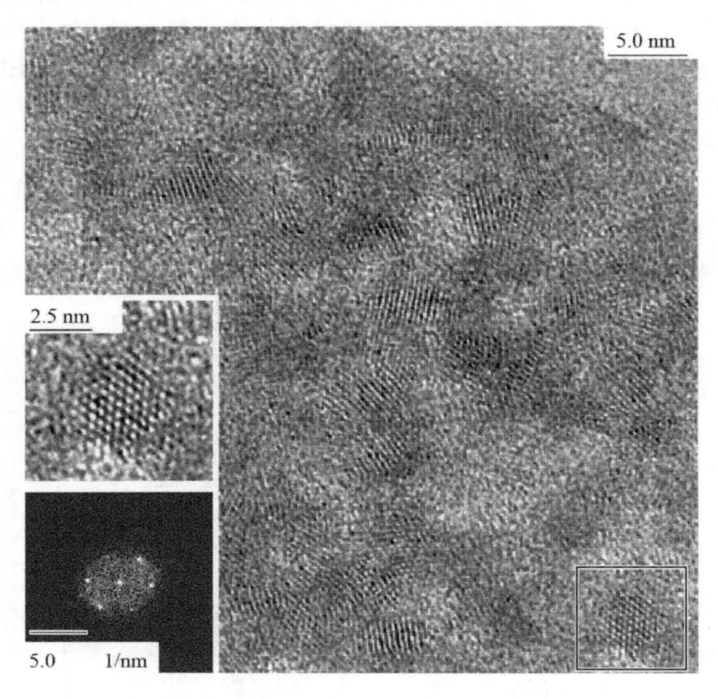

图 8-41　CdSe 纳米微粒的高分辨透射电镜图像
注:插图为单个纳米晶体的图像及其快速傅里叶变换图像

8.3.1.2　CdSe 和 CdTe 纳米微粒的光学性质

UV-Vis 吸收光谱和 XRD 结果证明,通过尺寸选择沉积能够得到窄粒度分布的 CdSe 纳米微粒,但图 8-42 中的荧光光谱表明用巯基乳酸修饰的 CdSe 纳米微粒的荧光发射峰仍然非常宽,同时荧光峰位较吸收带边有着明显的红移,室温下测得其量子产率低于 0.1%(以罗丹明-6G 为参比)[72]。CdSe 纳米微粒较低的荧光效率及其荧光发射峰位相对于吸收带边明显的红移表明,缺陷发射在 CdSe 纳米微粒的荧光中占主导地位。

与 CdSe 不同的是,CdTe 纳米微粒表现出更强的带边发光[15,16,92~94]。但在室温下,当 Cd^{2+} 和 NaHTe 的反应完成后所得到的黄色溶液并没有荧光,荧光是在接下来的早期回流阶段出现的。这说明回流前 CdTe 主要以小团簇的形式存在，回流过程使 CdTe 纳米簇转变为纳米晶体[92]，从而导致了荧光的出现。延长回流时间不但使 CdTe 结构发生了变化，而且使 CdTe 纳米微粒的尺寸逐渐增大，结果吸收带边和荧光发射向低能量方向的移动，使得荧光的颜色由绿色（中心发射峰位为535 nm）变为红色（中心发射峰位为650 nm）。这样，通过控制回流时间来改变 CdTe 纳米晶体的尺寸，最终可以得到不同荧光颜色的 CdTe 纳米微粒材料，见图8－43[15]。

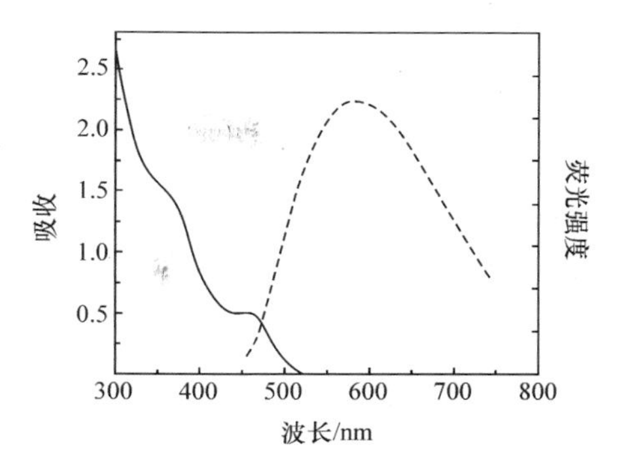

图 8－42　CdSe 纳米微粒的紫外-可见吸收光谱和荧光光谱

通常，回流后得到的 CdTe 纳米微粒的荧光效率在 3%～5%之间。然而，通过使用巯基乙酸或盐酸来降低表面修饰有 TGA 的 CdTe 溶液的 pH，可以使 CdTe 纳米微粒的荧光效率得到进一步提高[15,16]。图 8－44(a)为在不同 pH 下测得的 CdTe 纳米微粒溶液的荧光光谱，随着 CdTe 溶液 pH 的降低，CdTe 溶液的荧光强度先缓慢增加，当溶液变为中性以后，随着 pH 的进一步降低，荧光强度显著变大。采用 0.1mol/L 盐酸调节 pH，当 pH 达到 4.8 时，荧光强度达到最大值。进一步降低 pH，荧光强度开始减弱。在上述过程中，溶液的吸收在整个吸收光谱范围内只有微小的增长[见图 8－44(b)]。当用 NaOH 溶液把 CdTe 溶液的 pH 重新调回 10.5 时，溶液的吸收光谱和荧光光谱都可以可逆地回到原来的状态。图 8－44(a)的结果还表明，只要 pH 不小于 4.8，荧光性质的改变主要体现在荧光强度对 pH 的依赖性，荧光峰位的变化很小，不超过 15 nm。这说明 pH 的改变主要影响的不是纳米微粒的尺寸，而是微粒的表面。在 pH 下降过程中吸收光谱的微小增加和红移[见图 8－44(b)中的插图]表明，随着 pH 的降低，纳米微粒表面发生了进一步的表面反

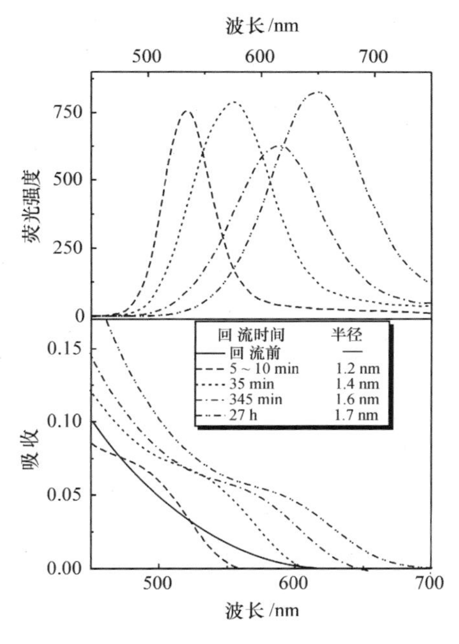

图 8－43　在回流过程中经过不同的回流时间取出的四个 CdTe 纳米微粒组分（CdTeⅠ，CdTeⅡ，CdTeⅢ，CdTeⅣ）的紫外-可见吸收光谱(下)和荧光光谱(上)

注：下图中的虚线为回流前 CdTe 溶液的吸收光谱，在回流前 CdTe 溶液不发光

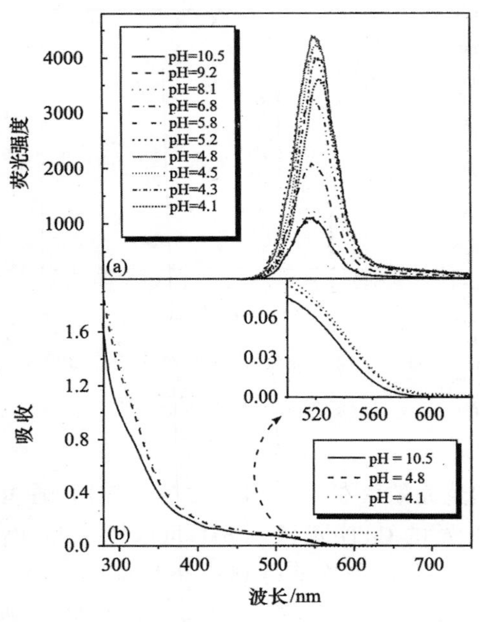

图 8-44 在用 0.1 mol/L 的盐酸溶液调节 CdTe 纳米微粒溶液 pH 的过程中所记录的 CdTe 纳米微粒溶液的光谱

(a) 荧光光谱；(b) 紫外-可见吸收光谱

应[15,95]。更系统的研究表明，在低 pH 范围内，Cd^{2+} 和巯基乙酸在 CdTe 纳米微粒表面通过配位作用能够形成一个壳层结构，从而更有效地除掉纳米微粒的表面缺陷，使荧光效率得以提高[15,16]。这样，通过对 pH 的优化，可以得到发光效率接近 20％的 CdTe 纳米微粒（见彩图 1 和彩图 2）。

8.3.1.3 CdSe 和 CdTe 纳米微粒自组装膜的制备

就纳米微粒表面所带有电荷的性质来说，用巯基乙酸或巯基丙酸修饰的 CdTe 和 CdSe 纳米微粒属于聚阴离子。这些聚阴离子通过与不同种类的聚阳离子如聚乙烯亚胺（PEI）、聚烯丙基铵盐酸盐（PAH）、聚二烯丙基二甲基氯化铵（PDDA）等相结合，利用层状静电自组装法可以形成纳米微粒的超薄膜。把 CdSe 与聚苯撑乙烯（PPV）的前聚体（pre-PPV，一种聚阳离子）组装成多层膜，通过高温处理，还可以得到包埋有 CdSe 的导电 PPV 薄膜[79,83,84]。另外，也可采用带负电荷的聚阴离子如聚苯乙烯磺酸盐（PSS），在特定的位置上替代 CdSe 或 CdTe 形成结构更为复杂的组装膜。事实上，采用不同的聚电解质与纳米微粒进行交替组装，一方面可以研究聚电解质对纳米微粒成膜性质及光学性质的影响；另一方面，通过构建含有不同材料的复杂结构，还可以设计组装膜的物理性质。

针对不同的实验目的，可以选用 ITO 玻璃、石英或硅片作为基片来组装 CdSe 或 CdTe 纳米微粒。基片的处理过程如下：先将基片放入 80℃ 的混合溶液（NH_4OH：H_2O_2：H_2O＝1：1：5）中浸泡 20 min，经超纯水（Milli-Q）冲洗，最后得到具有强亲水性表面的基片。在制备用于电致发光器件的自组装膜过程中，通常采用 PEI 在基片表面形成第一层，获得阳离子表面；再将基片浸入纳米微粒溶液浸泡一定时间，用超纯水洗去过量吸附的纳米微粒，得到一个纳米微粒层；接下来再将基片浸入到聚电解质溶液中得到一个纳米微粒/聚电解质双层（bilayer）。最后，通过 n 次循环上述沉积过程，得到 n 个双层的 CdTe/聚合物或 CdSe/聚合物膜，最终形成的薄膜可用（CdTe/聚合物）* n 或（CdSe/聚合物）* n 来表示。关于膜制备过程中的细节问题，如微粒和聚电解质的浓度、基片在每种溶液中的浸泡时间及每个单层沉积后的清洗过程和干燥时间等，可参考文献[72]、[79]、[83,84]。如前一节所指出的，这里的“双层”并不表示一个真正的层状结构或片层结构。然而，利用上述纳米微粒组装膜具有相对小的表面粗糙度的特点[84]，通过在一个 n 层自组装膜的表面组装另外一个 m 层的自组装膜，可以形成片层组装结构。在这样的结构中，每一“层”由一个多层自组装膜构成，且相邻“层”的组成各不相同。构建这样的复杂结构对于研究和改善 CdSe 和 CdTe 纳米微粒自组装膜的电致发光性质尤为重要，有关这一问题更详细的介绍参见 8.3.2 节。

8.3.1.4　自组装膜中的聚电解质对 CdTe 纳米微粒荧光性质的影响

虽然通用的聚阳离子如 PEI、PAH 或 PDDA 都可以用来与 CdTe 结合形成 CdTe 纳米微粒的层状组装膜，但不同的聚阳离子对 CdTe 纳米微粒的荧光有着不同的影响。C. Lesser 的实验证明，采用 PEI 同 CdTe 相结合可以得到最高的 CdTe 沉积量，PDDA 次之，PAH 最少，见图8－45[75]。荧光测试结果表明，上述沉积膜的荧光并不是简单地依赖于组装体系中沉积的 CdTe 纳米微粒的量，相反，在更大的程度上取决于所采用的聚阳离子的结构。比较不同组装体系的荧光可以看出，PDDA 组装体系的荧光最强，PEI 组装体系的荧光则非常弱，略强于 PAH 体系。目前，这种 CdTe 微粒荧光性质对聚阳离子依赖性的机理还不十分清楚，但可以肯定的是，CdTe 的荧光变化与聚阳离子中的氨基结构有很大的关系。在具有支化结构的 PEI(结构见分子式 3)中，同时含有伯胺、仲胺及叔胺。与 PEI 不同的是，PAH 是伯胺的盐酸盐，而 PDDA 则是季铵盐。有机染料同伯胺的相互作用研究表明，伯胺作为电子给体很容易淬灭染料的荧光，而季铵盐则没有这种作用[96]。纳米微粒组装膜的荧光结果显示，伯胺对荧光的淬灭作用可能不仅适用于染料，同时也适用于 CdTe 纳米微粒。

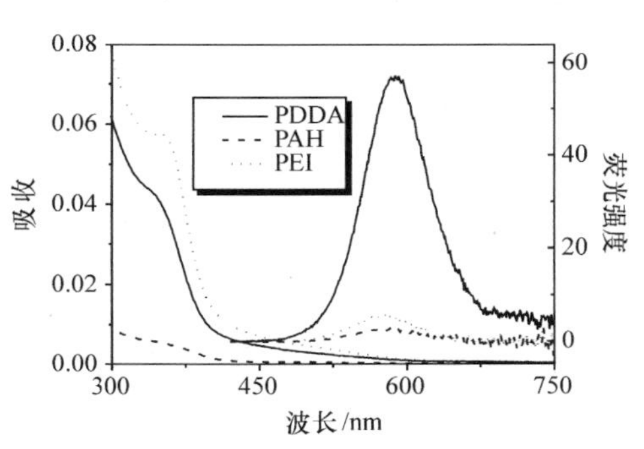

图 8－45　四层(CdTe/聚阳离子)层状组装膜的紫外－可见吸收光谱和荧光光谱

注：其中样品制备过程中 CdTe 溶液的 pH 是 6，荧光激发波长为 400 nm

分子式 3

组装膜的荧光除了依赖于聚阳离子的结构外，也强烈地依赖于 CdTe 溶液的 pH，见图 8－46。在高 pH 溶液中，CdTe 纳米微粒表面修饰的羧酸会高度解离，这对阴阳离子之间的静电相互作用有积极的贡献；另一方面，沉积在基片表面的 PDDA 上的正电荷会在高 pH 条件下被

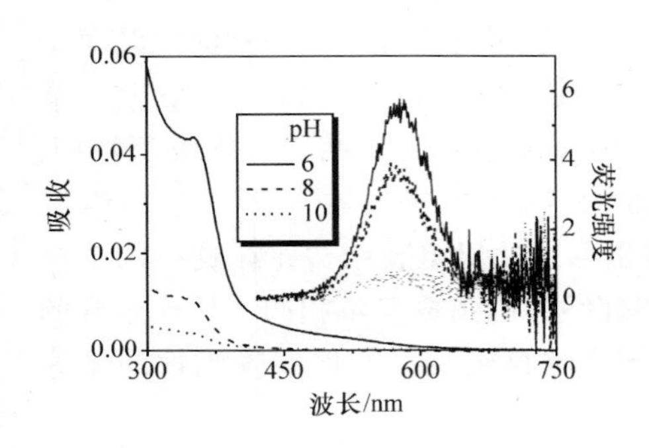

图 8-46 在不同 CdTe 溶液 pH 条件下制备的四层(CdTe/PDDA)层状组装膜的紫外-可见吸收光谱和荧光光谱

屏蔽,导致阴阳离子之间的静电相互作用下降。因此,通过对 CdTe 溶液 pH 的调节,在优化组装膜中所沉积的微粒含量的同时,还可以使组装膜的荧光得到优化。通过比较图 8-45 中三个在不同 CdTe 溶液 pH 下得到的荧光结果,可以看出,在 pH =6 时得到的组装膜的荧光最强,这是因为被组装到膜中的 CdTe 纳米微粒的量最大;而在 pH = 8 时,被组装的 CdTe 纳米微粒的荧光效率最高[75]。

由此可见,聚阳离子化合物的性质不仅影响 CdTe/聚阳离子组装膜的结构,即被组装纳米微粒的含量,同时也影响被组装的 CdTe 纳米微粒的荧光发光效率。

8.3.2 CdSe 与 CdTe 自组装膜的电致发光

8.3.2.1 CdSe 纳米微粒自组装膜的电致发光

1. CdSe 单"层"膜器件

下面将介绍表面修饰有巯基乳酸的 CdSe 纳米微粒分别与 pre-PPV 及 PAH 形成的交替沉积膜的电致发光(EL)性质。电致发光器件采用 ITO 玻璃(63 Ω/□)作为发光器件的透明电极,同时也作为组装膜的基片。首先,在 ITO 玻璃上组装 n 层 pre-PPV/CdSe 交替膜。然后,在 130 ℃,1 Pa 的真空条件下将 (CdSe/pre-PPV) * n 膜加热 11 h,得到(CdSe/PPV) * n 膜。由组装膜的吸收光谱在加热前后的变化可以看出,加热使膜内的 pre-PPV 成功地转变为 PPV,见图 8-47[79]。在 CdSe/PPV 交替沉积膜中,PPV 的吸收峰在 350 nm 左右,与用旋涂方法得到的 PPV 薄膜相比,吸收峰发生了蓝移,说明在(CdSe/PPV) * n 膜中的 PPV 由于纳米微粒的空间阻碍作用,其共轭链段长度较短。

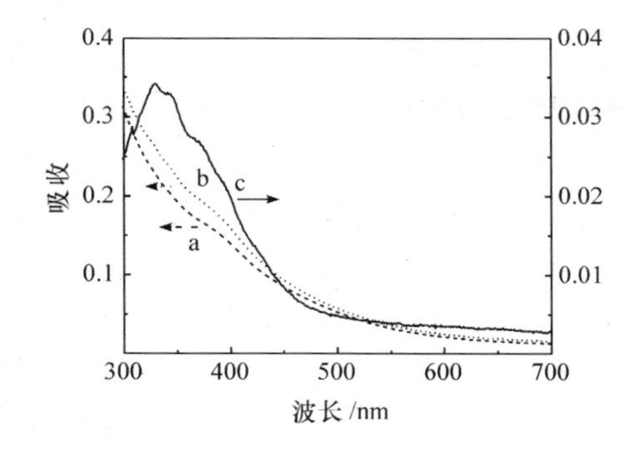

图 8-47 沉积在玻璃上的 12 层(CdSe/Pre-PPV)自组装膜的紫外-可见吸收光谱
(a)在 130℃,1 Pa 下进行加热处理之前;(b)加热处理后;(c)加热处理前后光谱的差别[(b)-(a)]

利用真空蒸镀的方法在上述组装膜表面覆盖一层厚度为(140±20)nm 的薄铝膜,最终形成电致发光器件(器件的结构见图 8-48),记为 ITO//PEI(CdSe / PPV) * n//Al。在这里,定义通过下面

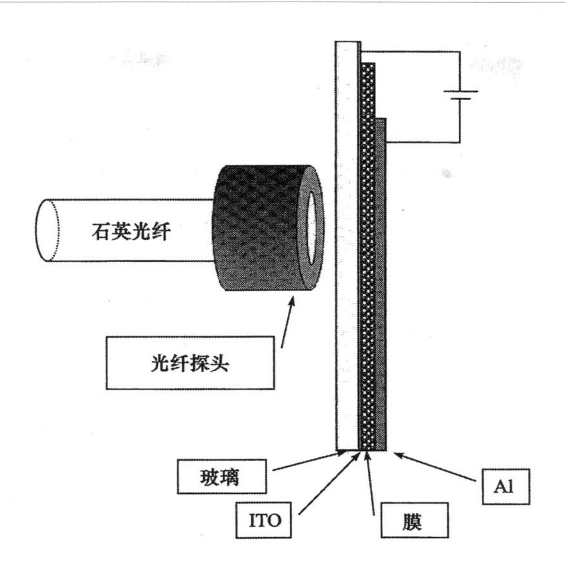

图 8－48　层状自组装膜电致发光器件的结构
及电致发光检测示意图

的电源连接方式所施加的电压为正向偏压，即直流电源正极同 ITO 电极连接，负极与 Al 电极连接；而在相反的连接方式下所施加的偏压为反向偏压。图 8－49 给出的是在正向偏压下从 ITO//PEI(CdSe/PPV) * 20//Al 器件记录的电致发光谱。

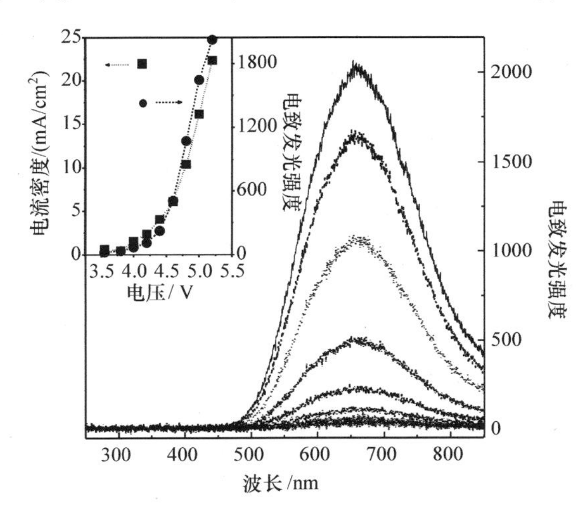

图 8－49　在正向偏压下从 ITO//PEI(CdSe/PPV) * 20//Al
电致发光器件上记录的电致发光光谱

注：插图为电流密度与电压(I-U)和电流密度与电致
发光强度(I-EL)间的关系曲线

图 8－49 的插图为电流密度和发光强度与外加电压的关系，其中器件的开启电压(指能检测到电致发光的临界电压)约为 3.5V。

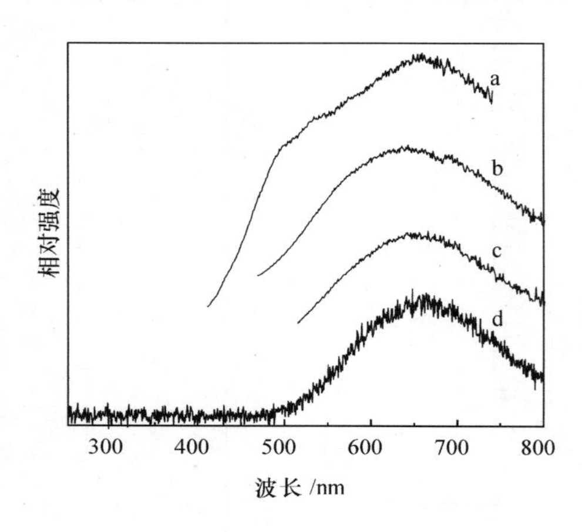

图 8－50　(CdSe/PPV)＊12 膜(a)、(CdSe/PAH)＊12 膜(b)和 CdSe 溶液(c)的荧光光谱以及(CdSe/PPV)＊20 的电致发光光谱(d)

图 8－50 中的光谱分别为 CdSe 溶液、(CdSe/PAH)＊12 膜、(CdSe/PPV)＊12 膜的荧光光谱和(CdSe/PPV)＊20 组装膜的电致发光光谱。除了(CdSe/PPV)＊12 膜的荧光光谱在 500nm 和 535nm 处出现了两个 PPV 的发射肩峰外，上述所有体系的光谱都非常相似，这说明(CdSe/PPV)＊20 的电致发光来源于 CdSe 纳米微粒，而不是 PPV。

为了深入了解 PPV 在 ITO//PEI(CdSe/PPV)＊20//Al 器件中的功能，PAH 被用来代替 PPV 制备相似结构的 LED[79,84]。测试结果表明，当外加电压大于 10 V 时，可以从器件上观察到一个宽带发射，其发射峰的最大值在 700 nm 左右。当电压升至 13.5 V 左右时，*I*-*U* 曲线中出现了电流密度的跳跃性增加[见图 8－51(a)]。伴随着这种电流变化，*EL* 强度也出现了急剧的增大[见图 8－51(b)]。虽然 *EL* 在电流密度激增后最大发射峰位没有改变，但是发射峰的高能量段延伸到 400 nm。*EL* 光谱在电流跳跃前后的差异表明，在电流跃升后电致发光中出现了一个最大发射峰位为 550 nm 左右的新发射带。目前，电流跳跃的机理还不清楚，有可能是因为电极和微粒之间的聚合物在高电场强度的作用下发生了变化，产生了新的电流通路，结果使电流瞬间增大。这种推测可以被以下事实所证实：当电压由 15 V 重新降到 0 V 时，这种电流跳跃在 *I*-*U* 曲线上不再重现[见图 8－51(a)]。也就是说，当电场强度达到某一阈值时，电极与微粒间产生了不可逆变化的隧穿电流通道，而电流密度的显著提高促进了载流子在小尺寸微粒中的复合，结果在电致发光的高能量端产生了新的发射带。

简言之，从(CdSe/PAH)＊*n* 器件也能得到电致发光，但是与(CdSe/PPV)＊*n* 器件相比，(CdSe/PAH)＊*n* 器件需要更高的开启电压，这说明具有半导体性质的 PPV 比不导电的 PAH 能更好地提高载流子在组装膜中的传输能力。

通过计算，ITO//PEI(CdSe/PPV)＊20//Al 器件的表观量子产率(指器件发出的光子数和电子或空穴注入数之比)为 0.0015％。由于实验中没有对上述器件进行进一步的优化(如选用碱金属作为电极来有效地提高电子的注入效率等)，所以不能认为此表观量子产率就是本器件量子产率的上限。此外，上述器件的 *EL*

测试是在室温和空气中进行的,氧气和水蒸气的存在也是造成低量子产率的一个最重要的原因。尽管如此,范围从 500 nm 到近红外区的宽带发射使 ITO//PEI(CdSe/PPV) * 20//Al 器件的电致发光非常接近于白光。

2. CdSe 与 PPV 双"层"器件

前面谈到的电致发光方面的实验结果是基于 PPV 与 CdSe 纳米微粒通过交替沉积的方式相结合得到的。接下来介绍将 PPV 和 CdSe 分别同带有相反电荷的聚电解质交替组装构筑具有两"层"结构的组装膜的电致发光。组装膜的结构为 PEI(CdSe/PAH) * 10//(PSS/PPV) * 10,其中纳米微粒在 ITO 电极一侧,而 PPV 在金属电极一侧。电致发光实验结果表明,在正向偏压下,新制备的器件表现出很弱的来源于 PPV 的电致发光,在完成一次电压由低到高的扫描后,可观察到铝电极明显地被破坏。然而,当新制备的器件最开始被施加一个反向偏压时,器件发射出不同颜色的电致发光,通过与 CdSe 纳米微粒的荧光进行对比,可推知得到的电致发光来源于CdSe纳米微粒。在经过施加反向偏压之后,再向器件施加正向偏压,可以观察到一个非常强且稳定的 PPV 发光。这种 PPV 发光被证明比在相似的条件下从单"层"(PSS/PPV) * 20 器件上测得的电致发光稳定得多,而且经过上述操作,电极没有出现明显地被破坏的迹象。在实验中发现,在大多数情况下分别源于(PSS/PPV) * 20 和(CdSe/PAH) * 10//(PSS/PPV) * 10 器件中 PPV 电致发光的降低总是伴随着铝电极上泡状缺陷的出现。双"层"膜器件经过最初在反向偏压下开启后,在随后的操作中 Al 电极上没有明显的缺陷出现,同时在正向偏压下,双"层"器件有很强的 PPV 电致发光产生,由此可以推断,Al 电极上缺陷的出现与聚合物/Al 界面处 PPV 的降解有关。然而,在经过第一次反向偏压开启之后,再经过交替地采用正向和反向偏压开启器件,金属 Al电极的周围开始有缺陷出现,同时电极中心部分也有非常小的缺陷产

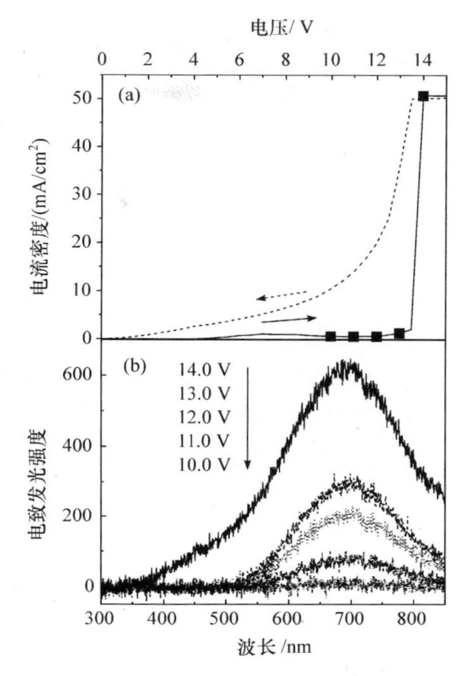

图 8－51　ITO//PEI(CdSe/PAH) * 20//Al 器件上记录的电流密度与偏压关系曲线及电致发光光谱

(a) 在电压从 0 V→15 V→0 V 的循环过程中,从 ITO//PEI(CdSe/PAH) * 20//Al 器件上记录的电流密度与偏压之间的关系曲线。其中,实线描述的为电压上升过程,虚线为电压下降过程;(b) 在空气中,在正向偏压下测得的 ITO//PEI(CdSe/PAH) * 20//Al 器件的电致发光光谱,所有光谱都是在电压上升过程中记录的,相应的电压数值见图(a)

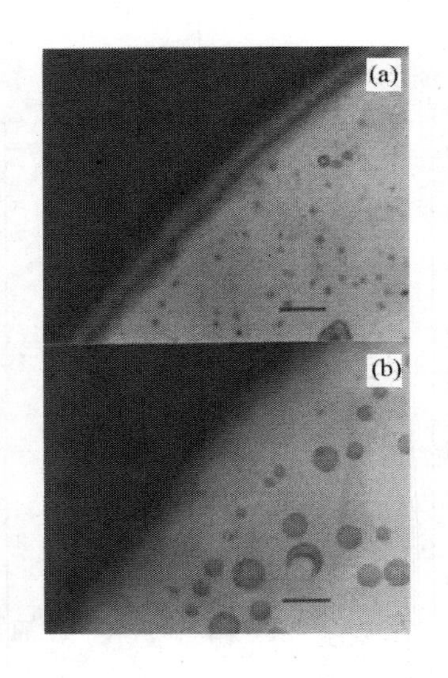

图 8－52 双“层”组装膜电致发光器件 ITO//PEI(CdSe/PAH)*10/(PSS/PPV)*10//Al 的金属铝电极的显微图像(图像中的标尺长度为 125 μm)

(a) 上述器件首先经过反向偏压操作后，再分别交替地在正向和反向偏压下开启 5 次；(b) 具有上述结构的新器件仅在正向偏压开启 1 次

生，见图 8－52。电极边缘附近缺陷形成的主要原因有：(1) 由于在电极边缘处形成了很高的电场强度，加速了电极边缘 CdSe 微粒和 PPV 的降解；(2) 周围环境中氧的扩散将引起器件边缘附近的 PPV 和 CdSe 微粒的降解，而局部受热可能是引起电极中心部分泡状缺陷形成的主要原因。图 8－37 表明在 ITO 表面存在一些针状突起结构，在针状结构的顶部可以形成高的电场强度，引起局部加热效应。但是，如果最先给双“层”器件施加反向偏压，随后的操作导致的 Al 电极上缺陷的平均尺寸要比先给双“层”器件施加正向偏压后造成缺陷的尺寸小得多[见图 8－52(b)]，这表明最初对新制备的双“层”膜器件施加电压的极性对阻止 PPV 的降解非常重要。一旦新制备的双“层”膜器件最初经过了反向偏压开启之后，便可以分别而且可重复地在正向偏压下发出 PPV 的电致发光，在反向偏压下发出 CdSe 纳米微粒的电致发光。也就是说，通过控制偏压的方向，从同一器件中得到了不同颜色的电致发光。但是，由于 PPV 和 CdSe 的结构在经过多次器件开启后会被破坏，伴随着 *EL* 强度的减弱，PPV 的发光随着器件开启时间和次数的增加而变宽，CdSe 的发光逐渐红移(见图 8－53)[84]。

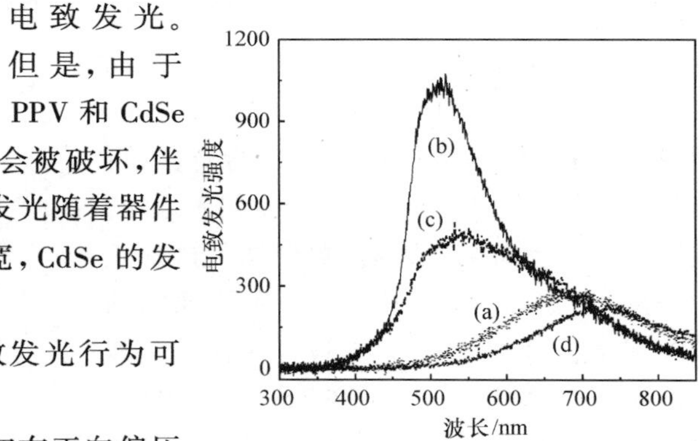

图 8－53 在室温空气中从双“层”组装膜电致发光器件 ITO//PEI(CdSe/PAH)*10/(PSS/PPV)*10//Al 记录的电致发光光谱

(a) 崭新的具有上述结构的电致发光器件在反向偏压下的发射光谱；(b) 随后在正向偏压下记录的发射光谱；(c) 和 (d) 为经过五次交替地在正、反向偏压下进行操作之后，分别在正向和反向偏压下记录的电致发光光谱

图 8－54 给出了以上电致发光行为可能的机理。定性的解释如下：

(1) 如果新制备的器件最初在正向偏压下开启，当电压大于 13 V 时，在 490 nm 左右出现了典型的 PPV 发光，如图 8－54(a) 所示。PPV 发光的出现表明，载流子的复合区在 (PSS/PPV)*10“层”内部。PPV 是一个很好的空穴导体，因此注入到 PPV“层”的电子不会远离阴极，将主要停留在组装膜的右半部分。因此，载流子的复合区在 (PSS/

PPV) * 10“层”内部。

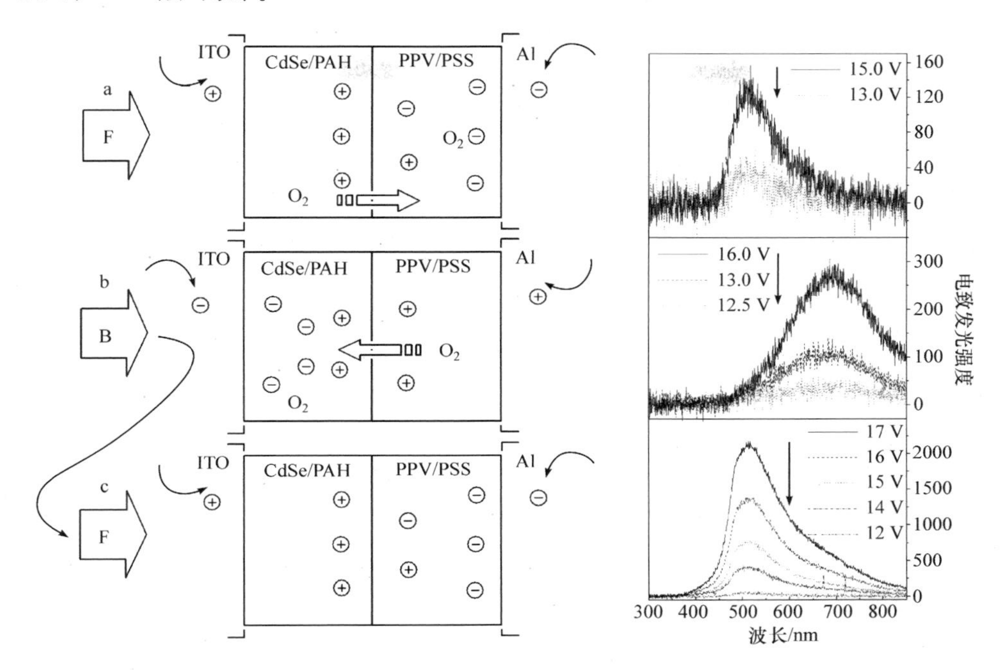

图 8-54　双“层”组装膜电致发光器件 ITO//PEI(CdSe/PAH) * 10/(PSS/PPV) * 10//Al 的结构示意图和电致发光光谱

注:左侧为结构示意图;右侧为在室温空气中测得的该器件的电致发光光谱,其中:位于上方图中的电致发光光谱是在正向偏压下从一个新器件上记录的,中间图中的电致发光光谱是在反向偏压下从一个新的器件上得到的,而下图中的光谱是在器件经过反向偏压开启后,再在正向偏压下记录的电致发光光谱

从图 8-54(a)也可看出,来源于 PPV 的电致发光强度在电压达到 15 V(电压增加速度为 0.5 V/s)以前,一直保持增长的趋势;当电压大于 15 V 之后,电致发光强度开始下降。经过上述操作后,在随后的器件开启过程中,观察不到任何发光。PPV 电致发光强度下降和消失的主要原因是 PPV 在电场激发的过程中被氧化,有很多实验已经证明 PPV 的氧化是 PPV 器件寿命降低的一个最重要的原因。从 BCHA-PPV(一种 PPV 的衍生物)光氧化过程的红外光谱研究结果可知,BCHA-PPV 的三线态向单线态氧的能量迁移是造成 BCHA-PPV 氧化的主要原因[97]。由此可以推断,当 PPV 被电激发之后,在有氧气存在的情况下,PPV 将发生与 BCHA-PPV 光氧化过程一样的氧化过程。当一个含有 PPV 的电致发光器件开启时,PPV 单线激发态和三线激发态将同时出现,而由 PPV 三线态向具有反应活性的单线态氧的能量转移将破坏 PPV 的共轭结构,使器件不再发光[97]。

以上结果已经证明,一旦新制备的双“层”器件最初被施加正向偏压,经过一次开启后，在接下来的测试中器件便不再发光，且器件的金属 Al 电极表面上出现大量的缺陷。PPV 电致发光强度的快速衰落和 Al 电极上缺陷的出现，证明了当电流通过器件时器件内部出现了氧化反应，导致了聚合物/Al 界面附近 PPV 的分解。

(2) 如果给一个新制备的器件最初施加以反向偏压[见图 8－54(b)]，在电压达到 12.5 V 的时候，可以观察到与(CdSe/PAH) * 20 器件相同的宽带电致发光。继续提高工作偏压，发光强度增强，但观察不到 PPV 的发光。以上结果证明，用反向偏压开启器件时，载流子的复合区在(CdSe/PAH) * 10“层”内部。PPV 是很好的空穴导体，从 Al 电极注入的空穴比从 ITO 电极注入的电子先到达(CdSe/PAH) * 10“层”，于是载流子的辐射复合过程便发生在(CdSe/PAH) * 10“层”内部，结果导致了 CdSe 纳米微粒的发光。与此同时，CdSe 纳米微粒，而不是 PPV 在有痕量氧气存在的情况下被部分氧化。CdSe 纳米微粒被氧化的一个积极的结果是器件内部的氧被消耗掉。然而，器件在经过反向偏压开启之后，在 Al 电极表面观察不到缺陷的出现，说明微粒与氧气的反应并不对器件造成破坏。

(3) 当上述器件经过反向偏压“预处理”后，器件在正向偏压下重新开启时，可以发出强度非常高且稳定的 PPV 发光，见图 8－54(c)。其寿命几乎与在真空中保存了 12 h 后并在氦气中测量得到的(PSS/PPV) * 20 单“层”器件的电致发光寿命相一致，这说明组装膜中存在的氧在施加反向偏压的过程中已基本被消耗掉，从而在组装膜内部创造了无氧环境。在随后的器件开启过程中，进一步发生氧化反应所需要的氧只能从外部通过扩散到达器件内部，这是个非常缓慢的过程。实验结果表明[见图 8－52(a)]，器件经过多次在正反偏压下开启后，在电极周围出现了小尺寸的缺陷，有力地证明了这一解释。

总之，CdSe 纳米微粒组装膜的电致发光研究表明，采用不同的方式结合 CdSe 和 PPV，可以得到具有不同发光性质的器件。PEI(CdSe/PAH) * 10/(PSS/PPV) * 10 的电致发光性质与器件开启电压的极性密切相关，通过控制偏压的极性，可以从同一器件中得到分别来自于 PPV 和 CdSe 的两种不同颜色的电致发光。而且，通过控制首次开启器件时偏压的极性，可以有效地将载流子的辐射复合区域控制在 CdSe“层”，达到有效地除掉体系中痕量氧的目的，最终为器件内部创造一个无氧的环境。原则上讲，这种有效的除氧方法在提高器件寿命方面是非常具有借鉴意义并有希望被推广的。

8.3.2.2 CdTe 纳米微粒自组装膜的电致发光

1. CdTe 单“层”膜器件

由于 CdTe 纳米微粒较 CdSe 纳米微粒具有更高的荧光量子产率，而且通过改变微粒的尺寸可方便地调节荧光的颜色，因此在自组装膜电致发光器件中，采用

CdTe 微粒应该有利于电致发光颜色的调节及量子产率的提高[72]。根据前一节中 CdTe/聚阳离子组装膜的荧光及纳米微粒组装量的优化结果，PDDA 被用作与 CdTe 纳米微粒交替组装成膜的聚阳离子。组装膜的制备中采用了 4 种不同尺寸的 CdTe 纳米微粒，分别命名为 CdTe Ⅰ，CdTe Ⅱ，CdTeⅢ，CdTe Ⅳ(微粒尺寸由小到大)，它们的吸收光谱及荧光光谱见图 8－43。

首先，利用荧光中心发射峰位在 622 nm 的 CdTeⅢ制备了不同厚度的 CdTe/PDDA 组装膜，即(CdTeⅢ/PDDA) * n，n = 20，30，50，以便研究组装膜厚度对器件电致发光性质的影响。图 8－55 所示的是上述组装膜 LED 在正向偏压下的电流密度和电致发光强度与所施加电压的关系。30 层 CdTeⅢ/PDDA 组装膜的电致发光较 20 层组装膜的更强，而 50 层组装膜的电致发光强度却非常低。与电致发光强度的这种变化趋势不同的是，上述器件的阈值电压是随着样品厚度的增加而明显地增大。

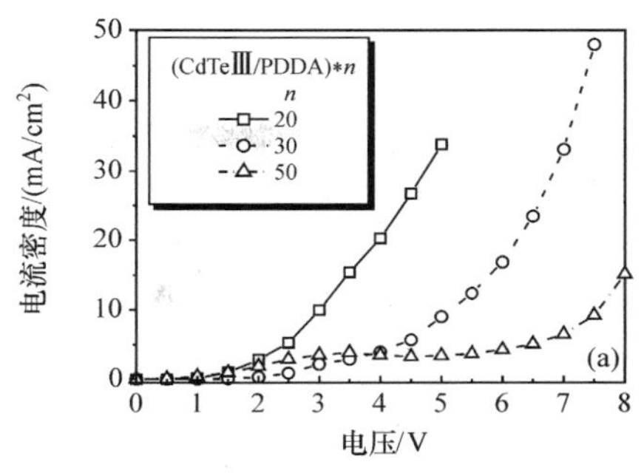

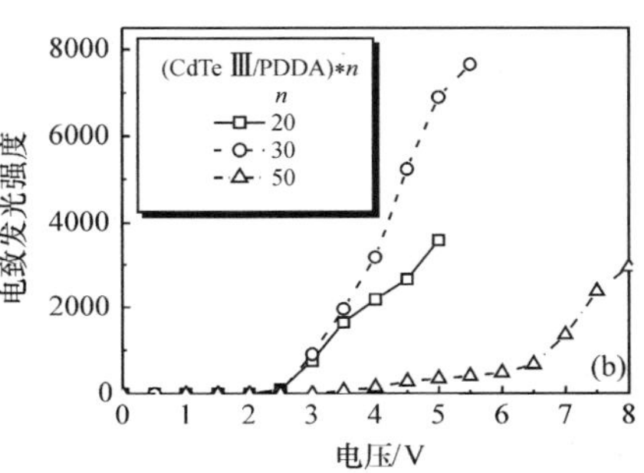

图 8－55　(a) ITO//PEI(CdTeⅢ/PDDA) * n(n=20，30，50)器件的电流密度－电压关系曲线；(b) 上述器件的电致发光强度与外加电压间的关系曲线

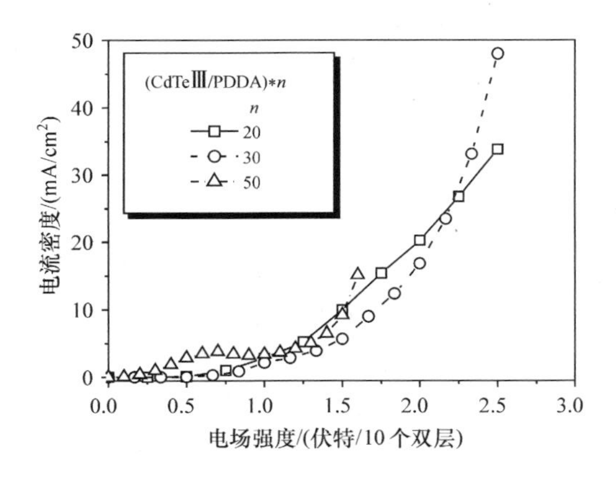

图 8－56　ITO//PEI(CdTeⅢ/PDDA) * n(n=20，30，50)器件的电流密度与外加电场强度的关系曲线

注：其中电场强度是以“伏特/10 个双层”作为单位的

图 8－56 为上述器件电流密度与电场强度的关系图，可以看到不同厚度样品的 *I*-*U* 曲线几乎重叠到一起，表明流经器件的电流主要是由电场驱动的。这种 *I*-*U*特性对电场强度的依赖性说明载流子的注入是由隧穿机制（tunneling mechanism）控制的。对于有机电致发光，载流子由电极向有机材料的注入一般是由隧穿机制控制的[98]。然而，对于本研究体系，由于纳米微粒在组装膜中被聚电解质隔开，因而器件内部的电荷传输也应当被看作是一个受电场强度调节的传输过程。

在 50 层组装膜的 *I*-*U* 曲线中可观察到一个有趣的现象：电流密度在 2～4 V 区间内较早地开始增大，随后增大趋势在 4～6 V 范围内变缓，从而产生了一个电流肩峰。在随后的电压扫描中，此电流肩峰消失，并伴随着电致发光强度的降低。这个电流肩峰产生的原因还不十分清楚，它可能是由一些电化学反应造成的，而这些电化学反应在厚度相对小的膜中并不明显。

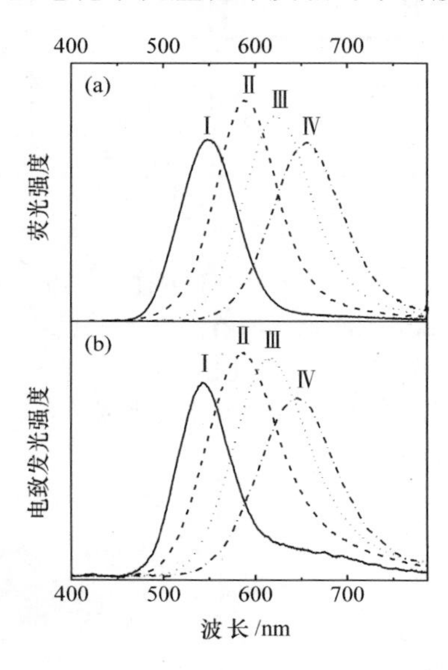

图 8－57　(a) 在 400nm 光激发下测得的 CdTe 纳米微粒水溶液的荧光光谱；(b) 从分别含有上述 CdTe 纳米微粒的 ITO//PEI（CdTe/PDDA）＊30 电致发光器件上记录的电致发光光谱

对于 30 层 CdTe Ⅲ/PDDA 组装膜器件，当电流密度达到 10 mA/cm^2 左右时，在室光条件下可以清楚地观察到器件的电致发光，其表观量子产率为 0.1 %。通过改变电致发光器件中 CdTe 的尺寸，则可以得到不同颜色的电致发光。图 8－57 为含有不同尺寸 CdTe 纳米微粒组装膜的电致发光光谱和相应微粒溶液的荧光光谱。其中，下图中不同尺寸微粒的电致发光的相对强度已经按照上图各样品荧光强度之间的比例做了调整，以便能更清楚地看到荧光与电致发光间的差别。从图 8－57 可以看出，含有较小微粒（例如 CdTe Ⅰ，CdTe Ⅱ）组装膜的电致发光光谱中出现了红色拖尾。除此差别之外，电致发光（EL）和光致发光（PL）光谱几乎没有区别。

实验中观测到上述器件的稳定性随着 CdTe 纳米微粒尺寸的增加而增大，同时表观电致发光效率随着微粒尺寸的增大而提高。相对 EL 效率（RQEs）由表 8－2 给出。小尺寸微粒的 EL 效率比大尺寸微粒的低，这与 PL 效率随微粒尺寸的变化行为正相反，说明器件的光输出不仅仅依赖于微粒的荧光性质，同时也与由微粒尺寸决定的电子能级结构密切相关。

表 8-2　ITO//PEI(CdTe/PDDA)*30//Al 电致发光器件的相对量子产率(RQE)

样品	CdTeⅠ	CdTeⅡ	CdTeⅢ	CdTeⅣ	样品 A
RQE	1	1.8～2.2	1.8～2.2	5.7	3.2～5.7

注:样品 A 的结构为 ITO//PEI(CdTe Ⅱ/PDDA)*20/(CdTe Ⅳ/PDDA)*20//Al,设定器件 ITO//PEI(CdTe Ⅰ/PDDA)*30//Al 的相对量子产率为 1

2. 含有不同尺寸 CdTe 纳米微粒双“层”膜的电致发光

由于 CdTe 纳米微粒的成膜性质几乎与微粒的尺寸无关,因此,同样的组装过程完全可以用于不同尺寸的 CdTe 纳米微粒。在组装过程中通过先后采用不同尺寸的纳米微粒,便可以得到具有多“层”结构的组装膜。在具有这种结构的组装膜中,不同尺寸的纳米微粒存在于膜纵向的不同位置上,如 ITO//PEI(CdTeⅡ/PDDA)*20/(CdTeⅣ/PDDA)*20//Al(样品 A)和 ITO//PEI(CdTeⅣ/PDDA)*20/(CdTeⅡ/PDDA)*20//Al(样品 B)。图 8-58 为这两种样品的电致发光光谱,由图可见,双“层”器件的电致发光主要来源于与 ITO 电极相邻的微粒。这证明了载流子辐射复合的区域在 ITO 电极侧附近,同时也说明 CdTe/PDDA 膜是一个更好的电子导体,而非空穴导体。

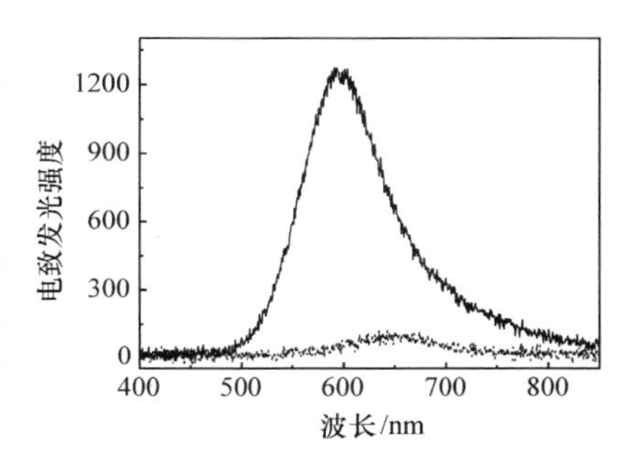

图 8-58　分别含有两种不同尺寸 CdTe 纳米微粒的双“层”组装膜电致发光器件所发出的电致发光光谱

注:其中实线谱是在正向偏压下从器件 ITO//PEI(CdTeⅡ/PDDA)*20/(CdTeⅣ/PDDA)*20//Al 上得到的,虚线谱是从器件 ITO//PEI(CdTeⅣ/PDDA)*20/(CdTeⅡ/PDDA)*20//Al 上得到的

将样品 A 与 ITO//PEI(CdTe Ⅱ/PDDA)*30//Al 进行比较,发现双“层”体系中 CdTeⅡ的 EL 效率至少被提高了 2 倍(见表 8-2)。由此可知,在 Al 电极附近放置较大的微粒可以提高 ITO 附近较小微粒的电致发光效率。将样品 B 与(CdTeⅣ/PDDA)*30 单“层”器件进行比较,可以发现样品 B 的电致发光效率却低得多。但即使在不利于电致发光的结构中,通过改变与 Al 电极相邻的微粒尺寸,即利用 CdTeⅢ代替与 Al 电极相邻“层”中的 CdTeⅡ,也可以提高 ITO 附近 CdTeⅣ的电致发光强度。以上发现证明了电子的有效注入决定了器件的量子效率,从而表明电子是器件中的少数载流子。更重要的是,从这种双“层”器件结果中可以得到下面的启示:通过适当地结合不同尺寸的半导体纳米微粒,可以在分子水平上设计组装膜在电极附近的能级结构,降低载流子的注入势垒,从而有效地提高电致发光器件的性能[99]。

8.3.2.3 CdTe 自组装膜电致发光性质的微粒尺寸依赖性

图 8－59(a)和 8－59(b)分别为含有不同尺寸 CdTe 纳米微粒组装膜的电致发光强度和电流密度与工作偏压的关系图。所有器件的阈值电压(指可以检测到电致发光的临界电压)都在 2.5～3.5 V 范围内。纳米微粒的尺寸越小,需要产生电致发光及相同电流密度的偏压就越高。例如,随着微粒尺寸的增大(CdTeⅠ→CdTeⅢ),器件的电致发光强度逐渐增加,但 CdTeⅣ器件却表现出反常的低电流和相对较低的发光强度。

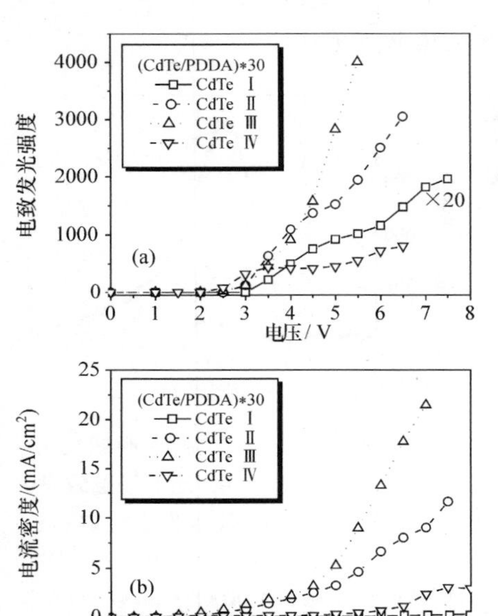

图 8－59 (a) 30 层分别含有 CdTeⅠ,CdTeⅡ,CdTeⅢ和 CdTeⅣ的 CdTe/PDDA 组装膜电致发光器件的电致发光强度与外加电压的关系;(b) 上述器件的电流电压关系曲线

假设样品的结构性质,如微粒在膜中的含量以及组装膜的厚度不随微粒的尺寸变化而改变,那么,组装膜的电子学特性和光学性质就只取决于与 CdTe 纳米微粒尺寸密切相关的微粒的电子态结构。由于量子尺寸效应,减小微粒的尺寸将使微粒的导带能级向高能量方向移动,而价带能级则向相反的方向移动。因此,随着微粒尺寸的减小,带隙宽度将逐渐增大,结果 CdTe Ⅰ与 CdTe Ⅳ相比,其吸收带边和荧光中心发射峰位均蓝移了 0.4 eV。Al. L. Efros 的理论计算结果表明,球形 CdTe 纳米晶体随着其尺寸的减小,最低空轨道(导带的底部)向高能量方向的移动速度比最高占有轨道(价带的顶部)向低能量方向的移动速度大[100]。这一理论结果非常好地解释了前面实验中观察到的 CdTe 组装膜的电致发光行为。导带底部随微粒尺寸的增加而下移使受隧穿机制控制的电子注入效率大大地提高,从而导致大尺寸纳米微粒比小尺寸纳米微粒的电致发光效率高。这同时也解释了为什么在双"层"膜器件中将大尺寸微粒放在金属电极一侧更有利于体系的电致发光效率。

实验中还发现,不仅 EL 效率与微粒的尺寸有关,而且电致发光的稳定性也与微粒的尺寸密切相关。通常,大尺寸微粒比小尺寸微粒有更好的电致发光稳定性。在上述器件中,CdTe Ⅰ电致发光的稳定性异常地差,这可能与小尺寸 CdTe 纳米微粒的光稳定性较低有关。因为实验中所有样品的制备和测试都是在空气中进行的,器件中不可避免地含有一些氧。前面已证明了当器件中的纳米微粒被电激发时,氧会攻击纳米微粒从而导致纳米微粒的分解。实验观察表明,小尺寸的 CdTe 较大尺寸的 CdTe 更容易被光氧化,这直接地导致了 CdTe Ⅰ电致发光稳定性低的结果。从 CdTe Ⅰ的 EL 光谱中观察到的红色拖尾,也在实验上证明了 CdTe 在器件工作过程中被氧化的事实。

总之,采用 CdTe 纳米微粒取代 CdSe 纳米微粒所制备的电致发光器件具有更高的量子产率。通过改变所采用的 CdTe 的尺寸,还可以得到不同颜色的电致发光,这大大地简化了制备不同颜色电致发光器件的工艺。尤其重要的是,利用层状自组装方法将不同尺寸的纳米微粒按一定方式结合起来,可以有效地调节组装膜在界面附近的能带结构,从而提高载流子的注入效率及电致发光器件的量子产率。此外,上述结果还说明,纳米微粒组装膜的电子学性质强烈地依赖于被组装的纳米微粒的物理性质,因此,通过对纳米微粒性质的控制可以实现对组装体系功能的设计。

8.4　纳米微粒层状自组装膜的平面图案化

8.4.1　电场定向的层状组装

以静电相互作用为基础的层状组装(LBL)技术为制备超薄分子组装体系提供了一个重要的途径。由于该组装技术可以容易地将具有不同性质的材料结合到同一体系并形成长程有序的层状结构,因此,为设计组装体的功能提供了非常大的空间。层状静电自组装方法以其操作简便和材料选择多样性等特点,在诸多应用中展示出潜在的应用价值,如:在生物传感器、电致发光和光电器件等方面。然而,实现由不同种类的层状组装膜在同一基片上形成的平面图案化结构,即组装膜的二重或多重平面图案结构,仍是层状静电自组装方法在实际应用中的一个瓶颈,而层状组装膜的二维多重平面图案结构是层状组装方法在多色显示和多功能传感器等方面应用的前提条件。因此,进一步发展 LBL 技术使其适用于二维多重平面图案化结构的制备,不仅具有潜在的应用价值,同时也具有非常重要的科学价值[80,82,89]。

最近,层状静电自组装与软刻蚀(soft-lithography)技术相结合的方法已成功地被用来制备单种组装膜的平面图案化结构[101~106]。P. Hammond 等采用软刻蚀技术分别在金基片表面组装末端带有羧酸和—$(OC_2H_4)_nOH$ 的巯基化合物,形成了由—COOH 和—$(OC_2H_4)_nOH$ 基团构成的表面图案结构,然后在其表面进行微粒的静电自组装,得到微粒组装膜的平面图案结构[101~105]。采用类似的方法先在基片表面制备由亲/疏水基团相间形成的平面图案结构,再通过在亲水和疏水区域分别吸附尺寸不同的水溶性和油溶性荧光 CdSe 纳米微粒,最终也可以实现纳米微粒的双色荧光图案[107]。但这种方法的局限性是亲水和疏水区域的微粒沉积量受到饱和单层吸附量的限制，不宜被用来制备厚度可控的层状组装膜的平面图案结构。另一种实现纳米微粒层状组装膜多重平面图案化的方法，是由 J. Heath 采用的一种组合方法[108,109]。这种制备方法首先要求在固体基片表面形成具有光学活性的单层有机分子膜，用紫外光通过掩膜照射上述单层膜诱导光照区域内有机分子发生光解，得到具有不同末端基团的区域，比如光解—N VOC 将产生伯胺基团区域，这就为纳米微粒的层状组装提供了场所。在多层组装完成后，可在处于最外层的微粒表面吸附带有单官能团的化合物来封盖该区域，终止组装膜的生长。然后，重复上述过程，选择新的区域进行曝光，开始另外一种微粒材料的组装，最终实现纳米微粒组装膜的双重或多重平面图案结构。目前这种方法主要被用在通过巯基化合物与微粒间形成共价键进行组装的微粒体系，还没有看到它在层状静电自组装膜的平面图案化中的应用，这可能是由于通过用巯基化合物与微粒间形成共价键的方法组装的纳米微粒膜，其生长较基于静电相互作用的层状组装体系更容易被有效终止的缘故。然而，层状静电自组装方法在组装材料的选择上具有更小的局限性，因此研究静电自组装膜的图案化结构具有更广泛的意义。

实现层状静电自组装膜的二维多重平面图案化的关键在于，如何控制沉积过程在不同区域的选择性，即如何在同一基片的不同区域上分别实现对组装过程的开始和终止的有效控制。最近，高明远等报道的电场定向的层状组装方法（EFD-LA），通过电泳沉积法和 LBL 组装技术的结合，成功地解决了这一难题，实现了层状组装膜的二维多重平面图案化[80,82,89]。EFDLA 沉积过程除了需要采用导电性的基片和在组装过程中施加直流电压以外，与前面谈到的传统的 LBL 组装过程非常相似。众所周知，电场对带电物质有明确的作用，带有正电荷的物质将沿着电场方向移动，而带有负电荷的物质则沿着电场的反方向移动。利用这一效应，在组装过程中采用静电场便可以有效地加速或减缓导电基片上发生的静电组装过程。如果外加电场足够强，在与电源负极相连的基片表面沉积带有负电荷材料的过程将会被有效地抑制，而沉积带有正电荷材料的过程则会得到加速。这样，便可以实现对层状静电组装过程开始和终止的有效控制。如果在同一个基片上有一系列形成平面图案结构的独立电极，通过分别控制不同电极的极性来进行不同材料的组装，便可以实现不同种类组装膜的二维多重平面图案结构，详细的组装过程见图 8-60。在这里，我们定义被静电场加速的沉积过程为“有利沉积”，而相反过程为“不利沉积”。并且定义“工作电极”为表面发生有利沉积的电极，而“对电极”为表面发生不利沉积的电极。实验过程中，通过控制工作电极的极性，使其总与被沉积物质所带的电荷相反，则可以在其表面多次地实现有利沉积。相反，通过控制对电极的极性，使其与被沉积物质上的电荷相同，则在其表面便总是有不利沉积发生。在具体图案化结构的制备过程中，在交替沉积聚阳离子和聚阴离子的同时，需要交替地改变工作电极和对电极的极性，最终在工作电极上实现系列的有利沉积，同时达到对对电极上组装的抑制。

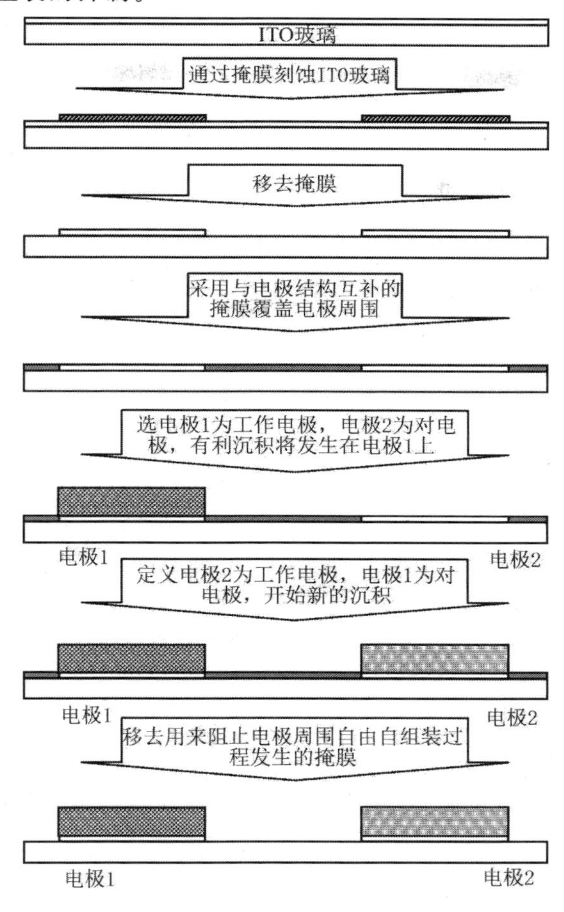

图 8-60　用 EFDLA 方法先后在同一基片的不同电极上沉积不同尺寸的 CdTe 纳米微粒的示意图

首先，我们采用巯基乙酸稳定的带负电荷的荧光 CdTe 纳米微粒和 PDDA 证明了 EFDLA 方法的可行性[82]。ITO 玻璃片同时作为电极和沉积膜的基片。两个 ITO 电极既可以以 3 mm 的距离面对面地排列，也可以在同一基片上以 1 mm 的距离肩并肩地并列。实验中没有发现上述电极排列方法对沉积有效性的影响。具体的沉积条件是：外加电压为 1.4 V；CdTe 微粒和 PDDA 的沉积时间均为 4 min；沉积后用超纯水清洗基片 3 次，每次 1 min。

彩图 3(a)为以 ITO 为基片，利用 EFDLA 技术沉积的(CdTe/PDDA) * 40 组装膜的荧光图像。ITO 电极的平面结构是通过化学方法刻蚀 ITO 玻璃得到的，沉积过程中，采用具有与电极结构互补的普通透明胶带作为掩膜来阻止沉积过程在电极周围区域的发生。由荧光图像可以看到，工作电极发出很强的红色荧光，而对电极上没有荧光出现。由于用来阻止电极周围沉积过程发生的掩膜和电极间互补缺陷的存在，使自由组装过程（指没有电场存在的组装过程）在掩膜和电极间的缝隙发生，因而在对电极周围产生了红色荧光线，从而勾勒出对电极的形状。同样地，在荧光图像中基片边缘区出现的红色荧光也是纳米微粒自由自组装的结果。工作电极和对电极之间巨大的荧光差异表明，CdTe 纳米微粒多层膜只选择地沉积在工作电极表面。截面扫描电镜（SEM）测试进一步证明了这一结论[见彩图 3(b)]。40 层 CdTe/PDDA 自由自组装膜的总厚度约为 101 nm，而工作电极上的薄膜厚度约为 146 nm，相反，在对电极上几乎看不到膜的存在。工作电极上形成的组装膜的厚度高于自由自组装膜的厚度，是很容易理解的。一般在通过静电相互作用形成纳米微粒组装膜的过程中，由于静电排斥作用的存在，纳米微粒很难形成一个致密的膜，而电场的存在则有利于克服微粒间的排斥作用，从而使微粒在膜中排列得更为致密，结果使微粒的吸附量增加，同时使形成的组装膜的厚度变大[111～114]。

但是，SEM 结果还不能明确地说明工作电极上的荧光是来源于 CdTe/PDDA 多层组装膜，还是来源于经多次连续沉积由 CdTe 纳米微粒自身形成的膜。

为了证明这一点，采用覆盖有 6 层 PSS/PDDA 组装膜的 ITO 玻璃作为工作电极，同样大小的 ITO 玻璃作为对电极，把它们平行地固定并保持电极间的距离为 3 mm。利用 EFDLA 方法，在覆盖有 PSS/PDDA 组装膜的电极表面沉积 5 个双层的 PDDA 与 CdTe 的交替沉积膜。沉积条件同上，即基片在 PDDA 和 CdTe 溶液中的沉积时间均为 4 min，所得到的沉积膜称为“膜 1”。采用另外一组相同的电极，在覆盖有(PSS/PDDA) * 6 的 ITO 基片表面连续地沉积 CdTe 纳米微粒五次，每次沉积时间同样为 4 min，工作电压为 1.4 V，得到的沉积膜称为“膜 2”。在膜 2 的形成过程中，先后共在 CdTe 溶液中沉积了 20 min，这样膜 1 和膜 2 在 CdTe 溶液中总的沉积时间相同。但荧光研究结果表明，膜 1 的荧光强度要远高于膜 2 的荧光强度，见图 8-61。这个明显的荧光差异说明，膜 1 固载了比膜 2 更多的 CdTe 微粒，同时也暗示膜 1 是靠 PDDA 与 CdTe 以交替沉积的方式形成的，具有多层组装结构，而膜 2 只是单层 CdTe 纳米微粒，其荧光强度受到 CdTe 饱和吸附量的限制，QCM 实验结果更加准确地证明了这一推测[89]。

QCM 具体的实验操作及实验结果如下：选用 9 MHz 的标准石英电极作为沉积膜的基片，用玻璃帽将电极的一侧封闭以排除自由吸附的干扰。实验中分别采用两个同样的一侧被保护的石英电极充当 EFDLA 沉积过程的工作电极和对电极，并将其以面对面的方式固定，电极间的距离为 3 mm。通过检测每次沉积过程中石英电极振荡频率的变化来检测电场对有利沉积和不利沉积的影响。图 8-62 给出了工作电极及对电极在交替沉积 CdTe 纳米微粒和 PDDA 的过程中电极振荡频率的变化,图中的空心方框和空心圆点分别为沉积 PDDA 和 CdTe 之后的频率值。整个沉积过程从 PDDA 开始,可以观察到第一次 PDDA 的沉积不论是在工作电极还是对电极上都导致了同样的频率改变,说明电场对第一层 PDDA 的沉积过程几乎没有影响。而第一层 CdTe 的沉积在不同的电极上却表现出不同的行为,可以明显地看出工作电极石英振荡频率下降的数值要大于对电极频率的下降值。在随后的沉积过程中,两个电极振荡频率的变化行为截然不同。在对电极上,第二层 PDDA 的沉积导致了前面沉积的 CdTe 的完全脱附,而且经过五次沉积(三次 PDDA 沉积和两次 CdTe 沉积)后,每次 CdTe 的沉积都导致同样的频率下降,也就是说每次都可以有同样量的 CdTe 在不利沉积的条件下被沉积到对电极上,而接下来 PDDA 的沉积则将前次吸附的 CdTe 完全脱附下来,使石英电极的振荡频率几乎回到第一次沉积 PDDA 后所得到的频率上。这说明通过不利沉积最多可以在对电极上得到一个双层的 PDDA/CdTe。在工作电极上,经过三次沉积(两次 PDDA 沉积和一次 CdTe 沉积)后,每次 CdTe 的沉积也同样地导致了相同的频率下降,但接下来 PDDA 的沉积只在一定程度上脱附前次沉积的 CdTe。这样,经过多次有利沉积,在工作电极上便得到了多层交替沉积膜[89]。

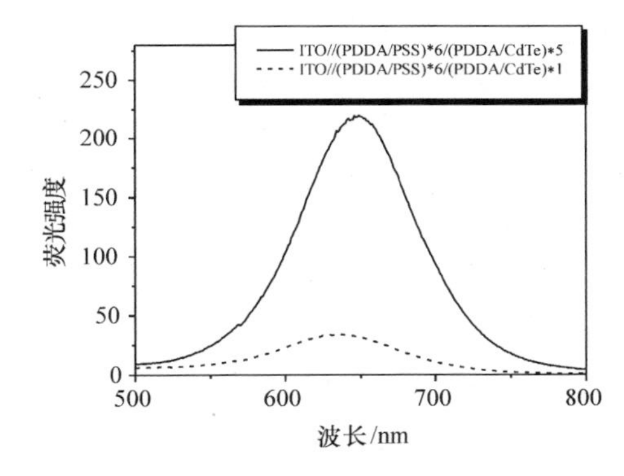

图 8-61　用 EFDLA 方法制备的 CdTe 纳米微粒沉积膜的荧光光谱(沉积电压为 1.4 V)

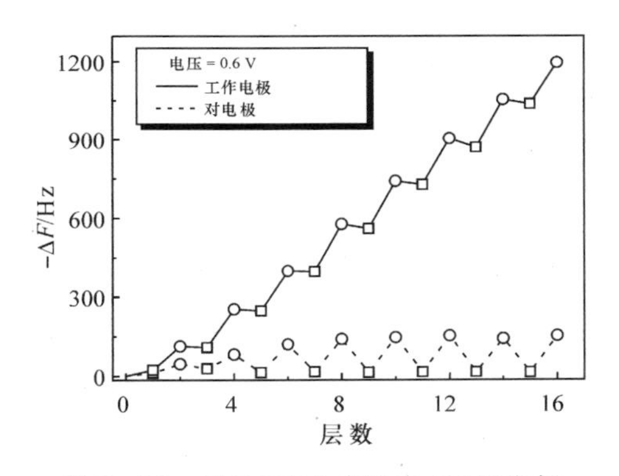

图 8-62　用 EFDLA 方法在 QCM 电极表面沉积(PDDA/CdTe) * n 组装膜过程中石英电极振荡频率的变化

注:沉积过程中的工作电压为 0.6 V,其中空心方块和空心圆球分别是在沉积 PDDA 和 CdTe 纳米微粒后测得的石英振荡频率

此外,QCM 方法还可以非常直观地给出电场强度对 EFDLA 有利沉积过程的影响。图 8-63 给出了 PDDA 和 CdTe 沉积量与外加直流电压的关系。首先,通过比较可以看出 PDDA 和 CdTe 的沉积量随外加电压的升高而增大。当外加电压分别为 0 V(对应于自由自组装过程)、0.6 V 和 1.0 V 时,每个 PDDA/CdTe 沉积循环所导致的石英电极振荡频率的平均变化分别为 47.8、144.4 和 207.6 Hz。上

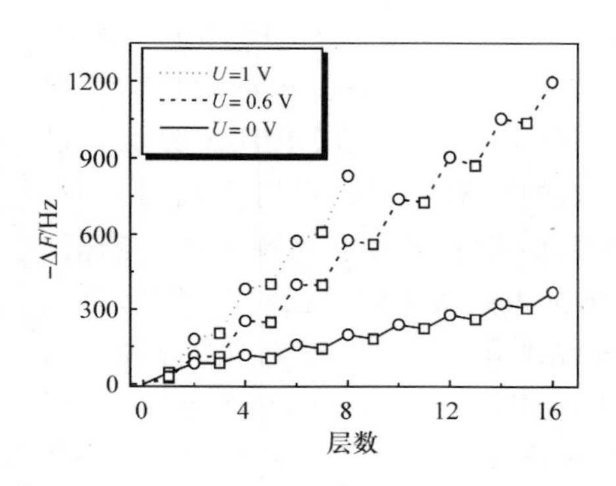

图 8-63 在用 EFDLA 方法沉积(PDDA/CdTe)* n 组装膜过程中,QCM 石英电极振荡频率的变化

注:沉积过程中的工作电压分别为 0,0.6 和 1.0 V。其中,工作电压为 0 V 时的沉积过程对应的是自由的层状静电自组装过程。图中空心方块和空心圆球分别是在沉积 PDDA 和 CdTe 纳米微粒后测得的石英振荡频率

述频率变化对应的沉积质量分别为 41.6、125.6 和 180.6 ng。仔细观察还可以发现,与自由自组装相比,外加电场一方面增加了 CdTe 的沉积量,另一方面也减少了在随后 PDDA 沉积过程中 CdTe 的脱附。当外加电压达到 1 V 时,PDDA 的沉积过程可直接导致总吸附质量的增加,说明在足够高的电压下,PDDA 的沉积量超过了 CdTe 的脱附量。

但单独从 QCM 结果还不能区分每次沉积的 PDDA 或 CdTe 的质量,因为每次沉积过程都伴随着前一次沉积物质的脱附,而结合紫外-可见吸收光谱结果,这个问题便有了明确的答案。图 8-64 为分别采用 EFDLA 方法和自由自组装方法在金基片表面沉积的 4 层 PDDA/CdTe 膜的反射光谱。因为 PDDA 在可见光谱区域内没有吸收,所以由反射光谱的差别便可以容易地得出电场对 CdTe 纳米微粒沉积量的影响。由图 8-64 结果可知,当外加电压为 0.6 V 时,电场使 CdTe 的沉积量提高了 1.82 倍,而图 8-63 中的 QCM 结果表明,当外加电压为 0.6 V 时,电场使 PDDA/CdTe 的沉积量较自由自组装过程提高了 3.02 倍。由此可以计算出 0.6 V 的电压使 PDDA 的沉积量提高了 1.66 倍。这说明在 0.2 V/mm 的电场强度下,电场对带有负电荷的 CdTe 的影响要略高于对带有正电荷的 PDDA 的影响。上述结果定量地描述了电场对金基片表面 CdTe/PDDA 沉积过程的影响,与下面 ITO 作为电极所得到的结果在趋势上基本一致,但导致具体数值差别的原因目前还不十分清楚,可能与电极材料本身性质有一定的关系。

在 ITO 电极上实现的电场诱导组装,组装膜的沉积区域选择性可以用荧光方法来表征。定义沉积选择性 S_{CdTe} 为: $S_{CdTe}=(I_f-I_u)/(I_f+I_u)$, I_f 和 I_u 分别为通过有利沉积和不利沉积得到的 CdTe 膜的荧光强度。通常,沉积选择性随着电压或电场强度的升高而增大,在电压达到 1.4 V 时, S_{CdTe} 达到 99%(见图 8-65),当电压大于 1.4 V 时, S_{CdTe} 开始小幅度地下降,这主要是由于在更高电压下 CdTe 纳米微粒在工作电极上被部分降解造成的。

循环伏安测试结果表明,以 Ag/AgCl(3 mol/L KCl)标准电极作为参比电极,CdTe 纳米微粒在 0.7 V 和 −0.8 V 之间表现出一个相对稳定的 1.5 V 的电位窗口。在这个窗口内,CdTe 纳米微粒的氧化和还原过程非常弱,也就是说 CdTe 可以基本不被破坏。但是,在前面描述的EFDLA沉积过程中,没有对工作电极和对

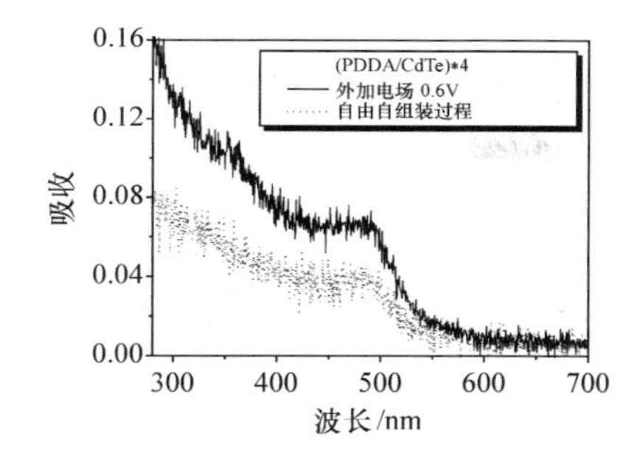

图 8-64　分别采用层状静电自组装方法和 EFDLA 方法在金基片表面制备的 (PDDA/CdTe) * 4 组装膜的反射光谱

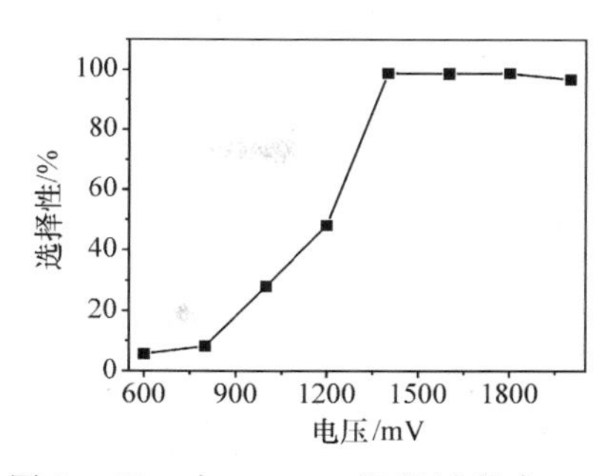

图 8-65　在 EFDLA 沉积过程中,(PDDA/CdTe) * 10 组装膜在工作电极和对电极间的沉积选择性与外加电压的关系

电极上的电位进行控制,所以相对高的电压可能导致工作电极上沉积的 CdTe 被部分破坏。尽管如此,我们必须指出:控制沉积过程所需的电压高低与体系密切相关。现已证明,几百毫伏的电压就足以使金胶体颗粒形成致密的单层膜[111],而在这样低的电压下,避免不需要的电化学反应而纯粹地利用电场的物理效应是完全可以实现的。

8.4.2　CdTe 纳米微粒组装膜的二维多重荧光图案及其应用

基于前面的实验结果,在 1.4 V 的工作电压下通过先后在不同的电极上组装尺寸不同的荧光 CdTe 纳米微粒,可以得到双色荧光图案[80]。具体的制备过程简述如下:首先在同一玻璃基片表面制备两个独立的 ITO 条状电极,经过清洗后选其中的一个作为工作电极,另一个作为对电极。然后在工作电极上沉积具有较大尺寸的 CdTe Ⅳ 纳米微粒与 PDDA 的交替沉积膜,沉积循环次数为 60。在完成上述沉积过程后,将覆盖有 CdTe Ⅳ/PDDA 膜的电极当作对电极,而前面沉积过程中的对电极则在新一轮的沉积过程中充当工作电极来沉积尺寸较小的 CdTe Ⅰ 纳米微粒,沉积循环次数为 40。最终得到的样品记为:ITO//(PDDA/CdTe Ⅰ) * 40//ITO//(PDDA/CdTeⅣ) * 60。CdTeⅠ与 CdTeⅣ的尺寸差异使其荧光颜色有很大的区别,CdTe Ⅰ 的荧光颜色为绿色,而 CdTeⅣ 的荧光颜色为红色。彩图 4 为此双色荧光样品的荧光图像,两个电极的荧光颜色展示出明显的差别,其中一个电极为红色,而另一个电极为绿色,这充分说明了利用 EFDLA 技术可以实现纳米微粒层状组装膜的二维二重图案结构。从原则上讲,在有多个独立电极的基片上,通过多步 EFDLA 方法沉积更多不同种类的材料完全可以实现层状组装膜的二维多重图案结构。从彩图 4 还可以看到,在电场效应不存在的基片边缘处,组装膜的荧光颜色为橙色。这是由于该处没有电场对自组装过程进行控制,不同尺寸微粒的沉积过程在此区域先后发生，导致其荧光颜色为红绿混合色——橙色。彩图 4 中的下图分别给出了红色荧光电极、绿色荧光电极和橙色荧光边缘区的荧光光谱，光谱曲线的颜色以实际测得的荧光颜色来标识。光谱结果清楚地表明，CdTe Ⅳ的沉积几乎完全发生在红色电极表面，在绿色电极的荧光光谱中几乎看不到红色荧光组分的存在，也就是说 CdTe Ⅳ的沉积在两个电极间达到了很高的选择性。而 CdTe Ⅰ除了主要沉积在绿色电极上以外，还少量地沉积到了红色电极上，导致了红色电极的荧光光谱中出现了非常弱的绿色荧光组分，而边缘区域的荧光非常接近从上述两个电极上测得的荧光强度之和。

上述荧光双色条带结构的实现证明了利用 EFDLA 方法可以得到层状组装膜的二维二重图案结构，而形成条带结构的衬底是由导电材料制成的，这为上述图案结构在光电器件，如显示器件中的应用提供了极大的方便。采用荧光纳米微粒制备显示器件的一个根本问题是如何实现具有不同荧光性质的纳米微粒在不同电极上的选择沉积，而前面的实验结果表明利用 EFDLA 方法可以很好地解决这个问题。这样，以前一节介绍的荧光 CdTe 纳米微粒层状自组装膜的电致发光研究为基础，我们对上述双色荧光条带结构在多色显示器件中的应用进行了初步的探索。首先，在垂直于覆盖有 CdTe 纳米微粒电极的长轴方向上蒸镀铝条电极，在 ITO 和铝电极的交叉点处形成了显示器件所必须的像素结构，见彩图 5。在最终形成的像素阵列中，每个小的电致发光器件都是可以独立开启的。图 8-66 分别是从横向相邻的电致发光像素点上记录的 CdTe Ⅰ和 CdTe Ⅳ的电致发光光谱。尽管与相应微粒的 PL 光谱相比，EL 光谱发生了红移，但从不同像素上记录的 EL 光谱仍然有非常巨大的差别，这充分显示了 EFDLA 方法在多色显示器件中潜在的应用前景。

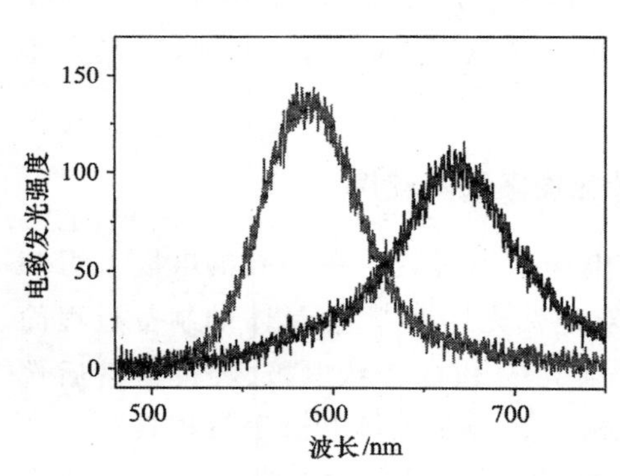

图 8-66　从彩图 5 中水平方向上相邻的两个电致发光器件记录的电致发光光谱

注：工作偏压为 5 V

总之，EFDLA 技术使层状静电自组装膜的二维多重图案结构的形成成为可能，与层状自组装方法在膜纵向上能形成复杂结构的优势相结合，EFDLA 技术必将成为制备新一代光电器件及传感器的全新方法。

8.5　纳米微粒层状自组装膜的其他应用

从本章及其他章节的叙述可知，层状自组装方法以其操作简便、适用体系广泛、组装膜结构可控等特点而成为制备分子超薄膜的重要方法之一。利用层状自组装方法组装纳米微粒形成的分子超薄膜归纳起来有以下几方面特点:(1)纳米微粒在层状组装膜内部可以形成非常高的堆积密度。例如,用 PAH 交替组装 CdSe 纳米微粒,微粒在组装膜中的含量可以达到 23%(体积分数)[84],远远高于一般有机高分子同无机纳米微粒形成的杂化材料中无机微粒的含量,而利用带有相反电荷的无机纳米微粒进行交替组装,还可以进一步提高微粒的含量。(2)纳米微粒与聚电解质通过交替沉积形成的层状组装膜是一个均匀的杂化体系,整个组装体系的物理性质与微粒性质密切相关,这样通过对被组装微粒性质的调控可以实现对整个组装体系功能的设计[72]。(3)层状组装过程实际上是单分子层的沉淀过程,所得到的组装膜具有耐溶剂的特点,因此,与旋转涂膜方法(spin-coating)相比,在形成多个串联的复杂异质结构方面具有巨大的优势,而旋转涂膜方法在同类应用中则强烈地受到溶剂选择性的限制。(4)纳米微粒的层状自组装膜是一个高度交联的空间网络结构,因此,具有非常高的热稳定性以及机械强度。例如,纳米微粒与聚电解质通过交替沉积可以形成自支撑的组装膜[115]。(5)利用层状自组装方法可以对纳米微粒组装膜的厚度进行精确的调控。例如,在“金属-绝缘体(α-ZrP/PAH 组装膜)-金纳米微粒-绝缘体(α-ZrP/PAH 组装膜)-金属”结构中引入单层金纳米微粒,可以实现单电子器件[116]。(6)纳米微粒具有巨大的比表面积,通过对被组装纳米微粒表面性质的调控,可以对组装膜的性质进行微调。总之,纳米微粒层状组装膜的上述特点为其在实际中的应用提供了巨大的优势。除了前面谈到的在光电器件以及电致发光器件中的应用以外,纳米微粒的层状组装膜还可以在以下几个方面得到应用。

8.5.1　纳米微粒层状组装膜在传感器中的应用

Y. J. Liu 等的实验已经证明 Au 纳米微粒层状静电自组装膜具有同体相金相近的导电性[117], M. J. Natan 等利用金纳米微粒同二巯基化合物的交替组装也得到了低电阻率(5×10^{-4} Ω cm)的 Au 微粒组装膜[118]。这样,Au 纳米微粒的层状组装膜可以被当作高比表面积的多孔电极,利用被分析物质同 Au 纳米微粒交替组装膜中有机分子的识别,可以实现对具有特定分子结构物质的分析,得到组装膜的电化学传感器[119,120]。而对于没有电化学活性的带电物质,通过构造场效应管的方法,利用 Au 纳米微粒的层状自组装膜覆盖“门”电极,可以得到对特定带电物质具有高灵敏度检测能力的“离子选择场效应管”(ion-selective field-effect transistor)[120,121]。

许多实验表明,Au 纳米微粒的层状组装膜的导电性能与组装膜内部微粒之间的距离密切相关。纯金的电阻率为 2.4×10^{-6} Ω cm,当金纳米微粒(11 nm)的表面密度为 25×10^{11} 个微粒/cm^2 的时候,Au 纳米微粒组装膜表现出绝缘性,电阻超

过 $10^7\Omega$。然而，增加微粒的表面覆盖率，组装膜的电阻率将大大下降，当微粒的表面覆盖率达到 50×10^{11} 个微粒/cm^2 的时候，电阻下降到 100 Ω[118,122]。二维银纳米微粒的 LB 膜研究结果也表明，通过调节表面压来改变 3.5 nm 的 Ag 微粒间的距离，可以实现 Ag 微粒膜在导体与绝缘体之间的互变。金属纳米微粒膜的上述性质在气体传感器方面具有巨大的应用价值。因为气体向组装膜内部的扩散是通过与微粒间有机物质的相互作用实现的，而气体与微粒周围有机物质的相互作用将改变微粒间的距离，从而改变微粒组装膜的电学性质。这样，通过对微粒间有机物质结构的设计，可以实现对不同种类气体的选择性识别，制备出纳米微粒自组装膜的气体传感器。T. Vossmeyer 等利用层状自组装法成功地制备了 Au 纳米微粒/树枝状分子(dendrimer)多层膜，并以此为基础制备出对甲苯和四氯乙烯蒸气敏感的化学传感器。这种传感器具有对甲苯和四氯乙烯的蒸气反应灵敏度高、响应时间短，而对周围的湿度反应不敏感等特点[123]。除了金属纳米微粒的层状组装膜外，半导体纳米微粒(如 SnO_2)的层状组装膜也可以被用来制备高灵敏度的气体传感器[124]。

另外，Y. J. Liu 和 R. O. Claus 等在层状组装膜的光纤传感器方面也作了许多开创性的工作。他们分别利用氧化铝和 ZrO_2 等纳米微粒的层状组装膜制备了针对不同种类气体，如有机蒸气、氨气及水蒸气的光纤传感器[125～127]。其中，湿度传感器的响应范围在相对湿度 5%～95 %之间，响应时间只有几个毫秒，具备实时传感的能力。

8.5.2 纳米微粒层状组装膜在电子器件中的应用

前面的实验结果已经表明，层状自组装方法在异质节的构造方面体现出巨大的优势，这为纳米微粒的层状组装膜在具有整流作用的二极管中的应用提供了极大的方便[71,128,129]。T. Cassagneau 等分别利用静电组装方法及共价组装方法在导电聚合物表面构造了 CdSe 纳米微粒的层状组装膜，得到了由无机纳米微粒和导电聚合物构成的超薄膜齐纳二极管，并观察到齐纳击穿现象[128]。用齐纳击穿过程在 n-型半导体层内部产生的热电子来激发发光材料，在不同偏压方向下可望得到具有双发光模式的电致发光器件。同样，利用层状自组装方法组装 TiO_2 纳米微粒和片状石墨氧化物也可以得到具有整流作用的超薄膜二极管[129]，而二极管的整流特性与分别作为电子和空穴传导材料的 TiO_2 纳米微粒和片状石墨氧化物在组装膜中的组装顺序密切相关，这为设计基于纳米微粒层状组装膜的二极管的功能特性提供了理论依据。

除了在二极管中的应用以外，纳米微粒的层状自组装膜也可以被用在高电流密度锂充电电池中[130]。T. Cassagneau 的实验结果证明，片状石墨氧化物与聚电解质交替形成的多层膜具有非常高的电容，因此，利用片状石墨氧化物/聚电解质多层膜覆盖阴极表面所得到的锂电池体现出非常高的充放电电流密度(1232 mA/h),展示出非常有希望的应用潜力。

8.5.3 纳米微粒层状组装膜在功能涂层方面的应用

Y. J. Liu 的研究结果表明,金属氧化物纳米微粒的层状自组装膜具有非常好的机械强度和硬度[131,132],可以被用作抗擦伤(anti-scratch)涂层。由于层状组装膜的制备通常在室温下进行,因此,利用无机纳米微粒的层状组装膜制备抗擦伤涂层是高温蒸镀方法的一个重要的补充。此外,利用层状组装方法在构造多“层”组装膜方面的优势,通过结合具有不同折光指数及不同介电常数的材料也可以得到具有减反增透功能的光学涂层[133]。除了在光学涂层中的应用以外,纳米微粒的组装膜还在防静电、高介电、防紫外线和不同频段红外线涂层等方面有着潜在的应用价值。

8.6 结论与展望

在近十年中,纳米微粒的层状组装已经扩展到几十种无机纳米微粒体系,从 1994 年至今已有近 200 篇相关的文献报道[1],主要研究内容涉及微粒的组装成膜过程、组装膜的结构研究、复杂结构的构筑及组装膜的物理化学特性等。从发展趋势上看,随着纳米微粒层状组装方法的成熟和完善,在平面基片上组装纳米微粒,作为研究纳米微粒组装膜基本性质的一种手段,将为研究微粒在非平面基底如胶体球[90]、纳米线[134]等材料上的组装提供重要的信息。同时,纳米微粒层状组装膜的平面图案化也将成为另外一个重要的研究热点。此外,纳米微粒组装膜在实际中的应用将变成一个日益重要的研究课题。

总之,纳米微粒的层状自组装膜作为层状组装膜家族中一个重要的成员,有着与其他组装膜不同的特点。层状自组装作为一种操作简便的室温分子超薄膜的制备方法,使具有不同性质的无机纳米微粒通过组装设计可以形成一类重要的有机/无机薄膜杂化材料,加上无机纳米微粒赋予的特殊性质,纳米微粒的层状组装膜将在新一代基于纳米结构的器件中展示出潜在的应用价值,尤其是在光电转换、微型电子器件、光存储、磁记录、显示器件、化学及生物传感器以及超薄功能涂层等方面。

参 考 文 献

[1] http://www.chem.fsu.edu/multilayers/

[2] Fendler JH. Atomic and molecular clusters in memebrane mimetic chemistry. Chem. Rev., 1987, 87: 877

[3] Zhao XK, Xu S, Fendler JH. Ultrasmall magnetic particles in Langmuir-Blodgett films. J. Phys. Chem.,

1990, 94(6): 2573

[4] Zhao XK, McCormick LD, Fendler JH. Preparation-dependent rectification behavior of lead sulfide particulate films. Adv. Mater., 1992, 4(2): 93

[5] Decher G, Hong JD. Buildup of ultrathin multilayer films by a self-assembly process: Ⅰ. consecutive adsorption of anionic and cationic bipolar amphiphiles. Makromol. Chem., Macromol. Symp., 1991, 46: 321

[6] Decher G, Hong JD. Buildup of ultrathin multilayer films by a self-assembly process: Ⅱ. consecutive adsorption of anionic and cationic bipolar amphiphiles and polyelectrolytes on charged surfaces. Ber. Bunsenges. Phys. Chem., 1991, 95: 1430

[7] Decher G, Hong JD, Schmitt J. Buildup of ultrathin multilayer films by a self-assembly process: Ⅲ. consecutively alternating adsorption of anionic and cationic polyelectrolytes on charged surfaces. Thin Solid Films, 1992, 210/211: 831

[8] Decher G, Schmitt J. Fine-tuning of the film thickness of ultrathin multilayer films composed of consecutively alternating layers of anionic and cationic polyelectrolytes. Progr. Colloid Polym. Sci., 1992, 89: 160

[9] Decher G, Hong JD. Auf trögern angebrachte ein—oder mehrlagige dchichtelemente und ihre herstellung. Eur. Pat., 1992, 0 472 990 A2

[10] Decher G. Fuzzy nanoassemblies—toward layered polymeric multicomposites. Science, 1977, 277: 1232

[11] Gao MY, Zhang X, Yang B, Shen JC. A monolayer of PbI_2 nanoparticles adsorbed on MD-LB film. J. Chem. Soc. Chem. Commun., 1994: 2229

[12] Gao MY, Gao ML, Zhang X, Shen JC. Constructing PbI_2 nanoparticles into a multilayer structure using the molecular deposition (MD) method. J. Chem. Soc. Chem. Commun., 1994: 2777

[13] Sandroff CJ, Hwang DM, Chung WM. Carrier confinement and special crystallite dimensions in layered semiconductor colloids. Phys. Rev. B, 1986, 33: 5953

[14] Haller I. Covalently attached organic monolayers on semiconductor surfaces. J. Am. Chem. Soc., 1978, 100: 8050

[15] Gao MY, Rogach AL, Kornowski A, Kirstin S, Eychmueller A, Moehwald H, Weller H. Strongly fluorescent CdTe nanocrytals by proper surface modification. J. Phys. Chem., 1998, 102(43): 8360

[16] Zhang H, Zhou Z, Yang B, Gao MY. The influence of carboxyl groups on the photoluminescence of mercaptocarboxylic acid-stabilized CdTe nanoparticles. J. Phys. Chem., 2003, 107: 8

[17] Gao MY, Zhang X, Yang B, Li F, Shen JC. Assembly of modified CdS particles/cationic polymer based on electrostatic interactions. Thin Solid Films, 1996, 284~285: 242

[18] Li D, Swanson BI, Robison JM, Hoffbauer MA. Porphyrin based self-assembled monolayer thin films synthesis and characterization. J. Am. Chem. Soc., 1993, 115(15): 6975

[19] Henglein A. Electronics of colloidal nanometer particles. Ber. Bunsenges. Phys. Chem., 1995, 99(7): 903

[20] Sun Y, Hao E, Zhang X, Yang B, Gao MY, Shen JC. Monolayer of TiO_2/PbS coupled semiconductor nanoparticles. Chem. Cummun., 1996: 2381

[21] Sun Y, Hao E, Zhang X, Yang B, Shen JC, Chi L, Fuchs H. Buildup of composite films containing TiO_2/PbS nanoparticles and polyelectrolytes based on electrostatic interaction. Langmuir, 1997, 13: 5168

[22] 郝恩才,孙铁鹏,杨柏,沈家骢. CdS/ TiO_2 复合纳米微粒的原位合成及性质研究. 高等学校化学学报, 1998, 19: 1191

[23] Hao E, Yang B, Zhang J, Zhang X, Sun J, Shen JC. Assembly of alternating TiO_2/CdS nanoparticle composite films. J. Mater. Chem., 1998, 8(6): 1327

[24] Hao E, Qian X, Yang B, Wang D, Shen JC. Assembly and photoelectrochemical studies of TiO_2/CdS nanocomposite film. Mol. Cryst. and Liq. Cryst., 1999, 337: 181

[25] Hao E, Yang B, Ren H, Qian X, Xie T, Shen JC, Li D. Fabrication of composite film comprising TiO_2/CdS and polyelectrolytes based on ionic attraction. Materials Science and Engineering C, 1999, 10: 119

[26] Bhargava RN, Gallagher D, Hong X, Nurmikko A. Optical properties of manganese-doped nanocrystals of ZnS. Phys. Rev. Lett., 1994, 72: 416

[27] Sooklal K, Cullum BS, Angel SM, Murphy CJ. Photophysical properties of ZnS nanoclusters with spatially localized Mn^{2+}. J. Phys. Chem., 1996, 100: 4551

[28] Gan LM, Liu B, Chew CH, Xu SJ, Chua SJ, Loy GL, Xu GQ. Enhanced photoluminescence and characterization of Mn-doped ZnS nanocrystallites synthesized in microemulsion. Langmuir, 1997, 13: 6427

[29] Huang J, Yang Y, Xue S, Yang B, Liu S, Shen JC. Photoluminescence and electro-luminescence of ZnS:Cu nanocrystals in polymeric networks. Appl. Phys. Lett., 1997, 70: 2335

[30] Sun JQ, Hao E, Sun Y, Zhang X, Yang B, Zou S, Shen JC, Wang S. Multilayer assemblied of colloidal ZnS doped with silver and polyelectrolyted based on electrostatic interaction. Thin Solid Films, 1998, 327～329:528

[31] Hao E, Zhang H, Yang B, Ren H, Shen JC. Preparation of luminescent polyelectrolyte/Cu-doped ZnSe nanoparticle multilayer composite Films. Journal of Colloid and Interface Science, 2001, 238: 285

[32] Freeman TL, Evans SD, Ulman A. XPS studies of self-assembled multilayer films. Langmuir, 1995, 11 (11): 4411

[33] Xiong H, Cheng M, Zhen Z, Zhang X, Shen JC. A new approach to the fabrication of a self-organizing film of heterostructured Polymer/Cu_2S nanoparticles. Adv. Mater., 1998, 10: 529

[34] Lu X, Weiss RA. Solution behavior of lightly sulfonated polystyrene and poly(styrene-co-4-vinylpyridine) complexes in dimethylformamide. Macromolecules, 1991, 24: 5763

[35] Register RA, Weiss RA, Li C. Scooper morphology and cationlocal structure in a blend of copper-neatralized carboxy-terminated polybutadiene and poly(styrene-co-4-vinylpyridime). J. Polym. Sci. Part B: Polym. Phys., 1989, 27: 1911

[36] Jiang M, Zhou CL, Zhang ZQ. Compatibilization in ionomer blends 2. coordinate complexation and proton transfer. Polym. Bull., 1993, 30: 455

[37] Hao E, Wang L, Zhang J, Yang B, Zhang X, Shen JC. Fabrication of polymer/inorganic nanoparticles composite films based on coordinative bonds. Chem. Lett., 1999:28:5

[38] Hosokawa H, Fujiwara H, Murakoshi K, Wada Y, Yanagida S, Satoh M. In-situ EXAFS observation of the surface structure of colloidal CdS nanocrystallites in *N*, *N*-dimethylformamide. J. Phys. Chem., 1996, 100: 6649

[39] Hosokawa H, Murakoshi K, Wada Y, Yanagida S, Satoh M. Extended X-ray absorption fine structure analysis of ZnS nanocrystallites in *N*, *N*-dimethylformamide: an effect of counteranimons on the microscopic structure of a solvated surfaced. Langmuir, 1996, 12: 3598

[40] Wang L, Wang Z, Zhang X, Chi L, Fuchs H. A new approach for fabrication of an alternating multilayer film of poly(4-vinylpyridime) and poly(acrylic acid) based on hydrogen bonding. Macromol. Rapid Commun., 1997, 18: 509

[41] Stockton WB, Rubner MF. Molecular-level processing of conjugated polymer. 4. layer-by-layer manipulation of polyaniline via hydrogen-bonding interactions. Macromolecules, 1997, 30: 2714

[42] Hao E, Lian T. Buildup of polymer/Au nanoparticle multilayer thin films based on hydrogen bonding. Chem. Mater., 2000, 12: 3392

[43] Hao E, Lian T. Layer-by-layer assembly of CdSe nanoparticles based on hydrogen bonding. Langmuir, 2000, 16: 7879

[44] Brust M, Fink J, Bethell D, Schiffrin DJ, Kiely CJ. Synthesis and reactions of functionalised gold nanoparticles. J. Chem. Soc. Chem Commun., 1995: 1655

[45] Schmitt H, Badia A, Dichinson L, Reven L, Lennox RB. The effect of terminal hydrogen bonding on the structure and dynamics of nanoparticle self-assembled monolayers(SAMS): an NMR dynamics study. Adv. Mater., 1998, 10: 475

[46] Johnson SR, Evans SD, Brydson R. Influence of a terminal functionality on the physical properties of surfactant-stabilized gold nanoparticles. Langmuir, 1998, 14: 6639

[47] Templeton AC, Chen S, Gross M, Murray RW. Water-soluble, isolable gold clusters protected by tiopronin and coenzyme a monolayers. Langmuir, 1999, 15: 66

[48] Templeton AC, Wuelfing WP, Murray RW. Monolayer-protected cluster molecules. Acc. Chem. Res., 2000, 33: 27

[49] Spatz JP, Roescher A, Möller M. Gold nanoparticles in micellar polystyrene-b-poly (ethylene oxide) film—size and interparticle distance control in monoparticulate films. Adv. Mater., 1996, 8: 337

[50] Antonietti M, Wenz E, Bronstein L, Seregina M. Synthesis and characterization of noble metal coolloids in block copolymer micelles. Adv. Mater., 1995, 7: 1000

[51] Creager SE, Steiger CM. Conformational rigidity in a self-assembled monolayer of 4-mercaptobenzoic acid on gold. Langmuir, 1995, 11: 1852

[52] Nuzzo RG, Dubois LH, Allara DL. Fundamental studies of microscopic wetting on organic surfaces. 1. formation and structural characterization of a self-consistent series of polyfunctional organic monolayers. J. Am. Chem. Soc., 1990, 112: 558

[53] Lee JY, Painter PC, Coleman MM. Hydrogen bonding in polymer blends. 4. blends involving polymers containing methacrylic acid and vinylpyridine groups. Macromolecules, 1988, 21: 954

[54] Katim T, Kihara H, Uryu T, Fujishims A, Fre′chet JMJ. Molecular self-assembly of liquid crystalline side-chain polymers through intermolecular hydrogen bonding dolymeric complexed built from a polyacrylate and stilbazoles. Macromolecules, 1992, 25: 6838

[55] Kumar U, Kato T, Fre′chet JMJ. Use of intermolecular hydrogen bonding for the induction of liquid crystallinity in the side chain of polysiloxanes. J. Am. Chem. Soc., 1992, 114: 6630

[56] Huang J, Ichinose I, Kunitake T, Nakao A. Preparation of nanoporous titania films by surface sol-gel process accompanied by low-temperature oxygen plasma treatment. Langmuir, 2002, 18(23): 9048

[57] Huang JG, Ichinose I, Kunitake T, Nakao A. Zirconia-Titania nanofilm with composition gradient. Nano Letters, 2002, 2(6): 669

[58] Yonezawa T, Matsune H, Kunitake T. Layered nanocomposite of close-packed gold nanoparticles and TiO_2 gel layers. Chem. Mater., 1999, 11(1): 33

[59] Volvin VL, Goldstein AN, Alivisatos AP. Semiconductor nanocrystal covalently bound to metal surface with self-assembled monolayers. J. Am. Chem. Soc., 1992, 114: 5221

[60] Tseng JY, Lin MH, Chau LK. Preparation of colloidal gold multilayers with 3-(mercaptopropyl)-trimethoxysilane as a linker molecule. Colloid Surf. A, 2001, 182(1～3): 239

[61] Malikova N, Pastoriza-Santos I, Schierhorn M, Kotov NA, Liz-Marzan LM. Layer-by-layer assembled mixed spherical and planar gold nanoparticles: control of interparticle interactions. Langmuir, 2002, 18(9): 3694

[62] Kim DW, Blumstein A, Kumar J, Tripathy SK. Layered aluminosilicate/chromophore nanocomposites and their electrostatic layer-by-layer assembly. Chem. Mater., 2001, 13(2): 243

[63] Mamedov A, Ostrander J, Aliev F, Kotov NA. Stratified assemblies of magnetite nanoparticles and montmorillonite prepared by the layer-by-layer assembly. Langmuir, 2000, 16(8): 3941

[64] Auer F, Scotti M, Ulman A, Jordan R, Sellergren B, Garno J, Liu GY. Nanocomposites by electrostatic interactions: 1. impact of sublayer quality on the organization of functionalized nanoparticles on charged self-assembled layers. Langmuir, 2000, 16(20): 7554

[65] Joly S, Kane R, Radzilowski L, Wang T, Wu A, Cohen RE, Thomas EL, Rubner MF. Multilayer nanoreactors for metallic and semiconducting particles. Langmuir, 2000, 16(3): 1354

[66] Patil V, Sastry M. Formation of close-packed silver nanoparticle multilayers from electrostatically grown octadecylamine/colloid nanocomposite precursors. Langmuir, 2000, 16(5): 2207

[67] Kotov NA, Dekany L, Fendler JH. Layer-by-layer self-assembly of polyelectrolyte—semiconductor nanoparticle composite films. J. Phys. Chem., 1995, 99: 13065

[68] Rogach AL, Koktysh DS, Harrison M, Kotov NA. Layer-by-layer assembled films of HgTe nanocrystals with strong infrared emission. Chem. Mater., 2000, 12(6): 1526

[69] Liu Y, Wang A, Claus R. Molecular self-assembly of TiO_2/polymer nanocomposite films. J. Phys. Chem. B, 1997, 101(8): 1385

[70] Pastoriza-Santos I, Koktysh DS, Mamedov AA, Giersig M, Kotov NA, Liz-Marzan LM. One-pot synthesis of Ag@TiO_2core-shell nanoparticles and their layer-by-layer sssembly. Langmuir, 2000, 16(6): 2731

[71] Cassagneau T, Fendler JH, Mallouk TE. Optical and electrical characterizations of ultrathin films self-assembled from 11-aminoundecanoic acid capped TiO_2 nanoparticles and polyallylamine hydrochloride. Langmuir, 2000, 16(1): 241

[72] Gao M Y, Lesser C, Kirstein S, Möhwald H, Rogach A, Weller H. Electroluminescence of different colors from polycation/CdTe nanocrystal self-assembled films. J. Appl. Phys., 2000, 87: 2297

[73] Cassagneau T, Fendler J H. Preparation and layer-by-layer self-assembly of silver nanoparticles capped by graphite oxide nanosheets. J. Phys. Chem. B, 1999, 103(11): 1789

[74] Dante S, Hou Z, Risbud S, Stroeve P. Nucleation of iron oxy-hydroxide nanoparticles by layer-by-layer polyionic assemblies. Langmuir, 1999, 15(6): 2176

[75] Lesser C, Gao MY, Kirstein S. Highly luminescent thin films from alternating deposition of CdTe nanoparticles and polycations. Mat. Sci. Eng. C, 1999, 8/9: 159

[76] Cassagneau T, Mallouk TE, Fendler JH. Layer-by-layer assembly of thin film zener diodes from conducting polymers and CdSe nanoparticles. J. Am. Chem. Soc., 1998, 120(31): 7848

[77] Liu YJ, Wang AB, Claus RO. Layer-by-layer electrostatic self-assembly of nanoscale Fe_3O_4particle and polyimide silicon and silica surfaces. Appl. Phys. Lett., 1997, 71(16): 2265

[78] Aliev FG, Correa-Duarte MA, Mamedov A, Ostrander JW, Giersig M, Liz-Marzan LM, Kotov NA. Layer-by-layer assembly of core-shell magnetite nanoparticles: effect of silica coating on interparticle interactions and magnetic properties. Adv. Mater., 1999, 11: 1006

[79] Gao MY, Richter B, Kirstein S. White-light electroluminescence from self-assembled Q-CdSe/PPV

multilayer structures. Adv. Mater., 1997, 9: 802

[80] Gao MY, Sun J, Dulkeith E, Gaponik N, Lemmer U, Feldmann J. Electric field directed lateral patterning of layer-by-layer self-assembled films for optoelectronic applications. Langmuir, 2002, 18:4098

[81] Lvov Y, Ariga K, Onda M, Ichinose I, Kunitake T. Alternate assembly of ordered multilayers of SiO_2 and other nanoparticles and polyions. Langmuir, 1997, 13: 6195

[82] Sun J, Gao M Y, Feldmann J. Electric field directed layer-by-layer assembly of highly fluorescent CdTe nanoparticles. J. Nanosci. Nanotech., 2001, 1: 133

[83] Gao MY, Richter B, Kirstein S. Electroluminescence and photoluminescence in CdSe/poly(*p*-phenylene vinylene) composite films. Synthetic Metals, 1999, 102: 1213

[84] Gao MY, Richter B, Kirstein S, Möhwald H. Electroluminescence studies on self-assembled films of PPV and CdSe nanoparticles. J. Phys. Chem. B, 1998, 102: 4096

[85] Serizawa T, Hamada KI, Kitayama T, Fujimoto N, Hatada K, Akashi M. Stepwise stereocomplex assembly of stereoregular poly(methyl methacrylate)s on a substrate. J. Am. Chem. Soc., 2000, 122: 1891

[86] Sukhishvili SA, Granick S. Layered, erasable ultrathin polymer films. J. Am. Chem. Soc., 2000, 122: 9550

[87] Ostrander JW, Mamedov AA, Kotov NA. Two modes of linear layer-by-layer growth of nanoparticle-polylectrolyte multilayers and different interactions in the layer-by-layer deposition. J. Am. Chem. Soc., 2001, 123(6): 1101

[88] Schmitt J, Decher G, Dressick WJ, Brandow SL, Geer RE, Shashidhar R, Calvert JM. Metal nanoparticle/polymer superlattice films: fabrication and control of layer structure. Adv. Mater., 1997, 9: 61

[89] Sun J, Gao MY, Zhu M, Feldmann J, Möhwald H. Control the growth of layer-by-layer self-assembled film of polyelectrolyte/CdTe nanocrystals by electric fields. Journal of Materials Chemistry, 2002, 12(6): 1775

[90] Wang DY, Rogach AL, Caruso F. Semiconductor quantum dot-labeled microsphere bioconjugates prepared by stepwise self-assembly. Nano Letters, 2002, 2(8): 857

[91] Murray CB, Norris DJ, Bawendi MG. Synthesis and characterization of nearly monodisperse CdE (E=S, Se, Te) semiconductor nanocrystallites. J. Am. Chem. Soc., 1993, 115: 8706

[92] Rogach AL, Katsikas L, Kornowski A, Su D, Eychmueller A, Weller H. Synthesis and characterization of thiol-stabilized CdTe nanocrystals. Ber. Bunsen-Ges. Phys. Chem., 1996, 100(11): 1772

[93] Gaponik N, Talapin DV, Rogach AL, Hoppe K, Shevchenko EV, Kornowski A, Eychmuller A, Weller H. Thiol-capping of CdTe nanocrystals: an alternative to organometallic synthetic routes. J. Phys. Chem. B, 2002, 106(29): 7177

[94] Rogach AL, Kornowski A, Gao MY, Eychmueller A, Weller H. Synthesis and characterization of a size series of extremely small thiol-stabilized CdSe nanocrystals. J. Phys. Chem. B, 1999, 103: 3065

[95] Mews A, Eychmuller A, Giersig M, Schooss D, Weller H. Preparation, characterization, and photophysics of the quantum dot quantum well system CdS/HgS/CdS. J. Phys. Chem., 1994, 98(3): 934

[96] Lakowicz J. Principles of Fluorescence Spectroscopy. New York: Plenum, 1983

[97] Cumpston BH, Parker ID, Jensen KF. In situ characterization of the oxidative degradation of a polymeric light emitting device. J. Appl. Phys., 1997, 81(8)8: 3716

[98] Parker ID. Carrier tunneling and device characteristics in polymer light-emitting diodes. J. Appl. Phys., 1994, 75(3): 1656

[99] Ho PK H, Kim J, Burroughes JH, Becker H, Li SF Y, Brown TM, Cacialli F, Friend RH. Molecular-scale

interface engineering for polymer light-emitting diodes. Nature, 2000, 404: 481

[100] Efros AL, Rosen M, Kuno M, Nirmal M, Norris DJ, Bawendi M. Band-edge exciton in quantum dots of semiconductors with a degenerate valence band: dark and bright exciton states. Phys. Rev. B, 1996, 54 (7): 4843

[101] Clark SL, Montague MF, Hammond PT. Ionic effects of sodium chloride on the templated deposition of polyelectrolytes using layer-by-layer ionic assembly. Macromolecules, 1997, 30: 7237

[102] Clark SL, Hammond PT. Engineering the microfabrication of layer-by-layer thin films. Adv. Mater., 1998, 10: 1515

[103] Chen KM, Jiang X, Kimerling LC, Hammond PT. Selective self-organization of colloids on patterned polelectrolyte templates. Langmuir, 2000, 16:7825

[104] Clark SL, Hammond PT. The role of secondary interactions in selective electrostatic multilayer deposition. Langmuir, 2000, 16(26): 10206

[105] Jiang X, Hammond PT. Selective Deposition in layer-by-layer assembly: functional graft copolymers as molecular templates. Langmuir, 2000, 16(22): 8501

[106] Hua F, Shi J, Lvov Y, Cui T. Patterning of layer-by-layer self-assembled multiple types of nanoparticle thin films by lithographic technique. Nano Lett., 2002, 2(11): 1219

[107] Chen CC, Yet CP, Wang HN, Chao CY. Self-assembly of monolayers of cadmium selenide nanocrystals with dual color emission. Langmuir, 1999, 15(20): 6845

[108] Vossmeyer T, Jia S, Delonno E, Heath J. Light-directed assembly of nanoparticles. Angew. Chem. Int. Ed. Engl., 1997, 36:1080

[109] Vossmeyer T, Jia S, Delonno E, Diehl MR, Kim SH, Peng X, Alivisatos AP, Heath JR. Combinatorial approaches toward patterning nanocrystals. J. Appl. Phys., 1998, 84: 3664

[110] Trau M, Sankaran S, Saville DA, Aksay IA. Electric-field-induced pattern formation in colloidal dispersions. Nature, 1995, 374: 437

[111] Giersig M, Mulvaney P. Preparation of ordered colloid monolayers by electrophoretic deposition. Langmuir, 1993, 9(12): 3408

[112] Wong EM, Searson PC. Kinetics of electrophoretic deposition of Zinc oxide quantum particle thin films. Chem. Mater., 1999, 11(8): 1959

[113] Trau M, Saville DA, Aksay I A. Science,1996, 272: 706

[114] Hayward RC, Saville DA, Aksay IA. Electrophoretic assembly of colloidal crystals with optically tunable micropatterns. Nature, 404: 56

[115] Mamedov AA, Kotov NA. Free-standing layer-by-layer assembled films of magnetite nanoparticles. Langmuir, 2000, 16: 5530

[116] Feldheim DL, Grabar KC, Natan MJ, Mallouk TE. Electron transfer in self-assembled inorganic polyelectrolyte/metal nanoparticle heterstructure. J. Am. Chem. Soc., 1996, 118:7640

[117] Liu YJ, Wang YX, Claus RO. Layer-by-layer ionic self-assembly of Au colloids into multilayer thin-films with bulk metal conductivity. Chem. Phys. Lett., 1998, 298: 315

[118] Musick MD, Keating CD, Keefe MH, Natan MJ. Stepwise construction of conductive Au colloid multilayers from solution. Chem. Mater., 1997, 9: 1499

[119] Shipway AN, Lahav M, Willner I. Nanostructured gold colloid electrodes. Adv. Mater., 2000, 12(13): 993

[120] Shipway AN, Katz E, Willner I. Nanoparticle arrays on surfaces for electronic, optical, and sensor applications. Chem. Phys. Chem., 2000, 1: 18

[121] Kharitonov AB, Shipway AN, Willner I. An Au nanoparticle/bisbipyridinium cyclophane-functionalized ion-sensitive field-effect transistor for the sensing of adrenaline. Anal. Chem., 1999, 71: 5441

[122] Musick MD, Pena DJ, Botsko SL, McEvoy TM, Richardson JN, Natan MJ. Electrochemical properties of colloidal Au-based surfaces: multilayer assemblies and seeded colloid films. Langmuir, 1999, 15(3): 844

[123] Krasteva N, Besnard I, Guse B, Bauer RE, Müllen K, Yasuda A, Vossmeyer T. Self-assembled gold nanoparticle/dendrimer composite films for vapor sensing applications. Nano Lett., 2002, 2(5): 551

[124] Ghan RC, Lvov Y, Besser RS. Characterization of self-assembled tin-oxide films for high sensitivity micro-gas sensors. MRS proceedings, 2003

[125] Arregui FJ, Matias IR, Cooper KL, Claus RO. Hydrophobic alumina thin films formed by the electrostatic self-assembly monolayer process for the fabrication of optical fiber gas sensors. 2002 15th Optical Fiber Sensors Conference Technical Digest. OFS 2002(Cat. No.02EX533). IEEE. Part, 2002, 1: 443

[126] Chen Q, Claus RO, Spillman WB, Arregui FJ, Matias IR, Cooper KL. Optical fiber sensors for breathing diagnostics. 2002 15th Optical Fiber Sensors Conference Technical Digest. OFS 2002 (Cat. No. 02EX533). IEEE. Part 2002, 1: 273

[127] Arregui FJ, Galbarra D, Matias IR, Cooper KL, Claus RO. ZrO_2 thin films deposited by the electrostatic self-assembly method on optical fibers for ammonia detection. 2002 15th Optical Fiber Sensors Conference Technical Digest. OFS 2002(Cat. No.02EX533). IEEE. Part, 2002, 1: 265

[128] Cassagneau T, Mallouk TE, Fendler JH. Layer-by-layer assembly of thin film zener diodes from conducting polymers and CdSe nanoparticles. J. Am. Chem. Soc., 1998, 120: 7848

[129] Cassagneau T, Fendler JH, Johnson SA, Mallouk TE. Self-assembled diode junctions prepared from a tuthenium tris(bipyridyl) polymer, *n*-type TiO_2 nanoparticles, and graphite oxide sheets. Adv. Mater., 2000, 12: 1363

[130] Cassagneau T, Fendler JH. High density rechargeable lithium-ion batteries self-assembled from graphite oxide nanoparticles and polyelectrolytes. Adv. Mater., 1998, 10(11): 877

[131] Liu YJ, Claus RO, Rosidian A, Zeng TY. A new route to prepare hard and anti-scratching coatings at room temperature. Organic/inorganic hybrid materials Ⅱ. symposium. Mater. Res. Soc., 1999, 213

[132] Rosidian A, Liu YJ, Claus RO. Formation of ultrahard metal oxide nanocluster coatings at room temperature by electrostatic self-assembly. SPIE-Int. Soc. Opt. Eng. Proceedings of Spie—the International Society for Optical Engineering, 1999, 3675: 113

[133] Lenahan KM, Liu YJ, Claus RO. Electrostatic self-assembly processes for multilayer optical filters. SPIE-Int. Soc. Opt. Eng. Proceedings of Spie—the International Society for Optical Engineering, 1999, 3675: 74

[134] Braun E, Eichen Y, Sivan U, Benyoseph G. DNA-templated assembly and electrode attachment of a conducting silver wire. Nature, 1998, 391: 775

第9章 单分子力学谱

张 希 张文科

超分子化学是分子以上层次的化学，与生命科学、材料科学等密切相关，被公认为是21世纪化学发展的重要方向。超分子体系之所以能够形成并稳定存在是与体系中分子与分子之间的相互作用分不开的。为了更好地了解并深化对超分子体系的认识，对于分子之间相互作用的研究就显得尤为重要。我们知道"力"是物体与物体之间的相互作用，因此，无论是在材料学还是生命科学研究中都包含着力研究这一个重要的课题。在生物体系中，细胞和组织不得不与外力发生作用，例如，血细胞在血液循环过程中会受到流体力学的剪切作用。此外，生物体的许多重要功能都需要有力的积极参与，例如细胞分裂过程中染色体的分离过程。基于这些原因，对于机械力对生物体不同部分的多种功能的影响的研究有着悠久的历史。然而，对于这种种实验的解释却是一项十分困难的工作，因为许多不同的影响因素以十分复杂的方式复合在一起。例如，活体细胞会对外力发生诸如变形、变态、甚至蛋白质组成的改变，这些变化是细胞为适应外界环境而做出的反应。然而，试图指出这些变化过程中的某一特定变化的起因及细节是十分困难的，有时候甚至是徒劳的。为此人们引入了简单的模型体系。例如，给受体被重新植入典型的模型体系中，细胞表面的受体被固定到固体表面，接着细胞从该表面剥离。然而仅仅基于这些实验是很难推论出其中最小作用单元的性质的，例如，一个孤立大分子的弹性性质或者一个特定键的强度。再如，将典型膜体系通过可自由运动的给受体作用对结合在一起，然后利用宏观方法可以测得黏附能，而由此推理得到单个给受体所形成的结合作用的强度是不可能的。

同样在材料学领域中，高分子材料的力学稳定性问题是决定其潜在应用的核心问题。许多高分子材料(例如塑料、纤维)的宏观性质是由单个高分子链的性质决定的，如单链的熵和焓弹性或共价键的力学稳定性等。利用传统的研究方法，我们只能得到高分子材料在宏观尺度的力学性质信息。这些信息中既包含着不同高分子链之间的分子间相互作用，又包含着单个聚合物链对材料宏观性质的贡献。利用传统的研究手段，要想从这些复杂的信息中提取出某一个因素对材料力学性质的影响几乎是不可能的。尽管高分子物理学家们通过理论计算方法来描述这种单个链或键的行为，但是即使是给出了合理的理论模型或模拟，由于没有实验数据的验证，也显得孤立无援。然而，要想得到具有特殊性能的高分子材料，首先要进行分子设计。有关单个聚合物链内、链间相互作用对于材料最终性能的影响规律的信息对高分子的分子设计是十分重要的。由此可见，无论是生命科学还是材料科学都呼唤着分子尺度检测仪器的出现。

为了解决这些生命科学和材料科学中的难题，许多科研组致力于单分子或单个键的力学性质的研究。在这些研究中，小至几个皮牛顿的力需要被施加或测量。在许多试验中，微小的长度（约几个纳米）必须同时被测量。直到最近十几年，随着仪器检测手段的革命性进步才使得单分子力谱领域得以空前发展。如今，许多具有不同力学使用范围及响应时间的检测技术如雨后春笋般地出现了。在这些技术中，最重要的有：磁性珠技术、生物膜力学探测技术、光学镊子技术、原子力显微镜技术以及玻璃纤维微针尖技术。利用这些探测技术，可以研究小至几飞牛顿（femto newton）的熵弹力，大到几纳牛顿的共价键。

9.1　微小力测量的几种常用检测技术简介

9.1.1　磁性珠技术

该技术被用于生物体系，尤其是DNA分子的拉伸和解缠绕。由于大多数生物材料几乎或者根本不与磁场发生作用，也就是说磁场不影响生物材料的结构与功能，因而人们可以利用磁场作为驱动力研究分子间和分子内相互作用。

图9-1给出了该方法的示意图。整个系统由外磁场、封装在聚苯乙烯内的金属氧化物微晶体（磁性珠）以及光学显微镜构成。外磁场在光学显微镜的聚焦平面内取向。磁性珠具有一个小的永久力矩和一个大的引发力矩。这样作用在磁性珠

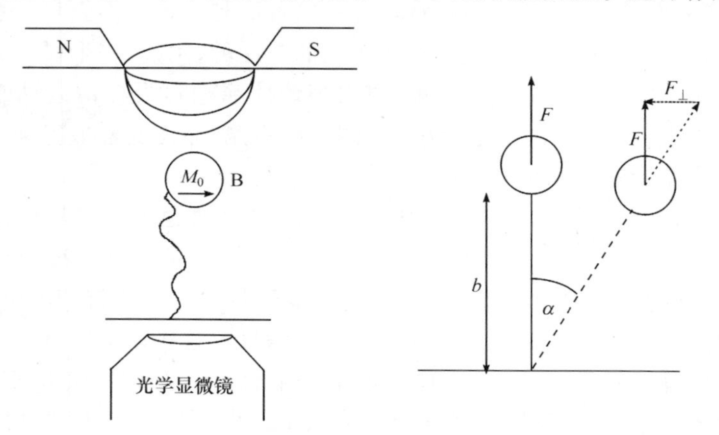

图9-1　磁性珠技术的工作原理示意图

注：左图为磁场在光学显微镜的聚焦平面内取向。超顺磁的磁性珠B会产生一个永久的小磁矩 M_0。所产生的磁性力 F，指向磁场梯度的方向。也就是说，作用在磁珠上的磁力垂直于光学显微镜的聚焦平面。右图为力值校正方法[1]

B 上的磁力 F 指向磁场梯度方向，亦即，F 垂直于显微镜的聚焦平面。那么，如何校正产生力的大小呢？连接于聚苯乙烯微球和基底之间的分子（如 DNA）在磁场力 F 的作用下所具有的长度 b，由显微镜给出。当微球在显微镜聚焦平面内移动时会受到一个相反方向的拉力 $F_{\perp}$ 作用：$F_{\perp} = F\tan(\alpha) \approx F\Delta r / b$。基于均分理论，人们发现微球的热致均方位移与外力 F 以及温度 T 有如下关系：$\langle \Delta r^2 \rangle = K_B Tb/F$。从而，磁性珠所受力大小可以从所测布朗运动推得。这是当初法国研究组为研究 DNA 分子的拉伸和缠绕而专门设计的[1b]。我们都知道 DNA 的复制及转录过程中 DNA 分子必须由高度卷曲的线团状态转变为部分解缠状态。因此对 DNA 缠绕及解缠的研究在生理学上具有重要意义。利用该检测技术可以检测到小至 10 fN 的力[1]。

9.1.2　生物膜力学探针技术

该技术又称为毛细管吸入技术[2,3]（micropipette aspiration technique），可以被用于测量生理条件下的皮牛顿量级的力。图 9－2 给出了该仪器的工作原理。

在此技术中，一个开口的毛细玻璃管被置入光学显微镜的视野中，然后由 XYZ 微控制器操纵并控制其位置。通过流体力学压力计控制管内管外压力差，可以获得很小的吸入压。通常，所用毛细管直径大约 1～10 μm，吸入压力大约 1～50 kPa。在这一范围内吸入压可以很容易地被控制和精确测量。最终，由此可以得到吸入力力值在 1～1000 pN 之间。这一吸入力可以直接施加到微观尺度的物体（如细胞）上。利用细胞作为流体活塞，通过改变吸入压力，驱动细胞向背离键合表面的方向运动，随后通过连续吸入，最终导致所测键的断裂，由此得到键的强度[4～6]。

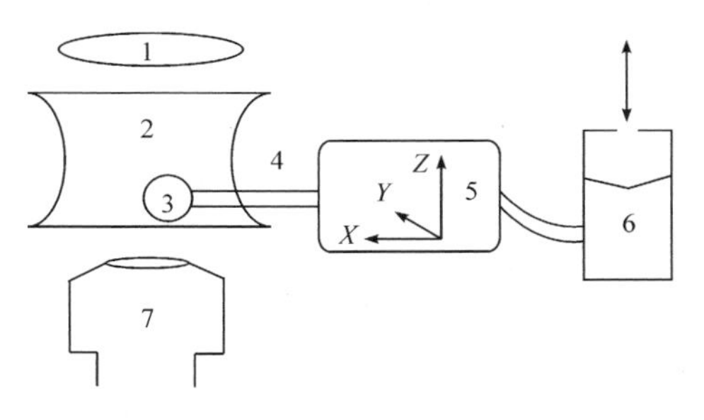

图 9－2　毛细管吸入技术的工作原理

注：被研究物体 3（例如，一个细胞），被浸在生理缓冲溶液 2 中，缓冲溶液是一个位于两个盖玻片之间的液滴。样品 3 位于光学显微镜的视野当中。也就是说位于透镜组 1 和物镜 7 之间。毛细管 4 是一个开口的圆柱形玻璃管。毛细管的运动是通过一个三维位置控制系统 5 来操纵。通过液体连通器 6 可以控制毛细管管内、管外的压力差 Δp。这个压力差会产生一个作用在物体上的外力。物体 3 在该外力作用下的运动及形变先由显微镜记录下来，经过图像处理之后可以得到位移数值

通过引入闭合的生物膜囊胞充当流体活塞，该技术的精度得到很大提高，而且更便于使用。该生物囊胞被毛细管吸入后，载有目标（研究）分子的微球被镶嵌到毛细管开口对面的囊胞顶点上。吸入压导致囊胞膜产生了力学表面张力，这样微球就可以被这只“小手”所牵拉，连接于小球与基片之间的分子便会由于囊胞膜的形变而被拉伸。因此在这种情况下，囊胞起到一个弹簧的作用。只要表面张力

对囊胞膜的形变起主导作用,其力-拉伸关系就可以由计算得到。由于技术上的原因,只有磷脂囊胞和红细胞被用作力传感器(见图 9-3)。

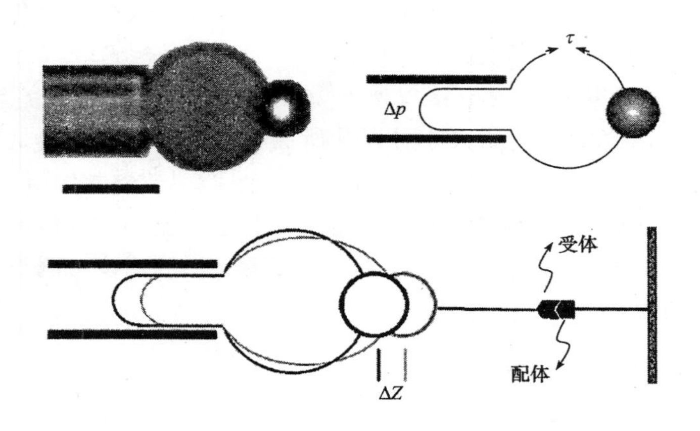

图 9-3　生物界面力学探针技术工作原理

注:一个红细胞被毛细管吸附,另外一个微球被连接到细胞的顶端。待研究的分子(或分子作用对)被连接于微球和固体基片之间。左上图为显微照片,标尺 5 μm;右上图为毛细管吸入压 Δp 被转换成膜的张力 τ,这个张力使得位于毛细管外的细胞膜形成球形结构;下图为在微球上施加外力导致球形膜结构的形变,而表面张力驱使膜恢复到原来的球形状态。这样连接于微球和基片之间的给受体分子对便会受力,因此这种形变可以被用来进行力的测量

关于力-拉伸关系的计算细节在文献[7]中给予了详细描述。研究发现在小于等于 200 nm 的拉伸过程中,力与拉伸成线性关系,并与吸入压成正比。这种正比关系是值得注意的,因为这意味着该力传感器的刚性可以在实验过程中通过改变毛细管吸入压而随心所欲地改变,只有吸入压和几何参数进入力-拉伸关系的表达式。由于这两个参数可以通过利用显微镜测得毛细管内物体长度变化而得到,因而力与拉伸的关系可以很容易测得,其精度在 15%左右。对于超过 0.3 μm 的拉伸,力-拉伸关系是非线性的,最终方程可以通过数学方法进行积分从而得到完整的力-拉伸关系[7]。这种力学探针完全满足生物分子的需求,所研究分子只需被固定到一个微球上,除此之外没有其他应力与之发生作用。因此,该技术是研究力引发单个黏附键断裂的理想工具。

9.1.3　光学镊子

所有的分子和粒子都具有极化率 χ,电场诱导产生瞬间偶极矩 $P=\chi E$。因此,在一个电场中粒子会受到机械力 $F=\ \ (PE)=2\chi E$ 的作用。为了使这个粒子能够在某个特定位置稳定存在,需要在介质中有一个电场的最大值。不巧的是,这

通过静电场是无法实现的。因为静电场中的最大值总位于某些物体表面。利用变化场,例如光波在自由空间中创造一个电场最大值,就像利用一个棱镜来搜集一束光那样简单。这一效应被用于在透明介质中捕获及操纵粒子[8,9]。在一个光学阱中,有两个力作用在粒子上,即散射力和梯度力。对于非常小的粒子,这种现象是比较容易解释的[10]。由于中子的瑞利散射包含了使其动量随机化的过程,这样所有中子的平均动量就会由于散射而减小。这些丢失的动量被散射粒子所占据,因而,粒子便会受到一个沿着入射光线传播方向的机械力的作用。第二个力是梯度力,它是粒子的诱导偶极矩与空间变化的电场之间的相互作用。这种力会对折射指数大于周围介质的粒子产生一个朝向电场幅度最大值方向的拉力作用。对于非常大的粒子,这种作用力可由几何光学或所有光束所携带的动量的加合计算得出(如图 9－4 所示)。中间尺寸的粒子对于实际应用非常重要,其力的计算将十分困

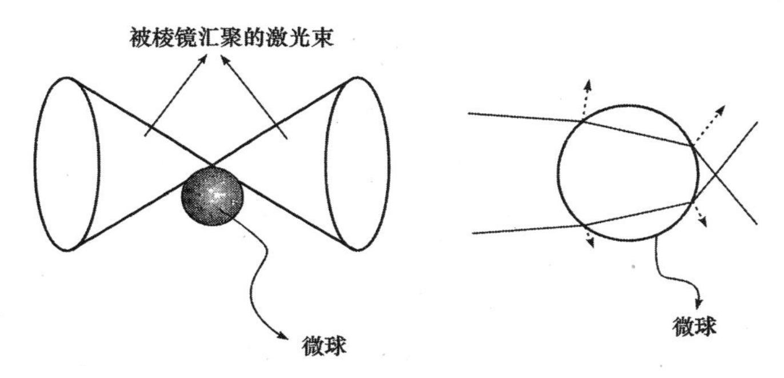

图 9－4　光学阱的几何光学近似

注:一个绝缘球位于棱镜焦点的下方。右图中的两条实线代表光线所经的路径。虚线箭头代表光线在折射界面引起的动量变化。由光束产生的对微球的净作用力指向光强更强的光束(粗实线),并且垂直指向焦点处

难,因为需要解决电动力学的完全边界问题[10]。另一个值得注意的问题是,散射力和梯度力会因被捕获小球的尺寸、折射指数以及光学阱中的强度分布不同而遵循不同的能量定律:在小粒子区,散射力与 $r^6\tilde{n}^4$ 成比例,而梯度力与 $r^3\tilde{n}^3$ 成比例。其中,r 是粒子的半径,$\tilde{n}$ 是粒子与溶液(介质)之间折光指数的差。光学阱有两种不同的形式:双光束阱和单光束梯度阱(如图 9－5)[9]。

双光束阱由两束向相反方向传播的激光光束构成。在此光学阱中,两束光的散射力在中平面上相互抵消,而获得一个基于梯度力的稳定阱。在单光束梯度阱中,散射力是完全活跃的并且必须被梯度力克服。要想达到这一目的,只有搜集很大角度范围内的光,亦即,需要使用大光圈的棱镜来搜集光线。因此单光束势能阱(也叫光学镊子)的捕获区域很小(半径方向小于 1 μm),光强很强并且距离样品盖片很近。由于这种高强度辐射会对生物材料造成损害(通过热或光化学反应),这

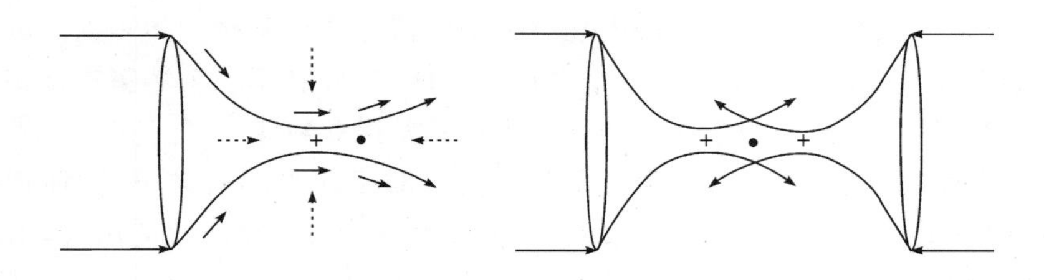

图 9-5 光学镊子的工作原理示意图

左图:单光束光学梯度阱;右图:反向双光束光学阱。十字形代表棱镜的焦点,实心点代表势能阱的中心位置。对于单光束,光学阱散射力由实箭头标注,虚箭头代表梯度力

一问题是制约单光束势能阱的不利因素。生物材料很容易吸收远紫外和蓝光,水分子强烈吸收中红外和远红外光,而对近红外区的吸收是最小的。因此,近红外激光被广泛用于生物物理光学镊子实验。由于在双光束阱中两束激光的校准是很麻烦的,相比之下单光束阱(光学镊子)的装置更简单些,因此在实际应用中,只有在需要很大的工作距离、大尺寸的捕获区域和更小的光强(相同捕获力条件下)时,双光束阱才被采用。要想利用光学阱测力,必须先对其捕获势能进行校正,并需要测量被捕获的微球偏离阱中央的程度[10]。校正可以通过观察被捕获微球的布朗运动,或者把微球置于速率已知的流体中实现。前一种情况下测得的是微球在较小的位移区间内的阱的刚性;后者是较大位移条件下阱的刚性。通常这两种方法同时被采用,布朗运动被用于检测不同微球之间差别的常规校正,而流体力学方法被用来指出阱的线性区域。对于双光束阱,可以通过检测激发光阱的偏离光量来直接校正[11]。人们采用了不同的方法来测量微球的运动。最简单的方法是把微球的像投影到照相机[12]或者四象限光电二极管上[13~15],直接测量微球的偏离。也可以利用光学显微镜的聚光器来搜集离开光学阱的激光。如果被捕获微球位置相对于光学阱中心发生偏移,那么离开微球的光线的角度分布会发生变化。角度分布可由置于聚光器后聚焦平面的四象限光电二极管给出。所有粒子检测系统(包括相机在内)的输出数值都必须进行校正才能得出绝对的位移数值。压电陶瓷转换平台可以很好地实现这一功能。

图 9-6 是基于光学镊子的实验原理示意图。通常,被研究的大分子需要先被连接在微球和盖玻片(或另一个微球)之间。通过盖玻片的运动,大分子被拉伸(如左图所示)。通过力学校正后,最终会得到一条力-拉伸长度曲线,如右图所示。由此,人们可以得到单个(生物)大分子在外力作用下的构象转变信息。光学镊子的显著优点在于其快速的位移检测。有的体系中捕获激光同时被用作位移传感器,这种情形下,滚频(roll-off frequencies)可以高达 100 kHz。在许多装置上空间分辨率可以达到甚至好于 1 nm。

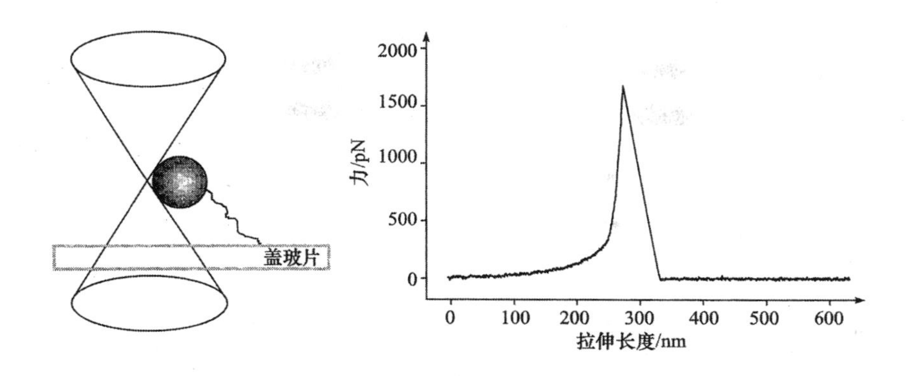

图 9－6　基于光学镊子的实验原理示意图

9.1.4　原子力显微镜技术

原子力显微镜技术(AFM)[16]又称扫描力显微镜(SFM),是一种现代化的显微技术。该技术的出现对许多科学技术领域产生了深远的影响。图 9－7 给出了原子力显微镜的工作原理图。概括起来讲,原子力显微镜由光学检测系统、力传感器和位移(置)控制系统构成。光学检测系统由激光二极管、棱镜、反射镜、四象限

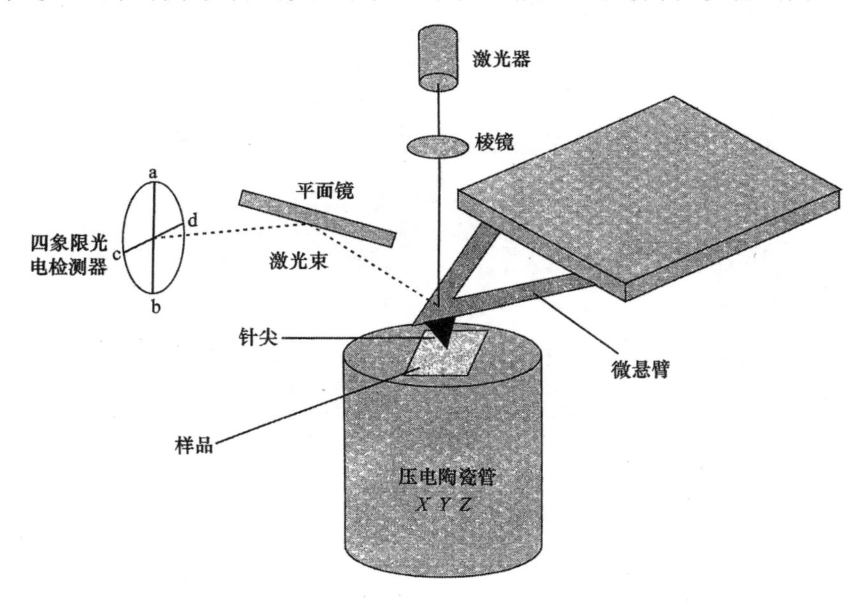

图 9－7　扫描力显微镜的工作原理

注:压电陶瓷管用来在 X, Y, Z 三个方向移动样品。金字塔形的针尖对样品表面进行扫描。激光信号首先打在微悬臂上然后经过平面镜反射最终被四象限光电二极管检测。在经过适当的校正以后,光电二极管检测到的信号可以被用来确定作用力的大小

光电检测器(光电二极管)构成。力传感器由微悬臂(通常由氮化硅或硅制成)和集成在其顶端的尖锐针尖构成。微悬臂被固定在由同种材料构成的长方形基底上。对于常用商品化的氮化硅针尖,其形状呈金字塔形。底端直径约 3 μm,顶端可近似看成半球形,曲率半径一般在 20～50 nm 之间。图 9－8 是针尖的扫描电镜图像[17]。微悬臂的弹性系数在 10～500 pN/nm 之间,共振频率在 7～120 kHz 之间。用于轻敲模式(tapping mode),成像用的硅针尖共振频率可达到 300 kHz。在水中,悬臂的共振频率会有所降低,在 1～30 kHz 之间。位置控制系统由压电陶瓷管及其控制电路构成。通过对压电陶瓷管施加外电压,可使其在 X, Y, Z 三个方向作精确移动。通常样品被放置到压电陶瓷平台上,通过压电陶瓷管相对于针尖运动,其上样品便会受到针尖的扫描。当针尖与样品表面的距离足够近时,针尖和样品之间会产生相互作用力,从而使微悬臂因受力发生偏转,这种偏转信号被光学检测系统记录,这一信号可直接用于构建 AFM 图像或者作为反馈信号。值得指出的是,有的 AFM(如 dimension series SPM)用压电陶瓷晶体控制针尖运动而被测样品保持不动。

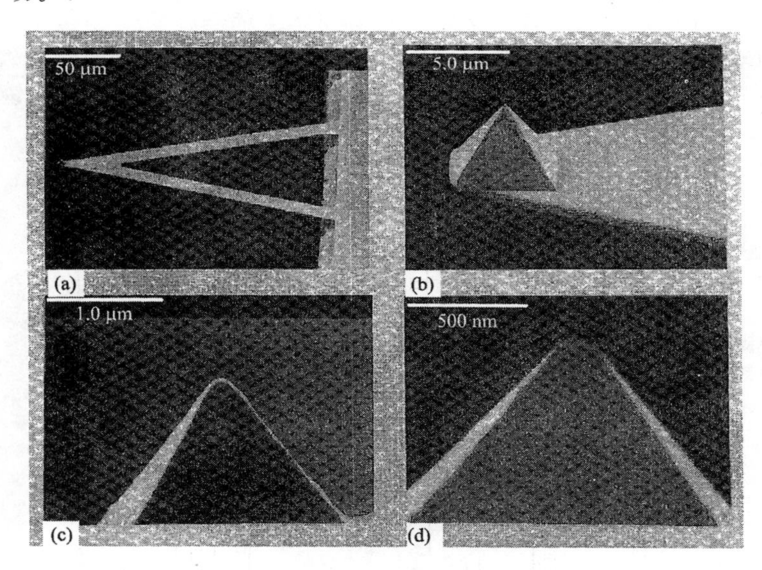

图 9－8　商品化的氮化硅微悬臂的系列扫描电镜(SEM)照片

注:从(a)到(d)放大倍数逐渐增大。(a)～(c)给出了典型的顶端呈圆形的针尖。图(a),(b),(c)的标尺分别为 50μm, 5.0μm 和 1.0μm。(d)是顶端被磨平了的针尖(较少遇见),标尺为 500nm

样品表面和针尖之间的作用力包括:位阻排斥力(steric repulsion force)、范德瓦尔斯力(van der Waals)、静电力(electrostatic force)、磁场力(magnetic force)以及特异性的化学键合作用。当原子力显微镜的针尖在样品表面作横向扫描时,根据针尖与样品局域作用机制的不同,可以得到不同对比度的图像。为了研究多种特定表面性质，如黏弹性[18]、化学性质[19～21]和表面电荷[22～24]，人们设计并优化了不同的扫描模式，如轻敲模式(tapping mode)、接触模式(contact mode)、剪切模式(shear mode)。利用 AFM 可以获得聚合物晶体表面原子级别的清晰图像[25, 26]，也可以得到生物细胞[27, 28]及生物高分子[29～31]在水溶液环境中亚纳米级的分辨率图像。除了成像之外，原子力显微镜由于其高精度和易于操作等优点成为从事单分子力谱研究的有利工具[32]。在动态单分子力谱实验中，AFM 的成像功能已经变得不十分重要了。因此，人们根据 AFM 的基本工作原理，利用精度更高的单轴(只能在 Z 方向作伸缩运动)，用压电陶瓷管取代商品化 AFM 中的三维压电陶瓷，制备了形态各异，更加小巧的单分子力谱仪。这些仪器在测力方面的性能有了很大改善[33, 34]。

9.1.5　基于玻璃纤维和玻璃微针尖的技术

有些研究组自行研制了一些更加柔软的微悬臂，用于更加微小力的研究。他们利用玻璃的微针尖[35, 36]或者被刻蚀的光纤[37]作为微悬臂，悬臂的偏转由光学显微镜结合图像处理[35, 36]，或者通过将一束光导入光纤，在光纤的导出端加载一个四象限光电二极管[37]来确定。利用这种技术可以得到弹性系数非常小的微悬臂，其数值可以小至 1.7 μN/m[36]和 1.5 μN/m[35]。如此柔软的悬臂可以测量非常小的力(～1 pN)。然而，由于这种微悬臂太软，导致流体力学对它的影响非常显著。结果当作用在微悬臂一端的力发生较快变化时，微悬臂不能立刻作出反应，也就是说有明显滞后现象。因此，力分辨率的提高是以牺牲检测速率为代价来实现的。表 9-1 给出了这几种重要技术的力学检测限、动力学区间、典型应用举例。

表 9-1　几种用于微小力检测的重要技术对比

方法	力学检测范围/pN	动力学区间	典型应用
磁性珠技术	0.01～100	≥1 s	DNA 的拉伸和缠绕
光学镊子	0.1～150	≥10 ms	肌动蛋白，DNA，RNA，分子马达，蛋白质
玻璃纤维技术	>0.1	≥100 ms	肌动蛋白，DNA 的拉伸、解链及缠绕
生物膜力学探针	0.5～1000	≥1 ms	生物膜固定分子，给受体
原子力显微技术	>1	≥10 μs	DNA，蛋白质，给受体，聚合物单链弹性

从表 9-1 可以看出，不同的微小力检测技术有其不同的适用对象，这些技术的互补使用将对揭示一些作用力的本质大有帮助。基于原子力显微镜技术的单分子力谱以其操作简便、适用面广的特点而得到了广泛的应用，本章中我们将重点介绍一下原子力显微镜在单分子力谱研究方面的应用。

9.2 基于原子力显微镜技术的单分子力谱仪的工作原理

9.2.1 单分子力谱仪

单分子力谱仪(single-molecule force spectroscopy,简称为 SMFS)是基于 AFM 原理建立起来的专门用于纳米力学探测的仪器。它的基本组成与 AFM 基本一致(见图 9-7)。单分子力谱仪与商用的 AFM 比较有如下不同点:首先,由于它采用了单轴压电陶瓷管作为 Z 方向扫描器,使得扫描精度和稳定性有较大提高。采集数据点可达到 4096 个点,因此它能够给出更加精细的单分子信息。而商品化 AFM 主要是针对样品表面成像而设计,其在 X, Y, Z 单一方向所采集的数据点一般小于或等于 512 个。这一点数主要由计算机的性能决定,太多的数据点会产生较大的数据文件。现在,随着计算机的不断更新换代,单分子力谱实验在商品化仪器上也可以实现。另外,单分子力谱仪可以手控调节测量拉伸的模式和扫描范围,能进行测量研究中所必需的往复拉伸实验等。我们实验室在 1997 年与德国慕尼黑大学 H. E. Gaub 教授合作,建立了专门用于聚合物单链拉伸的单分子力谱仪,并且已经用于聚合物单链力学性质的研究[38,39]。

9.2.2 单分子力谱仪工作原理

要实现对单个高分子链的拉伸或单个键的测量,首先要将被研究的分子固定在 AFM 针尖和基底之间。

9.2.2.1 目标分子的固定

在单分子力谱实验中,对目标分子的固定方法主要分以下三种:(1) 物理吸附;(2) 给受体之间的特异性结合作用;(3) 共价键。

1. 物理吸附

物理吸附被广泛地应用于单链弹性性质的研究[40~42]。如果待测分子与基底和针尖之间具有较强的黏附力,它就较容易被连接于针尖和基底之间。基于物理吸附的制样方法比较简单,只需将目标分子的溶液滴到适当的基片上。一般常用基片包括普通盖玻片(或石英片)、云母片、金片以及高取向石墨等。然后,目标分子便会从其溶液中吸附到基片上,在基片表面形成一层薄的样品层(如图 9-9 所示)。

2. 特异性结合[43]

当待研究的高分子链与针尖或基底之间的相互作用较弱时,物理吸附的方法将不再适用。此时需要将高分子链修饰上一些给体(或受体)官能团,基底和针尖修饰上另一种受体(或给体)官能团,通过这种给受体相互作用使得高分子链固定

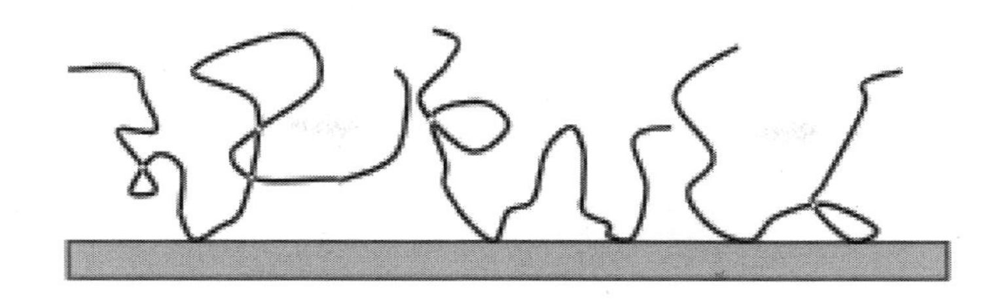

图 9-9　通过物理吸附实现对高分子的固定

到基底上(如图 9-10 所示)。

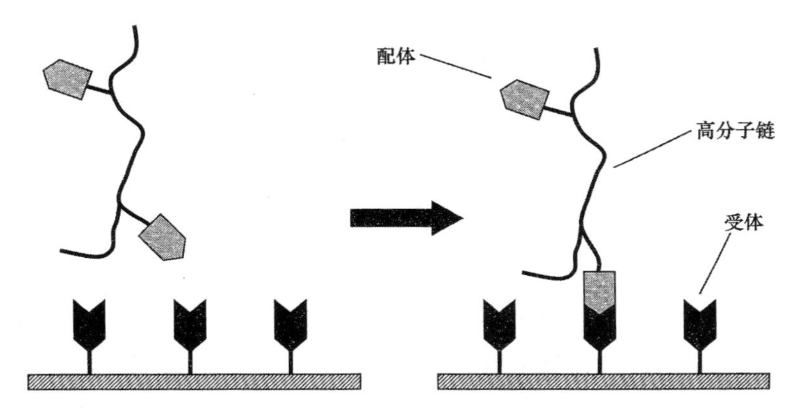

图 9-10　利用特异性相互作用实现对高分子的固定

3. 化学键合[44~48]

如果想要研究待测高分子在较高应力作用下的构象转变行为,或者要测量某个特异性相互作用的强度,最好是将待测分子通过共价键固定到针尖及基底表面。这样做可以使所研究的体系简单化,从而简化对最终实验数据的分析及解释。目前经常采用的化学共价键合方法有基于巯基-金之间的键合反应和硅烷化反应两种[44~48]。另外,肽键化学(用于合成肽键的反应)也被用于连接含有氨基修饰的基片(或高分子链)和含有羧基修饰的高分子链(或基片)[49]。类似地,一些含有双官能团的偶联分子也可以用于高分子链的固定[50]。

9.2.2.2　测量过程及力谱的获得

图 9-11 给出了单分子力谱仪的工作过程示意图。固定在基底表面的高分子链,由于压电陶瓷管的运动而与 AFM 针尖靠近,当针尖与基底表面的高分子链段接触后,一个(或几个)高分子链会由于物理吸附、特异性相互作用或共价键合作用被固定到针尖上,在针尖与基底之间形成高分子的桥连结构;当压电陶瓷管向着远离针尖的方向运动时,连接于针尖与基底表面的高分子链便会受到拉伸,同时,微

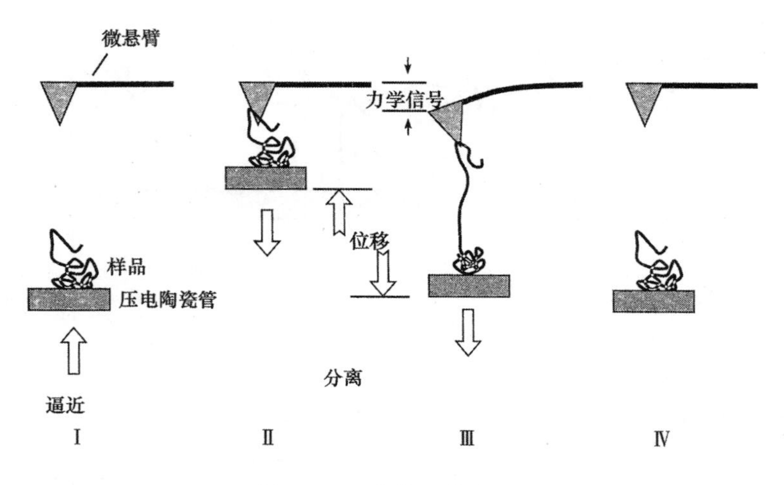

图 9-11　单分子实验原理

悬臂由于受力而发生偏转(deflection),这一偏转信号可以被光学检测系统中的四象限光电二极管记录下来;当拉伸到一定程度时,桥连结构中最薄弱的部分将发生脱落,微悬臂将迅速返回原来的松弛位置。在完成这一个扫描过程后,压电陶瓷管的位移相对于微悬臂的偏转信号会被记录在一张图上,如图 9-12 中的左图所示。这就是从单分子力谱仪上所得到的原始数据。图 9-12 的左图中纵坐标是由四象限光电二极管记录的当微悬臂形变时二极管两个象限之间的差分信号(a 减去 b),横坐标是压电陶瓷管的伸展或回缩位移。仔细看一下图 9-11 中的Ⅱ～Ⅲ过程我们会发现,压电陶瓷管所走过的距离并不对应高分子链真正的拉伸长度。其实际拉伸长度应该扣除微悬臂因受力而产生的偏转。为了获得真正意义上的拉伸力-长度曲线,我们需要做如下工作:首先,需要确定图 9-12 左图中的斜线区域斜率 s[(光)电压/长度]。该区域对应着图 9-11 中Ⅰ～Ⅱ之间的一个状态。这一状态是这样发生的:当针尖与基底接触后,如果压电陶瓷管再进一步伸长,微悬臂便会受力而沿着压电陶瓷管逼近的方向发生偏转,产生了箭头所指区域。拉伸过程中,AFM 针尖与基底之间的真正距离变化 z,可由压电陶瓷的位移和斜率 s 算出:$z=a-s^{-1}\cdot ph_{a-b}$。式中,ph_{a-b}是光电二极管测得的差分信号(伏特)。微悬臂的弹性系数可以通过测量悬臂在远离样品表面状态下的热扰动(布朗运动)能量谱获得。由于悬臂的基频振动能量为 $k_B T/2$(k_B 为 Boltzman 常数;T 为热力学温度),悬臂的弹性系数可以通过对能量谱中的基频振动峰进行积分得到。根据 Parseval 理论,自由振动总能量与温度之间有如下关系:$k_B T/2=k_c\langle\Delta x^2\rangle$。由于考虑到光检测系统中激光的角度,需要引入一个校正因子[47],这样有效弹性系数 $k_c=0.8k_B T/\langle\Delta x^2\rangle$。式中,$\langle\Delta x^2\rangle$是微悬臂上下波动幅度的时间均方值。这样,作用在微悬臂上的力 $F=k_c(z-a)$,对微悬臂与基片之间的距离 z 作图便可得到被拉伸分子的力-拉伸长度曲线，简称力曲线。如图 9-12 中的右图所示。

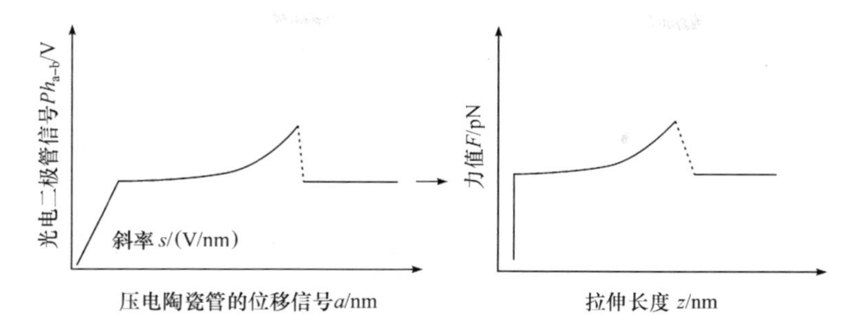

图 9-12　实验数据的处理过程示意图

左图：单分子实验所获得的原始数据（四象限光电检测器记录的光电信号和压电陶瓷管的位移信号）；右图：经过转变处理得到的力对拉伸长度的曲线（力曲线）

9.2.2.3　力谱的分析

在每一个扫描过程（逼近-分离）完成之后，我们分别会得到一条逼近曲线和一条分离曲线，如图 9-13 所示。下面把力曲线上不同部分对应的物理过程加以分析：

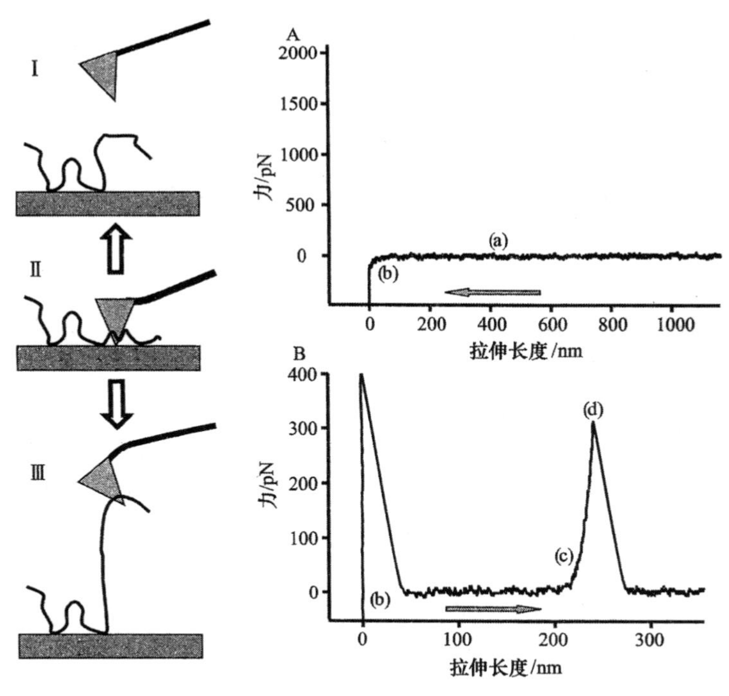

图 9-13　针尖和样品逼近和分离过程中所得的力-拉伸长度曲线

1）在样品表面开始逼近微悬臂而并没有接触到针尖的过程中，如果悬臂没有受到长程力的吸引（或排斥），微悬臂处于一种松弛状态。此时，光学检测信号 a－b＝0，因此纵坐标方向无力响应信号，而压电陶瓷管的扫描信号被记录下来，形成扫描基线，对应过程（a）。

2）当探测针尖接近到样品表面时，针尖与基底之间的排斥力使得悬臂发生偏转。值得注意的是，在单分子力谱里这种由排斥力引起的偏转定义为负向偏转，而在商品化 AFM 的力校正（force calibration）曲线中，与此有着不同的定义，故这两种情况下的力曲线形状不同。如果样品足够坚硬或样品层较薄，作用力将随着压电陶瓷管的向上运动而迅速增加；如果样品是柔软的或样品层较厚，作用力将随着压电陶瓷管的向上运动而缓慢增加，表现在力曲线上为：前者发生几乎 90°的转折角，后者形成一个弧形转折区。通过对弧形转折区域进行分析，可以得出关于样品表面弹性或高分子吸附层的厚度信息。在接触的过程中，一些分子通过特异性或非特异性作用力将会吸附到针尖上。

3）当针尖与样品分离时，连到针尖与基片之间的高分子链会被拉伸，而这种针尖和样品的相互作用会引起悬臂弯曲，此时悬臂为正向偏转，表现为吸引力，导致力曲线上拉伸信号的产生。这一区域能够给出关于单链弹性性质的丰富信息，因此成为数据分析过程中的重点研究对象。当高分子受到进一步拉伸后，这种介于针尖和基底之间的桥连结构中较薄弱的部分便会发生脱落。悬臂迅速复原，表现在力曲线上为力值迅速掉落回零点。这一断裂力值，可以归结为高分子链从针尖或基底上的解吸附力或者对应着的特异性相互作用的结合强度。该部分可以给出关于分子间相互作用的很多信息。

9.2.2.4 单链拉伸实验及判断标准

1．单链拉伸的实验

在此，我们只讨论通过物理吸附方法实现的拉伸。要想获得单链拉伸，我们需要在如下两方面加以调控：

1）样品制备方面

所用样品浓度应该足够的稀，从而使吸附在基片表面的高分子链尽可能的少。这样有利于消除高分子链之间的相互作用对单链弹性的影响。对于不同的体系，这种浓度是不同的，本书后面几章中将有针对不同体系的具体论述。对于溶解性很好或在基片上吸附较弱的样品，可以配制稍浓的高分子溶液（一般为 1～2 mg/mL）。当样品在一般基片表面（如玻璃）吸附很弱时，我们就需要对基片表面进行修饰，增强样品与基底之间的作用力[51]。

2）测试方面

要想获得单链拉伸，首先要能够拉到聚合物分子。我们可以通过控制 AFM

针尖与基底之间的作用力大小来得到分子的拉伸；对于针尖与高分子链有较强吸附作用的体系，例如多糖体系，应该使针尖与样品之间的作用力尽量小。在针尖逼近样品的过程中，如果所施加的外力过大，则会导致不止一个高分子链连接到针尖和基底之间，也就是说，较难得到单链拉伸。对于在针尖表面吸附作用较弱的样品，则应该适当增加这种压入力(indentation force)。

对于样品较容易粘到针尖上的体系，在拉伸过程中可能不止一个高分子链段受到拉伸。这些联接于针尖和基底表面之间的高分子链的长度通常是不同的，这样在针尖和样品分离过程中，较短的高分子链段会先受到拉伸，继而从基底或针尖上脱落，接着较长的高分子链段再受到拉伸。我们可以利用这一点，首先让压电陶瓷管做较小距离的扫描，使得较短的链段从表面脱落，然后逐步增大扫描的尺度，最后只有单个高分子链段受到拉伸，从而得到单链弹性性质。

2. 单链拉伸的判断标准

第一，从力曲线的“干净程度”我们可以进行粗略判断，如果在拉伸过程中所得力曲线的概率较小且力曲线较“干净”，即一条力曲线上只有一个力的响应信号，则该力曲线为单链拉伸的可能性较大。

第二，在实验过程中，如果连接于针尖和基底之间的桥联结构在回缩过程中没有发生断裂，那么就可以对该分子进行连续的拉伸和松弛操纵。对于没有分子间相互作用的高分子单链，其拉伸和松弛过程应该是可逆的，即拉伸-松弛曲线应该可以很好地重合在一起，见图 9-14[43]。

第三，归一化处理。通常在每次实验中所得的拉伸曲线的伸展长度是不同的，

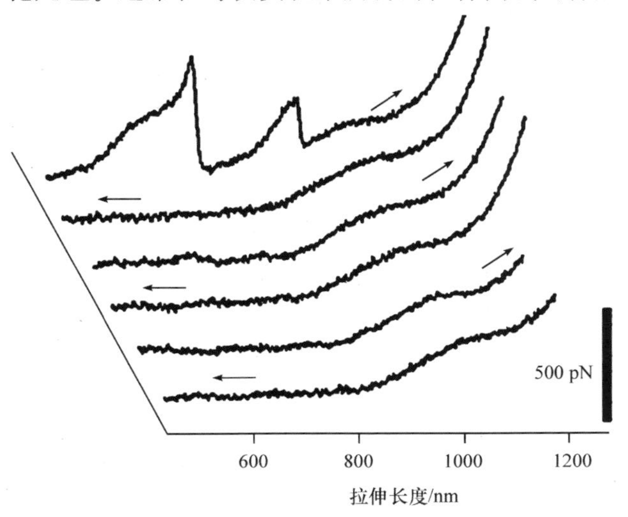

图 9-14　羧甲基化葡聚糖单分子的往复拉伸实验

注：拉伸/松弛曲线没有表现出滞后现象。为了更清楚地看看它们之间的差异，往复拉伸曲线被平移开来

而外力 F 与高分子链的相对拉伸长度 L_f/L_0 呈正比关系。其中，L_f 是在某一外力下的拉伸长度，L_0 是被拉伸的高分子链段的完全伸展长度。这样在同一个均一体系中，将具有不同拉伸长度的力曲线在某一相对伸长下进行归一化处理，如果是单链拉伸，那么这些归一化的力曲线应该可以很好地重合在一起。

第四，拟合参数。高分子单链力学性质可以用自由连接链模型(FJC)或蠕虫链模型(WLC)进行描述[38~42]。对体系中所得每条线都进行拟合，如果所得到的拟合参数，如库恩长度、链段弹性系数或相关长度都相同或非常相近的话，也可以说明是单链拉伸。

以上几个判据通常被同时使用，来确认是否单分子拉伸。

9.3 单分子力谱与超分子结构

9.3.1 生物大分子和一些合成高分子所形成的超分子结构研究

我们都知道，生物大分子通过形成高级结构来最终实现其生物功能。单分子力谱方法已经非常成功地被用于这种高级结构在单个分子水平上的研究。

9.3.1.1 螺旋结构和带有平台、拐点的力曲线

1. 长链 DNA 的拉伸

众所周知，在生物遗传过程中起重要作用的遗传物质——DNA，在生理条件下是以规整的双股螺旋形式存在的。利用基于原子力显微镜技术的单分子力谱方法，Rief 等[52]研究了具有不同碱基组成的 DNA 双螺旋的拉伸行为。图 9-15 是他们所得到的典型的力曲线，尽管 DNA 是以双股螺旋形式存在，具有较强的刚性，但是对于具有很高相对分子质量的长链 DNA 仍然可以无规线团形式存在。

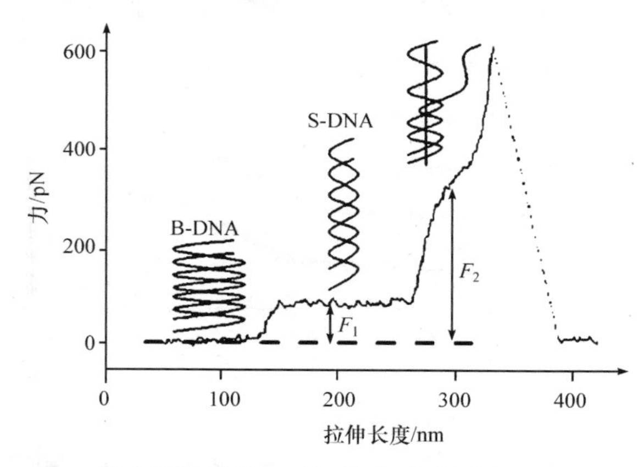

图 9-15 外力诱导下 DNA 的“熔融”转变示意图及相应的力曲线

因此,在低力区域所反映的是以无规线团形式存在的长链 DNA 的熵弹性。即 DNA 在外力作用下,从无规卷曲状态到伸展状态所引起的构象熵的减少而引起的弹性。经过进一步拉伸,他们发现 λ-噬菌体 DNA 的螺旋结构在大约 65 pN 的拉伸力作用下会发生一个协同展开过程(unwinding),这一过程被称为 B-S 转变,即 DNA 从 B 形态(B-DNA)转变为 S 形态(S-DNA)时,力曲线上出现了非常平的长平台。当施加的外力不高于平台区域的力值(65 pN)时,拉伸和松弛曲线可以很好地重合在一起,这表明这一平台区域的转变,是一个可逆的平衡过程(如图 9-16 所

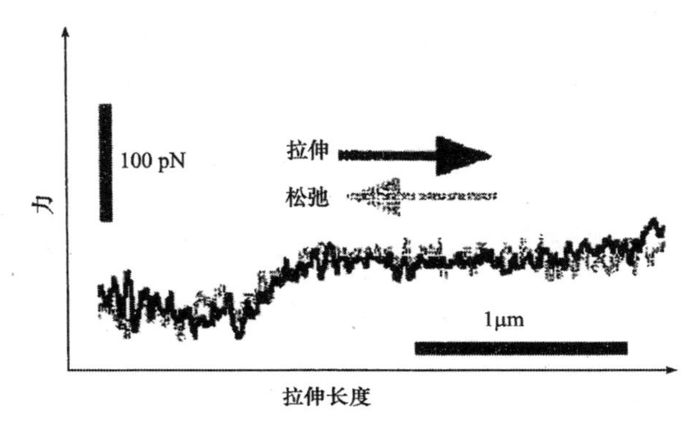

图 9-16　DNA 在平台转变区域的往复拉伸曲线

注:其中实线是拉伸过程;虚线是松弛过程

示)。此外,它不随拉伸速率的改变而改变。在这种 B-S 转变过程中,DNA 分子的长度有了明显的增加,可以达到其自然状态下长度的 1.5~2.0 倍。B-S 转变之后,进一步拉伸该双螺旋结构,会导致另一个转变——"熔融"(melting)的出现,如图 9-15 中在 F_2 处出现的"肩式"平台。该转变力具有拉伸速率依赖性,拉伸速率

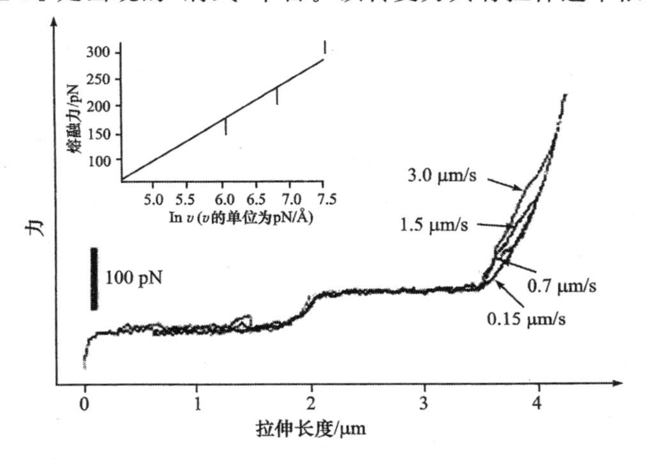

图 9-17　熔融力的拉伸速率依赖性

越大，转变力 F_2 越高。如图 9－17 所示，其中图内的插图是熔融力对拉伸速率(pN/s)的自然对数作图的结果。这些结果表明，这一熔融转变(melting transition)是一个非平衡态过程。在这一过程中，DNA 由复合在一起的双链结构劈裂成两条单链(见图 9－15)。研究还发现，这两条暂时分开的单链在外力撤销后(松弛)可以重新复合成原来的双股结构。研究还发现，这种恢复过程强烈地依赖在拉伸状态下所停留的时间。图 9－18 给出了单个 DNA 分子的一系列拉伸-松弛过程，从

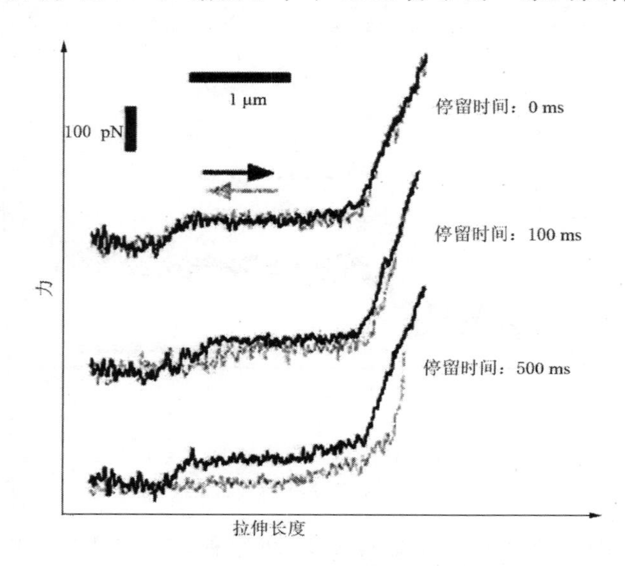

图 9－18　单个 DNA 分子的三个拉伸-松弛过程

注：每个过程中双链 DNA 分子被拉伸到熔融转变区域，然后停留在此位置一定时间，然后再松弛，让熔融的高分子链重新复合到一起

图中可以看到随着在较高熔融力区域停留时间的增加，拉伸-松弛曲线之间的滞后现象明显增大。这进一步证明，熔融转变过程是不可逆的耗散过程。他们还对具有 poly(dG-dC)和 poly(dA-dT)两种不同碱基组成的 DNA 分子进行了研究，结果发现 poly(dG-dC)的 B-S 转变力以及"融化"力都比 poly(dA-dT)的高。而且，对于 poly(dA-dT)平台区域的力值 F_3 在 35pN 左右，在平台转变之后没有观察到像 poly(dG-dC)那样的熔融转变信号。这是因为碱基 A-T 之间的作用力比较弱，因而双股螺旋的稳定性比 poly(dG-dC)或者 λ-DNA 要差，在螺旋的解缠结过程中，双链结构已经被破坏(发生了熔融转变)，如图 9－19 所示。

值得指出的是，以上讨论的情况中对应着这样一种情况：在拉伸过程中 DNA 的一股链段比较牢固地吸附到 AFM 针尖或者基底表面(或者被拉伸的 DNA 链段中存在一个不完整的缺口)，这样在拉伸过程中，由于螺旋结构解缠结所产生的扭曲力可以通过单股链段的旋转而比较充分地被消耗掉。相反，当 DNA 的双股链

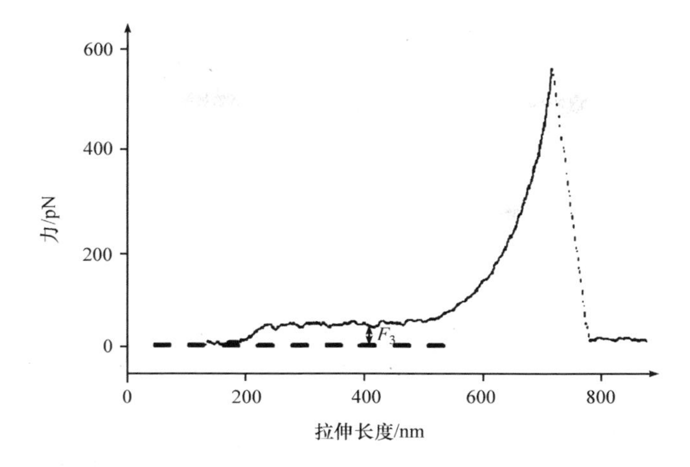

图 9－19 poly(dA-dT)的力-拉伸长度曲线

的一端(两条链)被牢固地吸附在针尖表面,而另外一端(两条链)被牢固地固定在基底表面时,在外力作用下 DNA 链发生解缠结作用所产生的额外应力无法被抵消掉,从而导致转变区域的转变力值增大。从统计的角度看,这种概率是比较小的。Clausen-Schaumann 等在他们的实验过程中发现,这种力曲线出现的概率小于 5%[53]。图 9－20 给出了一个这样的例子。

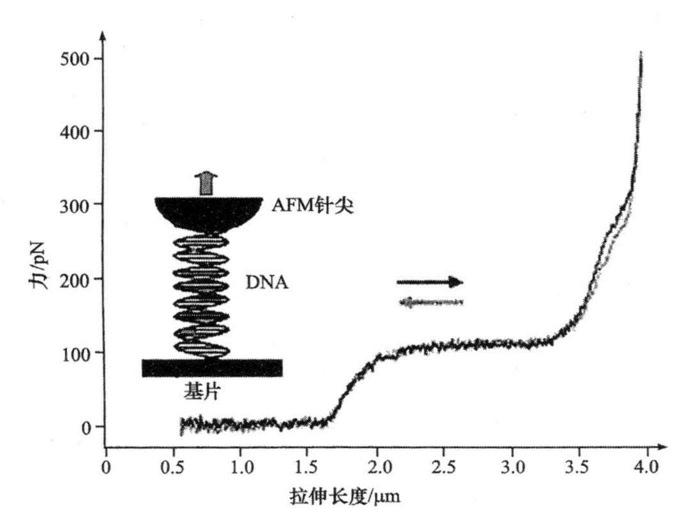

图 9－20 DNA 双螺旋的往复拉伸曲线(拉伸-松弛)

注:DNA 的双股链同时被固定到 AFM 针尖及基片表面,同时被拉起的 DNA 中没有缺陷。平台转变区域发生于 105 pN。由于两条链的两端都分别被固定,使得熔融转变后两条链的分离程度受到限制,从而使松弛曲线仍然可以很好地与拉伸曲线重合

Krautbauer 等研究了一种得到广泛应用的抗癌药物顺式-二氨基二氯化铂(顺铂)对 DNA 结构的影响[54,55]。以往的研究发现,该抗癌药物可以优先地与 DNA 中的鸟嘌呤中的 N7 原子作用,既可以在单股 DNA 链段内部又可以在双股链段之间形成交联结构[56~58]。Krautbauer 等将具有不同碱基组成的 DNA 分子与顺铂发生作用,然后再将该 DNA 分子连接于 AFM 针尖和镀金基底之间,以研究 DNA 纳米力学性质的变化。研究发现,无论是形成分子内的还是分子间的交联结构,都会使 DNA 的 B-S 转变过程的协同性大大降低。体现在力谱上为:原本在 65~70 pN处的长平台消失,取而代之的是一个缓慢上升的曲线。此外,两条拉伸和松弛曲线的滞后现象也变得比没加顺铂之前的减小了许多,尤其是在"熔融"转变区域,如图 9-21 所示。顺铂对于不含有鸟嘌呤的合成 DNA 分子,poly(dA-dT)-poly(dA-dT)的构象几乎没有影响,单分子力谱的谱图没有明显变化。由此,进一步证明药物分子的确是与 DNA 中的碱基 G 发生作用。药物分子的作用使得外力作用下两条链段永久分离(熔融)的概率大大降低,这可能也正是抗癌药物在生物体内发挥作用的可能机理,即通过抑制 DNA 链的分离过程抑制癌细胞的分裂。

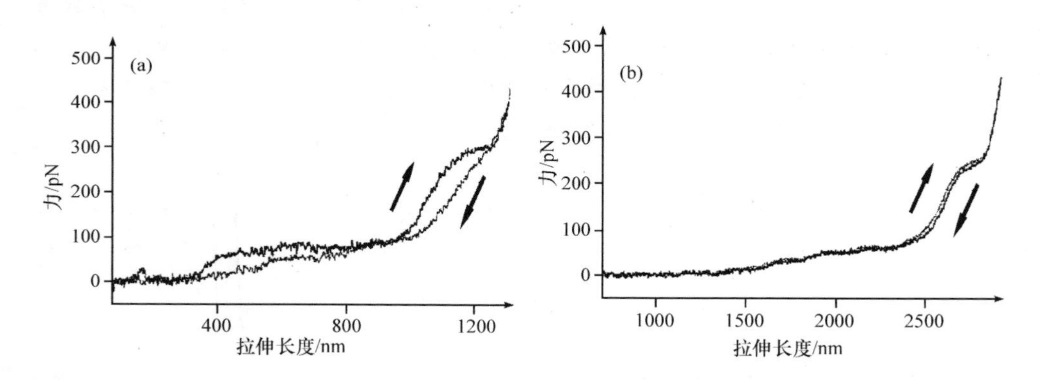

图 9-21 poly(dA-dC)-poly(dG-dT)与顺铂复合之前及复合之后的力学响应

(a) 复合之前;(b) 复合之后

2. 具有超分子结构的多糖的拉伸

除了 DNA 分子可以形成双股螺旋的超分子结构外,另外一类生物大分子葡聚糖也可以在溶液中形成超分子结构。如同 DNA 的研究一样,以往由于仪器检测技术的限制,人们只能采用非直接的手段,如圆二色谱,来观察这种规整的螺旋结构。利用基于 AFM 的单分子力谱,李宏斌等非常直接地研究了黄原胶(其主要成分是一种水溶性天然葡聚糖)的纳米力学性质[59]。这种树胶在磷酸盐缓冲溶液中会以多股螺旋结构的形式存在。图 9-22 给出了天然黄原胶在磷酸盐缓冲溶液中的拉伸曲线。从图可以看出,力曲线在大约 400 pN 的地方出现了一个类似 DNA 拉伸曲线中的长平台。研究发现:在拉伸过程中,当施加在链段上的力低于

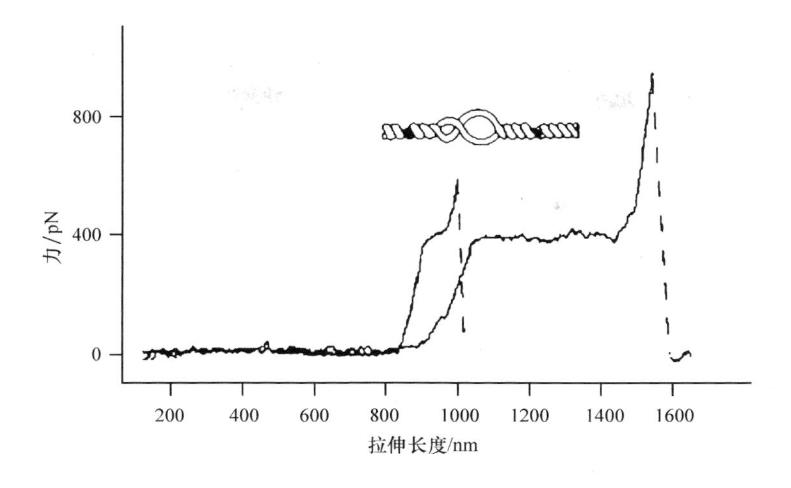

图 9-22　天然黄原胶在磷酸盐缓冲溶液中的两条典型拉伸曲线

400 pN(平台转变区域对应的力值)的时候,拉伸-松弛曲线可以很好地重合在一起,表明是一个可逆过程,如图 9-23 所示;而当外力大于或等于 400pN 的时候,松弛曲线体现出很明显的滞后现象,表明该过程是非平衡的耗散过程。作者将其归结为外力诱导的多股螺旋结构的劈裂。为了进一步验证曲线中的平台是由螺旋结构引起的,李宏斌等对天然的黄原胶进行了变性处理。通过升高温度使得它的多股螺旋结构被破坏,最终生成以无规线团形式存在的葡聚糖单个高分子链。变性后的黄原胶的力曲线只是一条单调上升的曲线,对应着无规线团结构的形变过程。

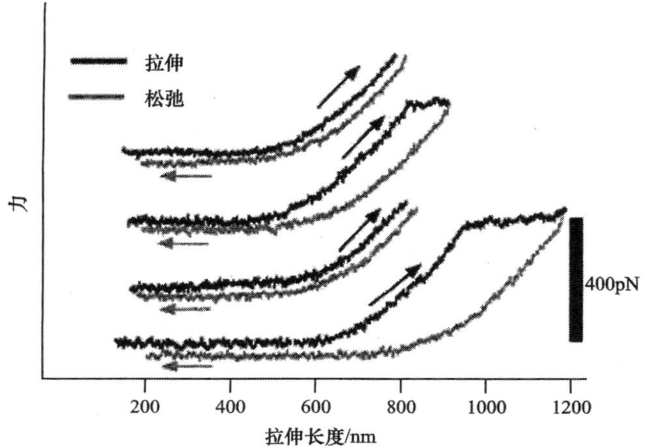

图 9-23　单个黄原胶分子的往复拉伸曲线

张希等还研究了另外一种天然角叉藻糖分子所形成的螺旋结构[60]。他们同样也得到了与上述体系很相似的的结果。图9－24给出了Iota型角叉藻糖在碘化钠存在的条件下的典型归一化力谱。在纯水溶液中,这种天然多糖只是以无规线团的形态存在,此时所得到的力曲线是单调上升的曲线,如图9－24中虚线所示。另外,关于Iota型角叉藻糖在0.1 mol/L碘化钠水溶液中的螺旋形态,一直存在着多股螺旋和单股螺旋的争议。我们的结果显示,平台转变区域以后的力曲线可以比较好地与无规线团形式的单链拉伸曲线重合到一起,这可能预示着它是单股螺旋结构。值得指出的是,Iota型角叉藻糖的主链上本来含有以α-1,4连接的吡喃糖环。对于这种连接方式的多糖,它在水溶液中的单链拉伸曲线上本应该存在一个"肩式"转变平台[43,61],但事实上,许巧兵等却没有观察到该平台存在[62]。原因在于在Iota型角叉藻糖的吡喃糖环上还存在一个由亚甲基和氧原子构成的桥联结构,该结构的存在限制了吡喃糖环的运动自由度,从而阻碍了糖环在外力诱导下椅式到船式的构象转变[62]。

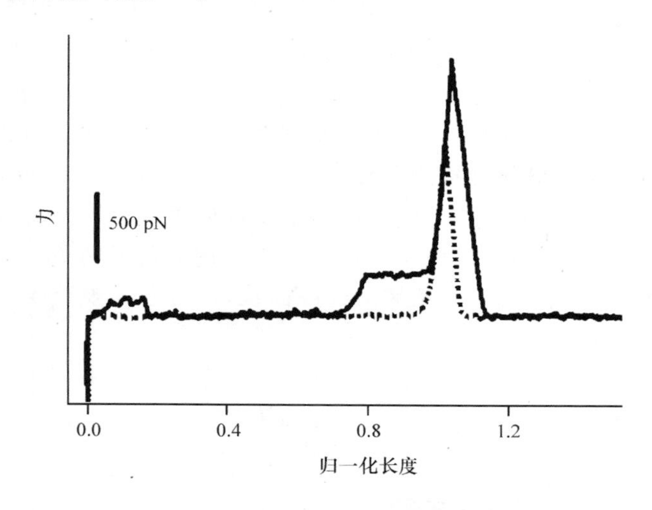

图9－24 Iota型角叉藻糖在0.1 mol/L碘化钠水溶液(带平台的实线)和纯水中(虚线)的典型归一化力曲线

3. 合成高分子聚乙烯醇的超分子结构

合成高分子同样也可以通过分子间相互作用形成超分子结构。聚乙烯醇是一种得到广泛应用的水溶性合成高分子。以往人们利用晶体衍射等方法发现间规聚乙烯醇可以通过氢键在固态形成螺旋结构,而对溶液中的形态研究较少。张希、李宏斌等最早利用单分子力谱方法研究了其在溶液中的行为[41]。力曲线在200 pN左右的区域出现了一个不连续的"拐点",如图9－25所示。此拐点被归结为螺旋结构的打开过程。通过向缓冲溶液中加入尿素作为氢键破坏剂,李宏斌等还发现,单个聚乙烯醇分子在 8 mol/L 尿素溶液中以无规线团形式存在，反映在力曲线上为拐点消失，整个曲线可以很好地被蠕虫链模型拟合[41]。另外，通过比较在 0.2 mol/L 的 NaCl 和 8 mol/L 尿素溶液中的力曲线，我们发现聚乙烯醇链在 NaCl 水溶液中的刚性要比在尿素溶液中的强，这表明它在水溶液中所形成的螺旋结构可能是一种多股螺旋。

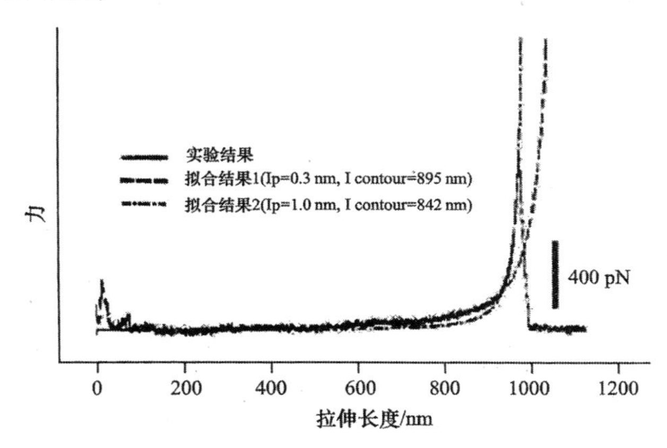

图 9-25 聚乙烯醇在 0.2 mol/L NaCl 溶液中的力曲线

9.3.1.2 蛋白质的折叠结构和锯齿状力曲线

蛋白质的折叠结构已为人们所熟知，人们利用其他光谱方法已经对其结构进行过研究，而对于这种折叠结构的稳定性以及折叠结构形成的推动力的直接研究仍然很少见。蛋白质的折叠结构，尤其是分子内折叠结构，对于其许多生理功能的实现(如肌纤维的收缩)具有重要作用。许多机械蛋白都具有一个通性，即它们的链内包含有靠分子内相互作用形成的多个独立的结构域。由于蛋白质折叠的能量形貌(energy landscape)是未知的，所以蛋白质的力学性质或折叠机理无法从热力学或结构分析得到。肌联蛋白分子是由 224 个 Ig—like 岛状结构和一定数量的无规线团结构共同构成的。每个结构域具有相当于 89～100 个氨基酸的长度。通过将蛋白质的两端分别连接于原子力显微镜的针尖和基底之间，人们可以直接“感受”到这种折叠结构的力学稳定性。Rief 等最早利用此方法研究了单个蛋白质分子内部所形成的折叠结构在外力作用下的伸展过程[63]。他们得到了含有类免疫球蛋白结构域的肌联蛋白的折叠结构被逐个打开的过程，图 9-26 给出了典型的力学谱图。

为了进一步验证这种锯齿形力曲线对应着的结构域打开过程，Rief 等又设计并构建了分别含有 4 个和 8 个折叠单元的 Ig4 和 Ig8。通过将这种结构确定的短链蛋白质的羧基(COOH)端修饰成巯基的基团，靠巯基与金之间的键合作用，将这

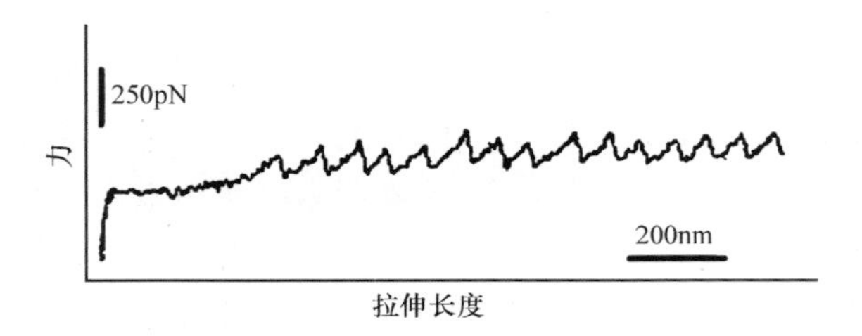

图 9-26　天然肌联蛋白分子在磷酸盐缓冲溶液中的典型拉伸曲线

种短链蛋白质固定到金基底上，再将蛋白质链的另外一端通过物理吸附固定到氮化硅的针尖上。考虑到肽链的另外一端只是通过物理吸附固定到针尖上的，因而作用位点并不确定，这样最终连结于针尖和基底之间的桥联结构所包含的结构域的数目应该小于或等于整个链中所包含的结构域总数(4 个或 8 个)。他们在实验中分别得到了最多含有 4 个和 8 个锯齿峰的力曲线，与以上所讨论的情况是相符合的。这一结果进一步验证了锯齿峰对应折叠结构依次被打开的过程[63]。图 9-27给出了这一过程的示意图。首先，链中以无规线团形式存在的肽链结构受到拉伸，得到如图 9-27 所示的箭头 1 和 2 之间的力学响应区域。当这种无规结构进一步被拉伸后，桥联结构中的结构域会受力，当外力作用超过对该结构有稳定作用的链内相互作用时，结构域便会迅速打开。由于结构域中包含有 89～100 个氨基酸的长度，所以结构域在外力诱导下打开以后，会导致作用在桥联结构上的应力突然松弛，微悬臂突然回复到未受力的状态。反映在力曲线上为图 9-27 中

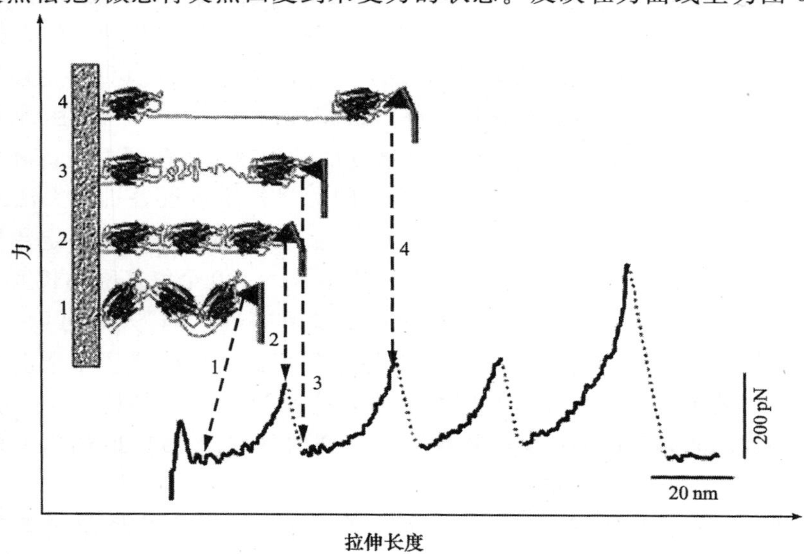

图 9-27　含有 3 个结构域的蛋白质在外力作用下依次被打开过程的示意图

箭头 2 和 3 所指区域。结构域打开的区域在进一步拉伸过程中将扮演无规线团的角色，此时整个链的拉伸长度会因原来折叠结构的打开而增加，箭头 1 和 4 之间的长度比 1 和 2 之间的有了增加，正好说明了这一点。当减少了一个结构域的桥联结构进一步被拉伸时，将导致另外一个结构域的打开，于是将会产生另外一个如箭头 4 所示的力学响应信号，如此重复下去，直到整个桥联结构中的结构域全部被打开（或者吸附在针尖上的蛋白质链脱落）为止。这样，最终所得到的力曲线就会形成图 9-26 和图 9-27 所示的锯齿形力曲线。由于这些结构域是以串联的形式与针尖和基底之间连接形成桥联结构，他们在拉伸过程中会同样地受力，而这些结构域中最薄弱的一个在外力作用下将首先被打开，接着第二、第三弱的结构依次被打开。所以，这些串联的结构域并不是从链的一端开始依次被打开，而是遵循由弱到强的规则。值得指出的是，尽管这些结构域含有相同的氨基酸组成、具有几乎完全相同的折叠微结构，但由于他们在缓冲溶液中会受到热扰动的影响，使得这些处于动态的结构域中总会有相对比较薄弱的结构存在，而这种相对薄弱的结构会在外力作用下最先被打开。

Rief 等还对连接于针尖和基底之间的由蛋白质构成的桥联结构进行了连续的拉伸和松弛研究。他们发现当拉伸完成后，再让针尖回复到拉伸之前的距离处，接着再次拉伸该蛋白质链，结果发现该蛋白质可以部分地重新折叠成原来的结构域。体现在力曲线上为在第二轮、第三轮拉伸过程中力曲线上有部分的锯齿状结构出现，如图 9-28 中(a)所示。如果在松弛过程中，作用在蛋白质分子上的外力没有完全消除，比如说只让被拉伸的分子松弛到原来拉伸长度的一半时，在随后的再次拉伸过程中力曲线上已经没有锯齿状信号的出现，如图 9-28(b)中的第三条力曲线（从上至下数）。而对于这样一个分子，如果再次让其完全松弛，即消除作用在其上的外力，那么在再次拉伸的曲线上又会重新出现锯齿状的信号，如图 9-28(b)中的第五条力曲线。

利用蛋白质工程技术，Fernandez 研究组将两种具有不同力学稳定性的结构域 I27 和 I28 串联起来，设计合成了具有不同结构域的多嵌段蛋白质，如图 9-29(a)所示[64]。通过对这种蛋白质的拉伸，他们得到了如图 9-29(b)所示的典型力曲线。值得指出的是，图 9-29(b)中的这条力曲线对应着图 9-29(a)中所示整个结构的完全拉伸。在整个力曲线中，出现了两种不同高度的力学响应信号。力曲线中在开始部分有四个 200 pN 的力学响应信号，它们对应着杂化结构中 I27 被逐个打开的过程，而随后在 300 pN 左右的四个力学信号对应着 I28 被逐个打开的过程。图中的最后一个力学响应信号是蛋白质分子从 AFM 针尖或基底表面脱落产生的。由图可以看出，尽管杂化结构中的两种蛋白质单元是交替排列的，但所得力曲线并没有体现出交替起伏的模式，而是得到了如图 9-29(b)所示的结果。这一结果再次表明，是结构域的力学稳定性最终决定了结构域的打开次序，而与他们的

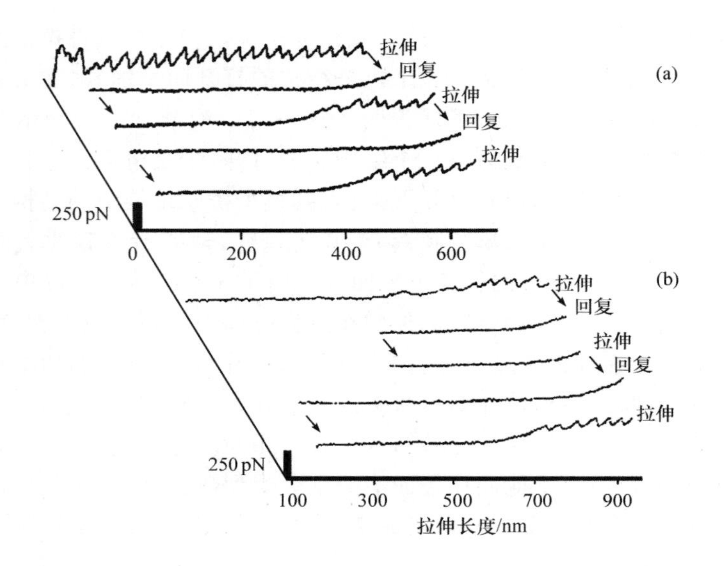

图 9-28　单个肌联蛋白分子的(往复)拉伸和松弛过程

(a) 完全松弛过程,图中带锯齿状的线是拉伸过程,不带锯齿的线是松弛过程;(b) 部分松弛过程[63]

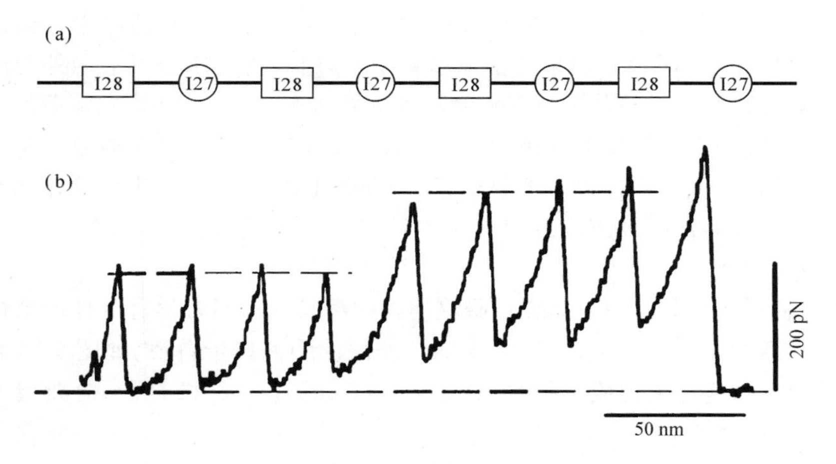

图 9-29　双组分杂化结构蛋白质的拉伸

(a) 串联杂化结构的示意图;(b) 典型的拉伸曲线

物理连接顺序无关。

此外,人们利用蛋白质工程技术还构建出具有相同亚基球蛋白结构的肌联蛋白[65～69]。由于这些特殊剪裁的蛋白质结构单一、明确,使得确切地研究蛋白质的折叠机理成为可能。借用类似方法,Marszalek 等[66]在研究 I27 模蛋白分子的拉伸过程中发现了解折叠中间态。这一中间态对应着对两个折叠链段起稳定作用的一对氢键的断裂过程。此外，Fernandez 研究组还研究了一种由基因工程所得的肌联蛋白类似物的力学和化学解折叠过程[64,68]。他们发现，这两种过程与自然状态下的折叠、解折叠过程很相似。由此人们预计，力谱可以用于在分子基础上确定基因疾病的力学表现型(mechanical phyenotypes)。

同其他蛋白相比较，膜蛋白更容易在磷脂双分子膜中保持其天然取向态，因此膜蛋白成为研究蛋白质折叠结构的理想体系。Oesterhelt 等[45]通过将 AFM 的高清晰成像功能和单分子拉伸功能很好地结合在一起，研究了一种膜蛋白分子——细菌视紫红质在膜中固定力的大小以及不同螺旋结构之间的解折叠过程，如图 9-30所示。

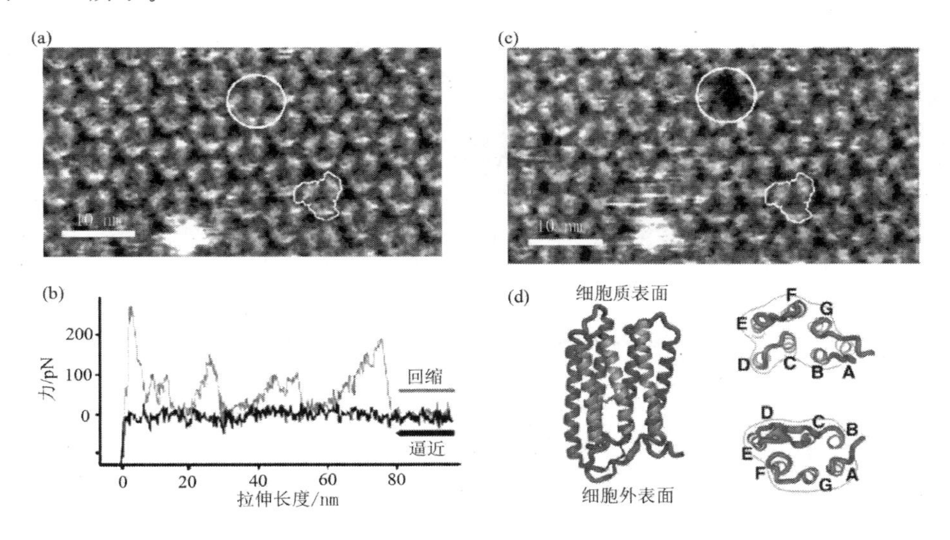

图 9-30　从天然紫膜中受控性地抽出单个细菌视紫红质分子(BR)

(a) 细菌视紫红质分子在细胞质表面一侧的高清晰的高度像；(b) AFM 针尖和蛋白质表面分离过程中产生了不连续的力学响应信号，针尖和基底之间形成的桥联结构的长度可以达到 75 nm，这一长度对应着一个 BR 分子完全解折叠以后的长度；(c) 不连续的黏附力学信号被记录以后，同一细胞膜表面被再次用 AFM 观察其高度像变化。注意，原来图(a)中的一个 BR 分子不见了，如图中圆圈所指；(d) BR 分子的三维立体图以及它在细胞质表面和细胞外表面的俯视图。螺旋 F 和 G 紧邻螺旋 A 和 B，从而可以对 A 和 B 起稳定作用

他们首先利用原子力显微镜的针尖探测到该膜蛋白分子，然后将其从膜中牵拉出来(膜中产生了空隙)，随后用针尖又探测到了空隙的存在，从而进一步验证了所得到的力学响应信号对应着 BR 分子从细胞膜中被牵拉出来的过程。这种膜蛋白分子中不同的螺旋结构在膜中的固着力在 100～200 pN 之间。在膜蛋白被从膜中牵拉出来的过程中，螺旋之间的折叠结构被打开。力谱揭示了解折叠路径的单

一性:螺旋 G,F 和 E,D 总是成对的解折叠,而螺旋 B 和 C 偶尔一个接一个地解折叠。通过对连接膜中螺旋结构的无规肽链进行切割,发现了解折叠路径单一性的原因是螺旋结构 B 被周围其他螺旋所稳定。

9.3.1.3　小分子参与形成的超分子结构

高分子除了可以通过其链间和链内的相互作用形成超分子结构外,还可以通过小分子(如水分子)的媒介作用形成超分子结构。聚乙二醇(PEG)就是这样一个高分子,它在水溶液中可以通过水分子的媒介形成一种螺旋结构。利用基于原子力显微镜的单分子力谱方法,Oesterhelt 等研究了这种超分子结构[34]。图 9-31

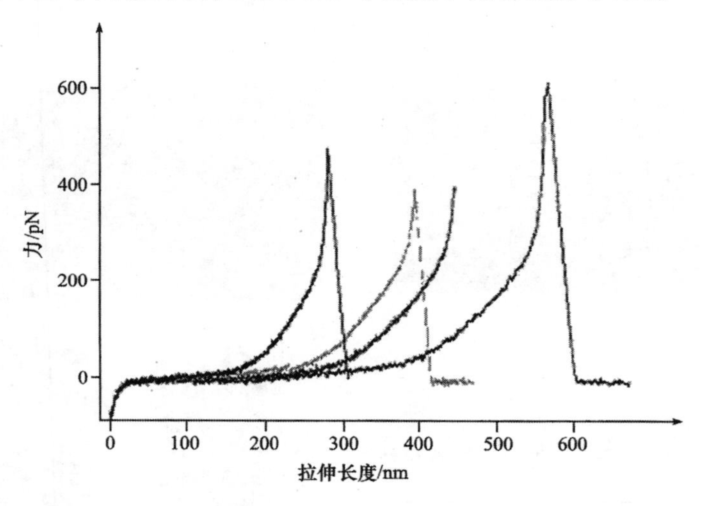

图 9-31　聚乙二醇在磷酸盐缓冲溶液中的典型单链拉伸曲线

给出了 PEG 在磷酸盐缓冲溶液中的典型拉伸曲线。这些力曲线体现出如下的典型特征:在力曲线的开始部分,力随着拉伸长度的增加缓慢增加,这与一般高分子链的熵弹性类似;在 100～200 pN 的区间,力随着拉伸长度的增加较快变化;在大约 250 pN 的地方出现了一个转变点,在这个转变点以后拉力的力值迅速增大。通过将聚乙二醇在磷酸盐水溶液和非水溶剂十六烷中的拉伸曲线进行归一化处理并叠加在一张图中(见图 9-32)后,我们可以更加清楚地看出它们之间的差别。在十六烷中所得到的力曲线,表现的是典型的无规线团形式的高分子链的拉伸,力曲线可以很好地被自由连接链模型拟合。聚乙二醇在磷酸盐水溶液中所得到的曲线却无法用传统的自由连接链模型拟合。作者采用了二阶段的拟合模型进行了拟合,此模型是建立在把该高分子链看成螺旋结构的基础上得到的,而此模型可以很好地拟合聚乙二醇在水溶液中的力学行为。这表明聚乙二醇在水溶液中不是以简单的无规线团的形式存在的,而是存在着某种螺旋超分子结构。

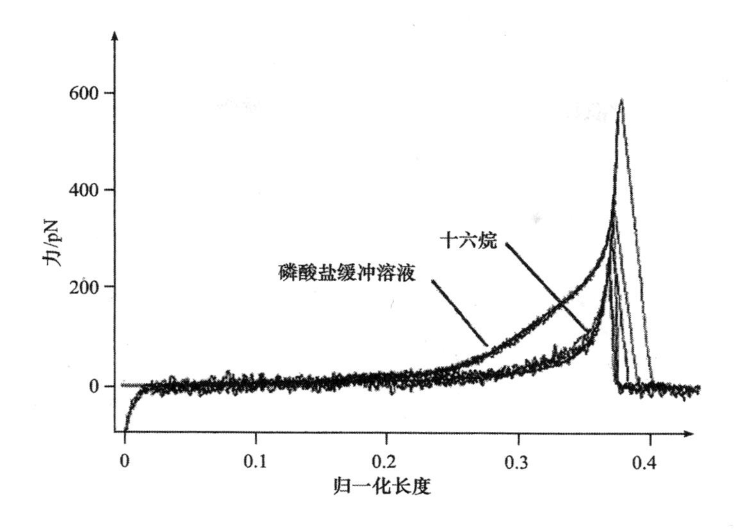

图 9-32　聚乙二醇在磷酸盐和十六烷缓冲溶液中的归一化力曲线

图 9-33 给出了聚乙二醇链在水溶液中的不同层次的力学响应。从图中可以看出,形变的第一个层次是发生在 10 nm 以上的形变,它对应着高分子链无规线团结构的打开,体现出熵弹性,这一层次发生在较低的力区,一般小于 100 pN;第二层次的力学响应过程发生在 1 nm 左右的长度区域,该过程中,原本由水分子和 PEG 分子所形成的超分子结构在外力作用下被破坏,高分子由螺旋结构转变为全反式构象(如图 9-34 所示),这一层次反映了超分子的分子识别过程;当高分子链被进一步拉伸,使得作用在高分子链上的外力达到 500 pN 以上时,会引起高分子

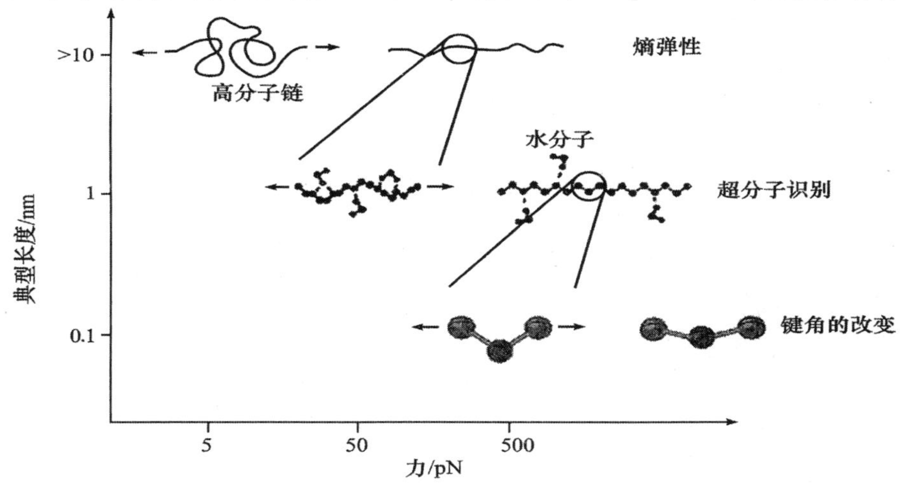

图 9-33　聚乙二醇链在水溶液中不同层次的力学响应示意图

主链上键角的变化,这是形变的第三层次。这一层次的变化发生在更小的长度范围内(一般在 0.1nm 附近),这部分的弹性体现的主要是焓的贡献。这三个层次的力学响应过程在图 9－31 中得到了很好的体现[34]。

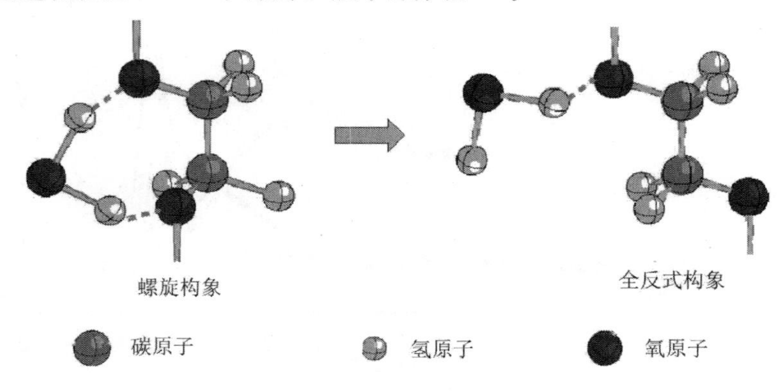

图 9－34 聚乙二醇链在水溶液中的第二层次的力学响应示意图

张希、张文科等发现,类似的实验现象也发生在另外一个水溶性高分子体系聚丙烯酰胺中。图 9－35 所示为聚丙烯酰胺在两种不同的缓冲溶液——去离子水和 8 mol/L 尿素溶液中归一化的力曲线以及改进的自由连接链模型拟合的结果[70]。从图中我们可以看出:聚丙烯酰胺在水溶液中的力曲线的中间区域无法用修改后的自由连接链模型拟合,这与聚氧乙烯在磷酸盐缓冲溶液的结果很相似;而当我们在 8 mol/L 尿素溶液中进行同样的实验的时候,我们发现所得到的力曲线可以很好地用自由连接链模型拟合,而原来在水溶液中出现的无法拟合的区域已经消失。

Tanaka 等利用核磁共振方法研究了聚丙烯酰胺在重水中的超分子结构,发现聚丙烯酰胺在水溶液中依靠自身分子内氢键的作用形成了超分子结构。他们指出,聚丙烯酰胺在水中所形成的超分子结构不是规则的螺旋结构而是不规则的超分子结构[71]。由此我们认为,聚丙烯酰胺在水溶液中形成了超分子结构,在尿素这一很强的氢键破坏剂的作用下,这种依靠氢键作用稳定存在的超分子结构被破坏了,结果导致了聚丙烯酰胺在两种不同缓冲溶液中的力学响应的不同。在聚乙二醇体系中,水分子与主链上的氧原子之间相互作用形成了以螺旋形态存在的超分子结构。在我们现在的体系中,这种依靠水分子做媒介(例如,水分子上的氢原子与酰胺键上羰基之间的作用)的超分子结构仍然有形成的可能性。聚丙烯酰胺在纯水和尿素溶液中所得到的力曲线在归一化后,在高力区域可以很好地重合在一起,表明在水中所形成的超分子结构是由单个高分子链形成的,这不同于前面讲到的聚乙烯醇的情况[41]。

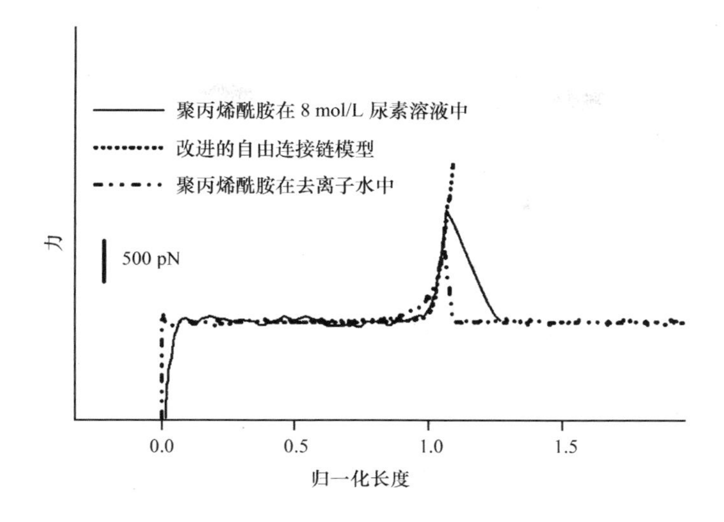

图 9－35　聚丙烯酰胺在去离子水和 8 mol/L 尿素水溶液中归一化的力曲线比较和改进的自由连接链模型的拟合结果

9.3.2　特异性相互作用的直接测量

9.3.2.1　给受体相互作用

在单个分子水平上对分子间相互作用强度的研究是传统的热力学及统计方法无法实现的，而纳米、皮牛顿尺度检测仪器的出现使得这一梦想得以实现。利用这些检测方法，人们可以直接地测得单个键的强度。基于原子力显微镜技术的单分子力谱方法早在 1994 年就被用于生物素(biotin)配体分子和抗生物素蛋白(avidin)受体分子间相互作用的研究中[72]。

在实验过程中，一层生物素分子被固定于 Si_3N_4 针尖上，抗生物素蛋白分子通过特异性识别作用结合在生物素分子上。用表面修饰有生物素配体分子的琼脂糖颗粒与结合了抗生物素蛋白分子的针尖相接触，当针尖进一步逼近琼脂糖颗粒时，抗生物素蛋白分子的另两个亲合位点与生物素分子发生配体-受体识别并以特异性作用而相互结合；当针尖远离琼脂糖颗粒运动时，这种黏滞力使悬臂发生偏转，随着悬臂弯曲度增大，针尖与颗粒间相互作用受到不断拉伸，直至这种作用断裂，如图 9－36 所示。为了能够测量出单个生物素-抗生物素蛋白分子对的配体-受体相互作用力的大小，他们把大部分琼脂糖颗粒上的生物素分子先用抗生物素蛋白分子结合上，再进行力扫描实验，这样在每次扫描过程中抗体一抗原的作用对数就有效地减少了。在这种条件下，他们得到多个可区分的力扫描信号，如图 9－37(a) 中 B、C 所示，其中 C 为放大的结果。

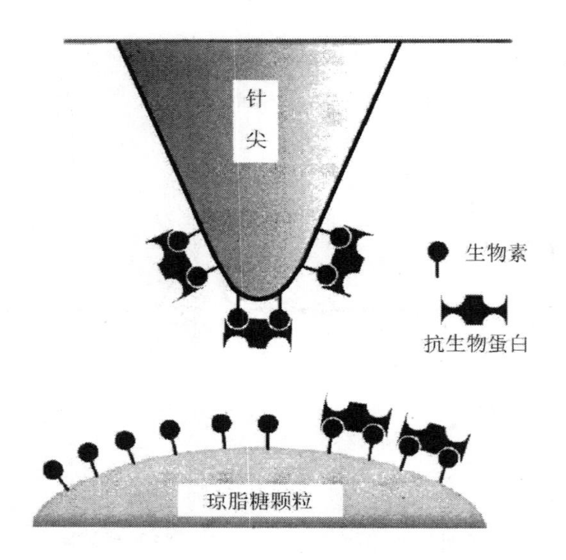

图 9－36 抗生素蛋白修饰的 AFM 针尖和生物素修饰的琼脂糖颗粒示意图
注：图中琼脂糖表面的生物素分子被抗生素蛋白分子部分地屏蔽掉(封端)

将所有实验得到的多个力值进行统计分析，得到图 9－37(b)中 A。对统计结果进行校正，得到图 9－37(b)中 D。经数据分析得出，在力曲线上的多个信号中，最后的力信号，即最后一个断裂力的信息为单个配体-受体间的相互作用。因此得到生物素-抗生素蛋白(biotin-avidin)的单个受体-配体对的作用力为(160±20) pN。图 9－37(b)中 B、E 是相对于脱硫生物素-抗生素蛋白(desthiobiotin-avidin)的相互作用力统计结果，为(125±20) pN；C、F 为相对于亚氨基生物素-抗生素蛋白(imino-biotin-avidin)的作用，为(85±15) pN[72]。

随后，Allen 等[73]又用类似方法研究了一种铁蛋白与其抗体之间作用力的大小，Hinterdorfer 等[74]研究了另一种抗原和抗体之间的结合力。类似的研究还有 Reinhoudt 和 Vancso 等报道的关于主-客体相互作用的单分子力测量[75]。他们测定二茂铁-β-环糊精复合体系的断裂力为(56±10) pN。

以上这些较早期的研究存在一个弊端，即由于所研究的分子与针尖或者基底表面之间的距离很近，结果导致针尖和基底之间出现很强的黏附信号(通常发生在力曲线的开始部分，0～100nm)，可将实验结果掩盖。克服这个问题的方法是增大待研究分子与针尖或基底表面之间的距离，这可以通过在它们之间引入长间隔基(spacer)得以实现。

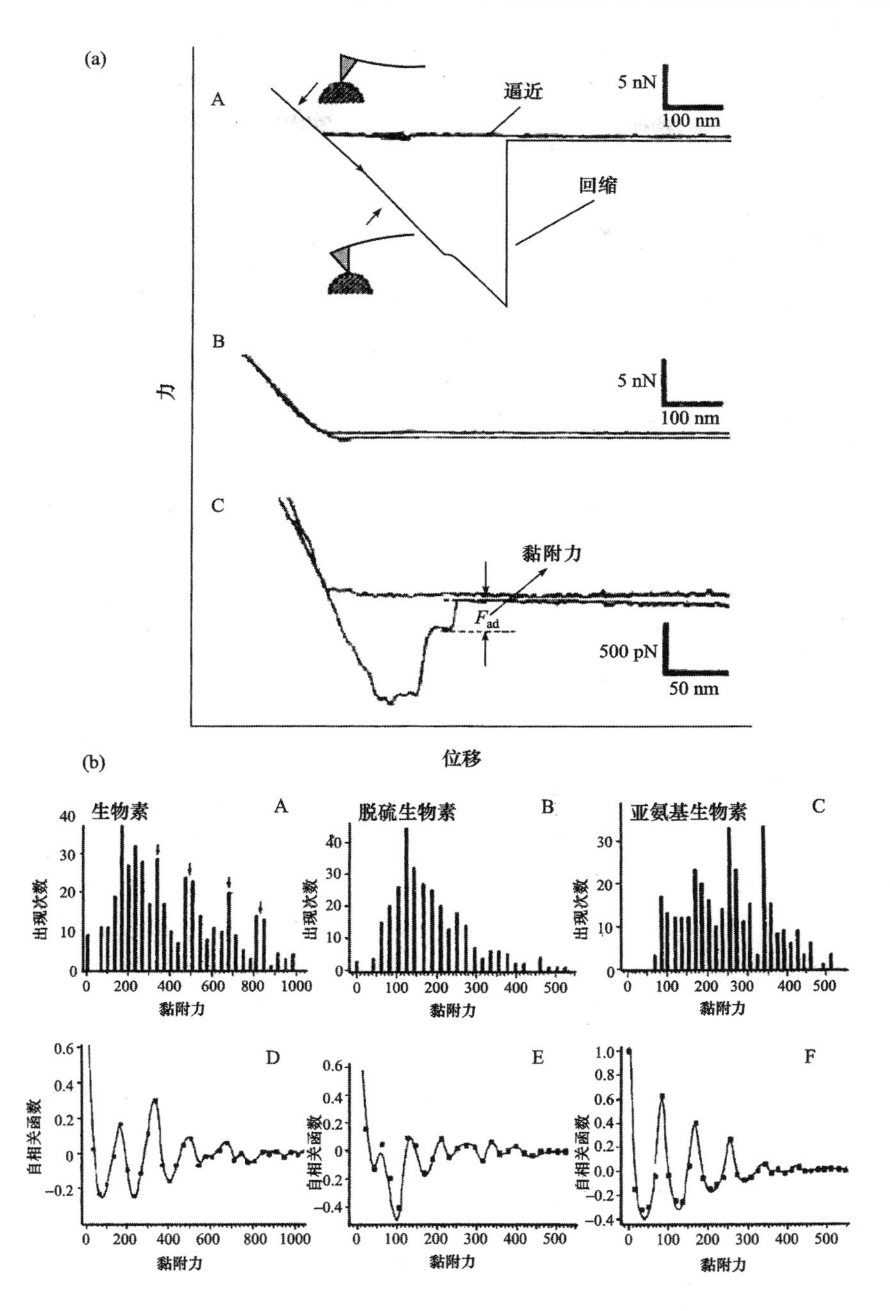

图 9－37　(a) A 抗生素蛋白修饰的针尖与生物素分子修饰的琼脂糖颗粒之间直接作用后得到的逼近和回缩曲线；B,C 琼脂糖颗粒表面的生物素分子被部分屏蔽掉后所得到的力曲线；(b)抗生素蛋白与生物素、脱硫生物素和亚氨基生物素的力学统计分布图和自相关统计分析

9.3.2.2 离子配位相互作用

Conti 等用 AFM 研究了二价镍离子/氮基三羧酸酯复合物(Ni-nta)与组氨酸(His)二聚体及六聚体标记的蛋白质分子之间的离子配位相互作用[76]。在他们的研究中引入了间隔基团,如图 9-38 所示。组氨酸二聚体及六聚体通过肽链连接到镀金的 AFM 针尖上,而 Ni-nta 则通过一段羧甲基化的葡聚糖链段固定在基片

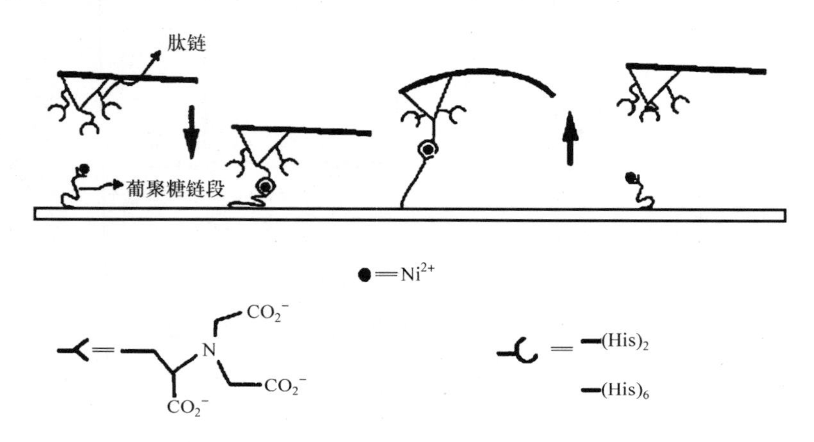

图 9-38 配位键强度的测量过程示意图

上。经过这样精心设计以后,Conti 等得到了如图 9-39 所示的力曲线。我们可以看到,由于间隔基的引入使得配位键断裂时所得到的信号"平移"到了距离拉伸起点足够远的地方,这样就可以消除包含针尖和基底之间非特异性相互作用在内的复杂的黏附信号[如图 9-37(a)所示的那样]对目标力学信号的干扰。另外,由于羧甲基化的葡聚糖的单分子力学谱在 300 pN 左右存在一个转变平台[43,77],如图 9-39中的箭头所指,因此这一指纹信息可以用来作为单个配位键检测的一个判据。也就是说,在实验过程中,如果所得到的力曲线在 300 pN 左右存在一个转变区域,那么最终所得到的力学(断裂)信号就很可能对应着单个配位键的断裂。

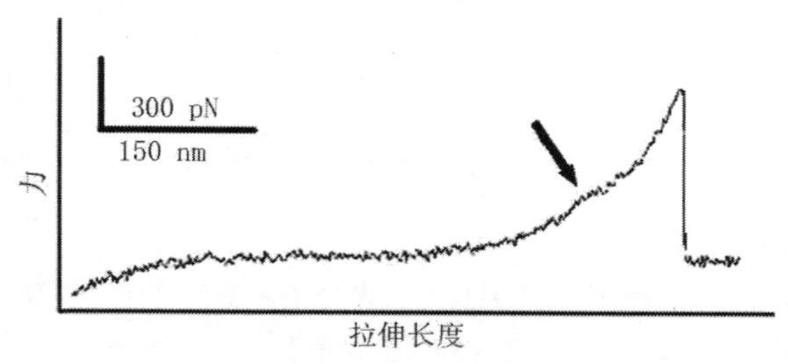

图 9-39 典型的拉伸曲线

否则,如果平台出现在更高的力区域,就不是对应单个键的行为。图 9-40 是他们所得到的配位键合强度的柱状图。从图中可以看出两种情况所得到的力值分布都比较宽。组氨酸(His)二聚体与 Ni-nta 作用的最可几力值在 350 pN 附近,而六聚体则出现在 500 pN 附近。

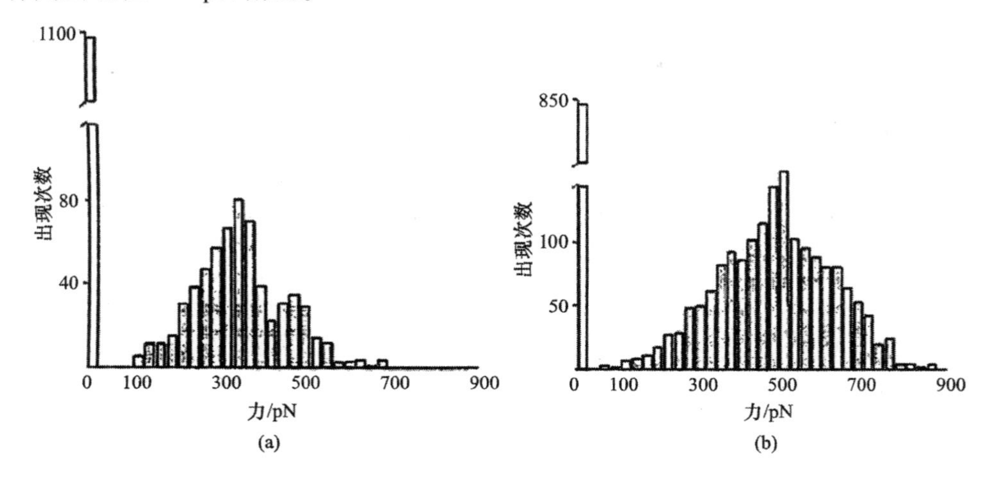

图 9-40 以 Ni-nta 修饰的基底,与(a) 组氨酸(His)二聚体及(b)
组氨酸六聚体标记的蛋白质之间所形成的配位键的所有断裂力力值分布的柱状图[76]

由于所选用的葡聚糖间隔基的羧甲基化程度不均一等弊端,导致了该体系中所得力曲线不能很好地归一化,再加上较宽的断裂力分布,作者认为他们的实验条件还有待进一步优化,所得实验结果只能作为这两种配位作用之间的定性比较,而不应该视为单个配位键强度的绝对值。

9.3.2.3 互补的核酸齐聚物之间的相互作用

互补核酸链之间相互作用的研究一直是一个研究的热点。这是因为对这种相互作用机理的研究,有利于深化人们对生命基本过程,如 DNA 的复制和细胞分裂过程中染色体的分离等的认识。单分子力谱方法可以有效地用于这种相互作用的研究,与其他研究方法相比,力谱方法更加直接和直观。

1. 外力诱导核酸链的熔融

在互补核酸链两条链的两端分别施加一个外力 F 而导致以双股螺旋结构存在的 DNA 分离成两条单个链的过程,称为外力诱导 DNA 熔融(如图 9-41 所示)。力 F 就称为熔融力,该力的大小反映了螺旋结构的力学稳定性。Lee 等最早尝试利用 AFM来研究互补 DNA 链段之间的作用力[78]。尽管他们的实验结果与后来的研究结果之间存在较大的差异,但是他们开拓性的工作为后来从事这一研究的其他研究人员提供了很好的思路。Strunz 等比较系统地研究了分别含有 10,20 以

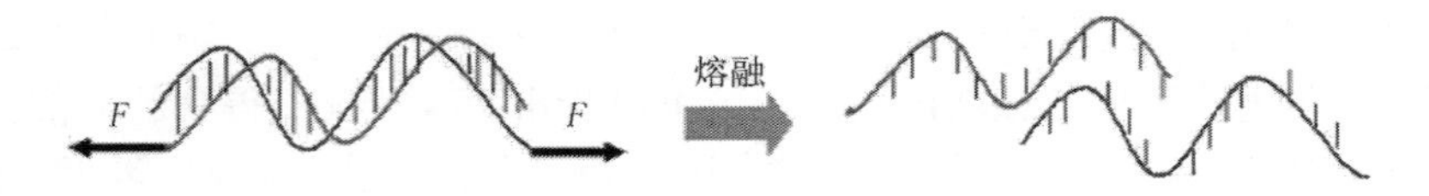

图 9-41 外力诱导 DNA 熔融示意图

及 30 个碱基的互补 DNA 链之间的相互作用[79]。同样,为了避免针尖与基底之间的非特异性相互作用对待测信号的干扰,他们分别在 DNA 链与基底和针尖表面之间引入了聚氧乙烯间隔链段,如图 9-42 所示。实验过程中,互补的 DNA 链段

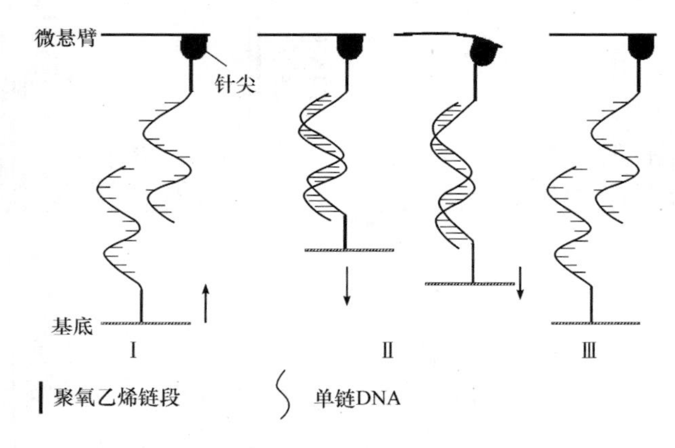

图 9-42 利用基于 AFM 的单分子力谱方法研究互补 DNA 链熔融力大小的实验过程示意图

通过聚氧乙烯链段分别被连接到针尖和基底表面,通过压电陶瓷管的运动,互补链相互接近(过程Ⅰ),当互补链之间的距离足够近的时候,它们就会通过分子识别作用复合到一起形成双股螺旋结构;当压电陶瓷管向远离针尖的方向运动时,首先是较软的聚氧乙烯链段受到拉伸,接着 DNA 链段受力并最终发生分离(过程Ⅱ和Ⅲ)。利用此方法,Strunz 等得到这些具有不同碱基数目的互补 DNA 链在 16～4000 pN/s 拉伸速率下的熔融力在 20～50 pN 之间。他们还发现,这些熔融力的力值与拉伸速率的常用对数成正比。随后,这个研究组又研究了温度对熔融力大小的影响以及相应理论上的分析[80]。新近类似的研究还有 Pope 等做的含有 10 个碱基的互补 DNA 链之间的相互作用[81]。最近,张文科等还研究了一种新核酸 LNA(locked nucleic acid)的引入对 DNA 螺旋结构力学稳定性的影响[82]。这种核酸含有与 DNA 非常相似的主链结构,而不同之处在于它的糖环上又引入了一个由乙氧基构成的环状结构,图 9-43 给出了这种新的核酸与天然核酸的一级结构比较。从图中可以看出,LNA 的主链结构与 DNA 和 RNA 的基本一致,这预示着 LNA 碱基的连接方法与 DNA 和 RNA 的基本相同。研究表明,LNA 的碱基可以

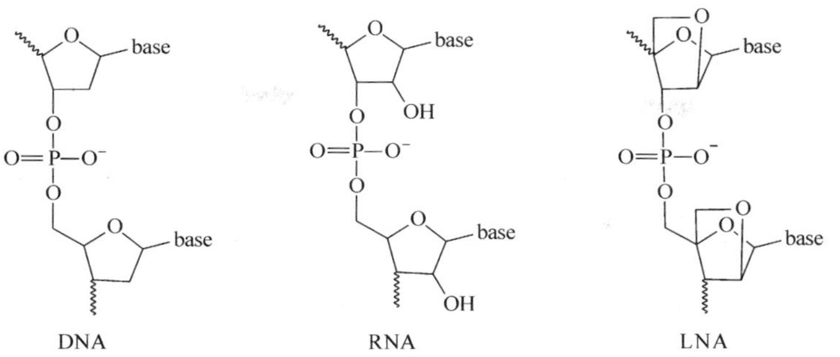

图 9－43 DNA，RNA 和 LNA 主链结构的比较

以任意比例嵌入到 DNA 或 RNA 链中，LNA 链以及 LNA-DNA，LNA-RNA 嵌合体之间也可以形成双股螺旋结构。这种由于额外的氧桥的存在，会使糖环的运动自由度受到限制，因而将这种碱基引入到 DNA 的双螺旋中，会使螺旋的热力学稳定性得到提高。利用基于 AFM 的单分子力谱，张文科等研究了 LNA 碱基的引入对含有不同碱基数目的 DNA 互补链的力学稳定性的影响。研究结果表明，LNA 碱基的引入使得螺旋结构的力学稳定性有了较大的提高，这体现在所测熔融力力值的增加上。另外，研究还发现，这种效应在较短的 DNA 双螺旋中更加明显。值得指出的是，在此研究中，所用的 LNA 并不是纯粹的 LNA，而是 LNA 碱基部分取代了 DNA 的碱基，即在 LNA15 聚体中共含有 5 个 LNA 的碱基，而 LNA30 聚体共含有 10 个 LNA 碱基。由以上的研究结果可以看出，LNA 碱基的确使螺旋的力学稳定性有了较大提高，这也从另外一个侧面反映出这种新型的核酸在作为抗癌药物方面的潜在应用[83]。

2．外力诱导核酸链的解拉链作用

1）DNA 的解拉链力(unzipping force)研究

核酸的双链结构在外力作用下可以发生两种可能的模式变化。一种就是前面所提到的熔融转变，另外一种是外力诱导的解拉链作用(unzipping)，如图 9－44 所示。

Essevaz-Roulet 等较早利用玻璃纤维微针尖技术来研究这种转变过程[84,85]。他们先把一段较短的 DNA 链段的一端固定到基底表面(连接分子 A)，再在待研究的 DNA 两条互补链中的一条的一端上面修饰上与连接分子 A 互补的一段 DNA 链段(连接分子 B)。通过连接分子 A 与 B 的作用，把待研究的单链 DNA 固定到基片上。另外一条与之互补的 DNA 链的一端被固定到与玻璃纤维相连的聚苯乙烯小球表面，如图 9－45 所示。利用这种多步的固定技术，他们最终得到了互补 DNA 链的这种解拉链作用的作用力大小在 10～15 pN 之间，并发现这种作用力在其仪器所能达到的拉伸速率范围内(20～800 nm/s)是没有拉伸速率依赖性的。此外,这种力学信号的大小与互补链中的碱基种类以及 GC 和 AT 的含量有着密切关系。

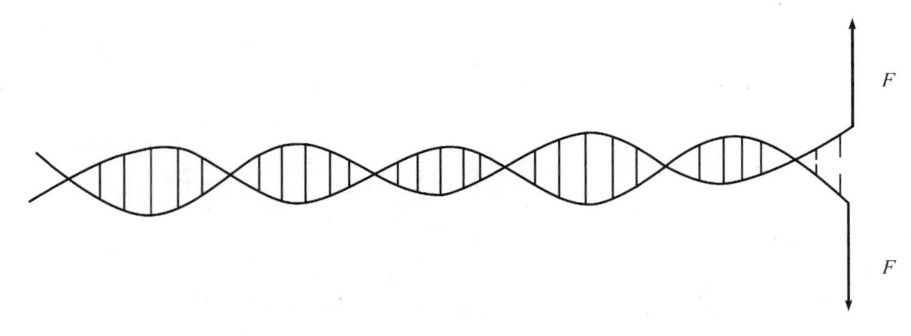

图 9-44　外力诱导核酸解拉链作用的示意图

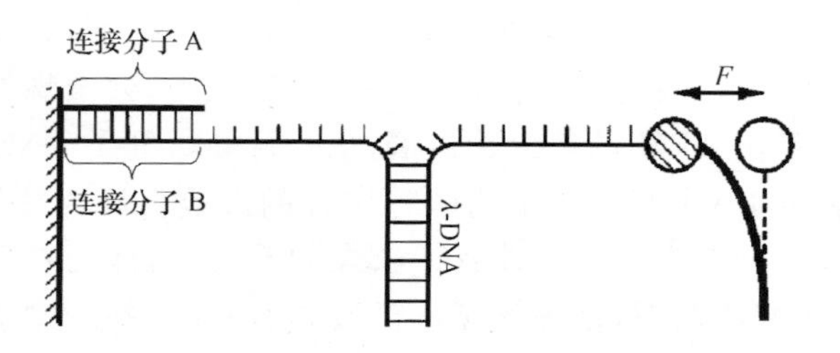

图 9-45　利用基于玻璃纤维探针技术研究 DNA 解拉链作用的示意图

随后,Rief 等巧妙地利用这种拉伸诱导长链 DNA 分子在“熔融”后会依靠自身分子内碱基对相互作用形成发夹状结构(hairpin structure)的性质,测得了 poly(dG-dC)和 poly(dA-dT)的解拉链力分别是(20±3)pN 和(9±3)pN(见图 9-46)[52]。图 9-46 右图中给出了 poly(dG-dC)在三个连续拉伸一松弛过程(从上至下)所得的力曲线,其中第一个过程中主要是该 DNA 分子在外力诱导下发生的 B-S 转变,体现在力曲线上为 65 pN 左右的一个长平台[详见前面 9.3.1.1 中 1. 的讨论],这个平台转变基本上是可逆的。

在第二个拉伸-松弛过程中,由于所施加的外力很大,结果导致原来的互补链熔融。在随后的松弛过程中,由于被分离开来的单股 poly(dG-dC)链段也可以通过自身分子内的碱基配对作用形成发夹式的结构,这个过程体现在力曲线上,为松弛曲线在 20 pN 左右出现了另外一个平台。通过比较发现,在过程(2)中由发夹结构打开所引起的新平台的长度 δ_{hp}的数值是 B-S 转变区域长度减少值 $\delta_{B\text{-}S}$ 的二倍。这一现象与外力诱导的 DNA 链的熔融转变和解拉链作用所引起的长度变化的不同是相对应的。在解拉链作用中,每打开一个碱基对所引起的长度的增量,是熔融转变过程相应增量的二倍。另外一个比较有趣的现象是,在第三个往复拉伸过程中,位于 20 pN 左右的平台区域的长度有了增加,而位于 65 pN 左右的平台的长度

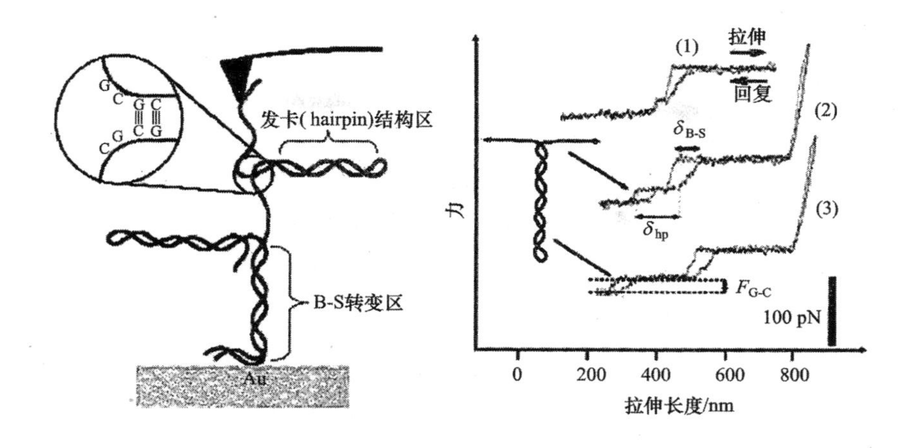

图 9-46　DNA (poly(dG-dC)碱基之间作用力的直接测量示意图(左)
以及所得到的典型力曲线(右)

却减小了。这表明,图 9-46 右图中的 DNA 链被进一步地熔融了,从而使可形成发夹结构的单股链段的长度相应增加。即发生解拉链作用的部分增多了,而与之对应的可发生 B-S 转变的双链结构的长度减少了。基于同样的实验原理,Rief 等还得到了 poly(dA-dT)的解拉链力在 9 pN 左右。考虑到这种解拉链作用具有碱基种类和碱基次序的依赖性,Essevaz-Roulet 和 Rief 等所测力值的差异是可以理解的。

2) RNA 的解拉链/解折叠力(unzipping /unfolding force)研究

我们都知道,RNA 在生物体中的功能(如催化作用)是通过其自身折叠形成的高级三维结构来实现的。然而,由于这些折叠所形成的高级结构具有不同的种类而且折叠的路径也不尽相同,因此很难通过对体相性质的测量而推导出单个分子的行为。基于光学镊子的单分子力谱方法已经被成功地用于研究由 RNA 分子所形成的高级折叠结构[86]。Liphardt 等利用光学镊子方法研究了三种具有不同折叠结构的 RNA 分子 P5ab、P5abcΔA 以及 P5abc[如图 9-47(a)所示]的解拉链(解折叠)行为。这三种分子通过 RNA/DNA 之间所形成的互补把手结构(RNA/DNA handle)以及给受体(生物素/抗生素蛋链菌素,毛地黄毒苷/抗毛地黄毒苷)之间的特异性识别作用连接到两个微球的表面之间,这两个聚苯乙烯微球中的一个被捕获(trapping)在光学镊子中,另外一个被毛细管吸住,毛细管与压电陶瓷管相连,这样 RNA 分子就可以被拉伸研究。

当 DNA/RNA 所形成的互补把手结构被拉伸的时候,力信号随着拉伸长度的增加单调上升[如图 9-48(a)所示];而当把手结构与 P5ab RNA 同时被拉伸的时候,力曲线的连续性在 14.5 pN 的地方被打断,出现了一个长度为 18 nm 的平台

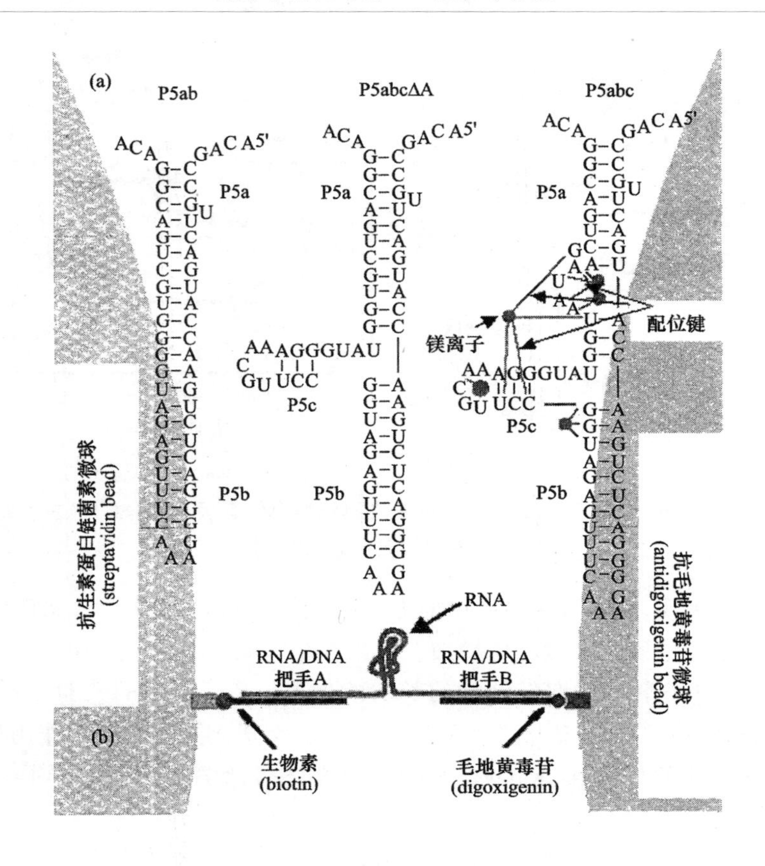

图 9－47 (a) P5ab、P5abcΔA 以及 P5abc 的碱基序列和二级结构；
(b) RNA 分子被连接在两个 2 mm 的聚苯乙烯微球之间[86]

[如图 9－48(b)所示]，这个长度与该发夹结构 RNA 完全伸展开时的长度是一致的。同时，14.5 pN 的转变力与前面提到的 DNA 分子的解拉链力是非常接近的。P5ab 在外力作用下发生了从折叠结构到解折叠结构(伸展结构)的转变，或者由伸展结构恢复到原来的折叠结构，这个过程在 10 ms 的时间内完成。力曲线中没有中间状态，拉伸和松弛曲线几乎相同，表明实验是在热力学平衡状态下完成的。折叠/解折叠力之间的微小差别反映了热力学上易于发生的过程的随机性本质，这一点也与 Liphardt 等的理论拟合结果相一致[86]。这个研究组从他们所得到的力曲线发现，在平台转变区域中 1 pN 的转变力区间里，P5ab RNA 分子的长度在两个长度值之间跳跃[如图 9－48(d)所示]。他们通过在该分子上施加一个恒定外力，对这种双稳态行为进行研究。通过控制两个微球之间的距离，可以达到对施加在 P5ab RNA 分子上的外力进行调控。在单个 P5ab RNA 分子被折叠/解折叠过程中，具有发夹结构的分子长度在 18 nm 范围内突跃变化。在拉伸实验中，两种状态

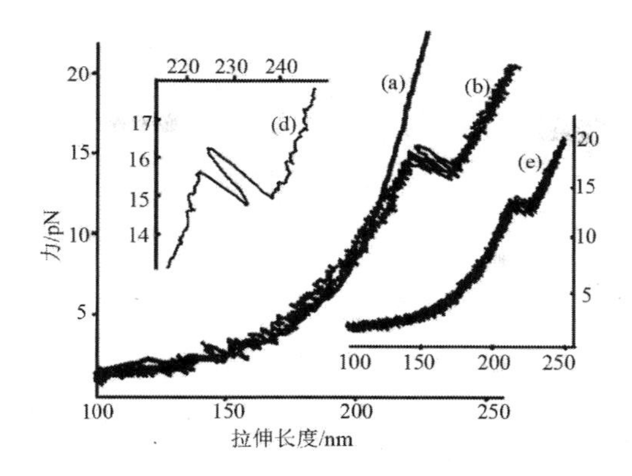

图 9－48　(a) RNA-DNA 把手结构的拉伸曲线；(b)含有 P5ab RNA 发夹结构的典型拉伸曲线，实验是在 10 mmol/L 的镁离子缓冲溶液中进行的，图中是拉伸和松弛曲线叠加在一起的结果。图中左侧插图中的曲线 (d)为曲线(b)放大后的结果，从曲线可以看到平台区域的突变过程。右侧插图(e)为 RNA 发夹结构在不含镁离子的缓冲溶液中的拉伸结果

之间的转变是非常快的(小于 10 ms)，并且不存在中间态。作者通过增加作用在 RNA 分子上的力，使折叠/解折叠之间的平衡态向着解折叠(unfolded state)的方向移动，从而达到对 RNA 折叠的热力学和动力学的实时直接调控，如图 9－49 所示。在外力从 13.6 pN 增加到 14.6 pN 的过程中，RNA 分子在伸展、解折叠状态的停留时间明显增长，而在折叠状态的停留时间变短了。他们还发现，镁离子对转

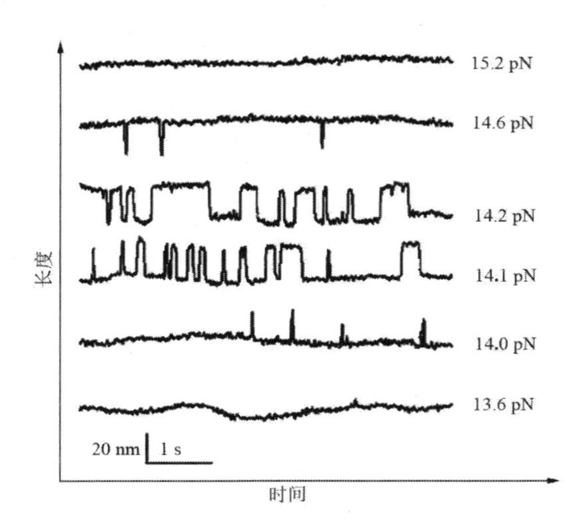

图 9－49　P5ab RNA 分子在 10 mmol/L 镁离子溶液中，在不同恒定外力下，长度随时间的变化

变力有一定的影响。与含有镁离子的缓冲溶液(10 mmol/L)中的行为相比,不含镁离子情况下的转变力有了降低(从 14.5 pN 降到 13.3 pN)。这种单分子力谱方法所给出的结构转变过程信息,对于人们深入了解 RNA 分子在生理环境下的工作机理有很大帮助。类似的研究还可以延伸到 RNA 与药物、蛋白质等其他生物分子的相互作用的研究。

9.3.3 高分子界面吸附与组装推动力

近几年,有机聚合物超薄膜的制备与表征[87,88],尤其是由 G. Decher 等发明的层状组装技术(LbL)[89]的发展尤为迅猛。人们对于 LbL 的巨大兴趣来源于由该方法所组装的纳米复合材料有着广泛的应用前景。迄今为止,已经确立了许多很好的方法来构建层状组装体。这些方法主要基于一种或几种分子间相互作用力的协同作用,包括静电力、氢键[90~93]和范德瓦尔斯相互作用。即使这样,仍然有很多问题有待澄清,其中最重要的包括组装过程的推动力。另外,高分子在固/液界面上的吸附形态是一个有趣的问题,而高分子吸附于表面的形态是无法用传统方法得到的。我们试图建立力谱与高分子吸附形态之间的关联,从而为研究高分子的界面吸附形态提供新的手段。

9.3.3.1 高分子的环状吸附形态与锯齿形的力曲线

张希等[91]和 Rubner 等[90]于 1997 年曾分别独立报道了基于氢键的聚合物多层膜组装技术。张希、张文科等结合层状组装技术和单分子力谱方法,进行了基于氢键的层状组装的推动力的初步研究[94]。为此,我们采用了以前研究过的聚四乙烯吡啶(PVP)/氨基化石英片体系[91~93]作为研究对象。以往的研究表明,AFM 针尖和高分子链之间的非特异性相互作用的强度可以达到几百甚至上千皮牛顿[32,41,43,59,61],这就使我们能够利用基于 AFM 的单分子力谱方法,研究单个高分子链与基底之间的比较弱的分子间作用(解吸附行为)。图 9－50(b)是 PVP 在甲醇溶液中从氨基修饰的基底表面解吸附而得到的典型力曲线。从图中可以看出,在一条力曲线上出现了多个连续的力学响应信号,形成一种锯齿形的图案模式。其中每一个力学响应信号被归结为高分子链段从基底上的解吸附行为;锯齿形的图案,对应同一条高分子链所形成的环状结构(loop structure)逐个从基片表面连续解吸附的过程。Ullman 等曾经在 1961 年引入了一个经验方程:$A = KM^{\alpha}$,这个方程可以把高分子在基底上的吸附数量(A)和吸附形态(形态参数 α,$0<\alpha<1$)有机地结合起来[95]。当 α 接近零的时候,高分子链以“平躺”(train-like)的构象形式存在;当 α 接近 1 的时候,高分子链以“毛刷”(brush-like)状态存在;当 $0.1\leqslant\alpha\leqslant0.3$ 的时候,高分子链以“环状”(loop)形态存在。方程中 K 是高分子的吸附常数,该常数与高分子的相对分子质量无关。对于同种高分子而言,K 值相同。因

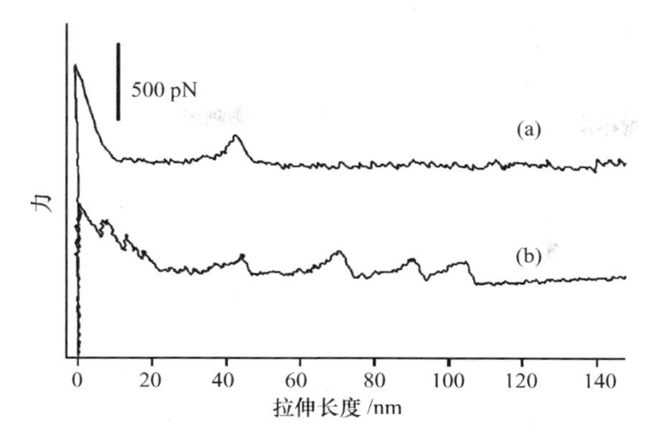

图9－50　聚四乙烯基吡啶在不同溶剂中从氨基修饰的石英表面的解吸附行为
(a)含有乙酸的甲醇溶液；(b)纯的甲醇

此，高分子的吸附形态可以由 α 值给出，而 α 的数值可以通过经验方程计算得出。利用此经验方程，结合两种不同相对分子质量的 PVP 单层膜在 256 nm 处的紫外吸收强度(该强度反映了高分子在基底上吸附的数量)，我们得到了 PVP 的分子构象指数 α 为 0.19[94]。这表明，PVP 在氨基修饰的石英表面形成了环状的吸附结构。这与我们上面介绍的单分子力谱的结果是相一致的。

张文科等还发现，当用甲醇和乙酸的混合溶液作为缓冲溶液的时候，锯齿形力曲线的数量有了明显的减少，而含有单个力学响应信号的力曲线显著地增加了，如图 9－50(a) 所示。我们还发现，在此酸性介质中，力曲线中最后一个力学响应信号对应的断裂伸长长度有了减小。这些现象被认为是由如下三个原因引起的：① PVP在氨基修饰的石英片上主要靠氢键作用形成了"环状"结构；② 与 PVP/氨基之间的相互作用相比，PVP 与乙酸分子的作用更强，结果导致 PVP 在基底上的吸附位点在酸性介质中在某种程度上被屏蔽掉；③ 酸性介质中吸附位点的减少导致"环状"结构数目的减少，同时也导致了更大的"环状"结构甚至是"毛刷"状结构的出现。对于这种结构的拉伸，将产生具有比较短的拉伸长度的力曲线。然而，不管是在纯的甲醇还是在乙酸和甲醇的混合溶液中，我们所得到的断裂力力值都在 180 pN 左右。根据我们以前提到的 DNA 和 RNA 解拉链过程中所得到的力值(十几皮牛顿)，我们认为 PVP/氨基修饰的基底之间的 180 pN 的力值远远大于单个氢键的强度。这一结果表明，其他种类的相互作用，例如范德瓦尔斯相互作用也对吸附有重要贡献。我们的这个研究显示，基于 AFM 的单分子方法在研究多层膜组装的推动力和组装机理方面会有潜在的用途。利用此方法，我们也可以知道高分子链的吸附形态是如何影响相应的力学响应信号的模式的。尽管类似的锯齿形力曲线在我们以前的研究中也曾经遇见过[70]，Haupt 等也曾经做过普通高分子链从基底表面解吸附时的力曲线的形状为锯齿形的预测[96]，但直到最近我们才真正把这一问题专门提出来进行研究,并从实验上得到了这种解吸附引起的锯齿形力曲线[94]。未来更具挑战性的工作可以拓展到层状组装中不同高分子层之间的相互作用研究,换句话说,是真正意义上的超分子组装推动力的研究。

PVP在基底上形成了不规则的"环状"结构,这种不规则性是由作用位点的随机性分布造成的。这种由高分子吸附形成的"环状"结构的尺寸是否能够被控制呢?我们可以通过设计合成具有不同性质的多嵌段高分子或者合成具有特定图案化表面的基底来实现。最近,我们研究组与香港中文大学吴奇教授合作,研究了由聚异丙基丙烯酰胺(PNIPAM)和聚苯乙烯(PS)所形成的多嵌段共聚高分子(PNIPAM-seg-PS)在聚苯乙烯基底上的吸附和解吸附行为[97]。研究发现,该高分子在水/PS界面上形成了更加规整的"环状"结构,同时他们还得到了单个聚苯乙烯链段从聚苯乙烯表面脱附时力的大小。

9.3.3.2 高分子的"平躺型"吸附形态与带有长平台的力曲线

如前所述,以氢键为驱动力的自组织可以使高分子链在固体基底上形成环状的吸附形态。人们不禁要问,如果静电力作为组装的推动力,高分子的吸附形态会是怎样的呢?Hugel等通过利用将吸附在负电荷修饰的基底上的、带正电荷的高分子——聚乙烯甲酰胺(PVAm)从基底上剥离下来的实验回答了这个问题[46]。他们得到了带有一个或者多个长平台的力曲线。这些平台被认为是以"平躺"形态(train-like structure)吸附的一个或多个高分子链从基底表面解吸附产生的。他们发现,解吸附力的大小强烈依赖于缓冲溶液的离子强度和聚电解质的线电荷密度。

最近,张希、崔树勋等研究了另外一种带正电的高分子——聚二烯丙基二甲基氯化铵(PDDA)从带负电的石英玻璃表面的解吸附行为[98],他们也得到了含有平台的力曲线,这表明该高分子也在基底上形成了"平躺"型的吸附形态,如图9-51所示。图中所得到的力曲线含有两个平台结构,它们分别对应着两个长度不同的高分子链段依次从基底上脱落的过程。在此研究中,作者巧妙地利用硅烷化试剂修饰的玻璃表面产生的缺陷结构来作为基底,这样有效地避免了高分子吸附过程中所发生的高分子链之间的缠结[98],为单分子研究中样品的制备开拓了一条新的思路。

以上讨论的高分子,从严格意义上讲都是一种聚电解质。实际上,Senden等在非聚电解质体系——聚硅氧烷中也得到过类似聚电解质解吸附所产生的带平台的力曲线[99,100]。

根据以上的讨论,我们可以给出一个关于力学信号的响应模式与高分子吸附形态之间关系的初步推论:含有一个力学响应信号(单峰)的力曲线对应着大的"环状"结构,或"尾部"结构(tail structure)的拉伸过程;锯齿状的力曲线对应着小的"环状"结构的解吸附过程;带有长平台的力曲线来自于"平躺"构象的高分子的

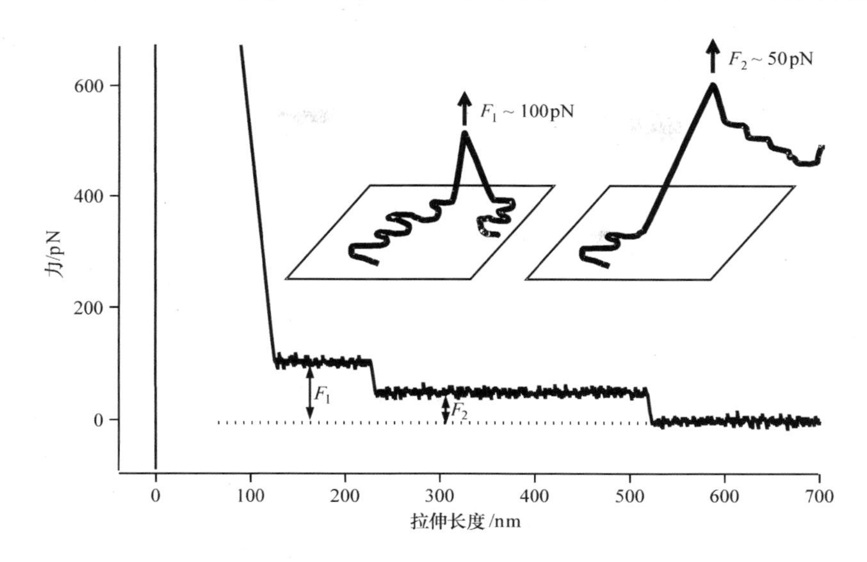

图 9－51　PDDA 从带负电的石英玻璃表面的解吸附行为

解吸附过程，如图 9－52 所示。值得指出的是，所得到的力曲线模式还强烈地依赖体系的动力学特性，此外，还可能受到拉伸速率的影响[96]。

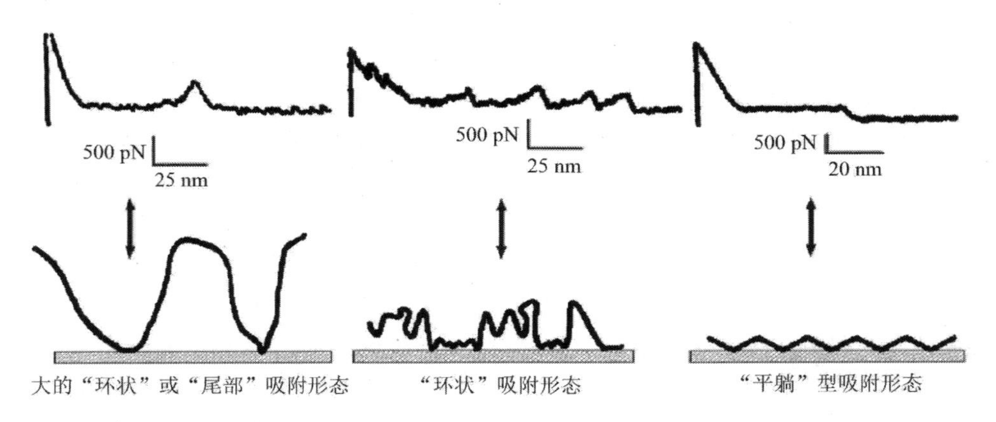

图 9－52　力曲线中的力学响应信号模式与高分子吸附形态之间的对应关系

9.3.4　单个细胞间相互作用的研究

随着单分子力谱方法的不断应用、知识的不断积累以及更多具有指纹特征的力谱的获得，人们已经尝试涉足更复杂体系的研究。

通过将单个活体细胞分别固定到 AFM 微悬臂的顶端及基底上，Beinoit 等[101]揭示了单个细胞之间黏附力是不连续的，其大小在 23 pN 左右。图 9－53 给出了该实验所采用的方法。类似这个方向的研究还可以拓展到细胞与天然或者人造表面之间的相互作用,从而为一些具有医学应用价值的材料(如,人造骨骼材料)的表面性质的研究提供有益的参考。

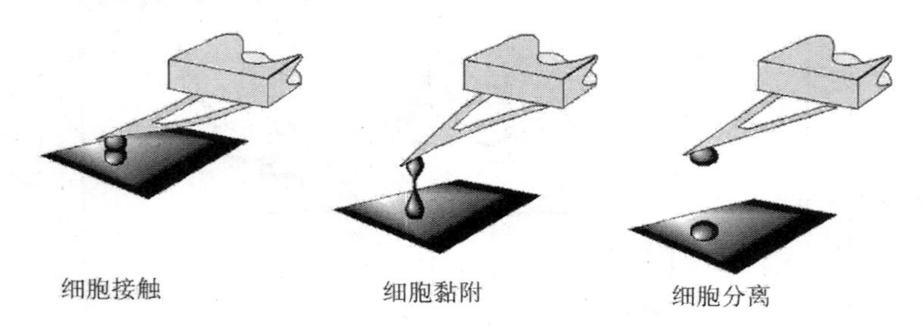

图 9-53 细胞之间黏附力测量实验过程示意图

以上我们主要以一些典型体系为例,讨论了单分子力谱方法在含有超分子结构的聚合物体系以及给受体相互作用等体系中的应用。该方法也被成功地应用于高分子单链弹性性质方面的研究。例如,葡聚糖中"椅式"到"船式"构象的转变研究[43,60,77,61,102~104]、合成高分子的单链弹性性质的研究等[1,47]。

9.4 展 望

如今,从事单分子力谱学研究的研究人员已由刚开始时仅有的物理学家拓展到现在的数学家、物理学家、生物学家、化学家等等。当不同领域的科学家们走到一起来的同时,单分子力学谱也与其他多种检测技术密切地结合起来,例如前面提到的 Oesterhelt 等将成像和力谱相结合的工作[45]。这种将单分子力学谱与其他检测方法,如单分子荧光技术结合起来的实验方法必定会获得更富有说服力和更有意义的新结果、新发现[105~108]。对于这一年轻而又正在蓬勃发展的领域,在她积累了足够的单分子信息而形成丰富的力学谱谱库后,人们对生命过程中一些基本过程的发生机理将会有更深层次的了解;对材料最终性能的预测将会在分子设计阶段就可较为精确地给出。对于超分子科学而言,生命现象和高级材料都决定于不同层次的超分子结构,而这些超分子结构的形成本质是各种分子间相互作用的协同作用。我们可以期望随着单分子力谱的发展,对分子内相互作用的认识会更深入,一个日臻完善的分子间键的理论可能带来功能超分子材料设计与工程的飞跃。

参 考 文 献

[1] a) Merkel R. Force spectroscopy on single passive biomolecules and single biomolecular bonds. Physics Reports, 2001, 346:343; b) Strick TR, Allemand JF, Bensimon D, Bensimon A. Croquette V. The elasticity of a single supercoiled DNA molecule. Science, 1996, 271:1835

[2] Mitchison JM, Swann MM. The mechanical properties of the cell surface. I. The cell elastimeter. J. Exp. Biol., 1954, 31: 443

[3] Evans EA. Structure and deformation properties of red blood cells: concepts and quantitative methods. In: Abelson JN, Simon MI (Eds.). Methods in Enzymology. San Diego: Academic Press, 1989. 173

[4] Tha SP, Goldsmith HL. Interaction forces between red cells agglutinated by antibody. Ⅲ. Micromanipulation. Biophys. J., 1988, 53:677

[5] Shao JY, Hochmuth RM. Micropipette suction for measuring piconewton forces of adhesion and tether formation from neutrophil membranes. Biophys. J., 1996, 71:2892

[6] Shao JY, Hochmuth RM. Mechanical anchoring strength of L-selectin, $\beta_2$integrins, and CD45 to neutrophil cytoskeleton and membrane. Biophys. J., 1999, 77:587

[7] Simson DA, Ziemann F, Strigl M, Merkel R. Micropipet-based pico force transducer: in depth analysis and experimental verification. Biophys. J., 1998, 74:2080

[8] Ashkin A. Acceleration and trapping of particles by radiation pressure. Phys. Rev. Lett., 1970, 24:156

[9] Ashkin A, Dziedzic JM, Bjorkholm JE, Chu S. Observation of a single-beam gradient force optical trap for dielectric particles. Opt. Lett., 1986, 11:288

[10] Svoboda K, Block SM. Biological applications of optical forces. Ann. Rev. Biophys. Biomol. Struct., 1994, 23:247

[11] Smith SB, Cui Y, Bustamante C. Overstretching B-DNA: the elastic response of individual double-stranded and single-stranded DNA molecules. Science, 1996, 271:795

[12] Kuo SC, Sheetz MP. Force of single kinesin molecules measured with optical tweezers. Science, 1993, 260: 232

[13] Finer RM, Simmons J A. Single myosin molecule mechanics: piconewton forces and nanometer steps. Nature, 1994, 368:113

[14] Molloy JE, Burns JE, Kendrick-Jones J, Tregear RT, White DCS. Movement and force produced by a single myosin head. Nature, 1995, 378:209

[15] Evans E, Yeung A. Hidden dynamics in rapid changes of bilayer shape. Chem. Phys. Lipids., 1994, 73:39

[16] Binnig G, Quate CF, Gerber C. Atomic force microscope. Phys. Rev. Lett., 1986, 56: 930

[17] Drummond CJ, Senden TJ. Colloids Surfaces A: physicochem. Eng. Aspects, 1994, 87:217

[18] Radmacher M. IEEE Engr. Med. Biol., 1997, 16:47

[19] Noy A, Vezenov DV, Lieber CM. Chemical Force microscopy. Annu. Rev. Mater. Sci., 1997, 27:381

[20] P. Hinterdorfer, Baumgartner W, Gruber HJ, Schilcher K, Schindler H. Detection and localization of individual antibody-antigen recognition events by atomic force microscopy. Proc. Natl. Acad. Sci. USA, 1996, 93:3477

[21] Ludwig M, Dettmann W, Gaub HE. Atomic force microscope imaging contrast based on molecular recognition. Biophys. J., 1997, 72:445

[22] Butt HJ. Measuring electrostatic, van der Waals, and hydration forces in electrolyte solutions with an atomic force microscope. Biophys. J., 1991, 60:1438

[23] Butt HJ. Measuring local surface charge densities in electrolyte solutions with a scanning force microscope. Biophys. J., 1992, 63:578

[24] Heinz WF, Hoh JH. Relative surface charge density mapping with the atomic force microscope. Biophys. J., 1999, 76:528

[25] Baker AA, Helbert W, Sugiyama J, Miles MJ. New insight into cellulose structure by atomic force microscopy shows the I crystal phase at near-atomic resolution. Biophys. J., 2000, 79:1139

[26] Winkel HK, Miles M. Surface crystallography of polybutene-1 by atomic force microscopy. Polymer, 2000, 41:2313

[27] Butt HJ, Wolff EK, Gould SA, Dixon NB, Peterson CM, Hansma PK. Imaging cells with the atomic force microscope J. Struct. Biol., 1990, 105:54

[28] Radmacher M, Tillmann RW, Fritz M, Gaub HE. From molecules to cells-imaging soft samples with the AFM. Science, 1992, 257:1900

[29] Schabert FA, Henn C, Engel A. Science, 1995, 268:92

[30] Hansma HG, Pietrasanta LI, Auerbach ID, Sorenson C, Golan R, Holden PA. Probing biopolymers with the atomic force microscope: a review. J. Biomater. Sci., Polym. Ed., 2000, 11:675

[31] Hansma HG, Hoh JH. Biomolecular imaging with the atomic force microscope. Annu. Rev. Biophys. Biomol. Struct., 1994, 23:115

[32] Janshoff A, Neitzert M, Oberdoe rfer Y, Fuchs H. Force spectroscopy of molecular systems——single molecule force spectroscopy of polymers and biomolecules. Angew. Chem. Int. Ed., 2000, 38:3212

[33] Oberhauser AF, Marszalek PE, Erickson HP, Fernandez JM. The molecular elasticity of the extracellular matrix protein tenascin. Nature, 1998, 393:181

[34] Oesterhelt F, Rief M, Gaub HE. Single molecule force spectroscopy by AFM indicates helical structure of poly(ethylene-glycol)in water. New J. Phys., 1999, 1: 6.1

[35] Kishino A, Yanagida T. Force measurements by micromanipulation of a single actin by glass needles. Nature, 1988, 334:74

[36] Essevaz-Roulet B, Bockelmann U, Heslot F. Mechanical separation of the complementary strands of DNA. Proc. Natl. Acad. Sci. USA, 1997, 94:11935

[37] Cluzel P, Lebrun A, Heller C, Lavery R, Viovy JL, Chatenay D, Caron F. DNA:An extensible molecule. Science, 1996, 271:792

[38] 李宏斌,刘冰冰,张希,高春晓,沈家骢,邹广田.聚丙烯酸的单分子应力——应变行为.高分子学报, 1998, 444

[39] 张希,张文科,李宏斌,沈家骢.聚合物的单链力学性质的 AFM 研究.自然科学进展, 2000, 10:385

[40] Li HB, Zhang WK, Zhang X, Shen JC, Liu BB, Gao CX, Zou GT. Single molecule force spectroscopy on poly (vinyl alcohol) by atomic force microscopy. Macromol. Rapid Commun., 1998, 19:609

[41] Li HB, Zhang WK, Xu WQ, Zhang X. Hydrogen bonding governs the elastic properties of poly(vinyl alcohol)in water: single-molecule force spectroscopic studies of PVA by AFM. Macromolecules, 2000, 33:465

[42] Li HB, Liu BB, Zhang X, Gao CX, Shen JC, Zou GT. Single-molecule force spectroscopy on poly(acrylic acid) by AFM. Langmuir, 1999, 15:2120

[43] Rief M, Oesterhelt F, Heymann B, Gaub HE. Single molecule force spectroscopy on polysaccharides by atomic force microscopy. Science, 1997, 275:1295

[44] Ortiz C, Hadziioannou G. Entropic elasticity of single polymer chains of poly(methacrylic acid) measured by atomic force microscopy. Macromolecules, 1999, 32:780

[45] Oesterhelt F, Oesterhelt D, Pfeiffer M, Engel A, Gaub HE, Müller DJ. Unfolding pathways of individual bacteriorhodopsins. Science, 2000, 288:143

[46] Hugel T, Grosholz M, Clausen-Schaumann H, Pfau A, Gaub HE, Seitz M. Elasticity of single polyelec-

trolyte chains and their desorption from solid supports studied by AFM based single molecule force spectroscopy. Macromolecules, 2001, 34: 1039

[47] Hugel T, Seitz M. The study of molecular interactions by AFM force spectroscopy. Macromol. Rapid Commun., 2001, 22:989

[48] Grandbois M, Beyer M, Rief M, Clausen-Schaumann H, Gaub HE. How strong is a covalent bond? Science, 1999, 283:1727

[49] Hugel T, Holland NB, Cattani A, Moroder L, Seitz M, Gaub HE. Single-molecule optomechanical cycle. Science, 2002, 296:1103

[50] Strunz T, Oroszlan K, Schaefer R, Güntherodt H. Dynamic force spectroscopy of single DNA molecules. Proc. Natl. Acad. Sci. USA, 1999, 96:11277

[51] Zhang WK, Xu QB, Zou S, Li HB, Xu WQ, Zhang X, Shao ZZ, Kudera M, Gaub HE. Single-molecule force spectroscopy on Bombyx mori silk fibroin by atomic force microscopy. Langmuir, 2000, 16:4305

[52] Rief M, Calusen-Schaumann H, Gaub HE. Sequence-dependent mechanics of single DNA molecules. Nat. Struct. Biol., 1999, 6:346

[53] Clausen-Schaumann H, Rief M, Tolksdorf C, Gaub HE. Mechanical stability of single DNA molecules. Biophys. J., 2000, 78:1997

[54] Krautbauer R, Clausen-Schaumann H, Gaub HE. Cisplatin changes the mechanics of single DNA molecules. Angew. Chem. Int. Ed., 2000, 39:3912

[55] Krautbauer R, Pope LH, Schrader TE, Allen S, Gaub HE. Discriminating small molecule DNA binding modes by single molecule force spectroscopy. FEBS Letters, 2002, 510:154

[56] Sherman SE, Lippard SJ. Structural aspects of platinum anticancer drug interactions with DNA. Chem. Rev., 1987, 87:1153

[57] Yang D, Wang AHJ. Prog. Biophys. Molec. Biol., 1996, 66:81

[58] Poklar N, Pilch DS, Lippard SJ, Redding EA, Dunham SU, Breslauer KJ. Proc. Natl. Acad. Sci. USA, 1996, 93:7606

[59] Li HB, Rief M, Oesterhelt F, Gaub HE. Single-molecule force spectroscopy on xanthan by AFM. Adv. Mater., 1998, 10:316

[60] Xu QB, Zou S, Zhang WK, Zhang X. Single-molecule force spectroscopy on carrageenan by means of AFM. Macromol. Rapid Commun., 2001, 22:1163

[61] Li HB, Rief M, Oesterhelt F, Gaub HE, Zhang X, Shen JC. Single-molecule force spectroscopy on polysaccharides by AFM-nanomechanical fingerprint of α-(1,4)-linked polysaccharides. Chem. Phys. Lett., 1999, 305:197

[62] Xu QB, Zhang WK, Zhang X. Oxygen bridge inhibits conformational transition of 1,4-linked α-D-galactose detected by single-molecule atomic force microscopy. Macromolecules, 2002, 35:871

[63] Rief M, Gautel M, Oesterhelt F, Fernandez JM, Gaub HE. Reversible unfolding of individual titin Ig-domains by AFM. Science, 1997, 276:1109

[64] Li HB, Oberhauser AF, Fowler SB, Clarke J, Fernandez JM. Atomic force microscopy reveals the mechanical design of a modular protein. Proc. Natl. Acad. Sci. USA, 2000, 97: 6527

[65] Marszalek PE, Lu H, Li HB, Carrion-Vazquez M, Oberhauser AF, Schulten K, Fernandez JM. Mechanical unfolding intermediates in titin modules. Nature, 1999, 402:100

[66] Oberhauser AF, Marszalek PE, Carrion-Vazquez M, Fernandez JM. Single protein misfolding events cap-

tured by atomic force microscopy. Nat. Struct. Biol., 1999, 6:1025

[67] Carrion-Vazquez M, Marszalek PE, Oberhauser AF, Fernandez JM. Atomic force microscopy captures length phenotypes in single proteins. Proc. Natl. Acad. Sci. USA, 1999, 96:11288

[68] Carrion-Vazquez M, Oberhauser AF, Fowler SB, Marszalek PE, Broedel SE, Clarke J, Fernandez JM. Mechanical and chemical unfolding of a single protein: a comparison. Proc. Natl. Acad. Sci. USA, 1999, 96:3694

[69] Yang GL, Cecconi C, Baase WA, Vetter IR, Breyer WA, Haack JA, Matthews BW, Dahlquist FW, Bustamante C. Solid-state synthesis and mechanical unfolding of polymers of T4 lysozyme. Proc. Natl. Acad. Sci. USA, 2000, 97:139

[70] Zhang WK, Zou S, Wang C, Zhang X. Single polymer chain elongation of poly (*N*-isopropylacrylamide) and poly (acrylamide) by atomic force microscopy. J. Phys. Chem. B, 2000, 104:10258

[71] Tanaka N, Ito K, Kitano H. Raman spectroscopic study of hydrogen bonding of polyacrylamide in heavy water. Macromolecules, 1994, 27:540

[72] Florin EL, Moy VT, Gaub HE. Adhesion forces between individual ligand-receptor pairs. Science, 1994, 264:415

[73] Allen S, Chen XY, Davies J, Davies MC, Dawkes AC, Edwards JC, Roberts CJ, Sefton J, Tendler SJB, Williams PM. Detection of antigen-antibody binding events with the atomic force microscope. Biochemistry, 1997, 36:7457

[74] Hinterdorfer P, Baumgartner W, Gruber HJ, Schilcher K, Schindler H. Detection and localization of individual antibody-antigen recognition events by atomic force microscopy. Proc. Natl. Acad. Sci. USA, 1996, 93:3477

[75] Scholnherr H, Beulen MWJ, Bulgler J, Huskens J, van Veggel FCJM, Reinhoudt DN, Vancso GJ. Individual supramolecular host-guest interactions studied by dynamic single molecule force spectroscopy. J. Am. Chem. Soc., 2000, 122:4963

[76] Conti M, Falini G, Samori B. How strong is the coordination bond between a histidine tag and Ni-nitrilotriacetate? An experiment of mechanochemistry on single molecules. Angew. Chem. Int. Ed., 2000, 39:215

[77] Marszalek PE, Oberhauser AF, Pang YP, Fernandez JM. Polysaccharide elasticity governed by chair-boat transitions of the glucopyranose ring. Nature, 1998, 396:661

[78] Lee GU, Chris LA, Colton RJ. Direct measurement of the forces between complementary strands of DNA. Science, 1994, 266:771

[79] Strunz T, Oroszlan K, Schaefer R, Güntherödt H. Dynamic force spectroscopy of single DNA molecules. Proc. Natl. Acad. Sci. USA, 1999, 96:11277

[80] Schumakovitch I, Grange W, Strunz T, Bertoncini P, Güntherödt H, Hegner M. Temperature dependence of unbinding forces between complementary DNA strands. Biophys. J., 2002, 82:517

[81] Pope LH, Davies MC, Laughton CA, Roberts CJ, Tendler SJ, Williams PM. Force-induced melting of a short DNA double helix. Eur Biophys. J., 2001, 30:53

[82] 张文科. 博士学位论文. 吉林大学. 2002

[83] Braasch DA, Corey DR. Locked nucleic acid (LNA): fine-tuning the recognition of DNA and RNA. Chem. Biol., 2001, 8:1

[84] Essevaz-Roulet B, Bockelmann U, Heslot F. Mechanical separation of the complementary strands of DNA. Proc. Natl. Acad. Sci. USA, 1997, 94:11935

[85] Bockelmann U, Essevaz-Roulet B, Heslot F. DNA strand separation studied by single molecule force measurements. Physical Review E, 1998, 58: 2386

[86] Liphardt J, Onoa B, Smith SB, Jr. IT, Bustamante C. Reversible unfolding of single RNA molecules by mechanical force. Science, 2001, 292:733

[87] Bertrand P, Jonas A, Laschewsky A, Legras R. Ultrathin polymer coatings by complexation of polyelectrolytes at interfaces: suitable materials, structure and properties. Macromol. Rapid Commun., 2000, 21: 319

[88] Zhang X, Shen JC. Self-assembled ultrathin films: from layered nanoarchitectures to functional assemblies. Adv. Mater., 1999, 11:1139

[89] Decher G, Hong J. Buildup of ultrathin multilayer films by a self-assembly process. 1. Consecutive adsorption of anionic and cationic bipolar amphiphiles on charged surfaces. Makromol. Chem., Macromol. Symp. 1991, 46:321

[90] Stockton WB, Rubner MF. Molecular-level processing of conjugated polymers. 4. Layer-by-layer manipulation of polyaniline via hydrogen-bonding interactions. Macromolecules, 1997, 30:2717

[91] Wang LY, Wang ZQ, Zhang X, Shen JC, Chi LF, Fuchs H. A new approach for the fabrication of alternating multilayer film of poly (4-vinylpyridine) and polyacrylic acid based on hydrogen bonding. Macromol. Rapid Commun., 1997, 18:509

[92] Wang LY, FuY, Wang ZQ, Fan YG, Zhang X. Investigation into an alternating multilayer film of poly (4-vinylpyridine) and poly (acrylic acid) based on hydrogen bonding. Langmuir, 1999, 15:1360

[93] Wang LY, Cui SX, Wang ZQ, Zhang X, Jiang M, Chi LF, Fuchs H. Multilayer assemblies of copolymer PSOH and PVP on the basis of hydrogen bonding. Langmuir, 2000, 16:10490

[94] Zhang WK, Cui SX, Fu Y, Zhang X. Desorption force of poly (4-vinyl pyridine) layer assemblies from amino groups modified substrates. J. Phys. Chem. B, 2002, 106:12705

[95] Ellerstein S, Ullman R. The adsorption of polymethyl methacrylate from solution. J. Polym. Sci., 1961, 55:123

[96] Haupt BJ, Ennis J, Sevick EM. The detachment of a polymer chain from a weakly adsorbing surface using an AFM tip. Langmuir, 1999, 15:3886

[97] Cui SX, Liu CJ, Zhang WK, Zhang X, Wu C. Direct measurement of desorption force per polystyrene segment in water. Macromolecules, 2003, 36:3779

[98] Cui SX, Liu CJ, Zhang X. Simple method to isolate single polymer chains for the direct measurement of the desorption force. Nano. Lett., 2003, 3:245

[99] Senden TJ, di Meglio JM, Auroy P. Anomalous adhesion in adsorbed polymer layer. Eur. Phys. J. B, 1998, 3:211

[100] Châtellier X, Senden TJ, Joanny JF, di Meglio JM. Detachment of a single polyelectrolyte chain adsorbed on a charged surface. Euro. Phys. Lett., 1998, 41: 303

[101] Benoit M, Gabriel D, Gerisch G, Gaub HE. Discrete interactions in cell adhesion measured by single-molecule force spectroscopy. Nature Cell Biol., 2000, 2:313

[102] Marszalek PE, Pang YP, Li HB, Yazal JE, Oberhauser AF, Fernandez JM. Atomic levers control pyranose ring conformations. Proc. Natl. Acad. Sci. USA, 1999, 96:7894

[103] Marszalek PE, Li HB, Fernandez JM. Fingerprinting polysaccharides with singlemolecule atomic force microscopy. Nature Biotechnology, 2001, 19:258

[104] Marszalek PE, Li HB, Oberhauser AF, Fernandez JM. Chair-boat transitions in single polysaccharide molecules observed with force-ramp AFM. Proc. Natl. Acad. Sci. USA, 2002, 99:4278

[105] Moerner WE, Orrit M. Illuminating single molecules in condensed matter, Science, 1999, 283:1670

[106] Weiss S. Fluorescence spectroscopy of single biomolecules. Science, 1999, 283: 1676

[107] Gimzewski JK, Joachim C. Nanoscale science of single molecules using local probes. Science, 1999, 283: 1683

[108] Mehta AD, Rief M, Spudich JA, Smith DA, Simmons RM. Single-molecule biomechanics with optical methods. Science, 1999, 283:1689

彩图 1　在紫外光照下拍摄的不同尺寸 CdTe 纳米微粒溶液的荧光照片

彩图 2　在日光下拍摄的高效荧光发光的 CdTe 纳米微粒溶液的照片

照片中溶液的颜色为荧光的颜色

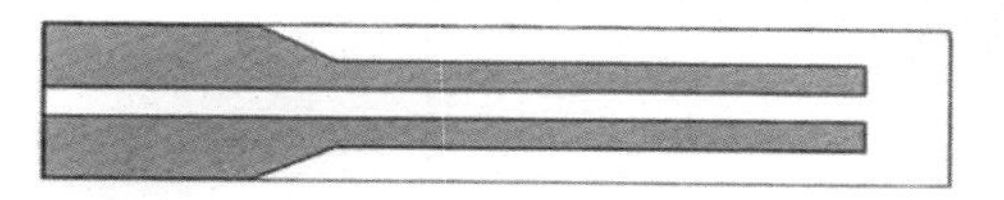

用化学刻蚀法制备结构化 ITO 基片所采用的掩膜结构

与电极结构互补的用来阻止电极间自由自组装过程发生的掩膜结构

有两个独立的ITO电极（E1 和E2）的结构化基片

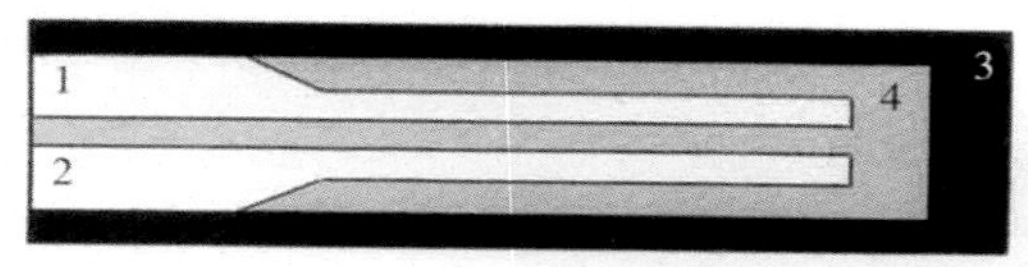

带有用来阻止自由自组装过程发生的掩膜的结构化基片

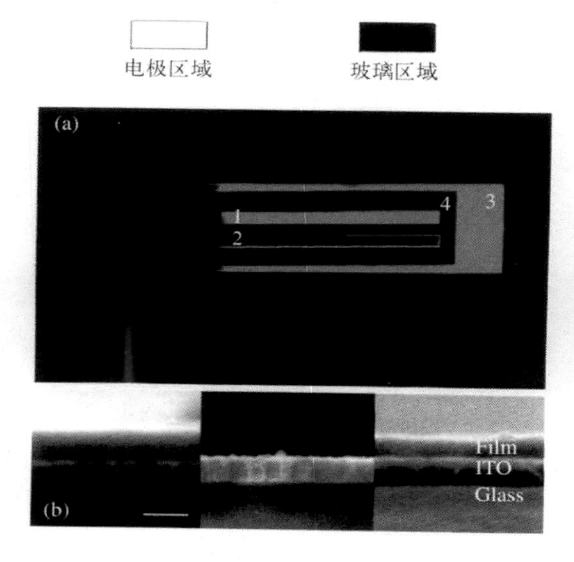

彩图 3　上图：有两个独立ITO电极的玻璃基片、掩膜及与掩膜有互补结构的透明胶带的平面结构

下图：(a) 用 EFDLA 方法沉积在上图中结构化基片表面的 (PDDA/CdTe)*40 组装膜的荧光图像（区域 1 为工作电极；区域 2 为对电极；区域 3 为基片边缘区；区域 4 为掩膜覆盖区）；(b) 从左到右为区域 1，2 和 3 的截面扫描电镜图像

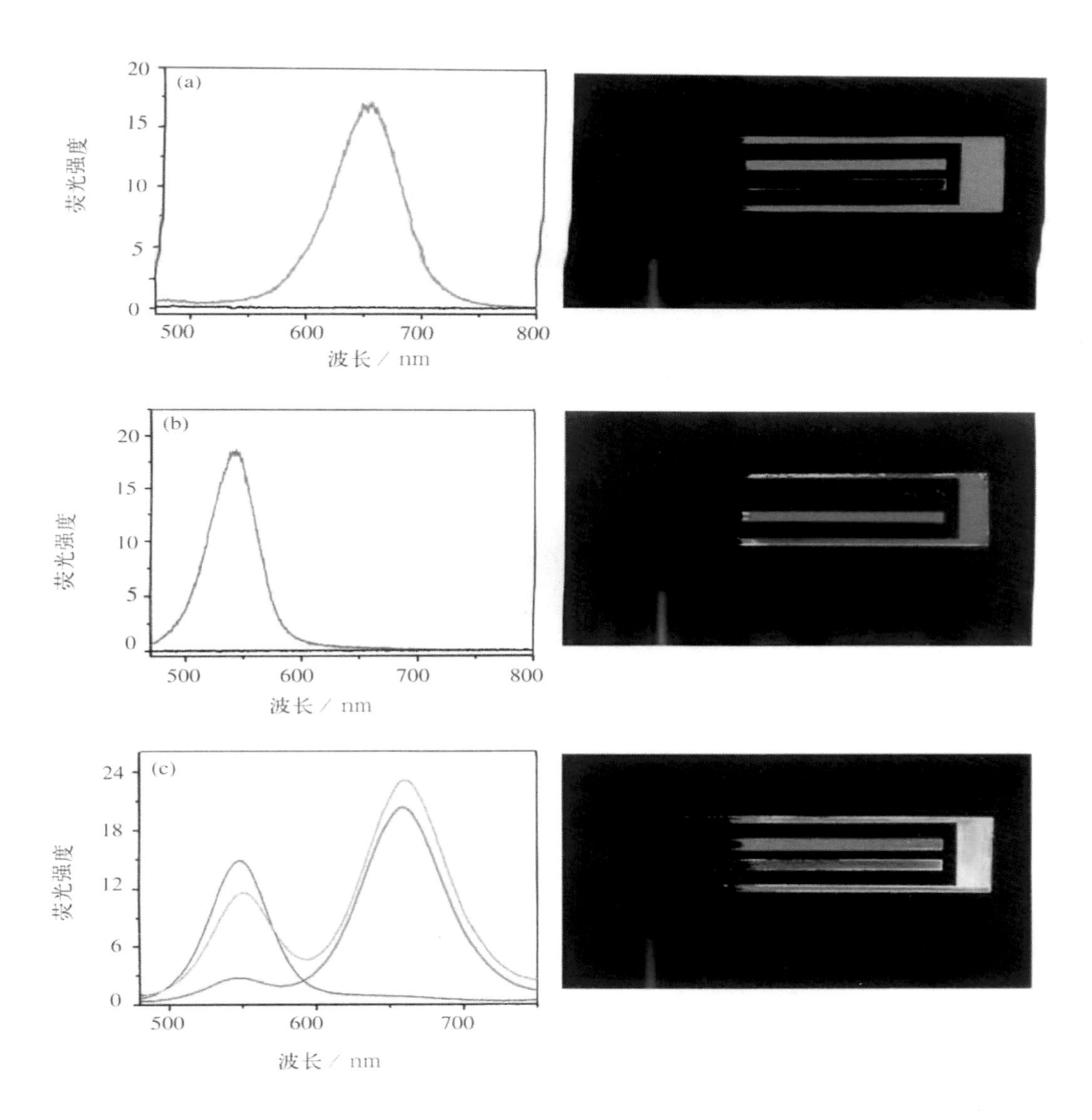

彩图 4 由分别含有红色和绿色荧光纳米微粒的多层 CdTe/PDDA 组装膜形成的平面荧光图案结构

a)(PDDA/CdTe IV)*40；(b) (PDDA/CdTe I)*40；(c) (PDDA/CdTe I)*40//(PDDA/CdTe IV)*60。在与荧光图像平行的图中给出的是不同电极及基片边缘(c)区域的荧光光谱，其中谱线的颜色是一一对应的

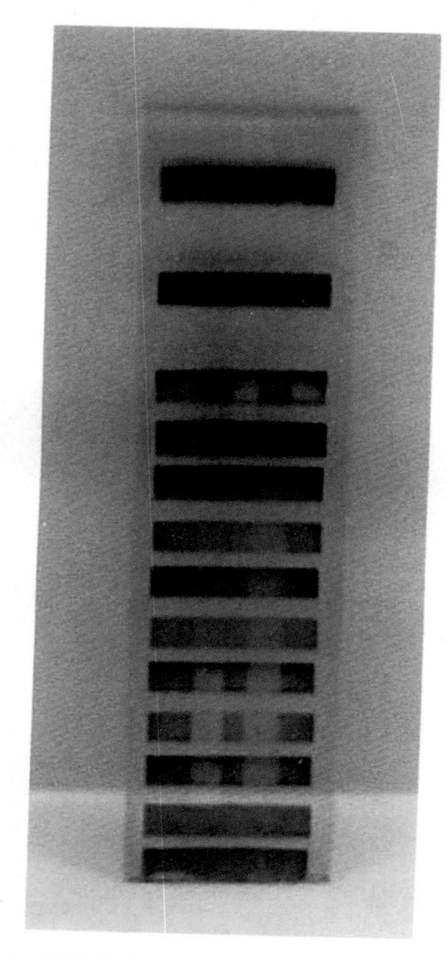

彩图 5　可以发出不同颜色光的电致发光器件阵列